C. M. DELGADO DE CARVALHO

De la *Royal Meteorological Society* de Londres

Professeur à *l'Académie des Hautes-Etudes* de Rio de Janeiro

Membre de la *Société de Géographie* de Rio de Janeiro

MÉTÉOROLOGIE
DU
BRÉSIL

PRÉFACE

DE

Sir W. NAPIER SHAW, Sc.D., F.R.S.

Directeur du *Meteorological Office*

Président du *Comité Météorologique International*

Londres

JOHN BALE, SONS & DANIELSSON, Ltd.

OXFORD HOUSE

83-91, GREAT TITCHFIELD STREET, OXFORD STREET, W. 1.

1917

Instruments de Météorologie

MANUFACTURÉS PAR

SHORT & MASON, LTD.

Appareils Anéroïdes,

WALTHAMSTOW, LONDRES, N.E.

FABRICATION. ANGLAISE.

BAROMÈTRES ENREGISTREURS (BAROGRAPHES).
Patente No. 3715.

Fabricants de
Baromètres
Anéroïdes,
Barographes,
Thermographes,
Thermomètres,
Hygromètres,
Aéromètres,
Anémomètres,
Pluviomètres, etc.

Fournisseurs
du
Meteorological
Office de la
Grande-Bretagne
et de
différents
départements
publics.

THERMOGRAPHE OFFICIELLEMENT adopté par le
METEOROLOGICAL OFFICE de la GRANDE-BRETAGNE.

CATALOGUES ET BROCHURES SUR DEMANDE.

Nos Instruments sont en vente chez tous les grands Opticiens,
Marchands d'Instruments de Météorologie et sur commande.

C. M. DELGADO DE CARVALHO

De la *Royal Meteorological Society* de Londres
Professeur à *l'Académie des Hautes-Etudes* de Rio de Janeiro
Membre de la *Société de Géographie* de Rio de Janeiro

MÉTÉOROLOGIE

DU

BRÉSIL

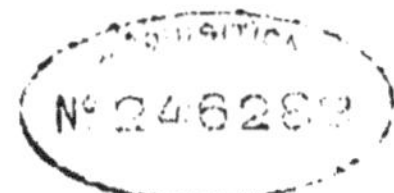

PRÉFACE

DE

SIR W. NAPIER SHAW, Sc.D., F.R.S.

Directeur du *Metcorological Office*
Président du *Comité Météorologique International*

Londres

JOHN BALE, SONS & DANIELSSON, LTD.

OXFORD HOUSE

83-91, GREAT TITCHFIELD STREET, OXFORD STREET, W

1917

A la Mémoire Vénérée de
MON PÈRE

À la Mémoire de Mon Ami
LE DOCTEUR HENRI DANIEL
auxquels
j'ai si souvent pensé en écrivant ces pages

C. M. D. de C.

PRÉFACE.

M. de Carvalho m'a demandé d'écrire une préface à son livre de *Météorologie du Brésil,* actuellement en cours de publication.

Au point de vue de la météorologie du globe, les États-Unis du Brésil occupent une position géographique importante. Au Meteorological Office de Londres, nous avons entrepris dernièrement la compilation de statistiques relatives à la pression, à la température et aux précipitations du globe, en vue d'une publication sous le titre de *Réseau Mondial.* Cette publication comprendra deux stations par carré de dix degrés de latitude sur dix degrés de longitude, dont l'étendue continentale sera suffisante pour deux stations. Cela n'est pas énorme. Le carré qui comprend les Iles Britanniques est représenté par deux stations. À la même échelle, la contribution du Brésil à cette entreprise comprendrait jusqu'à vingt-quatre stations. Pour le moment, neuf stations brésiliennes, à peine, figurent sur la liste. Ne serait-ce que pour le louable projet de rendre plus complète la représentation du pays, les météorologistes accueilleront avec plaisir une étude de la météorologie du Brésil.

Mais en plus de la part qui lui reviendra, en fin de compte, dans la présentation méthodique de la météorologie du globe, le Brésil offre quelques problèmes du plus haut intérêt pour celui qui s'occupe de météorologie. De quelques degrés au Nord de l'Équateur, ce pays s'étend au-delà du 30ᶜ parallèle de latitude Sud. Géographique-ment, il s'ensuit une curieuse similitude invertie avec la côte africaine, de l'Équateur au détroit de Gibraltar. Légèrement au Nord de l'Équateur, la côte africaine suit la direction de l'Ouest, mais à partir du 10° N. elle gagne

le Nord, s'inclinant vers l'Est, jusqu'à ce que l'ouverture
méditerranéenne soit atteinte ; tandis que la côte brésilienne,
du 5° N. environ, après avoir plongé vers le Sud, au-delà
de la Ligne, se dirige vers l'Est, puis légèrement vers le
Sud jusqu'au 10° S. environ, prend enfin définitivement
la direction du Sud en s'inclinant vers l'Ouest jusqu'à ce
que l'Uruguay vienne seul la séparer du grand estuaire
de la Plata. En substituant le Nord au Sud, l'Ouest à
l'Est, les deux régions peuvent être décrites avec des mots
correspondants. La comparaison des conditions météorologiques de ces deux grandes aires indiquera ce que
signifie, en météorologie, la substitution de l'Est par
l'Ouest et du Nord par le Sud, quand il s'agit de grandes
aires continentales, aux formes à peu près semblables.

Si nous considérons, d'autre part, l'Hémisphere Sud
seul, il y a une similitude géographique directe, presque
aussi marquée, entre la région brésilienne et la partie
orientale de l'Afrique, des lacs équatoriaux au Cap de
Bonne-Espérance.

Je n'ai pas eu l'occasion de poursuivre la comparaison dans ses détails, mais d'après les informations
que j'ai devant moi, il est clair que les conditions
météorologiques de l'Afrique septentrionale, au Nord de
la Ligne, et celles du Brésil, au Sud de cette même Ligne,
ne sauraient être définies, en gros, en désignant le Sud
par Nord et l'Ouest par l'Est. La côte occidentale de
l'Afrique du Nord est une des régions les plus typiques
de la Terre, en raison des Alizés qui soufflent tout au long
de cette côte, de la direction Nord-Est. La côte orientale
du Brésil, qui lui correspond, est située de telle façon que,
théoriquement, elle devrait faire face aux Alizés du Sud-
Est ; mais ce courant, si parfaitement établi dans la partie
orientale de l'Atlantique, se trouve tellement modifié dans
sa partie occidentale qu'il est difficile de le reconnaître
au large des côtes du Brésil. D'un autre côté, il y a
quelque chose de réciproque entre la région des vents
équatoriaux de la côte septentrionale du Brésil, et celle
du Golfe de Guinée ; pour Ouest l'on peut écrire Est, et

pour Sud, Nord. Les vents ont une tendance à suivre la
ligne côtière, qui aide à stabiliser l'Alizé du Nord-Est,
au large de l'Afrique du Nord, et l'Alizé du Sud-Est, au
large de l'Afrique du Sud, de même que le courant
équatorial le long de la côte septentrionale du Brésil, mais
cette tendance même crée des irrégularités dans le Golfe
de Guinée et au large des côtes orientales du Brésil.

Le contraste entre le Brésil et l'Afrique orientale est
à peine moins suggestif. La côte orientale de l'Afrique
est la région par excellence des ouragans, tandis que la
côte orientale du Brésil est baignée par l'Atlantique qui
n'a pas d'ouragans du tout.

Des météorologistes spéculatifs nous disent que si le
globe était uniquement formé de terres ou bien uniquement
formé d'eau, il se formerait deux zônes de haute pression
autour de la Terre, quelque part le long du Tropique du
Cancer et de celui du Capricorne, avec la basse pression
équatoriale entre elles et des pressions plus basses encore
au-delà de leurs limites septentrionale et méridionale.
Nous savons au moins qu'il existe des zônes de haute
pression au-dessus des Océans Atlantique et Pacifique,
avec de basses pressions équatoriales entre elles et des
pressions encore plus basses vers le Nord et vers le Sud.
Ces zônes de haute pression sur les Océans sont dépourvues
de pluies; au large des côtes occidentales de l'Afrique et
de l'Amérique, elles se trouvent percées par les grands
courants atmosphériques, auxquels on donne le nom
d'Alizés. Il semble que les continents qui s'étendent au
Nord et au Sud de l'Équateur modifient d'une façon toute
particulière la simplicité de ce que nous appelons la
circulation planétaire. Mais le caractère sec des zônes de
haute pression persiste, plus ou moins, au long de la ligne
septentrionale de haute pression; nous avons les déserts
de l'Afrique du Nord de la Libye, de l'Arabie et de l'Asie
centrale; et, en position correspondante dans l'Hémisphère
Sud, nous trouvons les régions arides du Sud-Ouest
africain, avec le Kalahari et les aires sèches de l'ouest
et du centre australien. Nous avons ainsi, sur le con-

tinent, la riche région pluviale de l'Équateur, flanquée au Nord et au Sud par des régions arides, irriguées, dans le cas de l'Égypte, par les eaux du Nil.

Nous avons tout particulièrement besoin de savoir de quelle façon ces principes généraux agissent dans le cas posé par le continent sud-américain à l'Est des Cordillères, et les États-Unis du Brésil nous en fournissent la solution. Nous savons qu'il y a d'abondantes pluies dans le Brésil équatorial ; nous savons également qu'il y a une région semi-aride, plus proche même de l'Équateur que nous ne serions portés à le croire ; mais de quelle façon les régions sèches sont distribuées, nous ne saurions le dire que lorsque la climatologie du Brésil sera mieux connue.

Les matériaux d'étude, que M. de Carvalho a été en mesure de mettre en œuvre, ont pour effet de faire naître en nous le désir d'en posséder davantage.

Le fleuve des Amazones, tenu pour le plus grand de la Terre, constitue un des traits caractéristiques de la géographie du Brésil. À l'exception des eaux de la région côtière, il draine toutes celles de l'État de l'Équateur et du Pérou ainsi que celles de toute la moitié septentrionale du Brésil. D'où viennent les eaux qui alimentent ce grand cours d'eau ? Du Pacifique, de l'Atlantique ou de la Mer des Caraïbes ? La même question se pose pour le continent africain ; d'où viennent les eaux du Nil ? De l'Océan Indien, de l'Atlantique-Sud ou de la Méditerranée ? La géographie physique du Brésil donne une réponse à ces questions, car le rampart occidental de la vallée de l'Amazone est formé par des cordillères successives de grande élévation. Un apport d'eau, destiné au bassin amazonien, ne saurait franchir ces barrières. Tout courant atmosphérique qui les transpose est contraint d'abandonner, en fait, son humidité par l'abaissement de température qui résulte de la diminution de pression avec l'élévation, fait identique à celui qui se produit dans la chaîne des Montagnes Rocheuses, dont le relief s'oppose à ce que les précipitations, venues du Pacifique, n'atteignent les plaines de l'Amérique du Nord.

Des plateaux existent également au Nord et au Sud de la vallée de l'Amazone; il s'ensuit que l'eau qui descend le fleuve a préalablement été portée vers les sources par le courant équatorial oriental, qui forme le prolongement des Alizés. Il n'y a pas de doute qu'il existe une ample provision d'eau dans l'air de la région équatoriale de l'Amazone et de l'Océan, au-delà de son embouchure; et il semble également certain que les eaux de l'Amazone doivent remonter le cours du fleuve, dans l'air, avant de le redescendre, sur le sol. On peut se demander, au point de vue météorologique, à quel niveau de l'air se trouve le courant. À cette heure, la Guerre nous empêche d'avoir une réponse à cette question.* Pour le continent septentrional, il semble à propos, aux météorologistes, de demander s'il n'existe pas quelque preuve visible ou démontrable des faits qui tendent à conclure que les eaux du Mississippi et du Centre-Ouest canadien sont originaires du Golfe du Mexique et remontent le courant dans l'air.

Le problème du continent africain est moins simple. On nous dit que les inondations du Nil sont alimentées par les pluies de l'Abyssinie. À première vue, il semblerait que l'Océan Indien et le Golfe d'Aden constituent les sources naturelles de la région, mais Mr. J. I. Craig, qui appartint à l'" Egyptian Meteorological Department," a donné les raisons qui le portent à croire que les pluies d'Abyssinie viennent de l'Ouest, et apportent au Nil des eaux de l'Atlantique oriental, en suivant la zône équatoriale.

Chaque pays possède des intérêts spéciaux liés à l'étude du temps. Quelles que soient les lois générales établies, il y a toujours des particularités locales qui demandent des efforts locaux si nous désirons les comprendre.

Tout service météorologique public doit considérer

---

* Une expédition aérologique, en vue de l'étude des couches supérieures de l'atmosphère dans la vallée de l'Amazone, fut organisée par Mr. P. Y. Alexander, en 1913, mais aucun rapport n'a encore été publié sur ses résultats.

deux aspects du problème général posé par le bien-être
des habitants. Le premier consiste à recueillir les données
statistiques, dignes de foi, de toutes les parties du pays,
au cours de plusieurs années, suivant un plan invariable.
Les renseignements ainsi recueillis forment la mémoire
publique du temps, sans laquelle tout effort économique se
trouve entravé, comme le serait celui d'un homme privé de
mémoire.

Le second aspect est l'étude directe des conditions
météorologiques, jour par jour, par laquelle les particularités météorologiques de la région peuvent être attribuées
à leurs causes prochaines, et qui mènent au développement
de l'art de la prévision du temps pour le jour, la saison
ou l'année, basée sur des principes scientifiques établis.

Le Brésil possède ses problèmes économiques particuliers : les sécheresses périodiques du Nord-Est, le
manque d'eau des plateaux et la surabondante humidité
de la plaine amazonienne sont des questions de grave
importance économique, dont la solution est liée à la
connaissance du climat et du temps. Mais, au point de
vue de la météorologie internationale, le Brésil représente
un sujet particulièrement favorable à l'étude de la météorologie continentale d'une partie de la zône intertropicale.
La zône intertropicale voisine de l'Océan peut être considérée comme la région de naissance de la météorologie
dynamique. Ce fut pour expliquer les Alizés et les calmes
de l'Équateur, au début du 18e siècle, que Halley imagina le
courant atmosphérique vers une zône équatoriale de calmes
et de pluies. Depuis lors, nous avons recueilli beaucoup
de données au sujet des cyclones et des dépressions
cycloniques, et tout tend à démontrer la circulation locale
de l'air autour d'un centre. Nous attribuons, la plupart du
temps, les précipitations des régions tempérées à des aires
de basse pression. Dans les dernières années, nous avons
considérablement ajouté à notre connaissance par les
études des couches supérieures de l'air. Nous sommes
actuellement plus portés à considérer tous les courants
atmosphériques comme parties d'un système de circulation

autour d'un centre de haute ou de basse pression, plutôt que comme courants vers un foyer ou vers une ligne de basse pression.

La région intertropicale est la région décisive pour l'étude plus complète de ces questions, attendu que la rotation de la Terre n'imprime pas à l'air sa direction de mouvement au-dessus de l'Équateur. Les conditions propres à l'Équateur peuvent être définies celles qui seraient, en général, si le Soleil tournait autour de la Terre au lieu que ce soit la Terre qui tourne autour du Soleil; de là, l'intérêt tout particulier de ces conditions.

Il est incontestable que le monde en saura bien plus long sur les phénomènes atmosphériques quand la " vie naturelle " des courants aériens au-dessus de la plaine amazonienne et des montagnes environnantes aura été mise en lumière, et le développement de ce problème ira de pair avec la solution des problèmes économiques, nés des particularités du climat brésilien.

Napier Shaw.

Meteorological Office,
  Londres,
 Le 21 octobre 1916.

AVANT-PROPOS.

" Confesso que as mais
das iguarias com que vos
convido são alheias, mas o
guisamento d'ellas é de
minha casa." — *Amador
Arraes.*

Lorsqu'en 1910 j'entrepris mes études géographiques
sur le Brésil, mon attention fut tout particulièrement
attirée par les questions de climatologie qui s'y posaient.
Je me mis alors à recueillir le plus grand nombre possible
de notes sur ce sujet. Je trouvai malheureusement peu
de choses, et, dans le premier volume de ma *Geographia
do Brasil,* je dus me contenter, en matière de climatologie, d'un résumé d'une quinzaine de pages. Peu
après, je rédigeai un petit travail, qui resta à l'état de
manuscrit, intitulé *As Regiões climatologicas do Brasil.*
Les difficultés de publication me firent abandonner l'idée
d'éditer ces notes sur les climats du Brésil, comme
d'ailleurs celles que j'avais réunies sur différents sujets
brésiliens.

À Londres, où je travaillais pour le *Jornal do Commercio,* je rencontrai un ami, le Dr. Bandeira de Mello,
publiciste, lui aussi, et très versé dans les études
brésiliennes; il arrivait alors de Bruxelles, où il dirigeait
depuis longtemps une de nos missions fédérales. Enthou-
siaste pour tous les sujets qui touchent à notre pays, il
m'encouragea vivement à publier les manuscrits que
j'eus l'occasion de lui montrer. Le Dr. Bandeira de
Mello manifesta particulièrement le désir de voir publier
mes notes sur la climatologie, mais insistait sur une
traduction française, afin d'en rendre la lecture plus aisée
à l'étranger.

Je me mis donc à traduire et surtout à compléter ce

qui existait. Pendant la préparation d'une introduction sur la météorologie de l'hémisphère austral et des généralités, j'écrivis plusieurs lettres au Brésil, pour obtenir des données. J'obtins deux réponses, celle du Dr. Niepce da Silva, de Curitiba, qui m'envoya aimablement ses travaux de climatologie, et celle de Mr. Henrique Morize, qui me fournit un très grand nombre de données inédites, dont je lui suis profondément reconnaissant. Plus tard le Dr. Bandeira de Mello, lui-même, m'envoya de S. Paulo une brochure de 1905.

J'entrepris mon travail au Musée Britannique dès le début de 1915. J'eus l'occasion de m'adresser plusieurs fois au Meteorological Office, à la Royal Meteorological Society et à la Royal Geographical Society. Je fus partout fort aimablement accuelli et je saisis l'occasion de remercier ici les bibliothécaires de ces établissements scientifiques.

A part son plan, le travail que je livre aujourd'hui au public n'a rien de bien original. Je me suis efforcé de réunir les principales choses publiées sur les climats du Brésil. J'ai multiplié les renvois aux sources, afin de faciliter le travail aux météorologistes qui, dans la suite, s'occuperont de mon pays. Mon idée avait été de dresser le bilan de tout ce que notre météorologie possédait à son actif jusqu'à ce jour, et de montrer tout ce qui avait été fait afin de laisser entrevoir ce qui restait à faire. Le fait de ne pas me trouver à Rio de Janeiro, pendant la préparation de ce travail, a dû singulièrement nuire à ce plan.

Malgré les inévitables lacunes, j'ai tâché de présenter, pour chaque région, l'état actuel de nos connaissances météorologiques et j'ai parfois esquissé une critique de ce qui a été publié sur le sujet.

Ce livre arrive à l'heure où toute une phase de l'histoire de nos services météorologiques vient de se clore. Il paraît au moment où Mr. Henrique Morize s'efforce de mettre à exécution son magnifique projet, qui nous dotera enfin d'un réseau météorologique de quelque importance. Si les moyens d'action sont encore limités, il se trouve,

B

en revanche, entouré d'un brillant état-major d'auxiliaires
de premier ordre.

Puisse-t-il réaliser enfin le plan que le Baron de
Capanema n'eut pas le temps de mettre à exécution à la
fin du régime impérial !

Les grands traits de la météorologie du Brésil semblent
toutefois déjà faciles à dégager. La stabilité, la régularité,
l'uniformité même caractérisent, en général, les climats
brésiliens. Comme le régime de nos grands fleuves,
formidables et puissants, mais non tumultueux, celui de
nos climats est varié, mais équilibré et modéré. Pas de
courants impétueux et capricieux, d'une part, pas d'oscillations brusques, pas d'extrêmes prononcés, pas de violences
cycloniques, de l'autre.

Certes, une connaissance plus approfondie de la
climatologie locale résultera de l'établissement de nouveaux observatoires, mais, probablement, rien de bien
imprévu ne viendra altérer la physionomie climatique
du Brésil.

Notre littérature météorologique est encore restreinte,
mais Pará, Quixeramobim, Caetité, Rio de Janeiro,
S. Paulo, Curitiba et Cuyabá constituent des jalons
suffisamment fermes pour servir de cadre à une étude
climatologique, ou de points de repère en climatologie
comparée. Bien des lacunes à combler restent, il est
vrai, entre ces différents points.

Ce livre est destiné à ceux qui s'intéressent à la
météorologie tropicale et à celle de mon pays en particulier. Dans ma CLIMATOLOGIE DU BRÉSIL je viens de
donner une nouvelle division climatographique, que je
reprends ici aujourd'hui, en amplifiant l'étude des
différents types de climats.

Ce livre est également un tribut de reconnaissance
rendu à ceux qui se sont occupés des climats du Brésil
et dont je cite les noms au cours de cette étude. Je crois
être l'interprète de mes compatriotes en rendant ainsi
hommage à la mémoire des étrangers illustres qui ont

rendu à mon pays le service de l'étudier et de le faire
connaître à l'extérieur, à Marggraf, à Sanches Dorta, à
Liais, à Beschoren, à Cruls, à Draenert, à Siegel, à mon
ami Orville Derby, pour ne citer que ceux qui ne sont plus.

Une brillante phalange de savants étrangers nous
reste, qui nous prête encore le précieux appui de son
autorité et de sa compétence. Parmi les plus belles
richesses que la Nature exubérante et féconde a doté le
Brésil, la reconnaissance est peut-être la plus spontanée
et la plus vivace : le Brésilien n'oublie jamais ce que
l'Étranger a fait pour son pays et ne lui marchande pas
sa gratitude !

CARLOS DELGADO DE CARVALHO,

F. R. Met. Soc.

Authors' Club,
   2, Whitehall Place,
      Londres, S. W.

P.S.—O autor ficará grato aos patricios que lhe enviarem informações, notas ou publicações sobre a meteorologia do Brasil,
Estes dados serão aproveitados em edições vindouras, sendo indicada
a origem.

De antemão agradece, e pede que lhe sejam dirigidas as com-
municações para :

45, Rua Senador Vergueiro, Capital Federal.

TABLE DES MATIÈRES.

DEUXIÈME PARTIE : Distribution des Facteurs météorologiques.

CHAPITRE PREMIER.

CHAPITRE SECOND.

CHAPITRE TROISIÈME.

CHAPITRE QUATRIÈME.

TROISIÈME PARTIE : Climatographie.
I. Climats équatoriaux et subéquatoriaux.

CHAPITRE PREMIER.

CHAPITRE SECOND.

II. Climats tropicaux et subtropicaux.

CHAPITRE PREMIER.

CHAPITRE SECOND.

CHAPITRE PREMIER.

LE BRÉSIL ET SON CADRE CLIMATOLOGIQUE.

SECTION I.

Conditions théoriques des Facteurs actinométriques.

LES huit millions et quelques kilomètres carrés qui constituent l'immense masse compacte et approximativement triangulaire du Brésil, se trouvent situés entre le 5° 10′ de latitude Nord et le 33° 45′ de latitude Sud. Ce pays, dont l'étendue territoriale continue représente environ un quinzième des terres émergées, appartient donc à la zône tropicale et à la zône tempérée du Sud.

Avant d'examiner les éléments climatiques, tels qu'ils se présentent sur le continent sud-américain, dont le Brésil fait partie, rappelons en quelques mots les conditions théoriques d'insolation, d'atmosphère, de latitude et les influences auxquelles se trouve sujet ce continent, et qui constituent son climat solaire.

L'insolation dépend principalement de trois facteurs : la proximité du Soleil, l'incidence des rayons, la durée. La proximité du Soleil, dont le résultat d'insolation est en raison inverse du carré des distances, n'implique, malgré les trois millions de milles qui nous rapprochent du Soleil pendant le périhélie, qu'une différence de 7 pour cent dans l'insolation. Notons toutefois que cette différence, qui, dans l'hémisphère Nord, tend à contrebalancer les influences plus fortes qui y caractérisent les saisons, dans l'hémisphère Sud, tend à aggraver ces influences. L'aphélie coïncide, en effet, avec l'hiver de

I

l'hémisphère austral, tandis que le périhélie coïncide avec son été.

Les conséquences de ce phénomène sont appréciables par le contraste qui existe entre le Soleil et l'ombre, dans les deux hémisphères. Ce contraste est beaucoup plus marqué dans l'hémisphère austral, où l'échauffement du sol est plus considérable, quoique les témperatures soient plus basses.

La différence d'insolation entre le solstice d'été et le solstice d'hiver est plus marquée dans l'hémisphère Sud que dans l'hémisphère Nord, et la radiation, qui croît avec la latitude, souligne encore cette différence.

Le contraste entre l'hiver et l'été est de 7 à 17 pour cent plus grand dans l'hémisphère austral, où l'hiver compte environ 8 jours de plus que dans l'hémisphère Nord. En effet, la vélocité angulaire du mouvement de la Terre autour du Soleil, variant inversement au carré des distances, se trouve accrue pendant le périhélie, et la Terre parcourt plus rapidement son orbite. Cela n'empêche pas, d'ailleurs, les deux hémisphères de recevoir la même quantité d'insolation, car son inégale durée est compensée par son inégale intensité.

L'incidence des rayons solaires est, de beaucoup, le facteur principal dans l'insolation. Elle varie avec le mouvement autour du Soleil et l'inclinaison de l'écliptique. L'apparente migration du Soleil vers le Nord et vers le Sud, constituant un angle total de 47°, est suffisante pour déterminer des changements d'incidence considérables en leurs conséquences. Sous l'Equateur le Soleil se trouve vertical deux fois l'an : le 21 mars, à midi, et le 23 septembre. Sous le *Tropique du Cancer* il est vertical le 21 juin et sous le *Tropique du Capricorne*, il l'est le 21 décembre. Dans la zône tropicale, par conséquent, la hauteur du Soleil au-dessus de l'horizon peut atteindre 90°, dans la zône tempérée cette hauteur maxima est toujours inférieure à 90° et supérieure à $23\frac{1}{2}°$.

La durée de l'insolation, ou en d'autres termes la

longueur des jours, a une influence considérable sur la quantité de chaleur reçue. L'inégalité des saisons com‑pense, comme nous l'avons vu, jusqu'à un certain point, la proximité plus ou moins grande du Soleil, et tend à égaliser la quantité de chaleur reçue par les deux hémi‑sphères. Dans la zône tempérée la durée de l'insolation est toujours inférieure à 24 heures ; dans la zône tropicale cette durée varie entre $10\frac{3}{4}$ heures et $13\frac{1}{4}$ heures. C'est précisément dans ces deux facteurs, en premier lieu l'insignifiante variation de l'insolation, et en second lieu la faible différence que souffre la durée du jour, que Julius Hann voit les principales causes de l'égalité de témpera‑ture qui caractérise la " Zône des Tropiques " (V. J. Hann, *Handbuch der Klimatologie*, Bd. II, " Klima der Tropenzone "). D'après W. I. Milham, les durées maxima, suivant les latitudes, sont :—

Latitude ...	0°	...	17°	...	41°	...	49°	...	63°	...	66°30′	...	67°21
Durée ...	12h.	...	13h.	...	15h.	...	16h.	...	20h.	...	24h.	...	1 mois

La latitude est donc un facteur cosmique qui influe d'une façon décisive sur la quantité totale de chaleur reçue au cours d'une année.

Des calculs démontrent que les quantités de chaleur annuelle (en prenant pour unité la quantité de chaleur reçue à l'Equateur, le 21 mars) varient de la façon suivante selon les latitudes :—

Latitude.	0°	20°	40°	60°	+90°	−90°
21 mars ...	1·000 ...	0·934 ...	0·763 ...	0·499 ...	0·000 ...	0·000
21 juin ...	0·881 ...	1·040 ...	1·103 ...	1·090 ...	1·202 ...	0·000
21 septembre ...	0·984 ...	0·938 ...	0·760 ...	0·499 ...	0·000 ...	0·000
21 décembre ...	0·942 ...	0·679 ...	0·352 ...	0·000 ...	0·000 ...	1·284
Année ...	347 ...	329 ...	274 ...	197 ...	143 ...	143

Pour les latitudes Sud les mêmes données s'appliquent en renversant l'ordre des saisons.

Notons que le maximum de mars, sous l'Equateur, est plus élevé de 0·016 que le maximum de septembre, car à l'équinoxe d'hiver le Soleil se trouve plus rapproché.

En calculant pour les différentes latitudes les moyennes

des principaux éléments climatiques, de Martonne a dressé, pour les deux hémisphères, le tableau suivant :

Latitude	Hémisphere Nord				Hémisphere Sud			
	Temp.	Press.	Pluie.	Nébul.	Temp.	Press.	Pluie.	Nébul.
0°	26°3	758	195	58	26°3	758	195	58
20°	25°2	759·2	82	40	23°	761·7	75	48
40°	14°	762	53	49	12°	760·5	94	56
60°	−0·8	758·7	48	—	−0·7	743·4	102	75
80°	−16°7	760·5	35	—	—	—	—	—

" On voit que la température et la pluviosité vont en décroissant de l'Equateur au Pôle, tandis que la pression atteint son maximum dans les latitudes moyennes. On voit aussi que l'hémisphère Sud, qui est le moins chaud, est le plus humide ; la zône tempérée Sud est particulièrement plus humide et plus froide que la zône tempérée Nord. Nous soupçonnons une relation causale entre les variations de la température, de la pression atmosphérique et des précipitations " (E. de Martonne, *Traité de Géographie Physique*, p. 108).

L'atmosphère est un facteur cosmique qui vient également modifier les conditions théoriques d'insolation, et son action est caractéristique dans les basses latitudes qui nous intéressent.

Les rayons solaires y étant plus voisins de la perpendiculaire, la couche atmosphérique à percer s'y trouve moins épaisse que dans les hautes latitudes.

La quantité de chaleur, reçue en un point quelconque, peut être déduite par la formule actinométrique : —

$$H = C.a^l$$

dans laquelle H représente la chaleur reçue sur l'unité de surface, *a* étant le pourcentage transmis à cet endroit par l'atmosphère quand les rayons sont verticaux, *l* l'épaisseur de l'atmosphère (l'épaisseur verticale prise pour unité) et *C* la constante solaire (obtenue en faisant abstraction de l'atmosphère).

l est donné, en prenant pour unité le Soleil vertical, à 90°, suivant les calculs de Zenker :

Hauteur du Soleil au-dessus de l'horizon	0°	5°	10°	20°	30°	40°	50°	60°	70°	80°	90°
l	44·7	10·8	5·7	2·92	2·00	1·37	1·31	1·15	1·06	1·02	1·00
Intensité de radiation sur une surface normale	0·0	0·15	0·31	0·51	0·62	0·68	0·72	0·75	0·76	0.77	0·78
Intensité de radiation sur une surface horizontale	0·0	0·01	0·05	0.17	0·31	0·44	0·55	0·65	0·72	0·76	0·78

a est détérminé par le 60 pour cent de la chaleur transmise par l'atmosphère, en prenant pour bases les moyennes annuelles, données plus haut pour les différentes latitudes : 347 sous l'Equateur, 329 sous le 20°, 274 sous le 40°, etc. D'après les calculs d'Angot la proportion transmise aux différentes latitudes serait :

Lat.	0°	10°	20°	30°	40°	50°	60°	70°	80°	90°
$a = 1\cdot0$ ...	350·3	345·5	331·2	307·9	276·8	237·8	199·2	166·3	150·2	145·4
$a = 0\cdot6$ ...	170·2	166·5	155·1	137·6	115·2	90.6	67·4	47·7	33·5	28·4

L'humidité de l'atmosphère est un élément qui joue un rôle considérable dans l'hémisphère Sud, où la proportion des terres et des mers est si différente. "Dans les pays humides," dit de Martonne, "les variations de la chaleur reçue à la surface du sol sont plus lentes et moins fortes que dans les pays secs. On a en effet observé dans les régions désertiques, des oscillations énormes de la température du sol, ce qui explique en partie la rapide décomposition des roches et la formation des arènes." Cette influence de l'atmosphère sur les variations de température du sol, agit également sur la décomposition des roches dans les régions élevées, où les couches d'air sont moins denses. L'aspect déchiqueté de certaines parties des Andes et de la chaîne brésilienne côtière est, en partie, dû à ces conditions climatiques.

La répartition des terres et des mers constitue le principal facteur cosmique qui tend à modifier le *climat solaire*, tel que nous l'avons théoriquement défini, et à en faire le *climat physique*. L'influence de cette répartition sur les températures, sur l'humidité et sur les vents est trop connue pour que nous rappelions ici cette question de météorologie élémentaire.

Bornons-nous à constater, quant aux résultats de ces influences, que le continent sud-américain fait partie de " l'hémisphère maritime " où la proportion des mers sur les terres est toujours supérieure à 77 pour cent et en certaines latitudes (entre 30° et 40°) atteint 89·2 pour cent et même 99 pour cent (entre 50° et 60°). Il s'ensuit que le climat solaire s'y trouve plus fidèlement observé que dans l'hémisphère boréal.

D'un autre côté, les continents de l'hémisphère austral, Afrique, Australie et Amérique du Sud, sont sensiblement plus compacts que ceux de l'autre hémisphère, ce qui tend à modifier la coïncidence des isothermes et des parallèles.

Enfin les courants marins, les altitudes et la végétation sont les facteurs qui permettent principalement la distinction des différents types de climats physiques locaux.

Section II.

Eléments climatiques de l'Hémisphère austral.

(1) Equateur thermique, Isothermes et Anomalies.

Les saisons australes se trouvent opposées dans le temps aux saisons boréales; les secondes sont aussi beaucoup plus marquées que les premières, par suite de leurs températures plus irrégulières. L'expérience prouve que l'influence des Terres et des Mers n'est pas la même sous toutes les latitudes, or l'hémisphère austral étant essentiellement maritime il s'ensuit certaines particularités et notamment une température moyenne légèrement supérieure à celle de l'hémisphère boréal (15°9 au lieu de 15°2). " Plus froid de 5° pendant la saison chaude,

il est plus chaud de 3°7 pendant la saison froide '' dit
de Martonne à qui est dû le tableau suivant :

Hémisphère		Année		Juillet		Janvier		Amplitude
Nord	...	15°2	...	22°5	...	8°	...	14°5
Sud	...	15°9	...	12°4	...	17°5	...	5°1

Le contraste entre la nature continentale et la nature
maritime des deux calotes sphériques est mise en évidence
par le contraste des amplitudes.

Dans l'hémisphère austral, nous nous trouvons non
seulement devant des températures plus régulières au
point de vue de l'amplitude, mais aussi plus normales
au point de vue de leur décroissance vers le pôle antarctique; bien plus que dans l'hémisphère boréal, elles se
présentent ici véritablement en fonction de la latitude.

La ligne des moyennes thermiques maxima, ou
Equateur thermique, n'est pas absolument uniforme sur
tout son parcours. Elle n'est constante ni en direction,
ni en largeur, ni en chaleur.

Les températures des terres sont généralement de deux
ou trois degrés, parfois davantage, supérieures à celles
des mers sous la même latitude. Ce contraste, les températures moyennes annuelles (par le fait même de n'être
que des moyennes) ne le font pas nettement ressortir.
Les températures observées ne sont pas, non plus, également distribuées autour de la moyenne. C'est ainsi qu'en
hiver les négatives sont supérieures aux positives; en été
toutefois la distribution est plus symétrique. Le défaut
des moyennes est de souvent obscurcir des phénomènes
importants.

Un météorologue brésilien, le Dr. Afranio Peixoto,
considérant que l'étude de la fréquence des températures
prouve que la moyenne ne coïncide nullement avec la
température la plus fréquente et n'est donc pas la température la plus probable et que, de plus, en climatologie,
une moyenne ne caractérise rien, en condamne l'usage
fréquent dans les travaux de météorologie.

Notons toutefois que dans l'hémisphère Sud, l'extension des Océans tend à égaliser les températures et à

rendre leur moyenne une expression plus fidèle de la réalité.

La différence de température qui existe entre les terres et les mers, sous l'Equateur Thermique, est due, non seulement à la différence qui existe entre la chaleur spécifique du sol et celle de l'eau, mais aussi à l'apport de nombreux courants d'origine polaire. Ce phénomène atmosphérique se présente donc comme un corollaire de la théorie de Zöppritz.

Sous les hautes latitudes, il se produit un phénomène inverse, les terres sont plus froides que les mers. Les terres tendant, d'autre part, à se conformer aux températures normales des latitudes et les mers tendant à égaliser les températures, il s'ensuit que le gradient thermique de l'Equateur vers les Pôles est plus marqué sur les terres que sur les mers, et par conséquent plus marqué dans l'hémisphère boréal que dans l'hémisphère austral.

Dans la zône équatoriale et dans la zône des Alizés, les différences de température entre terres et mers sont peu importantes si on les compare aux différences que l'on trouve dans les zônes de hautes pressions, où ces différences atteignent leurs maxima.

Une autre conséquence de ce qui précède se trouve dans le fait que la zône formée autour du globe par l'Equateur Thermique est plus large sur les terres que sur les mers.

Enfin, quant à la direction de l'Equateur Thermique, il faut noter que sa ligne se trouve, la plupart du temps, localisée au nord de l'Equateur Géographique, dans l'hémisphère boréal, par conséquent. Dans l'Océan Indien, ce fait s'explique par l'absence d'un continent austral pour contrebalancer la masse asiatique; dans l'Atlantique et le Pacifique oriental, il s'explique par l'existence des courants polaires. Quand l'une ou l'autre de ces influences fait défaut, comme dans l'ouest du Pacifique, la ligne des températures moyennes maxima vient coïncider avec l'Equateur Géographique.

" Dans l'hémisphère Sud," dit H. N. Dickson, " la

circulation atmosphérique se conforme de près au type de système planétaire. . . . Un des effets de la grande activité de cette ' circulation planétaire ' dans l'hémisphère Sud, est précisément que, dans les régions où elle se trouve moins gênée, comme sur les océans et sur l'Afrique, l'axe de la zône équatoriale ou équateur météorologique, comme il convient de le nommer, se trouve au Nord de l'équateur géographique, avec un déplacement moyen qui atteint quatre ou cinq degrés de latitude '' (*Climate and Weather*).

Dans l'hémisphère austral, les températures étant plus régulières, les isothermes s'y présentent presque rectilignes. Leur inflexion toutefois s'accentue devant les masses continentales (Amérique du Sud, Afrique et Australie). L'explication de cette inflexion, qui la plupart du temps se présente dans le sens inverse de l'inflexion correspondante de l'hémisphère boréal, se trouve exclusivement dans les courants et surtout dans les systèmes tourbillonnaires dont l'importance, au point de vue météorologique, est plus considérable que celle des courants profonds. Le grand courant tourbillonnaire antarctique, ne rencontrant pas d'importants obstacles dans sa course vers l'Est, n'inflige pas d'appréciables inflexions aux lignes isothermiques dans les hautes latitudes.

La situation de l'hémisphère austral, telle que nous venons de la décrire, est une situation météorologique moyenne. Il convient donc d'en examiner les termes dans le cours des migrations du Soleil. L'Equateur Thermique est loin d'accompagner ces migrations dans toute leur amplitude (principalement sur les aires océaniques, où il se rétrécit comme nous l'avons dit) mais il se déplace toutefois dans le même sens que le Soleil. Son déplacement est plus marqué dans le domaine du Pacifique, et l'est beaucoup moins dans celui de l'Atlantique, surtout dans la partie orientale de cet océan, où les courants ne le laissent pas transposer la ligne équatoriale géographique. Il s'ensuit un très faible déplacement de la zône des calmes dans l'Atlantique, entre la côte africaine et la côte brésilienne. De là l'absence des cyclones tropicaux dans le Sud-Atlantique. (W. M. Davis.)

La migration des isothermes sur les aires continentales est beaucoup plus considérable; cependant les différences sont marquées : la migration sur le continent africain oscille entre 23° N. et 20° S., tandis que sur le continent américain elle se manifeste entre 35° N. et 15° S. à peine. Les conséquences en sont importantes au point de vue des vents et des précipitations.

" La carte des isothermes annuels indique que dans les Tropiques la température moyenne de l'année se maintient, en général, entre 20° et 28° C. et que les isothermes se tiennent éloignés les uns des autres, constituant ainsi un faible ' gradient thermique ' dont dépendent, d'ailleurs, les gradients barométriques et la force des courants atmosphériques, qui, par suite, possèdent un caractère égal et doux " (J. Hann, *Handbuch der Klimatologie*, Bd. II).

L'étude de la migration des isothermes dans l'hémisphère austral est aisée et suggestive dans les douze cartes mensuelles de Buchan. L'isotherme le plus caractéristique de cet hémisphère est incontestablement l'isotherme de 10° (50° Fahrenheit). Dans le cours de l'année, il se déplace entre l'extrémité Sud de la Terre de Feu et la lèvre inférieure de l'estuaire de la Plata ; il n'atteint pas le continent africain, et l'Australie continentale n'est effleurée qu'en juillet. L'inflexion de cet isotherme est peu sensible et ne s'accentue, en toute saison, qu'au voisinage de la côte brésilienne.

L'isotherme de 21°1 (70° F.) est un exemple classique d'inflexion accentuée devant les masses continentales, tout en restant presque rectiligne à travers les grandes aires océaniques. Cet isotherme présente une particularité curieuse : c'est en février qu'il occupe à la fois sa position la plus septentrionale (côte péruvienne) et sa position la plus méridionale (estuaire du Rio Negro). C'est donc en février, à la fin de l'été austral, qu'il présente son inflexion maximum, tandis que pendant l'hiver austral cette inflexion s'atténue; en toute saison, néanmoins, il dépasse le Tropique du Capricorne, grâce à son inflexion devant la masse africaine, même quand il ne fait qu'effleurer cette masse (novembre à mars).

Les isothermes de 18°, 20°, 22°, 24° et 26° sont intéressants à suivre dans les cartes de Julius Hann.

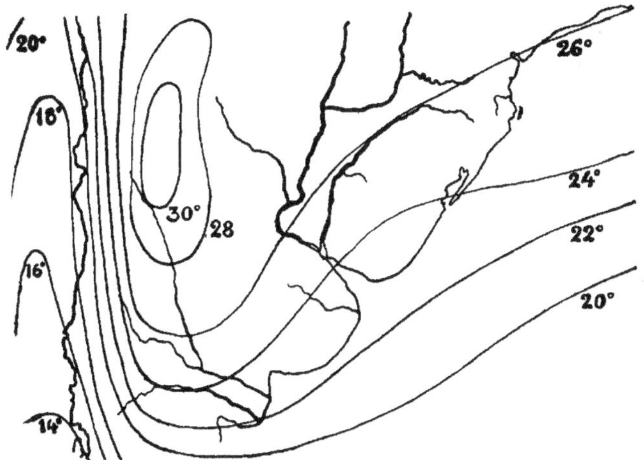

CARTE DES ISOTHERMES DE JANVIER.
(Julius Hann dans l'*Atlas de Météorologie de Berghaus.*)

L'inflexion devant le continent sud-américain est si prononcée, que ces lignes deviennent exactement perpendiculaires aux lignes de latitude. Dans la carte des isothermes de janvier, ce phénomène s'observe entre la côte péruvienne et la Patagonie, c.à.d. sur plus de 30 degrés de latitude.

D'après Hann, l'isotherme annuel de 26° suit la côte de l'Amérique Centrale, pénètre dans l'Amérique du Sud sous l'Equateur, et gagne de suite le moyen Amazone, qu'il traverse; il suit le cours du Madeira, puis celui de l'Amazone, à proximité de l'estuaire, il s'infléchit vers le Sud-Est jusqu'au voisinage du cap S. Roque, pour revenir encercler le delta de l'Orénoque.

En juillet, ce même isotherme suit un chemin à peu près analogue, comprenant tout le Nord de l'Amérique du Sud jusqu'aux premiers échelons du grand plateau brésilien, dans la plaine amazonique. En janvier, par contre, laissant en dehors tout le Haut-Amazone (jusqu'au confluent du Madeira) il s'enfonce bien avant dans le continent sud-américain, jusqu'au Rio Colorado, pour revenir par le Paraná, traverser le Sud brésilien et effleurer la côte orientale (de Paranaguá au Sud de Bahia).

En janvier, les isothermes de 28° et 30° (uniques de leur genre dans le continent sud-américain) constituent un noyau en dehors du Tropique entre le Rio Salado et la chaîne andine. Rien de comparable toutefois aux îlots de 32° formés dans l'hémisphère Sud, pendant les mois d'été, sur les continents africain et australien.

Les minima et les maxima annuels ainsi que les amplitudes des oscillations thermiques, trouvent leur meilleure expression dans les cartes de J. W. van Bebber. Nous y constatons que dans l'Amérique du Sud les grands écarts de température qui caractérisent les climats dits continentaux se trouvent précisément dans la partie moins massive de ce continent, autour du 30° S. Les maxima de l'Amérique du Sud (40° C.) se trouvent dans le Gran Chaco et ses minima (− 5° C.) entre la chaîne andine, la Patagonie, le Paraná et le 20° de lat. S. Les lignes d'égale amplitude extrême ne coïncident pas avec celles des maxima, mais se trouvent plus au Sud, dans une région encore moins "continentale," à savoir, les Pampas, au Sud de Rosario. Cette aire embrasse les écarts de 45° et plus.

L'anomalie thermique étant mesurée par la différence entre la température locale et la température moyenne du parallèle, il est naturel que la plupart des anomalies positives de l'hémisphère Sud se trouvent sur les aires continentales, vu l'extension des aires océaniques à influence normalisante, ou même négative.

Les cartes de Batchelder localisent, dans la partie orientale de l'Amérique du Sud, un noyau d'isanomales positives, et dans sa partie occidentale un noyau d'isanomales négatives. Wallis a proposé, en 1914, une série d'isanomales mensuelles ("Geographical Aspects of Climatological Investigations "—dans le *Scottish Geographical Magazine*) d'où l'on peut tirer les conclusions suivantes :

Pendant le printemps austral (sept., oct., nov.) deux grands centres d'isanomales positives, l'un américain l'autre africain, finissent par s'unir à travers l'Atlantique, encerclant d'abord le Nord de l'Amérique méridionale, puis la majeure partie du continent (oct.), enfin reculant jusqu'au Tropique du Capricorne (nov.). Cependant, au Sud du même Tropique, et sur les mers, se forment deux centres grandissants d'isanomales négatives (oct., nov.).

Pendant l'été la grande isanomale disparaît, se réduisant à un petit centre d'isanomales positives qui occupe l'Est argentin et la côte jusqu'aux confins du Brésil, tandis qu'un autre noyau, de plus grande dimension, se réfugie sur la côte, orientale également, de l'Afrique. Pendant ce temps, les isanomales négatives maritimes établissent leur axe sur le Tropique du Capricorne, toujours au voisinage des côtes occidentales.

Pendant l'automne et l'hiver, après avril surtout, les isanomales positives abandonnent l'hémisphère Sud presque complètement, ne laissant sous l'Equateur qu'un centre qui englobe la partie inférieure de l'Amazone.

En hiver, les isanomales négatives réémigrent (juin) pour reprendre leur position devant les côtes occidentales. Remarquons que l'isanomale négative de − 1°1 C. de Batchelder accompagne le 40° de lat. S. et embrasse l'estuaire de la Plata.

(2) Les grands Centres d'Action de l'Atmosphère.

Par l'écartement de leurs lignes, la carte des isothermes annuels indique combien le gradient de température est faible, dans la zône des Tropiques. Les gradients barométriques, en conséquence, leur doivent le caractère doux et égal des courants atmosphériques. Cette égalité de température, nous l'avons vu, est due en partie à l'insignifiante variation de l'insolation et en partie à la faible différence entre les durées des jours dans le courant de l'année. (J. Hann, *Handbuch der Klimatologie*, tome II, " Die Tropenzone.")

A l'égale distribution des températures sur la région tropicale, correspond l'égale distribution des pressions avec faibles écarts barométriques. Les fréquents tourbillons des hautes latitudes y manquent, ou tout au moins s'y localisent en certaines régions et se produisent à époques déterminées, mais rares. De même que les températures moyennes oscillent, dans l'intérieur des Tropiques, entre 20° et 28° C., au niveau de la mer, les pressions moyennes y oscillent entre 762 et 758 mm., ce qui montre l'insignifiance que gardent, pendant tout le cours de l'année, les gradients et les altérations barométriques, même dans l'intérieur des continents. Les différences des extrêmes mensuels se limitent à 1 mm. pour Batavia, à 2·1 mm. pour Pará et à 3·8 mm. pour Manaos. " Il ne naît," dit J. Hann, " aucun minimum barométrique sur les continents, à l'intérieur des lignes tropicales, à l'époque des plus hautes positions du Soleil, et celles qui sont mentionnées dans les cartes d'isobares, par analogie avec ce qui se passe dans les latitudes moyennes, sont donc inexactes."

Dans la région équatoriale les gradients sont suffisants, toutefois, pour maintenir des courants atmosphériques forts et constants, sur lesquels agit d'ailleurs la force de rotation de la terre.

Dans l'intérieur des Tropiques et spécialement dans la zône équatoriale, le barographe enregistre, chaque jour, régulièrement, deux ondes complètes de 2 à 3 mm. de largeur. La régularité de ces oscillations diurnes est étonnante. Deux maxima se produisent, l'un entre 9 et 10 heures du matin, l'autre le soir; les minima sont vers 4 heures du matin et midi. Les différences entre maxima

et minima atteignent 3·5 mm. Cela permit à Humboldt
de dire que, dans l'Amérique Tropicale, le baromètre
donne l'heure à un quart d'heure près. Les perturbations
atmosphériques influent si peu sur le baromètre, qu'il en
perd ses qualités de moniteur du temps. Dans les zônes
tempérées, les vents jouent un rôle prépondérant dans
l'établissement des conditions du temps, où ses changements sont occasionnés par le déplacement de leurs limites
climatiques. Les roses anémométriques des régions
tropicales prouvent, au contraire, que les vents y perdent
leur ascendant marqué sur le temps et que les différences
entre les valeurs moyennes des éléments météorologiques,
associés aux différentes directions des vents, sont petites
et peu importantes. La croissance et la décroissance de
la nébulosité s'y trouve être également un phénomène plus
régulier et périodique.

Les cercles tropicaux renferment les régions où la
prédominance appartient aux courants atmosphériques de
l'Est. Les Alizés soufflent dans la zône de la terre où
la température moyenne de la couche atmosphérique est
la plus haute. Mais la distribution des températures est
loin d'y être uniforme. "Un simple calcul," dit à ce
propos Julius Hann, "démontre que le poids spécifique
d'une masse d'air humide saturé à 27°5 comme il en
existe sur bien des mers tropicales, est égal à une masse
d'air dont la température serait 31°6. Il peut donc se
produire que, dans l'intérieur de ces limites de température, même sans égard à la température des couches
supérieures, l'air sec, plus chaud, afflue vers l'air humide
plus froid, lequel voit ainsi s'élever son poids spécifique.
Il faut noter, de plus, que l'atmosphère terrestre absorbe
directement une partie des rayons solaires et que, par
suite, son échauffement dans les couches supérieures se
conforme au degré de latitude, les maxima se trouvant
sous l'Equateur."

Cette répartition inégale des températures a pour effet
de créer deux courants principaux, l'un dans les couches
supérieures de l'atmosphère, de l'Equateur vers les Pôles,

l'autre des Pôles vers l'Equateur, avec la déviation due, entre autres causes, à la rotation de la terre.

A la zône équatoriale des hautes températures correspond une zône de basses pressions, de part et d'autre de laquelle se trouvent les Alizés et les zônes de hautes pressions. Les basses pressions reprennent, à mesure que l'on s'approche des Pôles. La disposition zônale des grands centres d'action de l'atmosphère est toutefois plus régulière dans l'hémisphère austral, où prédominent les mers. On n'y trouve point les grands centres de haute pression qui, dans l'hémisphère Nord, correspondent aux anomalies négatives.

Dans l'hémisphère Sud, comme on sait, le mouvement cyclonal se fait dans le sens des aiguilles d'une montre et le mouvement anticyclonal dans le sens contraire.

Les cyclones tropicaux, ou plus exactement intertropicaux sont, dit W. M. Davis, " de vastes tourbillons de une à trois milles et plus de diamètre dont les courants convergeants en spirale atteignent une violence destructive vers leur centre, tournant systématiquement autour d'une aire centrale de basse pression. Ils sont accompagnés de grands nuages en filaments ou en masses compactes, d'où tombe la pluie à torrents, tandis que de longues trainées de cirrus s'échappent de tous côtés. Dans le centre du tourbillon où la pression est la plus basse, le vent tombe, remplacé par un calme, où cesse la pluie et se dissipent les nuages, laissant le ciel à découvert ; c'est l'espace central appelé " œil de la tempête." Le cyclone entier ainsi constitué chemine lentement suivant un trajet bien défini, oblique vers l'Ouest et vers le Pôle, au-dessus de l'océan, de son point de départ sub-équatorial vers la zône tempérée, tombant graduellement, s'infléchissant vers l'Est et le Pôle sous le 25° ou le 30° de latitude. Quand le continent est atteint le cyclone s'affaiblit et souvent cesse."

Ces cyclones intertropicaux le Sud Atlantique ne les connaît pas à cause de la position géographique des calmes. En janvier et février cette action est particulièrement remarquable. La zône des pluies équatoriales se déplace de part et d'autre de l'Equateur Thermique et les Alizés cessent en pénétrant dans cette zône, entre les limites de laquelle se produisent, par suite, les calmes. La migration des calmes a une amplitude de dix degrés environ, mais n'atteint jamais l'hémisphère austral, maintenue à distance par les grands courants relativement froids d'origine antarctique. Leur déplacement vers le Nord occasionne, par contre, les cyclones de fin d'été

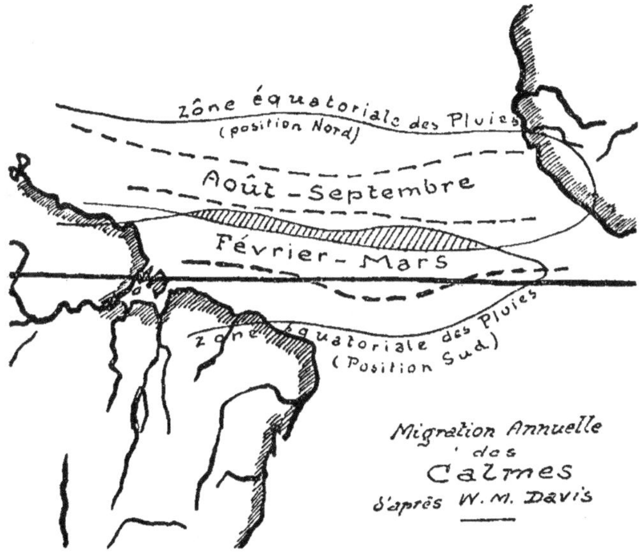

dans les Indes occidentales. (W. M. Davis, *Elementary Meteorology*.)

L'absence des cyclones dans l'Atlantique Sud a une grande importance au point de vue de la climatologie sud-américaine. Le développement des cyclones dans la zône des calmes se limite aux parties plus chargées de vapeur d'eau, c.-a-d. au-dessus des mers; les terres empêchent la persistance des mouvements cyclonaux au-dessus des continents où la vapeur d'eau se trouve en bien plus faibles proportions. La circulation des tourbillons dans les couches inférieures de l'atmosphère est gênée par les premières hauteurs, quelque faibles qu'elles soient. La climatologie du Nord-Est brésilien en dépend intimement, comme nous aurons l'occasion de le voir, et le phénomène des sécheresses y trouve une de ses causes.

Dans son étude sur les caractéristiques des tourbillons atmosphériques tropicaux, Julius Hann confirme ce fait en constatant que la plupart du temps les tourbillons tropicaux sont des phénomènes de couches inférieures de l'atmosphère. (J. Hann, *Lehrbuch der Meteorologie*, p. 454.) L'obstacle que ces mouvements inférieurs peuvent rencontrer suffit pour ramener tout le système à un point d'arrêt; c'est ce qui les distingue des forts tourbillons extratropicaux d'hiver. L'inégale distribution des températures autour du centre du tourbillon et l'asymétrie des isobares qui en découle ne se vérifie pas dans les tourbillons intertropicaux, dans lesquels les masses atmosphériques peuvent se rapprocher beaucoup du centre, restreignant leur champ, grâce à la faiblesse de la force de déviation dans les basses latitudes.

D'après la théorie générale de la circulation de l'atmosphère, nous savons que les courants ascendants au-dessus de l'Equateur Thermique procèdent immédiatement comme contre-Alizés du Sud-Ouest et du Nord-Ouest, au-dessus des Alizés du Nord-Est et du Sud-Est. Une partie de ces contre-Alizés tombe probablement sous les hautes pressions barométriques de l'Atlantique Nord et revient avec les Alizés, mais la plus grande partie de ces vents descend sur la surface de l'Océan au Nord et au Sud de la zône des Alizés et continue vers les Pôles comme vents prédominants du Sud-Ouest ou du Nord-Ouest (suivant l'hémisphère où ils soufflent) dans les régions tempérées. Mais la connaissance de ces contre Alizés se borne aux observations au Pic du Ténériffe.

De certains faits reconnus, toutefois, comme l'existence de ces contre-Alizés, comme la direction des fumées des volcans autour de Quito, comme la carte des isobares de juillet, indiquant de hauts courants atmosphériques au-dessus et sur les côtés de l'Equateur Thermique, le professeur Hildebrandsson a conclu : 1° à l'existence d'un fort vent d'Est au-dessus de la zône équatoriale ; 2° à l'existence de forts vents d'Ouest au-dessus des deux zônes tempérées, formant deux immenses cyclones polaires, sous lesquels nos autres cyclones ne sont que des satellites ; 3° à la déviation rapide des vents, respectivement vers le Sud-Ouest ou vers le Nord-Ouest, sous le 20° de lat. N. ou S., suivant l'hémisphère considéré.

(Abercromby avait déjà noté, d'autre part, qu'à de grandes altitudes, les deux Alizés de l'Equateur tendent à s'unir et à former un seul vent d'Est, et que le mouvement atmosphérique vers les Pôles est très faible sous l'Equateur.)

Passons à l'étude de l'Anticyclone de l'Atlantique austral qui constitue le grand centre d'action de l'atmosphère dont l'influence sur le continent sud-américain est prépondérante.

L'Atlantique Sud offre un excellent champ d'observation pour l'étude de la circulation de l'atmosphère dans des conditions normales : complètement ouvert vers le Sud, il communique avec les grands océans, sans îles ou côtes irrégulières capables d'une influence anormale. M. Campbell Hepworth, du Meteorological Office, a étudié le problème de la circulation atmosphérique dans l'Atlantique Sud dans sa brochure de 1905 : *The Relations between Pressure, Temperature and Air Circulation over the South Atlantic Ocean* (Official No. 177). Nous dégagerons de cette étude les principales conclusions relatives à l'anticyclone dont dépend si étroitement la climatologie sud-américaine.

L'anticyclone Sud-Atlantique est le point central du système de circulation. Des aires de pression relativement basses l'entourent à l'Est (Afrique du Sud), à l'Ouest (continent sud-américain) et surtout au Sud, où se trouvent les basses pressions des hautes latitudes, si bien caractérisées dans l'hémisphère qui nous occupe. La direction générale des vents sur la côte africaine est S.E. et S., sur l'Equateur elle est S.E. et E.

" Au Sud du 30° lat. S., et même un peu plus au Nord de ce parallèle," dit C. Hepworth, " sur la côte occidentale de l'Océan, la circulation normale des vents de surface, d'accord avec les isobares moyens, est fortement atténuée par l'effet des systèmes de basse pression qui se déplacent vers l'Est ou vers le Sud." (Voyez la carte de la *Deutsche Seewarte* relative à juillet-août.) Ces systèmes de basse pression se produisent fréquemment entre mai et octobre, surtout en juillet et en août (voyez les cartes mensuelles de A. Buchan, dans le *Bartholomew's Atlas*). Au Sud du 40° lat. S. les vents de l'Ouest sont intensifiés par eux dans leur retraite. Ces dépressions atmosphériques apparaissent généralement sur l'Océan Atlantique entre le 20° et le 40° de lat. S. Dans les cartes de variation mensuelle de pression, construites par Buchan sur les rapports du *Challenger*, cette chûte que l'on note en avril dans l'hémisphère austral est remarquable. Cependant la variation de température qui y correspond est faible (voyez cartes correspondantes de Herbertson). La chûte est donc plutôt due à la diminution de l'intensité de l'Anticyclone. La carte des variations de pression de Buchan accuse pour avril-mars une différence de −3·8 mm. sous le 30° lat. S. environ (disons en passant que, sous la même latitude, la différence sur le Pacifique atteint −6°3 mm.). Par contre, en octobre-septembre tandis que la dépression atlantique sous le Tropique atteint −2·5 mm., dans le Pacifique nous trouvons une augmentation de pression de + 6·3 mm. De semblables variations mensuelles de pression moyenne ne semblent affecter le continent sud-américain lui-même, en aucune saison de l'année.

Le courant d'air frais vers le Nord sur la côte orientale de l'océan renforce l'aire des hautes pressions et agit comme une barrière pour les dépressions qui se déplacent vers l'Est, tandis que sur la côte occidentale de l'océan le courant d'air chaud, vers le Sud, amène des conditions favorables à la formation ou à l'accélération des perturbations dans cette région (C. Hepworth).

Ainsi le caractère le plus frappant de la distribution de ces vents est le courant S.E. *continu* sur les côtés E. et N. de la haute pression tropicale, et les vents *variables* sur le côté Ouest. La raison de ces derniers, pense C. Hepworth, doit être cherchée dans le passage d'aires de basse pression à travers cette région.

Les rapports météorologiques argentins indiquent les systèmes de dépression et marquent le passage vers l'Est d'une dépression cyclonique qui semble régulière, à la fin d'août, sur le Rio de la Plata. Au Nord du 30° les observations quotidiennes manquent.

" Sur les bords orientaux du Sud Atlantique," dit C. Hepworth, " ainsi que sur ceux du Sud Pacifique, au Nord du 35° S. et également, jusqu'à un certain point, sur les bords occidentaux de l'Atlantique au Nord du même parallèle, on note, quand les conditions atmosphériques sont stables, une tendance marquée du vent à suivre la direction du littoral. Ce fait tient probablement à la tendance qu'a la pression barométrique, sur les continents, à se conformer aux contours de la ligne côtière."

Pendant le cours des douze mois de l'année les isobares de haute pression (de 764 à 767 mm.) forment une ellipse dans l'Océan Atlantique austral, mais elle n'est pas toujours orientée de la même façon par rapport au méridien et ses dimensions sont variables. Voici d'ailleurs, d'après C. Hepworth, les caractères généraux des saisons dans cette région :—

(*a*) Pendant l'été austral, un Alizé constant souffle de l'aire des hautes pressions vers l'Afrique, vers l'Equateur et vers la côte sud-américaine. Mais le vent devient S. ou S.S.W. sur la côte africaine et N.E. ou N. sur la côte américaine, où la direction du littoral constitue le principal facteur d'orientation du vent. Vers l'Ouest de l'aire des hautes pressions, la direction du vent est, en gros, celle des isobares, c.-à-d. N.E., quoique des dépressions cheminant vers l'E. et le S.E. masquent, en partie, la circulation qui se conforme à la distribution moyenne des pressions. Près de la côte américaine, l'influence de la terre sur la direction du vent est clairement marquée. Au Sud du 35° lat. S. les vents prédominants tendent vers l'Ouest, et même vers le Nord.

(*b*) Pendant l'automne austral, l'aire des hautes pressions de l'Atlantique tend à s'unir à celle du Pacifique, à travers le continent sud-américain (voyez cartes de Buchan). L'isobare de 760 mm. traverse d'abord ce continent (mars), puis l'isobare de 762 mm. (avril). En mai il se forme sur le continent un centre de haute pression (765 mm.). Le courant atmosphérique pendant cette saison souffle du S. et de l'E. vers l'O. et le Nord, excepté quand il subit des influences continentales. A l'Est du 20° méridien, entre les 20° et 35° parallèles, ses tendances sont moins constantes; au Sud du 35° les vents de l'Ouest continuent à prévaloir.

(*c*) Pendant l'hiver austral, la migration des isobares continue; la grande ellipse du 765 mm. embrasse l'Océan Indien, l'Afrique du Sud, l'Atlantique et l'Amérique du Sud, jusqu'aux Andes, pendant toute la saison. L'isobare de 767 mm. n'occupe plus le centre de l'isobare de 765 mm. mais se déplace légèrement vers le Sud, renforçant ainsi le gradient pour les vents d'Ouest entre le 30° et le 40° lat. S. "La région des Alizés du S.-E., dit Campbell Hepworth, est plus restreinte dans l'Atlantique Sud qu'en toute autre période; mais au Nord de la ligne Port-Nolloth (Afrique) Bahia, le courant atmosphérique du S.E. est constant, quand il n'est pas dévié par la proximité du continent." Au Sud du 35° lat. S. la circulation normale est maintenue, mais les vents ne sont pas constants.

(*d*) Pendant le printemps austral, les conditions primitives se rétablissent avec la migration des isobares vers l'Est. L'Alizé du S.E. est constant au Nord du 30° lat. S. et à l'Ouest du 10° méridien. Entre les 15° et 30° parallèles la tendance vers le Nord est due à la direction des isobares et devient de plus en plus marquée vers l'Ouest.

Les états successifs de l'atmosphère que nous venons
d'examiner sommairement ne sont que des conditions
moyennes, en chaque saison. Or le mouvement de l'air
est constant et considérable dans l'espace même de 24
heures, comme le prouvent les ondes régulièrement enregistrées par le barographe. Dans l'hémisphère Sud,

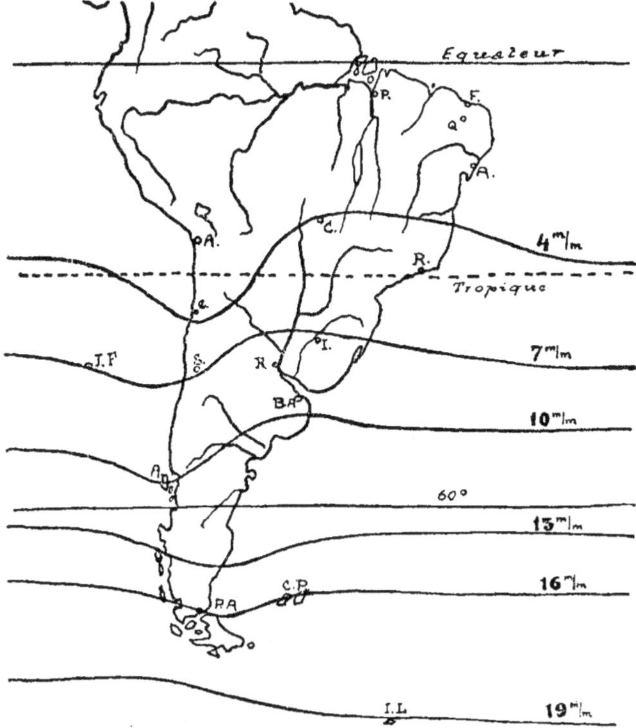

ces ondes sont dues aux passages successifs de systèmes
de haute pression sur les continents. Les ondes de hautes
pressions sont dues aux anticyclones qui se déplacent de
l'Ouest vers l'Est. (Will. J. S. Lockyer, *Southern Hemisphere Surface Air Circulation*, Londres, 1910.)

Les amplitudes des oscillations barométriques sont intéressantes à étudier et leur distribution mène, dans l'hémisphère Sud, aux conclusions suivantes :—

(1) Entre l'Equateur et le 12° lat. S. les stations marquent une amplitude moyenne de 1 à 2 mm.

(2) Entre le 12° et le 60° lat. S. les amplitudes croissent rapidement, atteignant, sous le 60° environ, leur maxima, qui sont de 18 mm.

(3) Après leurs maxima, les amplitudes décroissent jusqu'aux plus hautes latitudes. (Voyez carte des Isanakatabares annuels, d'après Lockyer, page 23.)

Des courbes des différentes stations, Lockyer a construit des cartes d'isanakatabares intéressantes à comparer aux lignes de Köppen. Les isanakatabares de 4 mm. à 16 mm. traversent le continent sud-américain en lignes, qui, lorsqu'elles atteignent la côte occidentale, prennent la direction S.E. Elles s'infléchissent violemment après avoir franchi les Andes et prennent la direction N.N.E.

"Au Sud du 43° lat. S.," dit G. Davis, "la hauteur des Andes n'est plus suffisante pour intercepter les vents du Pacifique, qui, à cette latitude, soufflent directement de l'Ouest et, après avoir passé les Andes, sont probablement attirés par la région de basse pression vers le Nord et détournés vers le Nord-Est, laissant sur leur chemin l'humidité du Pacifique." (G. Davis, *Clima de la Republica Argentina,* Buenos Aires.)

Le continent sud-américain est le plus utile pour l'étude des amplitudes dans l'hémisphère Sud car il s'étend le plus bas (55° S.) et possède les trois groupes de Juan Fernandez, Falkland et Laurie qui aident à la connaissance des ondes de pression.

Ces ondes se déplacent sur le continent de l'Ouest vers l'Est, d'une façon générale; le temps mis à atteindre les différentes stations choisies démontre un changement de direction dû aux Andes, avec déviation vers le Sud.

De l'étude des isanakatabares, Lockyer a tiré les principes généraux suivants relatifs à l'hémisphère austral :—

(*a*) Les anakatabares sont disposés approximativement en cercles, avec le Pôle Antarctique comme centre et indiquent une relation commune entre la latitude et l'amplitude.

(*b*) Dans les trois continents de l'hémisphère austral, où les mouvements atmosphériques sont connus, les isanakatabares sont intimement liés aux cyclones et anticyclones qui y prennent part.

(*c*) De l'Equateur au Pôle, l'ordre des mouvements atmosphériques est le suivant : d'abord une zône d'anticyclones dont le centre est environ 32° lat. S.   Ensuite une zône de cyclones dont le centre est environ sous le 60° lat. S. ; enfin un anticyclone stable au Pôle Sud.

(*d*) Sous toutes les longitudes le mouvement général de l'air est E.-O., ce qui est vrai pour toutes les latitudes australes.

(*e*) La vélocité moyenne par jour semble, à première vue, être de 10° de longitude environ, mais la vélocité s'accroît à mesure que l'on s'approche de l'Equateur.

Quant à l'électricité atmosphérique dans le Sud Atlantique, des observations intéressantes ont été recueillies par l'expédition du *Pourquoi pas?* en 1908-10.   Les observations sur mer sont plus difficiles à prendre, mais elles sont plus exactes et plus homogènes entre elles que sur terre, où plus d'influences locales viennent s'interposer.   Des résultats cueillis, M. J. Rouch dégage la conclusion suivante (M. J. Rouch, " Observations d'Electricité atmosphérique," *Annales de la Société Météorologique de France,* 1913) :—

" Au point de vue du champ électrique de l'atmosphère, l'Océan Atlantique est divisé en plusieurs régions, séparées par les calmes et les grains de l'Equateur Thermique et des Tropiques.   A l'Equateur Thermique, dans toute la région des calmes et des grains, le champ electrique est faible et ne dépasse pas 50 volts (à Batavia, le seul point des régions équatoriales où il existe des observations suivies, le champ a une valeur moyenne de 40 volts).

 " Au Nord et au Sud de l'Equateur Thermique, dans la région des Alizés, le champ est sensiblement plus fort, 120 volts environ.

 " Dans les calmes des Tropiques le champ est faible comme à l'Equateur Thermique. Enfin dans les régions tempérées le champ est assez fort et atteint 150 à 200 volts. Il ne semble pas que le champ diminue sensiblement à mesure qu'on se rapproche des Pôles.

 " La variation diurne du champ électrique de l'atmosphère est bien marquée en mer."

 L'hémisphère austral présente, en somme, des conditions atmosphériques d'une régularité et d'une constance plus marquées que celles de l'hémisphère boréal.

---

(3) La Genèse des Précipitations tropicales et les Saisons australes.

 Une étroite corrélation existe, bien entendu, entre la distribution des centres d'action de l'atmosphère, tels que nous venons de les décrire, et le régime général des pluies dans l'hémisphère austral. Dans les régions équatoriale et tropicale, les précipitations constituent incontestablement la physionomie la plus caractéristique de la climatologie, car ce sont elles qui constituent en réalité les saisons.

 L'Equateur Hyétal, c.-à-d. la ligne qui sépare les régions dont la pluviosité se conforme aux saisons de l'hémisphère Nord de celles dont la pluviosité se conforme aux saisons australes, se trouve au Sud de l'Equateur Géographique dans la partie orientale des continents, et au Nord de la même ligne, dans leur partie occidentale. Après une brusque inflexion sur la côte orientale de l'Afrique (Sud de Zanzibar) Supan trace l'Equateur Hyétal en le faisant coïncider avec l'Equateur Géographique (par conséquent bien au Sud de l'Equateur Thermique) à travers tout le continent africain. En s'éloignant de la côte du Gabon, il s'incline légèrement vers le Nord; quand sous le 30° de longitude Ouest de Greenwich, il prend brusquement la direction du Sud, mais avant d'atteindre le 20° de latitude S. il s'infléchit de nouveau et gagne la côte brésilienne, au Sud de Bahia. De là il suit la côte, et par elle pénètre dans la vallée amazonienne (Sud de Pará, de Souzel et d'Obidos), regagne le sillon de l'Equateur Géographique dans le haut Rio Negro, s'enfonce vers le Nord en Colombie, jusqu'à sous Bogotà, puis revient vers l'Equateur, au Nord de Quito.

Pour la description des précipitations atmosphériques,

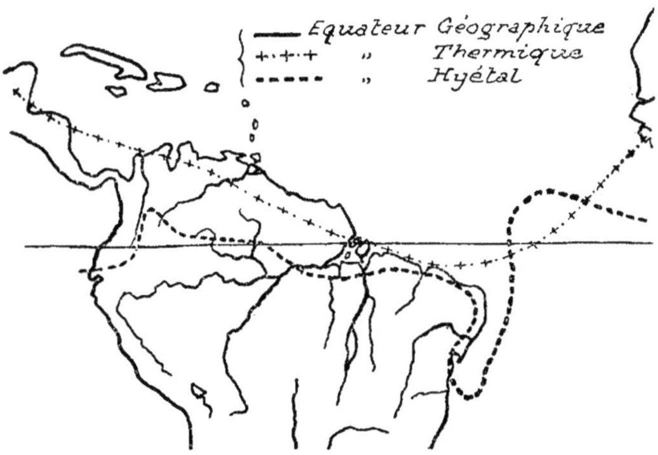

il y aurait lieu de prendre comme base cet Equateur Hyétal et de disposer en zônes homologues, par rapport à lui, les autres régions du globe. Les éléments morphologiques les plus indiqués sont les surfaces barométriques. Dans sa *Distribution of Rainfall over the Land* (Andrew J. Herbertson, *The Distribution of Rainfall over the Land*, extra publication, Royal Geographical Society, Londres, Murray, 1889; épuisé) J. Herbertson considère d'abord l'aire de basse pression ou cyclonale dont les limites sont les lignes de minima barométriques. De chaque côté de cette zône médiane deux ceintures de hautes pressions s'étendent des Tropiques jusqu'aux 40° de lat. N. et S. respectivement. Ce sont les "zônes de pressions tropicales" ou crêtes de maxima. Le sillon central qui les sépare devient donc la "zône de dépression équatoriale." Comme des vents constants soufflent des régions tropicales vers la région équatoriale, l'ensemble de chaque zône de pressions tropicales peut être dénommé "système constant ou des Alizés." Les calotes sphériques du Nord et du Sud constituent les "zônes de dépressions tempérées" ou "systèmes des coups de vent."

Ces zônes de sillons et de crêtes, définies par Herbertson, varient de position, d'intensité et d'extension avec les positions du Soleil, et les particularités morphologiques des systèmes de pression, pendant l'année, masquent parfois cette distribution simplifiée des aires barométriques.

Avant d'examiner la distribution des précipitations, en conformité avec ce cadre général, considérons les "pluies inter-tropicales" en elles-mêmes.

L'entrée de la saison pluvieuse est l'évènement le plus considérable des climats tropicaux, et cette entrée suit, en général, les plus hautes positions du Soleil. Il s'ensuit que les pluies tropicales sont essentiellement des pluies d'été. Mais elles ne tombent pas partout pendant la saison la plus chaude, car, avec la nébulosité croissante et les plus fortes précipitations, la température tombe, à la suite de la diminution de l'insolation et du refroidissement causé par l'évaporation. De nombreuses exceptions se présentent toutefois à cette règle, et les précipitations tropicales sont à peine moins variées que celles des hautes latitudes.—Julius Hann, *Handbuch der Klimatologie*, "Klima der Tropenzone," p. 14.

Un refroidissement relativement considérable de l'air humide sur une vaste extension amène une abondante précipitation, mais un tel refroidissement ne vient qu'à la suite d'un mouvement ascendant des masses d'air humide. Le mélange des masses d'air plus chaudes et plus froides ne peut produire, dans les régions tropicales, que des précipitations isolées, car à mesure que l'on se rapproche de l'Equateur les différences de température entre les masses d'air se font moindres. A la suite des grandes quantités de chaleur dégagées par la condensation, la température de mélange ne tombe que rarement au-dessous du point de saturation.

La cause prépondérante des précipitations tropicales réside donc dans le mouvement ascendant de l'air ou " refroidissement par détente." L'air ascendant se refroidit ainsi à mesure qu'il se dilate et que la pression diminue ; un travail se produit, dont l'équivalent en chaleur est, en partie, alimenté par la chaleur latente de la vapeur d'eau. De fortes quantités de chaleur sont, par suite, dérobées à l'air qui s'élève. Une ascension, même lente, de l'air suffit à expliquer les plus fortes précipitations tropicales.

De Martonne considère quatre cas de refroidissement par détente, tous s'appliquent exactement aux régions équatoriales et tropicales. En premier lieu, le mouvement cyclonal autour du minimum barométrique ; en second lieu, le mouvement ascendant local déterminé par les oscillations du thermomètre. " La variation diurne de la température et par suite celle du baromètre atteignant leur maximum dans les pays tropicaux, c'est là que la condensation doit être la plus active dans la seconde moitié du jour. C'est en effet un des traits caractéristiques du climat des régions voisines de l'Equateur, que la formation presque quotidienne d'orages, qui rassemblent des nuages, dès la fin de la matinée, et éclatent en pluies torrentielles vers 3 ou 4 heures de l'après-midi." L'exemple de Pará est tout à fait caractéristique. La pluie quotidienne, en certaine saison, y tombe à heure fixe. " Avant la pluie " et "après la pluie " sont des expressions courantes à Pará, à propos de la distribution des occupations de la journée. (Cf. l'opinion de Humboldt sur la valeur des oscillations diurnes du baromètre pour la détermination de l'heure.) En troisième lieu, le passage de la mer sur la terre constituant un frottement plus notable de l'air, est un cas de refroidissement, car l'air est contraint à s'élever; en dernier lieu le relief du sol s'interposant, le phénomène précédent se trouve encore aggravé; aussi toute ondulation terrestre est un cas d'augmentation de pluviosité.

Si nous considérons le premier cas cité, nous constatons que des mouvements ascendants de l'air, en un point donné, provoquent des courants atmosphériques qui remplacent l'air échappé et " la région de pluie," dit J. Hann, " devient un point de basse pression par rapport à ses environs et devient localement une aire cyclonale sur la surface terrestre." Les positions hautes du Soleil et le surchauffement des couches inférieures de l'atmosphère, déterminent dans la zône tropicale cet état de choses; mais ce surchauffement n'est pas uniforme sous les mêmes latitudes, car les influences locales agissent comme facteurs de différenciation. Les centres échauffés constituent des régions de dépression, tendance qui se vérifie même dans les petites îles. " La saison des pluies constitue très probablement dans les climats tropicaux, pense Hann, une suite considérable de petits cyclones."

Dans le second cas, celui des courants ascendants par différence de température et de pression, nous constatons qu'avec une distribution très égale de températures et faibles gradients, le phénomène des pluies d'orage des hautes latitudes se reproduit sous les Tropiques. Sa cause est plutôt une ascension de l'air chaud et humide au milieu d'une ambiance d'atmosphère stagnante. C'est ce qui se produit dans les régions tropicales quand les Alizés ont cessé, et qu'aucun gradient de quelque importance ne subsiste. La tension de la vapeur d'eau dans l'intérieur des terres y est par elle-même suffisante pour provoquer, avec une atmosphère supérieure tranquille, des conditions de nature à faire naître journellement des orages.

Quant aux troisième et quatrième cas considérés par de Martonne, relatifs à la détente due à un obstacle, il faut noter que la pluviosité et la nébulosité sont plus considérables, d'une part dans les régions côtières, de l'autre dans les régions montagneuses. Dans le cas des

Alizés, le plus commun dans les régions tropicales, il faut toutefois remarquer que " quand l'Alizé souffle de la mer vers une terre basse il ne se produit aucune pluie tant que son point de destination n'est pas atteint et qu'aucun mouvement ascendant ne lui est imprimé ; au contraire, la force vive du courant Alizé contrecarre le mouvement ascendant de l'air et se trouve être défavorable à la formation d'orages locaux. Tant que persiste sur une plaine un gradient de quelque importance, dont la résultante est un mouvement *horizontal* de l'air, la condensation de la vapeur d'eau est plutôt contrecarrée que favorisée." (J. Hann.) A l'appui de cette importante remarque, Hann cite le cas des plaines ou llanos de l'Orénoque où règne la sécheresse tant que dure l'Alizé, vent maritime cependant. Les vents d'Ouest, sortes de moussons, amènent des pluies, car de hautes montagnes entourent les plaines dans cette direction. Un fait à peu près identique se produit dans la vallée de l'Amazone où la période pluvieuse coïncide avec les vents d'Ouest essentiellement continentaux.

Suivant Köppen les précipitations tropicales, principalement sur les océans, peuvent être dues également à un ralentissement des courants atmosphériques à la suite duquel ils gagnent en hauteur et l'air est contraint à s'élever et, par suite, à se refroidir. Une accélération des courants se produit alors en sens contraire. Or, le passage de courants atmosphériques de la mer sur la terre est certainement une cause de ralentissement, et doit conduire à un mouvement ascendant de l'air qui amène une augmentation des pluies. L'affaiblissement de l'action du vent doit avoir des conséquences identiques.

La corrélation qui existe entre les centres d'action de l'atmosphère, dans l'hémisphère austral, et la distribution des pluies sur le continent sud-américain peut être établie de la façon suivante : " Il existe deux grands courants atmosphériques dans l'Amérique du Sud, l'un du N.E. venu de la partie tropicale de l'Atlantique et l'autre de l'O. venu des parties tempérées du Pacifique. Le premier fait partie du système de haute pression de l'Atlantique Sud et le second fait partie des vents d'O. qui soufflent des hautes pressions du Pacifique Sud. Chacun de ces courants est forcé de s'élever par les montagnes voisines des côtes et, en conséquence, de condenser une grande partie de son humidité sous forme de précipitation orographique, enfin de redescendre de l'autre côté, avec une quantité très diminuée de vapeur d'eau. Celui du N.E. étant le plus chaud des deux courants, possède la plus grande capacité, et les montagnes de la côte orientale étant considérablement moins hautes que celles de la côte occidentale, il s'ensuit que même après avoir pourvu de grandes pluies la côte brésilienne, il pénètre le continent sous forme de vent humide, tandis que le vent d'O. venue du Pacifique perd, en fait, toute son humidité sur le versant chilien des Andes et les hauts plateaux de la Patagonie occidentale, et gagne les plaines sous forme de vent sec. Quoique ce vent d'O. soit à une température basse et ne possède en conséquence qu'une faible capacité d'humidité, sa vélocité moyenne est grande, en sorte que, en un même espace de temps, il peut apporter presque autant de vapeur d'eau que le vent du N.E., originaire de l'Atlantique tropical, plus chargé d'humidité mais plus lent." (Herbert L. Solyom, "The Rainfall of South America," *Symon's Met. Mag.*, 1914.)

Ces conditions générales qui déterminent la distribution des précipitations atmosphériques nous amènent à reprendre la division proposée par Herbertson et à considérer, en conséquence, dans l'hémisphère austral : (1) la *zône pluvieuse subéquatoriale* qui s'étend jusqu'au 15° de lat. S. environ, (2) la *zône subtropicale sèche* qui s'étend du 15° au 35° de lat. S., et finalement (3) la *zône tempérée des pluies.*

(De Martonne détache la zône tropicale pour en étudier séparément les pluies ; il y distingue : (*a*) le *régime équatorial* à deux maxima et sans période sèche ; (*b*) le *régime subéquatorial* à deux périodes sèches inégales, c'est un régime de transition ; (*c*) le *régime tropical* avec une seule saison pluvieuse et une seule saison sèche.)

Des trois divisions d'Herbertson, qui s'appliquent également à l'Amérique du Sud, les deux premières nous intéressent ici tout particulièrement et nous pouvons les nommer respectivement région des *pluies équatoriales* et région des *pluies tropicales* ou des Alizés.   Leur limites

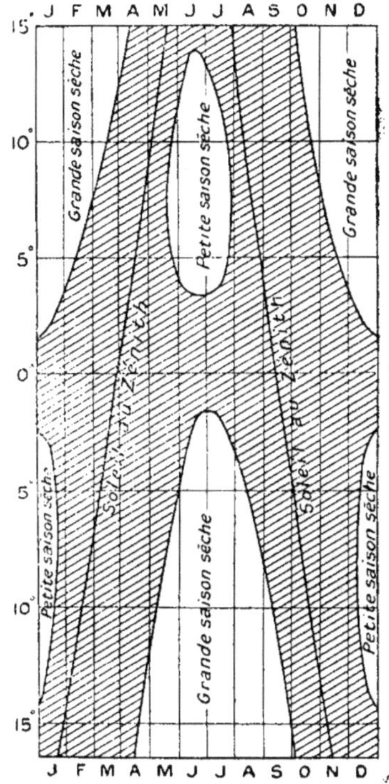

n'ont rien de fixe ; il suffit de rappeler, par exemple, que leur corrélation avec les vents les obligent à suivre les migrations des calmes.

Le schéma de De Martonne relatif aux régimes inter-tropicaux est particulièrement suggestif.   On peut y suivre, à travers l'année, la marche du Soleil et sa position sous les différentes latitudes.

3

Sur l'horizontale de chaque latitude sont portés, au-dessous de la verticale du mois correspondant, le passage du Soleil au Zénith et le commencement et la fin de chaque période de pluies. En joignant ces points on obtient une courbe représentative de la marche du Soleil qui met en lumière le rapprochement des deux passages au Zénith vers les Tropiques et on isole une aire correspondant aux saisons pluvieuses, dont le développement et la scission suivant la latitude sont très démonstratifs. (De Martonne, *Traité de Géographie Physique,* " Le Climat," p. 178.)

" Un double maximum de chaleur, directement causé par les rayons solaires," dit J. Hann, " n'existe en théorie que jusqu'au 12°." Mais les deux maxima ne se trouvent théoriquement à 6 mois d'intervalle que sous l'Equateur, car les passages du soleil au Zénith se rapprochent jusqu'à coïncider sous les Tropiques, où en conséquence il n'existe plus qu'une seule période de pluies. Les influences locales sont impuissantes à masquer sensiblement les effets de ces deux maxima d'insolation. Ceux-ci, en revanche, ont une influence décisive sur les climats et le régime des eaux. Pour un fleuve comme le Nil, dont les principaux tributaires font partie d'un seul hémisphère, le caractère équatorial des crues est moins marqué, mais pour l'Amazone, qui est parallèle à l'Equateur et dont les tributaires font partie des deux hémisphères, le régime de double maximum de pluviosité est mis en évidence par le phénomène de l' " interférence," traduit par un système de double crue ou de compensation.

Dans la région des *pluies tropicales,* proprement dites (par opposition aux pluies équatoriales), le rôle principal revient aux Alizés. Ce sont des vents qui, en soi, ont une humidité absolue faible, car ils amènent de l'air des couches supérieures plus froides vers des couches inférieures plus chaudes ; mais, pour la même raison, à mesure qu'ils progressent leur humidité relative croît. Le premier fait est mis en lumière par les calculs de G. Schott qui attribue à l'Atlantique une humidité moyenne variant de 65 à 70 pour cent ; l'Alizé du N.E. a une humidité moyenne de 73 pour cent, celui du S.E. de 80 pour cent, tandis que dans les régions des calmes l'humidité atteint de 81 à 84 pour cent. (Gebhard Schott, " Wissenschaftliche Ergebnisse einer Forschungsreise zur See," *Petermann's Mitt.*, 1892.) Le second fait est encore expliqué par les calculs de G. Schott relatifs à la salinité de l'Atlantique. A la zône des calmes correspond une salinité moyenne de 35 à 36 pour cent; dans la zône d'action des Alizés, l'évaporation qu'ils provoquent porte l'eau de l'océan à 37 pour cent de salinité et cette proportion est dépassée devant la côte brésilienne soumise à leur influence prépondérante. De récents calculs du Dr. Lütgens sur l'évaporation de la surface océanique sous l'influence des Alizés, évaluent à 7 mm. environ la couche liquide journellement évaporée.

Mais la différence de température entre les régions que les Alizés traversent et leur région d'origine n'est que faible; ils soufflent, la plupart du temps, sur des mers chaudes et leur tension de vapeur d'eau est grande. Un léger refroidissement suffit donc à en retirer des pluies. Dans l'Amérique du Sud, cette tension est assez considérable pour les amener à arroser jusqu'au versant oriental des Andes. (J. Hann, *Handbuch*.) Le mouvement ascendant des Alizés, sous l'action du relief côtier, explique la plus grande humidité des côtes orientales, entre les Tropiques. A ce propos, Herbertson écrit, en matière de conclusion à son étude des pluies mensuelles : " Les Alizés passant de la mer sur les continents ne causent pas de pluies tant qu'ils ne sont pas forcés de s'élever. En hiver avec des gradients thermiques décroissants et des gradients barométriques croissants, les Alizés n'affectent qu'une étroite bande côtière montagneuse. Mais en été, quand les Alizés sont aspirés par une aire bien caractérisée de basse pression, où l'air s'élève, il faut les considérer comme faisant partie de la source des plus fortes pluies qui coïncident avec les plus hautes positions du Soleil. L'exemple le plus caractéristique est certainement celui des pluies asiatiques de moussons ; *mais des conditions moussonales de pluies sont communes à tous les continents* bien que masquées quelquefois. C'est là, il me semble, l'explication la plus simple des conditions anormales du N.E. de l'Amérique du Sud. Les conditions moussonales ne se développent pas tant que le Soleil n'est pas franchement au Sud de l'Equateur et elles persistent après sa migration au Nord de la ligne, quand les conditions de haute pression s'accentuant, les Alizés limitent leur influence aux côtes. L'Amérique du Sud et l'Inde peuvent être utilement comparées l'une à l'autre, quand leur position, par rapport à l'Equateur, est dûment prise en considération."

Au Sud du domaine des Alizés, se trouvent les régions de haute pression auxquelles on donne la dénomination anglaise de " horse latitudes." Tandis que l'air ascendant se refroidit et couvre le ciel de nuages, l'air descendant dans ces latitudes se chauffe, devient sec et conserve le ciel clair, frais, presque sans pluies, avec des brises faibles.

Plus au Sud encore, s'étend la zône qu'Herbertson appelle zône tempérée des pluies. Nous ne l'examinerons pas, mais certains contrastes entre elle et les zônes tropicales s'imposent toutefois. Dans la zône tempérée la tempête cyclonale est la règle, spécialement en hiver, et l'influence du relief quoique très importante n'y est pas décisive, au point de vue des précipitations ; dans les régions intertropicales les tempêtes locales sont la règle générale et le relief prend une importance capitale dans la distribution des pluies. Un autre contraste s'impose : tandis que les fortes précipitations caractérisent les côtes orientales et les versants orientaux des continents inter-tropicaux, les côtes de l'Ouest et les versants occidentaux des montagnes sont les plus arrosés dans la zône tempérée. Ces contrastes se vérifient dans l'Amérique du Sud tout particulièrement, car dans l'Inde et en Malaisie d'im-portantes exceptions existent à ces règles. (W. M. Davis, *Elementary Meteorology*, p. 302-3.)

D'autre part Woeïkof a établi, dans ses études sur les pluies tropicales, les règles suivantes : (1) L'intensité

des pluies tropicales possède des moyennes plus fortes
que celle des plus hautes latitudes, mais la différence n'est
pas grande ; (2) les plus fortes précipitations de courte
durée sont observées dans les latitudes moyennes ; (3) les
pluies modérées et continues, communes aux zônes tempérées, existent également sous les Tropiques et souvent
sous des dénominations spéciales ; (4) les plus fortes précipitations diurnes ont été enregistrées en dehors des
Tropiques ; (5) il est probable que les pluies les plus in-
tenses accompagnent toutefois les cyclones tropicaux.

Ces différents aspects des précipitations intertropicales
ont été examinés et réduits en formules par Alex. Supan.
En concluant son examen des précipitations par saisons,
il propose des formules pour les différentes zônes, où les
facteurs de pluies sont présentés suivant leur influence.
Si nous considérons L la vapeur d'eau produite sur la
terre ferme elle-même (mêlée parfois à des vapeurs diffuses
d'origine marine) ; M la vapeur d'eau apportée de la mer
par les vents ; K les conditions de condensation ; et R la
pluie, nous aurons la formule générale pour la terre ferme :

$$(L + M) K = R,$$

où il faut nécessairement que K soit différent de o. Pour
les *régions subtropicales* cette formule deviendra, en hiver :

$$MK = R.$$

M influe peu d'ailleurs ; en été

$$(L + M) K = R.$$

Pour les *régions tropicales,* elle sera, dans le domaine des
vents Alizés :

$$(M + L) K = R.$$

Dans l'intérieur et l'Ouest (K est positif) :

$$LK = R,$$

et dans le domaine des moussons :

$$(L + M) K = R.$$

Enfin, pour les régions équatoriales

$$LK = R.$$

(A. Supan, "Die Verteilung des Niederschlags auf der
festen Erdoberfläche," *Petermann's Mitt.,* 1898.)

Le régime des vents, tel que nous l'avons déjà décrit, la configuration de l'Amerique du Sud, son relief et jusqu'à un certain point sa végétation elle-même, constituent autant d'influences locales qui troublent la distribution des pluies suivant les latitudes, telle que nous l'avons théoriquement considérée jusqu'ici. E. L. Voss ("Die Niederschlagsverhältnisse von Sudamerika," *Petermann's Mitt.*, Eng., xxxiii, 1906-7) propose la division suivante pour l'étude des pluies :—

(1) Le bassin de l'Amazone et ses affluents.

(2) La région du Nord-Est brésilien.

(3) Le Brésil moyen et méridional.

(4) La région peruo-chileno-patagonienne.

(5) Le Chili méridional.

Nous adoptons cette division générale et l'appliquerons dans la suite à l'étude des régions des pluies au Brésil.

CHAPITRE SECOND.

LES CLIMATS BRÉSILIENS ET L'ASSIMILATION.

SECTION I.

Influences sociales des Types tropicaux.

(1) Conditions générales: Chaleur et Humidité.

"LE climat étant un fait très complexe," dit Jean Brunhes, "si l'on envisage uniquement et séparément les températures, les pressions ou les pluies, on risque de méconnaître la réalité synthétique qui est faite de la combinaison et des réactions réciproques de ces différents facteurs. La plante, au contraire, qui fait partie de la végétation naturelle d'une région, étant obligée de subir les effets complexes et globaux de l'ensemble des facteurs du climat, constitue cet appareil enregistreur qui peut enregistrer à un haut degré, si elle est bien choisie, les effets cumulatifs des différents phénomènes climatiques."

Ces conditions essentielles d'*optimum biologique* que la plante exige constituent le milieu, dont l'influence sociale est si considérable. L'adaptation de l'homme, comme celle de la plante, varie suivant l'altitude, l'humidité ou la sécheresse, l'air continental ou océanique, les vents, la nébulosité plus ou moins grande, suivant la végétation, forêts, prairies, savannes ou steppes.

Le climat n'est pas une cause directe de maladie, mais son action est décisive sur les germes qui sont les causes spécifiques de la maladie. Les vents ne propagent pas au loin ces germes, mais les précipitations peuvent en activer indirectement le développement.

Dans les pays chauds, certains faits physiologiques caractérisés se produisent toutefois. La respiration augmente, le pouls se ralentit, la transpiration s'accroît;

l'appareil digestif se manifeste moins actif ; le foie, au contraire, l'est davantage ; l'énervement est plus facile. La prédisposition à l'anémie y est peut-être due au régime alimentaire, où la viande est généralement moins fréquente.

La plus grande mortalité, enregistrée en certaines parties de la zône tropicale, doit être bien moins attribuée aux conditions climatériques qu'à la situation sanitaire. Ce sont, en général, des pays pécuniairement moins riches, mal pourvus de l'outillage médical perfectionné, dont jouissent les pays plus avancés de la zône tempérée. L'expérience prouve que chaque fois qu'en une région une série de mesures préventives est adoptée, d'accord avec les préceptes de l'hygiène, l'assainissement complet de cette région est obtenu et traduit par les plus rigoureuses statistiques. Deux exemples frappants se présentent pour la fièvre jaune : Cuba et Rio de Janeiro. "Toutes les maladies sont évitables, parce que la Nature, aidée par l'hygiène pratique, fournit toujours des moyens de défense certains et sûrs," dit le Dr. Afranio Peixoto. L'outillage médical et les mesures hygiéniques seuls banissent aujourd'hui des pays tempérés la peste, la lèpre et le choléra, qui pour cette saison *semblent* confinés aux pays tropicaux.

Le Dr. A. Peixoto dit aussi : "Les maladies des climats froids sont toujours considérées comme des calamités indépendantes des conditions climatiques. . . Dans le cas des pays chauds il en est autrement. Sans plus amples informations, on désigne le climat comme l'ennemi. Cette obsession, en ce qui concerne le climat, est si forte que les mêmes maladies sont soignées différemment selon que l'origine de l'infection est européenne ou extra-européenne."

Le grand spécialiste anglais de maladies dites "tropicales," Dr. Patrick Manson, prouve, dans ses écrits, qu'il n'y a pas de maladies exclusivement propres aux Tropiques, mais qu'au point de vue météorologique certaines maladies sont associées à certaines températures. Pour l'éclosion des germes et la propagation de ces maladies, la température est parfois trop basse, parfois trop haute. En d'autres cas, certaines maladies se manifestent en pays chauds alors que leurs germes sont originaires de milieux différents. Et il conclut : " Plus nous apprenons sur ces maladies, moins nous constatons la signification de leur distribution géographique, le rôle de la température *per se* devient l'agent pathogénique direct, et l'influence de la faune tropicale s'impose."

Le fait que, en certaines circonstances, l'Européen souffre plus que l'indigène doit être très rarement attribué à la différence de race et très souvent à un régime de vie irrationnel acquis, à des habitudes excessives ou, ce qui est capital, au mépris des oscillations diurnes de la température. Manson a dit que l'acclimatement de l'individu est moins une adaptation inconsciente de sa physiologie que l'intelligente adaptation de ses habitudes. (R. de C. Ward, *Climate considered especially in relation to Man*, Londres, 1910.) R. de C. Ward indique la recherche par les Européens des endroits plus secs, plus hauts, mieux exposés au vent, mais il est d'avis que les " printemps perpétuels " des climats de montagne ne sont pas les plus favorables au développement physique et mental de l'individu. Il est d'opinion également que les climats tempérés par l'altitude ne remplacent pas les climats tempérés par la latitude.

L'idée que les climats tropicaux sont nuisibles à la santé et que la chaleur est un des principaux facteurs des maladies tropicales a déjà fait son temps. Une chaleur sèche n'est pas nuisible en soi, si haute soit-elle : les districts chauds sont la plupart du temps les plus salubres, et l'action du soleil comme désinfectant est de plus en plus reconnue. L'humidité, d'autre part, peut n'être pas nuisible en elle-même non plus ; mais la chaleur et l'humidité combinées peuvent l'être extrêmement.

La température de l'air n'a pas toujours la même influence sur l'organisme humain et l'expérience prouve que la sensation thermique varie avec l'humidité, avec l'éclat du Soleil, avec le vent et même avec l'action des températures antérieures. Les études de W. F. Tyler à Shanghai, de J. Vincent au Congo et de H. Morize à Rio de Janeiro apportent de nouvelles données sur la question.

Tandis que le Prof. Laulanié calcule que la sensation thermique de bien-être est obtenue entre 14° et 15° C., Mr. H. Morize établit que, pour Rio de Janeiro, cette sensation est obtenue par 21° C.

L'opinion prévaut que le facteur le plus important dans la sensation thermique est l'humidité de l'air, et que la température du thermomètre mouillé est la " température sensible." J. Vincent attribue une action plus considérable à l'insolation et au vent, et juge que l'influence de l'humidité est négligeable, tant que la sudoration n'est pas visible sur la main. Or ce cas étant assez fréquent au Brésil, Mr. H. Morize l'a étudié de plus près, à l'aide de l'échelle de −3 à +3 établie par Vincent. Ses expériences commencèrent en 1905 par des instructions aux observateurs sur l'usage de l'échelle de Vincent.

La première conséquence qui résulte de l'examen des données relatives à Rio est la fréquence du degré o de l'échelle et la rareté des degrés élevés, comme 2. Les différentes sensations thermiques (o, tempéré; +1, tiède; +2, chaud; et −1, frais) ont été classées en trois groupes suivant que le vent était faible, régulier ou fort (plus de 6 mètres par seconde); sur chacun de ces graphiques on peut suivre la variation des sensations thermiques, selon la variation de la température et celle de l'humidité, disposées en abcisses et en ordonnées.

Le fait déjà vérifié au Congo pour les sensations thermiques de o, +1 et +2, à savoir qu'elles restent invariables quand la température baisse et que l'humidité relative augmente, se trouve également établi au Brésil. Si la température est invariable, la sensation thermique s'accentue avec l'accroissement de l'humidité.

Les conclusions formulées par M. H. Morize ont été les suivantes : —

(1) L'humidité atmosphérique contribue fortement à augmenter la sensation de chaleur, à partir de la sensation " tempérée " de l'échelle de Vincent.

(2) Le vent diminue cette sensation, mais pas proportionnellement à sa vitesse.

(3) La sensation " fraîche " est indépendante de la proportion de l'humidité.

Cette dernière conclusion venait, en grande partie, confirmer le rôle de l'humidité défini par J. Vincent.

(2) Sens climatologique des Migrations humaines au Brésil.

Ces influences générales des types tropicaux sur l'homme, en somme très favorables à son développement, ont fait des zônes intertropicales des régions très peuplées, partout où ne domine pas le désert (Inde, Chine méridionale, Australie, Nigéria, etc.). Quant au Brésil lui-même, sa partie la plus peuplée s'étend entre les bouches de l'Amazone et le Tropique du Capricorne (côte et environ 700 kilomètres d'hinterland).

Une des raisons du rapide accroissement des populations tropicales doit être recherchée dans l'extrême facilité de la vie, causée par la prodigalité de la Nature et la douceur du climat. Au Brésil, par exemple, la population a sextuplé au cours du XIXe siècle. Actuellement ce pays ne doit compter guère moins de vingt-cinq millions d'habitants.

Entre les recensements de 1872 et de 1900, le taux moyen d'accroissement de la population brésilienne fut de 70 pour cent ; ce fut le taux de Minas-Geraes ; mais des régions équatoriales connurent des taux supérieurs comme l'Amazone (340 pour cent, dû à l'immigration), l'Alagoas (85 pour cent) ; Pernambouc vit sa population s'accroître de 40 pour cent, comme le Maranhão. Les sécheresses du Céarà et de Rio Grande do Norte expliquent leurs faibles accroissements de 17 et 18 pour cent.

D'un autre côté, c'est dans la zône intertropicale du Brésil qué se trouvent encore aujourd'hui, malgré l'afflux immigratoire vers le Sud, les plus fortes densités. Pernambouc et Sergipe possèdent 20 habitants au kilomètre carré, Alagoas 13, et l'Etat de Rio 14. Ces conditions

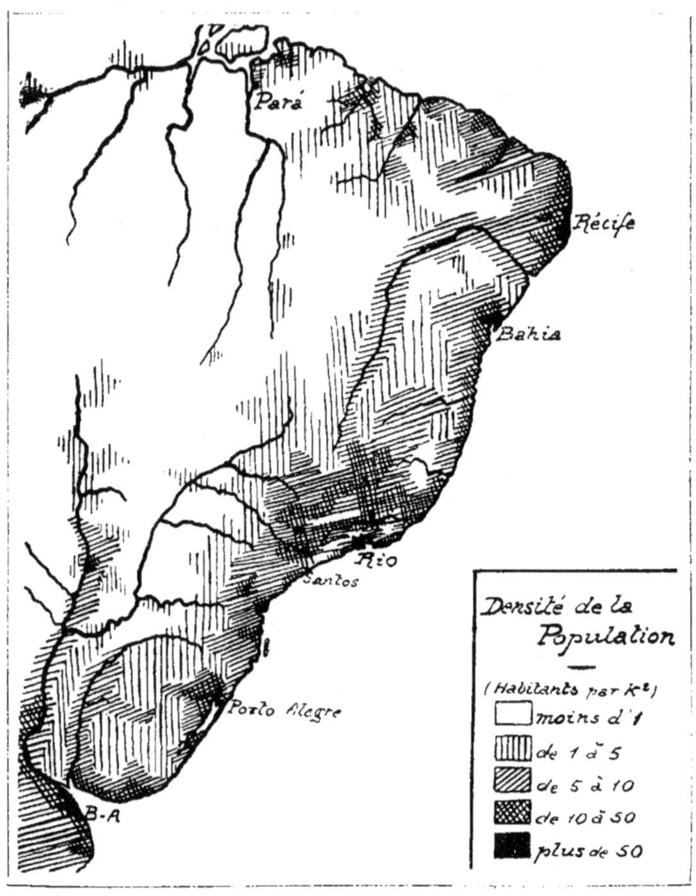

tendent toutefois à être modifiées par le développement de l'immigration vers la région des plateaux.

La plupart des régions tropicales, soit par le fait de leur richesse, soit par le fait de leurs sociétés indigènes, restent encore actuellement colonies ou possessions de

races plus audacieuses qui ont pris une part plus active
à l'histoire de l'humanité. Dans la position géographique
où il se trouve, le Brésil constitue donc presque une
exception.

Ce fait tient, en partie, à ce que le colonisateur du
Brésil, le Portugal, s'est rapidement affaibli. Malgré
toute l'extension de l'empire colonial portugais du passé,
le Brésil a été, à vrai dire, la seule colonie du Portugal,
le reste n'étant qu'une série de comptoirs. Au Brésil
seulement la race portugaise des temps héroïques a fait
souche, car les Portugais émigrés s'y installèrent de bonne
heure sans esprit de retour : ils allaient *en* Afrique et *aux*
Indes, mais ils partaient *pour* le Brésil. Un fait à peu
près identique se serait produit avec l'Afrique du Sud,
colonisée par les Hollandais, si les hasards de la politique
mondiale n'avaient permis à l'Angleterre d'y prendre
pied. Le facteur climatologique n'est donc pas étranger
à ce grand fait historique.

Si nous jetons dans l'histoire un regard en arrière,
en recherchant l'influence sociale des types tropicaux, nous
trouverons peut-être que l'origine de l'homme est tropicale et que les premières civilisations se sont développées
dans les régions plus sèches des Tropiques ; nous trouverons aussi que les plateaux fertiles de l'Amérique ont
vu les civilisations précolombiennes les plus brillantes, des
Incas et des Aztèques, mais un fait avant tout doit attirer
notre attention. Il est souligné par R. de Courcy Ward
(*Climate*, pp. 234-5). C'est la direction des migrations
humaines et leur sens climatologique.

" Quelques-uns des plus grands mouvements migra-
toires de l'histoire," dit R. de C. Ward, " ont eu lieu
de régions plus froides vers des régions plus chaudes, et
constituent dans les zônes tempérée et tropicale une
tendance générale vers l'Equateur." Il cite comme
exemples les invasions aryennes dans l'Inde, la conquête
de la Chine par les Mandchous, les invasions barbares
en Europe, le mouvement des Aztèques et des Toltèques
du Mexique vers le Sud. Il cite également des mouve-

ments vers l'Equateur dans l'hémisphère Sud : les Kaffirs et les Patagoniens.

La remarque de R. de C. Ward est confirmée par l'histoire précolombienne du Brésil. Là aussi nous assistons, en effet, à une marche vers le Nord. Des quatre grandes nations indigènes du Brésil, Guaranys, Aruaks, Caraïbes et Gés, les deux premières se déplacèrent vers le Nord, comme l'étude des différents stages de leur civilisation le prouve. Les Guaranys marchèrent vers le Nord dans trois directions; du 30° lat. S. ils gagnèrent l'Amazonie. Le Rio Tapajoz, plus difficile, paraît avoir servi à des réémigrations. Les Aruaks originaires du Vénézuéla et du plateau des Guyanes peuplèrent les Antilles et l'Amazonie; leur histoire, ainsi que celle des Caraïbes, confirme la remarque du savant américain.

Les nécessités imposées à l'homme par les types tropicaux sont multiples et l'interprétation du problème climatologique a donné lieu au cours des temps à des solutions différentes. Au point de vue de l'habitation, par exemple, la vieille maison portugaise, en pierre et à murs larges, a été abandonnée, dans les villes, pour la maison de brique; l'idée portugaise de tracer des rues étroites dans le but d'obtenir de la fraîcheur a fait place à l'avenue large, ensoleillée et arborisée à la fois, dans le but d'obtenir les meilleures conditions hygiéniques de ventilation et d'insolation. A l'heure actuelle, il n'y a au Brésil que les étrangers qui construisent des maisons coloniales type " bungalow " pareilles aux résidences européennes dans l'Inde. Le Brésilien évite les vérandahs circulaires, qui empêchent la pénétration des rayons de Soleil, il évite les plafonds bas et les ouvertures étroites, il préfère imiter l'extérieur de la maison européenne et, à l'intérieur, disposer d'un grand cubage d'air avec prises d'air. Les divisions secondaires de l'intérieur sont généralement en torchis.

Dans l'intérieur, le type de la maison varie suivant le sol sur lequel il est construit; mais l'usage de la brique étant assez répandu, celle-ci remplace le torchis, chaque fois que la fabrique n'est pas trop éloignée. La maison du pauvre est recouverte de *sapé,* le chaume brésilien.

Au point de vue de la localisation des populations, un contraste s'observe entre le Nord et le Sud. Dans l'Amazonie, le véritable chemin étant le fleuve, les centres habités cherchent la vallée et le voisinage des cours d'eau ; dans le Nord-Est, il en est à peu près de même, mais pour d'autres raisons, pour l'approvisionnement d'eau entre autres. Dans le Sud l'habitation fuit la rivière ; à S. Paulo, par exemple, les villes et villages occupent les " chapadas " ou lignes de séparation des eaux : Tiété, Porto-Feliz et Piracicaba font exception, car ils sont des centres historiques d'où partaient des expéditions fluviales. L'explication de ce contraste dans la géographie humaine du Brésil réside plutôt dans la géologie que dans la climatologie. Dans le Sud l'absence de terrains calcaires et perméables rendant l'eau de ruissellement assez abondante, dispense l'observation de la carte hydrographique et admet les préférences climatiques qui peuvent se présenter.

Au Brésil, comme dans les pays tropicaux en général, la richesse du sol et l'absence de rigueurs atmosphériques se sont ajoutées à une certaine indolence naturelle et imprévoyante, pour ralentir les progrès de l'agriculture et l'emploi des méthodes rationnelles. Des crises toutefois et l'action des pouvoirs publics ont déjà commencé la transformation agricole du pays. L'industrie, par contre, y a commencé assez tôt, par le fait de la stabilité de la colonisation et se serait développée davantage sous un régime économique plus libre. Le Brésil est actuellement le pays industriel le plus important des Tropiques.

Au point de vue de l'activité humaine, les différents climats, ou plus exactement, peut-être, les différents types de végétation ont formé au Brésil des types sociaux différents.

La prairie du plateau et de la plaine du Sud a formé un type de mameluk, métis d'aventurier portugais et d'indien. Le *pauliste* actuel, entreprenant et actif, et le *gaùcho* du Sud, courageux et fort, sont les deux types les plus saillants de cette race qui a conquis les limites actuelles du pays au XVIIe et XVIIIe siècles. " La terre a attiré l'homme, suivant l'expression d'Euclydes Cunha, et l'homme a suivi les lignes de moindre résistance, tracées par le cours des rivières." Ainsi s'explique la descente des " Bandeirantes " vers les sillons centraux du pays.

La savane du Nord-Est a donné un autre métis, dont le type le plus caractéristique est le *jagunço*. C'est la victime de la sécheresse; il est pasteur, sa bravoure est muette, sa résignation absolue, sa loyauté parfaite. Il lutte contre le milieu, n'émigre qu'à la dernière extrémité, et revient, après la pluie, à la terre ingrate. C'est lui qui, dans la montagne et la brousse, a résisté aux Hollandais, au XVIIe siècle.

La forêt équatoriale a produit son métis, elle aussi, mais il résulte du type précédent immigré en Amazonie, le *paroàra*. Aujourd'hui il a absorbé les populations primitives du grand fleuve : le Sahara du Brésil a envahi le Soudan brésilien et le contraste que Nachtigal notait en Afrique, basé sur la distribution des pluies, se vérifie au Brésil. Doué d'une énergie, d'une puissance de travail considérables et d'une facilité étonnante d'assimilation, le *Cearense* a fait la prospérité de l'Amazonie.

Il serait trop long de parler encore ici de l'habillement et de la nourriture tropicale au Brésil. Disons en passant que la viande n'y est pas consommée dans les proportions communes à l'Europe. Le Nord amazonien vit de pêche fluviale, de piracurù et de tortues; le Nord-Est a un *charque* spécial, la *carne de vento* (viande séchée au vent) que lui préparent les Alizés. Le plateau du Sud utilise les céréales d'Europe. Les fruits abondants sont consommés partout en quantité, les légumes le sont infiniment moins, et le fond de toute l'alimentation, du Nord au Sud, est le haricot noir (feijão), le riz et la farine de manioc. En général, le Brésilien est d'une extrême sobriété, l'alcoolisme étant plus pernicieux dans les climats chauds. Il ne connaît guère de stimulant que le café national, ou, dans le Sud, le maté.

Mais les éléments indigènes, métis ou lusitaniens, qui ont fait le Brésil tel qu'il est, ne sont plus actuellement les facteurs exclusifs de la prosperité économique. L'élément noir tend à disparaître, et pour résoudre la question de la main-d'œuvre, l'élément colonial blanc s'infiltre annuellement dans les sociétés du Brésil.

Section II.

Colonisation et Assimilation.

(1) Historique de l'immigration.

Plus on étudie l'histoire de la colonisation européenne au Brésil, mieux on se rend compte du fait que les différents échecs, enregistrés au XIXe siècle, dans la politique d'immigration, sont indépendants des conditions climatiques. Il y a eu des fautes psychologiques, des erreurs administratives, des méconnaissances des conditions agrologiques choisies; il y a eu rarement des incompatibilités climatiques.

Au début, le voyage à travers l'Atlantique était long, et plusieurs tentatives de colonisation ont été étouffées à bord même, par suite du manque d'hygiène des transports, témoin l'aventure de *l'Associação Central de Colonisação* qui, en 1858, dut débarquer à Marseille les immigrants embarqués à Gênes.

Un des hommes qui connaît le mieux le problème colonial au Brésil, le Dr. Gonçalves Junior, ancien directeur du Service d'Immigration et auquel le Brésil doit sa législation coloniale actuelle, dit que l'établissement d'immigrants ne doit jamais être tenté, au Brésil, au Nord du 16° lat. Sud. Les faits confirment pleinement cette opinion. Rappelons-les très brièvement.

Des raisons politico-militaires avaient déjà amené le gouvernement colonial à occuper, c.-à-d. à coloniser,

4

l'extrême Sud du Brésil dès le XVIIIe siècle (1744), en vue de résister plus facilement aux incursions espagnoles.

Au début du XIXe siècle des hommes de grande valeur et d'idées larges accompagnèrent Jean VI au Brésil et dictèrent des lois économiques de grande portée. L'immigration ne fut point oubliée, et le *Contrat Gachet*, de 1818, reste comme un modèle de colonisation officielle. L'endroit fut mal choisi, mais ce fut une connaissance insuffisante des terres arables de Nova-Friburgo qui retarda tellement le développement de cette active colonie suisse.

Le Brésil indépendant s'occupa de la colonisation du Sud. Le Rio Grande do Sul et Santa-Catharina bénéficièrent les premiers de l'initiative impériale.

Bientôt l'effort colonial fut général au Brésil et, de 1840 à la fin du siècle, s'ouvre la période des grandes tentatives de colonisation plus ou moins heureuses. Quatre sortes d'efforts peuvent être remarquées alors; l'initiative officielle continue, la colonisation par initiative privée est brillamment inaugurée à S. Paulo en 1847 par le riche propriétaire Vergueiro; une initiative semi-officielle revient à une vingtaine de compagnies fondées de 1842 à 1889 et qui travaillent à l'introduction de main-d'œuvre étrangère; la plus célèbre fut la *Hamburger Colonisations Verein;* enfin le système des contrats avec l'Etat impérial ou la Province est inauguré dès 1850 par le Dr. H. Blumenau.

"L'ancienne colonie devenait, dit Eduardo Prado, l'héritage commun des déshérités des vieilles sociétés encombrées de l'Europe."

A côté des raisons économiques qui déterminaient les migrations européennes, d'autres mobiles poussaient le Brésil à accueillir les émigrants et même à les encourager. Le gouvernement impérial s'intéressait vivement au peuplement du sol brésilien, mais s'en occupait d'une façon intermittente, au gré des fluctuations ministérielles. Une action plus soutenue fut poursuivie à S. Paulo par les grands propriétaires, désireux de se procurer la main-d'œuvre européenne. La propagande abolitionniste, d'un autre côté, devait considérer l'immigration blanche comme la contre-partie de son projet d'émancipation noire. Ce fut le but principal de la *Sociedade contra o Trafico* (1850) et de la *Sociedade Central de Immigração* (1883). Enfin, l'idée de localiser soit des Allemands en particulier, soit des Slaves, soit même des Américains du Nord (1864-66) vint souvent déterminer des tentatives provinciales.

Quoi qu'il en soit, en 1875 la colonisation avait été tentée dans plus de la moitié des provinces de l'Empire, sans excepter le Parà, le Maranhão et Pernambouc. En faisant le bilan de ces premiers efforts, et ici se dégage la conclusion climatologique de la question, Vicenzo Grossi pose les conclusions suivantes :

(*a*) Les 144 colonies fondées comptent, en 1875, 101,066 habitants, dont 65 pour cent occupent le Rio Grande do Sul et Santa-Catharina.

(*b*) Le Nord n'a pour ainsi dire pas de colonies; la zône maritime y compte à peine quelques immigrés.

(*c*) Si l'on soustrait les 50 colonies d'Espirito Santo, Rio de Janeiro, Santa Catharina et Rio Grande, des 144 fondées, nous trouvons environ 94 échecs ou succès éphémères.

Les méthodes employées par le Brésil, en vue de coloniser ses terres, se sont, dès le début, marquées par le grand nombre de facilités et de garanties accordées aux occupants. Vers le milieu du XIXe siècle, le problème colonial a eu une influence décisive sur la législation des terres, la définition exacte des domaines d'Etat, ou " terras devolutas," s'imposant avec urgence.

Divers départements administratifs furent successivement chargés de la question du peuplement du sol ; leurs créations successives et leurs suppressions démontrent les tâtonnements auxquels les différentes solutions ont donné lieu.

Antérieurement à 1850, des sommes assez importantes furent consacrées, presque sans profit, aux différentes tentatives. De 1850 à 1875 il en fut autrement. Dans la suite le mouvement d'immigration vint apporter une des principales solutions à la question de la main-d'œuvre posée par l'abolition de l'esclavage.

Avec le nouveau régime, la constitution républicaine vint confier aux Etats de l'Union le contrôle et l'administration des Colonies situées sur leurs territoires respectifs. Il en résulta que chacun des Etats du Sud (ainsi que Minas et Bahia) intéressé à la colonisation étrangère, légiféra sur la matière. Mais le Gouvernement fédéral, se trouvant également intéressé dans la question, continua sa politique de colonisation et le Décret de 1907 vint définir son action.

L'Union accueille donc actuellement de son côté les nouveaux venus, leur prête toutes les informations nécessaires et les envoie aux centres coloniaux choisis par eux. Dans la colonie, les lots sont déjà formés, les routes sont percées, les premières cultures sont facilitées. Il existe des colonies de l'Union, des colonies des Etats et des colonies d'Etat, subventionnées par l'Union.

Les services de colonisation au Brésil disposent aujourd'hui d'un vaste état-major d'administrateurs très compétents, aidés d'ingénieurs et d'agronomes excellents ; il s'ensuit que plus rien d'aléatoire n'est laissé à l'entreprise.

(2) Conditions d'Acclimatement.

" Fait digne d'être remarqué," dit le Dr. Gonçalves Junior, dans son rapport de 1910, " fait très rare dans l'histoire de la colonisation de n'importe quel pays, et qui vient démontrer l'attention que l'on prête aux questions de climat et de salubrité des régions choisies pour l'établissement des colons : dans tous les centres coloniaux, l'acclimatement des étrangers s'est opéré insensiblement, avec une facilité admirable et sans crises, et l'adaptation aux milieux s'est parfaitement produite pour tous."

Les statistiques d'immigration au Brésil indiquent un courant continu depuis 1850 ; à partir de 1871, la moyenne est toujours supérieure à 10,000 personnes par an; de 1888 à 1898 les chiffres exceptionnels de 100,000 et 200,000 sont atteints, puis la moyenne annuelle revient à 50,000 ou 70,000. Avant la Grande Guerre, le Brésil recevait plus de 150,000 immigrants par an (192,000 en 1913). Le nombre de colons entrés au Brésil de 1820 à 1916 est de 3,500,000. Le dernier million est entré après le Décret de 1907.

Par nationalités, les immigrants localisés au Brésil représentaient :—

Italiens	1,400,000
Portugais	1,000,000
Espagnols	500,000
Austro-Allemands	200,000
Russes	100,000

Ils ne sont pas toujours entrés tous dans les mêmes proportions. Les Portugais seuls ont eu un courant continu et sans cesse croissant vers le Brésil, après 1852. Les Allemands ont eu deux périodes de plus grande immigration, de 1852 à 1862 et de 1872 à 1892; les Autrichiens ont eu quelques fortes immigrations après 1889. Quant aux Italiens, leur afflux a commencé tard; il date, en réalité, de 1876, et trois fois dépassa 100,000 personnes par an. Les Espagnols commencèrent leur afflux encore plus tard, en 1880. Les Russes vinrent en 1877, en 1890 et continuent à venir en assez bon nombre.

Le Brésil reçoit les migrations spontanées qui constituent le plus gros appoint, mais pratique aussi l'immigration subventionnée, dans le but de se procurer des éléments sociaux sélectionnés. Certains pays d'Europe, l'Italie et l'Espagne en particulier, cherchent à contrecarrer la propagande que font en faveur du Brésil, non seulement ses agents, mais les colons eux-mêmes appelant leurs amis. L'afflux italien, déjà très considérable, atteindrait des proportions embarrassantes pour les services de localisation des immigrants si une campagne de dénigrement n'était systématiquement menée contre le Brésil par la presse et les autorités italiennes. (Décret Crispi de 1889 et Décret Prinetti de 1902.)

Les données statistiques précédentes viennent mettre en relief un fait caractéristique de l'immigration au Brésil : l'importance prépondérante de l'élément latin dans les migrations qui s'y destinent. Le pays en retire deux avantages, l'un démographique qui vient aider la formation de la nationalité brésilienne par l'apport de races pleines d'affinités entre elles ; l'autre physiologique qui vient faciliter l'assimilation et l'acclimatement par leur origine méditerranéenne.

L'adaptation du Portugais aux différents climats du Brésil est un fait très ancien. Le problème de l'acclimatement ne se pose même pas. La question climatologique, pour les migrations portugaises, se pose plutôt au Portugal qu'au Brésil. En effet des études récentes de M. Ezéquiel de Campos, sur la population du Portugal, le climat et les populations, arrivent à des conclusions intéressantes. Ce sont, en général, les populations plus denses des districts du Nord qui émigrent. Si l'on compare soigneusement les données statistiques et les données météorologiques du problème, la distinction entre l'émigration du travailleur et celle de la famille aidant, on arrive à conclure que " tandis que dans la partie humide et littorale du Portugal, l'excès de population s'expatrie pour revenir plus tard, dans la partie sèche le climat expulse la population, et dans les régions de climat semi-continental le climat s'oppose au peuplement." (Ezéquiel de Campos, *A Conservação da Riqueza Nacional*, Lisbonne, 1910, p. 122.)

Quant à la qualité du colon portugais, il faut dire que, si le Brésil lui est redevable de son brillant passé, à l'heure actuelle il a rencontré dans l'ancienne colonie de forts concurrents. A ce propos le Consul de Portugal à Rio écrivait en 1909 : " Le Portugais n'est déjà plus aujourd'hui l'élément prépondérant au Brésil, ni dans le commerce, ni dans aucune des manifestations de la culture humaine. Des peuples plus cultivés, avec un contingent immigratoire plus faible, mais avec des individus mieux préparés, nous ont pris notre place, écartant lente-

ment notre ancienne influence. . . Il nous reste encore
aujourd'hui un réduit, le Parà et l'Amazone, dernier
boulevard de notre influence, où les autres étrangers n'ont
pas encore été nous combattre, car ils craignent l'action
du climat, auquel seuls les Portugais résistent avec avantage. L'immigration portugaise, la plus nombreuse au
Brésil, est également la plus inculte et se compose en
majorité d'illettrés.'' Le jugement est sévère, et en

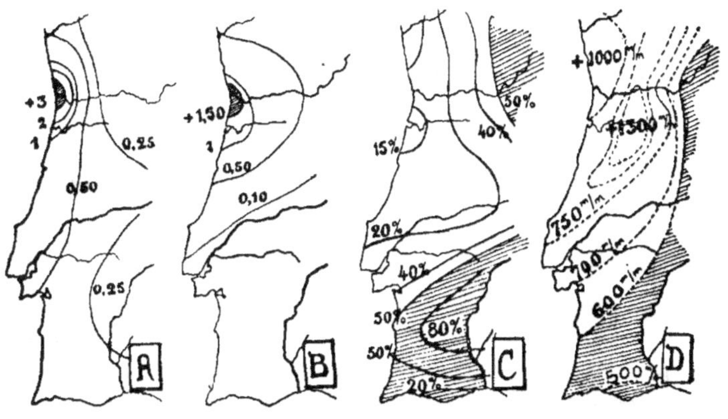

L'EMIGRATION PORTUGAISE.

(D'après Ezéquiel de Campos.)

A, Emigration par K^2 (moyenne = 0,30), période 1901-1911. B, Accroissement
de la population par K^2 (moyenne = 0,54), période 1900-1911 ; cette carte explique
la précédente. C, Emigration féminine, c.à.d. population *expulsée* (pour cent de
femmes dans l'émigration totale), période 1900-1911. D, Distribution annuelle des
pluies ; cette carte explique la précédente.

partie injuste, car si le Portugal envoie de 55 à 60 pour
cent d'illettrés (statistiques de 1901 à 1909) il envoie
ce qu'il a, et même ce qui constitue ses '' meilleurs
éléments démographiques, puisqu'il est prouvé que le
pourcentage d'illettrés chez les émigrants est inférieur à
celui qui existe chez ceux qui restent '' (Ezéquiel de
Campos, p. 167). Pour cette raison il nous semble
difficile d'adopter l'opinion de M. Affonso Costa, dans
son *Economia Nacional* (1911), qui dans l'examen des

causes de l'émigration portugaise classe l'*analphabétisme*. C'est une façon savante, mais à peine polie, de traiter d'imbéciles ses compatriotes qui s'expatrient.

L'émigration espagnole est due aux contingents envoyés annuellement par la Biscaye, la Catalogne et la Galice, c'est à dire les districts plus peuplés de l'Espagne. Il est inutile de faire remarquer l'importance prise par cette émigration à la suite des difficultés coloniales qui devaient aboutir à la perte des Philippines et des Antilles. L'afflux espagnol au Brésil a été considérable en ces dernières années.

Le grand contingent italien est incontestablement celui qui a le plus fait pour la prospérité actuelle du Brésil et de l'Etat caféier de S. Paulo en particulier. L'immigrant italien est Calabrais, Napolitain, Sicilien : les *latifundia* de l'Italie méridionale semblent chasser les populations, tout comme la " pulvérisation de la propriété " dans le Nord portugais.

Vicenzo Grossi écrivait en 1905 que les Latins et les Italiens tout spécialement, constituent la race qui convient le plus au milieu physique et social du Brésil, que l'Italie seule est en mesure de procurer les contingents nécessaires, que la race brésilienne future sera le croissement du *Sertanejo* et de l'immigré italien et qu'enfin ce sera à l'Etat de S. Paulo, de nouveau, de devenir le grand centre d'irradiation de cette nouvelle race, comme il l'a été d'une autre dans le passé.

Les voyageurs et les savants sont d'accord pour vanter la facilité d'assimilation qui a présidé à l'établissement des Italiens dans les Etats du Sud du Brésil. Mais l'Etat de S. Paulo vise aujourd'hui plus que l'assimilation de la race italienne ; il en veut l'absorption, et semble y réussir. Une instruction publique merveilleusement organisée, un service de colonisation libéral et généreux attache les nouvelles populations à la nouvelle patrie. La question climatologique, résolue depuis longtemps, ne préoccupe même plus des autorités. Il n'est plus question de " colonies sans drapeau " type germanique, mais d'une race nouvelle homogène et forte, dans laquelle un écrivain anglais voyait naguère renaître déjà les caractères du Romain de l'Antiquité. (Bruce, *Brazil and Brazilians*.)

L'immigration allemande offre un caractère différent dans le Sud du Brésil. Ce qui frappe à première vue c'est son organisation qui, dès le début, a obéi à un plan régulier, à un mouvement discipliné. Ils sont peut-être aujourd'hui un demi-million, ceux qui descendent des Teutons immigrés pendant la seconde moitié du XIXe siècle. Ils constituent le classique " péril allemand." Si l'on entend par là une intention de conquête allemande, la question rentre dans la politique internationale et le nombre plus ou moins grand de sujets teutons établis sur les lieux ne fait guère à l'affaire; si l'on entend par là, au contraire, l'assimilation et l'absorption des populations allemandes, la question devient nationale et trouve des solutions brésiliennes très différentes. Au Rio Grande do Sul, l'importance capitale attachée par les gouvernements à l'instruction publique a résolu la question en assimilant parfaitement les colonies allemandes, le "péril" n'existe donc pas; à Santa Catharina, où rien, absolument rien n'est fait pour aider les Allemands à entrer dans la communauté brésilienne, le " péril " existe au plus haut point.

" Emigration composée à la fois d'hommes, de capitaux, et d'intelligence directrice, elle ne s'est pas faite à l'aventure ou par individus isolés, comme l'italienne, mais en fixant un plan précis d'activité productive, en co-ordonnant tous les éléments." Ainsi s'exprime le Doct. Dario Guzzini, chargé de l'enquête sociale de la " Commission Italienne " de 1912. " L'aspect extérieur des colonies allemandes a l'air plus prospère que celui des colonies italiennes, parce que, individuellement, le colon allemand a le culte de la maison et de la personne. . . . Il lui manque quelques-unes des qualités du parfait agriculteur qu'est indiscutablement l'Italien. Il possède en revanche plus de ressources de sa patrie d'origine." En somme le colon allemand, s'il s'acclimate parfaitement, est moins assimilé, car il a choisi un Etat brésilien qui n'a qu'une faible capacité d'assimilation.

L'élément russe et polonais prédomine dans le haut plateau du Sud, entre 700 et 900 mètres, au Paranà. Populations pieuses, sentimentales et déshéritées, ces Slaves ont trouvé un climat favorable et un sol généreux où ils plantent les céréales d'Europe. L'afflux slave continu prouve que l'acclimatement est rapide.

A l'heure actuelle le Brésil possède une quarantaine de centres coloniaux à la disposition des immigrants. Avec les colonies de l'Union et celles des Etats, le Paranà possède 11 centres, Minas 10, S. Paulo 9, le Rio Grande do Sul 3, Santa Catharina 2, l'Etat de Rio de Janeiro 2 et l'Espirito Santo 1.

Voici la position de quelques-unes de ces colonies :

Colonie	Etat	Altitude	Latitude	Long. Ouest de Rio
Joâo-Pinheiro	Minas	692m.	—	—
Itatiaya	,,	823	21°5	1°3
Mauá	Rio	1,050	22°2	1°2
Monçâo	S. Paulo	626	22°4	5°5
Ivahy	Paraná	764	24°5	7°3
Vera-Guarany	,,	776	26°1	7°3
Esteves-Junior	Sta. Catharina	325	27°2	5°2
Erechim	Rio Grande do Sul	730	28°	—

À la fin de son enquête médicale dans les Etats du Sud, le Dr. Pieraccini concluait en 1912 : "La partie méridionale du Brésil, et précisément les Etats de S. Paulo, Paranà, Santa-Catharina et Rio Grande do Sul, par les conditions des eaux, de l'atmosphère et du sol, en un mot pour tout l'ensemble des phénomènes qui, dans la pratique, servent à caractériser un climat, sont, peut-on dire, parfaitement adéquats à l'immigration agricole italienne." Toutes les maladies qu'il y a étudiées lui paraissent évitables et transitoires. Il se borne à préconiser une action sociale plus efficace dans le sens de l'assistance sanitaire.

(3) Les Climats amazoniens et l'Opinion.

Au Nord du 16° lat. il n'est plus question de colonisation étrangère. Le problème de l'acclimatement peut y être aisément résolu pour les individus isolés, il ne doit pas être tenté, pour le moment, pour des collectivités qui peuvent trouver ailleurs des conditions plus semblables à leur pays d'origine.

Entre Bahia et l'Amazonie, des climats bien différents se présentent ; mais si les moyennes thermiques sont hautes, l'humidité est plus faible. Les climats les plus renommés du Brésil, sinon les plus agréables, se trouvent dans cette zône.

" Le Piauhy," dit le Dr. Martins Costa, " est généralement salubre, il possède des localités où la vie humaine voit prolonger sa durée. C'est le cas de Jaicoz, où les centenaires sont nombreux. . . . Le Céarà jouit d'une grande réputation de salubrité, et son climat, la plupart du temps sec et égal, est conseillé comme un excellent refuge hygiénique pour les tuberculeux. . . . Le ' sertão ' de Pernambouc jouit d'un climat plus ou moins égal, d'une traditionnelle salubrité et très indiqué pour les affections chroniques de l'appareil respiratoire."

Dans l'Amazonie enfin, les moyennes thermiques sont aggravées par l'humidité, ce qui toutefois n'empêche pas l'adaptation parfaite des éléments portugais et céarenses. l.'" Hylœa " de Humboldt a trouvé, au point de vue climatérique, des enthousiastes convaincus. L'écrivain brésilien, Euclydes Cunha, soutenait que l'Acre possédait un climat " calomnié." La défense du climat amazonien lui a arraché quelques-unes de ses plus belles pages. Après avoir décrit les tentatives systématiques de peuplement de l'Indo-Chine et de l'Afrique par les Européens, il ajoute " Si nous comparons ces colonisations tentées suivant de rigoureux préceptes, et dont les effets furent si peu considérables, au peuplement tumultueux et à la colonisation faite au hazard de la région acréenne, avec ses résultats surprenants, il ne reste plus de doute que la région calomniée est non seulement supérieure à la plupart des terres récemment ouvertes à l'expansion coloniale, mais encore qu'elle l'est aussi à la grande majorité des pays normalement habités.

" En effet, à part les déplacements faciles, parallèles à l'Equateur, en quête de latitudes identiques, l'on ne connaît dans l'histoire d'exemple plus frappant de migration plus anarchique, plus précipitée, violant les règles les plus élémentaires de l'acclimatement, que celle qui, depuis 1879 jusqu'aujourd'hui, jeta, par fournées successives, les populations du Sertão de la Parahyba au Ceará vers ce coin de l'Amazonie. En la suivant même de loin, l'on se rend compte combien, dès le début, il lui manqua la marche lente et progressive des migrations sûres et les plus élémentaires précautions administratives.

" .   . Les bannis avaient pour unique et douleureuse mission celle de disparaître. . . . Mais ils ne disparurent pas. Au contraire, en moins de trente ans, l'Etat qui n'était qu'une vague expression géographique, un désert marécageux s'étendant sans limites vers le Sud-Ouest, se définit subitement, se plaçant à l'une des premières places de notre développement économique. Sa capitale de dix ans—une bourgade de deux siècles—devint la métropole de la plus active navigation fluviale de l'Amérique du Sud. Et dans cet extrême Sud-Ouest amazonien cent mille ' sertanejos,' cent mille ressuscités, apparaissaient inopinément d'une façon originale et héroïque, dilatant la patrie jusqu'aux terres nouvelles qu'ils venaient de découvrir." En effet la population totale de l'Amazonie s'élevait au recensement de 1872 à 332,000 âmes. Le recensement de 1900 accusait la présence de 700,000 individus; actuellement, avec 100,000 habitants de l'Acre, l'Amazonie doit compter (Parà, Amazone et Acre) environ 1,200,000 habitants.

" On ne comprend pas la réputation d'insalubrité d'un tel climat," continue E. Cunha. " Evidemment ce qui s'est passé et se passe encore, sur une plus petite échelle, c'est la *sélection tellurique* dont parle Kirchoff; une sorte de magistrature naturelle ou inspection sévère exercée par la Nature sur les individus qui la recherchent, pour ne concéder le droit de vivre qu'à ceux qui se conforment à elle. C'est un procédé général." A notre avis, cette défense elle-même, si pittoresque et exacte, implique une assez éloquente condamnation. L'idée est juste et l'enthousiasme patriotique d'Euclydes Cunha est explicable : l'adaptation des *paroàras* est un fait social remarquable. Il ne faut pas oublier toutefois que, partant du Ceará, ces populations étaient déjà à mi-chemin en matière d'assimilation. Rien ou presque rien ne restait à faire au point de vue thermique ; ils se sont adaptés à des conditions d'humidité exceptionnelle. La malaria et la dysenterie étaient des maux auxquels leurs régions les avaient préparés, aussi arrivés en Amazonie ne s'en privèrent-ils pas.

" Sous toutes les latitudes," dit-il encore, " c'est d'une façon toujours très grave que se produisent les premières manifestations de l'affinité élective entre la terre et l'homme.

" Et l'on traite d'insalubrité ce qui est une sélection, une élimination des faibles. A la fin l'on vérifie, la plupart du temps, que ce n'est pas le climat qui est mauvais, c'est l'homme." En quoi consiste alors l'insalubrité ? Si nous comparons, toutefois, la mortalité des deux grands centres amazoniens (Pará 190,000 âmes et Manàos 52,000 âmes) aux autres centres urbains du monde—d'après la *Statistieck der Bevolking,* d'Amsterdam—nous trouvons Manàos avec une mortalité de 30 pour mille comparable à Athènes et Pétrograd, et Parà avec 20 pour mille comparable à Rome, Turin, etc., supérieure donc à Madrid, à Lisbonne et Marseille.

Mais E. Cunha ne fut pas le premier à vanter l'Amazonie ; des étrangers, plus impartiaux peut-être, l'avaient fait avant lui. Ils ont dit :

" Le climat y est parfaitement salubre et d'une température beaucoup plus modérée qu'on ne le suppose généralement " (Agassiz).

" Le climat y est délicieux . . . une fraîcheur des plus agréables régnait le matin et le soir ; et généralement l'après-midi une pluie abondante tombait, qui jointe à une légère brise rafraîchissait suffisamment l'air et le purifiait " (Wallace).

" Un perpétuel été, adouci naturellement par l'action des pluies " (Emm. Liais).

" Les Européens peuvent, avec des précautions convenables, travailler à la terre sous les Tropiques. . . . Ils y pourront acquérir facilement un bien-être auquel ils ne pourraient jamais atteindre dans leur pays " (Castelnau).

" L'Amazonie, climat et milieu identiques d'ailleurs, est un vaste monde qui ne respire que la richesse et le bonheur, et qui sera d'ici peu un des centres d'attraction des émigrants d'Europe " (Coudreau). La phrase de Coudreau vient conclure une longue tirade qui a pour but de démolir les méthodes officielles de colonisation employées dans la Guyane française. L'idée est d'ailleurs de Humboldt.

" En ce qui concerne l'immigration agricole italienne dans les Etats du Nord du Brésil," pense le Dr. Gaetano Pieraccini, " il est évident qu'elle exposerait les colons à des coefficients morbides hautement périlleux et pernicieux. . . . Le Nord du Brésil doit actuellement être tenu pour éminemment insalubre."

L'impartialité avec laquelle le Dr. Pieraccini a jugé les climats du Sud du Brésil nous empêche de tenir en quarantaine son opinion sur le Nord.

Pour confirmer cette opinion il nous suffira de dire que pendant la construction de la voie ferrée du Madeira-Mamoré de 1907 à 1912 (323 kilomètres—deux jours de voyage) plus de 25,000 ouvriers furent employés ; malgré toutes les précautions sanitaires, la mortalité oscilla entre 70 et 125 pour 1,000.

" En résumé, la crainte de la fièvre ne devrait véritablement empêcher aucun Européen d'habiter ou de parcourir pour des affaires les territoires de l'Amazonie, considérés comme les moins salubres " (Paul Walle).

Cette conclusion pratique met au point une question que les éloges dithyrambiques viennent compromettre plutôt qu'élucider.

Nous citerons plus loin, en étudiant l'Amazonie,

l'opinion autorisée de M. P. le Cointe, incontestablement la plus scientifique, avec celle de Goeldi.

Au point de vue médical, il semble que bien peu d'enquêtes aient été faites en Amazonie avant la *Mission Oswaldo Cruz* de 1912-13. Des conclusions scientifiques définitives ont été apportées par cet éminent savant brésilien.

" La mortalité," a-t-il dit, " y est sans doute trés élevée, atteignant un coefficient alarmant et indiquant l'urgence d'une action sanitaire énergique. . . . Les facteurs morbides qui y agissent ne sont toutefois pas différents de ceux que l'on rencontre en d'autres régions, aucune entité nouvelle ne se produisant qui échappe aux méthodes de prophylaxie et d'hygiène moderne."

Section III.

Prophylaxie et Services d'Hygiène.

Les municipalités les plus riches du Brésil et la plupart des Etats entretiennent des services d'hygiène qui ont permis au Brésil de figurer brillamment aux Expositions d'hygiène de Dresde et de Berlin. Parà et Manaos possèdent de semblables services. S. Paulo se distingue encore à cet égard. Mais comme type de service de prophylaxie la perfection revient à Rio de Janiero. Sa célébrité est mondiale, depuis le passage d'Oswaldo Cruz à la tête de son administration.

La constitution républicaine de 1891 avait confié aux Gouvernements des Etats les services administratifs et, partant, la santé publique, en ne réservant à l'Union que la défense du territoire national contre les maladies exotiques. En 1897, une fusion s'opéra entre le *Laboratoire de Bactériologie, l'Institut Sanitaire Fédéral* et le *Bureau Sanitaire des Ports.* Si, dans les différents Etats, l'intervention de l'Union ne pouvait avoir lieu qu'à la suite d'une réquisition des Gouvernements respectifs, dans le District Fédéral de la capitale l'administration des services de santé était confiée à la Municipalité de Rio et l'Union ne pouvait agir qu'indirectement.

L'apparition de la peste, en 1900, vint marquer les défauts du système : la direction provisoire de la défense était confiée à des autorités fédérales qui n'avaient pas le droit d'intervenir dans l'hygiène des maisons.

Aussi en 1902, le Dr. Nuno de Andrade, directeur de la *Santé Publique*, obtint du Gouvernement et des Chambres le transfert à l'Union des services d'hygiène de la Capitale. Ce fut une grande réforme, suivie de mesures sévères, de déclarations obligatoires, de l'isolement, etc. Esprit éclairé et actif, le Dr. Nuno de Andrade entreprit immédiatement la lutte contre la fièvre jaune, par l'application des découvertes américaines à Cuba. Mais la surveillance des foyers par l'intervention domiciliaire n'étant pas encore autorisée, et le Congrès National discutant les crédits nécessaires au lieu de les voter, Mr. Nuno de Andrade quitta la Direction de la Santé Publique sans avoir pu réaliser son projet.

En 1903, cette Direction fut confiée à Oswaldo Cruz, qui trouva auprès du Président Rodrigues Alves un appui inconditionnel et obtint la *Loi de* 1904 qui investit la Santé Publique de pouvoirs dictatoriaux. A partir de ce moment, la lutte fut méthodique, persévérante et acharnée. La victoire sur la fièvre jaune fut obtenue en trois ans; d'autres maladies furent également combattues avec succès.

La fièvre jaune fit son apparition à Rio de Janeiro à la fin de 1849 et y fit plus de 4,000 victimes; elle venait de Bahia. La population était alors de 266,000 âmes environ. En dix ans il y eut près de 13,000 victimes. En 1865 l'épidémie disparut pendant quelques années. Les hygiénistes brésiliens expliquent cette disparition temporaire à l'"extinction spontanée" de la maladie, au manque de nouveaux éléments de réceptivité. En effet la population avait fui en partie, l'immigration avait cessé, la population nègre n'était pas sujette au mal, le reste était immunisé ou réfractaire. Mais à partir de 1870,

Service de Prophylaxie de la Fièvre jaune : Brigade contre les M…

UES.   (Cliché communiqué par *l'Escriptorio de Informaçées do Brasil*, de Paris.)

avec la prospérité qui suivit la guerre du Paraguay, l'immigration reprit, la population augmenta et ces nouveaux éléments alimentèrent le fièvre jaune jusqu'en 1908.

Les découvertes américaines appliquées à Cuba donnèrent naissance à la *théorie havanaise* de la transmission de la fièvre jaune par le moustique, *Stegomya calopus*. Toute la prophylaxie depuis 1849 avait manqué le but principal ; on eut l'intuition que le mal pouvait être vaincu. Tous les faits antérieurs notés devenaient explicables, notamment l'immunité de ceux qui ne passaient pas la nuit à Rio, mais gagnaient les hauteurs de Petropolis, Friburgo ou Therezopolis.

Mais la victoire ne fut pas facile. " Mr. Oswaldo Cruz," dit le Dr. Theophilo Torres, " eut à vaincre les préjugés contre la nouvelle théorie des moustiques. . . C'est le réformateur énergique qui a conçu un système complet d'hygiène sur les bases scientifiques les plus rigoureuses et qui l'a su imposer malgré tous les obstacles." Il créa un département spécial, et par *l'isolement des malades*, par *l'extermination des moustiques* et par *l'extinction des foyers de larves*, il gagna la partie.

Le service de prophylaxie comprend deux sections : (1) L'isolement et transport des malades. (2) La police des foyers. Sitôt la notification d'un cas de fièvre jaune reçue, le service envoie une équipe et un médecin avec le matériel d'isolement et le moustiquaire. Le malade peut être soigné à domicile ; mais il est isolé par des cages de fils de fer empêchant la sortie du moustique. La maison est désinfectée à la vapeur de soufre ou à la fumée de pyrèthre. Si c'est un hangar, il faut le revêtir entièrement de toile mouillée. La police des foyers est chargée de la visite domicilaire où la créoline et le pétrole sont employés en grande quantité, les récipients surveillés et calfeutrés, les bassins d'eau sont remplis de poissons friands de larves. Les terrains non bâtis sont également inspectés, ainsi que les fossés et les ruisseaux ; les galeries d'eaux pluviales sont traitées au gaz de Clayton. Deux mille hommes environ sont attachés à ces services qui sont des mieux organisés qui soient.

5

En 1907 le Dr. Th. Torres a présenté au VIe Congrès brésilien de médecins, à S. Paulo, une étude sur la lutte contre la fièvre jaune dans le foyer de Fabrica-das-Chitas, un des quartiers de Rio. Les notifications soigneusement enregistrées sont portées sur des cartes urbaines, où l'on peut suivre la migration du moustique. Cette étude a confirmé par l'exemple de la Fabrica-das-Chitas la théorie havanaise, elle a prouvé que la surveillance, le soufrage et la police des foyers ont une action décisive sur l'extinction d'un foyer et ont toujours raison de lui.

Les règlements providentiels de 1904 n'eurent pas seulement un effet décisif contre la fièvre jaune, ils mirent un terme à la fâcheuse dualité d'administration sanitaire et permirent de lutter d'une façon décisive contre la peste, qui venue du Paraguay, arrivait à S. Paulo en 1899 et à Rio en 1900. Le maximum de victimes (360) fut atteint en 1903, puis disparut sous l'action énergique de l'administration. Il fallut revêtir d'une couche de béton le sol de toutes les maisons pour les garantir contre les rats ; malgré la résistance passive de quelques propriétaires cette œuvre immense fut accomplie. En 1912, il n'y avait plus de cas de peste à Rio.

Depuis 1859 la variole visitait Rio, avec de brusques poussées tous les quatre ans : celle de 1908 causa 6,500 décès. Elle fut vaincue par la loi de 1904 sur la vaccine obligatoire, une des plus belles victoires d'Oswaldo Cruz. La crédulité du peuple était montée contre lui, l'ordre public fut même troublé. Après 1909, elle disparut presque complètement.

Les mesures prises par la Santé Publique contre le paludisme ont eu pour effet de diminuer très sensiblement la mortalité qui en résultait. 1902 enregistra la dernière épidémie. S'il y a encore des cas, ils sont dus en grande partie aux zônes rurales voisines, encore marécageuses, d'où sont transportés les malades soignés aux hôpitaux urbains.

Quant à la tuberculose, elle vint à Rio comme dans toutes les grandes villes. Elle augmente avec l'accroisse-

Hôpital São-Sebastião — Chambres en toile métallique pour l'isolement des malades. (Cliché communiqué par *l'Escriptorio de Informações do Brazil*, de Paris.)

Face p. 99.

ment de la population. Les autorités surveillent rigoureusement les logements et la construction des maisons : l'aération et la ventilation sont l'objet de mesures sévères et d'exigences péremptoires. Il reste beaucoup à faire toutefois et un rôle brillant en ce sens revient déjà à l'initiative privée, à la *Ligue Brésilienne contre la Tuberculose.*

En somme, Rio de Janeiro est devenue une des villes les plus salubres et sa mortalité est tombée d'une façon remarquable. Les coefficients de mortalité, avec de grandes oscillations, ont été :—

En 1860 ...	...	...	...	...	71·4 pour mille
,, 1870 ...	...	...	...	...	51·2 ,,
,, 1880 ...	...	...	...	...	35·8 ,,
,, 1890 ...	...	...	...	...	29·7 ,,
,, 1900 ...	...	...	...	...	25·6 ,,
,, 1910 ...	...	...	...	...	20·8 ,,
,, 1912 ...	...	...	...	...	19·8 ,,

Rio a donc définitivement perdu sa réputation d'insalubrité ; les touristes ne la redoutant plus, n'hésitent pas à la visiter. Ses rues larges, ses belles avenues et ses innombrables jardins, avec son magnifique cadre naturel attirent l'étranger ; l'Européen qui y va pour ses affaires y retourne avec plaisir, les Américains du Sud, Argentins et Orientaux y viennent passer l'hiver. Aussi la capitale brésilienne compte-t-elle aujourd'hui un million d'habitants.

Nous avons insisté sur ce qui a été fait à Rio, car la connaissance de la climatologie du Brésil en Europe se trouve encore, à l'heure actuelle, intimement liée à sa réputation sanitaire ; et l'exemple de Rio, en ces dernières années, vient éloquemment confirmer les paroles du Dr. Afranio Peixoto au sujet de cette réputation imméritée, puisque tout y a changé, excepté le climat.

CHAPITRE TROISIÈME.

SERVICES MÉTÉOROLOGIQUES AU BRÉSIL.

Historique : Au début de chacune des descriptions climatologiques qui vont suivre, nous retracerons, en peu de mots, l'historique des sources et la critique des différentes contributions. Rappelons toutefois brièvement les principaux événements.

Il semble que les plus anciennes observations météorologiques de l'Amérique du Sud aient été faites au Brésil, et remontent à la première moitié du XVIIe siècle. Hellmann a trouvé dans un livre de Guilielmus Piso : " De Indiae utriusque re naturali et medica. Amstelodami, apud Elzevirios 1658 " un " tractatus topographicus et meteorologicus Brasiliae." Les documents sont de l'année 1644 et relatent les observations du savant saxon, Georg Marggraf, qui fut médecin de Maurice de Nassau. Ces observations sont relatives aux années 1640-42 et forment le chapitre " De aeris temperie atque anni tempestatibus." Le lieu des observations n'est pas cité, mais ce fut la côte du Nord-Est, d'après les données relatives aux pluies ; ce fut peut-être Parahyba, ou même Pernambouc, qui, pendant l'occupation hollandaise, fut la résidence du Gouverneur. Le palais de Friburgo, à Mauritstadt, où résidait le comte Maurice de Nassau, vit s'élever le premier observatoire de l'Amérique du Sud sur la pointe septentrionale de l'île de Santo Antonio do Recife. Guillaume Pizon et Georges Marggraf y furent appelés. L'historien hollandais Barleus a décrit leur œuvre scientifique en termes enthousiastes ; il fait allusion à une éclipse du Soleil observée à Pernambouc en 1640.

Les variations thermiques ne sont pas enregistrées,

mais par contre les pluies et les vents constituent des séries curieuses, complètes et utiles, auxquelles nous ferons des emprunts.

Le climat du Nord-Est a dû changer depuis cette époque, car la description du froid causé en juillet 1641 par le vent du Sud-Ouest est particulièrement éloquente : " Frigidissimum erat etiam ipsa meridie in monte altissimo Itapuamaru, ita ut barba et capilla aspergine obducti nobis essent et manus rigerent prae gelû." Quitter la Saxe pour venir geler sous les Tropiques en plein midi, ça n'était vraiment pas de chance. Le *monte altissimo* appelé Itapuamaru est l'objet de discussions, quant à sa situation précise. Mr. Pereira da Costa, dans la *Boletim Mensal* de février 1900, écrit que la description hollandaise se rapporte à la localité intérieure de Garanhuns dont la cote est 894 m. et la moyenne annuelle 20°7 C.

Un siècle plus tard, nous trouvons, sous l'Equateur, un prêtre géographe, le P. Ign. Sermatoni recueillant, à Barcellos, des observations météorologiques. Il était géographe du Roi de Portugal ; Barcellos était alors la capitale de l'Amazonie et la pénétration et colonisation de cette région si riche offraient un intérêt tout particulier. Cette série est formée par les observations de 1754 à 1756.

Le phénomène des sécheresses du Ceará était à ce moment-là déjà connu de la métropole, car la première *secca* historique avait eu lieu à la fin du XVIIe siècle. Au siècle suivant deux grandes sécheresses se produisirent également (1723-27 et 1790-93), mais il ne semble pas que le monde scientifique en ait alors observé les manifestations et les causes.

A la fin du XVIIIe siècle, l'astronome portugais Sanches Dorta s'établit à Rio de Janeiro, où de mai 1781 à juin 1788 il enregistra les températures diurnes. Ces observations, quoi qu'en dise Draenert, peuvent être utilement comparées aux séries postérieures en leur appliquant la correction − 0°50. Elles furent prises journellement pendant les sept années, de deux en deux heures, entre 6 heures du matin et 6 heures du soir. La moyenne de

Rio, d'après Dorta corrigé, fut de 22°9 ; celle que 20 ans d'observation (1871-90) donnèrent à Cruls fut de 22°92. Les données de Dorta furent publiées dans les *Mémoires de l'Académie Royale* de Lisbonne (tomes 1, 2 et 3).

Dès l'indépendance du Brésil, un bureau impérial recueillit des données météorologiques à Rio ; avant même l'indépendance, des observations avaient toutefois été publiées à Londres, dans le *Patriota Brazileiro* de 1813-14. De son côté l'initiative particulière se dessinait.

Le 15 octobre 1827, l'Observatoire de Rio de Janeiro fut créé par le Gouvernement Impérial. Dix ans plus tard, des séries d'observations météorologiques, dues au Dr. Freire Allemão, furent publiées dans la *Revista Medica*, de Rio de Janeiro.

Parmi les plus anciennes observations météorologiques des provinces brésiliennes, il faut mentionner le registre des pluies, tenu au Ceará depuis 1849, et les températures de Congonhas de Sabará (Minas) enregistrées depuis 1855. Donc, à l'époque où les gouvernements de l'Europe se préoccupaient de l'établissement des services météorologiques, à l'époque notamment où Le Verrier inaugurait les services réguliers de la France, le Brésil possédait un observatoire et différentes séries d'observations intéressantes, qui permettaient à Dove de faire figurer, dans ses *Temperaturtafeln* publiées en 1848 et 1857, les centres brésiliens de Pará, Rio de Janeiro et Gongo Soco.

L'observatoire de Rio n'était toutefois pas ce qu'il aurait pu être, et son rôle dans l'organisation des services ne fut pas très marqué. De 1827 à 1871 il resta plutôt un observatoire d'instruction, élevé d'ailleurs sur un local exigu. Ses observations, quoique régulières, ne sont retrouvées dans ses archives qu'à partir de 1844, quand la direction en appartenait à Mr. Soulier de Sauve.

En 1846 l'Observatoire de Rio fut placé sous l'administration du Ministère de la Guerre, avec le titre d'Observatoire Impérial ; il servit alors plus spécialement à l'instruction des élèves des écoles militaires et de la marine. Des publications régulières se succédèrent toutefois depuis

1851, sous le nom d'*Annales Météorologiques* pendant les administrations Manoel de Mello et Cruvello d'Avila.

Ce ne fut qu'en 1871 que l'Observatoire fut définitivement séparé de l'administration militaire et sa réorganisation fut confiée, par le Gouvernement Impérial, au savant français, Emmanuel Liais. Dans les *Annales de l'Observatoire*, il décrit lui-même les différentes phases de cette réorganisation, les projets exécutés, les grandes commandes faites et l'appui précieux qu'il reçut du Baron Homem de Mello, alors Ministre de l'Intérieur.

Ce ne fut que sous l'administration suivante, de l'astronome L. Cruls, que parurent les *Annales de l'Observatoire*, où se trouvent les observations prises pendant l'administration Liais.

La période de 1872 à 1876 fut, à plusieurs titres, une période prospère pour la météorologie au Brésil. Une évolution s'opère. Tandis qu'à Rio, Liais réorganise l'Observatoire, à Bahia l'Ecole Impériale d'Agriculture de S. Bento das Lages s'adonne dès 1872 aux observations météorologiques, reprises en 1881 par le Dr. Rozendo Guimarães; les chemins de fer d'Etat, récemment inaugurés, l'E. F. Dom Pedro II et l'E. F. Thereza Christina, se mettent à enregistrer des observations météorologiques dans les provinces de Rio et de Santa Catharina; grâce à l'initiative du Gouvernement italien trois stations météorologiques s'ouvrent dans le Nord, à Recife, à Victoria et à Colonia Izabel (1876); le Gouvernement impérial crée également des stations dans le Rio Grande do Sul; finalement paraît la brochure de Draenert, *Resultados practicos das Observações meteorologicas para a Agricultura.*

Une nouvelle phase s'ouvre donc; de toutes parts arrivent des données et des séries d'observations; les relations entre la météorologie et l'agriculture se présentent plus étroites; déjà dans le Nord-Est du pays la soif avait poussé à l'observation des pluies, et dans le Sud les intérêts de la colonisation avaient amené l'étude des conditions climatiques d'adaptation, et cependant la grande initiative pauliste n'a pas encore fait son apparition.

En 1884 l'administration de l'Observatoire de Rio change, et à E. Liais succède L. Cruls. Les *Annales* sont publiées, et dès l'année suivante des commissions de savants et d'ingénieurs sont nommées par l'Observatoire pour prendre part à la grande observation scientifique de l'époque, le passage de la planète Mars. Trois commissions sont envoyées, à Punta Arenas, à Pernambouc et à St. Thomas (Antilles). De fort intéressants rapports en furent publiés dans les *Annales* de l'Observatoire.

En 1886, les anciennes *Annales Météorologiques,* devenues *Annales de l'Observatoire,* devinrent la *Revista do Observatorio.* Un nouvel avatar les attendait en 1900, quand elles devinrent le *Boletim Mensal do Observatorio.*

1886 est une date intéressante dans l'histoire de la météorologie au Brésil, car elle marque les débuts de l'initiative de la province de S. Paulo. Antérieurement déjà Henry Joiner (1879-1882) avait enregistré une série d'observations à S. Paulo, publiées à Londres dans le *Quarterly Journal* de la " Royal Meteorological Society." On doit citer également les observations du Fr. Germano d'Annecy, prises à S. Paulo entre 1870 et 1875. D'autre part les travaux d'art occasionnés par la construction de la ligne anglaise que relie S. Paulo à son port de Santos obligeaient les ingénieurs à tenir compte de la distribution des pluies dans la région montagneuse, voisine du littoral. Un registre des pluies fut ainsi tenu depuis 1870.

En 1886, toutefois, les services météorologiques, reconnus d'utilité publique, furent établis régulièrement sous le contrôle des pouvoirs publics. C'est à l'éminent botaniste Alberto Loefgren que revient l'honneur d'avoir jeté les bases d'un des services les plus perfectionnés de l'administration brésilienne.

Les observations de S. Paulo furent faites primitivement dans la résidence de Mr. Loefgren, puis les services furent transférés successivement au Jardin da Luz et, en 1895, à l'Ecole Normale. Dès le début le "bureau de météorologie " fut rattaché à l'Horto Botanico et faisait partie de la " Commission Géographique et Géologique de S. Paulo."

Les observatoires de Tatuhy et de Rio Claro furent les premières créations du nouveau service (1888 et 1889). En 1894 ils étaient déjà 19, dont 7 de première classe ; en 1901 ils devaient être 37.

Dans le reste du Brésil, il faut le dire, les observateurs ne restaient pas inactifs. Dans le Nord, le célèbre musée Goeldi, le plus important des établissements scientifiques du Brésil, publiait son bulletin depuis 1865 et s'intéressait à la météorologie de l'Amazonie. Dans le Sud, les colonies allemandes en pleine croissance fournissaient de nombreuses données d'observateurs particuliers (Dr. Lange), et permettaient à Julius Hann de faire figurer le Brésil dans l'édition de 1883 de sa fameuse *Klimatologie*. À Rio, enfin, l'Empereur s'intéressait personnellement aux questions de climatologie brésilienne et tandis que son gendre, S.A.R. le Comte d'Eu, présidait le " Conselho de Meteorologistas," le baron de Capanema obtint que les bureaux de télégraphes fussent érigés en postes d'observations. Le réseau météorologique du Rio Grande do Sul s'étendait, justifiant ainsi le désir de d'Azambuja qui chercha dans le premier volume de son *Annuario da Provincia de Rio Grande* de réunir les données déjà nombreuses de la province pour la rédaction d'une climatologie. Le Paranà vit se fonder de 1884 à 1887 dix stations météorologiques.

Le régime républicain porta malheureusement un coup assez inexplicable au développement de ces services commencés. C'est ainsi qu'au Paranà l'année de 1889 vit la suppression de toutes les stations, sauf celle de Curitiba.

Et cependant J. Hann, désireux de voir le Brésil contribuer dans la mesure de son importance à la connaissance de la météorologie tropicale, s'était exprimé de la façon suivante en 1895, lorsqu'il reçut les premières observations de l'admirable et précieuse série du Musée Goeldi : " Il semble que maintenant, au Brésil, la plus grande

autonomie des anciennes provinces, devenues aujourd'hui
Etats de la Fédération, amène un plus grand zèle des
intérêts scientifiques. Nous espérons que cela ne soit pas
un feu de paille et que l'on ne reviendra pas à l'inaction
du passé.''

A Rio toutefois les services de l'Observatoire con-
tinuèrent et la brillante série de quarante ans d'observations, que terminait l'année 1891, permit à L. Cruls de
publier son livre, *Le Climat de Rio de Janeiro,* en 1892.
(Louis Cruls, né en Belgique en 1848, étudia à Gand,
sortit ingénieur de l'Ecole du Génie militaire, vint au
Brésil en 1871, entra dans la Commission de la '' Carta
Geral '' de l'Empire, travailla à Santa Cruz et entra à
l'Observatoire comme volontaire en 1874. Promu astronome, il devint directeur de l'établissement en 1874. Il
publia plusieurs ouvrages d'astronomie, et mourut à Paris
en 1908.)

A cette même époque, F. M. Draenert, le savant professeur d'Uberaba, réunissait les différentes études
régionales, publiées par lui en Allemagne et dans la
Revista de Engenharia de Rio, et éditait la première
climatologie du Brésil.

A S. Paulo l'impulsion donnée par Loefgren au service
météorologique et à l'étude des questions de météorologie
(il fut le premier à publier des *Instrucções practicas* au
Brésil) donna les plus beaux résultats et attira sur S. Paulo
l'attention de la science européenne. C'est ainsi qu'en 1897
J. Hann félicitait le Bureau de S. Paulo sur les *Dados
Climatologicos* régulièrement reçus. Disons à ce propos
que l'enseignement de la météorologie est encore à créer
au Brésil. Il y a une chaire de climatologie à l'Ecole
Polytechnique de Rio, mais dans les Ecoles d'Agriculture,
à part l'Ecole Luiz de Queiroz à S. Paulo, la climatologie
n'entre pas dans les programmes (voyez par exemple le
Décret 8,584 de 1911 qui règle minutieusement le pro-
gramme des trois années de l'Ecole Agricole Theorico-
Pratique de Bahia). L'Ecole Supérieure d'Agriculture de
Rio possédait une chaire de météorologie, mais cette école

fut supprimée. Il faut espérer que l'extension du réseau météorologique contribuera à la diffusion de l'enseignement pratique de la climatologie dès l'école primaire. La lacune actuelle tient peut-être à l'insignifiance de la littérature météorologique brésilienne; les descriptions climatiques livrées à l'enseignement ne constituent que des éloges ininterrompus empruntés à des " voyageurs " au nom étranger. Quant aux auteurs de manuels géographiques, en matière de climatologie principalement, ils se pillent les uns les autres sans se citer, pour la plupart du temps. Même les rapports officiels, quand des données météorologiques sont à citer, offrent en général un esprit critique assez médiocre dans le choix des sources.

Il faut reconnaître que l'œuvre de S. Paulo fut grandement encouragée par les compagnies de chemin de fer (Paulista, Mogyana, S. Paulo Railway, Sorocabana, etc.) qui lui affranchirent gracieusement leurs télégraphes pour les dépêches météorologiques.

En 1902, Mr. Belfort Mattos succéda à M. Schneider dans la direction du Bureau Météorologique; il continua la publication régulière des *Dados*, commencée en 1894.

L'initiative privée, dont le rôle devenait si important depuis les suppressions de 1889, continuait patiemment son œuvre; le Musée Goeldi au Parà organisait des données précieuses sur la climatologie amazonienne; Draenert de 1886 à 1902, année de sa mort, apportait annuellement une formidable contribution brésilienne à la *Meteorologische Zeitschrift*, imité en cela par d'autres voyageurs ou résidants d'origine allemande (Max Beschoren, Moureaux, Vogel, Dodt, Siegel, O. Weber, Lange, Ohlsen, Seidl, etc.). D'autre part, l'intérieur du Brésil, si mal connu, était révélé par le travail patient des R.R.P.P. Salésiens établis à Cuyabà, dont les observations servirent à plus d'un article de J. Hann. Antérieurement aux Salésiens du couvent de D. Bosco, des observations météorologiques fort complètes avaient été faites à Cuyabà par MM. Carstens et Gardis, constituant une série pour 1879-81 et une autre pour 1884-85.

A l'heure qu'il est, les Pères Salésiens, qui possèdent le collège D. Bosco à Cuyabà, le collège Santa Thereza à Corumbà, la mission de l'Araguaya et le poste de S. Luiz de Caceres, ont établi des stations météorologiques sur tous ces points et contribuent efficacement à la connaissance du centre de l'Amérique du Sud. Ils publient l'intéressante *Revista de Matto Grosso* où la climatologie de la région est traitée dans tous ses détails. Leurs observations complètes relatives à Cuyabà remontent à 1900.

Telle était, à peu près, la situation de la Météorologie au Brésil quand parut le Décret du 18 novembre 1909 qui réorganisait les services de l'Observatoire de Rio, rattaché au Ministère de l'Agriculture nouvellement créé. Mr. Henrique Morize, auteur de l'*Ebauche d'une Climatologie du Brésil* (Rio, 1891) était alors à la tête du grand établissement scientifique.

Comme il nous le dit lui-même, avant la création du Ministère de l'Agriculture il n'existait pour ainsi dire pas de service météorologique organisé. Sitôt le Décret paru, l'organisation des services commença, et fut activement poussée. La première année (1910) fut toute de préparations. Il s'agissait d'établir un réseau étendu dont l'objectif était double : servir d'une part à l'agriculture, et de l'autre, retirer des données scientifiques d'intérêt général. Le but que se propose d'atteindre, à l'heure actuelle, Mr. Morize, est la création d'un minimum de 400 stations météorologiques.

Toutes les facilités sont accordées par l'Union pour la création de postes. Aussi en trois ans de travail, le nombre de postes d'observation, fonctionnant avec régularité, fut porté à 219, dont 130 exclusivement fédéraux.

L'organisation de 1909 est caractérisée par sa décentralisation des services. Cette mesure, d'accord peut-être avec l'esprit de la Constitution fédérale qui régit le pays, n'est malheureusement pas des plus favorables aux intérêts du Service météorologique lui-même, dont l'unité exigerait, par contre, une centralisation complète.

Quoi qu'il en soit, certains Etats se sont empressés de mettre à profit les bonnes dispositions de l'Union. S. Paulo, avec son grand réseau de près de 70 stations météorologiques, s'est immédiatement conformé au Décret de 1909, et remet à l'Union les observations de 12 de ses stations. Minas Geraes, de son côté, organisa ses services, reçut 11 stations créées par l'Union, ce qui porta son réseau à plus de 30 stations.

Peu avant le Décret de 1909, le Rio Grande do Sul, l'Etat socialement le plus avancé de la Fédération brésilienne, avait déjà commencé son organisation des Services météorologiques. L'Ecole du Génie civil de Porto Alegre (Escola de Engenharia) venait, en effet, de fonder un département spécial, l'" Instituto Astronomico e Meteorologico." Celui-ci prit de suite la direction du service météorologique de l'Etat et, se conformant aux Décrets fédéraux de 1909 et 1910, multiplia ses stations, et commença la publication détaillée des observations de 1912, sous le nom de *Dados Meteorologicos*, dont la disposition des cartes, tableaux et descriptions climatographiques sont véritablement un modèle du genre (rédaction Ladislau C. de Araujo). L'Etat est divisé en 5 zônes climatiques; la mise à l'étude de son climat est entreprise et poussée de la façon la plus active. Le projet est de doter l'Etat de 38 stations. En 1911 il en comptait 18 et en 1912 25. La direction des services appartient à l'ingénieur Adolpho Stern et leur organisation fait honneur au grand Etat méridional, dont l'instruction publique représente le premier titre du budget annuel.

Bahia se prépare également à entrer dans les règles posées, et compte augmenter considérablement son réseau météorologique, profitant des subventions fédérales.

D'autres Etats possèdent des postes météorologiques isolés; quelques municipalités entretiennent également des services réguliers d'observation : citons la station municipale de Manaos, qui possède une série récente (postérieure à 1909), et Juiz-de-Fóra dont les observations furent commencées en 1893 sous la direction de M. Luiz Creuzol.

Une contribution, assez importante et sans cesse croissante, est apportée annuellement par les centres coloniaux établis ou subventionnés par l'Union. Les observations sont spécialement relatives aux nouvelles colonies du Brésil méridional et comme telles sont indispensables à une étude de la colonisation et des conditions d'adaptation aux climats du Brésil. Ces précieuses données se trouvent annuellement publiées dans les Rapports de la " Directoria do Serviço de Povoamento " (Ministère de l'Agriculture). Des séries existent déjà pour les colonies Affonso-Penna, João-Pinheiro, Inconfidentes, Itatiaya, Visconde de Mauà, Monção, Iraty, Ivahy, Vera-Guarany, Annitapolis, etc.

Ajoutons, en terminant, que même après 1871, après la séparation de l'Observatoire et des Services de Guerre et Marine, le Ministère de la Marine maintint des observatoires à Rio (Morro de Santo Antonio) et sur certains points de la côte. C'est ainsi que des informations météorologiques alimentèrent longtemps le *Boletim Semestral* publié par ce Ministère. La nouvelle organisation vint apporter ces éléments de service météorologique à la nouvelle *Directoria de Meteorologia e Astronomia* créée au Ministère de l'Agriculture.

La question de l'heure présente, pour l'Observatoire de Rio, est son transfert du Morro do Castello, où il se trouve depuis 1827, au Morro de S. Januario, qui seul offre un espace suffisant et des conditions satisfaisantes à son développement.

ORGANISATION.—Les décrets qui règlent l'organisation actuelle du Service Météorologique au Brésil sont de date récente (voir *Diario Official* : Décret No. 7672 du 18 novembre 1909—Décret No. 11,503 du 4 mars 1915). Ils créèrent la *Directoria de Meteorologia e Astronomia* et réglèrent la collaboration des Etats en la matière. Cette

Directoria est subdivisée en deux sections, dont l'une, celle de " Météorologie et Physique du Globe," est sous la direction de Mr. Nuno Duarte, avec Mr. Oswaldo Weber comme premier assistant. C'est ce dernier, dont nous aurons l'occasion d'étudier l'action féconde dans le N.E. du pays, qui est chargé de l'application des instructions météorologiques et de l'inspection des services.

La nouvelle organisation prévoit que chaque Etat formera un district agricole et météorologique, avec une station pour 8,000 milles carrées, avec un minimum de 10 stations par Etat, vu que neuf Etats ont une superficie inférieure à 80,000 milles carrées. Chaque Etat possède un *Poste Central* qui communique les résultats quotidiens à l'*Observatoire National* de Rio qui dirige l'ensemble des services.

Les Gouvernements d'Etat désireux de collaborer avec le Gouvernement Fédéral reçoivent une double subvention : d'abord sous forme d'instruments météorologiques fournis gratuitement, ensuite sous forme de contribution pécuniaire représentant la moitié des dépenses effectuées. C'est ainsi que les rapports officiels de 1915 accusent des subventions de 45 contos (env. 3,000 £) pour S. Paulo (message présidentiel du 15 juillet 1915) et de 30 contos (env. 2,000 £) pour Minas (message présidentiel du 16 juin 1915). Pour jouir toutefois de ce privilège, les observations météorologiques des nouvelles stations doivent se conformer au modèle adopté par les stations fédérales, et permettre en outre le contrôle des fonctionnaires de l'Observatoire de Rio. A l'heure actuelle cinq inspecteurs sont attachés à l'Observatoire de Rio, où ils reçoivent leurs instructions et voyagent ensuite dans leurs districts respectifs. Outre la surveillance qu'ils exercent sur les observateurs du service, ils sont chargés d'enquêtes climatologiques et agricoles dans les différentes régions de leur district.

Ces dispositions libérales du Gouvernement de l'Union réduisent considérablement les difficultés d'installation des nombreuses stations météorologiques sur le vaste territoire brésilien. En effet, jusqu'ici, c'est la côte atlantique d'une part et le réseau ferré de l'autre qui ont la plupart du temps déterminé le choix des localités d'observation. Or ce sont précisément les grands espaces de l'intérieur du pays qui restent les plus ignorés, au point de vue météorologique, faute de données régulières. Ici, comme le fait si bien remarquer M. H. Morize, le rôle de l'Etat, connaissant mieux que l'Union et de plus près qu'elle le pays et sa population, le rôle de l'Etat est de seconder l'effort fédéral et de le diriger dans le choix des emplacements plus indiqués et du personnel le plus apte au service, le contact des fonctionnaires de l'Etat étant plus étroit avec ce personnel que celui des fonctionnaires fédéraux.

Les stations brésiliennes se conforment exactement aux résolutions des différents Congrès de Météorologie et au *Code* publié par le Comité International de Météorologie.

Nous avons vu combien les progrès qui suivirent l'année d'organisation et préparatifs (1910) furent rapides. En 1915, le réseau brésilien atteignait 219 stations (130 de la " Directoria," 73 subventionnées et 16 gratuites). Il est probable que le chiffre de 400 stations sera bientôt atteint. Les rapports de Minas revendiquent déjà (1915) l'*Observatoire Régional*, auquel lui donne droit le Décret de 1911 ; Porto Alegre le possède déjà.

A propos de cette revendication et de la question de décentralisation qu'elle suppose, rappelons que Mr. O. Weber en a fait la critique dans la *Meteorologische Zeitschrift* (1912). Il craint que des influences politiques locales ne pénètrent dans l'administration des observatoires, affaiblissant le contrôle fédéral et nuisant, par ce fait, à la qualité des observations et à l'unité des services. Les efforts fédéraux se trouveraient ainsi compromis. Nous avons vu dans quel but la collaboration des Etats a été admise ; il fallait, coûte que coûte, étendre le réseau et la tâche était difficile. La décentralisation est un mal dans une administration d'ordre scientifique où l'homogénité des informations est une condition de réussite.

POSTE MÉTÉOROLOGIQUE DE THÉRÉZOPOLIS.

Station de 2e classe, récemment inaugurée, située dans la Serra dos Orgãos (État de Rio). Les observations de cette station ne traduisent guère que des conditions climatiques locales, attendu que la localité se trouve au centre de la vallée du Rio Paquequer. (Sampaio Ferraz. *Instrucções meteorologicas*, 1914.)

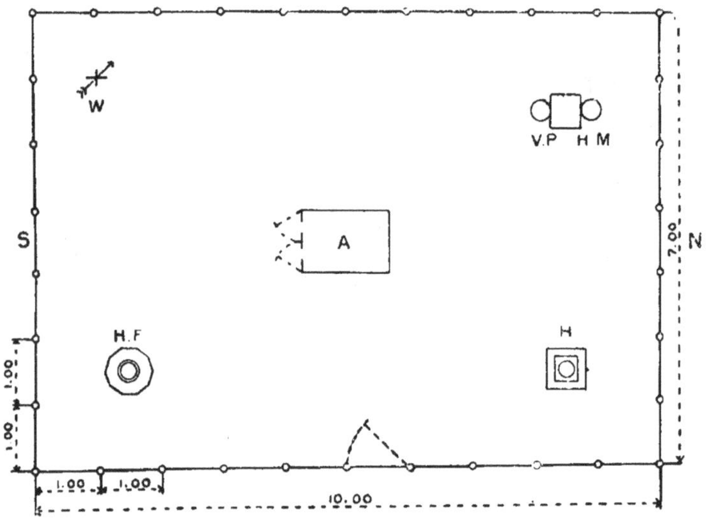

PLAN D'UN POSTE MÉTÉOROLOGIQUE DE 2 CLASSE AU BRÉSIL.

V.P.—Pluviomètre modèle Ville de Paris. H.M.—Pluviomètre Hervé Mangon. H.—Héliographe Negretti et Zambra. H.F.—Pluviographe Hellmann-Fuess. W.—Anémomètre Wild. A.—Abri (psychromètre Fuess, thermographe Richard, hygrographe Richard, évaporomètre Piche, thermomètres Rutherford et Negretti, etc.).

Les baromètres Tonnelot et Fuess, et le barographe Richard, se trouvent placés chez l'observateur.

Dans les Etats de Minas et du Sud, il faut le dire, les intérêts positifs n'ont jamais été subordonnés aux convenances politiques. Dans le Nord-Est du pays, où M. O. Weber a lui-même installé quelques postes, l'intérêt de la météorologie appliquée ne peut plus être discuté et d'autres services fédéraux (Travaux contre la Sécheresse) que nous examinerons plus loin, y sont intimement intéressés. Quant à l'extrême Nord, le Musée Goeldi, une des gloires scientifiques de l'Amérique, a un prestige suffisant pour sauvegarder les intérêts de la science dans l'administration des services météorologiques, créés ou à créer, en Amazonie.

Le Musée Goeldi de Parà, bien connu du monde savant, est actuellement dirigé par l'éminent naturaliste Jacques Huber. Toute la flore et la faune de l'Amazonie s'y trouvent représentées, les explorations géographiques de la grande région équatoriale y sont entreprises par la Doctoresse Emilia Snethlage et la météorologie occupe une place d'honneur dans l'établissement. A ce propos voici ce qu'en disait le dernier message présidentiel de l'Etat de Parà (9 septembre 1915) : " Le service météorologique sur le climat de Parà, dont le réel intérêt est mis en évidence par les fréquentes demandes d'informations venues des bureaux publics et des instituts scientifiques du pays et de l'étranger, est le seul régulièrement maintenu depuis plus de vingt ans. Il est dû à notre Musée, et continue à mériter les soins de l'Administration et, vu sa portée, l'Etat ne l'abandonnera pas, quels que soient les sacrifices nécessaires."

Nous mentionnerons plus loin sa contribution à la connaissance de la météorologie tropicale.

S'il nous était permis d'émettre ici une idée personnelle, il nous semblerait qu'en plus de la collaboration des Etats, le service fédéral trouverait un auxiliaire très efficace dans l'initiative privée. A l'heure actuelle, la fondation d'une " Société Brésilienne de Météorologie " ne serait nullement déplacée. Sur le modèle de la *Royal Meteorological Society* de Londres ou de la *Scottish*

6

Meteorological Society et à leur exemple, elle développerait peu à peu son réseau propre, entretiendrait le public des progrès de la météorologie avec une revue, même modeste, et recueillerait les matériaux épars de la littérature météorologique brésilienne, encore embryonnaire. Ils sont nombreux les Brésiliens, fazendaires ou éleveurs, qui s'intéressent à la météorologie et tiennent registre des observations faites dans leurs propriétés. En leur ouvrant les colonnes d'un périodique technique, bien des initiatives seraient encouragées. Comme intermédiaire entre l'apport brésilien de données annuelles et le " cerveau " météorologique de l'Europe ou des Etats-Unis, une Société serait de première utilité. Elle deviendrait en outre le noyau central d'un réseau de " stations coopératives " sur le modèle des Etats-Unis, qui en possèdent 3,000.

Le Brésil possède des stations météorologiques de première classe, de deuxième classe et de troisième classe, ces dernières étant elles-mêmes subdivisées en trois types A, B, et C.

Les stations de la première catégorie font des observations horaires, elles sont munies des instruments les plus perfectionnés.

Les stations de deuxième classe ont également des appareils enregistreurs. Leur coût d'installation est de 150 £ environ ; l'Observateur et son aide coûtent environ 10£ par mois. Les observations y sont faites à 7 a.m., 2 p.m. et 9 p.m. et un télégramme quotidien est envoyé à Rio à midi, temps de Greenwich. Le matériel employé est le suivant : *chez l'Observateur,* un baromètre de Fuess ou de Tonnelot, un barographe Richard Frères ; *au Poste* un psychomètre de Fuess, un thermomètre à maxima et minima de Fuess, un thermographe Richard Frères, un évaporimètre Piche ; *en plein air* un anémomètre Wild, un héliographe Negretti et Zambra, un pluviomètre Hervé Mangon et Tonnelot.

Les stations de troisième ordre coûtent environ 75£ à l'installation. Elles n'ont point d'instruments enregistreurs. Dans les stations du type A les observa-

TYPE D'ABRI DE STATION DE 2e CLASSE.

L'abri de Stevenson n'étant pas très indiqué pour les climats tropicaux, le Service Météorologique Fédéral a recouru à une adaptation brésilienne du type mexicain.

L'abri brésilien se compose essentiellement de deux boîtes à persiennes, en cèdre, disposées l'une dans l'autre, avec des espaces de 7 et 9 cm. entre elles. L'air y circule ainsi librement. La carcasse de l'abri, disposée en tronc de pyramide, est en bois de Peroba. La boîte intérieure mesure 70 cm. × 85 cm. × 70 cm.

La toiture de l'abri est recouverte de papier goudronné (ruberoïde).

L'ensemble est peint en blanc, au moins une fois l'an.

L'abri du poste de 3e classe est assez semblable à un abri de Stevenson ; il repose sur une seule colonne et se trouve muni de doubles parois de persiennes.

La plupart des abris du réseau météorologique de S. Paulo sont recouverts de chaume et offrent une certaine analogie avec les postes coloniaux anglais.

tions sont prises à 7 a.m. et à 9 p.m. avec un télégramme par jour. Celles du type B prennent trois observations, 7 a.m., 2 p.m., et 9 p.m. Celles du type C, deux seulement, à 7 a.m. et 9 p.m.

Les heures choisies par l'Observatoire de Rio pour les observations au Brésil semblent les mieux indiquées, en tenant compte des conditions de vie, afin de faciliter le travail des observateurs. La combinaison 6 a.m., 2 p.m., et 10 p.m. serait trop incommode pour les non-professionnels auxquels on demande les observations; d'autre part toute observation du matin prise vers 8 a.m. ou plus tard donne une moyenne trop haute dans les pays tropicaux. La combinaison adoptée donne, il est vrai, à l'avis de J. Hann, une moyenne un peu forte pour l'été; on pourrait corriger ce fait en établissant :

$$M = \frac{7 \text{ a.m.} + 2 \text{ p.m.} + 9 \text{ p.m.} + 9 \text{ p.m.}}{4}$$

Dans les stations où deux observations seulement sont prises, des thermomètres à maxima et minima permettraient de donner une moyenne satisfaisante avec la formule italienne (observation supplémentaire à 9 a.m.) :

$$M = \frac{\text{min.} + \text{max.} + 9 \text{ a.m.} + 9 \text{ p.m.}}{4}$$

où l'erreur (min. + max.) serait compensée par l'erreur contraire (9 a.m. + 9 p.m.). Nous reviendrons, plus loin, sur les corrections nécessaires.

Remarquons ici, que le Service météorologique du Musée Goeldi (indépendant du réseau météorologique de l'Union) calcule ses moyennes d'après la formule de Kamtz $(7+2+9+9):4$.

Il y a en outre une catégorie spéciale de *Stations Pluviométriques* avec une observation quotidienne à 7 a.m. L'Observateur reçoit 3£ par mois.

L'installation des postes météorologiques est des plus soignées; ce sont des pavillons à volets, munis non seulement du double toit, mais encore de toutes les conditions imposées par la nature tropicale du milieu.

La contribution gratuite est encore insignifiante (16 postes en 1915); elle prendrait cependant une importance considérable sous les auspices d'une Société de Météorologie, dont la *Revue* viendrait mettre en relief l'initiative privée, en intéressant, instruisant et stimulant les observateurs de bonne volonté.

MÉTÉOROLOGIE AGRICOLE.—En 1886 déjà, Draenert écrivait : " Des observations barométriques sont particulièrement nécessaires, non seulement dans les stations de la côte, mais surtout dans l'intérieur du continent. Alors seulement il sera possible d'organiser un service de prévision du temps." Quelques années plus tard, en 1894, dans son rapport à Orville Derby, Directeur du Service Géologique de S. Paulo, le savant professeur Loefgren insistait également sur la nécessité d'une étude régulière de prévision du temps, et visait spécialement la prévision des gelées pour l'agriculture pauliste. Récemment enfin, Lockyer se plaignait des données barométriques fournies par le Brésil.

"Quoique la prévision du temps soit une fonction régulière du Service," dit H. Morize, " elle n'a pas encore pris un développement suffisant, car les stations sont trop irrégulièrement distribuées pour permettre des prévisions satisfaisantes et, d'autre part, les véritables cyclones étant ignorés au Brésil, ce fait, heureux en soi, nous prive du phénomène le plus rapidement prévu. Nos efforts tendent plutôt du côté de l'étude climatologique.

"Sitôt que l'Observatoire National sera transféré au nouveau local, de nouvelles observations seront prises avec soin et d'une façon prolongée, telles qu'il a été impossible de les faire : évaporation de larges surfaces libres, facilité de chauffement de différents sols à différentes profondeurs, sous différentes types de végétation ; détermination continue de la constante solaire, observée jusqu'ici de façon intermittente, conductibilité et calcul des ions dans l'atmosphère, etc.''

L'Observatoire de Rio, nous l'avons dit, va être transféré du Morro do Castello au Morro de S. Januario. Les instruments s'y trouveront à 32 m. au-dessus du niveau de la mer, disposant de 11,000 mètres carrés, de douze pavillons et d'une tour métallique de vingt mètres de hauteur. (H. Morize, *Rapport de la Directoria de Meteorologia e Astronomia* au Ministre de l'Agriculture, 1915.) Les mauvaises conditions du Morro do Castello y sont décrites; non seulement le local ne se prête pas à l'extension des services, mais les conditions de résistance du sous-sol sont inquiétantes. Les devis pour le transfert et la construction d'un nouvel observatoire sont à peine supérieurs à ceux des réparations devenues nécessaires. Les bureaux continueront toutefois à fonctionner encore quelque temps au Morro do Castello.

En fait, de nouveaux horizons s'ouvrent ainsi à la Météorologie du Brésil et si, dans ce pays, la prévision du temps n'a pas l'importance qu'on lui attache, aux Etats-Unis par exemple, il n'en est pas moins vrai que la météorologie agricole y pose sans cesse de nouveaux problèmes, auxquels une bonne organisation des services seule pourra répondre.

Entre autres questions, citons celle des gelées à S. Paulo, sur laquelle Loefgren appelait, il y a plus de vingt ans, l'attention des pouvoirs publics. Ce sont, en effet, les grands intérêts de l'industrie caféière qui ont déterminé la splendide organisation des services météorologiques de S. Paulo. Les données scientifiques n'étaient qu'un but secondaire. Les renseignements paulistes, surtout pendant la saison de la floraison et de la cueillette, sont télégraphiés quotidiennement aux grands centres commerciaux de l'Europe. En cette époque, le *Times* s'occupe chaque jour du temps qu'il fait à Ribeirão Preto. Les données du Service météorologique de S. Paulo servent de base à l'évaluation des récoltes, et partant déterminent les prix du café sur le marché mondial.

Citons également la question du déboisement des forêts au profit des savanes ou des prairies. La coutume regrettable d'incendier les forêts pour faire place à des cultures a été longtemps pratiquée au Brésil. Aujourd'hui la plupart des États possèdent des lois forestières ; le reboisement fait l'objet d'une activité constante de différents services forestiers, " hortos," etc. Mais l'influence du déboisement sur le climat, étudiée à S. Paulo par Mr. Belfort Mattos et dans le Nord par M. Loefgren, est considérable ; elle s'exerce sur les précipitations atmosphériques et, en conséquence, sur le débit des cours d'eau.

Citons aussi, à ce propos, les crues du Haut-Uruguay, dont les différences de niveau dépassent trente pieds. Durant les basses eaux cette partie du fleuve n'est pas navigable. Or ce flueve traverse la région du *maté*, et les bateliers comptent sur lui pour les transports sur radeaux. Il se produit souvent des " repiquetes " ou petites crues qui trompent les bateliers, car avec la montée des eaux ils chargent leurs radeaux, partent, mais l'eau étant encore insuffisante les chûtes deviennent dangereuses et de grosses pertes s'ensuivent. Il faut donc que les pluies de Santa Catharina et du Paranà soient soigneusement observées en prévision des vraies crues, afin que celles-ci puissent être signalées au commerce fluvial qui en dépend. Sur l'Amazone et quelques-uns de ses affluents certains produits sont affectés d'une façon analogue. (H. Morize, *The Present Conditions of Agricultural Meteorology in Brazil*.) Les crues du Paraguay ont également une importance considérable. La région du pantanal étant excessivement plane, il suffit que le niveau moyen des crues soit dépassé de trois ou quatre mètres pour que le bétail soit englouti par milliers, si le phénomène n'a pas été prévu à temps. Les inondations de 1883, 1868 et 1905 ont démontré l'importance des désastres que l'on peut prévenir. En 1868, les crues du Paraguay ont facilité les opérations navales sur le fleuve, en permettant à l'escadre brésilienne de passer à Humaytà, malgré les mesures défensives des Paraguéens, qui n'avaient prévu qu'une crue moyenne.

Citons enfin le grand problème de la sécheresse qui

désole, d'une manière chronique, les Etats du Nord-Est brésilien et y semble destiner le *dry-farming* à un brillant avenir. Nous y reviendrons bientôt.

Dès maintenant toutefois, nous pouvons dire que des questions *sui generis* s'y posent au point de vue de la météorologie agricole. Le rôle joué dans le Nord-Est par les *açudes* ou réservoirs n'est pas un rôle d'irrigation classique. Il ne s'agit pas d'un lac artificiel, au niveau constant et mis à profit au moyen de canaux. L'*açude* du NE. est précisément le contraire, il sert à la *cultura de vasante*, c.-à-d. à la "culture de jusant," culture de *beine*, dirait-on en Suisse, car elle a lieu dans l'espace compris entre les hautes et les basses eaux.

" C'est là, la culture à laquelle se livre le *sertanejo*," dit Arrojado Lisboa, "mettant à profit le lit des rivières ou les bords des *açudes*, à mesure que baisse le niveau de l'eau ; non seulement l'humidité profonde du terrain se trouve ainsi utilisée, mais encore la couche fertilisante de limon que met à découvert l'eau qui recule. Les fleuves coulent de 3 à 5 mois par an. Après cette période, ils sont desséchés superficiellement, mais conservent, pendant quelque temps, une couche d'eau souterraine qui s'écoule lentement, renouvelant même l'eau des puits. Dans le réservoir également, quand l'eau baisse à la superficie, elle demeure encore en profondeur, maintenant le niveau du réservoir. C'est donc dans le lit même du fleuve, ou dans le fond du réservoir, que le *sertanejo* fait sa culture de légumes, sa plantation annuelle, qui doit être terminée avant la descente du courant en hiver.

" La topographie toute spéciale de cette région dote les bassins, en deça des reprises, de vastes extensions à faible déclivité. Un mètre et demi d'abaissement dans un réservoir, c'est à peu près ce qu'il perd en profondeur par le fait de l'évaporation annuelle, suffit à mettre à découvert d'immenses étendues de *vasante* cultivable.

" Dans la région sèche, la coutume s'est établie de mettre directement à profit ou d'affermer les *vasantes*.

" On comprend ainsi la portée économique du petit

réservoir dans le NE. et toute la portée des dispositions administratives qui établissent le système de primes à leur construction."

L'Égypte fut un don du Nil; lorsque le problème des sécheresses sera résolu, il est probable que le NE. brésilien devienne un don des *açudes*.

Les questions des pluies, de l'évaporation et des vents se trouvent donc intimement liées aux coutumes agricoles du NE. Même lorsque le paysan ne peut recourir à la culture de *vasante*, il se dispose à résoudre le problème de météorologie agricole qui surgit, par la méthode des doubles semailles.

Dans une lettre à Orville Derby (1907), Oswaldo Weber soulignait ce fait. Les semailles de maïs et de feijão sont faites à la fois à mi-côte des collines et au fond des ravins, car l'expérience prouve que lorsque la pluie tombe copieusement au début de l'hiver les plantations des dépressions donnent de meilleurs résultats, car ces premières pluies torrentielles entraînent la terre arable et l'humus vers les ravins et lavent le sol. Lorsque, au contraire, ce sont des pluies fines au début, elles durent davantage, pénètrent mieux la terre et s'infiltrent dans ses couches fertilisantes, favorisant ainsi les cultures de mi-côte.

" Les pluies torrentielles," pense Weber, " sont plutôt défavorables, car elles lavent la terre, entraînant, dans leurs eaux de ruissellement, une grande partie de l'engrais naturel qui s'est formé, pendant la période sèche, par l'action combinée des vents et des petites précipitations qui alternent avec les fortes insolations, décomposant ainsi les roches calcaires, desséchant les détritus végétaux, que le vent violent et constant de la sécheresse a réduits en poudre par le frottement des brins des différentes graminées."

Les pluies anormales ont une action destructive plus grande encore, elles pourrissent les cultures qui ne sont pas en état de les recevoir; et R. Crandall a pu dire, avec raison, que la sécheresse se fait souvent moins sentir par le manque d'eau que par le manque de comestibles.

Il y a donc au Brésil un certain nombre de questions de météorologie agricole qui exigent des données spéciales, sans compter les questions agricoles courantes auxquelles la climatologie régionale donne une lumière particulière ; c'est ainsi que l'époque de la cueillette du café, comme celle du coton, doit avoir lieu pendant une période sans pluie ; le coton souffre des oscillations trop sensibles du thermomètre ; les vents forts et l'air salin sont défavorables au cacao ; la canne à sucre doit être plantée avant la période des grandes pluies ; le tabac, enfin, exige pour prospérer que la plus grande chaleur coïncide avec la plus grande humidité.

Dans la *Climatographie,* nous étudierons plus loin la météorologie agricole appliquée au cacao (voir *Climat d'Ilhéos*), à la canne à sucre (voir *Climat de Campos*), et au café (voir *Climat de Ribeirão Preto*).

Les conditions météorologiques de l'Agriculture sont l'objet d'études particulières de la part d'une administration subordonnée au Ministère de l'Agriculture, le " Service d'Inspection et de Défense Agricole." Il est chargé de la diffusion des méthodes modernes, de l'organisation de la lutte contre les fléaux, de l'étude des districts agricoles et des conditions de culture. Une longue série d'enquêtes par Etat, aujourd'hui terminées, a apporté au Gouvernement fédéral un immense appoint d'informations précieuses. La partie purement météorologique des enquêtes nous semble toutefois un peu négligée. La mise en œuvre de ces données n'est point encore terminée ; les tableaux organisés par ce service indiquant, par mois et par Etat, l'époque des plantations et des cueillettes, sont particulièrement intéressants au point de vue de la météorologie agricole.

Ces tableaux nous indiquent, par exemple, les époques de cueillette des céréales d'Europe cultivées au Brésil. Les Etats de l'extrême Sud (Paranà, Santa Catharina et Rio Grande) récoltent le seigle de décembre à février ; il en est de même pour l'orge. Quant au houblon, il est de novembre au Rio Grande, de décembre à Santa

Catharina et de janvier au Paranà. Le maïs suit à peu près l'ordre suivant : il est cueilli de janvier à mars dans les Etats du Sud, d'avril à juillet dans les Etats du centre et du Nord-Est, d'octobre à décembre dans l'Amazone. L'avoine retarde sa cueillette, comme le houblon : entre décembre et janvier elle est récoltée au Rio Grande, de janvier à mars à Santa Catharina, en août et septembre à S. Paulo. Le blé enfin est moissonné de décembre à mars dans le Sud, en avril et mai à Goyaz.

Parmi les produits tropicaux, le manioc produit toute l'année dans le Nord ; mais de mars à août, de Minas vers le Sud. Les haricots sont un produit d'hiver pour le Nord et le centre, d'été pour le Sud. Bahia cueille son cacao de décembre à février, tandis qu'ailleurs il n'est cueilli qu'à partir de mars. L'époque du riz est, en général, de mars à juillet.

Parmi les produits industriels, le coton est cueilli de bonne heure dans le Sud et Minas, vers le milieu de l'année dans les Etats du centre, de septembre à novembre dans ceux du Nord-Est. Une marche analogue est celle du tabac.

En somme les Etats du centre et du Nord ont des récoltes ou des cueillettes d'hiver tandis que le Sud a des récoltes d'été. Les cueillettes, comme les récoltes, retardent avec la diminution des latitudes.

Travaux contre la Sécheresse.—Le grand problème de la sécheresse, qui désole chroniquement les Etats du Nord-Est brésilien, et dont nous examinerons les conditions climatiques, a suscité de considérables travaux publics, auxquels la météorologie est redevable de précieuses observations.

La cause du fléau doit plutôt être recherchée dans la distribution des pluies au cours de l'année, ou des années, que dans la quantité même des précipitations, qui ne sont jamais totalement nulles.

M. Alberto Loefgren, qui a étudié à plusieurs reprises le Céarà, au point de vue botanique, a posé la question de la façon suivante : " Les sécheresses du Céarà sont un phénomène naturel, très analogue à l'hiver des pays froids ; la grande anomalie que l'on y note relève plutôt d'une distribution irrégulière des pluies que de leur insuffisance même et les causes premières en ont peut-être une origine bien plus extra-territoriale qu'intra-territoriale, ce qui n'est pas fait d'ailleurs pour en faciliter l'étude. Ce qui, toutefois, est hors de doute, c'est que les effets de ces sécheresses peuvent, sur une large échelle, anormales ou normales, être atténués par le génie humain, et peut-être même, avec le temps, se trouver totalement éliminés."

Quels ont été les effets de ces sécheresses sur les populations du Nord-Est, quels ont été les efforts du génie civil pour les éliminer ?

La première sécheresse dont l'histoire garde la mémoire remonte à l'année 1692. Pendant les deux siècles qui suivirent, plus de vingt périodes sèches furent enregistrées, mais toutes n'eurent pas la même importance. Au XVIIIe siècle, deux périodes de sécheresse se détachent entre les neuf enregistrées. Celle de 1723 à 1727 qui désola toute la région du Nord, depuis Bahia jusqu'au Piauhy et la " Grande Sécheresse " de 1790 à 1793 qui causa d'incalculables dommages, très étendue également. Des familles entières périrent, les routes restèrent jonchées de victimes humaines et animales. " Les mourants," dit un témoin oculaire, " se traînaient, dévorés par la faim et les chauve-souris."

Le XIXe siècle compte treize périodes sèches. Celle de 1824 à 1825 fut signalée par une grande épidémie de variole. Les cultures furent abandonnées, le Céarà perdit un tiers de sa population. " La seconde grande sécheresse du siècle," dit le Dr. Olyntho dos Santos Pires, " fut celle de 1844 à 1845. L'impression des calamités antérieures persistait et l'alarme se répandit parmi les habitants de l'intérieur désolé. La population courut vers le littoral, affrontant les maux des longues marches pour aller mourir de peste dans les agglomérations formées dans les villes maritimes. Les malheurs qui signalèrent cette sécheresse furent toutefois dus à la panique qui s'empara des populations, plutôt qu'aux effets de la sécheresse proprement dite; la conséquence fut l'abandon des foyers, des cultures et du bétail qui périt totalement, faute d'eau, de pâturages et de soins.'' Mr. Olyntho dos Santos Pires a publié en 1910 une fort intéressante étude sur les travaux exécutés pour enrayer l'effet des sécheresses. Il y fait l'histoire de ces calamités, d'après les documents les plus dignes de foi, donne les séries d'observations météorologiques qui les accompagnent, et résume tout ce qui a été fait dans les différents Etats par le génie civil brésilien. Cette étude, publiée dans le *Boletim* du Ministère des Travaux Publics de Rio, est le bilan complet des évènements et des faits accomplis jusqu'au moment où la Commission d'Ingénieurs, ou '' Inspectoria,'' fut créée par le Gouvernement de Mr. Nilo Peçanha.

Mais la sécheresse qui devait laisser sur la population du Nord-Est la plus profonde impression ne vint qu'en 1877. Quelques pages bien vivantes de Pierre Denis la retracent de la façon suivante :

'' Le désastre fut d'autant plus irréparable qu'il survint après trente-deux années de prospérité pendant lesquelles la richesse et la population s'étaient multipliées parallèlement. Depuis 1845, le nombre des habitants était passé de 340,000 à plus d'un million. L'essor des cultures cotonnières avait étendu les défrichements et nulle précaution n'était prise contre la sécheresse. On commença à la redouter dès janvier 1877, lorsque, faute de pluies, on dut renvoyer à plus tard les semailles. Le peuple, au Céarà, est féru de superstitions. La croyance générale veut que s'il pleut le jour de la Sainte Luce, le 13 décembre, il pleuve aussi en janvier suivant; les pluies qui tombent le lendemain 14 annoncent des pluies pour février, et celles du 15, des pluies pour mars. Ces trois journées de décembre portent le nom d' '' Espérances de Sainte-Luce.'' Or, les Espérances de Sainte-Luce, cette année-là, avaient manqué, et ce fut l'origine des inquiétudes qui augmentèrent peu à peu, à mesure que se réalisèrent les prédictions.

Le bétail fut le premier à souffrir; après les bœufs, le bétail humain. D'après les *Relatorios* (Rapports ministériels) du temps le nombre des esclaves enregistrés au Céarà était de 33,409 en 1879, et tomba à 21,327 en 1881, tandis que dans les autres Etats du Nord aucune altération sensible ne se produisait en ce sens.

Puis les ressources manquèrent pour la population elle-même. C'est la coutume en effet que, dans le sertão, on se nourrisse de maïs et de haricots, de mai, après les premières récoltes, jusqu'en août ou en septembre; et l'on recourt ensuite au manioc, qui doit suffire jusqu'au retour de l'été suivant. Le manioc manqua comme le maïs. Les prix des matières alimentaires de première nécessité s'élevèrent brusquement. La faim se fit sentir d'abord aux plus pauvres. Pour secourir les populations atteintes, il y avait deux méthodes : ou bien répartir des secours dans l'intérieur, et en faire des distributions dans toutes les localités du sertão; ou bien réunir les faméliques dans quelques points choisis, et les y faire vivre. La première était la plus logique : on essaya de l'appliquer. Cependant la distribution des secours dans l'intérieur fut interrompue dès novembre 1877 et on les concentra dans quelques villes, au port d'Aracaty et à la capitale. On se heurta en effet à un obstacle insurmontable, la difficulté des communications. On devine combien étaient pénibles et coûteux les transports de la côte vers les villes de l'intérieur. Aussi longtemps qu'il reste de petites réserves de nourriture et qu'il suffit d'expédier de l'argent à répartir en aumônes aux plus misérables pour les aider à se procurer des vivres sur place, on put répandre des secours. Mais lorsque ces faibles réserves furent épuisées, lorsque les riches eux-mêmes connurent la faim, lorsqu'il eût fallu envoyer non de l'argent mais de quoi manger, alors, distribuer des secours dans l'intérieur eût été une tâche au-dessus des forces de n'importe quelle administration.

Au lieu qu'on portât les secours vers la population, ce fut elle qui se déplaça pour aller au-devant d'eux. De même qu'une partie des habitants se dirigèrent vers la Serra, cherchant des champs qui pussent les nourrir, de même ils se pressèrent en foule vers Fortaleza, où ils campèrent pendant toute la sécheresse. C'est là qu'étaient débarqués les vivres expédiés du Brésil et de l'étranger. L'émigration vers les villes est le trait le plus curieux de l'histoire de la sécheresse. À Aracaty il y eut 60,000 de ces malheureux; à Fortaleza ce fut pire encore : la ville avait à peine en temps normal 30,000 âmes; elle vit sa population monter pendant toute l'année 1878 à 125,000 habitants. On ne peut imaginer leurs souffrances. Le plus terrible fut en octobre 1878, l'apparition de la petite vérole dans le camp des réfugiés autour de Fortaleza. Dans l'année entière, on y ensevelit 56,791 personnes. L'épidémie enleva à peu près la moitié de la population.

Les pluies furent déficitaires de 1877 à 1879, et c'est seulement février 1880 qui ramena des précipitations abondantes. Mais elles n'arrêtèrent pas aussitôt les souffrances. On eut les plus grandes peines à décider les réfugiés à repartir pour l'intérieur. Un découragement profond s'était emparé d'eux, et ils ne croyaient plus au retour possible des saisons favorables. Ils redoutaient après un mois de pluies chargé de promesses trompeuses un nouveau printemps sec comme il était arrivé en 1879. Eût-on été assuré de la régularité des pluies, c'était déjà un problème insoluble en apparence que de vivre en attendant la récolte. Les troupeaux avaient disparu jusqu'à la dernière tête; le capital accumulé dans le sertão s'était évanoui; il fallut une race endurante comme les *Cearenses* pour supporter une pareille misère." (Pierre Denis, *Le Brésil au XXe Siècle*, pages 292 à 295.)

A partir de 1877, cette même race endurante et prolifique prit l'habitude, à chaque sécheresse, d'émigrer au loin, non plus seulement par les frontières de terre, mais par voie maritime surtout. Ce furent ces *" paroàras "* laborieux et énergiques qui, chassés de leurs foyers, colonisèrent l'Amazonie, firent sa prospérité grâce à leur travail et à leur facilité d'adaptation au climat équatorial.

L'émigration de 1878 fut de 55,000 âmes et le Gouvernement impérial dépensa 72,000 contos pour secourir les régions désolées par le fléau.

Quand dix ans plus tard, en 1888-89, les pluies vinrent nouvellement à manquer, la sécheresse trouva le Céarà mieux outillé pour lui résister. Le sertão se trouvait déjà pourvu de voies ferrées et de routes qui facilitaient le déplacement des habitants et l'apport des secours. Toutefois l'exil continuait à être le remède préféré : la direction de l'exode était marquée vers l'Amazonie ; 30,000 âmes quittèrent le Céarà.

Le XXe siècle connut également plusieurs époques sèches : celle de 1900, bien que très atténuée par les moyens imaginés par l'homme, fut rude.

En 1915, enfin, eut lieu la dernière sécheresse. Les travaux en exécution, projetés par la Commission créée en 1909, étaient loin d'être conclus ; cependant cinq grands réservoirs (*Açudes*) se prêtaient déjà au groupement de populations assez importantes sur leurs bords. Pour les secours pécuniaires, l'époque de crise financière était mauvaise, mais le Gouvernement de l'Union ne ménagea pas les crédits nécessaires et employa les populations atteintes aux grands travaux publics de la région (voies ferrées, routes, réservoirs, puits, etc.); la charité publique fut active. Les pertes furent néanmoins considérables. On calcule que 22,000 personnes quittèrent le Céarà à la suite de cette sécheresse. Il est difficile d'évaluer le nombre de décès directement causés par le fléau ; il atteignit 8,000 personnes, dit-on.

A l'heure actuelle la population du Céarà atteint un million d'habitants. Ils sont répartis le long des voies de pénétration et dans les centres mieux arrosés, quoique tout le pays se prête à la culture. La carte démographique correspond approximativement à la carte de la distribution des pluies.

Un autre fléau, moins fréquent toutefois, désole la zône du Nord-Est, offrant la contre-partie des sécheresses, ce sont les grandes pluies d'hiver. Les cours d'eau débordent, inondent les campagnes, causant des dommages. En règle générale, plus de 1 mètre de pluie dans l'intérieur, ou 1 m. 50 sur le littoral, signifie une précipitation nuisible. Le XIXe siècle ne compte pas moins de dix-huit années de trop fortes pluies. 1910 fut une des dernières années de cette catégorie.

Le calamités de 1877-79 impressionnèrent profondément l'opinion publique : tous les corps savants du pays s'en préoccupèrent ; ce fut l'éclosion d'une littérature abondante, de nombreuses brochures, résultats d'enquêtes et d'études vinrent poser la grande question du Nord-Est (André Rebouças, Beaurepaire-Rohan, M.A. de Macedo, etc.).

L'assemblée provinciale du Céarà autorisa le Président de la province à agir. On étudia où il convenait de construire des réservoirs, mais les finances provinciales ne permettaient pas une action décisive.

La Commission scientifique, nommée en 1877 par le Gouvernement Impérial, conclut, après une enquête sur les lieux, à la nécessité de construire trente réservoirs et trois lignes ferrées de pénétration (Baturité, Sobral et Icó). En conséquence, le Brésil contracta, en 1880, les services de l'ingénieur Jules Révy, pour étudier les réservoirs à construire. Il proposa la construction de trois grands réservoirs (Itacolumy, Lavras, Quixadà). Le second devait contenir 1 milliard et demi de mètres cubes d'eau et pourvoir à l'irrigation de 100,000 hectares de cultures. Le troisième seul fut construit, à Quixadà.

Les difficultés de transport firent bientôt suspendre les travaux à Quixadà ; mais la sécheresse de 1888 vint en souligner l'urgence. Les travaux furent repris, avec des modifications au projet Révy. Plusieurs fois les travaux languirent et ce ne fut qu'en 1906, sous la direction Piquet Carneiro, que le réservoir fut achevé, se trouvant à même de recevoir 137 millions de mètres cubes.

Les pluies ne l'ont pas encore rempli; du maximum de 15 mètres de profondeur, il n'avait, pendant la sécheresse de 1915, que 9 mètres, représentant environ 42 millions de mètres cubes. Sa construction coûta 4,650 contos.

Le réservoir d'Acarahù-Mirim fut terminé en 1907. Construit par la " Commissão de Açudes e Irrigação " sous la direction de Mr. Ayres de Souza, il peut contenir 60 millions de mètres cubes.

D'autres réservoirs moins importants furent construits soit par le gouvernement central, soit par les particuliers. Souvent les travaux abandonnés étaient hâtivement repris ou même projetés au moment des crises pour donner de l'ouvrage aux populations locales. Ces constructions intermittentes causèrent des fautes techniques et des pertes pécuniaires supportées par les crédits de secours.

Les petits réservoirs privés furent également construits en grand nombre. C'est ainsi qu'en 1906, le Céarà en possédait près de 1,500 et le Rio Grande do Norte plus de mille. Ceux-ci ne sauraient faire face à une sécheresse de quelque importance, car petits et peu profonds ils sont soumis à une forte évaporation. Dans ces régions l'évaporation moyenne annuelle est de 3,059 mm. Parmi les plus importants réservoirs particuliers se distingue celui de Muchuré, avec les deux millions de mètres cubes.

La " Commissão de Açudes " avait jusqu'en 1906 étudié un grand nombre de projets nouveaux (Varzea, Araçà, Santo-Antonio, Pedra Branca, Quixeramobim, etc.).

Les cours d'eau du Céarà n'étant pas permanents, l'approvisionnement d'eau, dans les villes, avait lieu par des puits primitifs, appelés *cacimbas*; à Fortaleza, par exemple, avant 1877 la vente de l'eau était monopolisée par une compagnie. En 1888 on commença la construction de puits artésiens dans le but de profiter des couches d'eau du sous-sol. De nombreux puits furent perforés dans toute la région; M. O. de Santos Pires introduisit des Etats-Unis des appareils Keystone pour la perforation de ces puits.

Dans le Rio Grande do Norte, où les plaines du

littoral, vastes et fertiles, sont souvent ravies à la culture par des inondations temporaires, le génie civil travailla, avec succès, à la désobstruction des vallées inférieures des fleuves Céarà-Mirim et Maxaranguape. En 1915, ces régions conquises aux cultures auraient pu offrir un précieux refuge aux " retirantes," car les pouvoirs publics se montrent de moins en moins enclin à favoriser les migrations lointaines, au détriment de Céarà. Le député Alberto Maranhão a appelé à plusieurs reprises l'attention sur la portée économique que pourrait avoir, pour le Nord-Est, l'achèvement de ces travaux.

En 1909 fut enfin créée *l'Inspectoria de Obras contra as Seccas* dont la direction fut confiée à l'ingénieur Arrojado Lisboa; entouré de collaborateurs compétents, brésiliens et étrangers, aidé également par le Service Géologique Fédéral, cet habile administrateur organisa les nouveaux services et se mit immédiatement à l'œuvre. Le travail réalisé sous sa direction fut considérable. *L'Inspectoria* fut divisée en trois sections : Fortaleza, Natal et Bahia; de nombreuses études scientifiques, géologiques, botaniques et météorologiques vinrent éclairer l'activité du génie civil. A côté de l'étude des projets et des constructions de réservoirs et de puits, des routes furent construites, un service pluviométrique et fluviométrique fut créé, des " hortos florestaes " furent formés à Quixadà, Acarahú-Mirim et Joazeiro. Les crédits d'abord modestes furent élevés à 3,000 contos, puis à 7,000 par an. En quatre ans, cinq nouveaux réservoirs furent construits (Lagoa das Pombas, Breguedoff, S. Miguel, Mogeiro et Miguel-Calmon). En 1913, sous la direction de M. Aarão Reio, huit se trouvaient en construction, dont deux de 7 millions de mètres cubes. Les postes pluviométriques de la zône sèche dépassaient déjà 300. De nombreux réservoirs particuliers étaient également construits par l'Inspectoria et près de 200 puits artésiens.

La sécheresse de 1915 surprit ces services avec de faibles ressources pécuniaires, mais avec un outillage très avancé.

A la fin de l'année 1915, des crédits supplémentaires furent votés : une nouvelle commission, sous la direction de Mr. Aarão Reis, entreprit la construction de huit nouveaux réservoirs, dont deux (Caio-Prado et Guajuba) se trouvaient prêts à recevoir les pluies de 1916.

En somme huit Etats de l'Union brésilienne se trouvent à l'heure actuelle directement intéressés au problème de la sécheresse. Dans le cours de notre étude c'est surtout le Céarà que nous trouvons mentionné, car c'est celui dont la zône sèche est la plus peuplée; le Rio Grande do Norte, la Parahyba, Pernambouc, Alagôas, Sergipe, Bahia et le Piauhy possèdent également des zônes sèches dans leur intérieur. La zône sèche et presque désertique de Bahia se trouve sur le moyen S. Francisco, entre Joazeiro et Piranhas. Jusqu'au Rio de Contas (Bahia) sous le 14° lat. S., l'on trouve des régions semi-arides.

Le résultat des études scientifiques et . en particulier des investigations botaniques et des observations météorologiques semble établir toutefois que la sécheresse est un phénomène naturel dont les effets peuvent être atténués. Déjà en 1910, Alberto Loefgren opinait que trois séries de mesures étaient à prendre : (1) des mesures préventives (silos ou granges pour emmagasiner les fourrages destinés au bétail); (2) mesures défensives (conservation des forêts, réglementation des défrichements, plantations utiles); (3) mesures de restauration et de progrès (constructions de réservoirs, de puits; enseignement agricole du dry-farming, etc.).[1]

---

[1] Alberto Loefgren : " Notas Botanicas (Cearà)," Rio de Janeiro, 1910.

CHAPITRE PREMIER.

INFLUENCES COSMIQUES.

Nous avons souligné précédemment les traits généraux d'uniformité et de régularité qui caractérisent l'hémisphère austral, et la zône intertropicale en particulier. Pour préciser le tableau, il nous reste à retirer le Brésil de son cadre austral, et examiner les influences principales qui régissent sa météorologie. Ces éléments nous permettront de chercher une division climatographique appropriée.

La zône intertropicale ne s'arrête pas nécessairement au Tropique du Capricorne, on peut chercher ses limites, comme Supan le proposait, soit dans l'isotherme annuel de 20°, soit dans la limite polaire des Alizés ou dans celle du palmier. Woeïkof, désireux de l'étendre au-delà du 23½°, et n'osant pas choisir le 30°, proposait le 25°, comme moyen terme. Davis, dans sa classification des vents, lui attribue 41 pour cent de la superficie du globe.

Quelles que soient ses limites exactes, cette zône est caractérisée par la simplicité et l'uniformité de ses principaux éléments climatiques. Le climat, en tant qu'ensemble de conditions météorologiques *moyennes,* et le temps, en tant qu'ensemble de conditions météorologiques *temporaires,* sont ici presque synonymes. La succession des changements journaliers, l'évolution diurne et nocturne des éléments y est encore plus uniforme sur les mers, où de faibles cyclones locaux viennent en troubler parfois la régularité.

Le Soleil se trouvant toujours assez haut dans le ciel, la durée des journées varie peu, et les températures moyennes ne baissent pas considérablement. Si 20° est la moyenne rationnelle de la zône, 25°, par contre, embrasse la majeure partie des aires continentales, mais 28° n'atteint pas le Brésil. L'écart des températures, sur presque toute la zône, est inférieur à 10°, et la plupart du temps même à 5°. Chose remarquable toutefois, les températures diurnes souffrent en général des écarts plus considérables que les moyennes mensuelles ; c'est ainsi qu'on a pu dire avec quelque raison que " la nuit est l'hiver des Tropiques."

L'uniformité des températures sous les Tropiques est causée, suivant Hann, par (1) les variations minimes de l'insolation et de la durée de l'insolation au cours de l'année, (2) la grande extension de la zône chaude elle-même, qui rend impossible la pénétration des vents froids dans les latitudes inférieures, (3) la direction oblique des Alizés qui se réchauffent dans leur trajet indirect vers l'Equateur, (4) le léger refroidissement nocturne, où l'air est humide et la vapeur d'eau se condense vite, (5) la grande extension des aires océaniques qui contribuent à doter la zône tropicale d'un climat maritime accentué.

" Dans le vrai type de climat tropical, les saisons, telles qu'on les entend dans la zône tempérée, n'existent pas," dit R. de C. Ward. " La variation des températures au cours de l'année est si légère, que les saisons ne sont pas classifiées d'après la température, mais dépendent des précipitations atmosphériques et des vents. La vie des plantes, des animaux et même de l'homme, sous les Tropiques, est en grande partie et parfois complètement réglée par la distribution des pluies. L'agriculture prospère ou dépérit, suivant la ponctualité ou la suffisance des précipitations. Après une période sèche plus ou moins longue, quand arrivent les pluies, on y assiste à un réveil extraordinairement rapide de la végétation desséchée et poudreuse. Si ailleurs une humidité suffisante est maintenue dans le courant de l'année, un même lieu peut offrir en même temps des bourgeons, des fleurs et des fruits mûrs. Dans ces conditions on a bien qualifié une telle végétation de non-périodique. Quoique la saison tropicale des pluies soit associée d'une façon caractéristique aux positions verticales du Soleil, cette saison n'est pas nécessairement la plus chaude période de l'année. La température est toujours un peu plus basse, sous les nuages. La saison pluvieuse est pour cela souvent désignée sous le nom d'hiver, elle coïncide également avec le mauvais temps. L'époque des températures maxima se trouve dans la saison des pluies. Vers les bords de la zône tropicale, les écarts annuels de température apparaissent de nouveau et les saisons, dans le sens extra-tropical du mot, se font peu à peu sentir.'' (Robert de Courcy Ward, *Climate considered especially in relation to Man.*)

Les plus récentes théories sur l'oscillation diurne du baromètre nous amènent à admettre l'action de deux oscillations distinctes qui se superposent : l'oscillation ou *onde semi-diurne,* qui produit deux maxima et deux minima par jour, et l'oscillation ou *onde-diurne* qui ne comporte qu'un seul minimum et un seul maximum.

" Les deux maxima quotidiens,'' dit Angot, " seraient égaux entre eux, ainsi que les deux minima. En toute saison et pour toute la Terre, les deux maxima se produiraient vers 10 h. du matin et du soir ; les deux minima vers 4 h. du matin et du soir. La différence entre les minima et les maxima de l'onde semi-diurne, c.-à-d. l'amplitude de cette onde, ne varie que peu, pour une même station, dans le cours de l'année ; elle est la plus grande aux équinoxes et la plus petite aux solstices. Cette amplitude ne dépendrait pas des conditions topographiques, mais seulement de la latitude : voisine de 2 mm. à l'Equateur, elle décroîtrait d'abord lentement jusqu'aux Tropiques, puis très rapidement ensuite, de manière à devenir très petite aux latitudes élevées. Il est probable que cette onde semi-diurne est causée par l'action de la chaleur solaire sur toute la masse de l'atmosphère ; mais on n'a pas encore pu expliquer convenablement la manière dont elle est produite.

" L'onde semi-diurne est la même pour toutes les stations situées à la même latitude, l'onde diurne au contraire a une amplitude très variable, qui dépend des conditions topographiques de la région et qui peut être très différente entre des stations même voisines. D'une manière générale, elle est beaucoup plus faible en mer et dans les stations du littoral que dans les stations continentales, et son amplitude est en proportion directe de l'amplitude de la variation diurne de la température. Les heures du maximum varient notablement suivant les pays ou les saisons." (A. Angot, *Traité Elémentaire de Météorologie.*)

Au Brésil cette distinction entre l'*onde diurne* et l'onde *semi-diurne* a une portée toute particulière et explique bien des phénomènes. Dans la partie intérieure de la zône tropicale brésilienne l'oscillation diurne est insignifiante, l'*onde semi-diurne,* au contraire, y est singulièrement marquée. Le baromètre tombe entre midi et 4 p.m. de 1 mm. 44 environ, puis remonte jusqu'à 10 p.m. pour retomber et enregistrer un second minimum moins prononcé vers 3 ou 4 a.m. Les sauts sont plus brusques à mesure que l'on s'éloigne de la mer.

A Rio de Janeiro la même onde semi-diurne se trouve également marquée et les deux minima se produisent à peu près aux mêmes heures qu'à Parà.

(1) *Influences de Latitude.*—La décroissance de la pression annuelle moyenne vers les Pôles est beaucoup plus marquée dans l'hémisphère austral. Mais le Brésil, ne s'étendant pas au-delà du 34° de lat. S., n'entre pas dans la zône où les moyennes annuelles demeurent au-dessous de 750 mm. Entre l'Equateur barométrique et le 30° lat. S. les conditions théoriques ne diffèrent pas sensiblement de celles des latitudes correspondantes de l'hémisphère boréal.

Théoriquement, la moyenne barométrique sous l'Equateur est de 758 mm., elle croît lentement jusqu'au 10° dont la valeur moyenne est 758˙5 mm. sous le 20° ;

le maximum est atteint vers le 30°, ou un peu avant cette latitude, avec 762·6 pour retomber ensuite à 761·3 etc. (V. Angot, *T. E. de Mét.*) L'altitude intervenant ce phénomène est altéré d'abord, puis atténué, enfin totalement modifié, faisant place dans les hautes couches de l'atmosphère à une diminution graduelle ininterrompue de l'Equateur vers le Pôle.

Au Brésil, cette courbe théorique est légèrement modifiée par les éléments clairsemés, mais dignes de foi, que des séries de 10 à 20 ans d'observations permettent d'établir.

Nous remarquons, en premier lieu, que les moyennes, réduites à 0° et au niveau de la mer, indiquent des pressions de 0·2 à 0·5 mm. plus élevées que la courbe théorique que nous venons de décrire.

Néanmoins, le phénomène s'y présente de la même façon, la courbe s'infléchissant d'abord lentement jusqu'au 12° ou 13° de lat., puis plus rapidement jusqu'au 23°, où elle semble atteindre ses valeurs maxima. Elle retombe ensuite assez brusquement jusqu'au 27° pour reprendre vers le 30°.

Nous avons en somme :

Localités	Latitudes	Moyenne bar.	Observat.
Parà	1°27′	758·3	20 ans
Fortaleza	3°43′	758·7	—
Récife	8°4′	759·6	22 ans
Bahia	13°	760	22 ,,
Victoria (E.S.)	20°19′	762	—
Campos	21°40′	762·2	—
Rio	22°54′	763	60 ans
Santos	23°56′	762·3	7 ,,
Iguape	24°45′	761·5	9 ,,
Blumenau	26°5′	759·7	10 ,,
Porto Alegre	30°2′	760·5	—

À des altitudes plus considérables, la courbe s'atténue, comme nous l'avons dit, mais les maxima sont atteints sous les mêmes latitudes, semble-t-il. Si nous prenons une série de localités brésiliennes situées à 900 mètres d'altitude environ, nous obtenons :

Caetité	14° lat. S.	688·7 mm.	900 m.
Bello-Horizonte	19°55′	692	900
S. Carlos do Pinhal	22°1′	692	845
Curitiba	25°27′	687	900
S. Francisco	30°30′	685	900

À l'heure actuelle, il est encore difficile de tracer une carte des isobares du Brésil. Les données, en beaucoup de cas, sont insuffisamment certaines et, des espaces démesurément vastes restant sans observations, l'interpolation y ferait jouer à l'imagination un rôle compromettant.

Le service météorologique de la Marine a tenté, pendant un certain temps, de faire servir ses observations simultanées à la confection de cartes barométriques quotidiennes, en vue de la prévision du temps. Le Brésil méridional seul pouvait d'ailleurs fournir des données de quelque intérêt.

Mais la latitude, si elle n'agit pas directement sur les météores humides, se trouve toutefois liée à leur distribution. Ainsi, la nébulosité au Brésil est beaucoup plus prononcée dans les basses latitudes que dans les latitudes correspondantes de l'hémisphère Nord. La moyenne théorique de l'Equateur est 58 pour cent ; celle du 10° de lat. S. 57 pour cent, soit 14 pour cent de plus que le 10° de lat. N. ; la moyenne du 20° lat. S. est de 48 pour cent contre 40 pour cent au 20° N., enfin 46 pour cent sous le 30° lat. S. Les données pratiques sont, à peu près, les suivantes :

Parà	1°27'	52 pour cent
Bahia	13°	50 "
Rio	22°54'	60 "

Quant à la distribution des pluies, le Dr. F. Kerner en se basant sur les cartes dressées par Voss, a cherché une distribution saisonnière par latitude, dans l'Amérique méridionale, de la façon suivante :

Latitude	Année	Eté	Automne	Hiver	Printemps
5° N.	1·862 mm.	477 mm.	604 mm.	388 mm.	393 mm.
Equateur	2·149	622	825	293	409
5° S.	1·760	562	728	160	310
10°	1·535	553	550	117	315
15°	1·250	571	344	54	281
20°	1·127	507	269	68	283
25°	1·181	425	330	176	250
30°	0·846	238	244	158	206
35°	0·662	182	177	144	159

La courbe que l'on tracerait avec ces précipitations moyennes par parallèle serait profondément modifiée par la courbe relative au Brésil seul, car entre le 5° S. et le 15° S. une vaste région semi-aride viendrait déprimer considérablement la moyenne.

Nous avons déjà mentionné l'influence de la latitude sur les moyennes thermiques. Dans l'hémisphère Sud la différence de l'insolation entre le 21 juin et le 21 décembre est plus considérable que dans l'hémisphère Nord. La radiation, d'autre part, croît avec la latitude.

Latitude	Moyenne théorique de l'hémisphère Sud	Moyenne vraie
Equateur	26·1	... Parà 25°7'
10° lat. S.	25·2	... Aracaju 25°4'
20°	22·9	... Campos 23°2'
30°	18·5	... Porto Alegre 19°6'

Les températures moyennes du Brésil sont très souvent citées d'une façon erronée, elles sont toutefois légèrement supérieures aux moyennes théoriques.

Le Brésil jouit, en général, de climats réguliers, c.-à-d. dont l'écart entre la moyenne du mois le plus chaud et celle du mois le plus froid est inférieur ou égal à dix degrés centigrades.

Un certain nombre de règles leur sont applicables, relativement à la latitude. Ces règles n'ont rien d'absolu, mais semblent confirmées par les observations météorologiques prises jusqu'ici.

(1) Les différences entre maxima et minima tendent à s'accentuer à mesure que l'on s'éloigne de l'Equateur. Les températures absolues de l'été s'élèvent surtout dans la partie continentale du pays.

Ainsi les différences sont (pour les moyennes des extrêmes) :

Parà	...	1°27'	...	13·8	...	Rio	...	22°54'	...	23·0
Récife	...	8°4'	...	14·0	...	Blumenau	...	26°55'	...	34·2

Les écarts entre les moyennes des mois les plus chauds et celles des mois les plus froids suivent une régle analogue, comme nous le verrons dans l'étude du régime thermique.

D'autre part les températures de 40° sont rares sur la côte du Brésil, elles se produisent parfois sur le plateau (Tatuhy a enregistré 42°5 C.).

Entre les extrêmes absolus, enfin, nous avons les écarts suivants :

Iquitos	32·4	18·8	Diff. 13·6
Parahyba	34·5	17·0	,, 17·5
Victoria (Per.)	39·0	11·6	,, 27·4
Tatuhy	42·5	− 1·8	,, 44·3
Chaco (Missiones)	43·5	− 2·0	,, 45·5

(2) Les moyennes des mois d'été décroissent plus lentement que les moyennes annuelles; d'autre part, les moyennes des mois d'hiver décroissent plus rapidement que ces mêmes moyennes annuelles.

	a Moyen. ann.	*b* M. été	*c* M. hiver	*b* −*a*	*a*—*c*
Parà	25·7	25·7	25·5	0·0	0·2
Récife	26·1	27·1	23·6	1·0	2·5
S. Bento	24·8	26·6	22·8	1·8	2·0
Rio	22·5	24·9	20·0	2·4	2·5
Santos	21·9	25·0	18·8	3·1	3·1
Curitiba	16·8	20·9	12·8	4·1	4·0
Blumenau	21·4	25·6	17·0	4·2	4·4
Porto Alegre	19·6	25·2	14·3	5·6	5·3

Les écarts entre la moyenne de l'hiver et celle de l'année sont plus marqués, jusqu'au Tropique, que ceux qui existent entre la moyenne de l'été et celle de l'année. À partir du Tropique, il semble qu'il se produit un phénomène inverse.

Quant à la décroissance des moyennes d'hiver et d'été par rapport à la moyenne générale de l'année, du tableau précédent nous pouvons former trois groupes et en tirer les différences, généralement négatives, qui confirment la règle posée :

	Différence des moyennes	Différ. de l'été.	Différ. de l'hiver
Récife-Rio	− 3·6	− 2·2	− 3·6
Rio-Blumenau	− 1·1	+0·7	− 3·0
Blumenau-Porte Alegre	− 1·8	− 0·4	− 2·7

Si nous considérons les points extrêmes nous formons le groupe :

Récife-Porto Alegre   −6·5, − 1·9, et −9·3.

(2) *Influences d'Altitude.*—Les différences de niveau constituent un facteur climatologique de première importance pour le Brésil, où les plateaux et hauts-plateaux représentent plus de la moitié de son territoire. Au Brésil, un lieu commun caractérise la situation et l'on dit couramment " Nos altitudes corrigent nos latitudes."

Comment ces altitudes agissent-elles sur les différents éléments météorologiques? La question est complexe, car souvent elles agissent sur certains de ces éléments en fonction des autres.

La pression atmosphérique, par exemple, subit différemment l'influence de l'altitude; dans ces variations, si l'action de la latitude est problématique, celle de la température ne l'est guère.

La plupart des données, fournies par les publications météorologiques du Brésil, indiquent des observations barométriques réduites à zéro; par contre, la correction de la latitude n'est jamais indiquée. Sur toute l'extension du territoire brésilien la réduction de la pression de la gravité normale peut varier de $-0{\cdot}74$ mm. à $-1{\cdot}98$ mm. Ainsi pour Parà la correction de latitude est de $-1{\cdot}97$; pour Rio, de $-1{\cdot}36$.

Nous avons trouvé, au cours de l'étude sur l'influence des latitudes sur la pression au Brésil, que les observations déduites de longues séries indiquaient des pressions vraies plus fortes de 2 mm. environ que les pressions théoriques des latitudes correspondantes. Ce fait se vérifie moins souvent dans les variations de la pression avec l'altitude. En effet, nous avons théoriquement les variations suivantes, d'après Hann :

Altitude (Mètres)			Températures				Différence par 1° C.
			15° C.	20° C.	25° C.	...	
0	...	...	762	762	762	...	
500	...	...	718	719	720	...	0·16
1,000	...	...	676	678	679	...	0·32
1,500	...	...	636	639	641	...	0·44

Il s'ensuit que plus la température de l'isotherme du lieu est faible plus la diminution de pression avec l'altitude est accentuée.

Nous avons, par exemple, Quixeramobim, à 200 mètres d'altitude, sous l'isotherme de 28° C. D'après le tableau de Hann nous trouvons que sa pression moyenne théorique est de 744 mm., or dix ans d'observations y accusent une pression moyenne de 743˙6 mm., la différence est donc de 0˙4 mm. à peine.

A Caetité, sous l'isotherme de 26°, à 900 mètres d'altitude, d'après le tableau théorique, la pression serait de 687 mm. 3 ; or six ans d'observations y indiquent une moyenne de 688˙7 supérieure par conséquent de 1 mm. 4 à la pression théorique.

A Ouro Porto, sous l'isotherme de 24° et à 1,145 m. d'altitude la pression théorique serait de 667 mm. ; elle est en réalité, d'après trois années d'observations de 667 mm. 9, soit supérieure de près de 1 mm.

A Villa Jaguaribe sous l'isotherme de 25°, la pression théorique et la pression vraie sont toutes deux de 633˙2 mm.

L'amplitude des oscillations barométriques diminue avec l'altitude ; mais les oscillations mensuelles sont plus marquées pendant les mois d'hiver que pendant ceux d'été. A Caetité, l'amplitude des oscillations mensuelles est de 2 mm. 7, tandis qu'à Bahia elle est de 4 mm. 7 ; à Villa Jaguaribe cette oscillation est de 3 mm. 2, tandis qu'à Rio elle est de 6 mm. 7.

L'influence de l'altitude sur la température est une influence décisive et dont les conséquences sont de la plus haute importance pour le Brésil.

L'usage est assez répandu, au Brésil, de chercher dans la formule de Liais la loi de la décroissance des températures avec la hauteur. Cette formule, l'on sait, est la suivante :

$$T = 56\text{˙}7 \cos \ L - 28°8 - \frac{A}{200}$$

En langage courant cela équivant à retrancher 1° C. par 200 mètres d'élévation pour un lieu dont on connaît la température de la latitude, au niveau de la mer. La formule est d'autant moins compromettante qu'elle s'applique à presque tous les cas, même en négligeant la latitude. En effet, dans les Andes, la diminution verticale de la température est à peu près égale à celle des Alpes, et à Ceylan cette diminution est à peu près identique à celle de l'Ecosse.

Il semble que, dans l'état actuel de nos connaissances météorologiques, la décroissance verticale des températures n'est liée par aucune relation de causalité à la latitude. Telle est l'opinion de J. Hann.

La formule de Liais peut être confirmée par d'innombrables exemples : Campinas, à 693 m. sous la latitude de Rio de Janeiro, dont on connaît la température, a sa moyenne annuelle donnée par la formule :

$$23{\cdot}5 - \frac{693}{200} = 20{\cdot}1.$$

Victoria et Ouro Preto, se trouvant à peu près sous la même latitude, nous donnent également :

$$24 - \frac{1145}{200} = 18{\cdot}2.$$

18°2 est, en fait, la moyenne d'Ouro Preto. Enfin entre S. Paulo et Santos on peut établir une relation identique, etc.

Connaissant la température moyenne de Cannavieiras, 24°6 C. et sachant que Cuyabà se trouve sous la même latitude, à 235 m. d'altitude, la formule nous donnera :

$$24{\cdot}6 - \frac{235}{200} = 23{\cdot}5.$$

La température moyenne de Cuyabà serait donc de 23°5. Or il n'en est rien, elle est exactement supérieure de 3° à cette moyenne supposée. Donc, d'autres causes, indépendantes de la latitude, influent sur l'efficacité de l'altitude comme facteur de décroissance thermique.

Les éléments les plus complets pour une étude météorologique de la décroissance de la température avec l'altitude, au Brésil, sont fournis par les études de Fr. Siegel, au Paraná, sous 25° de lat. S. environ. Une période de 18 ans d'observations lui permit de constater

un abaissement moyen de 0·53° C. pour 100 mètres
d'altitude.

Au cours des différents mois, les variations sont les
suivantes entre Paranaguà et Curitiba :

Janvier	0·54	...	Mai	0·58	...	Septembre	...	0·48
Février	0·54	...	Juin	0·65	...	Octobre	...	0·46
Mars	0·54	...	Juillet	0·47	...	Novembre	...	0·48
Avril	0·58	...	Août	0·55	...	Décembre	...	0·56

Les différences sont donc plus marquées pendant
l'automne et l'hiver que pendant le printemps et l'été ;
mais le minimum ne coïncide pas avec les mois les plus
chauds.

Le relief du Paranà caractérise bien le haut-plateau
brésilien dont l'action sur la température est si décisive.
Abrupt, la plupart du temps, du côté de l'Océan, il s'incline légèrement vers le sillon du Paranà traversé, çà et
là, par des systèmes montagneux secondaires.

Entre Colonia-Alpina et Sitio-da-Batalha dans l'Etat
de Rio, des calculs analogues peuvent être faits. Ils nous
amènent à constater un abaissement de température verticale beaucoup plus lent, 1° C. par 148 m. en hiver, et
par 200 m. en été.

Dans l'Etat de S. Paul, sous le 23° de lat. S. des
études analogues peuvent être esquissées entre les deux
localités voisines de Taubaté et de Villa Jaguaribe. La
différence de niveau, entre les deux postes d'observation,
est exactement de 1,003 mètres. La moyenne annuelle de
Taubaté (1906) est de 20°3 C., celle de Villa Jaguaribe
(1906) de 13°2. Il y a donc une différence de 7° C. entre
les deux moyennes, ce qui représente une décroissance de
1° C. par 143 mètres d'élévation.

Mais l'abaissement de la température avec l'altitude
est environ deux fois plus rapide pendant les mois chauds
que pendant les mois froids. Les moyennes des mois les
plus chauds et les plus froids sont :

			Taubaté	Villa Jaguaribe	Différence
Janvier	...	...	20·1	...	16·0	...	4·1
Juillet	...	...	17·2	...	8·6	...	8·6

Il s'ensuit que la température tombe de 1° C. par 245 mètres en janvier, et de 1° C. par 116 mètres en juillet. La chûte est donc plus de deux fois plus rapide en hiver qu'en été. Dans les latitudes moyennes de l'hémisphère Nord, la chûte de température avec l'altitude est à peine de 220 mètres environ en hiver et de 140 m. en été.

Cette curieuse inversion du gradient de la température verticale, dans le Brésil subtropical, est d'autant plus anormale que le plus faible gradient correspond à la saison pluvieuse, qui par elle-même suffirait à justifier le plus fort gradient.

Des différents exemples cités, et d'autres encore que nous citerons dans la Climatographie, on peut conclure que la décroissance verticale de la température, dans le Brésil subtropical, est, en moyenne, de 0·53 à 0·58 par 100 mètres, c.-à-d. supérieure à celle des Andes de Colombie et de l'Himalaya, égale à celle des Alpes et des Pyrénées, de Java et de l'Italie centrale, inférieure à celle de l'Écosse, de Ceylan et de la Californie.

Au Brésil, pour des raisons actinométriques que nous avons déjà vues, la différence de température entre l'ombre et le Soleil est très prononcée et cette différence croît avec l'altitude. Avec elle croît aussi l'intensité de l'insolation et la radiation; celle-ci d'autre part est accélérée par la décroissance assez rapide de la vapeur d'eau. La radiation nocturne est très active à mesure que l'on s'élève.

Cette radiation nocturne produit en plusieurs points du Brésil le phénomène de l'inversion des températures. Pendant les nuits claires de l'hiver et par un temps calme, on observe souvent, à S. Paulo par exemple, que les vallées sont plus froides que les sommets ou les versants du voisinage. Il y a donc un accroissement de température avec la hauteur. Le phénomène est enregistré jusqu'à des différences de niveau de 300 mètres. Le refroidissement du sol affecte la couche d'air plus basse, qui est en contact avec lui; cet air froid, étant plus lourd que l'air environnant, ne monte pas, et détermine des températures plus basses, qui amènent souvent des gelées. Nous aurons l'occasion d'étudier les relations entre cette particularité du climat des hauts plateaux avec la disposition des plantations de café en particulier.

Ajoutons enfin que l'influence thermique du vent croît également avec l'altitude. Dans la plus grande partie de la zône des Alizés, les pluies sont des pluies orographiques, de là la tendance aux maxima d'hiver, sur une bonne partie de la côte brésilienne ; les pluies tropicales proprement dites ont une tendance aux maxima d'été.

(3) *Influences de Continentalité.*—Quoique formant une masse compacte considérable de terres, le Brésil, dans son ensemble, ne présente pas de climats continentaux comparables à ceux des latitudes moyennes.

	Lat S.	Distance de la Mer	Amplitude des Oscillations Extr. 40° 30° 20° +10° 0° −10°
Manáos	3°8'	1.200 kil.	
Victoria (P.)	8°9'	56 kil.	
Cuyabá	15°35'	1.800 kil.	
Uberaba	19°33'	500 kil.	
Rio	22°52'	0	
Tatuhy	23°21'	150 kil.	

Continentalité et Latitude.

En fait, les oscillations annuelles du thermomètre, comme d'ailleurs ses oscillations diurnes, sont représentées par des amplitudes de plus en plus considérables à mesure que l'on gagne l'Ouest, c.-à-d. l'intérieur du continent sud-américain.

La latitude est ici plus forte et annule l'influence continentale. Les données de la continentalité au Brésil ne seraient comparables à celles des latitudes moyennes

8

qu'en fonction du sinus ou simplement de l'arc de leur latitude respective, comme Zenker l'a établi.

Quant à l'application de la formule générale de Zenker, basée sur le fait que l'amplitude des oscillations sur les océans est environ $\frac{1}{6}$ de celle des terres,

$$n = x + \tfrac{1}{6} \, (100 - x)$$

elle ne nous donne pour le Brésil que de très faibles pourcentages de continentalité.

Dans l'Amazonie, l'éloignement de la mer atteint plusieurs centaines de kilomètres et cependant la continentalité est insignifiante. Manàos offre des caractères de continentalité qui distinguent à peine cette localité de Parà, dans le voisinage immédiat de la mer. Le pourcentage de continentalité de Manàos est de 2·4 pour cent; Porto Velho, plus voisin de la côte du Pacifique que de celle de l'Atlantique, est un peu plus prononcé et atteint 6·7 pour cent.

Les continentalités plus marquées du Brésil se trouvent sur le plateau et sous des latitudes plus hautes.

Uberaba offre 25·6 pour cent; Cuyabà, à plus de 1,800 kilomètres de la mer, n'indique toutefois que 24·4 pour cent. A mesure que la latitude croît la continentalité s'accentue : Ribeirão Preto enregistre 29·6 pour cent et Curitiba, dans le voisinage de la mer, 34·7 pour cent. Il semble que nulle localité n'atteint, au Brésil, la moyenne de 40 pour cent que les calculs de Zenker attribuent à l'Argentine.

Les faibles coefficients de continentalité qu'offre le Brésil doivent être attribués en partie à ses faibles latitudes et en partie à l'hémisphère austral dont il fait partie.

La carte des lignes d'égale amplitude organisée par van Bebber indique clairement de quelle façon la continentalité se présente dans l'Amérique du Sud et agit sur le Brésil. Le noyau formé par les plus fortes amplitudes se trouve dans la partie moins continentale et n'atteint pas le Brésil (45°).

(4) *Influences marines.*—L'immense masse liquide de l'Atlantique, qui baigne plus de 6,600 kilomètres de côtes brésiliennes, n'est pas sans influence sur la climatologie du pays que nous étudions, d'autant plus que le système des vents généraux qui le balayent, par suite de l'action prépondérante des Alizés, se trouve intimement lié aux

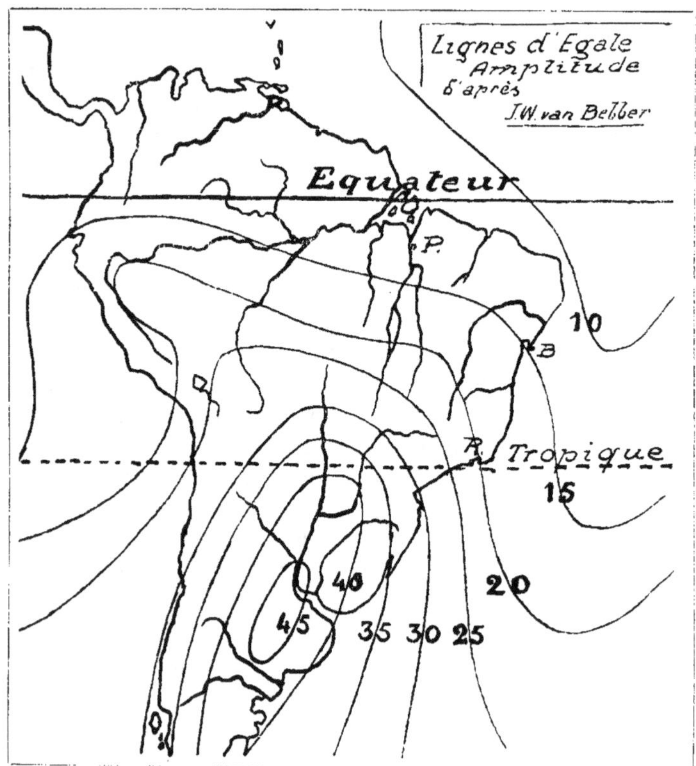

conditions météorologiques de l'Atlantique. L'absence de cyclones, la température des vents d'E. et leur degré d'humidité, la distribution des pluies, par suite, sont des conséquences directes des influences océaniques sur le continent brésilien. G. Schott a réuni dernièrement ses nombreuses études sur l'Atlantique, et nous a présenté, dans sa *Geographie des atlantischen Ozeans* (Hambourg, 1912), la description de cet océan, telle que d'innombrables observations sur mer permettent à la science actuelle de l'esquisser. La partie du Sud-Atlantique qui nous intéresse est subdivisée par Schott en deux régions, la région *équatoriale* jusqu'au Cap S. Roque, et la région *brésilienne*, au Sud du même cap.

Une longue croupe N.-S., perpendiculaire à l'Equateur, divise le Sud-Atlantique en deux bassins, l'un africain, l'autre américain ; ses crêtes émergent sous le nom d'îles de S. Paul, de l'Ascension et de Tristan da Cunha. Les régions abyssales du bassin occidental sont les plus importantes. La plateforme continentale formée par le Brésil, étroite devant le Cap S. Roque, s'élargit légèrement vers le Nord jusqu'à l'estuaire de l'Amazone, et vers le Sud s'élargit davantage jusqu'à l'estuaire de la Plata et les îles Falkland.

La météorologie de l'Atlantique Sud offre des conditions très différentes suivant la région et suivant le bassin que l'on examine. L'Equateur Thermique le traverse du Cap Palmas à la mer des Caraïbes, c.-à-d. au Nord de l'Equateur Géographique, comme nous l'avons déjà dit.

Au point de vue thermique une profonde différence distingue le bassin africain du bassin américain ; la température de l'eau est de 5° à 7° plus basse dans le premier que dans le second. Nous avons pour l'air atmosphérique, d'après G. Schott :

	Santos	22° lat. S. et 35°	Swakopmund
Février	24°4	25°	17°3
Mai	21°3	22°5	15°9
Août	18°8	20°	12°7
Novembre	22°9	22°	14°8

Il y a donc une différence moyenne de 6°7 entre les deux points extrêmes, choisis sous la même latitude ; elle est de 5°4 à peine en mai, elle atteint par contre 8°1 en novembre.

L'amplitude des oscillations annuelles des températures de l'air reste inférieure à 5° jusqu'au 20° lat. S. environ ; les plus petites différences moyennes entre les

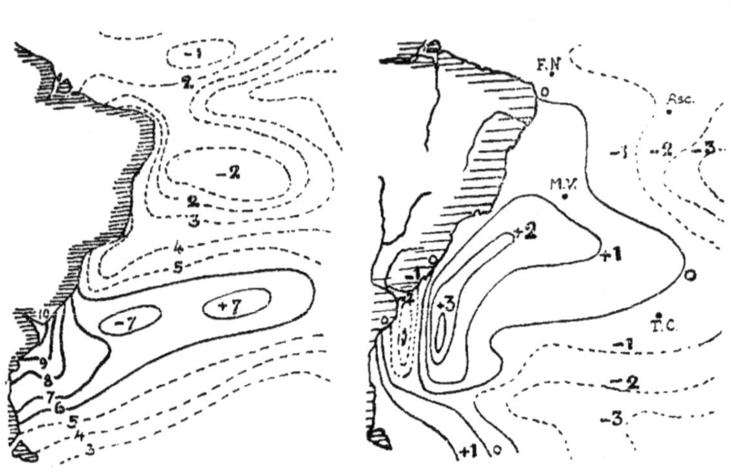

Amplitude des oscillations annuelles
sur l'Atlantique brésilien (d'après G.
Schott).

Anomalies annuelles de l'Atlantique
brésilien (d'après G. Schott).

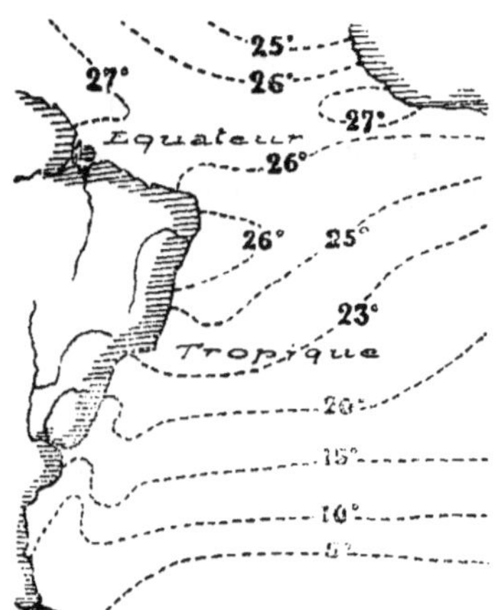

Moyennes annuelles de l'Atlantique brésilien
(d'après G. Schott).

mois les plus chauds et les mois les plus froids se trouvent entre l'Equateur et le 10° lat. S.

La différence entre la température de l'air et celle de l'eau diminue d'abord jusqu'au 10° lat. S., puis augmente rapidement vers le Sud. Dans l'hémisphère Sud, les températures de l'Atlantique *ne sont nulle part inférieures* à celles de l'air. Nous aurons l'occasion d'appliquer ce fait que Schott met en relief aux explications de E. Liais, au sujet de l'influence des courants sur la côte brésilienne. La mer est plus chaude que l'air de 0°5 sous l'Equateur, de 0°3 à peine sous le 5° lat. S.; sous le 10° lat. S. cette différence est presque nulle; elle reprend sous le 15° lat. S. (0°6), atteint 0°7 sous le 20° lat., puis 1° C. et 1°2 C. sous les 25° et 30° lat. S. Le phénomène se présente donc de la même façon que dans l'hémisphère Nord, mais à partir du 10° lat. S. l'accélération est plus marquée.

Nous reproduisons quelques-unes des cartes de Schott relatives à l'Atlantique brésilien, notamment celles qui décrivent les anomalies, les moyennes annuelles et l'amplitude des oscillations. La simple lecture de ces cartes dispense d'en faire la description. Dans les isanomales notons toutefois le voisinage des deux extrêmes de l'Atlantique Sud + 3° et − 3°, au large de la Plata, et la position des différentes îles de Fernando de Noronha (F.N.), Martim Vaz (M.V.), Tristão da Cunha (T.C.) et Ascension (Asc.). Dans les cartes des moyennes thermiques notons l'éloignement de l'isotherme de 27° et la position singulière de l'isotherme de 26°, qui pince la côte brésilienne à deux endroits différents. Enfin dans la carte des amplitudes, remarquons que le Brésil est presque exclusivement environné d'amplitudes inférieures à 5°, mais que dans l'extrême Sud, jusqu'à la Plata, la succession des oscillations de 6° à 10° est rapide. La position des noyaux inférieure à 7 et supérieure à 7 est curieuse.

Schott calcule que 4,454,000 k². de l'Atlantique Sud, soit 4·9 pour cent de l'aire totale de l'Océan, possèdent une température moyenne supérieure à 25° C. (Dans l'Atlantique Nord l'aire jouissant de la même température serait

14½ millions environ, donc 15·9 pour cent.) L'aire dont la moyenne serait de 20° à 25° C. comprend 9,362,000 k². dans l'hémisphère Sud et celle possédant une moyenne de 15° à 20° de 9,635,000 k².

Quant à la distribution des pressions sur l'Atlantique Sud, il faut noter que la ligne des pressions moyennes plus basses est légèrement au Nord de l'Equateur ; vers le 30° lat. N. les moyennes atteignent leurs maxima ; un peu avant le 30° lat. S. les moyennes atteignent également leurs maxima, mais la chûte vers la deuxième région des minima (754 mm. 4) vers le 60° lat. N. est moins rapide que la chûte vers la deuxième région des minima vers le 65° lat. S. qui atteint 740 mm. Nous avons déjà vu le phénomène correspondant sur le continent brésilien, sous les latitudes qui le concernent. Nous avons également parlé plus haut de l'humidité de l'air et de l'évaporation au-dessous de l'Atlantique. La direction des Alizés et leur température, la région des calmes et celle des vents variables d'autre part, déterminent sur la superficie de l'Atlantique des conditions particulières de salinité. Entre la côte brésilienne du Céarà et le Sud de Bahia, le maximum de salinité est obtenu avec 37 pour cent environ. Un noyau central supérieur à 37·5 pour cent s'étend parfois au large sous le 20° méridien O. environ. La ligne de 36 pour cent de salinité embrasse la presque totalité de la côte brésilienne. Les couches salines et chaudes se trouvent jusqu'à 300 et 600 mètres de profondeur. Les faibles pourcentages de la côte africaine n'y sont enregistrés nulle part.

Quant aux précipitations sur l'Atlantique S., Supan en a dressé une carte, sur laquelle nous aurons l'occasion de revenir. La région *équatoriale* est bien arrosée ; la région *brésilienne* l'est également dans sa partie Sud, mais entre les deux la région Sud-Ouest africaine pousse une jetée semi-aride qui semble continuer le Kalahari.

D'après Schott, l'aire atlantique reçoit les précipitations suivantes :

Mm.			Atlantique S. en k².			Pour cent de l'aire totale
−250	...	...	8,727,000	...	...	9·6
250−500	...	...	10,000,000	...	...	11·0
500−750	...	...	6,726,000	...	..	7·4
750−1,000	...	...	9,545,000	...	...	10·5
1,000−2,000	...	...	9,816,000	...	...	10·8
+ 2,000	...	...	272,000	...	...	0·3

Les lignes isohyètes qui traversent l'Atlantique pénètrent profondément dans le continent sud-africain, mais s'arrêtent brusquement devant la côte brésilienne, du Cap S. Roque vers le Sud tout au moins, le relief déterminant des précipitations plus considérables. Au Nord du Cap S. Roque, il serait intéressant de connaître plus exactement les isohyètes, afin de savoir si leur pénétration dans l'hinterland brésilien ne relie pas plus intimement la météorologie du N.E. du Brésil à celle de l'Atlantique. (Voyez plus loin.)

Les courants de l'Atlantique Sud n'ont qu'une très faible influence climatologique sur le Brésil, excepté peut-être sur la côte même. Malgré la très séduisante théorie de Liais sur l'influence rafraîchissante des courants polaires, venus par l'Afrique, il semble que l'explication n'est malheureusement pas exacte. Le Brésil est visité par les courants chauds, celui de Benguéla entre autres, qui sous le nom de *Courant Equatorial* forme un système tourbillonnaire que la pointe N.E. du Brésil divise en deux branches, l'une ascendante qui va vers le Golfe du Mexique former le Gulf-Stream, l'autre descendante ou *Courant du Brésil* qui longe d'abord la côte sud-américaine, puis s'en éloigne pour aller compléter le grand tourbillon de l'Atlantique Sud. Le *Courant du Brésil* a une direction SSO., sa largeur est de 120 à 150 milles et sa vitesse atteint un maximum de 40 milles par jour. Ce courant n'est toutefois pas constant. Pendant l'hiver austral, quand l'Alizé du SO. a une direction S. plus accentuée, les flotteurs lancés sous le 10° ou même sous le 15° de lat. S., c.-à-d. bien au Sud de Bahia, sont repérés dans le système du Gulf-Stream. En d'autres saisons, la direction S.S.O. du courant est marquée dès le Cap S. Roque. Ces mouvements saisonniers sont surtout enregistrés dans les eaux voisines des côtes.

La vitesse du *Courant du Brésil* est modérée, dans les régions de plus fort courant entre les Abrolhos et Cabo Frio la moyenne est de 1 à 1½ kil. à l'heure. Au Sud du Tropique cette vitesse devient insignifiante.

Sur différents points de la côte, on note l'existence de courants côtiers plus ou moins constants, importants pour la navigation, mais d'action climatologique nulle.

Au point de vue physique l'Atlantique brésilien se présente donc comme la contre-partie de l'Atlantique Sud-Ouest africain. Avec ses eaux chaudes, salées et ses mouvements inconstants, il contraste avec les eaux froides, peu salées et aux mouvements constants du bassin africain.

Le mouvement d'eaux de l'Equateur vers le Pôle rend d'autre part le courant brésilien la contre-partie australe du Gulf-Stream dans l'hémisphère Nord, dont le résultat est de créer également des anomalies positives.

En somme, l'influence de l'Atlantique sur les climats du Brésil est plutôt une influence normalisante qu'une action thermique directe. En créant des conditions moussonnales entre le continent et ses eaux, il permet l'existence d'un système de vents qui est la base même de la météorologie du Brésil.

Son action sur l'Afrique est bien différente, l'action du Pacifique sur l'Amérique du Sud en diffère également; mais, à tout prendre, il semble que ces comparaisons tournent encore à l'avantage du Brésil.

Régime thermique.—Ces différentes influences combinées agissent sur les climats brésiliens, et créent les types locaux que nous aurons à examiner. Avant d'entrer dans la subdivision provisoire, qui devra servir de cadre à cette étude, cherchons dans un aperçu général les relations entre Nord et Sud, Est et Ouest au point de vue des différents régimes auxquels sont soumis les météores. Le régime des vents et le régime des pluies, étant les moins soumis à la description climatographique que nous venons de faire, seront étudiés isolément, plus loin.

C'est tout particulièrement au point de vue des moyennes annuelles et mensuelles, des amplitudes et des extrêmes, que des différences fondamentales peuvent être marquées.

(1) Dans la plaine amazonienne, nous trouvons des moyennes annuelles incontestablement élevées, mais non exagérées; elles oscillent entre 25·7 et 26·2, la première applicable à Parà, la seconde à Obidos ou à Manaos. Le mois le plus chaud est généralement novembre, sa température moyenne peut varier de 26·5 à 27·5; le mois le plus frais est mars, mai ou juin, avec des moyennes à peine supérieures à 25. Nous ne trouvons donc là que des amplitudes insignifiantes; la continentalité ne s'y fait presque pas sentir, puisque l'amplitude entre les moyennes mensuelles est de 0·7 à Parà, de 1·5 à Manaos et à peine de 1·7 à Iquitos, en plein territoire péruvien. Les maxima moyens et même absolus n'ont rien d'exagéré; par contre les minima sont très hauts. D'après Hann, nous pouvons caractériser le Brésil amazonien par le tableau suivant :

	Moyenne	Mois le plus chaud	Mois le plus froid		Amplitude	Extrêmes
Parà	25·7	26·5	25·8	0·7	33·3	19·5
Manàos	26·1	27·0	25·5	1·5	35·3	20·0
Iquitos	26·0	26·9	25·2	1·7	32·4	18·8

(2) Dans le Nord-Est subéquatorial du Brésil, dont la côte est longtemps parallèle à la ligne équatoriale, puis s'en écarte peu à peu, enfin brusquement lui devient perpendiculaire, dans cette massive saillie de l'Amérique du Sud, les températures moyennes ne sont guère plus basses que dans l'Amazonie, elles sont parfois même plus prononcées; témoin Quixeramobim, malgré ses 200 mètres d'altitude. Les mois les plus chauds ont des moyennes plus hautes que celles du Brésil équatorial; les mois les plus froids varient entre 23° et 26°. Quant aux amplitudes, elles ne sont plus insignifiantes, mais elles sont faibles, variant de 2·4 à 3·5. Les températures maxima moyennes sont plus hautes qu'en Amazonie et les minima plus faibles. Dans cette région ce n'est plus novembre,

c.-à-d., le printemps, qui semble être le mois le plus chaud, c'est plutôt février ou décembre, c.-à-d. l'été austral. Le mois le plus frais est également plus tardif qu'en Amazonie ; c'est juin, juillet, ou plus généralement, août. D'après Hann, nous pouvons encore écrire :

	Moyenne	Mois le plus— chaud	froid	Amplitude	Extrêmes	
Quixeramobim ...	27·3 ...	28·6 ...	26·2 ...	2·4 ...	36·2 ...	19·2
Parahyba ...	26·3 ...	27·4 ...	25·2 ...	2·2 ...	34·5 ...	17·0
Récife	26·1 ...	27·5 ...	24·0 ...	3·5 ...	33·7 ...	18·7
Victoria (Per.) ...	25·0 ...	26·2 ...	23·2 ...	3·0 ...	39·0 ...	11·6

(3) Dans le Brésil moyen, il est une vaste région intérieure, le Brésil central, dont les éléments climatologiques offrent de grandes analogies avec les climats d'altitude du Nord-Est brésilien. En effet, Cuyabà et Araguaya semblent faire partie du tableau précédent par leurs caractéristiques :

	Moyenne	Mois le plus— chaud	froid	Amplitude	Extrêmes	
Cuyabà ...	26·0 ...	27·1 ...	23·3 ...	3·8 ...	37·4 ...	11·0
Araguaya ...	24·7 ...	26·2 ...	22·7 ...	3·5 ...	33·7 ...	12·6

Là encore la continentalité se refuse à jouer son rôle traditionnel.

Le reste du Brésil moyen offre un contraste assez marqué avec les régions précédentes, au point de vue du régime thermique. En premier lieu, les moyennes annuelles sont sensiblement plus basses, même au niveau de la mer. En second lieu le mois le plus chaud n'y diffère guère du mois le plus froid du N.E., il lui est même souvent inférieur, surtout sur les plateaux ; et le mois le plus frais connaît des moyennes inférieures aux minima du N.E. ; enfin, les amplitudes sont marquées.

Les mois les plus chauds du Brésil moyen sont janvier et février (octobre et septembre dans le Brésil central) ; leurs moyennes variant suivant l'altitude de 20 à 25. Les mois les plus froids sont juin et juillet avec des moyennes de 13° à 19°. Les amplitudes, plus marquées, varient de 6° à 8°, sans égard à la continentalité. Les maxima sont assez prononcés, mais les minima marquent une chûte très sensible, atteignant le voisinage de 0°. Encore d'après Hann, on peut écrire :

	Moyenne	Mois le plus—		Amplitude	Extrêmes	
		chaud	froid			
Uberaba ...	21·7	23·5	18·4	5·1	33·0	1·0
Juiz-de-Fóra	19·4	22·7	16·1	6·6	33·7	5·4
Rio	22·5	25·6	19·7	5·9	36·5	13·5
Barbacena	17·3	19·8	13·8	6·0	29·6	2·6
Nova-Friburgo	17·3	20·3	13·6	6·7	30·2	3·8
Colonia Alpina	17·5	21·1	13·0	8·1	34·6	−0·1

(4) Le Brésil méridional conquiert définitivement les conditions météorologiques des climats tempérés. La côte offre encore des vestiges prononcés de climatologie tropicale; mais le plateau et la plaine du Sud se conforment mieux à la latitude australe, plus clémente. En dehors du littoral, les moyennes annuelles sont toujours inférieures à 20° C. Les trois mois de l'été, définitivement les plus chauds de l'année, offrent des moyennes de 20° à 22° sur le plateau, de 25° sur la côte; les mois les plus froids, juin et juillet, voient leurs moyennes varier de 12° à 15° ou de 17° à 18° suivant l'altitude. Les amplitudes peuvent être qualifiées de fortes, variant de 7° à 12° et s'aggravant à mesure que l'on gagne le Sud. Enfin les extrêmes sont plus prononcés, car d'une part, malgré le plateau, les maxima dépassent ce qu'on a enregistré en Amazonie et dans le Brésil moyen, et d'autre part les minima tombent au-dessous de zéro. Empruntons toujours à J. Hann les éléments du tableau suivant :

	Moyenne	Mois le plus—		Amplitude	Extrêmes—	
		chaud	froid		Maxima	Minima
Santos ...	21·9	25·3	18·5	6·5	40·0	5·0
Iguape ...	21·3	25·2	17·7	7·2	37·9	7·2
S. Paulo	18·2	21·7	14·2	7.5	33·1	1·8
Tatuby ...	19·1	22·9	14·6	8·3	42·5	−1·8
Campinas	19·8	22·9	15·8	7·1	36·7	−0·2
Curitiba...	16·4	20·4	12·0	8·4	34·0	−4·5
Blumenau	20·8	25·3	15·8	9·5	37·4	−3·2
(S. Leopoldo) ...	19·3	25·3	12·6	12·7	(d'après Beschoren)	

Correction des moyennes.—Julius Hann constata, à la suite de ses études sur la météorologie de l'Equateur, que les moyennes tirées des observations météorologiques sous les Tropiques sont la plupart du temps trop élevées et entreprit la critique des heures d'observation, en se basant sur un grand nombre de stations tropicales, sur la mer et dans l'intérieur des terres.

Dans la contribution météorologique à l'atlas de Berghaus nous avons vu comment il trace l'isotherme de

TYPES DE RÉGIME THERMIQUE AU BRÉSIL.

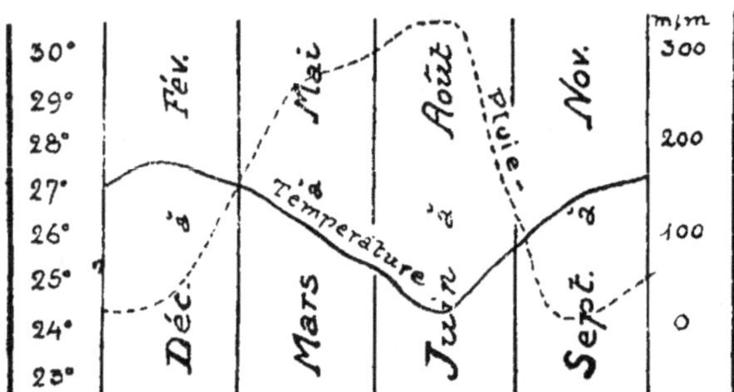

Récife : Maximum de Chaleur et Minimum de Pluviosité.

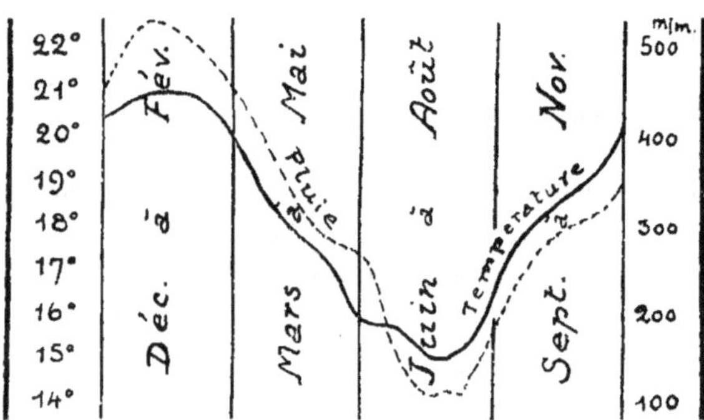

S. Paulo : Maximum de Chaleur et Maximum de Pluviosité.

26°. Ses études postérieures l'ont amené à dresser des cartes d'isothermes sans cet isotherme de 26°, trop compromettant, dans l'intérieur du Brésil ; dans la dernière édition du *Lehrbuch der Meteorologie* (Leipzig, 1915) les cartes d'isothermes ne portent plus que le 24° et le 28°.

J. Hann a été amené à étudier en particulier les heures auxquelles se produisent les températures caractéristiques de la journée. (J. H. : Tägliche Gang der Temperatur in der inneren und aüsseren Tropenzone, *Denkschriften d. K. Akad. d. Wiss.*, tomes 78, 80 et 81.) Ses conclusions s'appliquent à la zône intertropicale du Brésil également :

(1) Les minima de la journée se présentent générale-ment vers 5.30 a.m., un peu plus tôt que dans les latitudes moyennes. Le fait se vérifie aussi bien pour le littoral que pour l'intérieur ; la montagne toutefois fait exception. Au Parà le minimum a lieu à 5.5 a.m., à Quixeramobim à 5.4 a.m. ; à Caétité, au contraire, à 900 m., il se produit vers 6 a.m.

(2) Les maxima sont beaucoup moins régulièrement distribués. Parfois ils ont lieu peu après midi ; c'est la règle dans le voisinage de l'Equateur. A Parà, le maxi-mum est à 1 p.m. Dans l'intérieur, surtout dans la région sèche, il ne se présente qu'à 2 ou 2.30 p.m., parfois plus tard ; Quixeramobim le constate à 3.9, Caetité vers 3.30 p.m.

(3) La température moyenne est lue au moins deux fois par jour. Elle se présente de plus en plus tardive à mesure que l'on s'éloigne de l'Equateur. Dans la zône tropicale intérieure, les thermomètres marquent la moyenne à 8.4 a.m. ; dans la zône tropicale extérieure à 9.8 a.m. Le soir le retard est également sensible : à Parà elle a lieu à 6.5 p.m., à Quixeramobim à 8.4, et à Caétité vers 10 p.m.

En dehors des Tropiques, Curitiba peut servir de type d'altitude, avec ses extrèmes à 5 a.m. et à 2 p.m. et le passage des moyennes vers 9 a.m. et 7 p.m.

Les conclusions tirées par J. Hann l'ont amené à appliquer aux formules courantes des corrections satis-faisantes pour en obtenir la moyenne vraie.

	Amplitude diurne moyenne	Formule $\dfrac{7+2+0}{4}$	Formule $\dfrac{7+2+9+9}{4}$	Formule $\dfrac{6+2+10}{3}$	Formule $\dfrac{6+2+8}{3}$	Formule $\dfrac{Max + Min}{2}$
Parà	7·4	−0·27	+0·10	—	−0·04	−0·70
Rio	4·6	−0·10	0	+0·08	−0·14	−0·33
Iguape	2·7	−0·10	−0·07	+0·04	−0·09	−0·10
Quixeramobim	8·5	−0·28	+0·03	—	−0·34	−0·63
Amparo	9·9	−0·36	−0·12	−0·08	−0·30	−0·70
S. Paulo	8·2	−0·35	−0·04	−0·04	−0·35	−1·08
Curitiba	7·8	−0·17	+0·15	+0·13	−0·13	−0·51

On peut se rendre compte par ce tableau que, pour le Brésil, les heures 7 a.m., 2 p.m. et 9 p.m., adoptées par Mr. H. Morize pour les services fédéraux, sont les plus pratiques et les plus adéquates; d'autant plus que l'on peut aisément en tirer la formule de Kämtz $\frac{7+2+9+9}{4}$ (V. G. Hellmann, *Bericht über d. Tätigk. d. K. P. Met. Inst.*, Berlin, 1915).

CHAPITRE SECOND.

RÉGIME DES VENTS.

Les climats qui possèdent un mouvement d'air considérable ont un effet stimulant sur l'activité humaine.
Où prévalent les calmes, l'énervement est souvent le
résultat de l'inactivité. Sous les Tropiques, la stagnation
de l'air est parfois une cause de mauvais état sanitaire;
dans les endroits surpeuplés principalement, le changement de l'air a une importance particulière. L'hémisphère
Sud est en somme mieux aéré que l'hémisphère Nord,
sous les latitudes correspondantes; et pour cette raison il
est en général plus sain.

Une relation intime existe entre la salubrité d'un pays
et les conditions naturelles qui en assurent la ventilation,
d'où l'importance capitale du relief.

" Les grandes plaines et les plateaux étendus sont
généralement très salubres," dit M. R. Radau dans son
étude sur " Le Rôle des Vents dans les Climats chauds."
Mais il constate qu'il n'en est pas de même pour les
plaines littorales, resserrées entre la mer et les crêtes d'une
chaîne côtière. Il cite, à ce propos, le littoral brésilien
de Rio à Bahia. Il semble qu'il y a là une généralisation
trop sommaire, vu les aspects très variés de ce littoral, et
en outre une appréciation erronée du rôle des Alizés et de
leur apport d'air pur, riche en oxygène. Les endémies,
pense Radau, affectent une distribution géographique qui
rappelle les familles végétales. Il marque un contraste
entre le Brésil-côtes et le Brésil-campos, contraste végétal,
climatique et sanitaire. A notre avis, ce dernier contraste
est moins marqué, car la circulation de l'air a donné à
certaines vieilles villes coloniales du littoral brésilien un
état sanitaire que les conditions d'hygiène observées
n'auraient certainement pas permis.

" La garantie d'une situation sanitaire favorable est la hauteur relative, ou le fait de ne pas être dominé par les localités immédiatement voisines." (Dr. Pauly, *Climats et Endémies*.)

Dans les régions intertropicales, où les Alizés sont intermittents et coupés de calmes, la forêt vierge est épaisse, et l'air est croupissant, quand la montagne arrête la brise ; mais dans les régions où un Alizé constant passe librement, la forêt s'éclaircit, la lumière et l'air pénètrent, la savane herbeuse apparaît. C'est là un des traits qui caractérisent la salubrité du Nord-Est brésilien. Remarquons, toutefois, que les bandes malsaines du littoral oriental du Brésil coïncident plutôt avec les zônes marécageuses qu'avec les régions boisées.

" Au reste," pense Radau, " Alizés et vent d'Ouest sont beaucoup plus constants et puissants dans l'hémisphère Sud que dans l'hémisphère Nord. La rapidité et la constance de la circulation atmosphérique dans cet hémisphère, presque entièrement couvert par les eaux, sont la cause déterminante de la salubrité des terres australes. . . . Les provinces brésiliennes du Paranà, Minas Geraes et Rio Grande do Sul sont d'une salubrité parfaite." (M. R. Radau, *Rôle des Vents dans les Climats Chauds*.)

Ce jugement est corroboré par Armand : " La salubrité des contrées tropicales de l'hémisphère Sud," dit-il, " ressort des tableaux statistiques de Boudin, qui prouvent que la mortalité des Européens dans ces régions est inférieure, non seulement à celle des régions tropicales de l'hémisphère Nord, mais encore à celle des pays tempérés de l'Europe."

Les données météorologiques relatives aux mouvements de l'atmosphère, qui président à la salubrité du Brésil, ne sont à l'heure actuelle, ni suffisantes en nombre, ni satisfaisantes en précision pour que l'on puisse établir, à leur aide, un *régime* des vents bien défini. Nous tâcherons cependant de donner ici une idée de l'action des Alizés, sur les différents points de la côte brésilienne, puis de celle des vents généraux dans l'intérieur du pays.

9

Nous ne reviendrons pas sur le grand centre d'action de l'atmosphère, à savoir l'anticyclone de l'Atlantique Sud, dont nous avons déjà décrit l'influence au cours de l'année ; nous ne reviendrons pas non plus sur la migration des calmes dans l'Atlantique équatorial.

Au Nord de cette aire de haute pression, qui s'étend entre les 20° et 35° parallèles, soufflent les Alizés du S.E. Leurs limites varient suivant les saisons, et suivant les longitudes considérées. Sous le 26° de long. O. (de Greenwich) la limite équatoriale des Alizés varie entre 3° lat. N. et 1° lat. N. (en février). Leurs limites polaires sont à peu près données par les positions du Cap de Bonne Espérance et les îles de la Trinité et Martim Vaz. Au-delà de ces limites, les vents d'Ouest prédominent, variant du N.O. au S.O., mais variables et irréguliers. Voici, d'après les *Instructions Nautiques* de la Marine anglaise, les limites des Alizés du S.E. : (*a*) *Limites polaires :*

Périodes	30° long. O.		25° long. O.		20° long. O.
Janvier à mars ...	19°5 lat. S.	...	21° lat. S.	...	24° lat. S.
Avril à juin	25°5 ,,	...	23° ,,	...	24° ,,
Juillet à septembre ...	20°5 ,,	...	22°5 ,,	...	24° ,,
Octobre à décembre	16°5 ,,	...	18°5 ,,	...	20°5 ,,

Il est à remarquer que, plus ils cheminent vers l'Ouest, plus leurs limites saisonnières sont variables, l'écart atteignant 9° de latitude sous la longitude de l'île de la Trinité ; vers la ligne médiane de l'Atlantique les limites sont, au contraire, stables, (*b*) *Limites équatoriales :*

Périodes	40° long. O.		35° long. O.		30° long. O.
Janvier... ...	1° lat. N.	...	0°5 lat. N.	...	1° lat. N.
Mars	1° lat. S.	...	0°5 lat. S.	...	1° lat. S.
Mai	0°5	...	0°	...	2° lat. N.
Juillet	4° lat. N.	...	4° lat. N.	...	3° ,,
Septembre ...	6° ,,	...	4° ,,	...	2° ,,
Novembre ...	4°5 ,,	...	4° ,,	...	3°5 ,,

Ici également les écarts s'accentuent vers l'Ouest, ils atteignent 7° de latitude sous la longitude de Pernambouc.

" Au Sud du 21e parallèle," disent les *Instructions Nautiques* de la Marine française, " l'Alizé est trop troublé par les vents variables pour qu'on puisse lui assigner une direction moyenne. Les Alizés très réguliers, au Nord et à l'Est de l'Atlantique Sud, ne sont jamais interrompus par les tempêtes et n'ont jamais la force d'un coup de vent. Au Sud du 35° parallèle, les vents d'Ouest sont bien établis; mais il s'y déchaîne parfois des tempêtes en forme de cyclone, principalement d'avril à décembre et d'autant plus nombreuses qu'on s'avance davantage vers le Sud."[1]

Les Alizés et la Région côtière.

La direction générale des côtes brésiliennes permet de les diviser en deux sections distinctes, en prenant le Cap S. Roque comme centre. La première section est la *côte équatoriale,* suivant l'expression de E. Reclus, sa direction est O.N.O.-E.S.E.; la seconde section est la *côte tropicale,* dont la direction générale est très variable de N.S. (Etat de Bahia) à E.O. (Etat de Rio).

(*a*) La *côte équatoriale* ou *septentrionale* du Brésil connaît deux saisons, l'une relativement fraîche de novembre à mai, quand l'Alizé du N.E. atteint le littoral avec une certaine force; l'autre très chaude, de juin à novembre, avec les vents du S.E., les vents variables et les calmes. Les pluies ne semblent pas suivre une règle fixe par rapport aux vents, mais leur maximum coïncide avec les vents du N.E.

Dans l'hémisphère Nord, les Alizés croissent en intensité en novembre, et de E.S.E. deviennent E.N.E., s'étendant progressivement le long des côtes des Guyanes et du Brésil, jusqu'au Cap S. Roque. Au début de décembre, ils sont tout à fait constants à Cayenne et atteignent en janvier et février leur plus grande intensité. A Parà, les observations du Musée Goeldi nous montrent

---

[1] *Etat-major de la Marine* (Service hydrographique), *Instructions Nautiques: Côtes du Brésil.* Le No. 884 est venu en 1907 substituer le No. 722 dû au Contre-Amiral Mouchez. Voyez également sur le même sujet: *Admiralty* (Hydrographic department), *The South American Pilot,* Part I, Londres, 1911. La partie relative aux vents y est plus développée. Voyez aussi les *Instructions Nautiques* des Etats-Unis dans le No. 88 (paru en 1904): *East Coast of South America.*

que de novembre à février le vent d'E. croît considérablement, et son importance est enregistrée par les observations de l'après-midi.

En mars, le vent d'E. décroît et le vent N.E. redevient prédominant.

Vers le début ou le milieu d'avril, l'E.S.E. atteint la côte septentrionale du Brésil, d'abord au Cap S. Roque, puis s'étend vers le Nord, le long des côtes, et atteint l'Amazone. Sitôt qu'il y a acquis une force suffisante il surmonte ceux de l'E.N.E., qui en mai et juin se trouvent au Nord de l'Amazone. Il devient alors le vent général qui s'étend jusqu'à 250 milles vers l'intérieur.

Vers la fin d'avril, et pendant le mois de mai, il y a un changement de saison, des vents variables se produisent, des calmes, des rafales et parfois un vent frais du S.E. En juillet les calmes et rafales font place à des vents d'Est, plutôt E.S.E. que E.N.E., le temps est plutôt sec qu'humide. Voici d'ailleurs la fréquence des vents à Parà, quand la saison appartient plutôt aux vents de la direction S. :

Mois	7 a.m.			2 p.m.			9 p.m.		
	ESE.	E.	SE.	ESE.	E.	SE.	ESE.	E.	S.E
Mai	6	11	6	10	13	5	2	18	2
Juin	10	5	9	8	6	11	4	10	8
Juillet	4	10	4	4	7	10	4	13	3
Août	4	8	5	9	4	3	0	13	0

On voit par ce tableau l'importance des vents de l'E. pendant toute la saison, surtout vers le soir, et l'importance relative du vent du S.E. en juin et juillet particulièrement.

En septembre et octobre, alors qu'à Parà les vents de l'E.N.E. et N.E. reprennent leur prépondérance annuelle, légèrement interrompue, les côtes du Maranhão sont soumises au vent d'E. et le vent E.S.E. atteint, au Cap S. Roque, sa plus grande fréquence.

Voici le pourcentage et la direction des vents dominants sur la côte équatoriale :

Mois	Parà	Pour cent	Maranhão	Pour cent	S. Roque	Pour cent
Janvier	—	—	E.	55	SE.	45
Février	ENE.	30	NE	35	SE.	50
Mars	ENE.	65	ENE.	60	SE.	20
Avril	E.	55	ENE.	40	SE.	30
Mai	E.	50	E.	30	E.	35
Juin	—	—	NE.	30	SE.	55
Juillet	E.	55	ESE.	40	SE.	50
Août	E.	40	E.	45	SE.	60
Septembre	E.	50	E.	35	SE.	60
Octobre	NE.	25	E.	40	ESE.	35
Novembre	E.	60	E.	45	ESE.	30
Décembre	NE.	53	—	—	ESE.	40

(D'après les *Instructions Nautiques anglaises*.)

Des vents continentaux du S.O. et du N.O. soufflent à intervalles pendant toutes les saisons; ils sont moins fréquents toutefois au commencement de l'année qu'à la fin, ils soufflent plutôt pendant la journée. A Parà, ils ont été observés 125 fois pendant l'après-midi, 6 fois le matin et 5 fois le soir (1908).

Sur la côte du Maranhão, en janvier, février et mars, pendant la saison pluvieuse, des rafales du N.O. et du S.O. sont accompagnées d'orages. En avril, mai et juin, avec le changement de saison, les rafales et les calmes sont fréquents. Mais quand l'E.N.E. reprend brusquement, en novembre ou plus tard, les perturbations se font plus rares.

(*b*) La *Côte tropicale orientale du Brésil* doit être, à son tour, subdivisée en sections pour l'étude des vents.

(1) Du Cap S. Roque à Bahia la direction générale des vents est l'Est; mais cette direction oscille vers le Nord ou vers le Sud, selon que la déclinaison du Soleil est Sud ou Nord. "D'où deux périodes bien distinctes," disent les *Instructions Nautiques* de la Marine française, "celle de la mousson de N.E., qui correspond à l'été, et celle de la mousson de S.E. qui correspond à l'hiver."

La mousson du N.E. atteint sa plus grande déviation vers le Nord aux mois de novembre et de décembre; la brise est fraîche et régulière, le ciel est pur. A partir du mois de février le vent commence à haler le Sud : de E.N.E. il devient E.S.E. Il est alors moins fort et moins régulier; le ciel est plus nuageux, les pluies commencent.

La mousson du S.E. souffle de mai à août : vents du
S.E. et du S.S.E., descendant jusqu'au S.S.O. Le ciel
est sombre, l'atmosphère embrunie, la mer est grosse et
les orages sont fréquents.

Voici, d'après le réseau météorologique fédéral du
Brésil, les données de 1912-13 relatives aux vents sur la
côte Nord-Est et les régions voisines de l'intérieur :

Mois	Campina Grande		Nazareth		Recife		Aracaju	
	Direction	Vitesse	Direct.	Vit.	Direct.	Vit.	Direct.	Vit.
Mars—Avril	NE., SE.	2·6 à 2·9	NE., SE.	3·7 à 3·8	E., SE.	2·9 à 4·0	E., SE.	3·0 à 4·0
Juin—Juillet	NE., SE.	2·0 à 2·6	SE., SO.	3·0 à 3·7	SE., S.	4·0 à 4·2	O., SE.	4·0
Sept.—Oct.	NE., SE.	2·4 à 2·8	E., SE.	4·0 à 5·0	E., SE.	3·9 à 4·0	E., SE.	3·3 à 4·5
Déc.—Janv.	NE., SE.	2·7 à 3·3	E., SE., NE.	4·2 à 4·6	SE., NE.	3·4 à 4·0	E., NE.	4·5 à 4·5

(2) De Bahia au Cap Frio la côte brésilienne est
encore comprise dans la région des Alizés, et ce sont les
vents d'Est qui soufflent le plus fréquemment. A mesure
que l'on chemine vers le Sud, des perturbations plus considérables se manifestent dans le régime des vents, mais
les moussons du N.E. et du S.O. y sont encore assez
prononcées.

L'apparition de la mousson du S.O., sur cette partie
de la côte brésilienne, est une de ses caractéristiques. La
direction moyenne de l'Alizé varie de trois quarts entre
l'été et l'hiver. D'avril à septembre, les vents généraux
sont remplacés par les vents variables du Sud et de
l'Ouest. " Ce sont les derniers souffles des *pamperos* qui
règnent, à cette époque de l'année. Ils amènent des temps
sombres, de la pluie et un peu de mauvais temps ; mais,
arrivés à cette latitude, ils ont perdu toute leur force : ils
sont tièdes. . . . Ils ne durent jamais plus de deux
ou trois jours ; le plus généralement même ce ne sont
que des grains de quelques heures, auxquels succèdent
des calmes et du beau temps, si le vent tourne au S.E.
et à l'E." (*Instr. Naut.*, No. 884.)

A ce propos, remarquons que dans ces régions on
observe une des règles principales de l'évolution des vents
dans l'hémisphère Sud : toutes les fois que, pendant le

mauvais temps, dû à un vent du S., le vent tourne vers l'E., c'est un signe de beau temps; toutes les fois, au contraire, qu'un tel vent tourne vers l'O. le mauvais temps persiste ou s'aggrave. Quand les vents périodiques soufflent du Sud (S.E. ou S.O.) modérément, ils tendent généralement vers l'E. pendant la journée et vers l'O. pendant la nuit.

Mais ce vent du S.O., qui occupe toute la période qui s'étend entre les deux équinoxes, n'est pas constant et amène des temps très variables; le N.O., avec ses pluies et ses orages, est assez fréquent. Les brises de l'E. sont également importantes; elles font remonter le baromètre que le S.O. a fait descendre.

La mousson du N.E. commence à l'équinoxe de septembre, mais n'atteint qu'en décembre et janvier toute sa force. Elle amène des vents frais et relativement forts; ils durent deux ou trois jours, avec du beau temps, un ciel clair et un horizon brumeux. Ilhéos, sur la côte de Bahia, sous 14°4 de latitude Nord, offre un excellent exemple de ce régime des vents :

Périodes		Directions		Force moyenne
Mars—avril ...	...	SE., SO. ...	...	2·0 à 2·2
Juin—juillet ...	...	SO., S. ...	...	2·9 à 3·0
Septembre—octobre	...	S.SO., NO., NE.	...	3·5 à 3·9
Décembre—janvier	...	NE., N. ...	...	2·4 à 2·8

(3) Du Cap Frio au Rio de la Plata, la limite méridionale des Alizés est passée et l'on entre dans une aire de vents irréguliers, où, toutefois, certains vents prédominent suivant les saisons. La rose anémométrique de Rio de Janeiro, construite à l'aide de dix ans d'observations par l'astronome Cruls, démontre le pourcentage suivant :

S., SE....	...	...	...	...	23·1 pour cent
NO.	...	...	...	...	17·9 ,,
SE.	...	...	...	...	11·8 ,,
NE.	...	...	...	...	7·9 ,,
S.	...	...	...	...	7·4 ,,

La résultante étant calculée à S. 4° E.

La variation des vents est donc assez considérable.

D'octobre à avril les vents du N.N.E. et E.N.E. prédominent; quand ils sont violents ils sont suivis d'une
période calme et d'un vent du S.O.   Pendant cette période
les orages sont fréquents, surtout sur la côte de Santa-
Catharina.

En avril, le vent passe du N.E. au S.O., mais en
tournant par le Nord le S.O. prédomine de mai à octobre,
parfois avec des coups de vents du S.E. ou du S.O.   Le
vent d'Ouest est très rare (2 pour cent à Rio) mais amène
le mauvais temps.   Les vents du S.E. sont violents et
dangereux, à mesure que l'on s'avance vers le Sud.   Leurs
coups de vent, *suestada* des Argentins, ou *carpinteiro*
des Riograndais, sont à craindre vers l'estuaire de la
Plata et le Sud du Rio Grande.   Ces coups de vent sont
annoncés par une forte élévation du baromètre.   Ils sont
accompagnés de pluie et de brume, et occasionnent de
forts courants.

Les vents du N.E. durent habituellement·de trois à
cinq jours, mais quelquefois ils durent plus longtemps
avec peu d'interruption; ils sont généralement faibles en
commençant et augmentent graduellement de force; ils
sont souvent pluvieux et remplacés par des calmes, avec
une atmosphère chargée d'électricité; quand ils sont très
violents c'est un indice de vent de S.O. (*Instructions
Nautiques*, No. 884).   Ce circuit est alors d'autant plus
fort que le N.E. a duré plus longtemps.

Contrairement aux vents du N.E., les vents du S.O.
sont d'abord très violents et prennent par un grain subit;
ils peuvent durer sans changement pendant deux ou trois
jours, et ils sont relativement bien plus forts que les vents
du N.E.; ordinairement ils éclaircissent l'atmosphère sur
la côte du Rio Grande.   Le S.O. peut être prévu de un à
trois jours à l'avance; au N.E. succèdent le calme, le ciel
nuageux, l'atmosphère lourde; le thermomètre monte
tandis que le baromètre baisse, l'horizon s'embrune vers
le N. et l'O. avec des éclairs parfois.   C'est le *Pampero*.

Les Brises du Littoral.

Dans les régions intertropicales où les contrastes entre les températures du continent et celles des mers sont plus marqués, les brises de mer et de terre sont plus fréquentes et caractérisées. Ce sont, suivant l'expression de Ferrel, de véritables miniatures de moussons, qui soufflent le jour et la nuit.

Ces brises sont des vents faibles, de petite hauteur, déterminées plutôt par les conditions de la côte et de son voisinage que par l'intérieur du continent. Elles existent, en conséquence, perpendiculaires au littoral quand des influences de courants atmosphériques plus considérables ne se font pas sentir.

De même que les moussons sont plus fortes en été qu'en hiver, dans les basses latitudes, les brises de la mer y sont plus fortes que les brises de terre. Cette particularité est importante, car au point de vue sanitaire la brise de mer a une action bienfaisante.

Sur les côtes brésiliennes, la brise de terre ou *terral* ne se fait guère sentir qu'après minuit (entre 10 et 11 heures du soir le calme s'est établi) et cesse peu après 8 heures du matin. La brise de mer, résultat de la *viração,* prend vers 10 ou 11 heures du matin, atteint son maximum vers 4 heures, puis tombe graduellement. L'effet de cette brise est d'abaisser légèrement la température et notamment d'empêcher la formation d'un maximum à midi. Les maxima diurnes de Rio de Janeiro ont généralement lieu entre 1 heure et 3 heures de l'après-midi, mais affectent moins l'organisme que la température croissante entre 9 et 11 heures du matin, qui d'ailleurs souvent comporte le maximum de la journée, alors que la tension de la vapeur d'eau atteint son maximum et que la pression atmosphérique atteint son premier maximum diurne. (Notons toutefois que les observations de Cruls, relatives aux variations diurnes de 1881 à 1885, donnent 0.20 p.m. comme heure moyenne des maxima.) En d'autres points de la côte, le thermographe enregistre deux maxima, avant et après midi, avec une légère dépression entre les deux, due à la brise.

En général, plus le relief est accentué dans le voisinage du littoral et plus la surface chauffée est considérable, plus l'effet de la brise est sensible. Les brises sont senties sur tout le littoral brésilien, à peu près, mais les vents de terre sont généralement très faibles et de courte durée. Pendant la période des vents du N.E. la brise de terre est, toutefois, plus forte et régulière que pendant celle des vents du S.E., car à ce moment les Alizés soufflent avec constance et plus directement sur la côte, amenant ainsi une réaction causée par le refroidissement du continent, dont les effets sont plus forts et plus réguliers. Pendant les vents du S.E. et les vents variables, les brises se mêlent plus ou moins aux vents généraux.

Sur la côte entre le Cap S. Roque et Bahia, la brise de terre ne se fait sentir que vers le lever du Soleil, et ne dure que jusqu'à 7 ou 8 heures du matin; elle ne s'étend guère au-delà d'une mille de la côte. Elle est donc insuffisante pour aider la navigation à voile à franchir les étroites sorties qu'offrent les longues ceintures de récifs qui longent la côte de ces parages. La brise du large arrive vers 9 ou 10 heures, rafraîchit l'après midi, atteint son maximum entre 2 et 5 heures du soir, mais tombe au coucher du Soleil.

" Quoiqu'il n'existe pas sur cette côte de brise de terre bien caractérisée, disent les *Instructions Nautiques*, le voisinage de la terre a cependant une influence sensible sur le mouvement diurne de rotation du vent pendant la belle saison; cette variation qui est de deux ou trois quarts et se fait sentir jusqu'à 10 ou 20 lieues au large, est fort utilisée par les caboteurs qui remontent la côte à contre-mousson."

Sur la côte brésilienne entre Bahia et Cabo Frio, la brise est un peu plus marquée, quand il fait beau temps; mais au long de la côte de l'Espirito Santo, le voisinage des terres basses et marécageuses ne permet pas l'existence d'un *terral* suffisant qui facilite régulièrement la sortie des estuaires des rivières.

Dans l'extrême Sud, sur l'estuaire du Rio de la Plata la brise fait le tour du compas en vingt-quatre heures; de S.E. dans l'après-midi, elle est N.E. dans la soirée et N. dans la nuit; au matin elle est N.O. puis O. (ou bien calme), devient Sud après 11 heures. Cette succession curieuse constitue la *virazon*.

Vents généraux de l'Amazonie.

" La zône équatoriale des calmes, telle qu'elle existe en mer, où elle suppose une certaine uniformité dans l'échauffement, ne saurait être constatée, dit Grisebach, sur les continents, que là où se trouvent réunies les causes suffisantes pour donner lieu à des courants atmosphériques s'élevant sans interruption, puisqu'ils acquièrent ordinairement le caractère de phénomènes périodiques, à la suite de la variation même peu considérable de la température. Dans l'intérieur du continent on voit, sur des surfaces horizontales très étendues, se produire des centres de chaleur à l'instar de ceux des calmes sur mer, mais qui agissent ici par voie d'aspiration en tous sens, non seulement dans la direction du Nord et du Sud, mais aussi dans celle des côtes, où l'échauffement par insolation tend à diminuer. Un espace de cette nature s'étend dans l'Amérique Méridionale, depuis le pied des Andes jusqu'au Rio Negro; et, en effet, on n'observe ici que des courants atmosphériques irréguliers et variables, ainsi que l'absence des vents, comme dans la zône des calmes, sur mer.

" C'est à ce centre intérieur de chaleur, qu'il faut attribuer la présence, sur l'Amazone inférieure, d'un vent d'Est ininterrompu, qui renouvelle constamment les vapeurs aqueuses de l'Atlantique et les transporte sur la terre ferme.

" C'est pourquoi la zône des calmes fait totalement défaut à la section inférieure de Rio Negro, et ce sont plutôt les Alizés du Nord et du Sud qui s'y réunissent en une direction moyenne, exactement orientale et répandent dans l'intérieur l'atmosphère relativement fraîche de la mer, en assurant en même temps au climat de la vallée une salubrité toute particulière."

Ainsi s'exprimait Grisebach vers 1878, en se basant sur les observations de Bates, de Spruce, de Martius, de Wallace et d'autres. Les données météorologiques plus récentes, peu nombreuses d'ailleurs, ne paraissent pas modifier sensiblement cet exposé général du régime des vents en Amazonie.

Le fait le plus caractéristique, à notre avis, est la persistance de l'Alizé, qui conserve sa puissance jusqu'au Rio Negro et même au-delà. E. Reclus décrit de quelle façon les systèmes des Alizés des deux hémisphères semblent se rencontrer sur l'Amazone, "l'Equateur visible," s'opposer au vent qui accompagne le courant, et assainir toute la vallée qu'ils parcourent. Mais au-delà de Manàos ce régime régulier cesse, des vents variables se lèvent, provoqués notamment par les foyers d'attraction que constituent les *llanos* surchauffés du Vénézuela ou les plaines de Bolivie.

Comme le remarque Grisebach, le centre d'aspiration amazonien agit non seulement dans la direction de l'Est, mais dans toutes directions ; c'est ainsi que pendant l'hiver austral les neiges qui tombent sur la chaîne des Andes déterminent un centre de haute pression et causent un courant atmosphérique du SO. auquel sont dues les plus fortes dépressions thermométriques de la région et qui a reçu le nom de *friagem* (refroidissement). Sur le Haut-Madeira et le Rio Beni ce vent prend le nom de " Sur " ou " vent du Sud." Sur le Haut-Madeira, à Madidi, Le Cointe a observé des chûtes de température, en quelques heures de 33° à 11°. A Manàos, en juin, la *friagem* souffle du SSO. " La température tombant à 16°," dit Le Cointe, " les poissons mouraient dans les lacs."

La rose anémométrique de Manàos sur le Rio Negro (près de son embouchure dans l'Amazone) et sous le 3° de lat. S. peut servir de type pour la région entière. Les

observations, dues à la station météorologique municipale,
sont postérieures à 1909. Sans reproduire les tableaux
relatifs aux vents pendant les dernières années, nous nous
contenterons d'en tirer un certain nombre de conclusions :

La direction plus fréquente des vents au cours de
l'année est ENE.

Entre décembre et février, les vents généraux s'inclinent
légèrement de l'Est vers le Nord; il en est de même
pendant les mois de juin et juillet.

Pendant le reste de l'année la prédominance appartient
nettement aux vents d'E. avec une force moyenne de 3
(Beaufort).

A l'époque des calmes, l'atmosphère est parfois
troublée par des rafales du NO. ou du SO. avec de fortes
pluies, mais les vents d'O. ne prédominent en aucune
saison. L'époque des calmes coïncide avec celle des
plus grandes pluies de février à août, tandis que les
Alizés soufflent davantage pendant la période dite sèche.
A mesure que l'on pénètre vers l'Ouest, la distinction
entre les saisons, telles qu'elles sont définies au Parà,
s'atténue. Sur le haut Rio Negro, les bourrasques ou
trovoadas sont fréquentes pendant toute l'année.

Entre août et janvier, la vitesse moyenne des vents
semble augmenter et atteindre 4 (Beaufort).

En certaines années, un rôle plus saillant paraît appar-
tenir aux vents du Sud, pendant l'hiver austral (1909,
par exemple), puis les vents généraux tournent de nouveau
vers l'Est, en passant par le SE. Dans l'Alto-Juruà,
après les vents du N. et du S., la prédominance appartient à ceux du NE. et du NO.

Les vents de l'Amazonie intérieure sont, en somme,
plus forts que ceux de Parà où la moyenne dépasse à
peine 2'5, tandis qu'à Manaos elle atteint 3'5 (trois
observations par jour).

Vents du Nord-Est brésilien.

L'intérieur du Nord-Est brésilien est malheureusement un des districts de l'Amérique du Sud les plus intéressants à étudier, car il offre un contraste violent avec le littoral adjacent. C'est la zône sèche du Brésil, où le fléau de la sécheresse se reproduit régulièrement pour des raisons différentes, que des données météorologiques insuffisantes n'ont pas encore permis de tirer au clair. Il est probable que deux manuscrits, non encore publiés à l'heure actuelle, mais déjà rédigés, jetteront une nouvelle lumière sur le sujet. Nous faisons allusion aux deux projets de publication de *l'Inspectoria de Obras contra as Seccas* suivantes :

N. 1, série I.F.—*O problema das Seccas sob seus variados aspectos* par M. Arrojado Lisboa, Alberto Loefgren, Roderic Crandall, H. Williams e O. Weber.

N. 10, série I.B.D.—*Chuvas e climatologia da região das Seccas. Pluviometria do Norte do Brasil,* par H. Williams et R. Crandall.

Au point de vue pluviométrique, les renseignements sont déjà plus satisfaisants, puisque, en 1914, l'*Inspectoria* disposait de 303 postes d'observation sur les 1,200,000 kr. qui constituent les huit Etats où elle fonctionne, soit 1 station par 4,000 kr.

" Ce territoire," disait le Brésilien Gabaglia, " est ' le Job du Nord,' condamné par des phénomènes supérieurs à la volonté de l'homme."

Quelle responsabilité en revient au régime des vents ? Telle est la première question qui se pose, avant même de discuter l'influence du relief ou de la végétation sur la distribution des pluies dans cette région.

Cette part de responsabilité a été étudiée et mise en lumière par les travaux du savant botaniste A. Loefgren. " En général," dit-il, " on ne se rend pas compte du rôle physiographique du vent dans la Nature et en particulier dans les régions sèches comme celle du Brésil, où certaines roches friables, comme les arénites, les

micachistes et les crétacées forment la base de la constitution du sol, et cela dans des régions ouvertes, parfois
dénudées, faute de forêts qui viennent contrecarrer l'action
des vents."

" Le régime des vents, ou tout au moins leur direction,
est entièrement secondaire pour l'appréciation de leur
action, qui dépend principalement de leur violence, quelle
que soit la direction. A l'aide des observations que nous
avons pu réunir sur ce sujet, dans la région sèche, nous
avons organisé le tableau suivant indiquant, par mois,
la vitesse moyenne en mètres par seconde :

Période végétative				Période sèche		
Janvier	...	3·9	...	Juillet	...	2·9
Février	...	2·9	...	Août	...	3·3
Mars	...	2·5	...	Septembre	...	4·4
Avril	...	2·2	...	Octobre	...	5·1
Mai...	...	2·2	...	Novembre	...	5·2
Juin...	...	2·6	...	Décembre	...	4·4
Moyenne des 6 mois	2·7		...	Moyenne des 6 mois	4·3	

" Il résulte de là que c'est, en effet, pendant la période
sèche, c.-à-d. pendant l'absence de végétation, que le vent
atteint son maximum de vitesse, laquelle en moyenne est
presque le double de la vitesse pendant la période végétative. Cela est d'ailleurs naturel, attendu que c'est
pendant l'époque sèche que les courants ascendants de
l'air sont plus actifs, en raison même de l'échauffement
plus considérable d'un sol privé d'ombrage."—Alberto
Loefgren, *Contribuções para a questão florestal da
Região do Nordeste do Brazil*, Rio, 1912 (publication
de l'*Inspectoria contra as Seccas*, No. 18, série I.A).
Cette question avait déjà été effleurée par l'auteur dans
un ouvrage antérieur : *Notas botanicas: Céará*, publié en
1910.

Mr. Loefgren examine ensuite la double action
physique et mécanique du vent dans cette région. L'action
physique consiste principalement dans l'évaporation, qui
diminue considérablement l'humidité relative; cette influence capitale sur la vie végétale détermine la chûte des
feuilles et la cessation de la transpiration. Des régions,

riches en précipitations, comme la Nouvelle Zélande ou la Bretagne, possèdent des vents dont la force détermine une évaporation telle, que les plantes doivent s'y adapter comme en une région désertique. (Voir Jean Brunhes, *Géographie humaine*, p. 303.) L'action mécanique, entre autres résultats, transforme la topographie, formant des dunes de sables mouvants qui font obstacle à la végétation plus développée. Ces actions combinées dessèchent, pulvérisent la végétation, emportent la faible couche de terre arable, mettent les roches à nu, et si parfois elles améliorent certaines localités, elles en stérilisent d'autres en plus grand nombre.

Les vents généraux qui soufflent dans le Nord-Est brésilien appartiennent aux quadrants NE. et SE. Mais le régime des Alizés n'est pas toujours régulier. "Effleurant la côte," dit E. Reclus, "au lieu de souffler vers l'intérieur, l'Alizé n'apporte pas chaque année l'humidité désirable." C'est là le fait souligné par C. Hepworth (voyez plus haut), à savoir "la tendance marquée du vent à suivre la direction du littoral," résultant de "la tendance de la pression barométrique à se conformer aux contours de la ligne côtière."

Les vents du NE., E. et SE. sont les plus fréquents, tout au moins dans la partie orientale de la région. Leur fréquence d'après L. Voss est la suivante, jusqu'au 40° long. O. :

Localités	N. Pour cent	NE. Pour cent	E. Pour cent	SE. Pour cent	S. Pour cent	NO. O. SO. Pour cent
Quixeramobim	13	21	40	27	6	3
Joazeiro	5	9	19	46	18	2
Palmares	7	11	36	29	12	4

A mesure que l'on chemine vers l'occident, l'intensité moyenne des vents semble diminuer et les vents du NE. prennent plus d'importance, c'est du moins ce qui paraît résulter des données suivantes relatives à Quixeramobim (Céarà, 39°1' long. O.) et à Barra do Corda (Maranhão, 45°2' long. O.) :

Mois	Quixeramobim		Barra do Corda	
Janvier	E., ESE.	3·2	NE., NE.	1·3
Février	ESE., SE.	1·8	N., NE.	0.6
Mars...	E., SE.	2·8	SO., N., O	1·1
Avril...	ESE., SE.	2·5	E., NE.	0·5
Juin ...	SSE., SE.	3·0	—	—
Juillet	SE., SSE.	3·2	SE.	1·4
Septembre	E., SE.	4·0	N., NE.	0·6
Octobre	SE., ESE.	3·5	N., NE.	1·0
Novembre	E., SE.	4·1	N., NE.	1·0
Décembre	E., ESE.	3·6	N., NNE.	1·2

À Therezina, à mi-chemin entre les deux localités précédentes, dominent les vents du SO. et du SE. avec une vitesse variant de 1·5 à 2·5. À Guaramiranga les vents d'Ouest passent souvent du SO. ou NO. avec une certaine intensité.

Contrairement à ce qui se passe sur les côtes, le vent souffle dans l'intérieur du Nord-Est avec plus d'intensité la nuit que le jour. Ainsi dans les observations de *l'Horto Florestal* de Quixadà, la vitesse des vents en mètres par seconde est la suivante :

Mois	7 a.m.	2 p.m.	9 p.m.
Janvier	8·6	12·9	12·0
Février	6·0	6·0	6·0
Mars	6·0	6·0	6·0
Avril	3·4	4·6	10·9
Mai	4·4	2·6	5·2
Juin	2·3	5·4	5·1
Juillet	3·0	3·7	5·0
Août	3·3	3·7	6·1
Septembre	2·0	2·0	7·5
Octobre	2·3	4·1	5·7
Novembre	2·0	4·5	4·9
Décembre	2·1	4·7	4·2

(*Inspectoria de Obras contra as Seccas,* Relatorio de 1913, p. 228, Rio, 1914.)

Le vent est donc faible le matin, modéré pendant la journée, assez fort et parfois fort le soir.

Vents des Hauts-Plateaux.

La Région brésilienne des Hauts-Plateaux est formée par les terres de l'intérieur, dont l'altitude est, en moyenne, supérieure à 600 mètres. Elle comprend les localités situées entre la bande côtière, à l'Est, le S. Francisco moyen, au Nord, les dépressions de l'Araguaya et du Paranà à l'Ouest, et les régions voisines du Haut-Uruguay, au Sud.

Les vents qui y prédominent sont, en somme, ceux qui soufflent sur le littoral adjacent, mais avec moins de régularité et de constance, car les mouvements de l'atmosphère y sont fortement influencés par les foyers de chaleur qui, suivant les saisons, les jours et les heures, se forment, se déplacent ou disparaissent.

De l'examen attentif d'une vingtaine de roses anémométriques de stations situées en cette région, on peut tirer les conclusions provisoires suivantes :

(1) Une prédominance marquée des vents de l'Est se fait sentir au cours de l'année, mais avec une tendance vers le SE. sur les plateaux de Bahia et de Goyaz et une tendance vers le NE. sur les plateaux du Sud.

(2) L'influence prépondérante des vents du NE. dépasse le 25° de lat. S. dans l'intérieur des terres, alors même que vers le littoral son importance diminue.

(3) Les vents réguliers du NE., du SE. et occasionnellement du NO. soufflent principalement pendant l'été austral, tandis que pendant l'hiver les vents variables ont souvent une influence prépondérante.

(4) Les plus grandes vitesses du vent sont généralement enregistrées de mai à décembre. Le plateau de Bahia est visité par des vents relativement très faibles, mais la force augmente à mesure que l'on gagne le Sud. Le relief de Minas affaiblit le vent.

(5) Une grande variabilité des vents d'une année à l'autre, en certaines régions, empêchera longtemps de formuler des règles fixes, tant qu'un nombre considérable d'observations enregistrées pendant des séries d'années

ne viendront apporter des données définitives. Prenons
Uberaba (Minas) par exemple :

Années	N. Pour cent	NE. Pour cent	S. Pour cent	SO. Pour cent	NO. Pour cent
1893	8	50	10	30	—
1896	66	16	8	—	8
1897	8	50	—	16	25

À Caetité (État de Bahia) sous le 14° de lat. S. à
900 mètres d'altitude, la prédominance des vents d'E. et
de SE. est très marquée pendant tout le cours de
l'année avec un léger accroissement de vitesse de mars à
septembre.

À Théophilo-Ottoni (État de Minas) le SE. continue
à avoir une grande influence, contrebalancée toutefois par
le NE. ; la vitesse des vents y est faible.

À Muzambinho, sous le 21° de lat. S. à plus de
1,000 mètres, les vents du NE. coïncident avec les mois
chauds.

À Ouro Preto les vents du S. prédominent encore ;
la vitesse moyenne y est de 1·1. (L'orientation de la
vallée, il faut le dire, est ici d'importance capitale.)

Mois	Direction	Vitesse	Mois	Direction	Vitesse
Janvier	SE.	1·2	Juillet	SE., SO.	1·2
Février	SO.	0·7	Août	SE., SO.	1·5
Mars	SE., SO.	1·0	Septembre	SE.	1·2
Avril	SO.	1·3	Octobre	SE.	1·2
Mai	SE.	0·9	Novembre	SE., SO.	0·9
Juin	S., SO.	0·9	Décembre	SE., SO.	1·6

Mais déjà dans le Sud de Minas la prédominance
passe aux vents du NE. (Barbacena, Lavras, Uberaba,
Caxambù, S. João d'El-Rey, etc.). Sur le plateau de
S. Paulo et du Paranà cette prépondérance est bien marquée. Elle oscille vers le Nord à Rio Claro (13 années
d'observations), vers l'ENE. et l'E. à Campinas (7 années
d'observations), vers l'E. à Taubaté (8 années d'observations), mais à S. Paulo, pendant de longues années, une
importance marquée est enregistrée en faveur des vents
du NO. ; ceux du S., de l'E. et du SE. sont également très
fréquents. 1906 indique par exemple :

Direction	Fréquence pour cent	Vitesse	Direction	Fréquence pour cent	Vitesse
S.	… 21·4	… 2·5	NE.	… 10·6	… 2·0
SE.	… 16·1	… 2·1	N.	… 5·7	… 2·0
E.	… 15·0	… 2·2	O.	… 4·0	… 1·8
O.	… 14·5	… 2·8	SO.	… 3·7	… 3·0

Remarquons que la vitesse moyenne la plus forte appartient au moins fréquent. Aux calmes revient donc une fréquence de 9 pour cent. Les vitesses maxima sont généralement pendant les mois d'hiver. La rose anémométrique de S. Carlos-do-Pinhal, dans l'intérieur du plateau pauliste, à 842 m. d'altitude, ne diffère pas sensiblement de celle de S. Paulo, quant à la force moyenne des vents, mais le NE. et l'E. y sont plus caractérisés ; les vents du S. y sont plus rares, ceux du NO. et de l'O. y prédominent parfois.

Les vents du NE. reprennent leur influence prépondérante sur le plateau du Paranà, où avec les vents d'E. ils se partagent l'année, surtout pendant les mois d'été.

En ce qui concerne Curitiba (25°25′ lat. S. 908 mètres) voici ce qu'en disait en 1912 José M. de Paula : " Parmi les vents prédominants, la première place appartient au vent d'E. avec une fréquence annuelle de 22·6 pour cent, la seconde au vent du NE. avec 21·1 pour cent de fréquence, quoique plus constant que le premier. Au vent du S. appartient le minimum avec 3·6 pour cent.

" Le vent prédominant d'E. est tempéré et vient de la mer ; celui du NE. l'est également ; le vent du SE. est marin lui aussi, et plus froid que les précédents.

" Quant à leur nature, on peut considérer comme vents secs les vents de l'O., comme chauds ceux du NO., comme le plus froid celui du S. ainsi que celui du SO., et comme tempérés ceux de l'E. et de l'EN.

" Parmi les vents qui amènent des pluies se détache le SSE., 85 fois pluvieux sur 100 fois qu'il souffle ; le SE. 81 fois ; l'ESE. 72 fois ; le S. 67 fois et le SSO. 61 fois sur 100.

" La courbe anémométrique atteint ses maxima (3·5 et

3·6) au printemps, décroît en été, atteint son minimum (2·3) à la fin de l'automne ou au début de l'hiver."—José Maria de Paula, *Climatologia de Curitiba* (A Casa do Lavrador, oct.-nov., 1912, Curitiba).

Le régime des vents aux grandes altitudes trouve une expression dans la Serra da Mantiqueira, sous 22°44′ lat. S., à Villa Jaguaribe (S. Paulo) à 1,640 mètres :

Saisons	N.	NE.	E.	SE.	S.	SO.	O.	NO.	Calmes
Eté	13·5	4·4	0·6	6·2	6·3	5·4	0·8	13·7	49·1
Automne	8·9	3·6	0·1	5·7	5·7	3·3	1·8	10·6	60·3
Hiver	6·7	6·8	0·3	5·3	4·7	2·0	2·3	13·4	58·5
Printemps	6·0	4·7	0·2	9·9	8·7	3·9	1·4	17·0	48·2

Vents généraux du Matto-Grosso.

Il ne semble pas exister un contraste bien caractérisé entre les vents généraux de l'intérieur du Brésil ou Matto-Grosso et ceux du Brésil Oriental et Méridional. La grande plaine du Matto-Grosso entre la dépression du Paranà et celle du Paraguay d'une part, et de l'autre le Tropique et le 15° lat. S., est continuée à l'Est par la plaine bolivienne de Santa Cruz. A elles deux, elles constituent une sorte de cuvette entourée presque de tous côtés par les Hauts Plateaux du Brésil, le plateau du Matto Grosso (Arinos et Parecis) et les Andes. Cette immense masse jouit d'un climat plus continental et les oscillations de ses éléments météorologiques sont plus marquées. Les changements qui y sont enregistrés, dit Reclus, ont une soudaineté qui n'a pas d'exemple dans les autres régions tropicales. Ces variations sont dues aux vents qui changent rapidement de quadrant. " Le mouvement des colonnes d'air y est déterminé par la forme de couloir, où elles sont entraînées : aux vents tièdes provenant de la région amazonienne succèdent, en hiver, les vents froids des Pampas."

Dans son ensemble, cette région constitue un centre à peu près permanent de pressions relativement basses.

D'après les observations des Pères Salésiens, Arrojado Lisboa a organisé une série de tableaux relatifs au régime des vents dans ces régions, à Cuyabà en particulier.

À Cuyabà (235 m., 15°3′ lat. S. et 56° long. O.) les vents du N. et NO. prédominent en été, tandis qu'en hiver le NO. est substitué par les vents du S. qui alors alternent avec le N.

Quelquefois le vent du S. prédomine exclusivement pendant l'hiver (1901), d'autres fois le vent du Nord garde la prépondérance absolue pendant le cours de l'année (1904-1905). Il n'y a pas de vent positivement chaud ou froid ; ainsi en hiver, le vent du Sud est le plus frais, mais il arrive parfois qu'en été il est aussi le plus chaud, il est quelquefois le plus humide et quelquefois le plus sec. La même remarque s'applique au NE. Toutefois le tableau suivant d'Arrojado Lisboa donne la température moyenne des vents pendant l'année :

1905	N.	NO.	S.	1905	N.	NO.	S
Janvier	25°4	27°2	29°7	Juillet	20°9	29°2	21°6
Février	26°10	27°2	25°4	Août	27°1	28°2	23°4
Mars	25°9	26°	28°	Septembre	27°4	28°2	23°8
Avril	26°9	26°2	22°8	Octobre	30°3	30°5	24°8
Mai	28°1	27°9	24°6	Novembre	28°9	28°4	26°1
Juin	26°6	26°1	23°7	Décembre	28°	28°3	28°4

Dans le Bas-Paraguay les vents prédominants sont ceux du S. et du NE. ; ceux du N., S. et SE. sont fréquents, le vent du NO. est très rare. " Mais," dit Arrojado Lisboa, " à mesure que la latitude diminue, on assiste à la substitution du NE. par le NO. et à la moindre fréquence du S. substitué par le N."

En effet, à S. Luiz de Caceres, sous le 16°1 lat. S., mais déjà dans la dépression du Paraguay, les vents du Nord et du NE. semblent prédominer pendant la plus grande partie de l'année.

" Si l'on compare les directions prédominantes de ces vents," écrit Arrojado Lisboa, " au relief topographique de tout ce territoire, on peut conclure que les vents du S. entrent librement par les terres basses des Pampas et du Chaco, à la rencontre des rebords du plateau, sur le Haut-Paraguay ; la dépression du Guaporé, taillée entre les contreforts des Andes, les hautes terres de Chiquitos et les murailles du plateau de Parecis, exactement dans la direction NO., permet au vent provenant de cette direction de souffler sur la plaine du Paraguay jusqu'au plateau de Maracajù, au Nord d'Assomption. La vallée du Paranà favorise l'entrée du NE. dans la République du Paraguay.

" A Assomption, le vent S. se substituant au vent chaud du N. fait baisser le thermomètre, surtout en été, et produit un grand changement dans l'atmosphère, très sensible à la vie animale. Ces altérations brusques sont moins fréquentes et moins sensibles au Matto Grosso."

(Miguel Arrojado Lisboa, *Oeste de S. Paulo, Sul de Matto-Grosso*, Rio de Janeiro, 1909. Cet ouvrage constitue le rapport fondamental qui a servi à la construction de l'E.F. *Noroeste do Brasil*. La troisième partie est consacrée au Climat.)

Vents de la Plaine méridionale.

L'extrême Sud du Brésil, ou Rio Grande do Sul, fait climatologiquement partie des grandes plaines de l'Amérique Méridionale dont il est la continuation. C'est là que viennent mourir les derniers contreforts de la Serra Geral qui borde le Brésil et supporte la vaste région des Hauts-Plateaux; d'autre part, c'est là également que viennent prendre fin les plaines des Pampas qui, par la Mésopotamie argentine (Entre-Rios et Corrientes) et l'Uruguay, s'étendent vers le NE.

Le système des vents dans le Rio Grande do Sul est un moyen terme entre le régime des vents de la Plata et celui des Hauts-Plateaux. Au premier de ces régimes, il doit le *Pampero*, au second, le caractéristique NE.

Les climats de ces régions sont généralement assez tranchés; des saisons régulières se font sentir et l'on y reconnaît l'éloignement des Tropiques. Les changements de saison sont graduels, et les brusques oscillations, quand elles y ont lieu, doivent être attribuées aux vents du Sud et de l'Ouest principalement.

La prédominance des vents est assez variable suivant

les localités. Des observations qui remontent à 1887 indiquent toutefois l'importance du vent du NE. dans les différentes roses anémométriques du Rio Grande do Sul. Elles sont relatives aux centres suivants :

Uruguayana	N., NE., SO., SE.
Alegrete	E., NE., NO., N., SSE., S.
Livramento	N., NE., S.
Caçapava	E., SE., SO., O.
Conceição do Arroio	NE., S., O.
Torres	NE., S., SE.
Pelotas...	S., N., NE.
Piratiny	S., N., SO., SE.
Rio Grande	N.E., ENE., E., S., SO., O.

Plus récemment, une série de trois ans d'observations (1910 à 1912) a démontré que les vents prédominants à Porto Alegre sont de l'E. et du SE. Au Rio Grande, quand le vent du NE. n'est pas compris dans les vents les plus fréquents de l'année, il faut généralement en chercher la cause dans la topographie environnant le point d'observation (exemple : Piratiny, Caçapava, etc.). D'autres séries d'observations tendent à prouver qu'à Porto Alegre, le SE. représente 50 pour cent des vents et le SO. 20 pour cent (1893 à 1898) et qu'à Rio Grande 80 pour cent appartiennent au vent du N.E. et 15 pour cent au SO. (1895 à 1906).

L'étude de la distribution mensuelle des vents sur onze stations du Rio Grande nous amène à tirer les conclusions provisoires suivantes :

(1) Le vent du NE. est nettement prédominant pendant les mois les plus chauds de l'année. Les vents du N., de l'E. ou de l'O. occupent en général la seconde place, en fréquence, et exceptionnellement la première.

(2) Mars est un mois de transition et le vent tourne du NE. vers le SE. ou même le SO. en passant par l'E., parfois il saute au SO. sans transition. Mais, en avril, le NE. n'a pas encore perdu toute son importance.

(3) Les vents d'O. et du SO. sont prédominants pendant les mois les plus frais. Ce sont le *Pampero* et le *Minuano;* le premier est originaire des Pampas, le second doit son nom aux tribus indiennes de l'extrême Ouest du

Rio Grande, les Minuanos, entre l'Ibicuhy et le Quarahy. Il naît dans la région andine où le mois de juillet offre une anomalie négative de 2 degrés, environ, quand l'anomalie positive de 1° existe au centre du Brésil. Le Minuano souffle généralement d'avril à août, il est fort, et détermine des dépressions de 4° à 10° C. (Draenert) Hensel écrivait en 1867 : "Le SO., dit *Minuano*, souffle généralement pendant trois jours par un temps clair, et, même pendant les plus fortes chaleurs de l'été, détermine une chûte de température telle que les plus chauds vêtements arrivent à peine à vous protéger." Beschoren le décrit comme un vent fort, qui nettoye l'atmosphère et déchire les couches nuageuses formées par les autres vents du Sud, en hiver, mais il amène un temps froid, sec et constant. (*Zeit. der Oesterr. Gesell. f. Met.*, 1875.)

(4) En septembre et octobre une nouvelle transition s'observe, dans laquelle les vents du N. semblent jouer un certain rôle.

(5) En novembre le tour du quadrant est fait, le vent du NE. reprend sa prépondérance ; dans les localités plus méridionales ou mieux abritées, les vents du S. et du SE. interviennent également d'une façon marquée.

(6) Certains points présentent toutefois des anomalies particulières : Guaporé, par exemple, est voué aux vents du NO. et de l'O. ; ces derniers y prédominent en hiver. D'autre part, quelques points centraux comme Cachoeira et Cruz-Alta voient le NE. prédominer au cours de l'année entière avec une intensité plus marquée pendant les mois d'hiver.

(7) Enfin l'intensité des vents semble s'accentuer légèrement en hiver et à mesure que l'on va vers le Sud, où la plaine s'ouvre davantage à leur action.

Avant de quitter la région que nous examinons, revenons encore au *Pampero*, qui est incontestablement le vent qui la caractérise le mieux.

Les vents du SSO., qu'ils soient forts ou faibles, reçoivent le nom de *Pamperos*. Il y a des *Pamperos* locaux et des *Pamperos* généraux ; ceux-ci apportent toujours le mauvais temps. Ferrel les compare aux *cold waves* de l'Amérique du Nord.

De deux à quatre jours avant le *Pampero,* le baromètre tombe très sensiblement (de 5 à 15 mm.) ; il remonte au commencement du *Pampero* et continue à monter ensuite.

Quelques jours avant le *Pampero* la température monte, à moins qu'un phénomène temporaire n'agisse en sens contraire. Après le *Pampero* la chûte est rapide, la fraîcheur est surtout sensible en été, quoique le *Pampero* se présente au cours de l'année entière. La chûte moyenne de la température est de 7° C. ; les chûtes minima atteignent 2° C. et les maxima 13° environ.

Le tonnerre accompagne généralement et quelquefois précède le *Pampero ;* il en est de même de la pluie. Avant le *Pampero* le vent souffle modérément de l'Est pendant quelques jours.

En hiver le *Pampero* dure de deux à trois jours, rarement de cinq à six. Il passe alors souvent au Sud et même au SE. soufflant en coup de vent. En été, il est moins fréquent et dure moins longtemps, mais il est en général plus violent. On le désigne souvent sous le nom de *Turbonada.* Lorsqu'il se produit par un temps clair, il a plus de chances de durer qu'avec un ciel chargé.

" Le caractère le plus frappant des *Pamperos* observés," dit Christison, " a été la levée invariablement soudaine du vent, en pleine force, dès le début. Il continue à souffler ainsi, sans interruption, de 10 à 30 minutes seulement (parfois une heure), puis, ou bien cesse complètement, ou bien, ce qui est plus commun, continue avec moins de force pendant quelques heures. Cette force varie entre l'ouragan et le coup de vent modéré, mais reste toujours suffisante pour être facilement distinguée des vents qui précèdent ou qui suivent." (Voir : Ferrel, *Popular Treatise on the Winds,* les *Instructions Nautiques* françaises, et l'article de David Christison, " On the Pamperos of Central Uruguay," dans le *Journal of the Scottish Meteorological Society* en 1880.)

En concluant cet aperçu du régime des vents généraux
du Brésil, dont les constatations sont provisoires, vu l'insuffisance des observations jusqu'ici à notre disposition,
qu'il nous soit permis de reproduire un passage de Ferrel,
qui semble bien résumer les traits généraux que nous
avons cherché à mettre en relief. Dans son *Popular
Treatise* et à propos des " moussons " de l'Amérique
du Sud (p. 217) l'éminent météorologiste écrit :

" En Amérique du Sud nous trouvons des conditions
analogues à celles de l'Australie ; les influences moussonnales y sont bien marquées, plus fortement même qu'en
Australie, le continent étant plus grand et les montagnes
plus hautes.

" Au long de la côte NE. de l'Amérique du Sud, et dans
toute la vallée de l'Amazone, il y a un afflux d'air de
l'océan vers l'intérieur du continent et le versant oriental
des Andes ; cet afflux est si fort pendant l'été de l'hémisphère Sud qu'il se produit un vent NE. continu de la
région des Alizés du NE., dont les effets se font sentir
bien avant dans l'intérieur, et l'effet moussonnal se présente comme la continuation des Alizés au-delà de l'Equateur, dans l'autre hémisphère.

" Mais c'est là un effet continu au cours de l'année,
quoique beaucoup plus accentué pendant l'été de l'hémisphère Sud que pendant la saison opposée. La température moyenne de l'Amérique du Sud équatoriale et
tropicale étant bien plus élevée que celle des océans, et
les changements annuels étant petits, il n'y a presque
jamais de période où le continent soit plus froid que
l'océan, et où un effet de mousson contraire se produise.

" L'effet de la mousson d'été sur le Brésil, qui se trouve
pour la plus grande partie sous l'action des Alizés du SE.,
et d'autre part l'effet de la déviation due au continent et
aux Andes en particulier, obligent les vents à changer
de direction et à devenir NE. et N. ; ce sont ceux-ci en
effet qui prédominent en été.

" Ce phénomène est semblable à celui qui se produit
dans la partie Sud des Etats-Unis et le Golfe de Mexique,

grâce auquel les vents sont changés d'Alizés réguliers du NE. en vents du SE. et du Sud, pendant l'été.

" Pendant l'hiver, les vents sont plus variables : tant que l'influence de la mousson contrecarre plutôt les vents d'E. et du N. nés de la déviation du continent et des Andes ; mais ils sont en grande partie polaires et SO. comme dans l'hémisphère opposé, ils sont polaires et NO. aux Etats-Unis."

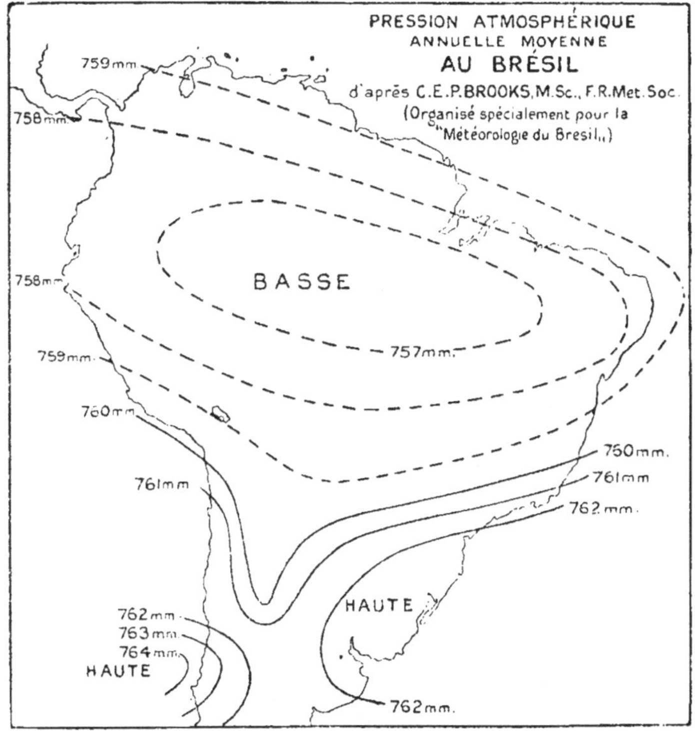

Les isobares sont tracés à l'aide de données relatives à plusieurs années. Ces données ont été réduites à 0°C., au niveau de la mer, à la gravité normale et à la moyenne diurne vraie.

CHAPITRE TROISIÈME.

RÉGIME DES PLUIES.

L'ÉTUDE du régime des vents dans ses relations avec celui des pluies, au Brésil, démontre que les précipitations atmosphériques ne sont pas nécessairement liées à certaines directions des vents et que, de plus, les Alizés, venus de la mer, ne sont pas exclusivement des vents porteurs de pluies. En terminant notre examen des éléments climatiques de l'hémisphère austral, nous avons étudié les caractères des pluies intertropicales et posé, d'après E. L. Voss, les cinq divisions logiques qui peuvent être faites dans l'Amérique du Sud, pour l'étude des pluies. De ces cinq zônes, trois appartiennent presque exclusivement au Brésil :

(1) Le *Bassin de l'Amazone.*

(2) Le *Nord-Est brésilien.*

(3) Le *Brésil moyen et méridional.*

Chacune de ces zônes a une physionomie particulière au point de vue pluviométrique, mais leur étude successive ne serait pas suffisante, car le tableau est plus complexe et plus varié ; il exige que l'on se place à d'autres points de vue, notamment à celui de leur distribution saisonnière et à celui des maxima.

C'est à Ludwig Voss que nous devons l'étude la plus complète sur les pluies sud-américaines : " Die Niederschlagsverhältnisse von Sudamerika, Gotha " (*Pet. Mitt.,* xxxiii, 1906-07, Erg.). Cet ouvrage semble avoir épuisé le sujet et, de longtemps, ou tout au moins tant que des données beaucoup plus nombreuses et plus complètes ne seront fournies, il n'y aura pas lieu de corriger sensiblement les conclusions qui y sont posées. Il est vrai que les travaux contre les sécheresses du Nord-Est ont apporté beaucoup de données nouvelles en ce qui concerne cette région (observations, cartes, enquêtes scientifiques); mais L. Voss s'est empressé de mettre ses études à jour, dans le *Boletim* du Ministère brésilien des Travaux publics.

(A) Régions pluviales.

(1) *Bassin de l'Amazone et de ses Affluents.*—Cette région se distingue par son extraordinaire précipitation annuelle. En règle générale cette précipitation dépasse 1m.50 et atteint 2 mètres, et jusqu'à 3 mètres; à l'Ouest, elle s'adosse aux Andes, où l'on enregistre des 3m.50 de pluie. Au Sud ce sont le plateau de Matto Grosso, l'Araguaya et le Piauhy qui la ferment. Les données relatives à ces régions ne sont pas suffisantes pour pouvoir les définir exactement, au point de vue pluviométrique. Il faut s'en tenir, la plupart du temps, à des observations sporadiques dues aux explorateurs.

Dans la carte des pluies, A. Supan en 1897 ne prolonge pas vers l'Est, c'est-à-dire jusqu'à l'Océan, les limites de cette zône, il l'arrête vers le 50° long. O. de Greenwich. Herbertson fait de même en 1898. Mais les observations de Parà ont amené Voss à comprendre les bouches de l'Amazone dans le district pluvial amazonien, et nous n'hésitons pas à y faire entrer également l'extrême Nord du Maranhão et S. Luiz.

Les raisons d'être de la pluviosité considérable de cette région doivent être cherchées dans sa latitude, ses forêts chaudes et humides et la vaste plaine qu'elle constitue.

Comme nous avons vu, il existe sur la vallée amazonienne une aire constante de minimum barométrique. Cette aire constitue un foyer d'appel permanent, pour les Alizés principalement, pour les vents du Nord et du Sud-Est. De là, la formation d'un district dont l'humidité est plus accentuée vers l'Ouest : "Les différentes sections du fleuve, remarquait déjà en 1878 Grisebach, se comportent très inégalement, sous le rapport climatérique; l'embouchure du Rio Negro est le point de démarcation, en sorte que, plus on se rapproche des Andes péruviennes, en remontant le fleuve, plus l'air devient humide." Aussi la forêt acquiert-elle dans cette section occidentale plus d'étendue et d'impénétrabilité; nulle part les savanes ne viennent l'interrompre; les précipitations y ont lieu l'année entière; pour l'organisme humain, la chaleur et l'humidité y jouent le rôle d'étuve; l'organisme végétal y trouve, par contre, sans cesse des éléments de croissance ou de floraison. La végétation descend jusqu'au niveau de l'eau, toute végétation non ombragée y est refoulée. " Comme le plus grand fleuve de la Terre," dit Grisebach, " l'Amazone doit exprimer dans les plus vastes proportions les influences que, sous un climat équatorial, l'eau courante est susceptible d'exercer sur la végétation."

La section inférieure, à l'Est du Rio Negro, a des caractères différents. La zône des calmes y fait défaut, et avec une plus grande vigueur des vents, les nuages sont plus rapidement dissipés, des saisons sèches y deviennent possibles, et les savanes, bien que rarement considérables, peuvent se détacher des forêts. L'Alizé prédominant n'est point un vent sec, et les forêts lui font perdre une partie de son humidité. Ces précipitations s'accroissent en raison même de l'affaiblissement de l'Alizé, lorsque pendant la saison plus chaude, ou l'heure plus chaude de la journée, il se forme un centre de chaleur à courants ascendants.

(2) *Nord-Est brésilien.*—Située au Sud-Est de la précédente, cette zône offre un contraste assez caractérisé, avec une zône de transition relativement étroite. À une région dont le trait saillant est la forte précipitation atmosphérique, fait suite une région où la faiblesse de ces précipitations est le caractère le plus marqué. Sur la côte, on trouve encore un mètre de pluies au cours de l'année, mais vers l'intérieur, à l'exception de certains points où s'accentue le relief, s'étend la zône dite semi-aride du sertão, qui reçoit moins de 400 mm. de pluie par an. Les pluies y tombent de décembre à avril, mais

retardent quelquefois jusqu'en février. Elles ne font jamais totalement défaut toutefois.

Les cartes d'isohyètes annuelles de Supan et de Herbertson marquent la région semi-aride du Nord-Est brésilien par une succession de cercles concentriques dont le centre est occupé par un cercle allongé accompagnant le cours du moyen S. Francisco. Les faits ainsi constatés sont exacts, mais ne constituent pas toute la vérité. Dans la carte annuelle de Voss, l'altération apportée n'est pas profonde; mais dans les cartes dressées par l'*Inspectoria de Obras contra as Seccas* par Williams et R. Crandall, l'apport de nouvelles et nombreuses données offre des contours isohyètes modifiant considérablement les contours Nord des cercles concentriques mentionnés.

La pluviosité de cette région est observée aujourd'hui par des postes pluviométriques, qui, à l'heure actuelle, sont déjà au nombre de trois cents.

Il est démontré que l'humidité relative y est faible et diminue de la côte vers l'intérieur. Les vents y jouent un rôle considérable, aidant au dessèchement des régions. Le régime des eaux y accompagne, naturellement, de très près le régime des pluies, moins toutefois dans ses altérations en quantité que dans sa façon de distribuer les précipitations dans le temps.

Le régime des pluies a une influence décisive sur la flore de cette région, et l'y développe en fonction de la latitude. A la forêt pluviale de l'Amazonie, aux savannes du Maranhão et du Piauhy, succèdent les gradations que A. Loefgren groupe sous trois chefs : flore du littoral ou groupe hydrophile, flore des serras ou groupe dryadique et flore des plaines intérieures ou *catinga* (groupe hamadryadique).

A la suite de ses excursions scientifiques dans le Nord-Est, A. Loefgren a posé en 1912 un certain nombre de conclusions sur les rapports qui existent entre les précipitations et la végétation.

"Dans la région sèche," dit-il, "partout où la moyenne annuelle des pluies dépasse 600 mm. et l'humidité relative se trouve au-dessus de 70 pour cent, la flore est permanente et c'est là le cas de toutes les aires couvertes de forêts ou d'autres formations végétales dérivées, mais toujours mésophytes, ce qui prouve l'existence de bonnes conditions pour toute espèce d'agriculture tropicale.

" Dans les zônes où la moyenne annuelle des précipitations est inférieure à 600 mm. et la moyenne de l'humidité relative au-dessous de 70 pour cent, la végétation est franchement tropophyte et comprend deux catégories distinctes : l'une permanente, et, en vertu de l'irrégularité des pluies, adaptée aussi bien aux excès d'humidi é qu'aux sécheresses prolongées (*catinga*) . . . l'autre périodique, se développant au milieu et au-dessous de la première, quand l'humidité atmosphérique et terrestre le permet ; elle ne se trouve jamais en dehors de l'époque des pluies.

" L'aire occupée par la végétation permanente où les précipitations dépassent 600 mm. a dû être bien plus étendue autrefois, et se trouve actuellement en constante diminution."—Alberto Loefgren, *Contribuções para a questão florestal da Região do Nordeste do Brasil*, Rio, 1912.

(3) *Brésil moyen et méridional.*—Cette région se trouve au Sud des deux précédentes et comprend le littoral, les hauts-plateaux et les plaines intérieures. C'est la région des pluies moyennes, supérieures à 1 mètre par an. Le relief y joue, à ce point de vue, un rôle considérable dans la distribution des pluies. Dans les endroits plus élevés, en effet, les précipitations annuelles dépassent deux mètres, atteignent et dépassent quelquefois trois mètres. La Serra do Mar, dans le Paranà et S. Paulo dépasse toujours trois mètres de pluie. L. Voss rappelle que la Compagnie anglaise, lors de la construction de la voie ferrée de Santos à S. Paulo, dut tenir compte du fait que 40 pour cent des journées de travail était perdu en raison des pluies.

A l'Ouest de cette région des pluies, s'étend un district désertique appelé par Voss la " zône sèche péruano-chileno-patagonienne." Il commence au Sud de l'Equateur sur la côte péruvienne et finit vers le 50° lat. S. en s'élargissant considérablement en territoire argentin. Il ne nous appartient pas d'étudier ici ce district dont la sécheresse est due à des causes différentes, selon que l'on envisage la côte occidentale ou la Patagonie : les courants marins introduisent des facteurs de différenciation marqués. Il ne semble pas cependant, que le voisinage de ce district sud-américain ait une influence directe sur la pluviologie du Brésil moyen et méridional. Suivant Supan et Herbertson, la ligne isohyète de 1 mètre se trouve bien à l'Ouest des frontières du Brésil. Le district pluvial amazonien, par contre, s'avance profondément vers l'Ouest, jusqu'aux pieds des Andes péruviennes.

Au Sud et à l'Ouest de ce district peruano-chileno-patagonien, la côte méridionale du Chili assiste à un regain rapide des moyennes annuelles de pluie, et semble répéter, en miniature, la distribution des pluies dans la partie orientale et septentrionale du continent.

Dans cette région du Brésil moyen et méridional, la végétation caractéristique du Nord-Est, la *catinga* disparaît (excepté peut-être dans certaines parties du Brésil central). L'on se trouve en présence de deux groupes qui se partagent à peu près également le territoire : la forêt ou *matta* et les *Campos*.

La distribution à peu près égale des pluies sur cette immense étendue explique, jusqu'à un certain point, l'impossibilité de décrire des " régions végétales " différentes dans la " province sud-brésilienne " de Engler ; il y a là plutôt des " formations végétales " différentes et c'est dans ce sens qu'il faut interpréter la " regio oreas " ou zône des campos et la " regio napoea," ou zône des Araucarias, de Martius.—C. A. Lindman, *A Vegetação no Rio Grande do Sul*, Porto Alegre, 1906 (traduction Alberto Loefgren).

En effet ces " formations " se pénètrent, se croisent ; elles offrent un contraste évident avec le Brésil septentrional, l'*Hylœa* de Humboldt, mais ce contraste entre le type tropical et le type tempéré est plus marqué dans le végétation champêtre que dans la végétation forestière.

Une relation entre la végétation et l'humidité dans cette région pluviale doit être recherchée non seulement dans la prépondérance de telles ou telles familles végétales dans les différentes formations, mais aussi dans la profondeur et l'humidité du sol, où la forêt exclut le campo, chaque fois que son existence est rendue possible. C'est ainsi que sur les bords des rivières ou à la base des rochers il se forme de longues bandes boisées. Le type le plus complet du développement des *Campos* est la semi-forêt nommée *cerrado*. La lisière des forêts à son tour prend souvent un aspect intermédiaire, le *cerradão*, que dans le Paranà on nomme aussi *faxinal*.

(B) Distribution des Pluies par Saisons.

La corrélation qui existe entre la distribution générale des pluies sur le continent sud-américain, et les grands centres d'action de l'atmosphère, dans l'hémisphère austral, nous amène à renvoyer de nouveau le lecteur à l'étude de l'anticyclone du Sud-Atlantique. Nous avons, en conséquence, à examiner les faits constatés et leur explication probable, d'accord avec ce qui a été dit précédemment.

(1) *L'été austral* (décembre-janvier-février) est la saison pluvieuse du bassin amazonique. Cette période pluvieuse comprend aussi le Sud des Guyanes, et vers le Sud s'étend jusqu'au Tropique, environ. En dehors de cette zône, la Serra do Mar reçoit également de fortes précipitations apportées par les Alizés. Mais le Nord-Est brésilien, du Parahyba au S. Francisco reste en dehors avec des pluies inférieures à 200 mm. La côte uruguéenne et rio-grandaise a de faibles précipitations, à cette époque de l'année, tandis que l'intérieur de cette même côte, mieux arrosé, reçoit jusqu'à 400 mm. " Il est possible," dit L. Voss, " que ce fait s'explique par l'existence des vents continentaux qui soufflent dans la vallée du Paranà

et de l'Uruguay, apportant beaucoup d'humidité et
amenant des précipitations sur le versant occidental de
la Serra Geral, tandis que dans le district côtier le
versant oriental reçoit moins d'eau."

En prenant le mois de janvier comme exemple, de
cette période, nous pouvons établir la suivante relation
entre le régime des vents et celui des pluies : D'une part,
le Soleil, l'Equateur Thermique et les vents Alizés sont
proches de leur extrême limite méridionale ; d'autre part,
les vents d'Ouest qui n'effleurent ni l'Afrique, ni l'Australie, atteignent déjà la Nouvelle Zélande et le Sud du
continent américain. Les districts orientaux de ces
régions sont donc moins arrosés que les districts occidentaux, par le fait des hautes montagnes qui les pro-
tègent. Dans la zône d'action des Alizés, il en est autrement ; la ligne des pluies minima et la ceinture des pluies
équatoriales autour du globe, se trouvent entre l'Equateur
et le Capricorne. Les plus fortes chaleurs se trouvent
dans l'Est des régions intertropicales.

" Tandis que l'Afrique retire peu d'eau des Alizés
(excepté sur la côte orientale, au Sud de l'Equateur),"
dit A. J. Herbertson, " l'Amérique du Sud en retire
beaucoup. Les plus basses pressions sont alors à l'Est
ou au Sud de l'Amazone, de sorte que les vents du NE.,
passant sur les mers, pénètrent au Nord du bassin
amazonique, deviennent vents du Nord ou du Nord-
Ouest arrosant une très vaste étendue du continent. Mais
dans cette région, à cette époque de l'année, l'air est
constamment élevé et l'on peut considérer comme causes
de cette précipitation, en partie l'évaporation sur cette
aire surchauffée et en partie l'humidité même des Alizés.
Les eaux de l'Amazone, de l'Orénoque et du Paranà
proviennent alors d'une part de ces pluies et de l'autre
de la fonte des neiges. Beaucoup d'eau, toutefois, est
évaporée dans cette région pour y être nouvellement con-
densée, puis évaporée à nouveau.

" Dans le Nord-Est des plateaux brésiliens, les vents
soufflent parallèlement à la côte NNE. sèche ; sur la côte
SSE. ils forment une bande pluvieuse très étroite.

" La partie SE. de la région de basse pression est également pluvieuse. De Minas Geraes vers le Sud la précipitation atteint ses maxima à la plupart des stations. Là le continent est plus élevé et tout vent du SE. est intensifié par l'attraction des basses pressions et forcé de s'élever à des hauteurs considérables. Les vents de la côte ne sont cependant pas tous du SE. et à Rio où un quart des vents de janvier sont NO. et un cinquième E. ou S., il y a une étroite bande de côte avec des pluies inférieures à celles de l'intérieur. Beaucoup de précipitations même sur la surface où prévalent les calmes. S. Paulo, par exemple, avec 22 jours de calmes reçoit 269 mm. de pluies.

" Les Alizés du SE. sont attirés par le bassin moyen du Paraguay-Paranà et y déposent beaucoup d'eau. C'est en cette saison que Salta, Tucuman et d'autres stations, aux pieds des Andes, reçoivent leurs précipitations maxima." (Andrew J. Herbertson, *The Distribution of Rainfall over the Land*, Londres, 1901. Les cartes de cet ouvrage épuisé se trouvent dans l'Atlas météorologique de Bartholomew.)

En février cette situation souffre une légère altération ; le gradient du Haut Amazone est plus faible, les pluies y diminuent, tandis qu'elles augmentent dans la partie inférieure du bassin ; les Alizés du SE. sont plus faibles car l'anticyclone est plus faible. L'Equateur Thermique s'est déplacé vers le Nord.

(2) *L'Automne austral* (mars-avril-mai) coïncide avec un recul sensible de la limite Sud du grand district pluvial amazonien. Il se déplace presque jusqu'au 10° de lat. S., mais en compensation il atteint la côte entre Pernambouc et Bahia ; le district sec du Nord-Est brésilien se referme alors autour du S. Francisco moyen. De son côté, le district pluvial de la Serra do Mar se resserre lui aussi autour du Alto da Serra. L'extrême Nord du continent gagne un peu en précipitations. Le Brésil moyen et méridional reçoit d'abondantes pluies et la zône sèche de l'Ouest recule. A partir d'avril, les cartes mensuelles de

Voss indiquent un recul des pluies amazoniques vers l'Est,
si bien qu'en mai Cayenne, S. Luiz et Récife sont les
seuls points qui reçoivent encore 300 mm. d'eau. Le

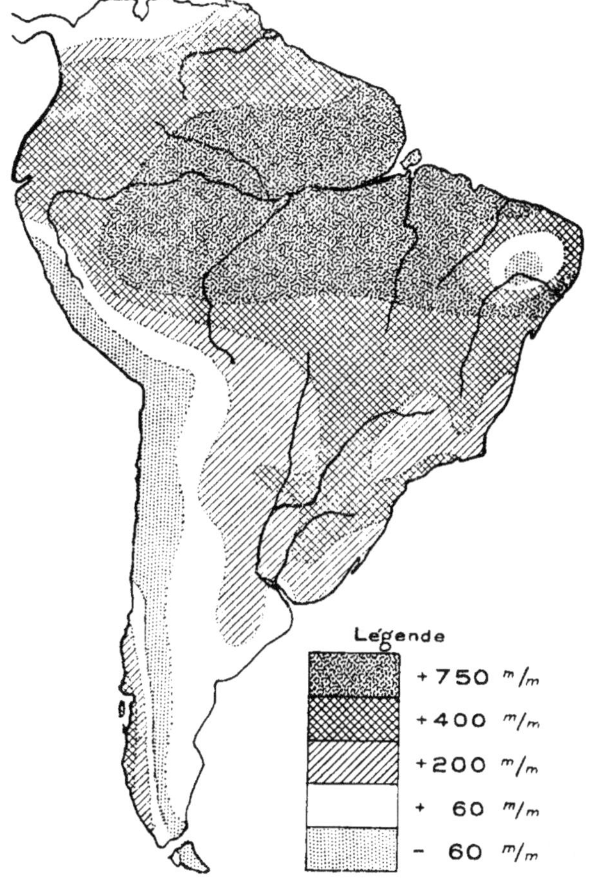

Pluies d'Automne (d'après E. L. Voss).

district des pluies faibles s'étend de plus en plus sur le
Brésil central (sous le 18° lat. S.) et atteint l'océan. Au
Sud du Tropique toutefois les pluies continuent. (Voss.)

Dans l'extrême Sud du continent, les vents pluvieux de l'Ouest qui commencent à influer sur la partie occidentale de toutes les terres australes (Afrique et Australie) accentuent les précipitations sur les fjords chiliens et même sur l'estuaire de la Plata.

Pendant le cours de cette saison, mars voit les isobares traversant le continent de l'Est à l'Ouest, et les minima coïncident avec l'Equateur ; avril voit la ceinture pluvieuse se déplacer vers le Nord de l'Equateur ; mai, enfin, la voit bien au Nord, affectant déjà l'Amérique centrale. D'autre part un centre de haute pression se forme alors dans le centre de l'Amérique du Sud.

(3) *L'hiver austral* (juin-juillet-août) n'apporte que des précipitations faibles à l'ensemble du continent sud-américain. Le centre du bassin amazonien reçoit moins de 400 mm. d'eau, le Brésil central et oriental en reçoit encore moins. La côte du Nord-Est (Pernambouc, Alagoas, Sergipe) reçoit alors ses plus fortes précipitations.

Toutes les cartes pluviométriques, celles de Supan, d'Herbertson et de Voss principalement reproduisent ce phénomène caractéristique : le district sec du Nord-Est brésilien se trouve en cette saison, étendu jusqu'au Capricorne, et relié, par l'intérieur du continent, au district sec peruano-chileno-patagonien. Une région pluvieuse est cependant conservée dans le Brésil méridional, jusqu'à la Plata. C'est donc en hiver, comme dit Voss, que s'étend le plus sur le continent la zône sèche, ne laissant à la pluie que de petites extensions de côtes : un district entre le Vénézuela et l'Amazone, le district de Pernambouc, le district du plateau de Paranà et le district côtier chilien où Valdivia dépasse 1m. 479.

Au Nord de l'Equateur règne l'été ; dans la région des llanos il se produit une interruption des pluies zénithales en juin ; cette sécheresse est appelée le *veranito de S. Juan.*

En juillet l'Equateur Thermique est au Nord du Tropique du Cancer et le Vieux-Monde constitue une aire étendue de basses pressions ; la dépression sud-équatoriale

est à son maximum ; en août, la côte du N.E. commence
à connaître la saison sèche équinoxale qui la caractérise.

Le phénomène de la période sèche hibernale dans
l'Amérique du Sud est interprété par H. Solyom, de la

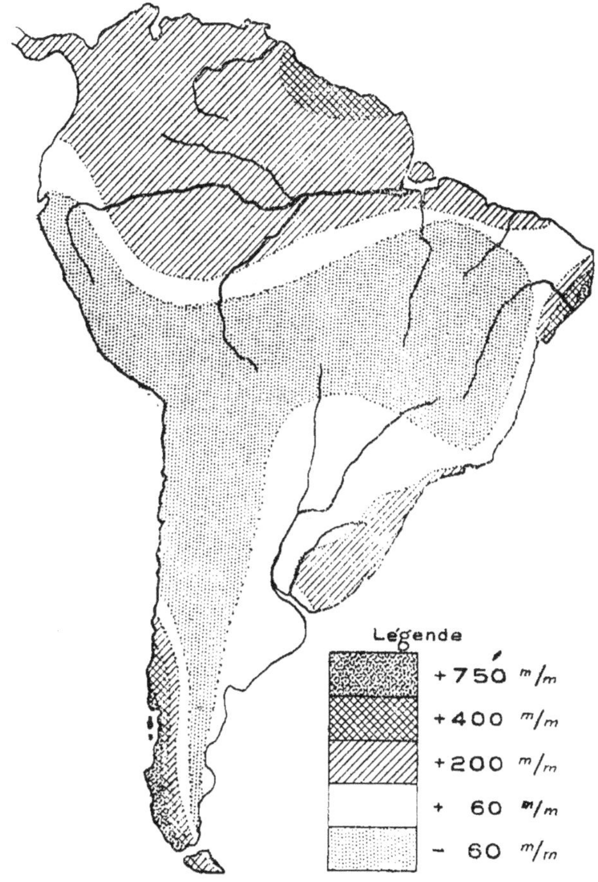

Pluies d'Hiver (d'après E. L. Voss).

façon suivante, dans ses corrélations avec le Brésil
central : une aire de basses pressions s'est formée sur la
côte chilienne sous le 38° lat. S. et une aire de hautes

pressions dans les plaines intérieures sous le 37° lat. S.
Entre ces deux foyers souffle un vent du N. ou du NNO.
plus chaud que ceux d'Ouest, plus humide, et qui cause
les pluies du Nord chilien, tandis que le Sud chilien

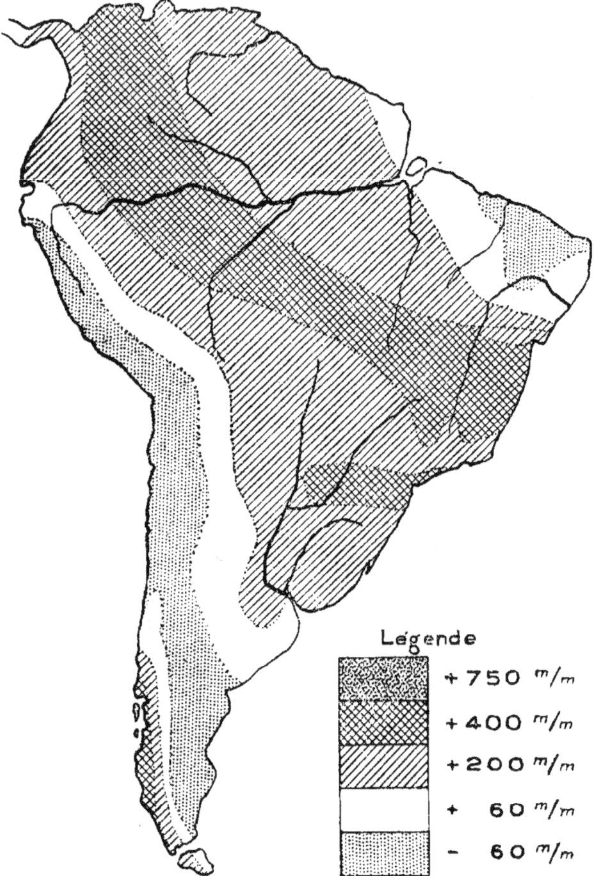

Pluies de Printemps (d'après E. L. Voss).

reçoit ses pluies les plus fortes grâce aux vents d'Ouest.
Un contraste se dessine dans le Nord-Est argentin où le
NE. se heurte aux Andes. Le centre de basses pressions,

qui s'y était formé pendant l'été, a attiré un courant ascendant le long de la région piémontaise, intensifiant les vents du NE. et ceux du Nord, chauds et humides, du Brésil central. A la forte précipitation estivale succède ainsi une longue sécheresse hibernale dont le principal vent est une espèce de *föhn* originaire de l'anticyclone qui s'est constitué sur la région des hauts plateaux.

(4) Le *printemps austral* (septembre-octobre-novembre). —La grande extension sèche est ramenée vers l'Ouest. Une zône pluvieuse s'étend peu à peu du Vénézuela et de la Colombie vers le Sud du Brésil, traversant la vallée de l'Amazone. Au Céarà et dans les régions voisines commencent les grandes sécheresses, et il ne pleut plus guère sur la côte du NE. qu'entre Aracajù et Parahyba. Par contre, au Nord-Ouest du continent ont lieu les plus fortes précipitations ; en octobre les pluies du Sud brésilien gagnent le centre du pays et en novembre ce district pluvial s'étendant de l'Espirito-Santo et Bahia, par Minas, Matto Grosso et l'Amazonie, se relie au district pluvieux précédent de la Colombie. A Minas et dans la Serra do Mar, les pluies dépassent 300 mm. pendant la saison. Tandis que le Nord-Est devient de plus en plus sec, la zône Sud-Chilienne voit également diminuer ses pluies.

En septembre, les corrélations s'expliquent par la disposition de l'aire des basses pressions du Vieux-Monde ; en octobre, l'Equateur Thermique est encore dans l'autre hémisphère ; en novembre le système des hautes pressions sub-tropicales s'est déplacé vers le Sud, et les conditions générales qui caractérisent l'été austral sont déjà posées et vont s'accentuant peu à peu.

(C) Régime des Pluies par Régions.

Les différentes régions avec leur régime particulier de pluies ont fait l'objet de plusieurs classifications de la part de Supan, de J. Chavanne et de Paul Schlee. Plus récemment Voss en a proposé une autre. Il appelle pluies excessives les pluies d'une saison qui absorbe plus de 50 pour cent de leur hauteur annuelle, et pluies modérées celles dont la saison ne reçoit que de 33 à 50 pour cent du total.

Dans ces conditions on peut distinguer cinq catégories de régions :

(1) Les régions à *double période* de pluies.

(2) Les régions de *pluies d'été :* (*a*) excessives, (*b*) modérées.

(3) Les régions de *pluies d'automne :* (*a*) excessives, (*b*) modérées.

(4) Les régions de *pluies d'hiver :* (*a*) excessives, (*b*) modérées.

(5) Les régions de *pluies également réparties* au cours de l'année.

La distinction de Voss entre pluies modérées et pluies excessives est utile, car il peut arriver qu'une même région possède ses maxima pendant deux saisons consécutives.

(1) *Double Période pluvieuse.*—Théoriquement, toutes les localités situées entre le 10° lat. N. et le 10° lat. S. possèdent deux périodes annuelles de pluies, en corrélation plus ou moins étroite avec les maxima qui suivent le passage du Soleil au zénith.

Pour les districts sud-américains situés dans l'hémisphère Nord, c.-à-d. pour l'extrême Nord du Brésil également, l'on trouve une double période de pluies assez prononcée. Au Sud de l'Equateur, ce double maximum ne se montre clairement que dans la partie occidentale du continent.

Au Nord de l'estuaire amazonique, la région du double maximum s'éloigne de la côte. Ses limites se dirigent vers le Sud-Ouest, atteignent le 10° lat. S. et s'infléchissent vers l'Ouest. La carte de distribution des pluies par saison de Gardner Reed (1910) ne semble pas tenir suffisamment compte de ces limites. La limite des pluies d'automne nous paraît trop au Nord et une grande partie de l'intérieur, laissée en blanc, doit être attribuée au double maximum. (Voir *Quart. Journ. R. Met. Soc.,* janvier, 1910.)

Quoique dressée avec des données relativement restreintes, la carte de Voss est confirmée par les données postérieures. Des subdivisions à cette zône de double maximum nous semblent toutefois prématurées, avec les éléments actuels. En effet, si le contraste entre la côte de Carthagène à la Guyane (avec maximum principal au printemps et maximum secondaire en octobre) se dessine parfaitement devant le maximum amazonien entre mars et mai, suivi de celui de décembre-janvier, il n'en est pas moins vrai que, dans la région amazonienne elle même, des variations sensibles se produisent dans l'époque des maxima et parfois une diminution imperceptible existe entre les deux maxima.

À Manaos, par exemple, dix ans d'observations (1902-1912) démontrent l'existence de deux maxima. L'un se produit 5 fois sur 10 en mars, parfois en avril ou même en mai ; d'autre part 3 fois sur 10 il est en avance d'un mois et survient en février. Quand ce dernier fait se produit, le deuxième minimum de novembre ou décembre retarde légèrement jusqu'en janvier, parfois au point de ne pas produire au courant de la même année les deux maxima.

		1903		1904		1905
Janvier	...	214 mm.	...	265 mm.	...	219 mm.
Février	...	201	...	275	...	294
Mars	...	362	...	168	...	175
Avril	...	155	...	138	...	114
Mai	...	116	...	198	...	91
Juin	...	23	...	77	...	74
Juillet	...	30	...	30	...	1
Août	...	17	...	37	...	38
Septembre	...	57	...	32	...	99
Octobre	...	65	...	90	...	127
Novembre	...	69	...	60	...	156
Décembre	...	184	...	132	...	240

La même phénomène se produit à Porto Velho ; sur le Madeira (quatre années d'observations) le premier maximum est de février-mars, le second de novembre-décembre, mais ils se fondent parfois en un seul, tant ils se rapprochent.

La période plus sèche de l'Amazonie est la période hibernale, où la plupart du temps la moyenne mensuelle

est inférieure à 100 mm. Toutefois la règle n'a rien
d'absolu : Boa Vista, Remates-dos-Males, etc., connaissent
des précipitations d'hiver de 300 et 400 mm. par mois
(1912).

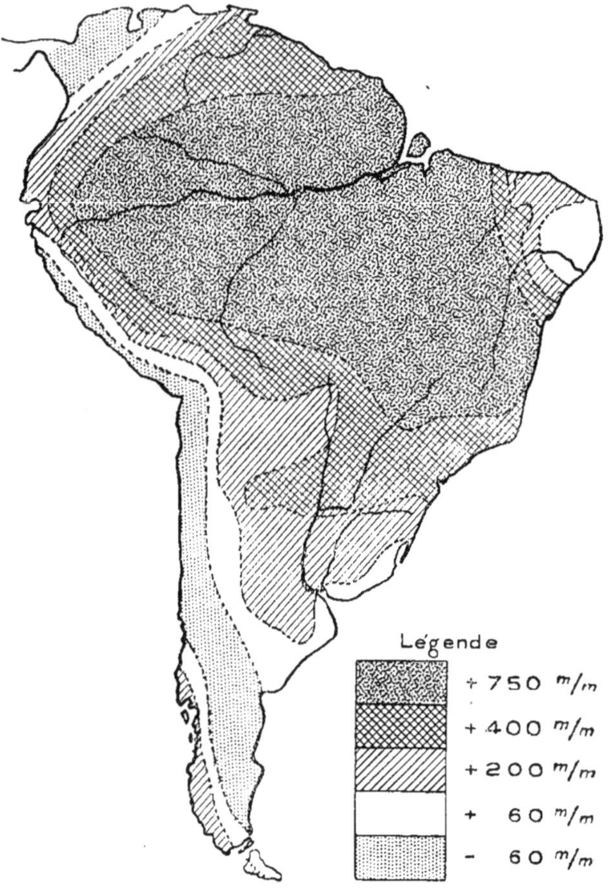

Pluies d'Eté (d'aprés E. L. Voss).

(2) *Pluies d'Été.*—La partie la plus massive du Brésil,
qui s'étend entre l'Océan Atlantique et les plaines
intérieures qui surplombent les Andes, comprend la

région des pluies normales d'été. En se rapprochant du Tropique, la division théorique des deux saisons pluvieuses disparaît ; leur rapprochement tend à les fondre en une seule, par le fait des passages de plus en plus rapprochés du Soleil au zénith.

En dehors des limites du Brésil, au-delà du 65° long. O. jusqu'aux Andes, s'étend un vaste district de pluies d'été excessives, représentant jusqu'à 64 pour cent de la précipitation annuelle, ce qui d'ailleurs ne l'empêche pas d'être désertique : La Paz, Sucre, Salta en sont des types.

Ce maximum d'été n'est pas moins accentué dans le Brésil central. À mesure que l'on s'avance vers l'Est, du Chaco vers le Paraguay et vers le Paranà, si les proportions restent semblables dans la distribution, les précipitations augmentent toutefois sensiblement : la topographie et la végétation contribuent à l'explication de ce fait. Cuyabà et Assomption sont des régions de fortes pluies d'été.

Dix ans d'observations à Cuyabà indiquent des précipitations maxima en janvier et en février ; exceptionnellement le maximum annuel peut n'être atteint qu'en mars. C'est alors que commencent à s'accentuer les crues du Paraguay, qui atteignent leur maximum en avril ou mai, parfois en juin. Cuyabà présente un type de pluies excessives d'été plus marqué qu'Assomption :

	1901		1903		1905
Janvier	480	...	163	...	336
Février	407	...	204	...	168
Mars ...	122	...	101	...	340
Avril ...	9	...	161	...	50
Mai ...	0	...	40	...	32
Juin ...	1	...	0	...	0
Juillet...	0	...	0	...	16
Août ...	0	...	0	...	34
Septembre	133	...	51	...	134
Octobre	102	...	255	...	43
Novembre	126	...	176	...	101
Décembre	433	...	176	...	172

Vers l'Est, et déjà sur les hauts plateaux, les précipitations s'accentuent ; Goyaz atteint et dépasse souvent deux mètres par an, mais le fort pourcentage des pluies d'été est moins marqué.

Sur le plateau de Minas, entre Ouro Preto et le Nord de S. Paulo, Voss indique sur ses cartes un district où reparaissent, en été, les pluies excessives, commençant en novembre avec maxima en décembre ou janvier. L'amplitude des moyennes mensuelles est de 25 pour cent. Les données du Professeur Draenert, relatives à Uberaba, Congonhas de Sabarà, Gongo-Soco, Itabira, Queluz et la vallée du haut Paranahyba sont caractéristiques à ce sujet. Plus récemment quelques années d'observation à l'Ecole des Mines de Ouro-Preto, distribuent au cours de l'année les moyennes suivantes :

Décembre	Janvier	Février	Mars	Avril	Mai
164 mm.	... 458 mm.	... 372 mm.	... 291 mm.	... 98 mm.	... 49 mm.

Juin	Juillet	Août	Septembre	Octobre	Novembre
11 mm.	... 23 mm.	... 40 mm.	... 76 mm.	... 158 mm.	... 248 mm.

Dans le Brésil oriental les pluies d'été excessives ont fait place aux pluies d'été modérées, laissant 25 à 30 pour cent aux pluies d'automne, 20 à 25 pour cent au printemps, et à l'hiver, bien que période sèche, de 10 à 15 pour cent. A Rio de Janeiro, quarante ans d'observations donnent, en moyenne :

Eté	Automne	Hiver	Printemps
367 mm.	... 344 mm.	... 134 mm.	... 244 mm.

Il est curieux de comparer ces observations à une autre série de Rio, prise à la fin du XVIIIe siècle (de 1781 à 1788) où les moyennes générales indiquent un maximum d'automne :

Eté	Automne	Hiver	Printemps
376 mm.	... 404 mm.	... 132 mm.	... 328 mm.

Il ne faut pas attribuer trop d'importance à ce fait.

Voss remarque que les amplitudes mensuelles moyennes offrent, en général, des différences positives plus grandes que les différences négatives et que dans les districts de pluies estivales excessives non seulement le pourcentage est plus fort que dans les districts de pluies modérées, mais encore que les pluies y sont plus abondantes et concentrées en un ou deux mois.

" Les causes des pluies d'été," dit L. Voss " sont l'ascension des courants d'air atmosphériques, attirés par l'échauffement des terres au moment des plus hautes positions du Soleil, et qui, par suite de cette élévation à des régions plus froides, sont obligés d'abandonner leur humidité. En outre, les courants d'air qui s'élèvent obligent les vents soufflant comme contre-courants dans les hautes couches atmosphériques vers la mer, à revenir vers la terre ferme. Dans l'Est du Brésil, les Alizés sont renforcés par les vents de la mer et quand des montagnes se présentent ils accentuent le maximum des précipitations. Ainsi s'expliquent probablement les maxima excessifs d'été, dans le Sud de Minas."

(3) *Pluies d'Hiver.*—Le continent sud-américain possède, comme nous l'avons vu, deux districts de pluies d'hiver, l'un à son extrémité méridionale, sur la côte occidentale (Sud-chilien), l'autre à son extrémité septentrionale, côte orientale (Nord-Est brésilien).

Sur la côte occidentale le régime des pluies d'hiver s'explique par les variations annuelles caractérisées de la direction des vents. Dans le NE. du Brésil, l'hiver reçoit environ 45 pour cent des pluies et l'automne 38 pour cent ; c'est l'époque où, comme nous l'avons vu, aux vents prédominants de l'E. et occasionnellement du NE., succèdent les vents prédominants du SE. et parfois du S. ; l'Alizé du SE. souffle alors plus fort et y apporte les précipitations maxima.

" Les pluies de la côte de Pernambouc à Bahia," dit J. Hann, " ne sont pas encore explicables par les raisons trouvées jusqu'ici.

" Il se peut que l'Alizé, rencontrant presque perpendiculairement la côte, produise des pluies d'hiver par le fait qu'il atteint en cette saison sa plus grande intensité . . . il puise dans les couches supérieures l'énergie qui l'oblige à s'élever et son air chaud et saturé est ainsi forcé de se résoudre en nuages et en pluie."

Parmi les séries d'observations qui caractérisent le

mieux ce district, se trouvent celles relatives à Recife, à
Victoria et à Colonia Isabel, citées par Draenert :

			Recife		Victoria		C. Isabel
Eté	...	...	313	...	169	...	108
Automne	...	...	805	...	382	...	415
Hiver	...	...	1,624	...	416	...	424
Printemps	...	...	228	...	81	...	88

Dans bien des cas, les pluies de ce district se produisent
si tôt dans l'année, qu'elles présentent un maximum en
mai, c.-à-d. à la fin de l'automne austral.

(4) *Pluies d'Automne.*—Des districts brésiliens assez
considérables entrent dans la distribution des pluies
d'automne. L'extrémité Est du Parà, une grande partie
du district semi-aride du Nord-Est et le Nord de Bahia
en font partie. Cette large zône de direction NO.—SE.
correspond à une zône équivalente mais encore plus sèche
dans l'Ouest et le Sud argentin.

L'amplitude des moyennes mensuelles est de 10 à 25,
et atteint 40 à Sant'Anna do Sobradinho.

L'importance du district brésilien des pluies d'automne
est augmentée, en certaines années, par deux faits, d'une
part le retard des pluies d'été dans le district des pluies
d'été et d'autre part par l'avance des pluies d'hiver,
phénomène que nous avons déjà mentionné. C'est pourquoi dans son groupement des pluies par saisons, Draenert
les fait tantôt entrer dans les pluies d'été, tantôt dans les
pluies d'hiver.

Dans les pluies d'été et d'automne, Draenert classe
les types de Rio de Janeiro, Santos, S. Paulo, Fortaleza,
São Luiz de Maranhão, Parà. Dans les pluies d'hiver
et d'automne il classe Récife, Colonia Victoria, Colonia
Isabel, Bahia. On pourrait ajouter Joazeiro.

			Parà		S. Luiz		Fortaleza
Eté	...	...	439 mm.	...	343 mm.	...	307 mm.
Automne	...	...	858	...	1,852	...	941
Hiver	...	...	294	...	268	...	201
Printemps	...	...	142	...	5	...	41

(5) *Pluies également distribuées.*—La région des
pluies également répartie comprend une partie du Brésil

12

méridional, le Rio de la Plata et la province de Buenos
Ayres. Un autre district, la Patagonie chilienne, offre un
caractère identique.

Dans les régions de pluies également distribuées, il y
a lieu toutefois de noter des tendances, soit aux pluies
d'hiver, soit aux pluies d'automne, soit même aux pluies
de printemps.

Le Sud du Brésil, le Rio Grande, en particulier, se
trouve dans le premier cas.

La courbe des pluies au cours de l'année ne souffre que
de petites altérations, mais d'une année à l'autre son aspect
général change au lieu de présenter un même type, comme
les courbes des autres régions. D'autre part, l'écart des
moyennes mensuelles y est plus faible qu'ailleurs.

En somme les périodes sèches sont plus longues que
les périodes humides, leur durée étant en moyenne cinq
fois supérieure. À S. Juan leur relation est de 1 à 29;
Georgetown marque l'autre extrémité. Pendant l'hiver,
la différence s'accentue. Voss pose la conclusion suivante :
" Avec la décroissance des périodes sèches, les périodes
humides augmentent et vice-versa; une dépendance des
hauteurs annuelles des pluies existe de telle sorte qu'avec
la décroissance de celles-ci la longueur des périodes
humides décroît au profit des périodes sèches; il n'y a
toutefois de règles ni pour cette décroissance, ni pour cet
accroissement."

Les périodes humides de la côte orientale de l'Amérique
du Sud sont beaucoup plus durables que celles de la côte
occidentale.

Si l'on veut établir un coefficient de stabilité du temps,
c.-à-d. de la persistance des mêmes conditions de temps,
ce coefficient, d'après L. Voss, est soumis aux règles
suivantes :[1]

---

[1] H. Meyer, a défini, en 1891, dans son *Anleitung zur Bearbeitung meteoro-
logischer Beobachtungen für die Klimatologie* ce coefficient de stabilité du temps,
en se basant sur la durée moyenne des périodes de pluie et celle des périodes
sans pluie. La "durée moyenne" dans l'Etat de S. Paulo serait ainsi de 2, 4
jours, c. a. d. 50 % plus grande qu' à Breslau, et son coefficient 0·36.

(1) Il est plus grand sur les côtes que dans l'intérieur et diminue de la mer vers l'intérieur.

(2) Il est plus grand sur la côte du Pacifique que sur celle de l'Atlantique.

(3) Sur la côte atlantique il est plus grand au Nord qu'au Sud.

(4) Sur la côte atlantique, son maximum coïncide avec la période sèche dans la région des Alizés, mais ne coïncide à aucune époque fixe, au Sud de cette région.

(5) Il est, en général, plus grand dans les régions bien arrosées que dans les régions sèches.

(6) Il varie en raison inverse de l'importance de la précipitation diurne par rapport à la précipitation annuelle.

(7) Il ne semble pas dépendre des conditions d'altitude.

(8) Il atteint ses maxima dans les régions soumises à des changements réguliers dans le régime des vents.

En ce qui concerne les précipitations diurnes et annuelles, c'est encore à Voss que sont dus les trois principes suivants :

I. Le rapport des précipitations diurnes croît en raison inverse des précipitations annuelles.

II. Le rapport des précipitations maxima à la moyenne annuelle est en raison inverse du coefficient de stabilité du temps.

III. Ce rapport croît avec l'accroissement des maxima des périodes sèches et la décroissance des maxima des périodes humides.

En somme, les données pour l'établissement définitif de principes relatifs à la pluviométrie sud-américaine sont encore faibles. Tripp en 1889 citait 10 stations, Julius Hann 34 et Supan (1898) 110 stations sud-américaines. En 1902, Davis citait 52 stations, dans sa *Climatologie argentine,* et Reed, en 1910, 141 stations dont 54 du Brésil ; Voss enfin donnait 368 stations, ce qui lui permit, à la suite de différents calculs, d'avancer les propositions que nous avons résumées.

Sous peu 250 stations fédérales brésiliennes apporteront

une série d'observations nouvelles et 300 postes pluviométriques du Nord-Est y joindront leurs données, sans
compter les stations des Etats; bien des phénomènes à
peine entrevus recevront de ce fait une lumière nouvelle,
les principes posés prendront une consistance plus
grande et bien des faits, encore obscurs, trouveront leur
explication.

CHAPITRE QUATRIÈME.

ZONES CLIMATIQUES.

Section I.

Le Brésil et les " Provinces climatiques."

Toute classification de climats est essentiellement
artificielle et se trouve à la merci de données plus nombreuses et plus exactes, quand la région considérée n'est
pas scientifiquement connue de longue date et d'une façon
complète. Une classification suppose un groupement
d'après des caractéristiques générales, qui bien souvent
embrassent des conditions particulières très différentes.
De là, la facilité d'y trouver toujours un défaut, un simple
contraste parfois qui affaiblit la rigidité du cadre choisi.
Pour remédier autant que possible à cet inconvénient, il
faut donner au cadre une certaine élasticité et *admettre
les contrastes* dans un même groupe. Il faut, de plus,
chercher une première base de classification dans un
facteur météorologique unique et ensuite distinguer des
subdivisions à l'aide d'un autre facteur météorologique ou
des facteurs cosmiques qui peuvent se présenter.

Cherchons d'abord dans quelles provinces climatiques
les auteurs des classifications principales ont fait entrer le
Brésil ou l'ont subdivisé à son tour.

Il est évident que les cinq zônes classiques (tropicale,
tempérées et polaires) dont la distinction est purement
astronomique, ne correspondent pas à une réalité bien précise. Il semble que Strabon ait été le premier géographe
qui ait déclaré habitable la zône dite torride, et admis
l'influence de l'altitude, de la latitude pour la différenciation des climats.

Ce n'est toutefois qu'après Supan, que des classifications, rendues possibles par les données de la météorologie moderne, ont été formulées en plus grand nombre.

Dans ses "zônes de température," Supan a donné une importance toute spéciale à l'isotherme de 20°. Cet isotherme traverse le Sud du Brésil; il s'ensuit que, dans toute classification, le Brésil fait partie au moins de deux provinces.

Grisebach, naturaliste plutôt que météorologiste, est plus enclin à chercher dans la limite du palmier la frontière véritable de la zône tropicale.

Köppen cherche, dans sa division, à ajouter à l'élément *température moyenne*, l'élément *durée de température.* Il admet comme tempérée la moyenne de 10° C. à 20° C. Il s'ensuit que le Brésil fait partie de trois des cinq zônes qu'il définit pour chaque hémisphère :

(1) Zône tropicale, dont tous les mois sont chauds, c.-à-d. d'une moyenne supérieure à 20° C. Dans l'hémisphère Sud la limite de cette zône serait 16° lat., tandis que ce serait le 20° lat. N. qui constituerait sa limite dans l'hémisphère boréal.

(2) Zône sub-tropicale dont 4 à 11 mois sont chauds et 1 à 8 sont tempérés.

(3) Zône tempérée dont 4 à 12 mois sont tempérés (deux sous-zônes : hiver marqué ou été marqué).

Ces différentes façons d'envisager le problème climatologique ont amené des divisions, plus ou moins précises, en " provinces climatiques."

Supan a divisé les terres émergées en trente-cinq provinces climatiques, dont cinq intéressent l'Amérique du Sud, et deux le Brésil en particulier. Ces dernières se trouvent être :

(a) La province tropicale sud-américaine. Division assez vaste, imparfaitement définie au point de vue météorologique, mais comportant des montagnes, des plateaux et des plaines, comprend une grande variété de climats.

(*b*) La province des Pampas, dont fait partie le Rio Grande do Sul. Les caractéristiques en sont une plus grande amplitude dans les oscillations de la température et des précipitations moins abondantes.

De son côté, *Grisebach* a esquissé une division climatologique en provinces, qui a servi à ses études sur la végétation du globe. Il subdivise l'Amérique du Sud en sept domaines, dont quatre intéressent le Brésil :

(i) Le Domaine cis-équatorial sud-américain, qui comprend la Guyane brésilienne et le Brésil boréal.

(ii) Le Domaine du Brésil équatorial, à peu près l'Hylœa.

(iii) Le Domaine brésilien—Brésil moyen et central.

(iv) Le Domaine des Pampas.

La plupart des naturalistes qui ont étudié la flore brésilienne ont suggéré une subdivision naturelle, à laquelle le climat n'est pas étranger. Celle de *Martius* est incontestablement l'une des plus autorisées :

(1) Dryas (Zône des Forêts tropicales).

(2) Hamadryas (Zône des Catingas).

(3) Oreas (Zône des Campos).

(4) Napœa (Zône des Araucarias).

Cette division a servi de base à bien des classifications. Nous verrons, à propos des climats du Brésil moyen, les corrélations qui existent entre ces différentes zônes et les facteurs météorologiques.

Dans la classification des climats de *Köppen*, le Brésil entre dans les trois premières provinces.

(*a*) *Mégatherme*, dont le mois le plus froid ne connaît pas de température inférieure à 18°.

(*b*) *Xérophyte*, dont les plantes sont adaptées à la sécheresse et à la haute température pendant une saison.

(*c*) *Mésotherme*, dont la chaleur et l'humidité sont modérées.

Dans la classification hygro-thermale de *Ravenstein*, le Brésil offre de nombreux exemples qui peuvent être classés dans les huit premiers types désignés.

Le *Major Herbertson* a esquissé en 1907 une classification dans laquelle le Brésil se trouve subdivisé en deux provinces : la *plaine équatoriale* et le *haut plateau intertropical*. Cette classification, disons-le, a surtout pour but l'étude du système des pluies.

Emmanuel de Martonne a basé sur des études de climatologie comparée une nouvelle classification de climats. L'examen des climats chauds (équatoriaux et tropicaux), des climats sub-tropicaux, des climats tempérés, des climats désertiques et des climats froids l'amène à la définition de *types* (nous substituerons pour le Brésil le mot amazonien par le mot congolais, pour introduire l'élément comparatif. Le Brésil se trouve, d'après cette distribution, doté d'un *climat congolais* (Amazonie, après les chûtes des fleuves) flanqué de part et d'autre de l'" Equateur visible " d'une large bande de *climats bengaliens;* ceux-ci encerclent, à leur tour, deux noyaux symétriques de *climats indous* (intérieur du Brésil et Haut-Vénézuéla). Bien au Nord du Tropique, commence le *climat chinois* qui comprend tout le Brésil méridional avec une île allongée de *climat andin* ou *mexicain.*

Cette classification est fort ingénieuse, mais sa discussion, comportant toute une dissertation de climatologie comparée, nous entraînerait trop loin. Nous nous bornerons, dans l'étude climatographique, à faire à la climatologie comparée les emprunts indispensables à notre sujet.

Nous en arrivons à la classification de *Penck,* présentée à l'Académie des Sciences de Berlin en 1910. C'est la pluie qui sert ici de base déterminante à la classification (Climat humide—Climat aride—Climat nival). Le Brésil entre dans les deux premières catégories. Dans le type aride, il fait partie uniquement de la province *semi-aride subtropicale.* Dans le type humide, il fait partie de la *province phréatique* et de la plupart de ses subdivisions, notamment :

(1) *Province semi-humide,* avec ses deux sub-provinces : *tropicale* (les pluies suivent le Soleil) et *sub-tropicale* (les pluies ont lieu pendant le Soleil plus bas).

(2) Province *super-humide,* avec ses deux sub-provinces *équatoriale* et *tempérée.*

Cette classification a une portée toute particulière pour le Brésil, en raison de l'importance des pluies comme facteur déterminant les saisons. Le régime thermique y est assez variable, nous l'avons vu, mais le régime des pluies y est incontestablement un élément de différenciation plus marqué. Le sens des " saisons " est un sens conventionnel si l'on fait abstraction des pluies. C'est donc à cette classification que nous tâcherons d'adapter notre division climatique du pays.

SECTION II.

Classifications des Climats brésiliens.

Les auteurs qui ont abordé l'étude de la climatologie du Brésil ont toujours été amenés à adopter une classification, même provisoire, des climats brésiliens. Deux écueils semblent souvent s'être présentés à eux, en premier lieu, la définition exacte de ce que l'on entend par climat *tropical* et par climat *sub-tropical.* En fait, il ne semble pas que, jusqu'à l'heure actuelle, des définitions aient été unanimement adoptées. De Martonne classe parmi les climats équatoriaux ceux " où l'humidité et la chaleur sont le plus constantes," et parmi les climats subtropicaux les " climats tempérés sans saison froide." Il avoue que la variété des climats tropicaux est grande ; ce sont des climats de transition. On ne nous en voudra pas si, plus loin, nous classons les climats équatoriaux et sub-équatoriaux en un groupe et les climats tropicaux et sub-tropicaux en un autre.

Le second écueil est la nécessité dans laquelle se trouvent les auteurs d'introduire la dénomination *tempérée* dans leur classification. Non seulement le Brésil fait astronomiquement partie de la zône tempérée classique, mais encore son haut-plateau lui donne-t-il droit de revendiquer des " climats tempérés " sous le Tropique. La classification, en cas de climatologie comparée, doit en outre éviter toute dénomination compromettante, telle que " sénégalien " " soudanien " ou " congolais " qui rappellerait l'Afrique. L'épithète de *torride,* d'ailleurs tombée en désuétude, serait injuste, puisque l'Equateur Thermique ne traverse pas le Brésil. Notre climat a été si souvent si outrageusement calomnié que chez nous autres, Brésiliens, le point d'honneur national ne se trouve pas totalement étranger à sa discussion. Ce sentiment naturel se dégage de toutes les publications, de toutes les brochures, de toutes les études ; les auteurs en ont senti l'influence et les voyageurs étrangers ont poussé la politesse au point de couvrir de louanges les plus inhospitaliers de nos climats.

Plusieurs auteurs ont esquissé des subdivisions climatiques du Brésil. Au début, ces subdivisions étaient fort élémentaires ; dans le *Wappeus* de 1884, par exemple, un résumé succinct mais exact, dû au Dr. Alvaro de Oliveira, distingue deux zônes principales, le *littoral* et *l'intérieur.* Cette dernière est subdivisée en *Nord* et *Sud.*

Il semble que la première subdivision scientifique, complète soit celle d'Henrique Morize en 1889. Cette distribution cite souvent Draenert, mais le complète. Elle divise le Brésil en trois zônes, subdivisées en régions.

I.—" La première zône que nous appelons *tropicale,* torride ou équatoriale," dit l'auteur, " comprend toute la partie du Brésil dont la température moyenne s'élève au-dessus de 25° C." Elle est subdivisée en :

(*a*) Région du Haut-Amazone.

(*b*) Région intérieure des provinces du Nord.

(*c*) Région du littoral.

II.—La zône *sous-tropicale,* qui se subdivise elle-même en :

(*a*) Région du Nord (Alagoas, Sergipe, Pernambouc et littoral de Bahia).

(*b*) Région du Sud (Sud de Bahia, Espirito-Santo, Rio, littoral de S. Paulo et partie orientale de Minas).

III.—La zône *tempérée douce* (Sud de S. Paulo, Paranà, Santa Catharina et Rio Grande do Sul). " Ce climat est un des plus beaux qui soient au monde. La température y est très douce, et la moyenne s'y conserve toujours au-dessous de 20 C."

Dans chacune de ces divisions *l'Ébauche* de Mr. H. Morize définit en peu de mots les caractères essentiels des climats locaux, connus à l'époque. Ces descriptions sont courtes mais suggestives et exactes. *L'Ébauche* a été un travail de grande portée pour le Brésil dont il constitue encore la seule climatographie (celle de Draenert étant peu répandue). Il n'y a pas de livre sur le Brésil qui n'en ait été inspiré, ses descriptions sont très souvent empruntées mais rarement citées.

La division climatologique de Draenert est principalement destinée à l'étude du régime des pluies. Nous avons déjà vu également celle de Voss, dans la partie qui intéresse le Brésil.

Il faut arriver à 1908, pour trouver une nouvelle division du Brésil. Elle est due au Dr. Afranio Peixoto. Il distingue trois zônes et un certain nombre de subdivisions.

I.—*Première Zône*, de l'Équateur au 10° lat. S. :

(1) Le Haut-Amazone.

(2) L'intérieur des États du Nord.

(3) Le littoral des États du Nord.

II.—*Deuxième Zône*, comprise entre le 10° lat. S. et le Tropique :

(1) Le littoral jusqu'à Bahia.

(2) Le littoral du Sud de Bahia à Rio de Janeiro et l'Est de Minas.

(3) Les hauts-plateaux de l'Intérieur.

(4) Les plaines du Matto Grosso.

III.—*Troisième Zône*, au Sud du Tropique :

(1) La côte des États du Sud.

(2) Les hauts-plateaux des États du Sud.

Mr. Afranio Peixoto évite, comme l'on voit, les épithètes équatorial, sub-équatorial, tempéré, etc. Son cadre, assez large, comprend neuf subdivisions où toutes les influences d'altitude, de latitude et de continentalité peuvent être prises en considération. La division par parallèles a quelque chose de factice qui sied à l'imprécision des données encore peu nombreuses.

SECTION III.

Division climatographique.

Nous sommes ainsi amené à proposer une division qui facilitera l'étude climatographique qui va suivre. Dans notre *Geographia do Brasil* (Rio, 1913) nous avons adopté la division générale de H. Morize, avec des subdivisions tantôt de Draenert, tantôt de A. Peixoto. Cette division n'offrait donc rien d'original, mais se prêtait suffisamment au point de vue didactique.

À l'heure qu'il est nous nous proposons de reprendre dans ses grandes lignes la division H. Morize en élargissant les épithètes que nous grouperons de la façon suivante :

A.—Climats équatoriaux et sub-équatoriaux.

B.—Climats tropicaux et sub-tropicaux.

C.—Climats tempérés.

À cette division plutôt thermique, qu'à dessein nous laisserons un peu imprécise, nous superposerons, dans la mesure du possible, la classification *hyétale* de Penck et les différences créées par les facteurs cosmiques. Nous obtenons ainsi un certain nombre de subdivisions, ou types.

A.—CLIMATS EQUATORIAUX ET SUB-ÉQUATORIAUX :

(i) TYPE SUPER-HUMIDE : *Amazonie.*

(ii) TYPE SEMI-ARIDE : *Nord-Est brésilien.*

B.—CLIMATS TROPICAUX ET SUB-TROPICAUX :

(i) TYPE SEMI-HUMIDE MARITIME : *Littoral oriental.*

(ii) TYPE SEMI-HUMIDE D'ALTITUDE : *Hauts-Plateaux du Centre.*

(iii) TYPE SEMI-HUMIDE CONTINENTAL : *Intérieur brésilien.*

C.—CLIMATS TEMPÉRÉS.

(i) TYPE SUPER-HUMIDE MARITIME : *Littoral méridional.*

(ii) TYPE SEMI-HUMIDE DES LATITUDES MOYENNES : *Plaine rio-grandaise.*

(iii) TYPE SEMI-HUMIDE D'ALTITUDE : *Hauts Plateaux du Sud.*

Chacune de ces grandes divisions comportera une étude générale du type, et une ébauche de *subdivisions climatologiques*, mais ces subdivisions proposées *ne serviront pas de cadre à l'étude climatographique*, qui sera faite, la plupart du temps, à l'aide de monographies de climats régionaux pouvant servir de types.

TROISIÈME PARTIE : Climatographie.

L.—Climats équatoriaux et sub-équatoriaux.

CHAPITRE PREMIER.

TYPE SUPER-HUMIDE: AMAZONIE.

(1) Généralités.

Jusqu'à la fin du siècle dernier, la plus grande lacune qui existait dans nos connaissances sur les climats équatoriaux était constituée par l'Amérique équatoriale, par le bassin amazonien principalement. Cependant, les premières observations météorologiques y avaient suivi de près les premiers établissements portugais. En effet, bien avant que Rio de Janeiro eût servi de poste d'observation, des séries très intéressantes avaient été prises à Barcellos sur le Rio Negro moyen, à plus de 250 milles de Manàos et presque sous l'Equateur (1°2′ lat. S.). Le géographe du Roi, le P. Ign. Sermatoni, prit une série d'observations de 1754 à 1756. Il y trouva une moyenne de 26°1 C. avec les extrêmes de 30° et 20°. Au siècle suivant, en outre de quelques observations isolées dues aux nombreux voyageurs et naturalistes qui traversèrent la région, des séries d'observations furent prises, en 1861-1868 par la Commission du baron de Ladario, en 1882-83 par Engelenberg. La première tentative d'une climatologie de l'Amazonie semble être celle de .Torquato Tapajoz, envoyé en commission par le Vicomte de Ouro Preto en 1889, publiée sous le titre de " Apontamentos para a Climatologia do Valle do Amazonas." En 1893, le Gouvernement de l'Etat de l'Amazone fonda un observatoire météorologique à Manaos, dont la direction fut confiée à Luiz Friedmann. Julius Hann, désireux de combler la grande lacune de la littérature météorologique équatoriale, encouragea vivement ce nouveau mouvement. De précieuses séries lui vinrent de Manàos (1894-1898), mais ce fut de Parà que vint la contribution définitive. Le musée d'archéologie et d'ethnographie, fondé au Parà en 1866 par la "Sociedade Philomatica," avait reçu d'importantes contributions scientifiques de toute l'Amazonie et l'appui du Gouvernement provincial. Il était déjà fort connu quand la mission Fred. Hartt vint en Amazonie, en 1870. En 1894 (Gouvernement Lauro Sodré) il fut réorganisé et commença la publication de son *Boletim*. La grande impulsion que lui donna l'un de ses fondateurs, le naturaliste bernois E. Goeldi, lui fit adopter le nom de cet illustre savant. Une nouvelle réorganisation l'attendait en 1904. La réorganisation de 1894 l'avait doté de quatre sections (Zoologie, Botanique, Ethnographie, et Géologie) qui furent maintenues en 1904. Cette même année le Musée publia le premier bilan de ses publications. Des mémoires avaient déjà paru. On trouve là une bibliographie complète de l'Amazonie. D'autre part, dans les bibliographies du *Boletim,* la littérature météorologique est soigneusement tenue au courant de tout ce qui concerne la région amazonienne. De 1879 à 1904 la contribution zoologique avait à sa tête les noms de Goeldi et d'Adolphe Ducke; la contribution botanique, non moins considérable, celui de Jaques Huber, directeur actuel; enfin la contribution géologique ceux de Max Kaech et de Katzer. A l'heure actuelle, l'activité scientifique de Mlle. Snethlage, à côté d'une belle contribution zoologique, a donné une impulsion nouvelle aux explorations géographiques du Musée. Entre 1894 et 1901 toutefois, la plus importante série d'observations équatoriales lui était déjà un titre de gloire, et permit à J. Hann de présenter à l'Académie des Sciences de Vienne la première climatologie équatoriale, faite presque exclusivement à l'aide des données du Musée Goeldi; sur beaucoup de points, ce magistral mémoire fut une révélation. [J. Hann : "Zur Meteorologie des Äquators" (nach den Beobachtungen am Museum Goeldi in Parà), *Sitzungsberichte der Kaiserlichen Akademie der Wissenschaften*, Vienne 1902 (premier article, 70 pages), 1905 (deuxième article, 62 pages).]

A cette époque, Draenert avait déjà publié son étude sur la '' Climatologie de la Vallée de l'Amazone '' dans la *Meteorologische Zeitschrift* (F. Draenert : '' Das Klima im Thale des Amazones-Stromes,'' *Met. Z.*, 1901) et, de son côté, Goeldi avait envoyé, à la même revue, une intéressante contribution, sa description du climat de Parà (Emil August Goeldi : '' Zum Klima von Parà,'' *Met. Z.*, 1902). Enfin, en 1906, Paul Le Cointe, qui avait résidé à Obidos, retraçant les caractères généraux du climat amazonien, dans les *Annales de Géographie* apporta une importante contribution météorologique relative à Obidos (Paul Le Cointe : '' Le Climat amazonien et plus spécialement le Climat du Bas-Amazone,'' *Annales de Géographie*, tome 15, 1906).

Ce sont donc là les sources fondamentales de la littérature météorologique sur l'Amazonie. Elles sont complétées par les données sporadiques mais précieuses des voyageurs, et par la publication régulière des observations des stations météorologiques amazoniennes.

Le bassin amazonien, situé sous la même latitude que le bassin congolais, offre une certaine analogie avec ce dernier. Toutefois, au lieu de constituer un plateau de 300 à 500 mètres d'altitude moyenne, il forme une immense plaine. Tandis que l'Amazonie s'adosse à l'Ouest aux Andes, le Congo s'adosse, à l'Est, au massif africain de la région des lacs; l'Amazone coule de l'Ouest à l'Est, presque sous l'Équateur; le Congo coule en sens opposé, sous la même ligne. L'un et l'autre atteignent l'Atlantique, mais tandis que le fleuve africain voit les élévations côtières resserrer son cours inférieur, le fleuve sud-américain a déjà franchi une étape de plus, et se fraye un passage plus large entre le massif des Guyanes et le massif central du Brésil (défilé d'Obidos).

L'un comme l'autre, ces deux bassins ont la forme d'un flacon, dont le goulot étroit est tourné vers l'Océan.

Il est difficile d'assigner des " limites " à l'Amazonie. Le massif des Guyanes au Nord, les Andes à l'Ouest et au Sud-Ouest, sont des frontières biologiques assez marquées; mais au Sud, quel est le gradin à choisir ou la marche du gigantesque escalier que forme le massif archéen du Brésil? Disons à peine, avec Mlle. Snethlage, que la limite méridionale de l'Amazonie se rapproche du fleuve central à mesure que l'on chemine de l'Ouest à l'Est.

Au point de vue météorologique cela a son importance, car le Brésil Central (et par là, entendons ici les bassins du Tocantins moyen et supérieur, de l'Araguaya, du Xingù et du Giparanà), soit deux millions de kilomètres carrés, constitue encore aujourd'hui une inconnue en cette matière, comme en d'autres d'ailleurs.

Il est évident que sur un aussi vaste bassin la variation des météores et de leurs phénomènes est facile à constater, mais elle est relativement faible et certains facteurs viennent y établir une uniformité caractéristique. Bien des conditions météorologiques du bassin congolais se reproduisent dans le bassin amazonien, mais ici les rebords de la cuvette se trouvant abaissés du côté de l'Atlantique, l'action des vents est beaucoup plus considérable.

" Les vents dominants de l'E. et du NE.," dit Le Cointe, " pénètrent sans obstacle dans la vallée qu'ils remontent dans toute son étendue, et, loin de la mer encore, par l'évaporation active qu'ils provoquent, en passant sur le manteau de végétation humide qui revêt presque partout le sol, ils contribuent au maintien d'une température très supportable; elle est maxima dans le Bas-Amazone, où cependant elle ne dépasse, en aucun point, la moyenne annuelle de 27°5 C."

Nous avons vu plus haut (Seconde Partie, Chapitre II, *Vents généraux de l'Amazonie*) la genèse de ces vents de l'Est suivant Grisebach. Quant à leur résultat climatologique, pour confirmer ce que dit Le Cointe, il suffit

13

de comparer les températures moyennes du *plateau* congolais avec celles de la *plaine* amazonienne pour vérifier que, malgré les différences d'altitude, nous trouvons sous les mêmes latitudes :

Parà	...	...	$25^{\circ}8'$	...	...	Brazzaville	...	...	$27^{\circ}3'$
Manaos		...	26°	...	...	Equateurville	...	...	$26^{\circ}2'$
Pennapolis (Acre)		$25^{\circ}3'$	...		...	Luluabourg	...	...	$27^{\circ}4'$

Ce qui caractérise l'Amazonie ce n'est ni la chaleur torride du Sahara algérien avec ses journées de 50° à l'ombre, ni l'abaissement considérable des températures nocturnes, jusqu'à 5° ou 6° C. comme dans l'Afrique tropicale, c'est au contraire la régularité de ses phénomènes climatiques. En premier lieu la forte humidité et l'abondance des précipitations, en second lieu la régularité des oscillations thermiques et la faible amplitude de ces oscillations.

"Le climat amazonien," dit Le Cointe, "est chaud, mais non torride, très humide, débilitant et énervant, mais non essentiellement malsain, l'insalubrité notoire de quelques régions tenant à des causes locales et amovibles."

Mais cette chaleur n'est pas uniforme; vers le Nord, la Guyane brésilienne fait partie du massif des Guyanes (Parima : pic Roraima, 3,150 m.). L'altitude influe sur le climat de ce Brésil boréal, qui entre dans le " domaine sud-américain ciséquatorial " de Grisebach, et sert de moyen terme entre l'Hyloea et les Llanos. Vers le Sud, vers le massif central brésilien, l'altitude doit avoir une action analogue sur le climat.

Il est classique de définir la climatographie amazonienne par deux saisons, l'une humide, où les pluies diluviennes font toutefois défaut, l'autre sèche, ou relativement sèche, car la sécheresse absolue lui fait également défaut. Les saisons de l'hémisphère Nord, inverties, à l'usage de l'hémisphère Sud, perdent ici toute signification; le printemps, ou même " l'hiver," se chargeant des plus hautes températures. C'est ce qu'exprimait H. Mohn dans sa *Meteorologie* en disant : " Dans la zône chaude, les mois d'été ne sont plus les plus chauds. A mesure que l'on se rapproche de l'Équateur, les températures hautes de l'année retombent sur les mois de printemps ou d'automne, tandis que les mois dits ' d'hiver ' ou ' d'été ' montrent le moins de chaleur.''

C'est ainsi qu'à Manàos les observations de 1902 à 1912 montrent que les plus hautes températures mensuelles moyennes sont en août, septembre et parfois en octobre. Dans l'Acre (Pennapolis, 1909) les températures plus douces coïncident avec l'été austral (décembre 22·6, janvier 25·4, février 25).

De là, la nécessité de chercher une autre base pour la description climatologique, et l'importance des météores aqueux et de leur distribution au cours de l'année.

Nous avons déjà vu, en étudiant le régime des pluies, combien plus marquées se trouvent être vers la vallée supérieure du fleuve les deux saisons pluvieuses qui coïncident plus ou moins avec les positions zénithales du Soleil. Dans la vallée inférieure, au contraire, une seule saison se présente, et, en somme, moins régulière.

En Afrique les précipitations mensuelles plus fortes coïncident avec les positions zénithales du Soleil, en Amazonie les précipitations de la première saison pluvieuse *précèdent*, au contraire, le premier passage au zénith, tandis que la seconde saison voit ses pluies *suivre* le deuxième passage au zénith.

Grisebach en conclut que le courant atmosphérique ascendant se produit avant le premier équinoxe parce que la vallée est plus échauffée que les régions voisines plus élevées du Brésil et du Vénézuela. L'inefficacité du second équinoxe s'explique par la position même de la terre sud-américaine, où, par suite de l'échauffement de la région des Campos, l'Alizé est amené à passer l'Équateur, avant même que le Soleil l'ait fait. De là la réduction de sa période pluvieuse dans la partie supérieure du fleuve.

Le centre de basse pression se maintient toujours sur la terre sud-américaine: quand il se déplace vers les llanos, il s'y produit une saison pluvieuse et les précipitations diminuent dans l'Amazone supérieur. L'embouchure de Rio Negro ne reçoit presque point de pluies entre juin et octobre, et un vent frais du Sud y souffle comme un Alizé (Grisebach).

Ces différences dans la répartition des saisons concordent avec celles de la végétation. Depuis le pied des Andes, où les précipitations sont suffisantes, la forêt vierge, l'hyloea s'étend de tous côtés. C'est en partie la forêt elle-même qui s'attire les précipitations. Dans la partie inférieure du fleuve on trouve des savanes, elles remontent jusqu'au Rio Negro, " exactement aussi loin que l'Alizé conserve sa puissance," dit Grisebach. Elles correspondent aux sols cailloux ou aux rives surélevées .

Partout où les précipitations ne dépendent que des mouvements atmosphériques, la région sèche se caractérise ; partout où la forêt a réussi, son air humide, loin de laisser s'évaporer les précipitations comme la savanne, en attire d'autres : c'est un cercle vicieux.

Aussi la nébulosité équatoriale est-elle étonnante. "Rarement le ciel est pur," dit Le Cointe, " par les plus belles journées d'été, sa couleur est d'un bleu grisâtre, et l'horizon est le plus souvent noyé dans une buée épaisse."

" La forte proportion de vapeur d'eau que contient toujours l'air ambiant, joue le rôle d'écran protecteur, en régularisant la radiation et le rayonnement. C'est une des causes de la petite différence relative de la température à l'ombre et au Soleil. Interceptant la plus grande partie des rayons solaires, dont l'action physiologique est surtout marquée, elle préserve des " coups de chaleur " si fréquents dans les climats tempérés mais plus secs."

La nébulosité et l'humidité relative croissent vers l'intérieur du bassin, où se multiplient les lacs, les marais ; les vapeurs venues de l'Est se refroidissent au-dessus des forêts, s'abaissent et aident à la saturation complète.

Les caractères des doubles saisons (deux périodes humides et deux relativement sèches) s'accentuent à mesure que l'on remonte le fleuve. A Remate-de-Males (Benjamin-Constant) à S. Felippe elles sont bien marquées ;

à Iquitos (Pérou) il n'y a en réalité pas de saison sèche. Les averses qui interrompent les périodes dites sèches diminuent vers l'Est : Manàos les connaît encore bien, à Obidos, à Almeirim même, le phénomène peut encore être noté.

Dans le Bas-Amazone, il n'y a plus que deux saisons. C'est une autre région climatologique. " Il faut noter," dit Le Cointe, " que dans le Bas-Amazone c'est en général quand le vent souffle du NE. ou de l'E. que le temps est le plus sec. Le vent de pluie est le vent d'O. ou du SO., le " vento de cima " comme on l'appelle, qui refoule les vapeurs de plus en plus saturées dans leur marche progressive vers l'O. et par sa température plus basse provoque leur condensation."

Le Nord du grand estuaire amazonien, le Nord-Est de l'île de Marajo (Soure) et les districts de l'Amapà ont quatre mois de sécheresse prononcée.

(2) Subdivisions climatologiques.

Les caractères généraux que nous venons de retracer nous permettent d'esquisser des subdivisions climatologiques provisoires, que des données plus complètes modifieront dans la suite. Cette nouvelle division n'a d'ailleurs pas pour but de servir de cadre à nos descriptions climatographiques régionales, ni de définir, dans des limites précises, des climats bien marqués, mais à peine de citer des types de climats, afin de lier la météorologie amazonienne à la géographie physique du grand bassin.

Nous distinguerons donc quatre régions :

(*a*) La région tocantine.

(*b*) La région manaoise.

(*c*) La région acréenne.

(*d*) La région guyanaise.

Il y aura lieu, plus tard, de distinguer une cinquième région, plus étendue peut-être que les autres, formée par les terres hautes du Sud amazonien, au-delà des premières chûtes du Tapajoz, du Xingù et du Tocantins.

(*a*) *La région tocantine.*—Cette expression est due à P. Le Cointe. " On peut considérer," dit-il, " la région des *furos* (entre l'Amazone et le Tocantins) la plus grande partie de celle des *îles,* le S. et le S.O. de Marajo et la rive droite du Rio Parà, comme faisant partie du climat spécial de la zône tocantine." À la zône ainsi définie rattachons même le triangle septentrional de l'Amapà.

Dans sa *Climatologia do Brasil,* Draenert fait entrer cette région tocantine dans la " région littorale " de sa " *zône tropicale* "; de plus cette subdivision embrasse, chez lui, toute la côte jusqu'à Pernambouc.

Cette région est évidemment caractérisée par un climat maritime. Dans le Nord il y a des mois secs; Belem est visité par les pluies pendant tout le cours de l'année; la pluie est particulièrement abondante dans la contrée située entre Belem et Brangaça. Mais les grandes pluies y viennent légèrement plus tard.

(*b*) *La région manaoise.*—Entre le massif des Guyanes et le massif central brésilien, c.-à-d. les premiers échelons du plateau du Matto Grosso d'une part, et de l'autre la région tocantine à l'Est, le cours moyen des rios Madeira, Purus et Solimões, à l'Ouest, s'ouvre le cœur de la région, le centre de la vallée amazonienne ou région manaoise (manaense, en portugais), au milieu de laquelle s'élève Manàos.

C'est la " région du Haut-Amazone," de Draenert. Le climat équatorial y règne avec une tendance légère vers le climat continental. Le régime des eaux y a une importance considérable. Les quatre périodes annuelles, dont deux humides, s'y dessinent de mieux en mieux. L'influence andine s'y fait sentir.

(*b*) *La région acréenne.*—Nouvelle venue dans la sphère des connaissances géographiques, la région des grandes forêts occidentales, ininterrompues et denses, l'Hylœa par excellence, la région acréenne comprend le Haut-Madeira, le Haut-Purus, le Haut-Juruà et le Javary. À l'Ouest elle s'adosse aux Andes péruviennes, mais l'épithète qui précède la plupart de ses grands fleuves ne la rend pas très "haute" toutefois : elle forme la partie la plus occidentale et renflée de l'immense plaine-flacon.

Sa caractéristique est peut-être l'aggravation générale de tous les phénomènes météorologiques de l'Amazonie. Sa colonisation récente et rapide n'a guère aidé à lui faire une réputation de salubrité.

(d) *La région guyanaise.*—Sorte de terre promise de l'Amazonie, contrée dont on a beaucoup parlé, mais dont on semble savoir très peu, la région guyanaise comprend le Haut-Rio Negro, le Haut-Rio Branco et en général les terres hautes du massif des Guyanes. Cette fois l'épithète est mieux méritée, la Guyane brésilienne étant réellement haute. Au point de vue météorologique, elle représente un exemple intéressant mais faible de " rachat de latitude par l'altitude." L'influence climatique (si elle existe) de la Mer des Caraïbes et des llanos sur cette région reste encore à étudier.

(3) Types de Climats régionaux.

(A) Le Climat de Parà (Belém).

Ce n'est pas en vain que le climat du Parà a toujours frappé les voyageurs par son uniformité. Non seulement les moyennes mensuelles n'offrent entre elles que d'insignifiantes différences, mais encore d'année en année leurs altérations sont petites. Si, par exemple, nous choisissons les températures des mois d'août aux différentes heures de la journée, nous avons, d'après Hann :

	1895	1896	1897	1898	1899	1900	1901	1904	1905
7 a.m.	23·3	23·4	23·4	22·4	23·2	23·5	23·6	22·2	22·8
2 p.m.	30·7	30·9	31·1	30·3	30·9	30·5	31·1	30·1	30·3
9 p.m.	24·5	24·1	24·5	24·7	24·9	24·7	25·0	24·2	24·5
{ Max.	32·5	32·1	32·4	31·8	31·9	31·3	32·3	30·3	30·7
{ Min.	20·5	21·2	20·8	20·0	20·3	20·6	20·9	21·3	21·8

Les plus fortes oscillations se présentent au cours de la journée, justifiant les paroles de Bates : " Il n'y a ni printemps, ni été, ni automne ; chaque journée est un ensemble des trois."

Pour mieux faire ressortir les conditions climatologiques du Parà, Hann les compare dans sa *Météorologie des Äquators* à celles des bouches du Gabon, en utilisant d'une part les observations du Musée Goeldi de 1894 à 1901, et de l'autre, celles de H. Soyaux, au Gabon, de 1880 à 1885.

Le climat du Gabon est à peu près l'inverse de celui du Parà ; la température y suit une marche diamétralement opposée, l'amplitude des oscillations y est plus grande ; deux périodes de pluie y existent, suivant la règle tropicale, mais la hauteur des précipitations y est à peu près identique à celle du Parà.

(1) *Pression atmosphérique.*—Des différentes données relatives aux années 1848-50, 1882-83, 1861-68 et de la série Goeldi, J. Hann a calculé que la pression atmosphérique moyenne de Parà, reduite au niveau de la mer, est de 758·3 à 758·51 ; c.-à-d. insensiblement supérieure à celle de Guyaquil (758) et à peine inférieure à celle du Gabon (758·6). Les observations de S. Thomé donneraient une moyenne à peu près identique (758·5). Parà et le Gabon indiquent des maxima en juillet, mais varient quant aux minima. L'examen des moyennes mensuelles fait ressortir toutefois des différences plus profondes.

Mois.	Parà	Gabon	Mois.	Parà	Gabon
Janvier	57·6	57·7	Juillet	59·2	61·5
Février	57·9	57·3	Aout	59·4	60·6
Mars	57·9	57·1	Septembre	58·7	59·9
Avril	58·2	57·1	Octobre	57·8	58·5
Mai	58·9	58·1	Novembre	57·5	57·9
Juin	59·2	60·1	Décembre	57·4	57·6

Les amplitudes des oscillations diurnes sont les plus faibles pendant la saison des pluies, elles s'accentuent à l'époque des équinoxes. Le temps n'influe nullement sur la double oscillation diurne. Ce fait caractéristique de l'atmosphère équatoriale a déjà été cité plus haut, ainsi que l'opinion de Humboldt à ce sujet.

Les variations diurnes du baromètre, pendant les différentes heures de la journée, sont données par les séries suivantes :

	Minuit	2 h. a.m.	4 h.	6 h.	8 h.	10 h.
Parà	+0·48	−0·11	−0·26	+0·20	+0·98	+1·19
Gabon	+0·53	−0·12	−0·35	+0·36	+1·32	+1·27

	Midi	2 h. p.m.	4 h.	6 h.	8 h.	10 h.
Parà	+0·47	−0·87	−1·44	−1·07	−0·17	+0·60
Gabon	+0·26	−1·08	−1·74	−1·14	+0·3	+0·99

L'amplitude des oscillations, tant positives que négatives, est plus considérable au Gabon qu'au Parà, mais la marche suivie est la même.

(2) *Température.*—" Jusqu'ici," déclare Hann, " la température de Parà a été prise trop haute, comme il arrive souvent pour les stations tropicales. Dove, d'après quatre années et demie d'observations, l'évalue à 27°. Les nouvelles données indiquent une moyenne plus exacte avec la correction de −0°1."

Les rapports du " Challenger " donnent 27°8 ; Draenert trouva 27°4 ; plus vraisemblables furent les observations de Engelenburg qui donnèrent 25°95. Dans son *Atlas de Météorologie* Hann avait adopté 26°, mais la série Goeldi l'amena a établir la moyenne corrigée de 25°7 d'après sa formule $(7 + 2 + 9 + 9) : 4$.

Pour le Gabon, les rapports du " Challenger " donnaient également une température trop haute, 25°6 au lieu de 24°4. La même faute fut commise pour Quito qui longtemps se vit attribuer 15° ou 13° de moyenne, au lieu de 12°7 en réalité. Ces fautes sont souvent dues à des heures d'observation mal choisies, au manque de correcrections nécessaires, au mauvais emplacement des instruments, choses qui sous les tropiques prennent parfois une importance plus considérable qu'ailleurs. Voyez à ce sujet un article de G. T. McCaw dans le *Geographical Journal* (septembre 1909) sur " The Observation of Air Temperature in the Tropics." Dans cet article l'auteur énumère les conditions générales pour enregistrer des températures valables. Il insiste sur les conditions de ventilation et préconise pour les pays chauds les postes dont les pavillons sont recouverts d'une couche de gazon, il condamne l'usage de l'écran de Stevenson pour les pays tropicaux et rappelle l'utilité des thermomètres-fronde, surtout lorsque le local n'offre pas un ombrage naturel.

Les variations des températures mensuelles moyennes sont fort petites au Parà, elles atteignent à peine 1°5 (elles sont de 1°1 à Batavia), tandis que les variations diurnes atteignent la moyenne de 8°7, variant entre 7° et 9°—en novembre 1904 on enregistra 10°2 ; les plus grandes variations interdiurnes de la température se produisent entre juillet et janvier, tandis qu'au Gabon et au Congo elles se produisent entre décembre et mars. Les plus basses températures du Parà règnent au commencement de l'année et les plus hautes à la fin de l'année ; ce sont surtout les températures prises à 2 heures de l'après-midi qui mettent ce phénomène en relief : entre le mois le plus chaud et le mois le plus froid il y a toujours une différence supérieure à 2° C., tandis que pour les températures de 7 a.m. et de 9 p.m. cette différence n'atteint souvent pas 1° C.

"Le cours des variations de la chaleur," dit Hann, "ne suit donc pas au Parà le type équatorial. Le maximum se manifeste au deuxième passage du Soleil au zénith, coïncidant avec la période sèche, et le minimum se manifeste bien près du premier passage au zénith. C'est plutôt la distribution des pluies qui régit les variations de la chaleur."

| Mois | Moyennes (7+2+9+9):4 | Moyennes extrêmes | | | | Températures absolues | |
		du jour		du mois			
Janvier	24·4	30·3	22·2	32·0	21·0	32·4	20·3
Février	25·0	29·7	22·1	31·7	20·9	32·6	20·3
Mars ...	25·3	29·9	22·5	31·7	21·3	32·3	20·3
Avril ...	25·4	30·2	22·4	31·7	21·4	31·1	20·7
Mai ...	25·8	30·8	22·5	32·7	21·3	33·0	20·2
Juin ...	25·8	31·1	22·0	32·5	21·0	33·0	20·5
Juillet...	25·7	31·1	21·8	32·2	20·6	32·8	20·3
Août ...	25·8	31·1	21·8	32·0	20·6	32·5	20·0
Septembre	25·8	31·2	21·5	32·4	20·0	32·6	18·1
Octobre	26·2	31·4	21·5	32·5	20·1	33·8	19·8
Novembre	26·4	31·5	21·7	32·8	20·9	33·4	19·4
Décembre	26·0	31·1	22·0	32·7	20·5	33·5	19·5

(D'après Goeldi : *Zum Klima von Parà*, six ans d'observations.)

De l'autre côté de l'Atlantique, sous la même latitude,

les conditions changent : les variations de température, au Gabon, sont opposées, dans le temps, à celles du Parà. Cette différence ne peut être attribuée au régime des pluies. Les variations des températures mensuelles moyennes y atteignent 3° C. et la saison fraîche y coïncide avec la saison sèche.

Quant au temps lui-même, au point de vue physiologique, il faut dire que la chaleur du Parà est moins accablante qu'on ne le croit communément, même au Brésil. L'éminent naturaliste E. A. Goeldi en a fait une description exacte et pittoresque, à la demande de J. Hann (*Met. Z.*, 1902, 18 pages). Il avait alors dix-huit ans d'expérience au Parà et, ayant en vue d'autres climats, parlait en connaissance de cause, sans la hâte et l'observation forcément superficielle du voyageur.

Il n'y a pas lieu de se plaindre, pense-t-il, d'un climat dont la température varie entre 22° et 35°. Il y règne un perpétuel été, où l'homme normalement constitué se trouve bien, en général. Les individus prédisposés à l'obésité s'y font difficilement au début, surtout quand ils travaillent pendant les heures les plus chaudes de la journée.

Le matin jusqu'à 10 h. et l'après-midi après 4.30 h. sont, la plupart du temps, très agréables, et même, pendant la saison des pluies, l'air est parfois froid et humide.

À partir de 10 a.m. la chaleur se fait sentir ; le thermomètre se rapproche de 30° ; entre 11 a.m. et 2.30 ou 3 p.m. son maximum est atteint. C'est alors que d'un firmament gris-bleu, très clair, une quantité considérable, incommensurable même, de lumière baigne toute la Nature d'une clarté intense.

Goeldi fait la description des différentes heures de la journée—vers 6 heures du soir le thermomètre descend à 26°, l'appétit se prononce ; quand le Soleil se couche il s'établit une nuit tiède, un ciel dont les étoiles ont un éclat particulier.

Avant minuit le thermomètre est au-dessous de 25°, avant le lever du Soleil il est à 20°—la seconde partie de la nuit est plutôt froide. Jamais toutefois la chaleur nocturne n'empêche de dormir, comme il arrive parfois à Rio, pendant les nuits les plus chaudes.

(3) *Météores humides.*—Au Parà comme au Gabon *l'humidité relative* est très haute, elle atteint 89 pour cent en moyenne, contre 87 pour cent au Gabon. Elle persiste pendant tout le cours de l'année, s'infléchissant toutefois pendant la période sèche, où vers 2 p.m. elle atteint 66 pour cent et 67 pour cent, proportion inférieure à celle du Gabon en pareille saison. La tension moyenne de la vapeur d'eau est de 21·9 mm. au Parà, par la formule $(6 + 2 + 10) : 3$. Toutefois elle ne serait que de 20·3 mm. (v. Hann, premier mémoire), alors qu'elle est de 19·9 mm. au Gabon. Elle varie, au cours de l'année, de la façon suivante :

	6 h. a.m.	8 h.	9 h.	10 h.	2 h. p.m.	4 h.	10 h.
Décembre—février	9·6	22·2	22·3	22·0	21·7	21·8	20·2
Mars—mai	20·0	22·7	23·1	23·1	22·6	22·4	20·9
Juin—août	18·9	21·2	21·5	21·7	21·1	20·7	20·4
Septembre—octobre	18·1	20·2	19·9	19·6	20·8	20·6	19·6

Elle est donc maximum entre 9 et 10 a.m.

La *nébulosité* du Parà est assez considérable et atteint la moyenne de 5·2. Pendant les plus fortes pluies, de janvier à avril, elle atteint 6·9 ; pendant la période sèche elle tombe à 3·6. Au Gabon, la moyenne annuelle est beaucoup plus grande et atteint 7·9 et entre septembre et novembre 8·5. D'après Engelenburg, la nébulosité de Parà variait suivant les heures (en moyenne) :

6 h. a.m.		2 h. p.m.	
6 h. a.m.	3·6	2 h. p.m.	5·7
8 h. „	3·8	4 h. „	6·0
9 h. „	4·8	10 h. „	5·2
10 h. „	5·5		

Par saisons, J. Hann donne les suivantes variations de nébulosité :

	7 h. a.m.	2 h. p.m.	10 h. p.m.	Moyenne
Janvier—avril	6·4	7·6	6·7	6·95
Mai—août	3·1	5·2	6·2	4·45
Septembre—décembre	2·6	6·1	3·3	3·55

Au Gabon, c'est pendant les heures de la matinée que la nébulosité atteint ses maxima.

Au Parà, "des cumuli prédominent pendant la journée," dit Engelenburg; "pendant la période des pluies, les nuages du matin sont plutôt des cirro-cumuli, avec de très gros moutons; l'ensemble ressemble à une couche de terre limoneuse, desséchée par le Soleil."

Ce sont donc les courants ascendants que démontrent ces cumuli qui amènent le refroidissement par détente auquel sont dues les pluies de l'après-midi.

Les *pluies* du Parà sont caractérisées par une seule période pluvieuse, au lieu de deux, comme l'exigerait le type équatorial auquel elles appartiennent. Les plus fortes pluies ont lieu de janvier à avril, qui est parfois le mois le plus pluvieux de l'année, d'où le dicton populaire à Parà : " Mez de abril, chuvas mil." Le fait que les pluies d'avril, quoique n'étant ni les plus abondantes, ni les plus nombreuses, en général, impressionnent davantage la population, doit être attribué à l'existence, pendant ce mois, des précipitations moyennes maxima par jour. Des données isolées plus anciennes accusent, il faut dire, de fréquents maxima d'avril. La véhémence des pluies du Parà, qui transpercent littéralement le passant, est décrite par Goeldi. "Il faut les avoir reçues, pour s'en rendre compte" dit-il.

Les données relatives à la pluie au Parà ont été disposées de la façon suivante par J. Hann (neuf ans d'observation) :

	Hauteur mm.	Moyenne maximum par jour.	Jours.	Probabi-lité	> = 1 mm.	> = 20 mm.	o/oo
Janvier	322	55	26·8	0·87	23·6	4·9	135
Février	353	58	26·1	0·93	24·0	6·4	148
Mars	354	56	28·2	0·91	24·9	5·8	148
Avril	332	61	26·4	0·88	23·0	5·0	139
Mai...	240	51	22·6	0·73	20·6	4·0	100
Juin	149	35	20·5	0·68	17·5	1·6	62
Juillet	133	33	18·5	0·60	15·2	1·9	56
Août	120	36	16·2	0·52	12·7	2·0	50
Septembre	94	23	15·4	0·51	11·9	1·1	39
Octobre	85	20	12·6	0·41	9·7	1·0	36
Novembre	54	18	10·3	0·34	6·8	0·7	23
Décembre	152	32	19·5	0·63	16·7	1·7	64
Année	2,388	—	243·1	0·66	206·6	36·1	1,000

Parà a un nombre peu ordinaire de jours de pluie,

mais de ses 243 jours, 206 n'atteignent pas 20 mm. Après le mois de mai, il pleut encore, car l'été n'est guère sec. En temps normal, les précipitations du Parà ont lieu pendant l'après-midi, entre 4h. et 6h. et aussi parfois le soir, avec l'orage.

La distribution des pluies au Parà est anormale, au point de vue équatorial, car la seconde période pluvieuse, coïncidant avec le deuxième passage du Soleil au zénith, y fait défaut. Au Gabon, les pluies sont plus régulières : il existe une véritable période sèche. Tandis qu'au Parà les hauteurs des pluies annuelles indiquent une amplitude de 12 pour cent, au Gabon cette oscillation est de 17 pour cent environ. On ne trouve pas au Parà des sécheresses qui durent trois mois, mais la région tocantine offre, au Nord, dans l'Amapà et même dans le voisinage de Parà, des exemples de sécheresses plus ou moins prononcées. Prenons trois exemples :

Mois	Salinas	Simão Grande	Igarapé	Mois	Salinas	Simão Grande	Igarapé
Janvier ...	313	... 456	... 304	Juillet ...	181	... 197·0	... 180
Février ...	583	... 577	... 167	Août ...	75	... 92·0	... 259
Mars ...	788	... 651	... 511	Sept. ...	—	... 7·7	... 25
Avril ...	335	... 577	... 293	Oct. ...	—	... 8·2	... 23
Mai ...	287	... 147	... 230	Nov. ...	—	... 4·5	... 3
Juin ...	137	... 485	... 322	Déc. ...	7·2	... 11·2	... 101

Ces données relatives à 1911 et 1912 offrent donc des hauteurs de pluies égales ou supérieures à celles du Parà (qui en cette année mesure 2·723 mm.) atteignant 3 mètres 215 mm. à Simão Grande.

Des pluies identiques, soumises au même régime, ont lieu dans les Guyanes, où Cayenne, avec plus de quarante ans d'observations, reçoit, en moyenne, plus de 3 mètres par an. Mais là, la période des pluies commence plus tôt, en novembre, dès la fin de l'automne ; en avril, mai et même juin, elles sont loin d'être finies. Voici, d'après L. Voss, les précipitations de Cayenne :

Janvier	...	359 mm.	Juillet ...	...	166 mm.
Février	...	307	Août ...	...	66
Mars ...	...	386	Septembre	...	28
Avril ...	...	394	Octobre	...	34
Mai ...	...	509	Novembre	...	118
Juin ...	...	376	Décembre	...	268

Au Gabon les pluies qui suivent le second passage au zénith présentent les maxima de l'année et les précipitations diurnes y atteignent 153 mm.

(4) *Vents.*—Les vents qui soufflent au Parà sont les Alizés de l'Atlantique, comme nous avons déjà eu l'occasion de le voir. Goeldi nous dit que le NE.—ENE. est le côté le plus significatif pour la météorologie de Belém.

Pendant la période humide, le vent tend plutôt vers le NE. Les calmes ont presque toujours lieu le soir; pendant l'après-midi, ils font presque totalement défaut; il en est à peu près de même pendant la période sèche, mais pendant celle-ci le vent tend plutôt vers l'Est. et le SE. Le changement de direction du vent entre 7 h. du matin et 2 p.m. est insignifiant. La fréquence des vents, suivant leur direction, est donnée par le tableau suivant :

Période	N.	NE.	E.	SE.	S.	SO.	O	NO.	Calme
Jan.—mars	14	20	15	5	2	1	4	4	25
Av.—juin	8	16	32	9	5	1	1	2	17
Juil.—sept.	3	17	37	14	2	0	1	3	15
Oct.—déc.	23	28	19	2	0	0	1	5	4

La brise de mer atteint la ville dans l'après-midi, le vent d'E. s'en trouve alors légèrement renforcé.

Par contre, la brise de terre ou *terral* souffle pendant la nuit vers la ligne fluviale, c'est un phénomène général en Amazonie. La température du sol, à 1 mètre de profondeur, varie à Belém de 26 à 28·5 (Le Cointe). La température moyenne des eaux de l'Amazone est de 27° environ (Baron de Ladario).

Les calmes sont plus fréquents pendant l'époque des pluies et la vitesse des vents est plus faible. Les pluies sont donc bien dues, en partie, à un ralentissement général dans les mouvements de l'atmosphère.

La direction moyenne des vents change ainsi de janvier à septembre du NE. vers l'E. et revient ensuite vers le NNE. La direction moyenne est E. 30° N.

Au Gabon, il souffle également un vent constant pendant les deux périodes, il est principalement du SO., mais change au cours de la journée : du S. le matin, il tourne vers le SO. et l'O. le soir.

Quant à la vitesse moyenne du vent au Parà, nous avons, d'après Hann :

	7 h.	2 h.	9 h.		7 h.	2 h.	9 h.
Janvier	0·9	3·0	0·8	Juillet	1·2	3·0	1·1
Février	0·8	3·1	0·6	Août	1·3	3·1	1·2
Mars	0·9	3·3	0·7	Septembre	1·3	3·2	1·1
Avril	0·8	2·9	0·5	Octobre	1·4	3·1	1·6
Mai	0·9	2·8	0·7	Novembre	1·4	3·5	1·5
Juin	1·3	2·8	0·9	Décembre	1·1	3·2	1·2

La vitesse du vent a donc des variations diurnes très régulières. La nuit règnent les calmes ; pendant la période des pluies le maximum de vitesse est atteint vers 10 h. et pendant la saison sèche vers 4 p.m.

Pendant la période humide des vents d'orage pendant l'après-midi sont assez fréquents. C'est à la fin des pluies, entre avril et juin, que ces vents sont plus rares.

Les données relatives au climat du Parà, bien que complètes, n'embrassent pas des séries assez considérables d'années pour permettre de juger quelles sont les transformations subies par ce climat. Le savant naturaliste Goeldi, avec son expérience de plusieurs années, nous dit toutefois que le climat de Parà a changé et cela est dû en partie à des causes que nous retrouverons souvent dans la météorologie brésilienne comme facteurs de transformation.

" Le climat du Parà et de ses environs semble être devenu plus capricieux, plus inconstant, plus difficile à prévoir. Ce phénomène, il faut le dire, n'est pas sans analogie avec ce qui se passe en d'autres lieux, où l'on a procédé à des débordements considérables et ininterrompus ; en effet, pendant ces dernières années des ' derrubadas ' importantes ont eu lieu dans les forêts qui entourent la ville, dans des proportions qui permettront un jour de reprocher ce préjudice causé à l'économie nationale aux autorités qui n'ont su ni le prévoir ni l'empêcher " (Goeldi).

Aussi, de bien équilibré et essentiellement maritime qu'il était, le climat de Parà, depuis une vingtaine d'années, semble prendre un caractère plus inconstant et plus continental.

(B) Le Climat de Manàos.

Les données relatives au climat de Manàos sont moins nombreuses et moins complètes que celles qui se rapportent au climat de Parà. Il existe toutefois un certain nombre de séries plus anciennes qui peuvent être utilement comparées à la série de la Municipalité qui compte déjà quinze années d'observations (1901-1916).

Manàos, capitale actuelle de l'Etat de l'Amazone, se trouve sur le Rio Negro, près de son embouchure dans l'Amazone, à 1,300 kilomètres environ de l'Océan. La station est à 32m.40 sous le 3°8' de lat S. et le 59°59' Ouest de Greenwich. On y fait trois observations par jour, suivant la règle adoptée par l'Union, à 7 a.m., 2 p.m. et 9 p.m. Les moyennes obtenues par $(7 + 2 + 9) : 3$ indiquent nécessairement des données trop fortes et devraient être corrigées, surtout si l'on désire les comparer aux observations de Parà.

Il y a une certaine uniformité équatoriale dans le climat de Manàos où la moyenne du mois le plus chaud est très rarement trois degrés au-dessus de la moyenne du mois le moins chaud, mais il y a une grande irrégularité dans cette uniformité : les mois de janvier, février, mars, etc., au cours d'une série d'années se ressemblent fort peu entre eux, et des écarts de 3 et 4 degrés sont fréquents, entre leurs moyennes.

Prenons deux mois, pendant une décade :

	1902	1903	1904	1905	1907	1908	1909	1910	1911	1912
Mai ...	27·6	27·9	28·2	29·6	28·2	28·6	28·0	26·4	26·9	27·0
Décembre	28·0	28·3	30·0	28·6	28·6	28·4	28·1	27·2	28·2	27·0

Nous vérifions ainsi des écarts de 3° pour deux différents mois de décembre (1904 et 1912) et de 3·2 pour deux mois de mai (1905-1910), alors qu'entre un mois de décembre et un mois de mai, au cours de la décade, l'écart est rarement supérieur à 1°. On pourrait en conclure que,

14

dans l'Amazonie intérieure, il y a des années chaudes et des années tièdes.

Nous disposons pour l'étude du climat de Manàos d'une série d'observations de 1866-69, d'une série incomplète relative à 1894, d'une série complète pour 1898 et de la série municipale. Nous avons de plus, pour la région manaoise, la série Le Cointe pour Obidos, et les données isolées recueillies par Torquato Tapajoz relatives à différents points du grand bassin central. La série de l'Observatoire Municipal de Manàos (Ad. Alvares de Araujo, observateur) nous a été aimablement communiquée par Mr. H. Morize, directeur du Service Météorologique Fédéral.

Les données de la *Climatologia Medica do Estado do Amazonas* du Dr. H. Lopes de Campos sont, en grande partie, tirées de la série municipale jusqu'en 1910.

Ajoutons que nous possédons également d'autres fragments : les observations Sermatoni, à Barcellos, au XVIIIe siècle, déjà mentionnées plus haut, celles de Silva Coutinho à Baetas, sur le Madeira, celles de Paz Soldan, à Manàos en 1886, etc.

Une belle étude de Draenert : *Das Klima im Thale des Amazonas-Stromes,* tire parti de toutes ces données, au moyen de fréquentes comparaisons avec Parà. Un des termes de cette comparaison, le Parà, ayant vu ses éléments météorologiques fort modifiés par le point de vue nouveau, et plus juste, auquel s'est placé Hann, il ne nous est pas possible, malheureusement, d'utiliser le travail de Draenert autant que nous le désirerions.

(1) *Pression atmosphérique.*—Les données de Draenert, basées sur Torquato Tapajoz et les séries anciennes, accusent une pression atmosphérique moyenne de 760·6 à Manàos; la série de 1898 arrive au résultat à peu près identique de 760·2. La série de la décade municipale toutefois ne donne que 755·17 comme moyenne (1902-1912), au niveau de la mer 758·3 environ.

De l'examen des pressions mensuelles moyennes il ne

semble pas que des conclusions bien marquées soient à tirer, si ce n'est que les moyennes de pression sont plus basses à Manàos qu'à Parà, que, la plupart du temps, les moyennes les plus hautes de l'année coïncident avec la fin de l'époque des pluies, et enfin que les pressions moyennes des mois de même nom offrent au cours des années des écarts aussi considérables, sinon plus, que les différents mois au cours de la même année. Nous ne pouvons suivre la discussion de Draenert au sujet de la pression atmosphérique, quoique les tables organisées soient très intéressantes, parce que les nouvelles données viennent altérer les conclusions qui ressortent de ces tables, parce que d'autre part, à la fin de la discussion, Draenert se demande lui-même si ces tables représentent des moyennes ou non, parceque, enfin, les données plus récentes, en outre des corrections nécessaires, présentent une irrégularité qui déroute.

Les données municipales nous indiquent les variations suivantes de la pression mensuelle :

	1909	1910	1911		1909	1910	1911
Janvier	754·7	754·4	754·2	Juillet	757·6	755·5	756·2
Février	755·9	754·6	755·5	Août	757·4	754·9	754·9
Mars	755·0	754·7	755·8	Septembre	756·1	754·1	754·5
Avril	756·1	755·1	755·2	Octobre	756·2	754·3	754·2
Mai	756·2	755·6	755·4	Novembre	755·0	753·8	753·5
Juin	756·2	755·7	756·4	Décembre	754·7	754·6	763·5

C'est à la fin de la deuxième période des pluies que les amplitudes des oscillations diurnes atteignent leurs maxima (entre mars et juillet).

Entre midi et 4 p.m. le baromètre enregistre une chûte assez considérable; après 4 p.m. il remonte jusque vers 10 p.m. pour retomber jusqu'à 3 a.m., puis remonter de nouveau. Les sauts barométriques sont plus brusques à Manàos qu'au Parà. " Ce sont les doubles flux et reflux de l'air océanique, tant de fois observés également dans d'autres régions " (Draenert).

(2) *Température.*—La température moyenne exacte de Manàos reste encore à déterminer. Les observations de

1866 à 1869 donnaient 26°3 pour l'année ; Draenert adopta pour moyenne générale 26·5. La série relative à 1898 indique 26·7. Les écarts ne sont pas très considérables. J. Hann (*Met. Z.*, juin, 1908), déclare toutefois ces moyennes à peu près justes, mais un peu trop hautes ; il propose 26·1. Que penserait-il donc de la série municipale 1902 à 1912 dont le résultat est 28·2 de moyenne ? Si, de notre côté, nous cherchons à l'aide des températures diurnes moyennes (les seules d'ailleurs qui offrent des oscillations bien caractérisées) à trouver une moyenne par la formule adoptée par le Musée Goeldi $(7+2+9+9):4$ nous obtenons 25·5 qui est probablement une moyenne trop basse.

Si nous prenons la formule la plus usuellement adoptée en France $(6+12+21):3$, nous retrouvons la moyenne de 1866 à 1869 de 26·3 qui, en somme, paraît être tres satisfaisante.

Suivant J. Hann, les moyennes mensuelles de Manàos, corrigées, indiqueraient (en conformité avec Parà et Quito) :

Janvier	...	...	25·6	Juillet	...	...	25·9
Février	...	...	25·6	Août ...	...	...	26·2
Mars ...	...	...	25·6	Septembre	..	...	26·5
Avril ...	...	...	25·5	Octobre	...	...	26·2
Mai ...	...	...	25·8	Novembre	...	...	27·3
Juin ...	...	...	26·2	Decembre	...	...	26·5

D'identiques corrections ont été apportées par lui à la série de Le Cointe, relative à Obidos.

Tout en reconnaissant que les données de la série municipale demandent quelques corrections, nous pouvons suivre, grâce à elles, les progrès de la chaleur de Manàos au cours de l'année, comme il suit :

	Moy.	Max.	Min.		Moy.	Max.	Min.
Janvier ...	26·6 ...	34·2 ...	22·4	Juillet ...	27·3 ...	33·2 ...	22·4
Février ...	26·9 ...	34·0 ...	22·0	Août ...	28·0 ...	35·0 ...	23·0
Mars ...	26·9 ...	34·6 ...	21·8	Septembre...	29·0 ...	36·0 ...	23·0
Avril ...	26·8 ...	33·2 ...	22·6	Octobre ...	29·2 ..	36·4 ...	23·6
Mai ...	26·9 ...	33·2 ...	22·8	Novembre...	28·7 ...	36·8 ...	22·0
Juin ...	26·9 ...	34·0 ...	19·0	Décembre...	28·2 ...	35·4 ...	22·8

Ces données relatives à 1911 sont à peu près typiques. Elles indiquent des minima plus bas pendant la première partie de l'année (périodes pluvieuses) et des maxima plus élevés pendant la seconde partie.

Les mois les plus chauds à Manàos, ceux sur lesquels tout au moins retombent les plus hautes moyennes, sont ceux de septembre, octobre et parfois novembre ; les mois les moins chauds sont février et mars, parfois janvier et avril ou même exceptionnellement mai.

Les maxima absolus appartiennent presque exclusivement au mois d'octobre (37·5 en 1902) ; le mois d'octobre peut donc, en somme, être considéré comme le plus chaud de la région manaoise. Draenert extrait de Torquato Tapajoz la température moyenne d'octobre de la plupart des centres peuplés sur le Haut et Moyen-Amazone, de part et d'autre de Manàos.   Nous avons ainsi :

S. Paulo de Olivença...	3°3′ lat. S.	753·8 mm.	29·5 C.
Tonantins	2°5′	754·1	29·2
Fonte-Boa	2°3′	757·4	31·4
Teffé (Ega)	3°2′	758·0	32·6
Coary (Alvellos)	4°8′	756·3	30·7
Itacoatiara	3°7′	760·6	31·7
Parintins	2°3′	759·8	29·9

Ces moyennes d'octobre nous semblent toutefois extrêmement élevées. Les moyennes barométriques, disons en passant, confirment l'existence, à cette époque de l'année, d'un centre de basses pressions dans l'intérieur de l'Amazonie. Les minima absolus sont tour à tour observés entre février et juillet (18·8 en 1902).

Manàos jouit, en somme, d'un climat continental, si on le compare à Parà. Les oscillations de températures y sont plus considérables, l'été est plus chaud, mais il est probable que les températures de la période fraîche, soumises aux corrections nécessaires, donneraient des températures bien plus basses qu'au Parà.

Comme nous l'avons fait remarquer au début, il y a à Manàos des séries d'années chaudes et d'années tièdes ; les moyennes de la décade municipale confirment ce fait.

1902	...	...	27·9	1908	...	...	28·5
1903	...	...	28·5	1909	...	...	28·7
1904	...	...	28·8	1910	...	...	27·2
1905	...	...	28·8	1911	...	...	27·6
1907	...	...	28·9	1912	...	...	28·2

C'est plutôt dans le mouvement diurne de la température que doivent être recherchées les "saisons" classiques :

A.M.				P.M.			
3 h. ...	29·9 max.	...	22·0 min.	2 h.	... 35·0 max.	...	23·3 min.
7 h. ...	29·0 ,,	...	21·8 ,,	4 h.	... 34·1 ,,	...	23·8 ,,
10 h. ...	32·5 ,,	...	22·8 ,,	9 h.	... 30·0 ,,	...	22·4 ,,
Midi ...	34·0 ,,	...	23·3 ,,	Minuit ...	30·0 ,,	...	22·8 ,,

Les écarts entre les maxima et les minima de ces différentes heures de la journée sont bien plus prononcés que ceux de Parà, ils leur sont toujours supérieurs de 1° ou 2°, parfois de 4° et même 5°, surtout pendant les premières heures de la matinée. C'est à 6 heures du matin que Manàos enregistre ses minima. Les maxima de la journée y sont plus prononcés.

Entre Manàos et le delta amazonien se trouve, presque à mi-chemin, la ville d'Obidos (1°55' lat. S., 55°5' O.) à vingt mètres d'altitude; sa température moyenne, d'après Le Cointe, est de 27°2 (corrigée suivant J. Hann, 26°2), ses extrêmes absolus 19°1 et 39°2. Au cours de l'année, Le Cointe a enregistré :

Janvier	...	...	27·1	Juillet...	...	...	26·6
Février	...	...	26·5	Août ...	...	...	27·7
Mars ...	...	...	26·4	Septembre	...	...	28·1
Avril ...	..	...	26·2	Octobre	...	...	28·4
Mai ...	...	...	26·2	Novembre	...	...	29·0
Juin ...	...	...	26·0	Décembre	...	...	29·7

Obidos représenterait ainsi un moyen terme entre Manàos et Parà.

Il existe, pour la région manaoise, des données relatives à d'autres localités, mais n'en connaissant pas exactement l'origine, nous ne nous y arrêterons pas. Mentionnons à peine Barcellos avec sa moyenne (de 1754 à 1756) de 26°1 et ses extrêmes de 30° et 22°2, puis Coary dont les observations de 1909 donnèrent :

	Moy.	Max.	Min.		Moy.	Max.	Min.
Janvier	26·4	33·5	21·0	Juillet	27·1	35·0	13·0
Février	26·2	35·0	11·0	Août	—	—	—
Mars	26·8	35·0	20·0	Septembre	25·6	35·5	24·1
Avril	27·0	33·5	19·5	Octobre	28·9	33·3	21·3
Mai	25·8	33·8	10·0	Novembre	26·6	32·7	24·1
Juin	26·7	35·0	19·5	Décembre	27·7	35·7	21·9

(3) *Météores humides.*—La tension de la vapeur d'eau est moins considérable à Manàos qu'à Belem ; sa moyenne, d'après Draenert, est de 21mm.4 (nous avons vu Parà avec 21mm.9). C'est toutefois l'Amazonie qui possède au Brésil les plus hautes moyennes à cet égard. C'est à la fin de la saison sèche, en novembre surtout, qu'elle atteint à Manàos son maximum annuel. Au cours de la journée, Draenert indique 6 p.m. pour son minimum diurne (17mm.02) et 8 a.m. pour son maximum (24mm.18).

La tension de la vapeur d'eau ne varie pas proportionnellement à *l'humidité relative*. Les moyennes mensuelles de celles-ci à Manàos varient entre 77 et 88 pour cent. Elle est évidemment plus grande pendant la période des pluies, mais elle est, en moyenne, plus forte à Manàos qu'au Parà ; cette différence s'accentue si l'on considère les moyennes mensuelles.

La *nébulosité* de Manàos, d'après les données de l'observatoire municipal, est extrêmement élevée ; pour les trois années 1909, 1910, et 1911 les moyennes ont été respectivement de 6, 6 et 7. C'est de décembre à mai, comme au Parà, que sont enregistrés les maxima. Avec les minima coïncident les formes de cumulus et cumulo-nimbus.

Les *pluies* de Manàos appartiennent par leur régime à la zône brésilienne du double maximum. Ces deux périodes annuelles de pluies sont plus ou moins bien marquées suivant les années et, comme nous l'avons signalé plus haut, sont mises parfois mieux en évidence, par l'examen de plusieurs années consécutives. Les deux maxima de l'année se suivent de très près, et la période qui les sépare ne saurait en réalité être appelée sèche, c'est plutôt un ralentissement des précipitations. Nous ne reviendrons pas sur ce que nous avons dit plus haut. Voici, d'après H. Lopes de Campos, les moyennes pendant la période de 8 ans (1901 à 1908) :

Mois		Hauteurs moyennes		Jours de pluie		Humidité relative pour cent		Orages 1905		Obidos (d'après Le Cointe)
Janvier	...	224 mm.	...	21·5	...	79	...	11	...	287 mm.
Février	...	204	...	17·4	...	76	...	6	...	195
Mars ...	...	275	...	20·6	...	77	...	8	...	260
Avril ...	...	179	...	18·5	...	77	...	12	...	212
Mai ...	...	128	...	14·8	...	74	...	9	...	196
Juin ...	...	42	...	9·6	...	71	...	10	...	103
Juillet...	...	44	...	5·8	...	68	...	1	...	37
Août ...	...	42	...	4·4	...	65	...	5	...	6
Septembre	...	50	...	7·3	...	66	...	11	...	66
Octobre	...	63	...	7·6	...	65	...	5	...	52
Novembre	...	109	...	12·3	...	69	...	10	...	6
Décembre	...	152	...	17·1	...	74	...	15	...	132

Les moyennes sont de 1m.512 pour 156·9 jours de pluie. Il pleut donc bien moins à Manàos qu'à Parà. Les observations de Le Cointe à Obidos viennent indiquer des conditions bien plus voisines de celles de Manàos que de celles du Parà. Il trouve également les deux maxima de janvier et de mars et une période sèche de juillet à novembre. Aux inévitables pluies de l'après-midi, à Parà, Le Cointe oppose les pluies du matin de Macapà et d'Almeirim et les pluies nocturnes qui sont la règle générale d'Obidos.

Au-delà de Manàos, à mesure que l'on remonte le fleuve, les précipitations deviennent plus abondantes; à Teffé, il pleut deux fois plus qu'à Obidos; mais les orages se font plus rares et moins violents.

Les observations pluviométriques de la région nous fournissent les données suivantes :

		S. Felippe		Benj. Constant		Coary	Iquitos
Janvier ...	...	369	...	368	...	280	260
Février ...	...	374	...	174	...	336	250
Mars ...	...	190	...	256	...	391	311
Avril ...	...	191	...	284	...	388	165
Mai ...	...	386	...	299	...	220	254
Juin ...	...	78	...	178	...	24	189
Juillet ...	...	7	...	33	...	64	167
Août ...	...	124	...	104	...	—	117
Septembre	...	153	...	172	...	74	221
Octobre ...	...	244	...	355	...	172	184
Novembre	...	411	...	238	...	78	214
Décembre	...	411	...	232	...	346	291

(C) Autres Climats amazoniens.

Les régions climatologiquement les mieux connues de l'Amazonie ne constituent qu'une faible partie du grand bassin ; mais étant donnée l'uniformité équatoriale, les autres régions ne sont guère différentes et, à part les modifications qu'apporte l'altitude, l'éloignement de la mer ou la situation topographique peuvent être utilement comparés aux types amazoniens connus. C'est du moins ce qui ressort des données isolées que nous possédons sur d'autres points. Quelques-unes de ces régions s'étendent assez loin en latitude, puisque l'extrême Sud de l'Amazonie atteint le 14° de latitude S.

Pour étudier la climatologie de ces régions, les séries d'observations font à peu près défaut, il faut s'en tenir à des données isolées relatives à des périodes courtes et, en conséquence, raisonner par analogie, sans jamais perdre de vue le climat type de Parà ou celui de Manàos.

La grande région centrale de l'Amérique du Sud, ou Mundurucuriana (ainsi dénommée par Couto de Magalhães du nom des indigènes qui s'y trouvent en majorité), comprend le territoire brésilien situé entre le Madeira et le Tocantins. Elle a pour limites naturelles au Nord les dernières chûtes des grands fleuves et au Sud les hauteurs maxima du plateau du Matto Grosso. Elle est traversée du Sud au Nord par les fleuves :

(a) *Madeira* et son affluent, *le Rio da Duvida* (explorés par Palheta, d'Orbigny, Castelnau, Keller, Leuzinger, Rondon et l'expédition Roosevelt-Rondon).

(b) *Tapajoz* (exploré par Langsdorff, Castelnau, Chandless, Barboza Rodrigues, Coudreau, Mlle. Snethlage).

(c) *Xingù* et son affluent *l'Iriri* (explorés par Adalbert de Prusse, von den Steinen, Coudreau, Mlle. Snethlage).

(d) *Tocantins* et son affluent *l'Araguaya* (explorés par Castelnau, Couto de Magalhães, Hassler, Ehrenreich et Coudreau).

L'expédition de Mlle. Snethlage, organisée par le Musée Goeldi, nous a apporté un certain nombre d'observations météorologiques sur le moyen Tapajoz et le moyen Xingù ; les expéditions von den Steinen nous ont donné des informations sur le Haut-Xingù.

D'après Mlle. Snethlage, il semble qu'il règne une température à peu près uniforme au cours des différents mois de l'année. Les observations sont prises entre les $5°$ et $7°$ lat. S., au mois de juin à août (sur le Xingù), donnant en moyenne au cours de la journée :

7 h. a.m.	...	...	...	...	... $20°$ à $24°$
2 h. p.m.	...	...	...	...	... $29°$ à $32°$
9 h. p.m.	...	...	...	..	... $28°$ à $30°$

Sur le Jamanchim (Tapajoz) les observations sont relatives à novembre et décembre, pendant la période des pluies ; de là probablement les températures plus modérées avec les écarts plus petits et des moyennes d'après-midi, relativement basses, comparées à celles des matins et des soirs. Ces observations acquièrent une signification toute particulière, si nous les comparons à celles de Parà, aux mois correspondants :

Localités	Latitude S.	7 h. a.m.	2 h. p.m.	9 h. p.m.
Parà	$1°27'$	... $24{\cdot}0—24{\cdot}1$	... $30{\cdot}1—30{\cdot}7$	... $25{\cdot}2—25{\cdot}7$
Jamanchim (Tapajoz) ...	$\pm 6°$	... $23{\cdot}0—25{\cdot}0$	... $28{\cdot}0—30{\cdot}0$	... $23{\cdot}0—26{\cdot}0$

Les moyennes ne sont pas loin d'être les mêmes, les écarts toutefois sont mieux marqués ; il faut atrribuer ce fait à un caractère plus continental du climat et à l'altitude.

Au cours de juin, une altération sensible fut notée par Mlle. Snethlage dans la température nocturne qui descendit régulièrement au-dessous de $20°$ C. Sur l'Iriri (Xingù) les nuits étaient plus fraîches que sur le Xingù et sur le Curuà (Iriri supérieur) elles étaient froides, marquant $17°$ et parfois $16°3$. Les écarts diurnes se prononçaient à mesure que l'expédition gagnait le Sud et s'élevait en altitude.

Le régime des vents y était marqué par les calmes du matin et du soir ; un vent se levait, au cours de la journée, presque régulièrement du NO. ou du SO. avec une vitesse moyenne de 2 (rarement plus fort). Il semble que le régime des vents et celui des pluies constitueront les différences fondamentales de ces districts, quand leurs données plus complètes pourront être comparées à celles de Parà. En effet, leur nébulosité est très considérable (de 8 à 10) ; peu de précipitations en juillet et août ; beaucoup d'eau au contraire, en septembre, octobre et lors du passage du Soleil au zénith. Ce sont généralement des pluies de l'après-midi et du soir, parfois de la nuit, accompagnées d'orages.

Les observations de Mlle. Snethlage relatives au mois de juin-août sur le Xingù offrent une transition significative entre le type de Parà et les données de von den Steinen relatives au Haut-Xingù. Nous avons ainsi pour juin-août :

	Altitude	Latitude	7 h. a.m.	2 h. p.m.	9 h. p.m.
Parà	o	1°27′	... 23·2—23·7	... 30·4—30·7	... 24·5—24·7
H. Xingù ...	>250 m.	... ± 4°	... 20·0—24·0	... 29·0—32·0	... 28·0—30·0
Rio Batovy ...	480	... ±12°5′	... 12·5	... 32·0	... 19·2
Paranatinga ...	430	... —	... 13·4	... 30·8	... 17·9
Corrego Fundo	470	... 14°3′	... 11·7	... 29·9	... 17·0

Corrego Fundo, limite méridionale extrême de l'Amazonie, sur le plateau de Matto Grosso, avec sa moyenne de 18·9 pour son mois le plus froid, semble offrir un exemple de climat bengalien dans le cœur de l'Amérique du Sud.

La région acréenne, l'Hyloea par excellence, embrasse les territoires situées entre les 5° et 12° lat. S. entre le Madeira et le Javary, arrosés par ces deux fleuves et de plus par l'Acre, le Purùs et le Juruà. Différentes sources d'informations offrent des données : Le Cointe a des observations à Madidi (Bolivie) sous 12°36′ lat. S. ; l'Observatoire de Rio informe sur le centre officiel de l'Alto-Juruà, mais la série la plus instructive est celle de *l'E.F. Madeira-Mamoré* depuis 1908, à Porto Velho—Santo Antonio sur le Madeira.

C'est la zône ingrate du Brésil équatorial, malgré les défenseurs fanatiques qu'elle a suscités. Nous ne discuterons plus jusqu'à quel point son climat a été " calomnié."

L'Observatoire de Rio nous informe que l'Alto-Juruà jouit d'une température moyenne de 25·3, reçoit 1·465 mm. de pluie, est visité par les vents du N., S., NE. et NO., subit une pression moyenne annuelle de 745 mm et une tension moyenne de vapeur d'eau de 20·7 mm. avec une humidité relative de 85·4 pour cent. Ihering vante ce climat (*Pet. Mit.*, 1904 : " Der Juruà.")

L'E.F. Madeira-Mamoré prend quatre observations par jour : 6.30 a.m., 11 a.m., 3 p.m., et 6.30 p.m. La première série de quatre années d'observations (1908 à 1911) indique une moyenne générale de 27·8 (sans la correction nécessaire).

Fait assez curieux, le mois le plus chaud, qui est toujours septembre, suit de très près le mois le plus frais qui est souvent juin et parfois mai. Nous retrouverons ce fait dans le Brésil Central. Les températures moyennes des différents mois à Porto Velho et à Pennapolis (Acre) nous sont communiquées par Mr. H. Morize. *Porto Velho* se trouve sur le Rio Madeira, après les dernières chûtes sous 8°48′ de lat. S. à 76 m. d'altitude environ (S. Antonio). *Pennapolis*, capitale du département de l'Acre, sur le Rio Acre, près du centre de Rio Branco et Empreza, sous 9°8′ lat. S. *Cruzeiro do Sul*, capitale de l'Alto-Juruà, sur le Rio Juruà, sous le 7°38′ lat. S. Ce sont des localités qui se trouvent à une altitude moyenne de 150 à 210 m. au-dessus du niveau de la mer :

		Pennapolis		Porto Velho			Pennapolis		Porto Velho
Janvier	...	25·4	...	27·1	Juillet	...	24·6	...	27·6
Février	...	25·0	...	27·4	Août	...	25·2	...	28·5
Mars	...	25·5	...	27·5	Septembre...		27·8	...	29·5
Avril	...	25·6	...	27·6	Octobre	...	27·1	...	28·6
Mai ...	...	23·1	...	27·0	Novembre...		26·7	...	28·2
Juin ...	...	23·8	...	27·0	Décembre ...		22·6	...	27·6

Les moyennes de Pennapolis sont très vraisemblables, mais celles de Porto-Velho sont évidemment trop hautes. En effet, elles ont été de 27·5, 27·2, 28·3 et 28·2 pour les années considérées. Or, si nous refaisons les calculs sur d'autres bases, en prenant par exemple une formule proposée par J. Hann $\frac{minimum + 3\,p.m.}{2}$ nous obtenons pour 1911 la moyenne annuelle de 27·1, et non de 28·2 qui lui est attribuée. La correction serait donc de 1° C. environ. Nous avons refait ces calculs relatifs à 1911 en considérant la température de 6.30 a.m. comme un minimum ; en effet l'erreur n'est pas grande, car en Amazonie le minimum de la journée est effectivement atteint vers 6 heures du matin (*cf.*, Manàos). L'année en question devient ainsi :

Janvier	...	26·2	Avril	...	27·3	Juillet	...	27·3	Octobre	...	27·5
Février	...	26·8	Mai	...	27·0	Août	...	27·6	Novembre	...	27·7
Mars	...	27·9	Juin	...	25·0	Septembre	...	28·9	Décembre	...	26·3

Dans le cas où 6.30 a.m et 3 p.m. seraient considérés comme minimum et maximum, le même calcul serait valable en lui appliquant à peine la correction de +0·32 ; l'erreur moyenne serait de 0·14. (Voyez E. Leyst, " Über die Berechnung von Temperaturmitteln," *Rep. f. Meteor.*, 1892, Bd. xv).

Les températures absolues, enregistrées pendant les années considérées, furent de 36·7 et 14·4 (juin).

Quant à la marche diurne de la température, elle présente la régularité équatoriale que l'on peut prévoir. Considérons par exemple le mois le plus chaud (septembre) et le mois le plus frais (juin) au cours des quatre années :

	6.30 a.m.		11 a.m.		3 p.m.		6.30 p.m.	
1908	21·8	23·0	28·7	30·5	31·6	32·0	29·1	30·1
1909	20·6	23·3	26·7	30·4	29·3	33·7	26·8	30·0
1910	23·1	25·0	28·7	30·0	30·9	33·3	30·0	31·1
1911	21·5	25·1	28·0	30·5	28·0	32·9	27·4	28·0
	Juin	Sept.	Juin	Sept.	Juin	Sept.	Juin	Sept.

Il semble qu'il y ait une plus grande uniformité pour les mois chauds que pour les mois frais, qui sont d'ailleurs assez variables.

Les pluies y marquent deux maxima bien caractérisés, l'un à la fin de l'année (novembre ou décembre), l'autre au premier trimestre (février ou mars) ; la hauteur totale des précipitations y varie de deux mètres à 2m.60 (de 140 à 170 jours de pluie par an). Les moyennes des précipitations mensuelles (4 années) sont :

J.	... 314	A.	... 216	J.	... 6	O.	... 205
F.	... 222	M.	... 95	A.	... 31	N.	... 284
M.	... 355	J.	... 18	S.	... 71	D.	... 372

Il y a donc une longue période sèche, assez prononcée, pendant laquelle se produisent les plus hautes températures de l'année, ainsi que les plus basses. Nous avons déjà fait allusion aux vents andins qui abaissent la température (voir Le Cointe).

La région guyanaise, formée par la Guyane brésilienne et les bassins du Haut-Rio Negro et du Rio Branco, est une région climatologiquement encore mal connue; il existe des séries d'observations prises par des fonctionnaires fédéraux du '' Service de Protection du Caoutchouc '' dans les *fazendas* nationales de S. Marcos, S. Bento, et S. José, mais, à notre connaissance, rien n'a encore été publié de définitif.

Des informations relatives à l'année 1909 indiquent des températures moyennes, en relation avec les régions relativement élevées où elles ont été prises :

Boa Vista	...	2°48′	...	lat. N.	...	26 C.
S. Gabriel	...	0°08′	...	,, ,,	...	23 C.

Les pluies annuelles n'y atteignent pas 2 m. mais diffèrent d'une localité à l'autre : S. Gabriel connaît encore les deux maxima de l'Amazonie occidentale en décembre et avril, mais ne passe pas par une période sèche caractérisée; Boa Vista dans la région des Campos connaît au contraire une période sèche, qui coïncide avec les périodes pluvieuses de l'Amazonie. Boa Vista caractérise dans le bassin amazonien le rôle de l'hémisphère Nord :

J.	... 1·4 mm.	... 1 jour	J.	... 442 mm.	... 29 jours
F.	... —	... —	A	... 234	... 15
M.	... —	... —	S.	... 103	... 13
A.	... —	... —	O.	... 88	... 9
M.	... 207	... 13 jours	N.	... 34	... 7
J.	... 404	... 14	D.	... 29	... 5

De cet ensemble de facteurs météorologiques qui agissent ainsi sur la vaste région amazonienne, il se dégage une résultante, cette résultante est le grand fleuve lui-même. Son régime est intimement lié à sa position astronomique, à la topographie de son bassin, à sa végétation et à ses précipitations.

Il coule sur une plaine étendue à l'infini et n'est pas le résultat de torrents impétueux; sa pente est douce (Tabatinga est à peine de 46 m. d'altitude); sa vitesse

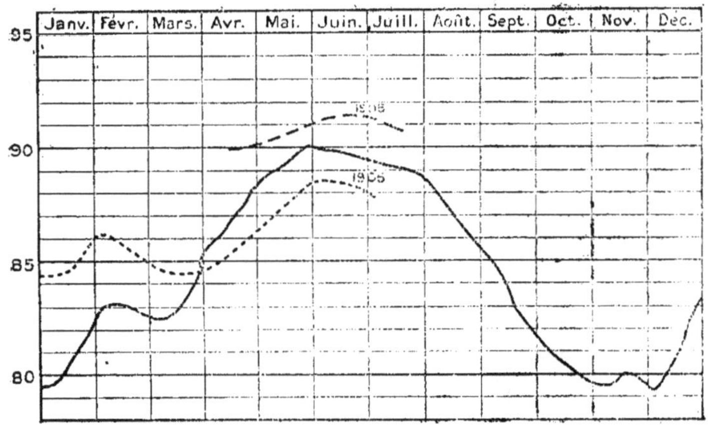

LES CRUES DU RIO NEGRO.
(La côte 100 est représentée par le niveau de la Place de la République à Manáos.)

moyenne est de 1m.70 par seconde; son débit, dans le même espace de temps, atteint 80,000 mètres cubes.

Contrairement aux autres grands fleuves du monde, il coule de l'O. à l'E. sous l'Équateur et parallèlement à lui. Il ne change donc pas de latitude et ses tributaires qui coulent du S. à N., ou du N. à S., sont sujets, non seulement à des changements de latitude, mais à des régimes saisonniers différents. Sur le plateau brésilien les pluies tombent en septembre, comme nous l'avons dit; sur le plateau des Guyanes elles tombent en mars-avril ou en juin-juillet (Boa Vista).

Il y a de plus un élément qui vient encore modifier le phénomène, c'est la fonte des neiges sur les Andes, entre avril et septembre, dont l'effet n'est d'ailleurs sensible que deux ou trois mois après.

C'est donc vers octobre que le grand fleuve atteint ses plus hautes eaux. Mais le phénomène que nous venons de décrire, appelé au Brésil "interferencia," établit un système de compensation qui atténue les effets des crues trop considérables. La différence que l'on enregistre entre les niveaux du fleuve aux différentes saisons varie de 10 à 17 mètres. Les crues sont d'ailleurs beaucoup moins considérables dans le cours inférieur du fleuve que dans son cours supérieur.

A Teffé le fleuve monte en février, atteint ses plus hautes eaux en juin, puis diminue jusqu'en octobre, montrant à peine un "repiquete" de quelques pouces en septembre.

A Manàos, à l'embouchure du Rio Negro, le mouvement ascensionnel est lent; à la fin de l'année ce sont les petits tributaires voisins de l'embouchure qui s'enflent, en mars ce sont les plus gros tributaires (les crues s'avancent à raison de 10 milles par jour); en novembre ou fin octobre, les eaux ont atteint leurs maxima. Les basses eaux ont lieu en juin.

En ce qui concerne le régime de l'Amazone voir :

Agassiz : *Voyage au Brésil* (1866).
Baron de Ladario, cité par Torquato Tapajoz : "O Valle do Amazonas" (1888).
Elisee Reclus : *Géographie Universelle.*
Bates, Castelnau, etc.
C. M. Delgado de Carvalho : Article, "Amazonas," dans la *Grande Encyclopédie Portugaise.*

CHAPITRE SECOND.

TYPE SEMI-ARIDE: NORD-EST BRÉSILIEN.

(1) Généralités.

Le Brésil, nous l'avons vu, ne connaît pas le type désertique de climat chaud ; mais entre ses grandes régions, qui, dans la classification de Penck, représenteraient des provinces *super-humide* et *semi-humide,* il interpose une assez vaste province *semi-aride :* le Nord-Est.

Cette province brésilienne est délimitée de la façon suivante par Arrojado Lisboa : " Comme région semi-aride, ou des sécheresses, nous devons considérer celle des fleuves intermittents, qui s'étend du Parnahyba, fleuve longeant le Piauhy, jusqu'aux affluents plus septentrionaux que reçoit le S. Francisco de l'Etat de Minas. C'est une vaste région qui représente, peut-être, la dixième partie de la superficie du pays. Mais elle atteint à peine la mer, car le littoral reçoit assez d'eau, le long d'une zône étroite qui s'élargit vers le Sud. En fait, la région semi-aride est une région intérieure. Les capitales des Etats visités par la sécheresse sont situées, soit sur le littoral, dans la zône des pluies, soit en dehors de cette zône, mais dans des îlots pluvieux de l'intérieur."

Le Nord-Est brésilien est le plus anciennement connu des territoires sud-américains, au point de vue climatologique. Les premières observations remontent aux années 1640 à 1642 et sont dues, nous l'avons dit, au médecin de Maurice de Nassau, G. Marggraff. C'est donc sous la domination hollandaise que l'on a fait, un siècle et demi environ après la découverte, les premières études climatologiques. Elles étaient relatives, non pas aux températures ou aux pressions, mais aux vents et aux

15

pluies. Le point d'observation fut probablement Récife, la " Mauritzstaat " des Hollandais, ou peut-être Parahyba, leur " Fredericia."

Ce furent les sécheresses périodiques qui attirèrent l'attention brésilienne sur l'importance météorologique du Nord-Est ; de là l'abondance relative des données recueillies dès la première moitié du XIXe siécle, au Céarà et à Pernambouc.

À la fin du siècle, le savant professeur d'Uberaba, F. M. Draenert, s'occupa de la climatologie du Nord-Est et publia une série d'études précieuses qui restèrent long-temps la seule mise-en-œuvre des observations recueillies. C'est encore aux sécheresses qu'est dû le regain de popularité que connut la météorologie du Nord-Est, au début de ce siècle. La création du " Service contre les effets des sécheresses " couvrit les Etats intéressés d'un réseau relativement étroit de stations météorologiques, dont les données provoquèrent l'éclosion d'une littérature météoro-logique restreinte, mais très brillante, où figurent les noms du géographe et sociologue brésilien, Arrojado Lisboa, du naturaliste Loefgren, du géologue américain Branner, de Williams, de Crandall, de Waring. Quant à la connaissance du Céarà, c'est au météorologue Oswaldo Benno Weber, qui y installa l'observatoire de premier ordre de Quixeramobim, que sont dues les séries les plus complètes.

À l'heure actuelle le Nord-Est brésilien possède un " stock " assez considérable d'informations météoro-logiques complètes, et même de longues séries ; mais, comme jusqu'à présent aucune revue spéciale n'existe pour en assurer la publication, au Brésil, elles se trouvent éparses un peu partout, dans les rapports annuels, dans les bulletins officiels de certains ministères, etc. ; la plus grande partie nous semble toutefois encore à l'état de manuscrit.

Le Nord-Est brésilien est loin d'offrir l'imposante unité topographique que nous venons de constater dans l'Amazonie. Ici l'action de la géologie semble prépondérante sinon pour l'explication de sa météorologie, du moins pour celle de son relief, de sa végétation, de son économie et de sa sociologie. Nulle part l'influence du *milieu* ne saurait être plus éloquente, nulle part l'anthropogéographie n'ouvre de plus vastes horizons : aussi a-t-elle trouvé son Ratzel et son Brunhes dans Arrojado Lisboa et Euclydes Cunha.

Nous trouvons, en premier lieu, une zône littorale, plus ou moins large, à peine surélevée, à peine ondulée, aux sédiments horizontaux reposant sur un granit imperméable.

Nous voyons ensuite, dans l'intérieur, prédominer la variété topographique. D'une part, le Piauhy et l'Est du Maranhão, avec leurs longues chaînes aplaties : c'est la région des " taboleiros " aux sédiments aréneux à peine inclinés ; vers le Sud percent les ondulations granitiques plus prononcées. D'autre part, le Céarà, le Rio Grande et la Parahyba constituent la région des montagnes enchevêtrées, séparées de plaines qui souvent présentent l'aspect de cirques avec quelques gorges (boqueirões) d'où s'échappent les eaux, quand il y en a. C'est la terre imperméable qui y domine, prédestinant ainsi la région aux réservoirs géants. Enfin, un troisième aspect se présente à l'intérieur, c'est le " Sertão " de Pernambouc, c'est le vaste plateau de 300 à 600 mètres d'altitude, au sol perméable mais à la géologie complexe, où coule le S. Francisco (Arrojado Lisboa).

La position du Nord-Est brésilien dans son cadre austral, tropical et atlantique, ses conditions topographiques actuelles, résultats de son âge géologique, lui donnent une physionomie naturelle qui traduit dans ses moindres détails sa végétation caractéristique.

Loefgren y distingue trois principales régions : le littoral, les savannes et les *Serras*.

La végétation tropicale retrouve plus ou moins ses droits dans les régions côtières et les régions montagneuses, mais dans les savannes prédomine la *catinga*.

" Pour cette région de climat si singulier, il fallait s'attendre à une végétation spéciale. Martius le premier la définit en l'appelant *Silva horrida*, en latin alarmé," dit Euclydes da Cunha. " La catinga, ou forêt légère, est la végétation typique de la région sèche. Elle est caractérisée par la caducité de ses feuilles, qui offre pendant les sécheresses des paysages d'hiver de l'ancien continent, illuminés et chauffés par le Soleil équatorial " (Arrojado Lisboa).

Mais la catinga ne comporte pas uniquement la végétation hydrophile, elle présente aussi la végétation xérophile, aux feuilles grasses, laiteuses, recouvertes de cire pour en diminuer l'évaporation : c'est la zône de la *Copernicia cerifera*, dont la cire constitue une des richesses naturelles du Nord-Est. Elle possède également son arbre à caoutchouc particulier, le *maniçoba*.

Ce milieu si complexe et si singulier à la fois est soumis à des conditions météorologiques qui le classent indubitablement parmi les climats équatoriaux. La caractéristique qui s'impose, à première vue, est la régularité et la constance de la température. Le type équatorial à faibles oscillations se retrouve également dans les conditions atmosphériques de pression.

Ce qui distingue toutefois le climat du Nord-Est brésilien d'autres climats équatoriaux ou sub-équatoriaux, c'est l'action des météores aqueux. Voici comment Arrojado Lisboa décrit leurs influences générales : " La température moyenne est voisine de 25° à 26° C. avec des oscillations moyennes assez faibles pour ne pas permettre de distinguer les saisons. Dans le *sertão*, grâce à l'absence de végétation verte, pendant une grande partie de l'année on trouve une moyenne thermométrique plus élevée même qu'en Amazonie, mais comme l'air y est sec, les plus fortes chaleurs y sont supportables. L'humidité relative est faible : à Fortaleza elle varie entre 60 et 80 pour cent de mars à août ; dans l'intérieur, à Quixadà, la moyenne est de 58·4 avec un maximum de 83·4 et un minimum de 44 pour cent. Ce faible pourcentage et les insignifiantes oscillations thermiques ne permettent pas une baisse suffisante de la température pour provoquer la rosée, sauf de rares exceptions. La pression barométrique est relativement régulière et sans grandes oscillations. L'évaporation est un élément dont l'importance ne saurait être exagérée dans les calculs de projets d'irrigation et réservoirs. Contrairement à ce que l'on pourrait croire, elle est presque identique pendant les années pluvieuses et pendant les années sèches. Cela s'explique par la plus forte évaporation des mois de septembre à décembre, pendant les années pluvieuses. A Quixadà, l'évaporation et l'infiltration sont environ d'un mètre et demi par an."

De tous les météores humides celui qui caractérise le mieux cette région sub-équatoriale est constitué par les précipitations. La région semi-aride du Brésil est née de l'irrégularité à tous les points de vue qui définit ces précipitations : irrégularité dans la distribution annuelle, dans la distribution mensuelle, dans la distribution locale elle-même. Rien n'est plus fallacieux que d'émettre des hypothèses à ce sujet ; les données recueillies par O. Weber, à Quixeramobim, sont venues en démontrer l'inanité. Elles ont amené le génie civil aux conclusions formulées par Roderic Crandall en 1910 : " Les sécheresses sont des périodes pendant lesquelles les phénomènes naturels ne suivent pas leur cours normal ; le manque de pluie, leur irrégularité, leur mauvaise distribution ou leur excès en dehors de l'époque propre, tout tend à produire un déficit dans l'alimentation ou dans la provision d'eau et de là résulte une période de pénurie, une ' sécheresse ' (*secca* comme on dit dans le pays). Ces facteurs, ajoutés aux moyens de transports insuffisants, au système de la propriété territoriale et à l'administration, produisent les résultats déjà bien connus."

En somme, l'observation des météores est venue prouver qu'il existe des sécheresses au point de vue

économique et social, mais qu'au point de vue météorologique il en est autrement.

En plein sertão du Céarà il pleut plus qu'à Paris ou
à Rome et les années dites '' sèches '' y reçoivent 400 mm.
d'eau. Les minima sont enregistrés dans le sertão de
Bahia, où Joazeiro reçoit 265 mm., et de Pernambouc, où
Caruarù reçoit 106 mm. (Arrojado Lisboa).

Le littoral et les *serras* de l'intérieur reçoivent suffisamment de pluie, mais le sertão, pourquoi n'en reçoit-il
pas assez ? En d'autres termes, pourquoi le Nord-Est
brésilien est-il semi-aride quand, au Nord-Ouest,
l'Amazonie est super-humide et, au Sud, le plateau
brésilien et son littoral sont semi-humides ? Telle est la
grande question qui s'est posée au Brésil à la fin du siècle
dernier, et qui a donné lieu à un certain nombre d'explications.

Dans une des premières monographies sur le sujet,
le sénateur brésilien Pompeu de Souza a tâché de faire
ressortir une périodicité dans les manifestations des
sécheresses. Tous les onze ans le phénomène se serait
répété. L'absence de données certaines entre 1701 et 1849
permettait de renforcer gratuitement l'hypothèse. L'expérience postérieure à 1877 vint la démentir toutefois.
Plus tard le savant professeur Orville Derby, sans idée
d'expliquer d'ailleurs les causes, vint faire remarquer la
coïncidence des sécheresses avec les minima des tâches
solaires.

En 1878 nous trouvons dans Grisebach une première
explication des phénomènes. L'anomalie du climat de
Pernambouc, avec ses précipitations d'hiver, l'avait déjà
frappé ainsi que l'inconstance des pluies de l'intérieur.

Le premier de ces faits, pensait-il, '' paraît tenir à ce
que, précisément sous cette latitude, la chaîne littorale se
trouve interrompue, et pendant la position zénithale du
Soleil le climat le plus chaud du sertão de Piauhy agit
comme un centre thermique d'aspiration sur le vent
maritime, vent qui pendant son passage acquiert une
température plus élevée et soustrait les côtes aux pré-

cipitations, tandis qu'au printemps et en hiver les chaînes
montagneuses sont atteintes par l'Alizé." Quant à
l'inconstance et à l'intensité si variable des précipitations,
elles tiennent, peut-être, à ce que " par suite de l'échauffement du sol non ombragé, des centres de chaleur peuvent
se produire déjà plusieurs mois auparavant sur les plateaux
du Brésil et pousser ainsi vers le Sud l'Alizé de l'hémisphère boréal. En effet les périodes pluvieuses sont
accompagnées de vents du Nord qui soufflent à l'encontre
de l'Alizé du midi, en sorte que, là où ils se trouvent en
contact, il se produit des courants atmosphériques ascendants qui donnent lieu aux précipitations. Les premières
pluies se rattachent toujours, comme dans les Indes, à
l'époque où l'insolation, sous un ciel serein, a son plus
grand effet. La durée de la précipitation ne dépend point
de la latitude, mais de la conformation plastique du pays."

Notons dans cette genèse des précipitations dans le
Nord-Est (tout en faisant nos restrictions sur le rôle
attribué à " l'Alizé boréal "), notons combien le phénomène du calme qui les précède est souligné. Cette tendance à comparer la question météorologique, telle qu'elle
se pose au Brésil, à celle des Indes, amena l'éclosion de
plusieurs hypothèses, explication dont la plus substantielle
fut celle de la migration des calmes. C'est peut-être vrai
pour les sécheresses de l'Inde, mais, comme nous l'avons
dit, les calmes de l'Atlantique ne passent pas l'Équateur :
" Dans le Nord-Est," répond Arrojado Lisboa, " les
périodes de calmes sont à peine passagères. Pendant
plusieurs années successives, pas une seule période complète de calmes n'a été enregistrée. Le pourcentage des
calmes, en relation aux vents des sertãos du Ceará, est à
peine de 6 pour cent."

En 1886 nous trouvons une nouvelle hypothèse, formulée cette fois par un savant qui a habité la contrée,
Draenert. Sa théorie est reprise en 1906 par Ludwig
Voss. (Draenert : " Die Vertheilung der Regenmenge in
Brasilien," *Met. Z.*, 1886, et E. L. Voss : " Die Niederschlagsverhältnisse von Sudamerika," *Pet. Mitt.*, 1906-
1907).

Draenert décrit bien cette sorte de grande dépression médiane entre les serras de Gurgeia, Dois Irmãos, Piauhy, etc., et d'autre part les Serras da Chapada, Itiubà, Cariri, Borborema, etc. Les cartes hypsométriques récentes montrent que la topographie est moins simple toutefois. L. Voss reprend l'explication, mais il l'amplifie, la précise et lui donne infiniment plus de vie.

" Quant à la cause de ces sécheresses," dit L. Voss, " il semble que Draenert ait raison d'indiquer les montagnes de bordure. Les plus forts et plus copieux SE. et ESE. qui y soufflent de l'Océan sont contraints, par les prolongements septentrionaux de la Serra do Espinhaço, au Sud et au Nord du bas S. Francisco (par les serras do Periquito et dos Cariris) à s'élever et à dépenser une grande partie de leur humidité sous forme de pluie, sur le versant oriental des montagnes. C'est ainsi que la Serra da Borborema, au NO. de la Parahyba, arrête jusqu'à 900 mètres d'altitude les vents humides de l'Est ; tandis que les vents humides de l'Ouest, venus de l'Amazonie, le sont par les chaînes qui de Sobral s'étendent vers le Sud jusqu'aux cotes de 1,000 m.— Serras Ibiapaba, Vermelha, Dois Irmãos, etc. C'est ainsi qu'un district sec peut être entouré de contrées arrosées."

Plus tard Voss a renouvelé ses affirmations, quoique en les atténuant légèrement, quand il écrivait dans le *Boletim* du Ministère de l'Industrie en 1909. " Quelles peuvent être les causes de la diminution de la quantité de pluies du littoral vers l'intérieur ? Cela n'est pas encore établi. Une *certaine influence* doit évidemment être attribuée ici aux nombreuses serras qui traversent les Etats de Pernambouc, Alagoas, Parahyba et Rio Grande do Norte et qui obligent les vents du SE. et de l'E., qui prédominent d'une façon absolue en ces régions, à déverser une partie de leur humidité sur les versants des serras qu'ils heurtent." A ce propos, Voss esquisse une carte fort significative des roses anémométriques de Quixeramobim, Palmares, Joazeiro et Bahia ; il refait également une classification des pluies par saison, pour la région du

NE., en se basant sur les principes établis dans ses ouvrages antérieurs.

À cette hypothèse, qui assurément renferme une partie de la vérité, nous répondrons par le tableau suivant relatif à Quixeramobim :

	J.	F.	M.	A.	M.	J.	J.	A.	S.	O.	N.	D.
Vent d'E.	23	9	6	6	5	7	8	15	24	29	34	36
Vent du SE.	15	7	4	6	9	14	14	20	26	21	17	19
Hauteur des pluies mm.	42	98	162	107	80	43	23	13	2	0	1	23

(Les deux premières lignes sont exprimées en %.)

L'Alizé, avait déjà dit Hann, est en soi un vent relativement sec. Et Schott le prouvait dans sa remarquable *Geographie des atlantischen Ozeans* (p. 210).

La vérité contenue dans l'hypothèse de Draenert fut toutefois mise en relief par les explorations scientifiques de J. C. Branner dans le NE. et en particulier à Bahia, dans les bassins calcaires des Rios Salitre et Jacaré (entre 9° et 12° de lat. S. entre 1° et 3° long. O. de Rio). Par la géologie, il esquissa l'histoire du climat des régions sèches. Il découvrit des canaux anciens, creusés par des cours d'eaux disparus, comblés par des dépôts calcaires, envahis par la brousse. La seule explication qu'il trouve à ce fait est que, antérieurement, les précipitations ont été beaucoup plus considérables que de nos jours. Il attribue cette diminution à une dépression lente de la région. La côte orientale du Brésil fut beaucoup plus élevée pendant l'époque miocène ; la Chapada Diamantina devait notamment être considérablement plus haute. " Cette période d'élévation fut une période de bien plus grandes pluies et de plus grande activité de la part des cours d'eau, tant sur les terres hautes que sur les terres plus basses." Il ajoute même que les précipitations, étant données les conditions des vents, devaient être proportionnellement plus considérables, sur cette partie du Brésil que dans les régions tempérées. Avec la période de dépression les eaux n'eurent plus la force de conserver les canaux, et la processus d'affaiblissement et l'ensablement noté sur le Rio Salitre peut servir de type à cette évolution.

La fondation de l'Observatoire de Quixeramobim, en 1895, marque une époque dans l'histoire de la météorologie au Brésil, car dix ans plus tard, son fondateur, Oswaldo Weber, présenta sa première série qui vint préciser bien des questions et en résoudre d'autres.

Une nouvelle hypothèse surgit alors pour l'explication des périodes sèches. La grande irrégularité des pluies fut mise en relief et l'extrême régularité des vents lui fut opposée. Aussi bien pendant les périodes sèches que pendant les périodes humides les vents soufflent du NE. au SE., avec une vitesse constante, jamais excessive. Weber émit alors l'hypothèse que la variation des précipitations ne devait être recherchée ni dans la direction des vents, ni dans leur intensité, mais dans leur élévation plus ou moins grande au-dessus de la superficie terrestre. L'absence de pluies serait donc due au passage des vents sur un plan trop élevé pour pouvoir condenser les vapeurs.

À cette théorie se rallièrent à peu près tous les savants qui cherchèrent l'explication du problème, entre autres, Arrojado Lisboa, Alberto Loefgren, Orville Derby, et R. Crandall.

" J'ai vérifié au Céarà," écrivait Weber à O. Derby en 1907, " que, à part les années 1897 et 1899, il ne tombe pas de pluies générales, c.-à-d. de pluies qui couvrent la plus grande partie de l'Etat ; elles tombent, au contraire, plus abondantes tantôt ici, tantôt là ; les serras et leur voisinage se trouvant, naturellement, mieux partagés." Les faits prouvent que des précipitations plus ou moins abondantes ne font jamais défaut, mais que leur distribution peut être néfaste ainsi que leur façon de tomber. Weber cite des cas de pluies hors de propos, préjudicielles aux cultures, et qui montrent combien la prévision du temps, au Céarà, constituerait un service précieux.

Ces observations météorologiques et leurs conclusions amenèrent le génie civil à découvrir la véritable solution pratique du " problème du Nord " qui se posait au Brésil.

CLIMAT DU CEARÁ.

D'après des Photographies de A. Loefgren (*Notas Botanicas*).

Un Carnaubal près de Limoeiro.
(Palmiers à cire : *Copernicia cerifera*, Mart.)

Inondations du Rio Jaguaribe près de Limoeiro.
(Période des Pluies.)

Paysage d'Hiver boréal sous les Tropiques.
(La *caatinga* pendant la Période sèche.)

En concluant sur la genèse des pluies du NE., laissons la parole à l'éminent ingénieur auquel l'Union confia la direction des travaux : " Voyons comment se passe le phénomène, à Joazeiro, en novembre ou octobre," dit Arrojado Lisboa. " Le vent habituel de l'E., vent de mer, diminue, puis s'arrête. Il y a une période de calmes. Mais elle est courte et cesse avec un vent violent qui surgit de l'Ouest, provenant, à ce qu'il semble, des hauteurs qui séparent le S. Francisco du Tocantins. Il est si violent qu'il enlève les toits. Une pluie copieuse le suit : d'un point élevé l'on peut se rendre compte qu'elle a arrosé une lieue sur une demi-lieue de largeur.

" A Quixeramobin, en plein sertão du Céarà, le phénomène se passe de la même façon. La pluie y succède au calme qui suit *l'aracaty*, véritable Alizé. De suite, après cette courte période calme, les pluies viennent des serras et des 'chapadas' qui constituent les limites de l'Etat.

" Au Nord, l'intensité des pluies va de l'équinoxe au solstice, principalement de mars à juin. Les pluies zénithales dites de *cajù*, de *ràma* ou de *umbù* ne se produisent pas toujours en octobre, quand le Soleil se déplace vers le Sud, ou en février, quand il retourne vers le Nord. . . .

"Au Sud, dans l'Etat de Bahia, même dans le sertão, il y a deux époques de pluies avec une intensité plus marquée en mars et en novembre."

A l'heure qu'il est, la distribution des pluies dans le Nord-Est brésilien n'est plus une énigme ; le service fédéral contre les sécheresses y ayant établi plus de trois cents postes pluviométriques.

Nous ne voulons pas clore cette discussion sur l'explication de la zône sèche du Brésil, sans attirer l'attention du lecteur sur les cartes climatiques de l'Océan Atlantique et en particulier sur la carte de la distribution des pluies de Supan ou celle de Schott (*Geo. des Atl. Oz.*, Tafel XXIV).

On se rend compte par l'examen de ces cartes que les

zônes atlantiques où soufflent les Alizés sont des zônes
essentiellement sèches, " des zônes désertiques," dit Schott,
" au propre et au figuré ; au propre, par suite de leur
pauvreté en plankton-organisme et en organismes vitaux
supérieurs ; au figuré, car sur leur étendue il ne tombe,
au cours de l'année, que des précipitations pareilles à
celles du désert." L'Alizé du NE. étend les conditions
sahariennes sur l'Atlantique Nord, entre les Canaries et
le Cap-Vert jusque sous le 60° long. O. L'Alizé du SE.
étend celles du Kahalari sur l'Atlantique Sud jusqu'à

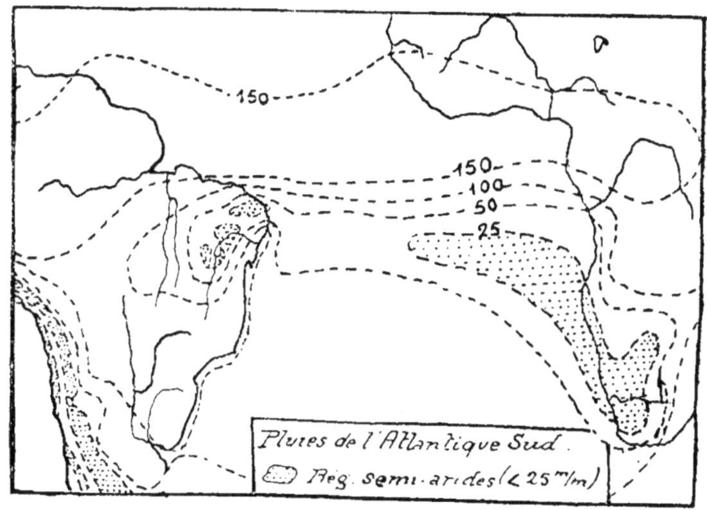

Martim Vaz et le voisinage de l'Équateur. Il n'y a donc
qu'une zône de pluies supérieure à 1m.50 qui, entre
l'Équateur et le 10° lat. N. relie le bassin amazonien à la
côte africaine de la Guinée.

Tels sont les faits connus. Si nous les comparons aux
plus récentes cartes pluviométriques du NE., à la carte
de Williams et Crandall, par exemple, ils prennent une
signification nouvelle et il semble que le phénomène de la
" prolongation des conditions désertiques " dans la zône
de l'Alizé du SE. s'étend au-delà du 30° long. et n'est pas

étranger à ce qui se passe dans le NE. du Brésil. Les points mieux partagés dans la distribution des pluies, l'îlot de Fernando de Noronha, la côte de Pernambouc, les serras de l'intérieur, etc. expliquent par l'obstacle qu'ils constituent leur exception à la règle.

La hauteur moyenne des précipitations par jour de pluie est également très faible dans cette zône. Supan donne, pour l'hémisphère Sud, les moyennes :

$$13\text{·}3 \text{ mm. par jour de pluie entre } 0^\circ \text{ et } 4^\circ \text{ lat. S.}$$
$$2 \text{ mm.} \quad \text{,,} \quad \text{,,} \quad \text{,,} \quad 4^\circ \text{ et } 17^\circ \quad \text{,,}$$
$$5\text{·}2 \text{ mm.} \quad \text{,,} \quad \text{,,} \quad \text{,,} \quad 17^\circ \text{ et } 42^\circ \quad \text{,,}$$

Quant à la nébulosité, elle est très considérable sur la côte africaine, elle diminue après Sainte-Hélène, atteint son minimum au Sud de Fernando de Noronha et au large de Pernambouc, puis reprend à mesure que les vents gagnent l'Amazonie.

Remarquons que ces constatations qui n'ont pour but que de lier la météorologie du NE. à celle de l'Atlantique, sont parfaitement compatibles avec l'hypothèse de Weber.

(2) **Subdivisions climatologiques.**

Les caractères généraux qui permettent de distinguer des divisions climatiques dans le Nord-Est, doivent être plutôt recherchés dans la distribution des pluies et de l'humidité relative que dans les températures.

Nous distinguons, provisoirement, quatre régions principales :

(*a*) La région de transition ou Maranhão.

(*b*) La région du littoral.

(*c*) La région intérieure des Savannes.

(*d*) La région des Serras.

Le Nord-Est brésilien n'est donc pas une province climatique qui tienne à la fois du Brésil amazonien et du Brésil tropical ou qui leur serve de moyen terme; il constitue, au contraire, un tout bien caractérisé, quoique l'on y retrouve des traits saillants qui ressortent des provinces limitrophes.

(*a*) *La région de transition* est formée par le Maranhão et une partie du Piauhy (ce dernier État n'est toutefois pas assez bien défini climatologiquement pour être exactement classé).

Dans le continent sud-américain le Maranhão constitue une miniature de l'Amazonie. Comme elle, il ouvre un golfe dans la côte équatoriale, il possède son archipel d'îles minuscules, dont l'île de S. Luiz caricature l'île de Marajó. Ses fleuves (Pindaré, Mearim, Guajahú et Itapicurú) naissent dans le SO. de l'État, dans les hauteurs qui coupent le bassin du Tocantins. Un vaste bassin central et bas leur permet d'étendre leurs méandres indéfiniment, et de former des lacs et des lagunes. Ce n'est guère que sur les rebords occidentaux et méridionaux que l'on trouve quelque relief marqué, dépassant 200 mètres ; le reste n'est que la vaste plaine, tour à tour sèche et inondée.

Climatologiquement le Maranhão rappelle l'Amazonie par ses températures, mais, par ses pluies, possède deux saisons mieux marquées, dont l'une, la saison sèche, annonce les climats semi-arides de l'Est et dessèche les rivières et les fleuves.

Le Piauhy est formé par la partie orientale du bassin du Rio Parnahyba ; son rebord montagneux de l'Est est constitué par les *Serras* d'Ibiapaba, de Cariris, de Dois-Irmãos, de Piauhy, etc., dont le rôle météorologique semble être considérable, comme nous l'avons dit.

(*b*) *La région du littoral* est formée par la côte rectiligne qui suit le delta du Parnahyba. Sur la côte du Ceará commencent les récifs coralligènes. Au Cap S. Roque, elle change définitivement de direction vers le Sud. Au Nord du Cap S. Roque les limites de cette région climatologique sont imprécises ; au Ceará elle englobe les régions voisines de la côte dont la pluie dépasse en moyenne un demi-mètre par an. Au Sud du Cap S. Roque, c'est le rebord oriental de la Serra da Borborema qui marque ses limites.

(Nous arrêtons arbitrairement la région littorale du

climat sub-équatorial à l'estuaire du S. Francisco, d'abord
pour ne point empiéter sur la côte tropicale de Bahia à
Santos, qui garde une certaine harmonie, ensuite parce
que le littoral du Nord-Est brésilien présente la particularité
climatologique des pluies d'hiver.)

(c) *La région intérieure ou des Savannes* est le Nord-
Est par excellence. C'est la zône semi-aride avec toutes
ses caractéristiques. Elle comprend l'intérieur du Céarà,
du Rio Grande do Norte, de la Parahyba, de Pernambouc
et de Bahia ; c.-à-d. les terres situées entre le bassin de Rio
Parnahyba et le Haut S. Francisco.

Les travaux contre les sécheresses ont amené des
commissions d'ingénieurs à exécuter des relevés topographiques précis de cette région et il s'ensuit que sa
physionomie aujourd'hui est assez profondément modifée,
par rapport aux descriptions géographiques qui en furent
données.

(d) *La région des Serras* est formée d'îlots montagneux
où les conditions du littoral se retrouvent.

(3) Types de Climats régionaux.

(A) Le Climat du Maranhão.

La littérature climatologique relative au Maranhão est
encore très pauvre. Ce n'est guère que depuis l'installation d'une demi-douzaine de stations appartenant au
réseau de l'Union que des informations plus détaillées et
quelques séries se trouvent à notre disposition. Il existe
des observations de 1883 et 1888 sur S. Luiz et une série
de 1891 assez complète, mais de valeur douteuse (J. Hann
se refusa à en publier les données relatives à la température). Pour les pluies, les observations sont plus nombreuses. C'est donc sur les données récentes (1911-1913)
que l'on peut étudier la région ; elles nous ont été communiquées par Mr. H. Morize.

Il serait inexact de dire que le Maranhão possède *un*
climat défini. Le littoral et les îles, la grande plaine
fluviale intérieure et le cercle montagneux du pourtour

constituent autant de types locaux qu'il faudra étudier, quand le nombre des observations le permettra. Dès maintenant, toutefois, S. Luiz, Tury-Assù, S. Bento constituent les différents aspects d'un même type maritime; Barra do Corda, Caxias, Therezina forment un autre type; tandis qu'Imperatriz, Carolina et le Haut-Parnahyba représentent un type continental plus accentué.

Ce qui caractérise les climats du Maranhão c'est l'uniformité équatoriale des températures et des pressions, et leurs pluies qui, par leur importance, tiennent de l'Amazonie, et par leur distribution, tiennent du Nord-Est.

En ce qui concerne la *pression atmosphérique,* pour les différentes stations les moyennes annuelles sont encore peu connues. Thérezina enregistre 752·3 (deux années) c.-à-d. environ 760, pression relativement haute pour cette latitude.

D'après la série de 1891, S. Luiz aurait une pression moyenne de 758·7 et oscillerait entre les extrêmes de 756·3 et 762·8.

De l'examen des séries plus modernes on peut calculer que les pressions du Maranhão présentent leurs minima pendant les mois de novembre à janvier et leurs maxima de juin à septembre; ainsi septembre et décembre (1912-13) indiquent :

		Septembre		Décembre
Tury-Assù	...	761·2	...	759·2
S. Luiz ...	...	760·7	...	758·2
S. Bento	...	761·3	...	759·5
Barra do C.	...	755·3	...	753·3

Les différences entre les moyennes mensuelles sont faibles, variant entre 2·2 mm. et 3 mm.; mais elles sont plus fortes qu'au Parà.

Température.—La température annuelle moyenne de 28° attribuée à S. Luiz en 1909 nous paraît exagérée, il en est de même de celle de 27°4 C. des séries de 1883-88. Celle de 26°6, que nous communique l'Observatoire de Rio est plus vraisemblable et coïncide presque avec celle de 26°8 que Liais lui attribuait en 1872 (sans indiquer de source).

À propos de la température moyenne de S. Luiz, Liais a posé une question intéressante, sur laquelle d'ailleurs nous ne partageons pas son avis autorisé.

Par sa formule bien connue où L représente la latitude du lieu, un point quelconque du globe trouve la moyenne de sa température, non réelle, mais mathématique, exprimée par :

$$56°7 \cos L - 28°8.$$

Cette formule donne des moyennes fort acceptables pour l'Équateur et les Tropiques (son application à Rio de Janeiro est exacte), mais au Nord de Pernambouc, jusqu'à la Guyane, S. Luiz avec 27°8, Parà avec 27°9 et Cayenne avec 27°7, diffèrent profondément de la réalité, plus profondément même que Liais ne le croyait, guidé à peine par les données de Beaurepaire-Rohan sur le Parà.

Il y a effectivement une anomalie négative dans les températures moyennes de l'air, sur la côte sud-américaine de part et d'autre de l'Équateur. Elle effleure le continent depuis son extrémité septentrionale jusqu'au Cap S. Roque (voir Schott, Table XX). Sa valeur est de −1°1 environ. D'autre part il existe une anomalie de même sens dans les températures de l'eau, entre Pernambouc et Cayenne, cette fois, de −1° environ. Dans sa géographie de l'Atlantique, Schott nomme " Région équatoriale " la partie médiane de l'Océan, entre le Cap S. Roque, l'île de Trinidad, le Cap Vert et le Gabon ; il nomme " Région brésilienne " la moitié sud-américaine de l'Atlantique Sud entre S. Roque et le Rio de la Plata.

Suivant Liais la côte orientale, de la " Région brésilienne," jouit de la température appartenant moyennement à sa latitude, sans subir d'influence spéciale des courants marins ; il n'en est pas de même de la " Région équatoriale " ou côte, au Nord du Cap S. Roque. Il attribue alors ce fait à des courants très lents du fond à la surface, entre la Guinée et l'Amérique.

Schott reconnaît l'existence de courants du fond à la surface dans le Golfe de Guinée et explique ainsi le

16

refroidissement qui se produit sur la côte du Togo, quand le Golfe de Guinée, bien que dans l'hémisphère Nord, subit son hiver au mois d'août ; mais il ne semble pas que l'on puisse appliquer cette anomalie à la côte du Maranhão, car si les eaux du courant équatorial sont *relativement* fraîches, il n'en est pas moins vrai que les températures de l'air sont relativement plus fraîches encore. Nous avons ici les différences successives suivant les latitudes :

| | | Températures | | |
Latitude		de l'air		de l'eau		Diff.
10° lat. N.	...	27·1	...	27·2	...	— 0·1
5°	...	26·8	...	27·4	...	— 0·6
Équateur	...	26·6	...	27·1	...	— 0·5
5° lat. S.	...	26·1	...	26·4	...	— 0·1
10°	...	25·7	...	25·8	...	— 0·6
15°	...	24·5	...	25·1	...	— 0·7

Le courant équatorial relativement froid qu'observait Liais dans son voyage de 1858 fut mis en évidence par des observations de la température de la mer qui ne cadrent pas, à l'heure qu'il est, avec des observations plus récentes et plus détaillées ; nous y retrouvons toutefois la hausse due à l'Équateur thermique :

Sous 6° lat. N.	...	...	27° C.
„ 1°	...	...	25°
„ 4° lat. S.	...	...	26°
„ 6°	...	...	27°

Parmi les autres localités de la région Maranhão-Piauhy, les observations accusent les moyennes suivantes :

Tury-Assú	...	...	...	...	26·1
Caxias	...	...	...	...	26·5
Thérézina	...	...	...	...	26·9

Les températures d'autres districts : S. Bento (24·1 C.) et Barra do Corda nous paraissant un peu faibles, nous obtenons (en les corrigeant à l'aide d'autres années) :

S. Bento	...	...	26·1
Barra do Corda		...	25·5 (avec interpolations)
Imperatriz	...	...	23·2 (Observatoire de Rio)

En général, on peut dire que les oscillations des moyennes mensuelles sont assez faibles et marquent des écarts suivant les lieux, de 2° à 3°5 au cours de l'année. Les températures moyennes les plus élevées coïncident avec les mois

· de l'été austral, entre novembre et février, mais les températures maxima sont souvent enregistrées en septembre ou en mars. Les minima se produisent généralement entre mars et juillet, mais elles sont assez accentuées pendant les mois les plus chauds, d'où il ressort que les oscillations au cours d'un même mois sont plus considérables pendant les mois de l'automne ; ce qui s'explique d'ailleurs par la présence de la saison pluvieuse. A Barra do Corda nous trouvons un climat continental très doux, exprimé de la façon suivante :

Mois		Moyenne		Maxima ab.		Minima ab.
Janvier	...	26·3	...	36·0	...	19·6
Avril	...	25·3	...	33·2	...	20·6
Juillet	...	25·1	...	34·1	...	12·0
Octobre	...	25·8	...	35·6	...	18·0

La plaine centrale du Maranhão offre donc déjà des minima que l'on ne trouve pas dans la plaine amazonienne.

Tury-Assú offre des écarts de 3·5 entre ses moyennes mensuelles ; ses maxima dépassent à peine 34° et son minimum est 20° C. Les températures absolues de S. Luiz sont 35·1 et 20·6 ; celles de S. Bento 36·4 et 20 ; celles de Thérézina 37·7 et 17·4. (Données relatives aux années 1912 et 1913.)

Voici, d'après l'Observatoire de Rio, les moyennes mensuelles des principales localités de la région que nous examinons (1913) :

	J.	F.	M.	A.	M.	J.	J.	A.	S.	O.	N.	D.
Tury-Assú	27·5	25·1	25·0	25·0	24·7	25·3	25·2	26·4	26·8	27·0	27·5	27·3
S. Luiz	27·1	25·6	25·7	25·2	25·8	26·7	26·1	26·8	27·1	27·3	27·8	27·4
Caxias	27·9	26·8	26·1	26·3	25·3	24·7	25·0	26·2	27·5	27·6	28·2	26·9
Thérézina (1912)	25·4	25·4	25·7	26·7	26·9	26·5	26·1	26·7	28·5	28·9	28·4	27·8

Le caractère légèrement continental des deux dernières localités est mis en relief ici, quoique les données de Thérézina soient de l'année antérieure (ce qui nuit à la comparaison de contrées équatoriales entre elles).

Dans l'intérieur du Maranhão, sous 5°31' de lat. S. sur les rives du Tocantins, et à 100 mètres d'altitude environ, c.-à-d. au-delà de l'hémicycle montagneux, se trouve la petite localité d'Imperatriz, qui, par la distribution de ses pluies, semblerait plutôt faire partie de la région tocantine de l'Amazonie. Nous ne disposons encore que des observations relatives à 1914 (communiquées par Mr. H. Morize); les données relatives à Carolina, dans les mêmes conditions topographiques, sont encore incomplètes. La région semble toutefois particulièrement intéressante par la faiblesse de ses moyennes thermométriques :

Janvier	...	23·1	Mai	...	23·4	Septembre	...	23·1
Février	...	23·2	Juin	...	21·8	Octobre	...	24·1
Mars	...	23·6	Juillet	...	21·1	Novembre	...	24·0
Avril	...	23·7	Août	...	22·7	Décembre	...	24·2

Météores humides.—La tension moyenne de la vapeur d'eau est assez élevée; ses moyennes mensuelles sont plus fortes dans la région du littoral que dans l'intérieur des terres, elles sont plus élevées également pendant la période des pluies. Elles varient, peut-on dire, de 19·5 mm. (S. Luiz en octobre) à 22·3 mm. (S. Bento en avril); dans la région intérieure elles varient, à Barra do Corda, entre 16·1 et 20·8.)

La *nébulosité* moyenne est très considérable au cours de l'année entière, mais elle semble varier sensiblement d'une année à l'autre. S. Luiz, par exemple, offre entre 1891 et 1913 le contraste suivant :

		1891		1912-13			1891		1912-13
Janvier	...	3·7	...	6·9	Juillet	...	4·1	...	5.0
Février	...	4·1	...	8·8	Août	...	4·2	...	7·2
Mars	...	4·6	...	8·7	Septembre	...	4·3	...	7·2
Avril	...	4·4	...	7·7	Octobre	...	4.0	...	7·3
Mai	...	4·3	...	—	Novembre	...	3·5	...	7·4
Juin	...	3·6	...	6·0	Décembre	...	4·0	...	6·9

C'est toutefois avec la saison des pluies que coïncident les maxima de nébulosité. Ces maxima atteignent des proportions très considérables à Tury-Assú (1912-13) où février, mars et avril ont enregistré des moyennes de 9·4, 9·1 et 9. À Barra do Corda, la nébulosité est sensiblement plus faible, il en est de même à Thérézina.

Au point de vue des *précipitations* le caractère de transition qu'offre le Maranhão est particulièrement marqué. Draenert classait la région dans la zône des pluies d'été et d'automne. Les données actuelles nous permettent d'établir que c'est une région de pluies d'automne austral par excellence. Il y a un maximum unique qui se produit en mars ou en avril et une saison sèche de juillet à septembre, moins prononcée toutefois dans le voisinage du littoral. Il y a de plus, à mesure que l'on s'avance vers le Sud-Ouest, une tendance vers un maximum d'été ou même vers la manifestation de deux maxima annuels (ex. : Imperatriz, Alto-Parnahyba); par là, cette région tient à l'Amazonie intérieure, comme par sa période sèche accentuée elle tient au NE. brésilien et par son maximum d'automne au climat du Parà.

Quelques séries de S. Luiz indiquent la variation des maxima d'automne :

Janvier	...	86 mm.	...	38 mm.	...	71 mm.
Février	...	256	...	78	...	399
Mars	...	*520*	...	199	...	432
Avril	...	501	...	402	...	*448*
Mai	...	489	...	*682*	...	395
Juin	...	145	...	82	...	55
Juillet	...	157	...	55	...	193
Août	...	36	...	25	...	7
Septembre	...	15	...	0	...	3
Octobre	...	17	...	0	...	32
Novembre	...	20	...	17	...	0
Décembre	...	56	...	57	...	45

(La première colonne est donnée par L. Voss d'après $4\frac{1}{6}$ années d'observations, la seconde appartient à la serie de 1891, la dernière relative à 1913). Nous avons également pour différentes localités :

	J.	F.	M.	A.	M.	J.	J.	A.	S.	O.	N.	D.
Caxias	130	454	534	246	589	297	0	23	19	49	11	100
S. Luiz	71	399	432	448	395	55	193	7	3	32	0	45
S. Bento	143	279	446	392	269	213	114	65	4	45	2	25
Tury-Assú	44	407	536	744	449	163	214	29	3	63	1	56
Imperatiz	355	76	195	90	41	30	29	37	21	73	24	153
Thérézina	175	145	169	247	20	0	0	—	8	54	56	45

(B) Le Climat de Quixeramobim.

C'est la série Weber, comme nous l'avons déjà dit, comprenant une décade, qui a fait connaître véritablement le climat du sertão du Céarà. Cette série représente, à l'heure actuelle, vingt ans d'observations à Quixeramobim.

Ce fut le Dr. Weiss, chef de la Section technique de l'Administration fédérale des Télégraphes qui chargea, en 1895, Mr. Oswaldo Benno Weber de l'installation de l'Observatoire de Première Catégorie de Quixeramobim.

Cet observatoire se trouve à 200 mètres d'altitude, sous 5°16′ de lat. S. et 39°56′ O. de Gr. Le climat de Quixeramobim, très intéressant et très utile à connaître, ne représente que celui du Sertão du Céarà et rien de plus. " Situé plus ou moins au centre du Sertão," dit O. Weber, " il constitue par suite un type propre de climat de steppe, mais ne représente pas, toutefois, le climat du Céarà en général. Les données relatives aux régions montagneuses et au SO. du pays sont foncièrement différentes. Dans ces régions les sécheresses sont inconnues, un éternel printemps y règne et les minima atteignent 10° C. Dans les montagnes et dans le SO., à Crato, par exemple, les fleuves ne tarissent pas et tout ce que l'on plante y pousse régulièrement, la végétation y est aussi luxuriante que dans le Sud ; le Sertão, au contraire, est sec ; de juin à janvier on n'y voit pas une feuille verte, les teintes jaunes y prédominent. Les fleuves sont desséchés. A 130 kilomètres de là, la Serra de Baturité offre un climat tempéré et une végétation complète. Dans la montagne coulent des fleuves abondants, en la quittant ils s'enfouissent dans les sables et à cinq kilomètres du pied de la montagne on se trouve en pleine steppe."

Pression atmosphérique.—Dix ans d'observations indiquent pour Quixeramobim une pression atmosphérique moyenne de 743˙6 mm. qui, réduite au niveau de la mer, représente 759 mm., c.-à-d. légèrement supérieure à celle du Gabon et de Parà, à peine plus marqué que celle de Quixadà, dans le Sertão voisin. A Quixeramobim, comme à Quixadà, les maxima se présentent entre juin et septembre, avec une légère dépression en juillet. Les minima sont entre novembre et janvier avec une dépression postérieure en mars. Voici les variations au cours de l'année pour les deux centres du Céarà (pression non-réduite) :

	QUIXERAMOBIM			QUIXADÁ[1]		
	Moy.	Max.	Min.	Moy.	Max.	Min.
Janvier...	742·6	744·7	740·2	744·5	746·6	741·9
Février...	43·2	45·0	40·9	46·0	47·1	43·7
Mars ...	42·5	44·3	40·3	44·2	46·6	41·2
Avril ...	43·0	44·7	40·9	45·3	47·0	43·6
Mai ...	43·7	45·4	41·7	44·8	46·6	42·9
Juin ...	44·8	46·5	42·8	46·3	47·7	44·6
Juillet ...	45·1	46·9	42·9	46·1	48·2	45·4
Août ...	44·9	46·9	42·6	46·8	48·0	45·1
Septembre	44·4	46·6	41·8	46·2	47·9	44·0
Octobre	43·5	45·8	40·9	45·0	47·4	42·3
Novembre	42·5	44·6	40·0	43·8	46·8	40·9
Décembre	42·7	44·7	40·2	43·6	45·3	41·5

Les maxima sont plus accentués à Quixadà qu'à
Quixeramobim et les minima le sont moins, mais les
courbes annuelles sont semblables.

Les moyennes des extrêmes sont respectivement de
748·8 et de 737·8 pour Quixeramobim. L'écart entre les
moyennes mensuelles y est de 2·6 mm.; or l'écart diurne
peut y atteindre 4 et 4·6 mm.; il est particulièrement prononcé pendant les mois les plus chauds.

Au cours de la journée, le baromètre présente deux
maxima; celui du matin entre 9 et 10 a.m. (plus tardif
pendant la saison fraîche) et celui du soir entre 11h. et
minuit. Le minimum du matin (4 a.m.) n'est pas très
prononcé, celui de l'après-midi entre 4 et 5 p.m. l'est
davantage. Les oscillations du baromètre sont régulières,
rappellant celles du Parà et de Manàos; elles ne semblent
pas dépendre du temps; les précipitations, par exemple,
influent encore moins que les températures.

Température.—La moyenne thermométrique de Quixeramobim est essez élevée. Draenert lui attribuait 27·3 après

---

[1] *Quixadá*, station sur l'E.F. de Baturité, à 187 k. de Fortaleza sous le 4°57′
lat. S. et le 39°32′ O. de Gr., a 221 mètres d'altitude. Les données relatives à
Quixadá ont été recueillies par l'ingénieur J.B. da Cunha Figueiredo en 1897.
Il existe actuellement des séries plus récentes. Pour 1912 l'Observatoire de
Rio nous a communiqué :

Pression atmosphérique	...	...	...	...	744 mm.
Température moyenne	...	...	...	...	26·3 C.
Moyenne des maxima	...	...	...	...	31·0
,, minima	...	...	...	...	23·8
Maximum absolu	...	...	...	...	35·0
Minimum ,,	...	...	...	...	21·0

Pour 1913, le *Rapport de l'Inspectoria de Obras contra as Seccas* enregistrait à
l'Horto Florestal de Quixadá la moyenne générale de 26·4 C.

la première série de 5 ans d'observations, les cinq années qui suivirent ne modifièrent point cette moyenne. De son côté, le Sertão de Quixadà aurait 26·9 pour moyenne.

Les températures moyennes très hautes sont une des caractéristiques du Sertão du Céarà. Au point de vue physiologique toutefois leur effet est moins marqué qu'on ne le croirait, en raison de la distribution de l'humidité relative dans cette région. Quixeramobim, à 210 kilomètres de la mer, jouit peut-être d'un climat plus continental que celui de Quixadà qui est à 170 k. du littoral.

Ce qui frappe à première vue dans la série Weber, c'est la succession irrégulière, si commune dans les régions équatoriales, d'années fraîches et d'années chaudes. 1904 a enregistré 27° pour moyenne et 1900 28°2. Les écarts que présentent les différentes années sont moins marqués pendant les mois chauds que pendant les mois frais. Prenons les mois de mai et de décembre :

	1896	1897	1898	1899	1900	1901	1902	1903	1904	1905
Mai ...	25·3	25·5	27·7	25·0	28·6	25·8	25·9	27·7	26·4	26·4
Décembre ...	29·1	28·8	27·9	28·9	28·4	28·8	28·9	28·8	27·9	28·1

Le mois de décembre le plus chaud ne diffère du mois de décembre le plus frais que de 1·2 tandis que la différence entre les mois de mai est de 3·6 C. Rappelons que l'année 1900 coïncide avec une sécheresse assez importante.

L'écart entre le mois le plus chaud et le mois le plus frais est de 2·4 C. à Quixeramobim et de 3·9 à Quixadà. Les différences entre minima absolus et maxima absolus sont plus prononcées pendant la période humide ; au cours de l'année, la différence totale est de 14·1 à Quixadà et de 16·3 à Quixeramobim. Dans cette dernière ville (1895-1906) les extrêmes absolus furent de 36·0 et 19·1, les moyennes des extrêmes 32·4 et 23·4 (O. Weber). Si nous comparons Quixadà à Quixeramobim, nous obtenons :

	Quixadà			Quixeramobim		
	Moy.	Max.	Min.	Moy.	Max.	Min.
Janvier ...	28·8	... 35·1	... 25·0	... 28·4	... 35·6	... 22.2
Février ...	26·5	... 31·5	... 23·5	... 27·4	... 34·4	... 21·6
Mars ...	26·7	... 32·2	... 23·6	... 26·8	... 33·3	... 22·0
Avril ...	26·1	... 31·0	... 23·4	... 26·7	... 32·7	... 21·7
Mai ...	25·8	... 30·8	... 23·1	... 26·4	... 32·3	... 20·7
Juin ...	24·9	... 30.7	... 22·1	... 26·2	... 32·5	... 20·1

| | Quixadà | | | Quixeramobim | | |
	Moy	Max.	Min.	Moy	Max.	Min.
Juillet ...	25·0	30·8	22·1	26·3	33·0	19·6
Août ...	26·0	32·0	22·4	26·8	33·9	20·8
Septembre	27·8	33·8	23·5	27·7	34·9	22·0
Octobre ...	28·0	33·0	23·2	28·1	35·5	22·4
Novembre	28·6	35·8	23·7	28·4	35·8	22·8
Décembre...	28·8	36·2	23·7	28·6	35·9	22·7

La même similitude que nous avons notée entre les courbes de pressions dans ces deux centres du Sertão, se représente pour leurs courbes thermiques.

Les mois les plus chauds sont ceux de septembre à février. La moyenne des maxima absolus est identique aux deux endroits, mais celle des minima est plus basse à Quixeramobim.

Dans cette dernière ville, une étude des températures horaires, au cours des différents mois, permet de décrire l'année de la façon suivante : l'écart diurne moyen est de 8° C. environ (27°7 et 31°8), très supérieur, par conséquent, à l'écart annuel. Pendant l'été austral, les températures descendent peu au-dessous de 25°; ce sont les premières heures de la matinée (5, 6 ou 7 a.m.) qui sont les plus fraîches de la journée. À partir de 9 a.m. chaque heure, peut-on dire, augmente d'un degré la chaleur du jour; le 30° est atteint vers midi et le maximum 33° est entre 3 p.m. et 5 p.m. Après 6 p.m. la température décroît de la même façon; à 10h. du soir le thermomètre marque encore 27°, pendant les mois les plus chauds.

À partir de mars jusqu'en août, au cours de la journée, le thermomètre ne dépasse que faiblement le 30° C. Pendant les mois frais, juin, juillet et août, entre 5 et 7 a.m., la température tombe au-dessous de 23° C. et la décroissance, à partir de 5 p.m. est beaucoup plus rapide; à 10h. du soir, le thermomètre marque généralement 25° C. et les nuits sont de 1° ou 2° C. plus fraîches qu'en été.

Un autre point intéressant du Sertão, dont les conditions générales ressemblent à celles des centres examinés, est Iguatú. Cette localité se trouve à peu près à la même altitude que Quixeramobim, étant à 212 m. Elle reçoit autant d'eau que Quixadà; sa pression (742·5 mm.) n'est

pas beaucoup moins considérable que celle des deux
localités citées. Cependant Iguatú (desservie par l'E.F.
Baturité et à près de 300 kilomètres dans l'intérieur du
Céarà) jouit d'une température moyenne de 23·7 (1913)
ou 23·8 (1912) et varie entre les extrêmes de 37·8 et 9·2 C. ;
se trouvant sous le 6°52′ de lat. S., son climat continental
est plus accentué que celui de Quixeramobim ; les écarts
des moyennes mensuelles, au cours de l'année, dépassent
5° C. Voici d'ailleurs ce que nous communique Mr. H.
Morize relativement à Iguatú en 1912 :

Janvier	...	24·6	Mai	...	22·8	Septembre	...	24·4
Février	...	23·5	Juin	...	22·2	Octobre	...	25·2
Mars	...	23·3	Juillet	...	21·2	Novembre	...	25·7
Avril	...	23·6	Août	...	23·1	Décembre	...	26·3

Par cet exemple, on peut se rendre compte que l'étude
du Sertão du NE. réserve, au point de vue des courbes
thermiques, un certain nombre de cas intéressants.

Météores humides.—En ce qui concerne l'humidité
relative et la tension de la vapeur d'eau, il semble qu'un
contraste se présente entre Quixeramobim et Quixadà,
mais les données relatives à d'autres localités ne nous
permettent point de suivre ce contraste dans ses détails.
Le fait que ces deux localités du Céarà connaissent leurs
maxima en des saisons différentes, avait déjà frappé
Draenert. Quixadà présente une humidité relative plus
haute pendant les plus faibles pluies, Quixeramobim voit
coïncider son humidité maximum avec les plus fortes
précipitations.

Quixadà possède une tension de vapeur d'eau moyenne
plus considérable que Quixeramobim ; il en est de même
pour son humidité relative. Dans la première de ces villes,
les valeurs sont respectivement de 19·20 mm. et de 73·8
pour cent, dans la seconde de 16·3 mm. et de 63 pour cent.
Ces proportions se retrouvent à peu près dans la pluviosité.
À Iguatú la tension de vapeur d'eau est en moyenne de
17·3 mm. et l'humidité relative de 79·8 pour cent.

Voici les variations de ces deux phénomènes au cours
de l'année, et le contraste qui s'en dégage :

	Quixadà		Quixeramobim	
	H. absolue	H. relative	H. absolue	H. relative
Janvier	18·4	74·6	16·9	61
Février	19·3	73·0	17·6	67
Mars	19·6	74·9	18·5	72
Avril	19·6	79·8	18·4	73
Mai	20·0	81·7	17·7	71
Juin	19·4	81·4	16·1	66
Juillet	19·4	78·0	15·3	63
Août	19·3	73·0	15·0	60
Septembre	19·6	67·0	14·7	56
Octobre	18·2	66·0	14·7	55
Novembre	18·6	73·8	15·4	56
Décembre	18·6	67·0	15·6	56

Au cours de la journée l'humidité relative à Quixer-amobin présente ses maxima (de 74·2 pour cent en septembre à 85 pour cent en avril) dans la matinée, plus tôt pendant la période sèche (2—3 a.m.); plus tard pendant la saison humide (5—6 a.m.); les minima d'humidité relative se présentent vers 4 ou 5 p.m. (de 30·2 pour cent en octobre à 55·1 pour cent en avril). A Quixadà les extrêmes enregistés furent (1897) 32·2 et 98·8 pour cent.

Draenert remarque avec raison que, quoique Quixer-amobim et Quixadà jouissent d'un climat réputé très sec, leurs minima d'humidité relative, de 30 à 32 pour cent, n'atteignent jamais les minima du grand plateau sub-tropical, où Uberaba enregistre 25 et 22 pour cent.

La nébulosité moyenne du Sertão du Céarà est assez importante; elle est représentée par :

Quixeramobim	5·2
Quixadá	4·9
Iguatú	5·6

Les données de la série Weber sont très complètes relativement à la nébulosité de Quixeramobim. Par là on vérifie que les maxima ont lieu pendant les mois pluvieux (6·8 pour février, 7 pour mars, 6·5 pour avril) et les minima (3·5 et 3·4) entre juillet et novembre : chacun de ces trois mois (c.-à-d. août, septembre et octobre) comptent plus de 21 jours clairs, tandis que les mois pluvieux n'en comptent que 5 à 8. Les jours de rosée sont très peu nombreux (62 par an, en moyenne) : avril, mai, juin et juillet ont une dizaine de jours de rosée chacun; à partir de septembre ce phénomène disparaît.

La série Weber indique également le nombre d'heures d'insolation et l'évaporation au Soleil et à l'ombre. Le nombre d'heures d'insolation atteint 3,055 par an, octobre recevant 314 heures, presque le double de février. L'insolation à Rome est de 2,300 à 2,950 heures en moyenne par an ; celle de Christiania est de 1,741h. en moyenne. Le maximum d'insolation, en octobre, à Quixeramobim atteint 303 heures, tandis que celui de juillet à Rome, la moyenne de 10 années est 361·9 heures, avec des maxima dépassant 430 heures. (*Publicazioni della Specola Vaticana* VII, 1905). Quant à l'évaporation à l'ombre (1·235 mm.) maxima pendant la saison sèche, elle n'est même pas égale à celle du plateau subtropical (Bello Horizonte, 1·404 mm.).

L'observation de ces météores humides vient confirmer les opinions émises que nous avons citées à plusieurs reprises : au point de vue météorologique, les phénomènes qui caractérisent les régions sèches ne se trouvent pas réunis dans la zône dite semi-aride du Brésil.

La pluviosité, voilà la grande irrégularité, voilà la véritable cause des sécheresses et cependant elle ne manque jamais ; ainsi depuis 1896 on a eu à Quixeramobim les totaux suivants ; nous citerons deux mois caractéristiques : mars qui est décisif et décembre qui est de mauvais augure quand il est pluvieux :

Années		Total		Mars		Décembre
1896	...	891	...	266	...	1
1897	...	1,021	...	270	...	0
1898	...	433	...	53	...	62
1899	...	1,048	..	277	...	1
1900	...	435	...	40	...	168
1901	...	635	...	214	...	0
1902	...	343	...	52	...	1
1903	...	314	...	91	...	1
1904	...	454	...	186	...	0
1905	...	384	...	169	...	3

Le contraste qui existe entre l'année normale et l'année sèche est un contraste de distribution : 1900 (sec) et 1901 (normal) le démontrent :

	J.	F.	M.	A.	M.	J.	J.	A.	S.	O.	N.	D.
1900	*168*	63	91	40	26	24	10	4	0	0	0	0·1
1901	0	19	130	*214*	108	66	53	34	0	3	0	8·1

Entre l'année normale et l'année sèche il ne peut donc y avoir qu'une faible différence de hauteur de pluies de 200 mm.

La pluviosité à Quixadà suit une courbe à peu près identique, sa hauteur en 1897 fut de 1·257 mm. et en 1912 de 1·055 mm. Ses moyennes sont plus hautes que celles de Quixeramobim.

À Quixeramobim la hauteur moyenne annuelle des pluies est environ 600 mm., dont 540 mm. doivent tomber de janvier à juin et 60 mm. de juin à décembre. Pendant l'époque sèche, les rares pluies sont des pluies nocturnes, pendant la période humide ce sont des pluies du matin (max. vers 5 a.m.) et de la soirée (max. 9 p.m.).

Les vents qui prédominent à Quixeramobim sont le vent de l'E. (17 pour cent), le NE. et le SE. (15 et 14 pour cent); les vents du Sud et du Nord (11 pour cent chacun); ceux du SO., O. et NO. sont plus rares, mais coïncident avec les pluies. Les calmes ne représentent que 5 pour cent. La vitesse des vents est maxima (5 et 5·1 B) pendant la saison sèche, minima pendant les pluies (2·2 en avril et mai). Le vent, au cours de la journée, présente deux maxima entre 9h. et midi, puis vers 11h. du soir.

Un signe précurseur de la sécheresse au cours de l'année est le tourbillon de poussière se déplaçant de l'E. vers l'O. Il se manifeste à partir de 10 a.m. jusqu'au minimum barométrique de 4 p.m. En 1900, le fleuve Quixeramobim resta sec jusqu'en décembre dont les pluies anormales le remplirent, mais le 8 janvier il était déjà sec.

Le *Boletim mensal* décrit 1901 de la façon suivante: janvier, le tourbillon de poussière recommence; février le voit disparaître, quelques pluies font verdir les prés, le ciel est chargé d'électricité; mars est très orageux, la pluie atteint 214 mm.; avril est moins pluvieux, mai voit les cultures dépérir, faute d'eau suffisante. Août: le Quixeramobim est à sec, septembre retrouve le tourbillon de poussière. Pas de pluies; l'Ouest est orageux en décembre.

(C) Le Climat de Guaramiranga.

Les données relatives à cette localité sont encore peu nombreuses ; d'après les communications de l'Observatoire de Rio, nous pouvons toutefois nous rendre compte de ce que représente, au Céarà, le climat de montagne, si l'on peut s'exprimer ainsi.

Guaramiranga est une localité de la Serra de Baturité à 15 k. au NO. de la ville de Baturité sur la route de Marroas à Tauhà ; son observatoire est situé sous le 4°17′ de lat. Sud à 780 mètres d'altitude. Son climat peut servir de type pour la région élevée de l'intérieur (Pacoty, Molungú, Coité se trouvent en situations identiques).

La pression atmosphérique moyenne y est de 689·9 mm. ; sa température moyenne fut de 20·5 C. en 1912 ; au cours de l'année ses moyennes furent :

Janvier	...	21·3	Mai	...	20·4	Septembre ...	20·4
Février	...	20·7	Juin	...	19·6	Octobre ...	20·6
Mars	...	20·8	Juillet ...	19·6	Novembre ...	20·6
Avril	...	20·9	Août	...	19·8	Décembre ...	21·4

La localité jouit donc d'un climat exceptionnellement doux ; la moyenne des minima y est de 16·4.

La tension de la vapeur d'eau y est de 15·6 mm. et l'humidité relative de 87 pour cent. La nébulosité est considérable (7·1) et les pluies atteignent 1,929 mm. ; tandis qu'ailleurs prédominent les vents d'E., NE. et SE., Guaramiranga voit prédominer ceux de SO. et O. Il semble qu'il y ait là une nouvelle confirmation de la théorie des sécheresses de Weber, puisqu'il s'agit bien ici d'une différence de hauteur dans les vents qui parcourent le Céarà.

(D) Le Climat de Récife et Parahyba.

Le climat du littoral NE. du Brésil n'est guère uniforme des bouches du Parnahyba à celles du S. Francisco. Il y a des contrastes assez marqués, surtout en ce qui concerne la distribution des pluies. À Fortaleza, les pluies sont d'été et d'automne ; à Mossoró, elles sont encore des pluies d'automne marquées ; plus avant vers l'Est, ce sont des pluies d'automne et d'hiver ; il en est de même à Nova Cruz, plus à l'Est encore ; enfin à Parahyba et Récife les

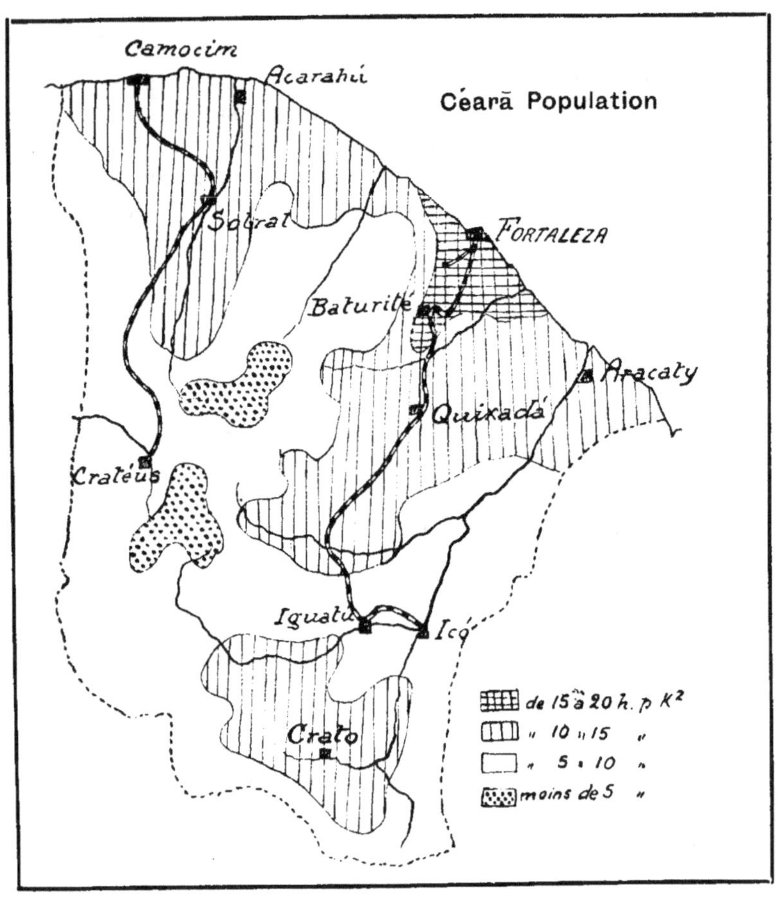

Camocim
Acarahú
Céara Population
Sobral
FORTALEZA
Baturilé
Aracaty
Quixadá
Cratéus
Iguatú
Icó
Crato
de 15 à 20 h. p K²
" 10 " 15 "
" 5 " 10 "
moins de 5 "

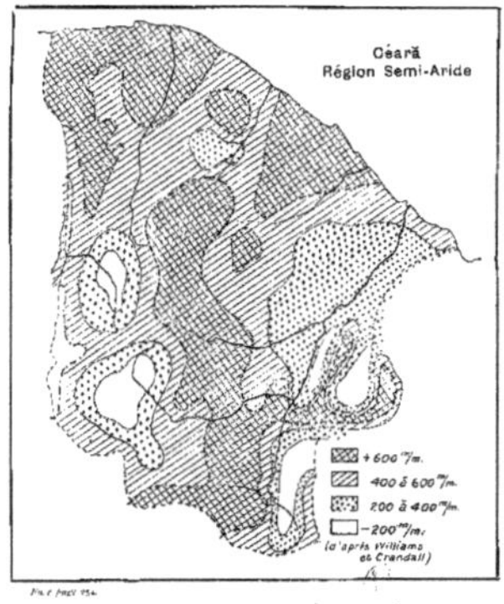

Céará
Région Semi-Aride
+ 600 m/m.
400 à 600 m/m.
200 à 400 m/m.
- 200 m/m.
(d'après Williams et Crandall)

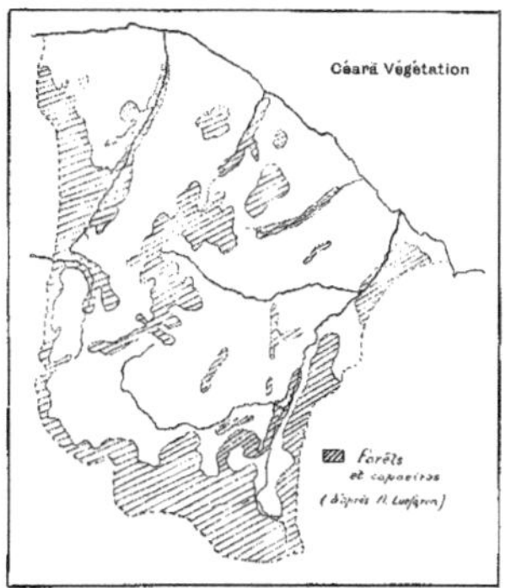

Céará Végétation
forêts et capoeiras
(d'après H. Lofgren)

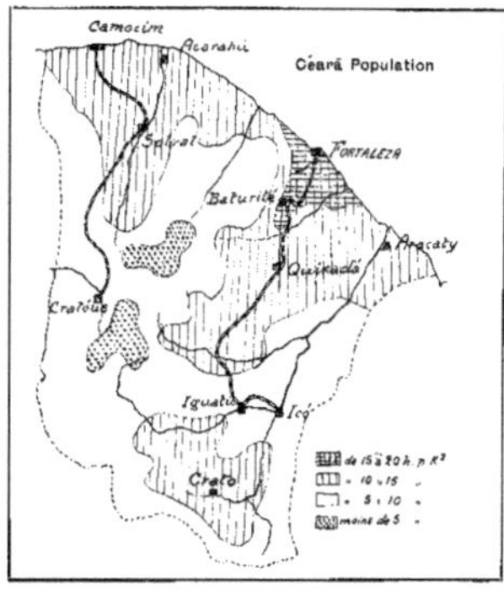

Céará Population
Camocim
Acarahú
Sobral
FORTALEZA
Baturité
Aracaty
Quixadá
Crateus
Iguatu
Icó
Crato
de 15 à 20 h. p. K²
10 à 15
5 à 10
moins de 5

pluies sont de la fin de l'automne et surtout de l'hiver, dont les mois reçoivent les précipitations maxima.

Entre Fortaleza et Aracajú les phénomènes humides présentent de grandes variétés; la côte est de plus, çà et là, atteinte par la zône semi-aride de l'intérieur (Macáu, Mossoró, etc.).

Récife, toutefois, peut servir de type pour l'étude climatologique du littoral nord-oriental.

Nous avons déjà mentionné combien sont anciennes les premières observations météorologiques du littoral NE. Au XIXe siècle, ce furent les pluies qui attirèrent le plus l'attention des météorologistes amateurs, voyageurs ou ingénieurs travaillant à Pernambouc. Les observations méthodiques y remontrent à 1842 (le Cap. W. Barker les reproduit sans indiquer l'observateur). Moraes Sarmento observa les précipitations de 1843. À Emile Béringer nous sommes redevables de plusieurs séries fort curieuses (1861, 1862, 1875 à 1879, etc.).

En 1887 Draenert publia dans la *Meteorologische Zeitschrift* ses deux premières études sur le climat du littoral de Pernambouc. Il se servit pour cela de trois séries simultanées et d'égale longueur (1876 à 1884) dues à C. M. Alves Ferreira pour Récife, à F. A. Aragão Rabello pour Victoria et au Père Antonio Albano pour S. Izabel. Plus tard, en 1902, il compléta ces données avec celles de *l'Annuario de Estatistica Dem.-Sanit. do Recife,* dont la série de 1876-1896 avait été recueillie par Octavio de Freitas. Il esquissa également, dans la grande revue viennoise, une climatologie de Parahyba, à l'aide des données de 1896-1898, de H. J. de Medeiros Raposo.

Le Département météorologique du Ministère de la Marine (directeur Americo Silvado) a publié des séries relatives à Pernambouc (Torre do Recife) et à Aracajú.[1] La commission des travaux contre la sécheresse a fourni un apport très considérable au commencement de ce siècle

---

[1] Notons que les moyennes données par ces observations (1893 tout au moins) sont obtenues par les formules suivantes :—
(Max. + min.) : 2 pour Récife.
(Max. + min. + 9 + 9) : 4 pour Aracajú.

(un de ses bureaux fonctionnait à Natal), et le Service Météorologique Fédéral entretient actuellement un certain nombre de stations sur différents points de la côte. Nous examinerons les séries qui nous ont été communiquées. Les données relatives à la côte brésilienne du NE. se trouvent dans de nombreux ouvrages non consacrés à la météorologie, tels que les *Instructions Nautiques* de la Marine française et de la Marine anglaise, tels que les *Recherches sur le Climat et la Mortalité de Recife* d'Emile Béringer, le *Porto do Recife* de Arthur Orlando, etc.

Pression atmosphérique.—La pression atmosphérique moyenne à Récife est de 759·6 mm., cette valeur constituant la moyenne de la grande série 1887-1912 (communiqué par l'Observatoire de Rio). Les moyennes annuelles sont quelque peu variables, et de l'une à l'autre l'écart peut atteindre 1 mm. Les plus hautes pressions sont enregistrées pendant l'hiver austral, et les plus basses à la fin de l'été. Dans la série de vingt-six ans nous voyons la moyenne de juillet osciller entre 760·2 mm. (1896) et 764·7 mm. (1888); de son côté la moyenne de février varie entre 760·9 (1889) et 754·4 mm. (1892). Si nous comparons la moyenne de Pernambouc à celle des autres localités du littoral nous obtenons les résultats suivants :

Récife	...	...	...	759·6 (22 années d'ob.)
Aracajú	...	...	...	762·6 (4 ,, 1910-1913)
Parahyba	...	...	...	759·3 (3 ,, 1896-1898)
Natal	...	...	...	761·4 (5 ,, 1906-1910)
Fortaleza	...	..	...	758·7 (1912)

La différence de niveau explique l'écart de 4 mm. Aracajù présente une moyenne assez élevée; la série 1893 lui attribuait même 763·4 mm. avec une moyenne de juillet de 766·1 mm. Au cours de l'année, les moyennes mensuelles normales sont : 700 mm. + :

	J.	F.	M.	A.	M.	J.	J.	A.	S.	O.	N.	D.
Récife ...	58·8	58·8	58·7	59·1	59·5	61·0	61·4	61·4	60·9	60·9	59·5	58·7
Aracajú ...	62·1	62·1	62·5	61·9	63·0	65·2	66·3	65·0	65·1	63·6	63·0	62·0
Parahyba	58·2	58·1	57·5	58·0	58·8	60·4	61·0	61·4	60·8	60·0	58·5	58·8
Fortaleza	59·1	59·2	59·0	57·9	—	60·8	62·9	—	61·0	60·0	59·2	58·5
Natal ...	60·8	61·1	61·2	60·5	—	63·8	63·5	—	63·4	62·4	61·5	61·0

Dans l'hinterland de Pernambouc les localités de

Victoria (à 161 mm.) et de Colonia Izabel (à 229 m.) présentent des courbes analogues; leurs moyennes, non
réduites, sont données par Draenert :

	V.	C.I.		V.	C.I.
Décembre	746·1	740·5	Juin	748·8	743·6
Janvier	46·1	40·6	Juillet	49·4	44·2
Février	45·8	40·5	Août	49·3	44·2
Mars	46·1	40·7	Septembre	49·1	43·6
Avril	46·3	40·9	Octobre	47·5	41·9
Mai	47·1	41·7	Novembre	46·0	40·3

L'amplitude des oscillations entre maxima et minima
est de 10·6 mm. pour Récife; elle est de 12·2 pour Victoria
et de 12·7 mm. pour Colonia Izabel.

Draenert a établi quelques corrélations entre le temps
et les oscillations du baromètre. Les deux marées diurnes
de l'air océanique s'y trouvent, en effet, moins accentuées
que sous l'Équateur. Le baromètre monte quand les
couches inférieures de l'atmosphère se refroidissent sensiblement sous l'action des vents du S. et du SE. à l'époque
des pluies et, en particulier, lorsque sous l'action des
mêmes vents il a passé d'un maximum à un minimum.
Le baromètre baisse quand l'air échauffé, sous l'action des
vents du NE., se dilate et monte, ou quand l'air étant
humide, le NE. apporte des vapeurs plus légères que l'air
sec, ou encore quand au cours de la journée l'air s'élève,
pendant que se fait sentir la brise de mer.

Les règles de pression du temps établies par Draenert
pour Bahia sont applicables à Récife.

Température.—Les moyennes du littoral sont, en
général, moins hautes que celles de l'intérieur du Sertão.
L'Observatoire de Rio nous communique pour :

Fortaleza	25·9	Parahyba	26·8
Natal	26·5	Maceió	25·3
Récife	26·6	Aracajú	26·3

La série 1876-1896 attribuait 26·5 à Récife, la série 1893
attribuait 25·8 à Aracajú, la série Medeiros Raposo attribuait 27·7 à Parahyba. Cette dernière manque un peu
d'homogénéité : La première année (1896) est formée de

17

cinq observations par jour (5 a.m., 9 a.m., 12, 3 p.m., 6 p.m.), les deux années suivantes de quatre observations (7 a.m., 10 a.m., 1 p.m., 4 p.m.). La formule des moyennes n'est en outre pas indiquée, mais dès l'abord on peut noter que 9 p.m. y manque, et partant, conclure que la formule choisie, quelle qu'elle soit, est trop forte.

En note à l'article de Draenert (juillet, 1902) J. Hann a également critiqué ces moyennes. Elles furent 27·6 pour 1896, 27·8 pour 1897, et 27·2 pour 1898. Il juge que ces chiffres sont de 1 à 2 C. trop élevés.

Quoi qu'il en soit, il semble que la moyenne annuelle de la côte du NE. doit être de 25 à 26·6. A mesure que l'on pénètre vers l'intérieur, les températures moyennes baissent, car l'altitude s'accentue. D'après Draenert, pour Victoria et Colonia Izabel, dont l'éloignement de la mer est de 56 et de 75 k. respectivement, les moyennes furent :

	1879	1880	1881	1882	1883
Victoria	25·2 ...	24·9 ...	24·9 ...	26·3 ...	24·5
Colonia Izabel ...	23·8 ...	23·4 ...	23·9 ...	23·8 ...	23·7

La première de ces localités est à 161 m. d'altitude, mais la seconde est déjà à 229 m. Plus avant dans l'intérieur, et parfois plus élevées, sont les localités suivantes :

	Altitude	Moyenne	Observations
Macahyba	— ...	23·0 C. ...	1914
Nova Cruz	84 m. ...	25·4 ...	1914
Guarabyra	—	25·6 ...	1913
Campina Grande ...	535 m. ...	19·8 ...	1913
Goyanna*	14 m. ...	22·8 ...	1912
Nazareth	82 m. ...	23·8 ...	1912
Jaboatão	50 m. ...	24·2 ...	1912
Pesqueira	725 m. ...	22·5 ...	1912
Saluba	— ...	24·4 ...	1912

Comme types de climats d'altitude Campina Grande (État de Parahyba) et Pesqueira (État de Pernambouc) sont particulièrement intéressants. L'Observatoire de Rio nous communique une série de deux ans pour la première de ces localités :

---

* Etant données la latitude et l'altitude de Goyanna, la moyenne de 22·8 C. (c. à d. inférieure à celle de Rio) nous paraît un peu basse. Elle est relative à une seule année d'observations. Les autres températures enregistrées dans l'Etat de Pernambouc sont plus vraisemblables. L'année 1912 semble avoir été fraîche dans le NE. ; les observations de Récife en 1912 indiquent toutefois le contraire.

	Campina Grande		Pesqueira
	1912	1913	1912
Janvier	19·6 ...	20·0 ...	24·1
Février	18·5 ...	20·2 ...	23·8
Mars	18·8 ...	20·3 ...	23·0
Avril	19·6 ...	20·1 ...	23·5
Mai	19·4 ...	19·8 ...	21·9
Juin	19·1 ...	18·8 ...	20·4
Juillet	19·6 ...	18·2 ...	19·7
Août	19·5 ...	18·9 ...	21·1
Septembre ...	19·8 ...	19·9 ...	22·3
Octobre	19·5 ...	20·1 ...	22·9
Novembre ...	19·9 ...	20·3 ...	23·7
Décembre ...	20·0 ...	20·3 ...	24·1

Quoique Pesqueira soit plus élevée et plus au Sud que Campina Grande ses moyennes mensuelles d'été principalement sont plus hautes que celles de Campina Grande; l'écart entre les moyennes mensuelles, d'autre part, n'est que de 2° C.; à cette dernière station elle atteint 4·4 C. à Pesqueira.

Récife et son littoral possèdent mieux que les climats amazoniens ou de transition les caractères généraux des saisons thermiques du Brésil. De Récife vers le Sud, les chaleurs de l'été oscilleront encore entre décembre et mars, mais la saison fraîche restera définitivement confinée aux mois de juin, juillet et août. À Pernambouc les pluies d'hiver accentuent encore le phénomène.

À Récife, juillet avec sa moyenne de 24·4 est le mois le plus frais, mais les maxima et minima absolus les plus bas ne lui appartiennent pas; février avec 28° en moyenne est le mois le plus chaud, mais les plus hautes températures absolues ne lui reviennent pas.

	Moyenne	Température absolue		Oscillations
		Maximum	Minimum	
Janvier ...	27·9 ...	37·3 ...	18·3 ...	19·0
Février ...	28·0 ...	35·8 ...	15·8 ...	20·0
Mars	27·6 ...	36·8 ...	19·3 ...	17·5
Avril	27·0 ...	39·6 ...	17·7 ...	21·9
Mai	26·2 ...	33·4 ...	17·6 ...	15·8
Juin	25·2 ...	33·4 ...	17·9 ...	15·5
Juillet ...	24·4 ...	34·2 ...	17·5 ...	16·7
Août	24·7 ...	35·2 ...	16·3 ...	18·9
Septembre ...	25·8 ...	38·5 ...	11·4 ...	27·1
Octobre ...	26·7 ...	35·4 ...	17·8 ...	17·6
Novembre ...	27·4 ...	36·4 ...	18·2 ...	18·2
Décembre ...	27·6 ...	37·0 ...	17·0 ...	20·0
Année ...	26·5 ...	39·6 ...	11·4 ...	28·2

(Le minimum de 11·4 C. fut exceptionnellement bas, il fut enregistré en septembre, 1885.)

Dix ans d'observations à Parahyba (1893-94—1900-08) révélèrent que la moyenne annuelle y varie entre 25°7 C. (1894) et 27°2 (1903-04) et que les températures absolues sont 35° et 17°3 C. Un type d'année chaude (moyenne 27°) nous est communiqué par l'Observatoire :

Janvier	...	28·0	Mai	...	27·0	Septembre	...	26·3
Février	...	27·9	Juin	...	26·2	Octobre	...	26·8
Mars	...	27·8	Juillet	...	25·6	Novembre	...	27·3
Avril	...	27·8	Août	...	25·6	Décembre	...	27·4

Les minima de l'année y appartiennent à juillet et août, mais les maxima se trouvent distribués, dans la série considérée, entre décembre (1894) et mai (1902).

Enfin pour les autres localités du littoral, il nous suffira de citer les données relatives à Porangaba (Fortaleza), Natal, au Nord de Récife, Maceió et Aracajú, au Sud.

	J.	F.	M.	A.	M.	J.	J.	A.	S.	O.	N.	D.
Fortaleza ...	26·6	26·3	25·3	25·7	25·6	25·1	24·9	25·3	25·9	26·5	26·9	26·9
Natal ...	27·2	27·3	27·5	26·6	26·8	25·7	24·9	24·9	25·0	26·6	27·0	27·1
Maceió ...	26·1	25·0	26·4	26·1	25·5	23·8	22·5	23·4	25·5	26·0	26·7	26·3
Aracajú ...	28·1	27·5	27·4	27·4	26·6	25·7	24·8	24·8	25·6	26·1	26·5	26·9

Ces données ayant trait à des années ou séries d'années différentes entre 1909 et 1912, il est difficile d'en tirer des conclusions de quelque portée. Notons toutefois que les moyennes plus hautes se produisent avant février, et portent sur les mois de novembre, décembre ou janvier, et que les moyennes plus basses appartiennent toujours à juillet. C'est la règle générale à laquelle obéit également l'intérieur de Pernambouc.

Météores humides.—Les moyennes psychrométriques annuelles du littoral rappellent plutôt Quixadà que Quixeramobim. Les localités voisines de la mer ont une humidité relative moyenne de 70 à 74 pour cent, la tension de la vapeur d'eau y est assez élevée et atteint généralement 19 mm. Vers l'intérieur ces moyennes semblent diminuer ; Victoria n'a que 68 pour cent et 17·7 mm. Plus l'on s'avance vers le Sud, plus la zône pluvieuse côtière s'élargit et plus les moyennes psychrométriques s'élèvent. La progression semble assez marquée par les données suivantes :

		H. rel.		H. abs.		Observation
Foitaleza	...	72·6 %	...	20·2 mm.	...	1904-1906
Natal	...	72·6	...	18·3	...	1904-1907
Parahyba	...	73·7	...	19·0	...	1907
Récife	...	74·4	...	19·7	...	1876-1906
Colonia Izabel		73·0	...	20·2	...	1876-1884
Maceió	...	74·3	...	16·6	...	1904
Aracajú	...	85·4	...	20·7	...	1906

À Pernambouc, l'humidité absolue atteint son maximum au cours de la saison des pluies, pendant le mois le plus frais ; l'humidité relative, par contre, y atteint son maximum au début de la période pluvieuse et son minimum à la fin de cette période. À Parahyba les phénomènes se passent à peu près de même, l'évaporation y semble toutefois beaucoup plus considérable.

Comparons les données des deux localités de la façon qui suit :

	Humid. relative		Evaporation		Nébulosité	
	Récife	Parahyba	Récife	Parahyba	Récife	Parahyba
Janvier	70	68	96·72	222	0·48	0·47
Février	70·8	69	96·7	203	0·46	0·47
Mars	71·8	70	80·6	203	0·49	0·44
Avril	74·8	71	89·2	164	0·51	0·55
Mai	76·5	74	72·0	141	0·53	0·53
Juin	78·3	74	74·4	123	0·53	0·58
Juillet	79·5	73	64·8	135	0·57	0·55
Août	79·2	73	66·9	146	0·56	0·47
Septembre	77·6	68	81·8	187	0·54	0·46
Octobre	73·5	67	86·4	225	0·47	0·47
Novembre	70·9	65	111·6	235	0·41	0·43
Décembre	70·6	68	108·0	253	0·46	0·43

Pluviosité.—La distribution des pluies dans la zóne côtière du Nord-Est brésilien est essentiellement irrégulière. Un coup d'œil jeté sur les lignes hyétales les plus modernes de cette région (voir *Carte pluviométrique du NE.* par H. Williams et Roderic Crandall) nous permet de distinguer entre le delta du Parnahyba et l'embouchure du S. Francisco :

(1) Un littoral avec un hinterland voisin assez irrégulièrement arrosé entre le delta et l'Aracaty-Assú ; de cette zône font partie Camocim, Aracahú et Sobral avec plus de 600 mm. par an en moyenne.

(2) Un littoral mal arrosé s'étend à l'Est, c'est la première ouverture que se fraye vers la mer l'intérieur semi-aride.

(3) Le littoral bien arrosé de Fortaleza et son voisinage, relié par les pluies à la Serra de Baturité. C'est là un vaste triangle qui reçoit plus d'un mètre d'eau par an et dont la base s'ouvre sur l'Atlantique.

(4) À l'Est de Cascavel, la zône semi-aride s'ouvre cette fois une large ouverture sur l'océan : c'est la côte semi-aride avec moins de 400 mm. et parfois moins de 200 mm. : Aracaty, Mossoró Macáu et plus à l'intérieur, S. Bernardo, Apody, Pau-dos-Ferros, Assú, etc., font partie de cette région.

(5) La bande littorale bien arrosée fait nouvellement son apparition au Nord de Natal ; elle atteint Céarà—Mirim et Macahyba, à mesure qu'elle gagne le Sud elle s'élargit. À l'intérieur la Borborema semble la répéter, mais entre ces deux zônes pluvieuses s'étendent des noyaux semi-arides, tels que Jardim do Séridó, Caruarú, Pesqueira, etc. À cet intérieur sec appartiennent aussi, dans la Parahyba : Pombal, Souza, Cajazeiras, etc.

Du type semi-aride du littoral NE., Mossoró (lat. 5°57′ S.) nous offre un exemple caractèristique à opposer à Récife et Parahyba. Une série de 14 années d'observations nous est communiquée par l'Observatoire de Rio. La hauteur annuelle des pluies fut :

1898	...	140 mm.	1905	...	463 mm.
1899	...	1,268	1906	...	487
1900	...	146	1907	...	245
1901	...	567	1908	...	401
1902	...	394	1909	...	422
1903	...	180	1910	...	700
1904	...	280	1911	...	288

Les plus fortes précipitations appartiennent généralement au mois de mars qui, pendant les années normales, reçoit de 100 à 300 mm. d'eau ; février présente parfois un maximum et exceptionnellement avril. Entre juin et janvier, les pluies sont nulles ou à peu près nulles ; rarement une hauteur totale supérieure à 20 mm. peut être enregistrée pendant cette période. En 1911, par exemple, les 288 mm. de l'année furent recueillis exclusivement pendant les six premiers mois de l'année, à savoir : janvier 71 mm.; février 29 mm.; mars 126 mm.; avril 44 mm.; mai 14 mm. et juin 4 mm.

Le tableau des pluies de 1909 relatif à 43 stations du Céarà et de Rio Grande do Norte, communiqué à la *Meteorologische Zeitschrift* par O. Weber, n'indique que les observations de 5 mois; elles suffisent, car les mois suivants apportent une contribution négligeable. Parmi les faits que ce tableau met en relief, notons celui bien caractérisé de deux maxima, l'un en février, l'autre en avril, avec légère et parfois forte dépression en mars. Ex :

	Février		Mars		Avril	
Campo Grande	281 mm. ... 12 jours	...	76 mm. ... 6 jours	...	296 mm. ... 17 jours	
Crato	177	... 9	... 68	... 3	... 169	... 5
Ibiapaba	440	... 12	... 119	... 7	... 365	... 10
Icó	208	... 9	... 5	... 1	... 107	... 5
Limoeiro	113	... 4	... 55	... 2	... 200	... 4
Apody	113	... 4	... 55	... 3	... 226	... 7

(Les trois premières de ces stations appartiennent à l'intérieur semi-humide.)

Du type semi-humide du littoral NE. Fortaleza (lat. 3°43′ S.) nous fournit un excellent exemple. Une série de plus de soixante ans d'observations nous révèle que la précipitation annuelle moyenne est supérieure à 1 m.50, elle atteint parfois et dépasse 2 mètres et tombe rarement au-dessous de 1 mètre; dans ce dernier cas elle marque la présence d'une sécheresse assez importante dans la région intérieure. Les données de Fortaleza datent de 1849; choisissons deux années anormales en sens contraire :

	1877			1894	
Janvier	... 24 mm.	... 4 jours	335 mm.	...	8 jours
Février	... 16	... 3	301	...	19
Mars	... 84	... 16	400	...	26
Avril	... 40	... 10	823	...	29
Mai...	... 101	... 12	507	...	19
Juin	... 84	... 9	271	...	16
Juillet	... 43	... 11	25	...	6
Août	... 46	... 4	3	...	2
Septembre	... 20	... 3	6	...	6
Octobre	... —	... —	16	...	10
Novembre	... 8	... 1	62	...	16
Décembre	— 1	... —	21	...	9

La première des deux années choisies fut celle de la grande sécheresse du Céarà ; Fortaleza ne reçut pas même 500 mm. ; la seconde, cette station enregistre 2,781·9 mm.

A Fortaleza, les précipitations maxima appartiennent tantôt au mois de mars, tantôt au mois d'avril, la prédominance en cela appartient à l'un de ces mois, pendant une période de quelques années, puis passe à l'autre, puis lui revient, etc. Février et mai sont également bien partagés en pluies. Juillet voit rarement dépasser 100 mm.

Quant à la côte NE., à partir du cap S. Roque, elle voit revenir définitivement la bande pluvieuse océanique. Déjà dans G. Marggraff on trouve une étude minutieuse des vents et des jours de pluie. Comparons les données relatives à 1640, 1641 et 1642 à celles plus récentes de Récife et Parahyba (en jours de pluie) :

Station de Marggraf		Récife		Parahyba (moyennes)	
1640	... 202 jours	1887	... 207 jours	1896-1898	... 178 jours
1641	... 166	1888	... 185	1900-1908	... 199
1642	... 164	1889	... 155		
M.	... 177				

Nous avons déjà fait allusion à l'ancienneté des registres de pluies tenus à Récife. Ils remontrent à 1842 ; quelques-unes de ces données indiquent des oscillations qui impressionnèrent Julius Hann. A l'année 1878, dont nous connaissons la réputation, dans le NE., la hauteur des pluies à Récife aurait été de 4,400 mm. ; l'année 1880 dépassa 4 m.54 de pluies. Dans la série 1887-1908, 3 mètres sont rarement dépassés. Les calculs de Hann indiquent les moyennes suivantes :

Janvier	... 52 mm.	... 11·9 jours	Juillet	... 294 mm.	.. 25·8 jours
Février	... 101	... 14·8	Août	... 200	... 24·4
Mars	... 197	... 19·5	Septembre	84	... 15·6
Avril	... 228	... 19·3	Octobre	61	... 14·2
Mai	... *342*	... 24·6	Novembre	37	... 11·8
Juin	... 295	... 24·7	Décembre	43	... 13·4

En moyenne Récife reçoit 1,934 mm. d'eau par an en 220 jours. Le mois le mieux partagé est le mois de mai ; toutefois les mois de juin et juillet possèdent quelquefois les maxima de l'année. De septembre à février s'ouvre la saison sèche, avec un minimum, en novembre, la plupart du temps.

Les conditions de pluviosité à Parahyba ne sont pas sensiblement différentes : nous y retrouvons le maximum d'hiver, plus fréquent toutefois en juin qu'en mai, et un minimum de novembre assez marqué. La hauteur annuelle des pluies y semble moins élevée qu'à Récife ; les renseignements de l'Observatoire de Rio donnent pour moyenne en dix ans 1,328·8 mm., avec une nébulosité moyenne très élevée, 6·3 et 202 jours de pluie par an :

	Jours	Hauteur des pluies	Nébulosité
1900	143	1,685 mm.	5·3
1902	201	1,157	5·8
1903	210	1,185	6·2
1904	203	1,457	5·9
1905	211	1,422	6·5
1906	199	1,678	6·5
1907	214	1,079	6·2
1908	210	1,236	6·2

Quant à la distribution des pluies au cours de l'année, la série Medeiros Raposo indique :

	J.	F.	M.	A.	M.	J.	J.	A.	S.	O.	N.	D.
Hauteur ...	22	57	99	174	251	264	193	189	79	26	19	41
Jours ...	7	12	15	15	21	23	21	23	8	11	8	14

Au Sud de Récife, les conditions sont encore sensiblement les mêmes. Des observations de 1887-88 relatives à Cabo (voir *Met. Zeit.*, janvier, 1889 ; communiqué de Mr. Amorim Salgado de la propriété de Carapú, lat. 8°15′ S.) indiquaient un total annuel de 1,176 mm., un maximum de juin très prononcé et un minimum de novembre. La saison pluvieuse semble toutefois s'étendre jusqu'à la fin de septembre.

Macció connaît les maxima de mai et de mars, avec forte diminution en avril. Aracajú semble la transition entre Récife et Bahia, et tient, suivant les années, de l'un ou de l'autre. Pour cette raison nous examinerons plus loin, en étudiant Bahia, la partie du littoral brésilien qui se trouve au Sud de l'embouchure du Rio S. Francisco. Nous aurons alors l'occasion d'analyser les travaux de l'éminent géologue américain J. C. Branner sur l'influence du climat du NE. sur la formation des récifs qui accompagnent la côte depuis le Cap S. Roque. Ce qui est dit par lui au sujet de la côte de Bahia et Alagoas serait également applicable au littoral que nous venons d'examiner.

(E) Le Climat de Sant'Anna de Sobradinho.

Sant'Anna est une petite localité du moyen S. Francisco (État de Bahia) ; elle se trouve située à 800 k. de la mer et à 380 m. d'altitude environ, dans ce que l'on appelle encore aujourd'hui le " Sertão de Pernambouc." Nous avons inclus cette station dans l'étude du NE. semiaride, car son altitude, plutôt faible, ne la saurait faire entrer dans la région des hauts plateaux, et parce que, climatologiquement, elle fait encore partie de la zône semiaride au même titre que Remanso, Joazeiro, Cabrobó, Jatobá, etc., qui se trouvent dans les mêmes conditions. Sa latitude est 9°26′ Sud, c.-à-d., à peu près celle de Maceió.

Les observations relatives à Sant'Anna sont déjà anciennes et sont dues à Draenert qui les publia dans la *Revista de Engenharia*, de Rio. Elles embrassent trois années et demie, de 1883 à 1887.

Pression atmosphérique et Vents.—La moyenne générale de la série Draenert non réduite donne une pression de 729ʹ5 mm. avec les moyennes extrêmes de 735ʹ5 mm. et de 723ʹ9 mm. Comme à Pernambouc, c'est de mai à octobre que la pression atmosphérique atteint ses moyennes maxima, c.-à-d. pendant les mois les plus frais ; la différence toutefois consiste en ce qu'à Pernambouc c'est pendant la saison pluvieuse que se manifeste ce phénomène, tandis qu'à Sant'Anna il coïncide exactement avec la saison sèche. (Le régime de ses pluies ferait donc entrer cette localité dans la région des pluies d'été et d'automne.) Les écarts barométriques moyens sont minima à la fin de la saison des pluies et maxima à la fin

de la saison sèche. Voici les moyennes mensuelles des
trois années de Draenert :

	J.	F.	M.	A.	M.	J.	J.	A.	S.	O.	N.	D.
Pression, mm.	728·6	28·5	28·5	28·8	29·5	31·0	31·6	31·3	31·0	28·8	28·1	28·0
Oscillations		7·1	7·0	5·9	6·0	6·1	6·9	7·3	9·1	8·0	8·7	8·3	7·7

Les vents les plus fréquents sont ceux du NE. et du
SE. qui représentent respectivement 40 et 37 pour cent des
vents en cette région. Ils sont également ceux qui
apportent le plus souvent la pluie. Au cours de leur
action, le baromètre indique la pression moyenne de
l'année, mais il monte assez sensiblement sous l'action des
vents du Sud et surtout de l'E. qui n'apportent pas de
pluies. Par contre, les dépressions barométriques les
plus marquées sont dues aux vents de l'O. et du NO. Le
vent du SO. a un effet à peu près identique, toutefois il
n'est pas toujours sans amener la pluie. Les calmes, qui
représentent 17 pour cent de fréquence, coïncident avec
des pressions de 727 mm. environ; c'est à eux qu'il
appartient d'amener le plus souvent de pluie. Nous avons
déjà vu, à ce sujet, comment Arrojado Lisboa décrit le
phénomène de la pluie à Joazeiro. La même description
s'applique à Sant'Anna.

Température.—Les observations thermométriques relatives à Sant'Anna, prises par la Commission du S. Francisco de 1883 à 1887, sont très complètes, quoique les
heures choisies n'aient pas été très heureuses (6 a.m.,
9 a.m., midi, 3 p.m., 6 p.m.) Aussi la moyenne en est-
elle beaucoup trop élevée : 26°8 C. Cette moyenne
provient de la formule (6 a.m. + 3 p.m. + max. + min.) : 4.
Il n'y a donc rien d'étonnant à cela. Même en adoptant
une autre formule (max. + 3 p.m.) : 2, nous trouvons
encore 26°5 ; si l'on se rend compte que la moyenne de
Maceió au bord de la mer, sous la même latitude à peu
près, est à peine supérieure à 26°, Sant'Anna, avec une
différence de niveau de plus de 300 mètres, devrait avoir
une moyenne inférieure de 1° C. tout au moins.

Quoi qu'il en soit, la moyenne annuelle des maxima

est 31°, ils varient entre 28°4 en juillet et 33°9 en décembre ; la moyenne des minima est 22°8, variant entre 20°5 en juillet et 24°8 en décembre. Juillet est donc le mois le plus frais : en effet sa moyenne est de 24·3 ; décembre est le mois le plus chaud avec une moyenne de 28·9. L'amplitude moyenne des oscillations diurnes est de 8°2 ; elle est plus considérable à la fin de la saison fraîche et au début de la saison chaude ; elle est plus faible pendant l'automne, c.-à-d. pendant la saison des pluies.

Au cours des mois les plus chauds, la température est déjà au-dessus de 24° à 6 h. du matin ; en janvier elle est même à 25° ; vers 9 heures elle oscille entre 26 et 27° ; à midi le 30° est atteint et les maxima ne sont pas loin de coïncider avec 3 p.m., la température est alors toujours au-dessus de 32° (novembre, décembre, janvier) ; à 6 h. du soir, elle est encore souvent à 31° ou 30°9. Au cours des mois frais, en juillet particulièrement, 6 h. du matin marque 20°, 21° ou 22° ; à 9 a.m. de 22° à 24° ; la température de midi est celle de l'été à 9 h. du matin. Les plus chaudes heures de la journée, 3 heures par exemple, n'indiquent que 27° ou 28° ; mais la chûte de température entre 3 p.m. et 6 p.m. est peu rapide.

Voici les moyennes mensuelles :

	J.	F.	M.	A.	M.	J.	J.	A.	S.	O.	N.	D.
Moy.	28·6	27·7	27·1	26·7	26·5	25·2	24·3	25·1	26·1	27·4	28·5	28·9
Max.	32·7	31·3	31·0	30·3	30·5	29·0	28·4	29·8	30·6	31·7	33·2	33·9
Min.	24·5	23·7	23·9	23·2	22·5	21·3	20·5	20·6	21·5	23·0	24·2	24·8

Par rapport aux vents prédominants, il semble que les vents pluvieux du NE. et du SE. agissent différemment sur la température : le premier la hausse légèrement, le second la baisse plutôt. Les vents de l'O., tant du SO. que du NO., la haussent sensiblement, surtout ce dernier, qui· amène les plus fortes dépressions barométriques, et pas de précipitations. Avec les calmes qui précèdent les pluies, coïncide la moyenne de 27° C.

Météores humides.—Les observations de 1883 à 1887 n'étant relatives qu'à des années à peu près normales, il nous manque encore des données pour juger comment cette région est traitée par les années sèches. Il est probable que, dès maintenant, cette question puisse être résolue par les données de *l'Horto Florestal* que le Service contre les Sécheresses maintient à Joazeiro et par les données recueillies par l'observatoire que l'Etat de Bahia y maintient.

La nébulosité y est assez considérable pendant la période estivale : 32 et 33 pour cent des jours sont couverts ; les jours clairs sont particulièrement rares à la fin de la période pluvieuse ; ces derniers se multiplient à partir de mai et pendant la saison sèche atteignent 26 et 27 pour cent.

L'humidité relative moyenne à Sant'Anna est de 72 pour cent ; elle n'est donc pas, semble-t-il, bien inférieure à celle de la côte équatoriale ; elle varie de 64 à 67 pour cent pendant les mois chauds, elle atteint ses maxima à la fin des pluies, et, chose curieuse, pendant la période sèche, aussi, la moyenne de mai serait 84 pour cent. Le nombre des jours de pluie est remarquablement faible, n'atteignant même pas 28 jours par an.

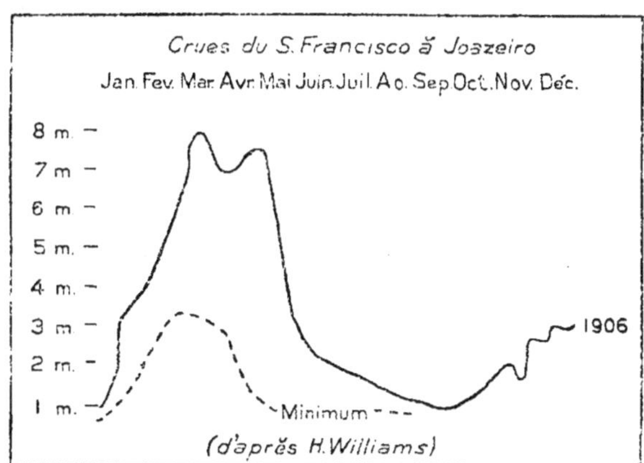

La carte de Williams Crandall montre que Sant'Anna et Joazeiro appartiennent à la région semi-aride qui reçoit moins de 400 mm. d'eau par an, en moyenne ; ces localités se trouvent de plus dans le voisinage de la longue région semi-aride (moins de 200 mm. par an) qui longe le S. Francisco inférieur, de Capim Grosso à Piranhas, par Cabrobó et Jatobá. C'est la zône sèche par excellence du NE. brésilien, c'est la plus vaste extension semi-désertique continue sur la carte des isohyètes.

Deux années, 1885 et 1886, peuvent servir de types aux précipitations relativement grandes et relativement faibles à Sant'Anna.

	J.	F.	M.	A.	M.	J.	J.	A.	S.	O.	N.	D.
1885	202 mm.	15	171	0	3	4	0	0	0	49	33	50
1886	27	3	87	6	6	18	2	0	0	12	6	19

Les totaux furent de 527 mm. pour 1885 et de 186 mm. pour 1886. C'est en mars que les plus abondantes précipitations ont lieu. Les mois frais coïncident avec la sécheresse à peu près absolue. Il semble qu'en février une légère diminution ait lieu dans les précipitations. Pour la localité voisine de Joazeiro, sous 9°25' lat. S., l'Observatoire de Rio nous communique la série suivante relative à 1909 :

Janvier	...	27·9	Mai	...	25·4	Septembre	...	25·2
Février	...	28·7	Juin	...	23·8	Octobre	...	25·0
Mars	...	28·7	Juillet	...	22·7	Novembre	...	25·1
Avril	...	26·3	Août	...	23·2	Décembre	...	25·1

L'écart de près de 3° C. qui existe entre décembre et janvier semble indiquer que, là aussi, les moyennes annuelles offrent d'assez fortes oscillations et que des années fraîches succèdent à des années chaudes.

(F) Climat de Fernando de Noronha.

La petite île volcanique de Fernando de Noronha (État de Pernambouc) se trouve à plus de 300 k. du littoral brésilien. Elle est située sous le 3°50' lat. S. et le 32°25' Ouest de Greenwich. Depuis 1910 cette localité possède une station météorologique Theorell, située à 93 m. d'altitude. C'est un merveilleux champ d'observation pour l'étude du climat de l'Atlantique équatorial. Quoique ne possédant qu'une série encore restreinte, Fernando de Noronha a déjà servi à des études comparatives du climat de l'Atlantique, servant au même titre que l'île de l'Ascension et l'île Sainte-Hélène.

Les observations toutes récentes de H. Herrmann à Fernando de Noronha ont été annuellement publiées par la *Meteorologische Zeitschrift* et ont fait l'objet de l'étude approfondie qu'en a faite J. Hann dans les *Comptes Rendus* de l'Académie des Sciences de Vienne, en 1914. Le Dr. Defant s'en est servi pour ses études sur la variation diurne de l'humidité relative (*Met. Zeit.*, 1915). Les données relatives aux trois premières années ont été traitées par Siegel, peu avant sa mort, dans la même revue.

Pression atmosphérique et Vents.—Les deux premières moyennes annuelles de pressions obtenues furent 759·87 mm. et 759·6 mm. La série Herrmann réduit les moyennes enregistrées à 0° et au 45°, afin de les rendre comparables à celles d'autres latitudes. Autant que l'on peut en juger par une série encore courte, les variations annuelles du baromètre sont régulières. Les maxima sont enregistrés à Fernando de Noronha, en juin et juillet, comme à Parà; les deux localités enregistrent également leurs minima en décembre et janvier, mais les oscillations mensuelles du baromètre sont plus marquées à Fernando de Noronha, où, au lieu de décroître pendant la saison pluvieuse, elles semblent au contraire s'accentuer. À Jamestown, dans l'île de Sainte-Hélène, sous le 15°55' de lat. S., la moyenne annuelle de pression est légèrement supérieure à celle de Fernando de Noronha, mais les maxima de l'année se présentent également en juillet; les minima toutefois s'y présentent plus tard, et retombent sur les mois d'avril et mai.

Les plus fortes moyennes mensuelles de juin et juillet furent respectivement de 761·3 et 761·8 mm. en 1911 et de 760·7 mm. en 1912. Les moyennes minima de décembre et janvier furent 758·8 et 758·3 mm. en 1911, puis de 758·3 et 758·9. De même que la courbe barométrique, la courbe représentant la vitesse des vents, minimum au début de l'année, augmente pendant la saison pluvieuse ; elle atteint un maximum pendant la saison sèche, pour retomber à la fin de l'année avec celle du baromètre. A Sainte-Hélène les vitesses maxima du vent coïncident également avec la saison sèche.

Les vents qui prédominent à Fernando de Noronha sont les vents du SE., de l'E. et du S. Leur fréquence est donnée par la série Herrmann (abstraction faite des directions N. 5 ; NE., 4 ; SO., 1 ; O.1 et NO.4) par le tableau :

	J.	F.	M.	A.	M.	J.	J.	A.	S.	O.	N.	D.
SE.	23	14	11	18	19	17	21	14	23	24	18	24
E.	4	8	12	7	7	11	7	13	7	7	12	6
S.	3	2	1	4	4	2	3	4	—	—	—	1

Le vent du SE., l'Alizé, prédomine donc au cours de l'année entière, mais sa prédominance est plus marquée au cours de la saison sèche ; c'est également pendant cette dernière période, nous avons dit, que la vitesse des vents atteint ses maxima de 5˙7, 5˙8 et 5˙9 (octobre) à l'échelle de Beaufort, alors qu'en février et avril elle tombe à 4 et souvent à 3B.

Température.—La température moyenne de Fernando de Noronha est de 25˙3 ou 25˙4 (1911-12), c.-à-d. environ 1° C. plus faible que la température normale de la latitude correspondante de l'hémisphère Sud (V. Schott, *Geo. d. Atl. Oz.*). Il faut noter de plus que la moyenne de Noronha, dans la série Herrmann, est obtenue par la formule (max. + min.) : 2, ce qui, d'après Hann, devrait subir une correction de −0˙44 ; ceci réduirait la moyenne à 24˙9 environ. D'autre part, Jamestown (Sainte-Hélène) possède une moyenne de 21˙8, alors que sa latitude lui donnerait 24˙5, c.-à-d. plus forte de 2˙3 C. Fernando de Noronha, par sa situation équatoriale, possède un climat maritime plus parfait que Sainte-Hélène ; en effet si nous comparons :

	Fernando de Noronha (3 années)	Jamestown (5 années)
Latitude	3°50′ lat. S.	15°55′ lat. S.
Moyenne	25˙3 C.	21˙8 C.
Moy. des max.	27˙6	30˙1
Moy. des min.	23˙3	15˙2
Différence	4˙3	14˙9

Les maxima et surtout les minima sont plus prononcés
à Sainte-Hélène et les différences sont trois fois plus considérables ; en 1911 la différence de Fernando de Noronha
ne fut que de 3·3. L'île brésilienne enregistre 29·3 et
20° C. comme températures absolues ; en 1911 la différence
n'atteignait que 8° C., les températures absolues ayant été
28·7 et 20·7. Au cours de l'année Fernando de Noronha
présente les variations suivantes :

Janvier	... 25·8	Mai	... 25·2	Septembre	... 25·3
Février	... 25·7	Juin	... 25·0·	Octobre	... 25·6
Mars	... 25·8	Juillet	... 24·6	Novembre	... 25·5
Avril	... 25·8	Août	... 24·7	Décembre	... 26·0

Le mois le plus chaud est tantôt décembre, tantôt janvier
ou février ; les plus hautes températures enregistrées
appartiennent aux premiers mois de l'année ; les plus
basses températures coïncident avec juin, juillet et août,
sans que l'amplitude des oscillations mensuelles semble très
sensiblement affaiblie.

Météores humides.—L'humidité relative est assez
variable et ses oscillations obéissent à celles des pluies.
En 1911 la hauteur de pluies fut de 830 mm. et l'humidité
relative de 74·6 pour cent ; en 1912, les pluies montèrent
à 2,095 mm. et l'humidité relative à 80·8 pour cent.
Pendant la première année le maximum fut 82 pour cent
en avril et le minimum 68 pour cent en octobre ; pendant
la seconde, mai enregistra 86 pour cent et octobre conserva
le minimum avec 74 pour cent. La nébulosité, en
moyenne assez faible (3·9 en 1911), fut plus prononcée
pendant l'année pluvieuse de 1912 (4·5).

A Fernando de Noronha, l'année se trouve assez nettement divisée en deux périodes : l'une sèche et l'autre
humide ; la période humide peut être plus ou moins prononcée. Cette île appartient donc bien à la région du
Nord-Est, dans laquelle nous la classons ici :

	J.	F.	M.	A.	M.	J.	J.	A.	S.	O.	N.	D.
1911	29	3	164	*224*	131	132	65	28	6	9	10	29
1912	151	261	317	471	*569*	164	83	34	7	7	16	15
1913	69	273	145	289	*343*	92	135	62	10	6	6	9

18

La première partie de l'année est la période humide, juin marque généralement la fin des pluies. Ce sont donc des pluies d'automne, ce qui distingue Fernando de Noronha de la côte de Pernambouc, soumise aux pluies d'hiver. Aux quatre mois de février à mai revient 73 pour cent des précipitations annuelles; aux quatre derniers mois de l'année à peine 3 pour cent. C'est au mois d'avril que les probabilités de pluies sont les plus grandes (0·81), en septembre les plus faibles (0·19). C'est toutefois au mois de mai que la série 1911-13 enregistre les plus fortes précipitations, tout en n'y admettant pas le plus de jours de pluie. Comme J. Hann le fait remarquer, la proportion qui existe dans la distribution des pluies à Fernando de Noronha rappelle celle de Quixeramobim; il en est de même pour l'irrégularité qui les caractérise. La plus grande pluviosité de l'année 1912 est en partie explicable par le regain de fréquence et de vitesse que laissa enregistrer le vent du SE. cette même année, sans toutefois influer sur la pression ni sur la température. Cette explication est formulée par Hann de la façon suivante : " En 1911, l'île de Fernando de Noronha se trouva en plein dans l'intérieur de la région des Alizés, mais en 1912 elle se trouve plutôt vers les bords septentrionaux de leur limite. Dans le cœur de la région des Alizés du SE., l'île de l'Ascension se trouve presque sans pluie."—J. Hann, Regenverhältnisse von Fernando de Noronha (*Met. Zeit.*, 1915).

Comme sa position insulaire sous une faible latitude permet de prévoir, les pluies de Fernando de Noronha sont rares pendant les heures les plus chaudes de la journée. Au cours de la saison des pluies, les précipitations de nuit, entre 1 et 2 a.m., sont les plus fréquentes; après 3 p.m. un second maximum moins important se dessine. Au cours de la saison sèche, les rares pluies sont du matin entre 3 et 5 a.m. A Quixeramobim les pluies sont plus tardives et ont lieu soit à 6 a.m. soit à 9 p.m.; dans l'île de l'Ascension la pluie est plus tardive encore,

36 pour cent des précipitations tombant entre 7 a.m. et midi.

Quand les séries complètes de Fernando de Noronha représenteront un plus grand nombre d'années, il n'est pas douteux qu'elles seront une des plus importantes contributions à la météorologie de l'Atlantique-Sud.

CHAPITRE PREMIER.

TYPE MARITIME: LITTORAL ORIENTAL.

(1) Généralités.

Sous la latitude de l'estuaire du Rio S. Francisco, c.-à-d. sous 10°50′ S. environ, la côte brésilienne conserve la direction NE. à SO. et la suit jusqu'à la baie de Bahia ; celle-ci se trouve entre 12°50′ et 13° de lat. S. Le littoral prend alors franchement la direction N—S., coïncidant presque exactement avec le 39° de long. O. de Greenwich. Sous le 20° lat. S. il reprend légèrement la direction SO. Au Cap Frio, dans l'Etat de Rio de Janeiro, la côte change brusquement de direction et devient parallèle à la ligne du Tropique du Capricorne, qu'elle finit par franchir, en territoire pauliste. Le littoral oriental du Brésil, que nous nous proposons d'examiner comme une zône climatique distincte, n'embrasse donc pas moins de 13° de latitude.

Quant à la largeur de cette bande littorale, elle est très variable ; d'abord assez large et mal définie dans la partie septentrionale de Bahia, elle se rétrécit et se précise dans la partie méridionale de l'Etat ; elle redevient large dans l'Espirito Santo, mais elle est bien marquée par la chaîne parallèle à la côte, qui constitue la frontière naturelle de cet Etat, à l'Ouest. La côte de Rio de Janeiro redevient étroite, très étroite même, et parfois la montagne surplombe la mer, comme c'est le cas sous la ligne tropicale.

Au point de vue géologique, cette zône est constituée par le rebord oriental du massif cristallin du Brésil. Une bande de roches sédimentaires tertiaires recouvre la couche

cristalline tout le long de la mer, sauf en quelques points
où perce la roche cristalline (entre Una et Ilhéos par ex.).
C'est cette même roche cristalline qui constitue la plateforme continentale sousmarine, qui va s'élargissant vers
le Sud.

Jusqu'à la baie de Bahia, la zône côtière, d'une altitude
inférieure à 100 mètres, est assez large et le littoral est à peu
près rectiligne. Au Sud de la baie, elle devient sinueuse
et découpée, quoique basse ; la proximité des altitudes
supérieures à 300 et 600 mètres lui donne également un
aspect différent, qu'elle perd dans l'Espirito Santo, où
reparaît la côte basse marécageuse et rectiligne, pour faire
place, après le Cap Frio, à la côte richement découpée et
pittoresque de l'Etat de Rio.

Le voisinage du relief, la direction de la côte et sa
latitude, ont une action marquée sur sa climatologie ;
d'autre part, le climat de l'intérieur, le régime des pluies
principalement, a une influence assez considérable sur la
formation de cette côte. (Voyez Branner.) Les conditions climatiques locales, enfin, influent de leur côté sur
les courants côtiers secondaires variables que l'on trouve
à proximité du littoral oriental.

Socialement cette zône littorale est très importante, elle
représente le principal centre d'irradiation des migrations
humaines vers l'intérieur. Au Nord de Bahia, les mouvements de pénétration vers l'intérieur se dessinèrent de
bonne heure vers le S. Francisco ; au Sud de Bahia, le
relief, la forêt vierge et l'Indien retardèrent énormément
ce mouvement. Au point de vue social, la côte de Bahia
est plutôt une " côte de condensation." Il en est de même
à plus forte raison pour celle de Rio de Janeiro ; la côte
d'Espirito Santo, au contraire, est plutôt une " côte de
dispersion."

Malgré cela les données météorologiques relatives à
cette région naturelle si importante sont encore très
insuffisantes ; à part des séries anciennes relatives à Bahia,
dues au Dr. Rozendo Guimarães, professeur à l'Ecole de
Médecine, à S. Bento das Lages, dues à F. M. Draenert,

professeur à l'Ecole d'Agriculture, nous n'avons que les séries plus récentes dues au Département de la Marine brésilienne. En ce qui concerne Rio de Janeiro, le cas est différent. Les premières séries y remontent à la fin du XVIIIe siècle et furent prises par l'Astronome Sanches Dorta (1781-88). Les séries complètes relatives à la capitale du Brésil commencent en 1851 ; elles représentent donc aujourd'hui soixante années ininterrompues d'observations. Il y a même deux séries : celle de Morro do Castello, c.-à-d. de l'Observatoire de Rio et celle du Morro Santo Antonio, c.-à-d. du département météorologique de la Marine. C'est à ce dernier que nous devons les cartes quotidiennes du temps.

À ce propos nous devons rappeler ici que les conditions du climat équatorial, telles que nous les avons étudiées jusqu'à présent, cessent, et à partir de Bahia, ou tout au moins à partir de Victoria, nous entrons dans une sorte de région de transition, au point de vue météorologique ; le baromètre y semble reprendre quelqu'importance dans ses rapports avec le temps ; l'influence atténuée des grands mouvements atmosphériques des régions tempérées se fait sentir. Rio de Janeiro n'est pas étranger au " Pampeiro," les cyclones de l'hémisphère austral y font sentir des contre-coups : en un mot, il se trouve déjà là des éléments pour un service de prévision du temps.

C'est peut-être au V des dépressions cycloniques que l'on doive les grains, parfois assez violents, que l'observateur note en tournant le Cap Frio. Il n'est pas rare que la dépression de température s'y fasse également sentir, ce qui explique le nom de " Cap Froid " que nous lui donnons.

Le littoral oriental est la zône brésilienne de climat maritime par excellence ; le rôle que jouent les éléments climatiques de l'Atlantique y est prépondérant.

Le premier facteur de différenciation que nous trouvons dans ce climat maritime est la latitude. Pour ces 13 degrés de latitude sur lesquels il s'étend, nous avons théoriquement les variations suivantes :

			Mois le plus		
Latitude S.	Moyenne annuelle		Chaud	Froid	Oscillation
10°	... 25·4 C.	...	26·3 C. ...	23·9 C. ...	2·4
20°	... 23·0	...	25·4 ...	20·0 · ...	5·4

De la même façon l'on pourrait théoriquement exposer la précipitation, la nébulosité et l'humidité relative des latitudes qui nous intéressent, d'après J. Murray et Arrhenius :

Latitude S.	5°	15°	25°
Précipitation	189 cm. ...	123 cm. ...	65 cm.
Nébulosité	5·9 ...	5·2 ...	4·5
Humidité relative	81 pour cent	78 pour cent	77 pour cent

Ce qui, toutefois, ne semble pas cadrer aussi bien avec la région que nous examinons.

Dans l'hémisphère Nord les moyennes annuelles des latitudes correspondantes sont respectivement de 26·8 et de 25·2. Ces conditions théoriques ne sont pas loin d'être les conditions véritables de la zône que nous examinons. En effet, d'après ces données le 15° lat. S. devrait enregistrer une moyenne de 24° environ ; or, Ilhéos sous 14°47′ lat. S. possède une moyenne annuelle de 23·9 C. (1912). D'autre part entre le 10° et le 20° lat. S. nous voyons l'oscillation entre le mois le plus chaud et le mois le plus frais plus que doublée.

Nous avons déjà vu, dans l'étude des vents généraux et des pluies, les conditions de ces phénomènes météorologiques sur le littoral oriental. Il y a lieu toutefois d'y revenir pour spécifier leur action.

Bahia, jusqu'à la baie, se trouve encore dans la zône des pluies d'automne, avec fortes précipitations d'hiver ; après la baie les précipitations de printemps et d'été prennent une importance prépondérante ; avec la côte de l'Etat de Rio, les pluies d'été prédominent, sans toutefois trop prononcer leurs maxima.

D'une façon générale, la bande pluvieuse du littoral oriental, comme nous l'avons vu plus haut, tend à s'élargir vers le Sud, à mesure qu'elle gagne les hauteurs, puis le plateau intérieur. La moyenne des précipitations varie entre 1 mètre et 1m.50. Certaines régions, comme le Reconcavo de Bahia, la côte sud de Bahia, etc. enregistrent des précipitations supérieures à 2m. D'autre part, au Sud du Rio Doce, la hauteur annuelle des pluies diminue ; entre l'Ilha do Francez et le Cap Frio il y a une zône qui reçoit moins de 1 mètre d'eau par an.

Ces faits sont mis en relief par la distribution de l'humidité relative :

	Lat. S.		Humidité relative		Tension de la vapeur d'eau
Aracajú	10°55′	...	77·4 pour cent	.....	19·9
Bahia	13°	...	83·2	...	19·2
Ilhéos	14°47′	...	84·7	...	22·0
Cannavieiras	15°41′	...	89·9	...	22·8
Victoria	20°19′	...	76·7	...	18·5
Campos	21°40′	...	79·3	...	—
Santa Cruz	22°55′	...	82·2	...	17·12

On peut généralement se rendre compte, à première vue, de l'humidité moyenne de la côte par son simple aspect, la présence de nombreux cocotiers dans le paysage, dénonçant une humidité relative supérieure à 80 pour cent, ou tout au moins une précipitation supérieure à 1m.20 par an.

L'influence des vents se traduit immédiatement par la formation des courants côtiers. Sur la côte de Bahia où les tempêtes sont extrêmement rares, sitôt qu'un vent prédomine pendant vingt-quatre heures, un courant se forme ; ainsi le vent du NE. détermine un courant qui atteint 30 milles en 24 heures. Aux environs du Cap S. Thomé, les courants sont déterminés de la même façon, mais ils sont souvent plus rapides, atteignant 40 milles. Les vents du SE. les font cesser ou changer de direction. Au Cap Frio, les courants précèdent le vent en général. Le Cap Frio marque, au point de vue anémométrique, la région où cesse la prépondérance des Alizés et où commencent les vents irréguliers.

Il semble toutefois que le grand courant atlantique NE. à SO., dit Courant du Brésil, n'agit pas sur la distribution générale des températures. En 1872, Liais écrivait déjà : " La côte orientale de l'Amérique du Sud, au Sud de Pernambouc, jouit sensiblement de la tempéra-

Type de Forêt vierge : *Maquis Pluvial* du Littoral.

ture appartenant moyennement à sa latitude, et par conséquent n'éprouve, de la part des courants marins, aucune influence propre à en élever ou à en baisser la température, au-delà de l'effet général et moyen des courants marins sur l'ensemble de la répartition des températures terrestres " (p. 573).

Quant à l'action du climat sur le littoral, le phénomène que nous avons déjà mentionné à propos de la côte du NE. et de l'Alagoas en particulier, se reproduit ici. En peu de mots nous tâcherons de résumer ici la théorie de Branner.

Les cours d'eau de Sergipe et de Bahia, ou du moins ceux qui coulent de la Serra de Jacobina vers l'Est, présentent une certaine uniformité et un cours relativement rectiligne vers l'Océan. Ces fleuves coupent à angle droit la structure géologique de la région. Le cours de ces rivières a été déterminé par les séries de sédiments marins, aujourd'hui entamés par la dénudation, qui ont successivement émergé.

L'histoire géologique seule peut confirmer l'évolution de ce phénomène, intimement lié à la météorologie de la région. Pendant l'époque crétacée et le début de l'époque tertiaire, l'Océan atteignait la Serra de Jacobina et le S. Francisco débouchait en mer au-dessus de Cabrobó. Pendant le miocène, la région s'éleva, et les fleuves suivirent la légère déclivité offerte par les sédiments marins vers la mer. Mais le relief miocène étant plus prononcé, causait des précipitations plus considérables et en conséquence les fleuves étaient plus abondants ; de là les canaux si profonds creusés dans les quartzites de Jacobina. Pendant le tertiaire toutefois, la dépression de la région diminua, les précipitations et les cours d'eau séchèrent en partie.

Les conquêtes sur la mer, dues aux sédiments apportés des plateaux, formèrent en premier lieu les lacs et les lagunes côtières et en second lieu les comblèrent peu à peu. C'est la genèse des lacs côtiers ou *lagoas* de *l'Alagoas*. Quant à la baie de Bahia, il s'agit d'un groupe submergé de vallées creusées pendant le miocène, déprimées et inondées pendant le pliocène et postérieurement.

Branner émet également l'hypothèse que le versant oriental du relief de Bahia, exposé aux vents de l'E. et aux plus grandes pluies, s'est agrandi aux dépens du versant occidental, faisant reculer vers l'Ouest la ligne de séparation des eaux. Il a noté le même phénomène dans la Serra do Mar pauliste, dans les Andes du Chili et dans la Sierra Nevada aux Etats-Unis. (Voir Branner, " Geo. of NE. Bahia," *Geographical Journal,* 1911.)

Quant à la formation des récifs qui caractérisent la côte du NE. et de l'E., Branner admet l'importance capitale du facteur météorologique. En effet, il nous suffira pour le constater, d'énumérer les facteurs principaux que le savant géologue indique pour la formation des récifs : (*a*) l'âge et la topographie sous-marine de la ligne côtière ; (*b*) la périodicité des cours d'eau et la distribution des pluies au cours de l'année ; (*c*) l'influence du climat tropical ; (*d*) l'aridité de l'intérieur, qui n'est d'ailleurs qu'une conséquence de son climat, dont les caractères actuels sont postérieurs au Crétacé ; (*e*) la densité de l'eau de mer.

La formation des récifs brésiliens est en continuel développement. La théorie de Branner est confirmée par l'exception que présente le S. Francisco, seul grand fleuve perpetuel de la région et à l'embouchure duquel, en conséquence, il n'y a pas de récifs en formation. (Branner : *Bull. Geological Soc. of Amer.,* 1905.)

(2) **Subdivisions climatologiques.**

Les différences de latitude, de topographie et d'orientation que nous venons de marquer nous permettraient d'esquisser ici, non pas des régions climatologiques bien marquées, mais tout au moins différents types de climats locaux.

Nous nous trouvons ici dans une province *semi-humide* de la classification de Penck.

Le littoral tropical, avec les données actuelles de la météorologie brésilienne, admet déjà les subdivisions suivantes :

(*a*) Bahia et le Reconcavo.
(*b*) Le Sud de Bahia.
(*c*) L'Espirito Santo.
(*d*) La Plaine de Campos.
(*e*) Rio de Janeiro et sa " Baixada."

Il est évident que le type tropical de littoral brésilien pourrait être étendu même au-delà du Tropique, jusqu'à Santos, jusqu'à Paranaguà à la rigueur. Mais ces types tropicaux, ou plus exactement subtropicaux, ne doivent pas être détachés du Brésil méridional, dont ils font partie, et à la météorologie duquel ils sont liés par plus d'un phénomène. D'ailleurs l'influence de la latitude a déjà suffisamment agi sur ce littoral méridional pour lui donner une physionomie climatique distincte.

Nous ne faisons en cela que nous conformer à la division des auteurs les plus autorisés, H. Morize et Afranio Peixoto.

(3) Types de Climats régionaux.

(A) Le Climat de Bahia.

Nous avons déjà eu l'occasion de mentionner le nom du Dr. Rozendo A. P. Guimarães ; il semble qu'antérieurement à lui, peu de chose appréciable ait été faite en matière de climatologie de Bahia. En 1901 il a présenté une série complète de vingt années d'observations (*Boletim mensal do Observatorio do Rio de Janeiro*). Cette série est incontestablement très précieuse. Elle a été l'objet de critiques da la part de Draenert (*Met. Zeit.*) et d'Afranio Peixoto. Evidemment les moyennes de Rozendo Guimarães sont, la plupart du temps, inadmissibles, mais cela ne semble pas infirmer les observations elles-mêmes. Celles-ci furent consciencieusement prises quatre fois par jour, d'une façon très complète, à 6 a.m., midi, 3 p.m. et 6 p.m. Il n'y a

pas de doute que la moyenne tirée de ces quatre observations diurnes n'a aucune signification météorologique,
mais les observations peuvent être remaniées et la moyenne
peut être aisément obtenue de la formule :

$$\frac{\text{min.} + \text{max.}}{2} - 0{\cdot}44$$

car les températures absolues de R. Guimarães ont été
soigneusement enregistrées.

À Bahia, on appelle Reconcavo la région des muni-
cipes de la baie de Todos-os-Santos (Bahia). Les observations relatives au Reconcavo fournissent une série
antérieure à celle de la ville de Bahia elle-même ; c'est la
série Draenert prise à S. Bento das Lages, où l'observateur
était alors professeur à l'Ecole Impériale d'Agriculture.
C'est là une brillante série de 14 années d'observations à
6 a.m., 2 p.m. et 9 p.m.

Postérieurement à la série Rozendo Guimarães, Bahia
a été le siége de deux postes d'observations météorologiques, l'un à la *Capitania do Porto,* dans la cité basse,
au niveau de la mer, l'autre, dans la cité haute, à 64m.
d'altitude, à l'observatoire Severino-Vieira, à Ondina.
Les données météorologiques de la période qui suit 1905
firent partie du Service météorologique du Département de
la Marine brésilienne. Le directeur Americo Silvado ayant
fixé le midi de Greenwich (9h.26 a.m. à Bahia) pour la
prise des observations, il en résulte que, au point de vue
des moyennes, cette série nous offre moins d'éléments de
calculs que la série R. Guimarães. (Notons que les
données de la Capitania do Porto enregistrent généralement des températures plus basses qu'Ondina, quoique
relatives à la même heure.)

Enfin, avec la réorganisation du service météorologique
fédéral, l'observatoire d'Ondina est entré dans la règle
générale des heures d'observations adoptée pour tout le
Brésil. Nous disposons donc de quelques années de la
série définitive, dont l'homogéniété permettra d'étudier
bientôt le climat de Bahia avec précision.

Pression barométrique.—Au cours des observations de 1881-1902, le baromètre a oscillé, à Bahia, entre 754 mm. et 766 mm., les minima étant enregistrés pendant l'été et les maxima pendant l'hiver; comme à Récife, les plus hautes moyennes retombent sur le mois d'août tandis que les plus faibles retombent sur décembre. La série R. Guimarães donne pour pression moyenne de l'année 760 mm. La série de Ondina relative à 1910 donne 755·2 qui, réduite au niveau de la mer (en supposant 25° C. de temp. moy.) nous donne 760·6 mm.

En 1910 les moyennes mensuelles de Bahia ont été les suivantes :

Janvier	755·3	...	Avril	754·3	...	Juillet	756·4	...	Octobre	756·0
Février	754·3	...	Mai	755·5	...	Août	757·8	...	Novembre	753·6
Mars	754·6	...	Juin	756·7	...	Septembre	755·3	...	Décembre	753·1

L'écart annuel moyen fut donc de 4 mm. 7 ; beaucoup plus prononcé par conséquent que celui de Récife, quoique entre Bahia et Récife l'amplitude des oscillations entre maxima et minima n'indique pas des différences considérables.

R. Guimarães a observé que lorsque le baromètre tombe à 754 mm. à Bahia, l'atmosphère présente de gros cumuli, chargés d'électricité, le tonnerre est fréquent. Entre 764 et 766 les pluies sont infaillibles. Draenert de son côté, pendant son séjour à S. Bento das Lages, a cherché à établir quelques principes de prévision du temps basés sur les données barométriques. Il fit de même à Récife, nous l'avons dit. Sa longue expérience lui permet d'avancer que :

(1) Sitôt qu'il se présente une insignifiante dépression dans les moyennes diurnes, le beau temps est probable. Quand se produit le phénomène contraire, il faut prévoir la pluie.

(2) Si les dépressions sont enregistrées en jours successifs, le beau temps est durable; si les hausses le sont ainsi la continuité des pluies est probable.

(3) Si d'un jour à l'autre le changement, baisse ou

hausse, dépasse 1 mm., il y a tempête avec pluie en hiver, ou orage en été.

(4) Tant que les hausses et les baisses du baromètre se compensent, le temps reste variable. De grands écarts diurnes indiquent des tempêtes ou des orages.

Température.—La moyenne thermométrique annuelle de Bahia, résultant des observations à Ondina de 1909 à 1912, est de 24·2 C. Elle nous est communiquée par Mr. H. Morize. En 1909 la moyenne de 24·6 avait été obtenue ; quant à celle que donne le *Boletim* pour 1910, à savoir 23.4, elle est inadmissible, attendu qu'elle est le résultat de deux observations (7 a.m. et 9 p.m.) dont la moyenne n'a aucune signification.

Les moyennes de la série R. Guimarães pèchent en sens contraire, elles sont beaucoup trop élevées ; leur examen, toutefois, indique avec exactitude les oscillations moyennes d'une année à l'autre.

Le professeur en question divisait l'année en deux périodes : l'*hiver* du 1er avril au 30 septembre ; l'*été* du 1er octobre au 31 mars.

1882-83 ... ... 25·7 C.		1891-92 ... ... 25·5 C.	
1883-84 ... ... 26·2		1892-93 ... ... 25·7	
1884-85 ... ... 25·8		1893-94 ... ... 25·4	
1885-86 ... ... 26·0		1894-95 ... ... 25·6	
1886-87 ... ... 26·1		1895-96 ... ... 25·8	
1887-88 ... ... 25·7		1896-97 ... ... 25·2	
1888-89 ... ... 26·2		1897-98 ... ... 25·8	
1889-90 ... ... 26·5		1898-99 ... ... 25·9	
1890-91 ... ... 25·9		1899-1900 ... ... 26·6	

La plus forte moyenne fut de 26·6 et la plus faible de 25·2, avec une oscillation de 1°4 par conséquent. La moyenne générale de la série (1882-1900) serait de 25·8, évidemment trop élevée, vu les heures d'observations, choisies parmi les plus chaudes de la journée (6 a.m., midi, 3 p.m. et 6 p.m.).

Ces observations nous montrent que le mois le plus frais à Bahia est le mois d'août et le mois le plus chaud celui de mars. Si nous reprenons les données de la série

R. Guimarães en les corrigeant comme nous l'avons indiqué plus haut, nous obtenons pour les deux mois les plus intéressants les résultats suivants :

Années			Août		Mars
1884	...	...	23·2	...	26·5
1885	...	...	23·4	...	26·7
1886	...	...	23·8	...	26·9
1887	...	...	23·1	...	27·1
1888	...	...	22·7	...	26·3

L'écart des différents mois d'août entre eux est plus considérable que celui des mois de mars entre eux. La série 1909-1912 que nous communique l'Observatoire de Rio indique les moyennes mensuelles au cours de l'année.

Janvier	...	24·8	Mai	...	24·2	Septembre	...	23·2
Février	...	25·1	Juin	...	23·1	Octobre	...	23·8
Mars	...	25·4	Juillet...	22·8	November	...	24·7
Avril	...	25·1	Août	...	22·8	Décembre	...	24·8

Au cours de la journée le maximum se présente normalement à 3 p.m. ; les minima n'ont pas d'heure précise, mais ont lieu généralement entre 1 et 3 a.m. Les températures absolues de la série R. Guimarães furent 19° et 33° ; en 1909 toutefois décembre enregistra 33·6 et avril 18·8.

L'année thermométrique de 1910 à Ondina fut la suivante :

	7 a.m.		9 p.m.		Moyennes Max.		Min.		Températures absolues		
Janvier	...	23·1	...	24·3	...	29·9	...	22·6	...	31·6	...	21·5
Février	...	23·6	...	25·1	...	31·4	...	23·2	...	33·0	...	22·5
Mars	...	23·7	...	25·5	...	29·9	...	22·7	...	33·2	...	22·1
Avril	...	23·7	...	24·9	...	29·9	...	23·0	...	32·4	...	20·0
Mai ...	...	23·1	...	24·0	...	26·5	...	22·4	...	30·1	...	21·3
Juin ...	...	22·4	...	23·0	...	25·7	...	21·7	...	28·4	...	20·5
Juillet	...	22·1	...	22·5	...	25·3	...	21·1	...	28·1	...	19·6
Août...	...	22·0	...	22·4	...	25·1	...	21·0	...	28·0	...	19·9
Septembre	...	22·1	...	23·0	...	26·3	...	21·5	...	29·0	...	19·0
Octobre	...	22·7	...	23·5	...	26·3	...	22·0	...	30·5	...	20·6
Novembre	...	23·7	...	23·9	...	26·7	...	22·6	...	28·0	...	20·6
Décembre	...	23·3	...	23·9	...	26·2	...	22·7	...	30·0	...	20·9

Si nous extrayons la moyenne de cette année 1910 (qui représente assez bien le type de climat de Bahia) de la formule (7 a.m. + 2 p.m. + 9 p.m. + 9 p.m.) : 4 en remplaçant 2 p.m. par la moyenne des maxima, nous obtenons 24·5, ce qui doit être effectivement la moyenne de Bahia.

Quant au Reconcavo de Bahia, nous n'avons que la série Draenert relative à S. Bento das Lages, une série de 14 ans que vient continuer à partir de 1912 le nouveau service météorologique. Il ne semble pas que de profondes différences le distinguent de Bahia. La moyenne de Draenert fut de 24°9' C., celle de 1912 fut de 23°9'. Les températures absolues enregistrées furent toutefois plus prononcées; Draenert obtint 35° C. Cet observateur choisit la combinaison 6 a.m., 2 p.m. et 8 p.m.

Janvier	...	24·8	Mai	...	26·8	Septembre	...	23·3
Février	...	25·7	Juin	...	26·5	Octobre	...	22·5
Mars	...	26·5	Juillet	...	25·5	Novembre	...	22·5
Avril	...	26·6	Août	...	24·3	Décembre	...	23·5

En 1912 les températures fraîches furent plus prononcées; juillet et août enregistrèrent 21·9 C. Pour connaître la météorologie du Reconcavo, il sera indispensable de posséder les données relatives aux centres de S. Felix, Cachoeira, S. Amaro et à l'une des îles, Itaparica par exemple.

À 150 kilomètres de la mer et à 360 m., d'altitude environ, se trouve la station de Serrinha, qui fait encore partie de la zône climatique du littoral de Bahia. Nous possédons les données relatives à 1909 :

Janvier	...	27·1	Mai	...	24·9	Septembre	...	24·0
Février	...	27·6	Juin	...	22·4	Octobre	...	25·7
Mars	...	25·1	Juillet	...	21·5	Novembre	...	26·2
Avril	...	25·6	Août	...	21·3	Décembre	...	24·9

La moyenne, malgré la forte différence d'altitude, est de 24°9 C. D'autre part, la différence entre le mois le plus chaud et le mois le plus frais est bien plus prononcée et indique un climat plus continental. Pour cette même année 1909, Bahia enregistra les moyennes, de mars et août respectivement, 26·8 et 22·7, offrant une différence de 4·1, tandis que Serrinha entre février et août, respectivement 27·6 et 21·3, offrit une différence de 6°3.

Météores humides.—La longue série R. Guimarães met en relief l'importance considérable de la tension de la vapeur d'eau et de l'humidité relative à Bahia. Pendant ces vingt ans d'observations, le second de ces phénomènes oscilla entre les moyennes annuelles de 78 pour cent (1893-94) et 90·2 pour cent (1885-86). Les moyennes annuelles plus récentes donnent des chiffres qui cadrent parfaitement avec les données de R. Guimarães ; en effet, 1909 enregistra 81·9 pour cent et 1910 86·8 pour cent. Quant à l'humidité absolue, les moyennes annuelles oscillèrent entre 24·3 mm. et 26·12 mm., chiffres qui nous paraissent exagérés, car 1909 et 1910 offraient, plus exactement, des tensions de vapeur d'eau de 18·9 et 18·6 mm.

Au cours de l'année, l'humidité relative présente ses plus hauts coefficients pendant les mois d'été ; il arrive parfois que l'automne présente un second maximum, au début de l'époque des pluies.

	J.	F.	M.	A.	M.	J.	J.	A.	S.	O.	N.	D.
1900...	84·8	84·8	86·5	87·5	87·5	87·2	86·6	85·6	85·6	85·2	85·5	86·6
1909...	79·7	79·4	77·3	85·2	83·3	85·1	78·7	78·9	83·3	82·4	84·9	84·6
1910...	89·5	91·2	86·2	84·5	82·3	84·6	84·0	82·6	87·4	87·7	90·0	91·1

Il y a donc des années plus humides que d'autres. L'écart entre le mois le plus sec et le plus humide varie, suivant les années, de 3 à 9 pour cent et la distribution des maxima et des minima est assez irrégulière.

Au cours de la journée, l'humidité relative décroît de 2 à 5 pour cent entre les observations de 7 a.m. et de 9 p.m. Les plus grands écarts diurnes se produisent pendant les mois les plus chauds. A la fin de l'hiver, au lieu de décroître au cours de la journée, on observe parfois un accroissement de quelques dixièmes.

Le phénomène inverse se produit au cours de la journée avec l'humidité absolue, dont les minima coïncident, au cours de l'année, avec la période d'hiver.

1910...	Janvier	...	19·5	Avril...	19·1	Juillet	...	16·8	Octobre	...	18·4
	Février	...	20·8	Mai ...	17·8	Août	...	16·4	Novembre ...		19·4
	Mars	...	19·9	Juin ...	17·3	Septembre		17·8	Décembre ...		19·7

19

La nébulosité est assez variable, elle fut de 4·6 en 1900 et de 5·8 en 1910. Elle est évidemment plus élevée pendant l'époque des pluies ; elle oscilla, en moyenne, entre 4·7 en mars et 7·5 en décembre 1910. Elle est beaucoup plus considérable dans la matinée que le soir.

La pluviosité à Bahia est assez importante ; les jours de pluie, notamment, sont très nombreux. En ces dernières années on en a compté annuellement de 200 à 230. Si nous calculons la moyenne annuelle des pluies par périodes de dix ans, nous trouvons :

1880-1889 ...	...	...	**2 m. 161**
1890-1900 ...	...	...	**1 m. 914**
1909-1912 ...	...	...	**1 m. 669**

Il semble donc y avoir une légère diminution dans la hauteur des précipitations.

Les observations de la première décade font partie de la série R. Guimarães. Elles marquent un maximum d'automne très prononcé et un second maximum plus faible au printemps. La période des orages coïncide exclusivement avec l'été.

1880-89		J.	F.	M.	A.	M.	J.	J.	A.	S.	O.	N.	D.
	mm.	99	26	214	345	329	287	206	116	77	120	187	100
Jours	...	9	7	13	16	16	18	15	13	8	8	9	7
Orage	...	1·4	3·0	3·9	1·9	0·1	0·1	0·1	0·0	0·1	0·5	1·6	1·2

Les observations postérieures à 1900 indiquent une certaine irrégularité dans la distribution des maxima et des minima de pluviosité. 1900, par exemple, souligne davantage en avril le maximum d'automne et trace plus faiblement le maximum de printemps ; 1912, d'autre part, présente une période pluvieuse continue en juin et en octobre ; 1910, par contre, offre un fort maximum d'été en novembre et décembre, et un faible maximum d'hiver.

Il semble donc que, tout en se trouvant bien partagés par rapport aux précipitations, Bahia et le Reconcavo participent jusqu'à un certain point des grandes irrégularités qui caractérisent le NE. du Brésil.

Dans le Reconcavo, le même contraste se présente ; en effet, S. Bento das Lages où cinq années d'observations ont donné à Draenert des maxima d'automne bien marqués, tandis que 1912 indique des maxima d'hiver et de printemps.

Eté...	...	...	*258* mm.	374 mm. (min. décembre)
Automne	...	...	*845*	568
Hiver	...	...	715	*643* (max. juin)
Printemps	...	...	359	641
Moyenne annuelle	...	*2·177* (5 ans.)	2·226 (1912)

À S. Bento das Lages nous retrouvons également une tendance à deux maxima annuels.

Pour Bahia, Draenert cite également cinq années d'observations :

Eté...	...	...	*268* mm.	261 mm. (min. décembre)
Automne	...	...	*1·015*	497
Hiver	...	...	709	*556* (max. juin)
Printemps	...	...	402	484
Moyenne annuelle	...	2·394 (5 ans.)	1·798 (1912)

Pendant sa longue série d'observations à Bahia, R. Guimarães a noté la constance des vents du N. et du NE., dès la fin de septembre ou le début d'octobre, avec une légère interruption en mai. " Dans ces huit dernières années, dit-il, les vents du S. ont diminué en fréquence et soufflent moins longtemps." Les vents du NO., O. et SO. sont occasionnels ; ils coïncident avec l'apparition à l'occident de gros cumuli chargés d'électricité. Ce sont des vents en tempête, en bourrasque, en " tufões " souvent accompagnés d'orages.

Bahia, comme nous l'avons dit dans l'étude des vents généraux de la côte, fait encore partie de la zône des Alizés, qui y sont les vents les plus fréquents.

Pendant la période estivale le vent de l'E. acquiert sa plus grande fréquence, ainsi que celui du NE. Ce dernier disparaît pendant la période fraîche et fait place au SE. qui souffle principalement entre juin et août ; le vent du Sud se lève également à cette époque et celui de l'E. continue moins fréquent. A l'époque de la mousson du SE. les calmes sont fréquents, les vents du NO. amènent des orages, ceux du SO. plutôt des grains de quelques heures. " Cependant aux époques de pleine et nouvelle

lune, disent les *Instructions nautiques,* les vents du
S. soufflent quelquefois deux ou trois jours de suite et
occasionnent, en grande rade, une mer fort rude.''

En 1910 la fréquence des vents à Bahia fut E. 272 pour
cent ; SE. 183 ; NE. 109 ; S. 60 ; et 68 pour cent de calmes.

La situation assez élevée de la cité haute donne à Bahia
des conditions naturelles d'hygiène tout à fait exceptionnelles ; grâce à ce fait elle est balayée par les vents de la
mer et les foyers d'infection y sont rapidement éliminés.
Le climat de Bahia est uniformément chaud, très humide,
la pluviosité y est grande mais irrégulière.   En somme,
Bahia jouit d'un climat sain et sa mortalité est faible
(18'5 pour cent).

(B) Le Climat d'Ilhéos.

Les données météorologiques relatives à la côte Sud de
l'État de Bahia sont encore peu nombreuses. Le *Boletim,*
irrégulièrement publié par le département de l'Agriculture
de l'État, nous apporte toutefois quelques renseignements
au sujet d'Ilhéos et de Cannavieiras, deux ports importants
du littoral méridional de Bahia.

Le Dr. Afranio Peixoto indique 25°2 C. comme
moyenne annuelle d'Ilhéos et 24°6 C. comme moyenne
de Cannavieiras (respectivement 3 ans et 1 an d'observations).

Pour Ilhéos, l'Observatoire de Rio a publié une série
complète relative à 1909. Il en ressort que la moyenne
générale est 25° ; la température des 3 mois d'été étant
26°7 et celle des 3 mois d'hiver 22°7. Au cours de cette
même année la moyenne de Bahia avait été 24'6 et les
3 mois d'été avaient marqué 25'9, les 3 mois d'hiver 22'8 ;
d'où un écart de 3'1 à Bahia contre un écart de 4° à
Ilhéos.

Les températures absolues à Ilhéos avaient été de 34'7
et 19'5 dans la série de 3 ans rapportée par Afranio
Peixoto ; elles furent de 32'5 et 17'1 en 1909. A Cannavieiras les valeurs absolues furent 30'8 et 18'2.

Il semble, autant que l'on peut en juger par des

données isolées, que la pression atmosphérique moyenne d'Ilhéos est assez élevée. La série de trois ans donnait 764·5, celle de 1909 763·9 (évidemment trop haute).

1909		Pression		Températures moyennes		Températures absolues		
Janvier	...	762·2	...	26·4	...	30·4	...	21·4
Février	...	63·1	...	26·8	...	30·9	...	21·4
Mars	...	62·1	...	27·0	...	32·5	...	22·2
Avril	...	63·2	...	25·6	...	30·7	...	21·7
Mai	...	64·5	...	25·9	...	30·2	...	20·0
Juin	...	66·8	...	22·4	...	29·4	...	18·6
Juillet	...	67·9	...	22·7	...	29.4	...	17·1
Août	...	68·5	...	23·0	...	28·5	...	17·2
Septembre	...	66·2	...	24·0	...	27·8	...	18·3
Octobre	...	63·8	...	25·0	...	30·6	...	19·2
Novembre	...	62·0	...	26·2	...	28·9	...	19·8
Décembre	...	61·7	...	25·9	..	30·2	...	20·5

Comme à Bahia, mars est le mois le plus chaud d'Ilhéos; les plus basses moyennes y sont de même enregistrées entre juin et septembre, mais les minima y sont plus faibles (17·1 en 1909 contre 18·8 à Bahia, en 1909 également).

La série du Département de l'Agriculture indiquait une humidité relative moyenne très élevée : 84·7 pour cent pour Ilhéos et 89·9 pour cent pour Cannavieiras. En 1909, Ilhéos enregistra à peine 77·8 pour cent et au cours de l'année oscilla entre 69 et 84 pour cent, avec une évaporation totale de 939·9 mm.

La nébulosité est assez considérable au cours de l'année; sa moyenne est 5·5 environ. Les pluies à Ilhéos varient entre 1m.80 et 2m.50 par an ; à Cannavieiras les observations enregistrèrent 1m.70. La distribution des maxima et des minima de pluviosité semble des plus irrégulières; il suffit de comparer deux années, 1909 et 1912 :

	1909	1912		1909	1912		1909	1912
Janvier ...	111 ...	311	Mai	127 ...	283	Septembre	188 ...	109
Février ...	58 ...	402	Juin	350 ...	225	Octobre	104 ...	192
Mars ...	111 ...	228	Juillet	105 ...	152	Novembre	109 ...	70
Avril ...	223 ...	324	Août	176 ...	95	Décembre	223 ...	119

1909 eut 189 jours de pluie et 1912 215 jours. Quant aux vents nous avons vu plus haut (p. 135) qu'Ilhéos offre un type caractéristique des Alizés de la côte orientale entre Bahia et Cabo Frio. Les vents du SO. et du SSO.

prédominent pendant la saison fraîche ; à partir de septembre le NE. reprend généralement sa prédominance avec une force plus accentuée. Au début de l'année, les vents sont plus faibles.

En plus de l'intérêt général que peut offrir pour la climatologie du Brésil cette côte méridionale de Bahia, la météorologie de ce littoral présente un intérêt économique de premier ordre. Ilhéos et son district voisin, Itabuna, Cannavieiras, Belmonte, Una, Rio de Contas, etc., sont en effet les centres brésiliens les plus importants de la culture du cacaoyer. Entre le 14° et le 18° de lat S. le cacao y a trouvé son habitat dès la première moitié du XIXe siècle. A quelques kilomètres du littoral végètent vingt-cinq millions de cacaoyers qui font du Brésil le premier des producteurs mondiaux de cette denrée. A Bahia les plantations de cacaoyer ont lieu généralement en mars ou en septembre, alors qu'au Parà elles ont lieu entre janvier et mai. Les cueillettes de Bahia se font entre décembre et février. L'année agricole du cacaoyer de Bahia commence en mai.

S'il est une culture aisée et lucrative, mais délicate, qui mérite un service météorologique de prévision du temps et la connaissance climatologique exacte des régions appropriées, c'est bien celle du cacao. Et cependant, c'est pour ainsi dire instinctivement que le cacaoyer y fut introduit, provenant du Parà, tandis que les concurrents du Brésil déployent pour l'adaptation du cacaoyer des connaissances météorologiques profondes et des méthodes rationnelles de culture.

Vingt ans de moyennes à Trinidad, et dix ans sur la Côte-de-l'Or nous indiquent les conditions essentielles de la culture du cacaoyer. Comparons-les à Ilhéos. (Pour les conditions climatologiques du cacaoyer voir : Hinchley Hart, *Cacao, its Cultivation*, Londres, 1911 ; C. J. van Hall, *Cocoa*, Londres, 1914.)

Trinidad ...	... 25·9 C.	... 72·0 pour cent	... 1·680 mm.
Côte de l'Or ...	—	... 85·2	... 1·148
Ilhéos ...	... 25·2	... 84·7	... 1·890
Cannavieiras ...	24·6	... 89·9	... 1·700

L'humidité est, en somme, un facteur plus important pour le cacaoyer que la température elle-même. Peu de plantes souffrent plus que lui du manque d'humidité. Les sécheresses, pour qu'il végète, doivent être courtes. Trinidad, même pendant la période la plus sèche, conserve un état hygrométrique assez élevé au cours de la nuit et de la matinée.

Le vent est un élément dont il faut tenir compte. Le cacaoyer ne peut soutenir les brises persistantes, même de force moyenne, car ses jeunes feuilles sont très tendres et le vent les déchire facilement, ce qui nuit aux fonctions organiques qu'elles remplissent. Pour cette raison, à Bahia, les plantations ont lieu sur les versants où n'agissent pas les Alizés, à six kilomètres environ du littoral, à l'abri de l'air salin également. Les cacaoyers s'étendent dans les plaines entourées de bois, ou sur les versants des montagnes entre 90 et 150 mètres l'altitude. Les districts plus hauts, plus frais, par conséquent, peuvent être favorables si l'humidité reste considérable et si l'abri est suffisant.

En fait de pluies, il n'y a pas de minimum précis, car tout dépend du sol. A Surinam, avec un sol peu profond et pauvre malgré les fortes précipitations, le cacaoyer souffre parfois de la sécheresse. A Java par contre, malgré les périodes sèches, le cacao résiste grâce à ses racines profondes dans un sol riche en humus. Au Vénézuela on recourt à l'irrigation artificielle; S. Thomé voit sa forte nébulosité corriger les longues sécheresses qui la visitent parfois. Trop de pluies peuvent également être nuisibles; l'Est de Java toutefois reçoit plus de 3m.60.

La quantité des pluies tombées est, jusqu'à un certain point, moins importante que l'heure à laquelle elles tombent. Les pluies nocturnes même abondantes, suivies du soleil ardent, sont sans résultats et pour ainsi dire perdues; les pluies de la journée, même faibles, sont préférables. Pendant la cueillette les pluies deviennent funestes, le soleil est nécessaire pour dessécher les fruits. L'alternative fréquente des pluies et des périodes sèches est également nuisible. L'irrégularité des météores humides dans le climat de Bahia explique l'irrégularité de l'année agricole du cacaoyer. (Voir Henrique Devoto, '' Producção do Cacau no Est. de Bahia,'' *Bulletin du Min. de l'Agr.*, Rio, 1915.)

Malgré l'absence d'un service de prévision du temps, malgré des méthodes agricoles, la plupart du temps, primitives, malgré l'inefficacité des transports, Bahia occupe une place sans cesse croissante dans le marché mondial du cacao.

Cependant le cacaoyer est beaucoup plus exigent que le caféier. Il veut plus d'humidité, plus de chaleur, moins de vent. À Java, par exemple, ils vivent côte à côte, mais le café monte plus haut et résiste davantage, malgré la rapide diminution de la température avec l'altitude. Le climat d'Ilhéos-Cannavieiras offre donc bien des conditions exceptionnellement favorables au cacaoyer.

(C) Le Climat d'Espirito-Santo.

Les données météorologiques relatives à l'Espirito-Santo sont fort peu nombreuses et très disséminées. Quoique de colonisation ancienne, cette région n'a pas subi un développement considérable au point de vue économique. Aussi sa climatologie est-elle peu connue.

C'est d'abord Victoria, port de mer, qui a attiré l'attention, et la Section météorologique du Département de la Marine brésilienne y installa un poste d'observations sans instrument, puis une station pluviométrique. Après 1905, la localité devint station de 3e ordre du même service.

La plupart des séries relatives à Victoria sont donc postérieures à 1904. Nous avons de plus, depuis 1909, des observations prises sur deux autres points de l'Espirito-Santo aux phares du Rio Doce et de l'Ilha-do-Francez.

Le territoire de l'Espirito-Santo est formé par une longue bande de terre entre le Rio Mucury et l'Itabapoana. À l'Ouest, il s'adosse à la Serra dos Aymorés, dont les pics comptent parmi les plus hauts du Brésil. L'accès vers Minas et l'intérieur est ouvert par les gorges du Rio Doce. Le pays est plat, marécageux dans la région du Rio Doce inférieur. Des localités comme São-Matheus, Linhares, Cachoeiro et Muniz-Freire seraient intéressantes à connaître au point de vue climatologique. L'Espirito-Santo a même connu la colonisation européenne; Santa Izabel, Rio Novo, Santa Cruz et S. Leopoldo furent ses principaux centres. Il serait curieux de savoir jusqu'à quel point le climat a agi sur ces tentatives de colonisation.

Température et Pression.—Le règlement de l'ancien département de la Marine exigeant la lecture des observations à midi de Greenwich, il s'ensuit que toutes les observations à notre disposition jusqu'à 1909 furent prises à 9.19 a.m. Cela offre un inconvénient considérable pour l'humidité relative, la tension de la vapeur d'eau, la nébulosité et la vitesse des courants atmosphériques, mais pour la température et la pression, le cas est moins grave.

Quelle est la valeur de la moyenne mensuelle des températures enregistrées à 9.19 a.m., au niveau de la mer sous le 20°19′ de lat. S.? Pour répondre à cette question, considérons Rio de Janeiro, dans les mêmes conditions à peu près, au bord de la mer et sous 22°.

La température de 9 a.m. à Rio diffère de la vraie moyenne mensuelle des 24 heures de la journée :

J.	F.	M.	A.	M.	J.	J.	A.	S.	O.	N.	D.
−0·2	−0·9	−0·2	−0·4	−1·0	−1·0	−1·1	−0·8	−0·5	0	+0·4	+0·1

La différence moyenne est donc de −0·46.

La température de 10 a.m. à Rio diffère de la vraie moyenne mensuelle des 24 heures :

J.	F.	M.	A.	M.	J.	J.	A.	S.	O.	N.	D.
+0·9	−0·3	+0·3	+0·4	−0·1	−0·2	−0·6	0·0	+0·2	+0·6	+1·1	+1·2

La différence moyenne est donc de +0·30. Supposons la température lue à 9.30 a.m.; l'erreur serait de +0·30

−0·46, soit −0·16. Or les lectures à Victoria étant de 9.19 a.m. l'erreur sera à peine de 0°1 C. Il s'ensuit que nous pouvons considérer les séries de 1905 à 1909 comme représentant des moyennes satisfaisantes. C'était d'ailleurs l'avis de M. A. Silvado (*Bolctim* No. 3, 1899 : " Revista Meteor.'').

Pour le baromètre, il n'en est plus de même ; 9 a.m. représente une pression supérieure de 1 mm. environ à la moyenne vraie. La lecture de midi donnerait des moyennes plus exactes.

Quant aux météores humides ils s'écartent très variablement de la moyenne. A 9 a.m. il faudrait pouvoir ajouter l'observation de midi.

La pression atmosphérique moyenne de Victoria est de 762·7 mm. environ, si nous considérons les trois années :

1905	...	(9 a.m. 764·1)	...	763·1 (corrigés)
1906	...	(9 a.m. 763·6)	...	762·6 ,,
1909	...	moyenne	...	762·8

Les plus hautes moyennes de l'année coïncident avec les mois de l'hiver (767·6 juin 1905 ; 768·7 juillet 1906). Les plus basses avec ceux de l'été (761·7 jan. et déc. 1905 ; 760·2 déc. 1906). L'oscillation, au cours de l'année, peut donc atteindre 8mm.5.

La température moyenne de Victoria formée par les données relatives aux années 1905-6-7 et 1909 serait de 25°1 C. environ.

Le mois le plus frais est celui de juillet, dont la moyenne oscille entre 21·2 et 22·5. Les mois les plus chauds sont ceux de décembre à février avec des moyennes de 24·5 à 28·8. A partir de mai, généralement, la moyenne mensuelle tombe au-dessous de 24° jusqu'en octobre ou novembre.

Un peu plus au Sud, sous 20°55', l'Ilha-do-Francez, par son oscillation, a offert en 1909 la moyenne annuelle de 23·8 C. inférieure de 0·8 à celle de Victoria.

		Victoria		Ilha-do-Francez						
						Max.		Min.		Différence
Janvier	...	28·3	...	25·6	...	26·8	...	22·5	...	+2·7
Février	...	28·8	...	23·3	...	27·5	...	21·2	...	+5·5
Mars	...	28·8	...	20·3	...	28·3	...	22·7	...	+8·5
Avril	...	25·4	...	25·1	...	28·3	...	22·2	...	+0·3
Mai ...	...	23·7	...	24·4	...	29·3	...	20·0	...	−0·7
Juin...	...	22·3	...	22·2	...	26·2	...	19·2	...	+0·1
Juillet	...	21·2	...	22·9	...	26·2	...	18·5	...	−1·7
Août	...	22·0	...	22·8	...	26·5	...	20·0	...	−0·8
Septembre ...	...	21·9	...	22·0	...	26·8	...	19·4	...	−0·1
Octobre	...	23·2	...	21·0	...	26·3	...	19·5	...	+2·2
Novembre ...	...	24·5	...	23·8	...	26·8	...	20·5	...	+0·7
Décembre ...	...	24·5	...	25·0	...	27·8	...	19·5	...	−0·5

Si les observations ne sont pas en défaut, il y a donc des différences assez sensibles entre la température de ces deux localités. Victoria possède un été beaucoup plus chaud, l'écart des moyennes dépassant 8° C., mais jouit d'un hiver plus frais, en juillet, la différence est voisine de 2° C.

Météores humides.—L'humidité relative est assez variable à Victoria, sa moyenne de 1905 à 1906 fut 76·7 pour cent, celle de 1909 atteignit 81·5 pour cent. L'été voit ses plus hautes moyennes mensuelles, l'hiver ses plus basses, mais les variations sont grandes ; ainsi, lue à 9 a.m., la moyenne de février fut de 67·3 pour cent en 1905, de 85·3 pour cent en 1906 et de 71· 8 pour cent en 1907. La tension de la vapeur d'eau offre une moyenne de 18·5 mm. environ, oscillant entre 15·6 en hiver et 19 ou 20 mm. en été.

Au point de vue de la pluviosité, l'Espirito-Santo fait partie de la zône brésilienne des pluies d'été. Mais son territoire entre en grande partie dans la ligne des isohyètes de 1,000 mm. qui du Sud de Bahia (Abrolhos) s'étend au long du littoral jusqu'au Cabo Frio. Nous avons ainsi :

Récife des Abrolhos	...	586 mm.	...	(1910)
Phare du Rio Doce	...	1,100	...	(1910-12)
Victoria	...	1,049	...	(1909)
Ilha-do-Francez	...	·973	...	(1910-12)

Les maxima de pluviosité appartiennent aux derniers mois de l'année : octobre, novembre et décembre, avec une légère reprise en mars ou avril ; mais le cours de l'année n'est pas dépourvu de précipitations ; chaque mois compte un minimum de 6 à 8 jours de pluie. L'année présente généralement un total de 100 à 150 jours de pluie. A ces différents points de vue, les Abrolhos (Etat de Bahia) se rattachent plutôt à la climatologie de l'Espirito-Santo.

	Abrolhos	Ilha-do-Francez		Rio Doce	
J.	26 mm.	36 mm.	5 jours	78 mm.	13 jours
F.	24	62	7	70	8
M.	44	100	8	87	15
A.	39	97	6	121	9
M.	39	73	9	29	11
J.	29	93	6	53	8
J.	13	39	6	47	11
A.	50	35	6	98	19
S.	9	20	11	59	15
O.	52	163	20	123	19
N.	131	206	12	190	16
D.	128	57	11	238	15

La nébulosité à Victoria semble assez considérable dans la matinée (nous ne possédons que les observations de 9 a.m.), elle varie entre 3·9 et 4·4 en hiver et 6·9 et 8·7 en été. Les vents soufflent alors avec une vitesse moyenne de 3·2. Pendant les mois frais soufflent les vents du S. et SO., pendant les mois chauds ceux du NE. et les vents variables.

Les observations d'une année à l'Ilha-do-Francez nous indiquent :

	J.	F.	M.	A.	M.	J.	J.	A.	S.	O.	N.	D.
Vents	V.	V.	V.	S.	SSO.	SE.	SSO.	V.	—	NE.,SO.	NE.,S.,	V.
Force	4·6	5·8	3·4	3·0	2·9	2·3	2.1	3·5	3·4	3·5	2·8	4·0
Nébulosité	7·8	6·5	8·3	7·9	8·1	6·9	6·9	7·1	9·0	8·3	9·3	9·3

La nébulosité y est donc assez considérable.

Il est regrettable que des informations plus complètes ne viennent définir d'une façon plus précise le climat de l'Espirito-Santo, jusqu'ici calomnié. A ce propos Paul Wall écrivait : " Le paludisme n'y assume aucun caractère grave, comme nous avons pu nous en rendre compte. Cette réputation d'insalubrité est telle que les habitants de l'Etat, et surtout ceux de Victoria, qui jouit d'excellentes conditions climatiques, sont les premiers à la propager et à l'exagérer encore sans l'avoir vérifiée. . . . A

Linhares on suppose dangereux le séjour du Guandú en raison des fièvres qui, dit-on, règnent là-bas. Au Guandú, par contre, où les cas de fièvre sont bien plus rares, on a la conviction que Linhares est le foyer de toutes les maladies. . . . En réalité des cas de fièvres intermittentes se produisent à certaines époques, principalement aux changements de saison (mars et avril), non seulement à Linhares mais sur quelques points voisins du Rio Doce, ou des lagunes du littoral."

Paul Walle vante le climat des régions plus élevées qu'il compare à celui du Sud de Minas. Il a vu les colons du Timbuhy et ceux de la colonie émancipée de Rio-Novo, ils sont " aussi sains et vigoureux que s'ils étaient dans leur propre pays."

(D) Le Climat de Campos.

La région de Campos est, comme son nom l'indique, la vaste zône des prairies naturelles, basses et planes, formées par les anciens " campos dos Goytacazes." C'est aujourd'hui une des principales régions sucrières du Brésil.

Les données pluviométriques sur cette région, sans être abondantes, sont toutefois satisfaisantes, mais l'observation des autres météores y fait à peu près défaut.

Depuis 1912 les phénomènes météorologiques sont enregistrés à Campos et à Macahé. D'autre part, S. Thomé et Cabo-Frio observent les pluies. Campos, de son côté, possède une belle série d'observations pluviométriques; elles sont dues à Mr. Samuel Burgum, directeur du " Campos Syndicate " (industrie sucrière); cette série, fort complète, comprend la période 1887-1908. Au large de Macahé, un registre des pluies est tenu dans l'île de Sant'Anna. Entre Campos et Macahé près de la Lagoa Feia, Quissaman possède une intéressante série de trois années consécutives (1897-99) dues à la *Commissão de Saneamento*, qui y travailla. Les observations quotidiennes furent au nombre de trois : 7 a.m., 2 p.m., et 9 p.m.

Température et Pression.—La moyenne annuelle de la pression atmosphérique à Campos et à Macahé est de 763 mm. environ ; à Quissaman, les trois années observées ont donné successivement 762·1, 762·2 et 762·6 ; la différence entre la moyenne mensuelle la plus haute et la moyenne mensuelle la plus basse variant entre 5 mm. et 7 mm. A Campos et à Macahé cette différence dépasse 7 mm. Les plus basses moyennes coïncident dans toutes ces localités avec le mois de janvier ; les plus hautes avec le mois de juillet, parfois avec le mois de juin. Les oscillations entre les moyennes mensuelles, au cours de différentes années, sont assez prononcées ; à Quissaman nous avons, par exemple, pour les mois de mars et novembre, successivement :

	1897	1898	1899	Oscillations
Mars	... F58·8 mm.	... F60·6 mm.	... F61·0 mm.	... F2·2 mm.
Novembre	F60·6	... F57·1	... F60·9	... F3·5

Si nous comparons les données de Quissaman (moyenne 1897-99) à celles de Campos et Macahé (1912-13) nous obtenons pour les mois de basse pression :

				Janvier		Décembre
Campos	...	...	...	760·3 mm.	...	761·3 mm.
Macahé	...	...	...	760·2	...	761·1
Quissaman	...	...	...	759·5	...	760·5

D'autre part si nous considérons le mois des maxima (juillet) :

Campos			Macahé			Quissaman
764·4 mm.	...	...	767·7 mm.	...	...	764·5 mm.

Il est regrettable que les données de Quissaman ne soient pas relatives aux mêmes années que celles de Campos et Macahé.

Quant aux températures, nous trouvons dans l'État de Rio des conditions thermiques qui diffèrent profondément, non seulement du Sud de Bahia, mais même de l'État voisin d'Espirito-Santo. Les moyennes légèrement sont un peu plus basses, les maxima sont légèrement plus prononcés, mais les minima présentent un caractère beaucoup plus accentué. A ce point de vue, un contraste

à peu près identique se dessine entre cette région et la
ville de Rio.

Les moyennes de 1897-99 prises par la Commission
Sanitaire à Quissaman sont quelque peu élevées, provenant de la formule (max. + min.) : 2 ; il faut donc les
corriger. Elles furent successivement :

1897	...	...	22·9 corrigée	...	...	22·4
1898	...	...	24·1 ,,	...	...	23·6
1899	...	...	24·4 ,,	...	...	23·9

À Campos la moyenne de 1912 fut 23°2 C. Dans cette
même localité la différence entre la moyenne du mois le
plus chaud et celle du mois le plus frais atteignit environ
8° C. (19°1 juillet et 27° février). À Quissaman en 1897
la différence entre les températures absolues de l'année fut
de 28°6 (7° en juillet et 35°6 en février). En juillet de
cette même année l'écart y fut de 24°6. L'année suivante
la différence entre les températures absolues atteignit 30°5
(9·2 en juillet et 39·7 en février). Au cours de l'année 1897,
qui peut servir de type normal, Quissaman enregistra :

	Moy.	Min.		Moy.	Min.		Moy.	Min.
J.	... 26·8	... 19·6	M. ... 23·2	... 12·6		S. ... 20·6	... 11·1	
F.	... 25·3	... 17·6	J. ... 20·6	... 12·1		O. ... 21·5	... 13·6	
M.	... 24·8	... 14·6	J. ... 18·5	... 7·0		N. ... 23·0	... 13·6	
A.	... 23·9	... 10·9	A. ... 20·6	... 7·6		D. ... 26·8	... 19·2	

D'autre part en 1912-13 Campos et Macahé offrirent
les données suivantes :

	Décembre			Juillet		
	Moy.	Max.	Min.	Moy.	Max.	Min.
Campos ...	25·5 ...	35·4 ...	15·6 ...	18·4 ...	30·4 ...	10·6
Macahé ...	25·5 ...	— ...	15·4 ...	19·5 ...	30·0 ...	10·2

Météores humides.—L'Etat de Rio appartient à la
région brésilienne des pluies d'été, toutefois la série
Samuel Burgum démontre, au cours de vingt ans d'observations, une extrême irrégularité. Cette irrégularité est
mise en relief à la fois par la distribution des pluies et
par leur hauteur. Novembre, décembre et janvier sont
les mois qui reçoivent les plus fortes précipitations, mais
il arrive parfois que les maxima ne se manifestent qu'en

février. D'autre part, il n'est pas rare que, dans le courant d'une année, il ne se manifeste deux maxima, le premier en été, le second en automne, en avril ou mai, moins important toutefois. L'irrégularité de la hauteur annuelle des pluies est remarquable; les extrêmes furent 205 mm. et 2,431 mm; l'année présente, en moyenne, 78 jours de pluies, oscillant entre 41 jours et 107 jours.

1888	...	1,328 mm.	1895	...	2,431 mm.	1902	...	388 mm.
1889	...	1,306	1896	...	1,824	1903	...	205
1890	...	970	1897	...	490	1904	...	818
1891	...	843	1898	...	605	1905	...	1,016
1892	...	1,508	1899	...	445	1906	...	1,658
1893	...	1,645	1900	...	705	1907	...	1,363
1894	...	1,376	1901	...	689			

La moyenne serait donc de 1 mètre par an.

À Campos, la moyenne mensuelle des pluies ne dépasse normalement 100 mm. qu'en novembre et décembre; or ce fait est d'autant plus important, au point de vue de la météorologie agricole, que Campos est le centre de la grande région sucrière du Brésil moyen. La canne à sucre exige beaucoup d'eau. Un hectare planté provoque l'évaporation quotidienne de 45 à 50 mètres cubes d'eau. Java reçoit de 1m.20 à 2m.70 de pluies par an; six mois de l'année y amènent d'abondantes précipitations et d'avril à novembre la période n'est guère sèche. Campos, avec ses deux ou trois mois pluvieux à peine, offre toutefois des conditions exceptionnelles pour la culture de la canne à sucre. D'autre part, à Campos, le phénomène des années sèches succédant aux années humides est plus marqué qu'à Java; quand il s'aggrave, l'irrigation artificielle seule pourrait le corriger.

Campos enregistra 940 mm. d'eau en 1912; l'île de Sant'Anna, au large de Macahé, 881˙3 mm. en cette même année; la série de Quissaman indiqua successivement 900, 903 et 913 mm.

Mettons les trois séries en présence :

	J.	F.	M.	A.	M.	J.	J.	A.	S.	O.	N.	D.
Campos (1912) ...	79	60	82	12	36	53	30	38	142	*203*	86	117
Sant'Anna (1912)	19	86	32	109	26	34	28	58	80	*188*	119	101
Quissaman (1899)	189	14	10	21	76	59	35	13	53	92	71	*267*

Quant à l'humidité relative sa moyenne à Campos fut de 79·3 pour cent en 1912 et de 79·1 pour cent à Quissaman en 1897. Au cours de l'année, ce sont les mois de pluies et ceux qui les suivent qui offrent les plus forts coefficients d'humidité relative. C'est donc en automne et en hiver que l'humidité relative atteint ses minima qui ne tombent que rarement au-dessous de 70 pour cent dans les moyennes mensuelles. Ces moyennes mensuelles sont d'ailleurs assez variables; Quissaman offrit par exemple :

			Mai		Septembre
1897	...	...	86·5 pour cent	...	81 6 pour cent
1898	...	...	68·3	...	84·1
1899	...	...	81·5	...	75·3

En 1912, Campos oscilla entre les moyennes de 71·5 pour cent pour avril et 85·1 pour cent pour octobre.

Quant aux vents, les observations de Quissaman indiquaient la prédominance des vents du NE. jusqu'en mai; à ce moment les vents du S. et du SO. s'accentuaient, avec de fréquents retours du NE. En septembre le NO. alternait avec le SE. et le S. La reprise du NE. se faisait sentir dès octobre.

(E) Le Climat de Rio de Janeiro.

La ville de Rio de Janeiro s'élève à l'entrée de la baie de Guanabara (ou de Rio) sous 22°54′23″ de lat. S. et 43°10′21″ de long O. de Greenwich. Son observatoire se trouve à 61 m. au-dessus du niveau de la mer.

Bâtie sur un terrain fort accidenté, la ville elle-même couvre une superficie assez vaste. La partie la plus ancienne de la ville, qui est précisément sa partie la plus accidentée, est également la plus peuplée. Les plaines où s'étendent les quartiers plus récents forment la zône suburbaine. La variété que présente cette topographie constitue un facteur de différenciation assez marqué pour les conditions climatiques des différentes zônes.

D'une façon générale, on peut décrire cette topographie comme formée de soulèvements parallèles, dont la direction

20

est E.-O. Il en résulte que chaque centre urbain ou suburbain a ses zônes d'altitude et d'orientation différentes et, partant, ses conditions climatiques spéciales. Les plus forts soulèvements ainsi que les plus vastes plaines se trouvent dans la partie occidentale de la ville ; ce qui en partie explique la beauté renommée du panorama de la baie de Rio.

Le massif du District Fédéral qui forme le relief de la ville est tout à fait distinct de la Serra do Mar, dont il est séparé par la dépression que longe de l'E. à l'O. la voie ferrée de Rio à Santa-Cruz. Ce massif est essentiellement constitué par trois chaînons ou massifs secondaires, relativement indépendants les uns des autres et par différents " morros " ou collines isolées :

(*a*) Le chaînon méridional comprend le Pain-de-Sucre, 395 m. (Pão de Assucar), Botafogo, et ses " morros " do Leme et da Babylonia et les Dois-Irmãos, 533 m.

(*b*) Le premier chaînon central comprend Santa Thereza (Nova Cintra 260 m.), la Carioca (800 m.), le Corcovado (704 m.), le Cockrane, la Gavea (842 m.).

(*c*) Le 2e chaînon central comprend la Tijuca et son pic (1,020 m.), l'Andarahy et son pic (900 m.), et le Bico do Papagaio.

(*d*) Le chaînon septentrional enfin est formé par la Serro do Meyer.

Parmi les massifs isolés, citons la Providencia, le Telegrapho, l'Engenho Novo, la Misericordia, etc. Ces massifs atteignent ou dépassent 100 et 200 m. Parmi les " morros " citons la Viuva, le Pasmado, la Gloria, enfin le Morro de Santo Antonio, où se trouve l'observatoire de la Marine, qui pendant longtemps a été chargé d'un service météorologique assez important. Ce dernier a 66 m. d'altitude.

L'observatoire de Rio, établi depuis sa fondation sur le Morro do Castello, domine la partie la plus ancienne de la métropole brésilienne. Il se trouve sur l'emplacement d'un ancien couvent de Jésuites. Des édifices à l'air archaïque s'empilent autour de l'Observatoire et au-

dessous de lui ; la végétation envahit les moindres coins
de terre. Le morro do Castello est plein de souvenirs
historiques : il fut le cœur de la ville coloniale, à l'époque
où sa position topographique répondait aux conceptions
de sécurité du temps. On parle couramment aujourd'hui
de "raser" le Morro do Castello. Ce serait dommage,
car le point est pittoresque, quoique totalement inadéquat
aux exigences actuelles de la météorologie. Aussi, à
l'heure qu'il est, opère-t-on peu à peu le transfert de
l'Observatoire au Morro de S. Januario.

Vu l'ancienneté des séries d'observations météorologiques relatives à Rio et leur publication annuelle
régulière et complète, nous n'avons pas intérêt à traiter ici
de la littérature météorologique sur le sujet. Rappelons
toutefois quelques faits.

Les *Mémoires de l'Académie Royale de Lisbonne*
furent les premiers à publier les données relatives à Rio
de Janeiro, alors colonie portugaise ; les observations
étaient dues à B. Sanches Dorta et se rapportaient aux
années 1781 à 1788.

L'Observatoire de Rio fut créé en 1827, mais il ne
reste, en fait d'observations météorologiques, que des
données postérieures à 1844. Les publications régulières
commencèrent en 1851 et furent faites, en français, sous
le nom d'*Annales Météorologiques*. Trois tomes, comprenant la période de 1851 à 1868, nous représentent le
travail exécuté pendant ces dix-sept années. Il y eut alors
une interruption et les publications furent reprises en 1881,
sans toutefois porter atteinte à la continuité des observations. Cette fois la publication reçut le nom d'*Annales de
l'Observatoire*. Il en existe quatre tomes. En 1886, le
français est substitué par le portugais dans la *Revista do
Observatorio* (1886-1892). En janvier 1900 fut commencée
une nouvelle publication, le *Boletim Mensal do Observatorio*, qui devint en 1909 le *Boletim do Observatorio* et
dont le dernier avatar est le *Boletim Meteorologico*, cette
fois-ci "météorologique" enfin (1910). Le service ou
tout au moins les publications météorologiques avaient

beaucoup souffert au Brésil de leur promiscuité avec les intérêts de l'Astronomie, les chefs du service ayant tous été, avant tout, des astronomes. Avec la direction H. Morize, l'étude de la météorologie a reçu, dans la mesure que permettaient les moyens budgétaires, un franc et décisif encouragement.

La mise en œuvre des données, si complètes, que l'Observatoire de Rio fournit régulièrement depuis 1851, n'a pas été en somme très fréquente. Les revues météorologiques d'Europe ne se sont occupées que sommairement du climat de Rio; la *Meteorologische Zeitschrift*, si active à compiler les renseignements relatifs à l'Amazonie, au NE., au Sud et au centre du Brésil, n'a jamais consacré d'étude approfondie à Rio.

En 1888, Emile Goeldi recueillant ses " Materialen zu einer Klimatologie " consacra sa première monographie à Rio de Janeiro. Quelque temps auparavant déjà, J. E. de Lima, de l'Observatoire de Rio, avait entrepris une série d'études à la climatologie de la Capitale : " A Pressão barometrica comparada com a temperature, no Rio de Janeiro " (*Rev. do Obs.*, 1886); " A Temperatura no Rio de Janeiro " (*Rev. do Obs.*, 1886); " Regimen dos Ventos no Rio de Janeiro " (*Rev. do Obs.*, 1888).

En 1892 parut enfin la monographie bien connue du directeur de l'Observatoire, L. Cruls,[1] *Le Climat de Rio de Janeiro*. C'est l'œuvre capitale sur le sujet, elle comprend l'exposition raisonnée de toutes les données météorologiques relatives à Rio de Janeiro pendant quarante ans. Les moyennes de la température et de la pression atmosphérique y sont déduites de plus de 120,000 observations, la loi de variation annuelle est basée sur environ 58,000 observations, les variations diurnes sont fournies par plus de 14,000 observations. Il est inutile de souligner l'important appoint apporté par cette œuvre à la météorologie du continent sud-américain.

---

[1] L. Cruls avait déjà présenté en 1882 un Mémoire à l'Académie des Sciences de Paris, " Variation du nombre annuel des orages à Rio de Janeiro "; ce mémoire se trouve dans les *Annales de l'Observatoire Impérial* de Rio de Janeiro, tome ii.

Le Dr. Calheiros da Graça, de l'Observatoire de Rio, entreprit, en 1912, de continuer l'œuvre de l'ancien directeur; il réunit dans l'ordre adopté par Cruls toutes les données relatives à la période suivante de 1891 à 1911, c'est-à-dire vingt années nouvelles d'observations, et fit suivre ses tableaux des remarques suggérées par eux. Ce travail, destiné à mettre à jour l'œuvre de Cruls, parut dans l'*Annuario de Estatistica Municipal* en 1913.

Il serait injuste, dans une étude des sources de la climatologie de Rio, de ne pas mentionner la part prise par le Ministère de la Marine. Le département de Météorologie de ce Ministère installa sa " Station centrale " sur le Morro de Santo Antonio à 64m.51 d'altitude, en 1885; ses observations toutefois ne furent publiées qu'à partir de 1897 dans le *Boletim Semestral*. Nous avons déjà eu l'occasion de mentionner ses services sur la côte du Brésil. Les services furent dirigés pendant plus de vingt ans par le capitaine Americo Silvado.

D'autre part, dans le district de Rio, Santa Cruz posséda de 1886 à 1889 une succursale de l'Observatoire. Cette station servit quelque temps aux observations simultanées organisées par l'Observatoire de Rio. Enfin, dans l'île do Governador, le Baron de Capanema installa en 1886 un observatoire de première classe, muni de l'appareil Theorell. Ce fut la station centrale du Service météorologique des Télégraphes. Des *Boletims* furent publiés de 1886 à 1889. L'initiative du Baron de Capanema louée par Cruls, au Brésil, fut également en Europe l'objet de chaleureux encouragements. (Voir l'article de L. Cruls, *Rev. do Obs.*, 1886.)

A l'heure qu'il est, l'Observatoire de Rio de Janeiro se trouve doté des instruments les plus perfectionnés pour l'observation des phénomènes météorologiques. La pression atmosphérique est enregistrée au moyen du barographe Richard et des baromètres Fuess. La température et l'humidité sont prises par des appareils Richard, Negretti, Rutherford et le thermographe humide Richard. Il y a, de plus, deux thermomètres Alvergniat. Des appareils

Robinson, Richard et Fuess servent à l'observation du
vent. Trois pluviomètres Tonnelot, de modèles différents,
et un pluviomètre Richard enregistrent les pluies.
L'évaporomètre est de Piche, l'ozonomètre Casella, et
l'héliographe Negretti. L'électricité atmosphérique agit
sur un enregistreur Fuess.

La correction que doivent subir les lectures barométriques des observations faites à Rio est de +0˙5 mm.
Le coefficient de gravité normale à Rio est de − 1mm.36.

La série de l'Observatoire de Rio, comme nous l'avons
dit, commence en 1851, mais malheureusement les observations n'ont pas toujours été prises de la même façon. De
1851 à 1857 elles furent prises d'heure en heure entre 6 a.m.
et 6 p.m. De 1858 à 1867 d'heure en heure pendant
24 heures. De 1868 à 1871 à 4 a.m. et 10 a.m., 4 p.m. et
10 p.m. ; de 1871 à 1873 à 7 a.m., 1 p.m., et 5 p.m. ; de 1874
à 1879 à 7 a.m., 10 a.m., 1 p.m., and 4 p.m. ; de 1879 à
1885 à 9, 7, et 10 a.m. et 1, 4, 7, et 10 p.m. Actuellement
les observations sont horaires.

Pression atmosphérique.—H. Faye declara un jour à
l'Académie des Sciences de Paris que la régularité des
diagrammes de la pression et de la température à Rio était
telle, qu'il suffisait de renverser l'une des deux courbes
pour obtenir exactement l'autre. J. E. de Lima soulignait
ce même fait par un diagramme comparant les deux
courbes. Le fait était vrai pour les diagrammes mensuels
et sa rigueur s'accentuait pour le diagramme annuel : la
période envisagée était celle de 1851 à 1885. Une légère
irrégularité de la courbe thermométrique entre juillet et
septembre se reflétait avec précision sur la courbe barométrique correspondant aux mêmes mois.

La régularité de la pression barométrique au cours de
différentes périodes d'observation est assez considérable ;
les moyennes annuelles furent :

1851-1890	...	...	757˙35
1871-1890	...	...	757˙61
1890-1911	...	...	757˙64

Entre 1851 et 1865, les tableaux organisés par Cruls indiquent des irrégularités, dues probablement en grande partie aux conditions des observations. À partir de 1865 les moyennes annuelles de 756, 757 ou 758 mm. alternent avec des différences de dixièmes, pendant des périodes de plusieurs années. Deux années de suite enregistrèrent exceptionnellement 759 (1903 et 1904). L'écart entre les moyennes fut de 1865 à 1911 de 3 mm. (756·7 et 759·7). L'oscillation entre les moyennes mensuelles est plus prononcée. Pour les mois de janvier et de juillet nous avons respectivement les moyennes de :

Janvier   ...   752·8 (1911) et 757·3 (1904), diff. 4mm. 5.
Juillet   ...   759·2 (1901) et 764·0 (1903), diff. 4mm. 8.

La pression atteint ses maxima pendant les mois d'hiver, juin, juillet et août, et ses minima en janvier ou février. La courbe annuelle des moyennes croise la ligne de pression moyenne en avril et en octobre ; ce sont donc ces deux mois dont les moyennes représentent le mieux la moyenne annuelle.

Périodes	J.	F.	M.	A.	M.	J.	J.	A.	S.	O.	N.	D.
1851-1890 ...	754·55	54·7	55·6	56·8	58·1	60·3	61·0	60·1	58·8	56·7	55·5	54·5
1890-1911 ...	754·48	55·8	55·8	57·5	58·8	60·6	61·0	60·3	58·8	57·5	55·5	54·9

Au cours de l'année, l'oscillation entre le mois de plus forte pression et celui de plus faible pression est, en moyenne, de 6mm.5 pour les deux périodes. Si nous considérons entre 1890 et 1911 les moyennes les plus hautes et les plus faibles, nous trouvons une différence de 12mm.1. D'autre part, dans la même période, les extrêmes marquèrent une différence de 27mm.9.

Au cours des vingt dernières années, l'oscillation enregistrée entre la moyenne des maxima et la moyenne des minima a une amplitude moyenne de 12mm.4. Cette amplitude est moins prononcée pendant les mois de faible pression ; elle varie alors entre 10 mm. et 11mm.6 ; à partir de mai elle augmente, dépasse sa moyenne et atteint 14mm.6 en octobre, pour retomber à partir de novembre.

La fonction établie par Cruls pour calculer les valeurs

de la pression atmosphérique pour chaque décade de l'année (voir *Le Climat de Rio de Janeïro*, p. 31, planche III) lui permettait de conclure que le minimum 754mm.79 se présente vers le 20 janvier; le maximum 761mm.54 a lieu vers le 20 juillet; par conséquent l'intervalle de temps qui s'écoule entre l'un et l'autre est exactement de six mois.   La ligne de pression moyenne de 757mm.61 coupe la courbe aux époques 25 avril et 8 octobre.   La courbe annuelle est en outre remarquable par sa grande régularité.

La variation diurne de la pression atmosphérique présente une courbe régulière qui caractérise bien l'*onde semi-diurne* définie par Angot (voir plus haut : *Influences cosmiques*).   Elle a une amplitude de 2 mm. environ, elle est plus grande aux équinoxes qu'aux solstices.   La courbe présente deux maxima et deux minima, ainsi distribués :

1er minimum	...	...	758·06 à 3·30 a.m.
1er maximum	...	...	759·37 à 9·20 a.m.
2e minimum	...	...	757·45 à 4·0 p.m.
2e maximum	...	...	759·18 à 9·50 p.m.

La moyenne se présente donc quatre fois par jour à 1.25 a.m., à 6 a.m., à midi, 2.5 et 7.20 p.m.

La variation horaire de la pression se trouve être dans la série Calheiros da Graça (1900-1904) :

1 a.m.	...	758·62	1 p.m.	...	758·1
2	...	58·4	2	...	57·9
3	...	58·1	3	...	57·6
4	...	57·9	4	...	57·4
5	...	58 2	5	...	57·7
6	...	58·5	6	...	58·0
7	...	58·7	7	..	58·4
8	...	58·9	8	...	58·6
9	...	59·0	9	...	58·8
10	...	59·2	10	...	59·1
11	...	58·9	11	...	58·9
Midi	...	58·5	Minuit	...	58·8

L'amplitude est donc de 1mm.8; elle fut de 1mm.92 pour la série Cruls; le maximum du matin est plus prononcé que celui du soir, le minimum du soir est plus prononcé que celui du matin.

Si nous comparons la série Cruls de 1881 à 1885 à la série Calheiros da Graça de 1901 à 1905, nous trouvons des pressions légèrement plus basses.

	A.M.				P.M.			
	1 h.	4 h.	7 h.	10 h.	1 h.	4 h.	7 h.	10 h.
1881-1885 ...	758·60	758·15	758·88	759·38	758·27	757·45	758·36	759·24
1901-1905 ...	758·62	757·95	758·78	759.25	758·18	757·41	758·40	759·14
Différence	+0·02	−0·20	−0·10	−0·13	−0·09	−0·04	+0·04	−0·10

Les calculs de Cruls l'ont amené à conclure que les heures d'observation les plus favorables pour l'établissement de la moyenne sont :

$$\frac{6\,\text{a.m.} + 2\,\text{p.m.} + 9\,\text{p.m.}}{3} \quad (\text{erreur } -0·05)$$

et

$$\frac{4\,\text{a.m.} + 10\,\text{a.m.} + 4\,\text{p.m.} + 10\,\text{p.m.}}{4} \quad (\text{erreur } -0·01)$$

En matière de conclusion l'ancien directeur de l'Observatoire de Rio écrivait en 1892 : " En ce qui concerne la pression atmosphérique, la régularité de la marche diurne du baromètre est digne de remarque, car elle accuse bien clairement les deux maxima et les deux minima qui sont la caractéristique bien connue de la variation diurne de cet élément dans la zône tropicale.

" Rio de Janeiro n'est pas, heureusement, sujet aux grandes perturbations atmosphériques si communes dans d'autres points du globe ; c'est pour cela que les chutes barométriques sont généralement peu prononcées, n'excédant pas 5 à 10 millimètres dans l'intervalle de quelques heures. Cependant, malgré son insignifiance, comparée à ce que l'on note en d'autres endroits, ces baisses sont un indice certain d'une dépression atmosphérique, généralement motivée par quelque fort *pampeiro*, et qui se présente dans cette région-ci sous la forme d'un violent vent de Sud-Ouest. Toutefois, et comme confirmation des dépressions barométriques, relativement peu fortes, puisqu'il y a une relation rigoureuse entre ce qui s'appelle gradient (qui dépend de la grandeur des intervalles compris entre les lignes isobares) et la vitesse du vent, celle-ci ne dépasse jamais 30 centimètres par seconde et ceci même pendant les courtes rafales de peu de durée, pendant lesquelles la vitesse atteint son maximum."

Température.—Les observations de Bento Sanches Dorta, faites à Rio, à la fin du XVIIIe siècle, donnèrent 23°4 comme moyenne générale de la série 1781-1788. Les observations furent prises de deux en deux heures, comme nous l'avons dit, et on en corrige généralement les données par —0·50. La moyenne devient donc 22·90. D'autre part la moyenne de la série Cruls de 1871-1890 indiqua 22·92 et la série Calheiros da Graça de 1891-1911 donne 22·69.

La série Sanches Dorta indique un écart moyen de 8·9 entre le mois le plus chaud et le mois le plus froid de l'année :

| | Mois le plus | | Moyenne |
	Chaud	Froid	annuelle
1781	... —	... 19·4 (Jn.)	... —
1782	... 26·9 (Ms.)	... 19·6 (Jl.)	... 23·2
1783	... 27·1 (F.)	... 20·1 (Jn.)	... 23·8
1784	... 26·8 (F.)	... 20·2 (Ao.)	... 23·1
1785	... 27·3 (Jn.)	... 19·8 (Jl.)	... 23·7
1786	... 26·9 (F.)	... 19·7 (Jl.)	... 23·2
1787	... 28·2 (F.)	... 19·4 (Jl.)	... 23·4
1788	... 28·3 (Jn.)	... —	... —

L'amplitude moyenne entre le mois le plus chaud et le mois le plus froid est de 5·8 dans la série Cruls (1871-1891), elle est de 5·5 dans la série Calheiros da Graça (1891-1911). Nous avons ainsi pour les différentes séries des amplitudes décroissantes :

1781-1788	...	...	...	8·9
1871-1881	...	...	...	6·3
1881-1891	...	...	...	5·5
1891-1911	...	...	...	5·5

Le manque d'homogénéité que nous avons indiqué dans les différentes séries ne nous permet pas de tirer des conclusions de cette décroissance.

Dans la série Dorta, c'est février qui se montre généralement le plus chaud de l'année; dans la série 1851-1871, février garde la prépondérance au début, puis la cède à janvier, qui reste le mois le plus chaud au cours de la série 1871-1881 ; dans la série 1881-1891 c'est encore à janvier, à la dernière décade de décembre et aux deux premières de février qu'appartiennent les plus hautes moyennes ; dans la série 1891-1911, la moyenne la plus élevée revient à février.

" Le maximum 26'3," dit Cruls, " se produit vers le 3 février et le minimum 20'05 tombe vers le 8 juillet. Entre ces deux dates la température décroît fort régulièrement, dans l'espace de cinq mois ; tandis que pendant les sept mois qui s'écoulent entre l'époque du minimum et celle du maximum, la température croît assez irrégulièrement. Il y a une inflexion remarquable qui se produit à partir du milieu d'août, et qui est plus prononcée vers les premiers jours d'octobre." La moyenne annuelle coïncide, d'autre part, avec le 27 avril et le 14 novembre.

Si nous étudions le mois le plus chaud de la série 1881-1891, février, nous voyons que la décade la plus chaude n'est pas toujours la même et qu'au cours de ce mois des différences considérables distinguent parfois une décade de l'autre :

		1881	1882	1883	1884	1885	1886	1887	1888	1889
1re décade	...	27'6	25'7	23'8	24'7	24'3	24'0	24'8	25'9	26'7
2e ,,	...	24'9	24'3	26'5	24'4	26'4	24'7	26'2	24'8	26'7
3e ,,	...	23'7	24'2	26'2	23'7	26'3	24'9	24'6	25'1	27'2
Moyenne	...	25'4	24'8	25'5	24'3	25'7	24'5	25'4	25'3	26'9

Dans cette série les décades avaient eu des moyennes inférieures toutefois aux décades correspondantes de la série antérieure.

		1881-1891		1871-1881
1re décade	...	25'39	...	26'69
2e ,,	...	25'52	...	26'60
3e ,,	...	25'24	...	26'44

Entre la décade la plus chaude (29'8, 1re de 1878) et la plus fraîche (23'7 2e de 1884) il y a donc un ecart de 6'1 ; au cours de la même année, 1881 présente entre la première et la troisième décade une différence de 3'9.

Si nous considérons le mois le plus froid, la série Dorta nous indique juillet, le fait est confirmé par les séries suivantes, mais les minima appartiennent parfois à juin, plus rarement à août, et exceptionnellement à septembre.

Les trois mois d'hiver, considérés par décades donnent, dans les deux séries anciennes :

| | 1871-1881 | | | 1881-1891 | | |
	Juin	Juillet	Août	Juin	Juillet	Août
1e décade	21·2	19·9	20·5	21·1	20·0	19·9
2e ,,	20·3	20·5	21·0	20·1	19·7	20·4
3e ,,	20·1	20·4	20·9	19·6	19·8	20·5

Dans la première de ces séries la moyenne générale de l'hiver est de 20·6 ; dans la seconde elle est de 20·1. Dans la série Calheiros da Graça elle revient à un moyen terme de 20·3.

Dans cette dernière série qui comprend vingt années, l'amplitude des oscillations des moyennes de juillet est de 3·4 (18·5 en 1897 et 21·9 en 1906) et cette amplitude est presqu'exactement celle des oscillations des moyennes de février, au cours de la même période (3·2, entre 27·1 en 1892 et 24·1 en 1906). C'est donc la même année 1906 qui a présenté à la fois la plus haute moyenne de juillet et la plus basse moyenne de février.

La moyenne générale résultant des moyennes mensuelles se trouve être sensiblement plus basse pour la période 1891-1911 que pour la période 1851-1890 ; les moyennes extrêmes y sont moins prononcées ; il en est de même pour les extrêmes absolus. Nous avons ainsi :

| | 1851-1891 | | | 1891-1911 | | |
| | | Moyennes des | | | Moyennes des | |
	Moyenne	Maxima	Minima	Moyenne	Maxima	Minima.
Janvier	26·3	28·3	22·8	25·2	27·0	23·7
Février	26·4	29·3	24·3	25·5	27·3	24·1
Mars	25·9	27·6	24·3	24·7	27·1	23·5
Avril	24·5	26·4	23·0	23·2	24·6	22·2
Mai	22·4	24·7	20·7	21·6	23·1	20·4
Juin	21·0	24·2	19·4	20·5	22·1	18·7
Juillet	20·6	23·4	18·6	20·0	21·9	18·5
Août	21·1	23·4	18·5	20·4	21·4	19·0
Septembre	21·6	24·3	18·5	20·6	22·2	19·4
Octobre	22·5	24·7	20·7	21·4	23·0	19·7
Novembre	23·5	25·5	21·6	22·9	25·6	21·1
Décembre	25·1	27·6	22·7	24·6	26·1	22·8
Moyenne	23·4	25·7	21·2	22·6	24·3	21·0

La différence entre les moyennes mensuelles de la série Cruls et celles de la série Calheiros da Graça est surtout marquée pendant les mois de transition : mars et avril sont respectivement plus frais de 1·1 et 1·3 ; septembre et octobre le sont de 1° C. La raison de cette différence doit être cherchée dans la période 1851-1871 qui contribue à hausser considérablement les moyennes de la série Cruls et dont la correction ne serait de rien moins que −0·78. (Voyez plus haut les heures d'obs.)

Calheiros da Graça a calculé les moyennes des températures absolues. Il a trouvé comme résultat un écart moyen de 14·4 pour l'année. Les écarts plus considérables (de 15·1 à 16·3) coïncident avec le second semestre, avec un maximum en octobre ; les écarts les plus faibles (12·2 à 14·8) coïncident avec le premier semestre, avec un minimum en mars.

Dans la période 1851-1891 les extrêmes absolues enregistrées furent :

39·0 C. (8 décembre 1889).
10·2   (1 septembre 1882).

Dans la période 1891-1911 ces extrêmes sont encore moins prononcées :

38·0 C. (28 décembre 1896).
11·2   (28 juin 1895).

La température de 40° C. n'a donc pas encore été enregistrée à Rio ; le thermomètre n'y est jamais tombé au-dessous de 10° C.

Nous avons donc les trois catégories suivantes d'oscillations :

L'oscillation annuelle moyenne   ...   6°25
        ,,   maximum   ...   ...   28°8
        ,,   diurne moyenne   ...   3°04

À propos de cette dernière, Cruls écrit toutefois : " Quant à la marche diurne de la température, elle ne présente pas de sauts très excessifs, et l'oscillation diurne moyenne n'atteint pas 3 degrés. Malgré cela, il est certain que, pendant les mois d'été, la chaleur incommode assez, ce qui doit exclusivement être attribué à la grande humidité de l'air atmosphérique. Cependant, grâce à la brise de la mer, qui souffle chaque jour à partir de midi avec beaucoup de régularité et d'intensité, la température devient plus supportable.''

Les observations horaires de la période 1900-1904 ont eu pour résultat d'apporter à la série Cruls d'observations tri-horaires des corrections positives assez fortes. L'observation de 4 a.m., que Cruls trouvait être 20·75, et celle de 1 p.m. de 23·64 qui correspondent aux deux extrêmes de la journée, sont dans la nouvelle série respectivement 20·85 et 24·50.   Au cours de cinq années elles varièrent :

	4 a.m.	10 a.m.	1 p.m.	10 p.m.	Moyenne annuelle
1901	19·0	22·9	23·5	21·6	22·3
1902	21·6	24·4	24·5	22·9	23·2
1903	20·9	24·2	25·4	22·3	24·6
1904	20·8	23·0	24·3	22·1	22·3
1905	21·7	23·5	24·6	23·0	23·0

Le maximum de la journée se présente vers 1 p.m., le minimum vers 4 a.m.   La moyenne passe à 8.30 a.m. et à 8.35 p.m.

Les calculs de Cruls ont établi que la moyenne formée à l'aide de la formule (6 a.m. + 2 p.m. + 9 p.m.) : 2 est trop faible de 0·01 et celle de (8.30 a.m. + 8.30 p.m.) : 2 trop élevée de 0·01 ; et de plus, que la moyenne exacte correspond à (4 a.m. + 10 a.m. + 4 p.m. + 10 p.m.) : 2.

Les différentes heures de la journée à Rio ont pour moyennes annuelles générales les températures suivantes :

1 a.m.	21·6	1 p.m.	24·5
2	21·4	2	24·3
3	21·1	3	24·2
4	20·8	4	24·0
5	21·0	5	23·7
6	21·1	6	23·4
7	21·3	7	23·1
8	22·0	8	22·9
9	22·8	9	22·6
10	23·6	10	22·4
11	23·9	11	22·1
Midi	24·2	Minuit	21·9

Humidité.—*L'humidité relative* est observée à Rio depuis 1881.   La moyenne générale de 1881 à 1890 fut

78·5 pour cent; celle de 1891 à 1911 fut 78·3 pour cent.
Cruls enregistra dans la première série l'existence de trois
maxima annuels et de trois minima. Calheiros da Graça
remarqua le même fait, mais à des époques différentes. Il
semble qu'il y ait un retard d'un mois; nous avons ainsi
les trois maxima :

	1881-1891	1891-1911		1881-1891	1891-1911
Janvier	78·3	77·9	Juillet	78·3	77·6
Février	80·4	77·7	Août	77·0	76·3
Mars	78·5	79·6	Septembre	79·8	78·5
Avril	78·6	79·2	Octobre	78·9	78·3
Mai	78·8	79·1	Novembre	77·4	78·6
Juin	77·8	79·4	Décembre	77·9	77·4

L'amplitude des oscillations mensuelles est de 3·4
pour cent dans la première série et de 3·3 pour cent
dans la seconde. Les maxima de la première sont en
février, mai et septembre, ceux de la seconde sont en mars,
juin et novembre.

" Ce que l'on note avant tout dans la variation annuelle
de l'humidité c'est sa moyenne excessivement élevée, ainsi
que les valeurs extrêmes qui s'en écartent fort peu pendant
tout le cours de l'année.

" Il y a une autre remarque à faire au sujet de la variation annuelle de l'humidité relative : c'est que, nonobstant
les trois maxima et les trois minima, il y a un excès
d'humidité relative pendant les mois les plus chauds, et,
à fortiori, l'humidité absolue doit être bien plus considérable pendant ces mêmes mois, puisque la capacité hygrométrique de l'air augmente avec sa température." (L.
Cruls, *Le Climat de Rio de Janeiro*, 1892.)

Pendant la période 1891-1911, la moyenne des maxima
fut 83·6 pour cent et celle des minima 73·5 pour cent; les
extrêmes absolues, d'autre part, furent de 100 pour cent
et de 15 pour cent. L'amplitude moyenne des écarts entre
les moyennes les plus hautes et les plus basses est de 41·2
pour cent pour l'année.

Quant à la variation diurne de l'humidité relative, il
ne se présente qu'un seul minimum. Le maximum de la
journée, 85·2 pour cent, est atteint vers 4 a.m.; jusqu'à

7 a.m. l'humidité relative se conserve assez haute, les proportions diminuent rapidement entre 8 a.m. et midi, le minimum de 70·2 pour cent est atteint vers 1 p.m.; après 2 p.m. l'hygromètre remonte progressivement pour atteindre 80 pour cent vers 10 p.m. Il y a donc un écart moyen diurne de 15 pour cent.

Les heures des maxima et des minima présentent, suivant les années, des proportions différentes d'humidité relative :

	4 a.m.		1 p.m.
1881-1891	...	85·1	...	73·5
1901	...	86·4	...	72·8
1902	...	85·5	...	71·8
1903	...	85·9	...	67·0
1904	...	83·9	...	68·5

La plus profonde différence que l'on note entre les deux séries d'état hygrométrique diurne se trouve dans l'humidité relative de l'après-midi. La série 1891-1911 enregistre des minima, entre 10 a.m. et 4 p.m., de 2 à 3·3 pour cent inférieurs de la série 1881-1891. Par contre les maxima de 4 a.m. sont légèrement renforcés dans la série plus récente.

La *tension moyenne de la vapeur d'eau* avait été de 16mm.11 dans la série 1881-1891, elle fut de 16 mm. dans la série suivante. Les moyennes annuelles indiquent une amplitude de 1mm.3 (15·3 en 1893 et 16·6 en 1899).

Pendant cette dernière période la moyenne des maxima fut 20·2 et celle des minima 11·1 ; d'autre part les extrêmes absolus furent 28·8 (décembre 1901) et 4·8 (décembre 1910).

L'amplitude des oscillations mensuelles est plus considérable entre octobre et janvier (10mm.1 en moyenne); elle est plus faible entre juin et octobre (8mm.3 en moyenne).

Les variations au cours de l'année sont :

Janvier	...	18·5	Juillet	...	13·5
Février	...	18·9	Août	...	13·5
Mars	...	18·5	Septembre	...	14·3
Avril	...	16·9	Octobre	...	15·0
Mai	...	15·0	Novembre	...	16·3
Juin	...	14·3	Décembre	...	17·6

En somme, l'humidité absolue est assez considérable au cours de l'année; ainsi en juillet, dont la moyenne est 20° C. et la tension maxima correspondante est 17'36, nous trouvons à Rio une force élastique moyenne de 13'5, d'où un déficit hygrométrique de 3'8 à peine.

La variation interdiurne de l'humidité suit de près celle du baromètre et l'onde semi-diurne que nous avons vue se produire (3.30 a.m., 9.20 a.m., 4 p.m., 9.50 p.m.) se retrouve presque aux mêmes heures enregistrée par

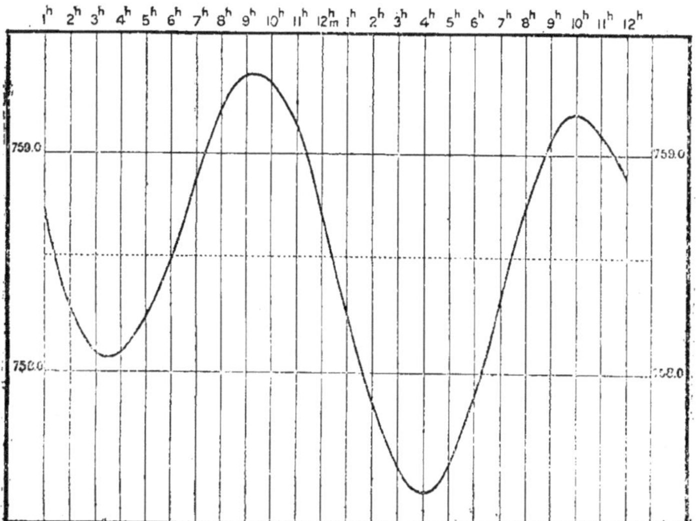

Variation diurne de la Pression atmosphérique à Rio de Janeiro, d'après Cruls.

l'hygromètre. À Rio c'est vers 4 a.m., avant le lever du Soleil, que se manifeste le premier minimum de la journée. Avec le Soleil les couches inférieures s'échauffent, un premier maximum, le plus important de la journée (16'34 en moyenne) se produit vers 10 a.m.; mais l'air devenu plus chaud et plus léger se dilate, produit des courants ascendants enregistrés par le baromètre et entraîne la vapeur d'eau formée pendant la matinée. La tension de vapeur d'eau diminue donc dès 11 a.m., atteint son prin-

21

cipal minimum ves 4 p.m. à l'heure où l'humidité relative commence à se relever de son côté. Mais la température, d'autre part, baissant, les courants ascendants se ralentissent, et l'évaporation continuant active, il se produit vers 10 p.m. un maximum secondaire (16'15).

L'amplitude moyenne de ces oscillations diurnes est faible toutefois et n'atteint que omm.4 ; elle est donc à peu près égale à celle de Paris en hiver, et environ la moitié de celle de Paris en été.

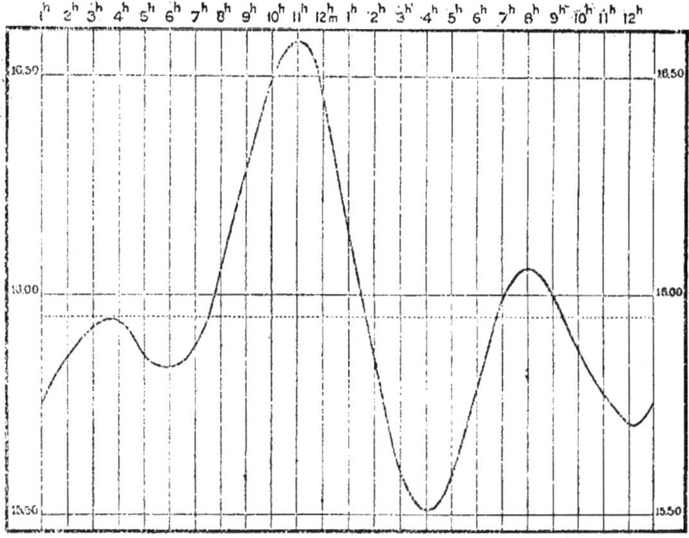

Variation diurne de l'Humidité absolue à Rio de Janeiro, d'après Cruls.

Les conditions générales de la *nébulosité* à Rio semblent avoir légèrement changé, car les moyennes générales des deux séries que nous étudions indiquent des différences de distribution annuelle. Cruls constatait trois maxima de nébulosité au cours de l'année (janvier, mai, octobre) et trois minima. Sa moyenne générale était de 60'2 (1881-1891). Dans la période suivante la moyenne annuelle est 62 et deux maxima á peine sont enregistrés dont l'un en janvier et l'autre, le principal, en septembre. Les minima sont en juin ou plus souvent en juillet ; le minimum secondaire est en décembre.

Pendant la période 1891-1911 les moyennes annuelles ont oscillé entre 55 et 68 ; les moyennes mensuelles ont été :

Janvier	...	67	Juillet	...	50
Février	...	60	Août	...	59
Mars	...	60	Septembre	...	73
Avril	..	57	Octobre	...	72
Mai	...	56	Novembre	...	70
Juin	...	54	Décembre	...	66

Les variations diurnes de la nébulosité ont été moins sensibles d'une période à l'autre. Rio connaît un maximum du matin qui se produit vers 7 a.m. (73). Le minimum se manifeste à 1 p.m. (58) ; un maximum secondaire est enregistré entre 7 p.m. et 11 p.m. (63).

La nébulosité de Rio de Janeiro est donc très élevée, surtout par rapport à sa latitude. La nébulosité théorique de cette latitude est de 46 à 48, plus forte d'ailleurs que celle de l'hémisphère Nord qui lui correspond. Rio de Janeiro n'a pas une nébulosité tropicale (Bengale, 45 ; Mexique, plateau, 48) ; elle n'atteint pas les nébulosités équatoriales de l'Afrique (Cameroun 74), mais se rapproche de celle des hautes latitudes des îles japonaises en particulier, qui elles aussi jouissent d'une nébulosité supérieure à la nébulosité théorique de leur latitude (Nagasaki 62, Tokyo 61) ; elle est à peine inférieure à celle de la Russie et supérieure à celle de la Sibérie.

L'évaporation à l'ombre est plus active pendant les mois chauds et la saison des pluies. Les moyennes enregistrées par Cruls sont sensiblement supérieures à celles de la série suivante. Le maximum mensuel de 95mm.3 ne correspond dans cette dernière qu'à 86mm.1 ; le minimum de juillet 60mm.2 à 59 mm. Les totaux moyens pour les deux périodes sont respectivement de 924mm.8 et de 865mm.5.

" De l'examen des tableaux climatologiques," dit Calheiros da Graça, " on vérifie que les années pluvieuses de 1895 à 1897, pendant lesquelles la hauteur des pluies atteignit 4,255 mm., sont en moyenne 1,418 mm., c.-à-d. 241 mm. de plus que la moyenne générale de la période ; l'évaporation totale est tombée à 2,414 mm. soit en moyenne 805 mm., c.-à-d. 61 mm. de moins que la moyenne générale de la période. Le contraire s'observe par l'examen des données relatives à 1891, 1898 et 1900, années pendant lesquelles les pluies baissèrent à 864 mm. en moyenne par an, tandis que l'évaporation s'éleva à une moyenne de 830 mm. par an." C. da Graça, *Annuario de Estatistica Municipal,* Rio, 1914.)

Quant à l'*insolation,* les observations de 1901 à 1911 indiquent une moyenne annuelle de 4,401 heures. Elle est maximum en décembre : 416 heures, c.-à-d. 13 heures environ par jour ; minimum en juin : 321 heures, soit 10 heures environ par jour. Au cours de l'année, Rio reçoit donc 12 heures d'insolation par jour.

Pluies.—Les valeurs moyennes des précipitations atmosphériques observées de 1851 à 1891 indiquent une moyenne générale, pour la période, de 1,091 mm. La période suivante (1891-1911) indique, par contre, la moyenne légèrement plus élevée de 1,177·2 mm.

Les totaux annuels de la deuxième période furent les suivants :

1891	...	883·8 mm.	1901	...	1,494·9 mm.
1892	...	1,377·5	1902	...	1,266·2
1893	...	919·9	1903	...	999·6
1894	...	1,030·9	1904	...	1,078·7
1895	...	1,235·7	1905	...	1,296·6
1896	...	1,492·8	1906	...	1,504·1
1897	...	1,526·4	1907	...	1,054·1
1898	...	810·5	1908	...	1,004·4
1899	...	1,094·5	1909	...	1,370·3
1900	...	897·8	1910	...	1,044·1

Rio compta, au cours de cette période, une moyenne de 117·4 jours de pluie ; l'année la plus pauvre étant 1898 avec 92 jours et la plus riche 1909, avec 133 jours.

En comparant les deux périodes, les différences entre les hauteurs des précipitations sont moins marquées que celles qui existent dans leur distribution :

	1851-1891				1891-1911			
	Moy.	Max.	Min.	Jours	Moy.	Max.	Min.	Jours
Janvier ...	118	248	14	12	149	392	4	11
Février ...	110	309	24	12	120	239	25	9
Mars ...	137	401	39	11	139	314	35	11
Avril ...	110	455	8	10	94	212	23	9
Mai ...	91	408	7	10	78	293	3	8
Juin ...	46	159	0	8	69	240	7	7
Juillet ...	41	129	4	5	49	163	2	6
Août ...	47	286	0	6	48	161	2	6
Septembre	58	112	13	1	87	188	24	10
Octobre ...	77	206	6	12	97	145	21	11
Novembre	108	415	12	11	95	179	26	12
Décembre	138	258	12	13	146	298	346	12

" On peut se rendre compte," dit Calheiros da Graça,
" par le tableau précédent que la hauteur des pluies,
pendant la période 1891-1911 ne diffère pas sensiblement
des hauteurs calculées par le Dr. L. Cruls, relatives à la
longue période de 1851 à 1890 ; il y a à peine 86 mm. de
plus enregistrés et dix jours de pluies de moins. Il n'en
est pas de même pour la période coloniale de 1781 à 1788,
étudiée par Sanchez Dorta, et dont les hauteurs moyennes
comptent 43 mm. de plus que la dernière période et 14 jours
de pluie de plus (128 mm. de plus que la première période).
Cependant de 1851 jusqu'à présent la quantité moyenne
de pluie ne subit pas de modifications sensibles, n'enregistrant qu'une augmentation pendant la période 1891-1911.
Les moyennes mensuelles ne s'écartent pas beaucoup de
celles de la période antérieure ; il faut noter toutefois que
dans cette dernière (1851-1890) la saison des grandes
pluies, pendant l'été, est plus longue, et se prolonge de
novembre à avril, tandis que pendant la période 1891-1911,
cette saison s'est restreinte de décembre à mars ; par contre,
les mois dits d'hiver, juin, juillet et août se sont montrés
moins secs. Quant aux extrêmes, on remarque que le
maximum des précipitations de 1851 à 1890 se manifeste
en avril, avec 455 mm. en 30 jours, le plus fort observé à
Rio, tandis que, pendant la période suivante, c'est en
janvier qu'il se manifeste, sans excéder 392 mm. Pendant
la période 1851-1890 le minimum mensuel des pluies est
tombé trois fois à 0, une fois en juillet et deux fois en août,

ce que l'on ne retrouve pas pendant la période suivante, au cours de laquelle, en outre, on peut vérifier que le minimum des jours de pluies est double de celui de la période précédente. De là on peut conclure que, pour le facteur climatique, la période 1891-1911 a été plus régulière que la précédente.''

Mr. H. Morize nous a communiqué une liste complète des grandes pluies de Rio, de 1906 à 1914. L'examen de cet intéressant tableau nous amène aux réflexions suivantes :

Si nous réduisons en millimètres par minute, nous trouvons que l'intensité des plus grandes averses n'atteint que 1 mm. à 1mm.3 (cette dernière proportion revient à l'averse du 16 février 1906). Au cours de cette période, rien n'a donc été enregistré de comparable à l'averse de Rio du 25 avril 1886 qui donna 96mm.5 en 60 minutes, soit 1mm.61 par minute, rien de comparable, à plus forte raison, aux grandes averses des latitudes moyennes, de la Roumanie par exemple (10mm.23 en 1 minute—1889), de Galveston (7mm.13) ou de Poltava (5mm.65—1890), etc. Cela vient donc confirmer le fait déjà connu que ce n'est que l'*intensité moyenne* des pluies tropicales qui dépasse celle des latitudes moyennes. (Voir Hann, *Lehrbuch,* p. 376.)

Les observations postérieures à 1906 prouvent que mars présente fréquemment des anomalies assez considérables. Sa moyenne (1881-1912) est 145 mm. ; or ce même mois a enregistré 314·9 mm. en 1906, 200·3 mm. en 1909 et 441·8 mm. en 1911.

Parmi les plus fortes précipitations diurnes, supérieures à 100 mm., il faut noter celle du 16 mars 1906 (126·7 mm.), celle du 22 mars 1911 (143·7, en comptant les deux jours qui suivirent, le total atteint 255 mm. en 72 heures), et celle du 18 avril 1914. Cette dernière grande averse fut de 112·3 mm. ; entre 10.35 a.m. et 2.35 p.m. le pluviomètre enregistra 83 mm., ce qui ne fait toutefois que 0·34 mm. à la minute.

Vents.—Les vents qui prédominent à Rio de Janeiro sont les vents du SE. et du NO. dont la fréquence est respectivement de 38·6 pour cent et 27·9 pour cent. Le vent du NE. est assez fréquent, ceux de l'E. et de l'O. sont les moins fréquents. Pour les deux périodes envisagées, 1881-87 et 1900-11, nous avons :

	N.	NE.	E.	SE.	S.	SO.	O.	NO.
1881-87 ...	2·8	12·3	2·8	36·6	6·9	9·0	2·0	27·6
1900-11 ...	7·5	10·6	2·7	38·6	3·6	6·8	2·3	27·9

La vitesse moyenne des vents est plus considérable pendant la saison chaude : elle varie de 3·2 en mars à 3·8 en novembre; plus faible en hiver, elle oscille de 2·4 en juin à 2·9 en avril et en août.

Au cours de la journée, le vent prédominant avant midi se trouve être le NO. (17·2 pour cent); les calmes sont également fréquents (12·5 pour cent); après midi, la prédominance revient au SE. (26·1 pour cent), les calmes sont moins fréquents.

En somme, on note qu'à Rio de Janeiro il n'y a que deux vents qui prédominent au cours de l'année, "l'un et l'autre d'origine purement locale," dit Calheiros da Graça, "le NO. ou *terral* qui souffle le matin avec 27·9 de fréquence moyenne et le SE., et plus particulièrement le SSE., ou brise de la mer, qui souffle le soir et auquel revient la dénomination populaire de *viração,* dont la fréquence moyenne est de 38·6 pour cent, si nous faisons abstraction des calmes. Ces deux directions représentent, par conséquent, environ 70 pour cent du total des vents de Rio de Janeiro.

"De la comparaison des deux périodes de 1881 à 1897 et de 1900 à 1911 on peut conclure que la fréquence de ces deux vents a augmenté d'environ 33 pour cent pour le premier, et n'a pas varié pour le second. On voit également que la fréquence du vent du N. a augmenté; de très petite qu'elle était, elle est passée de 2·8 à 7·5 pour cent. Le fait contraire s'est produit pour le S. qui de 6·9 pour cent en 1881-87 est tombé à 3‘6. Les calmes se sont faits plus fréquents eux aussi, de 14‘7 ils ont passé à 16‘6 pour cent.

" Enfin, dans les mêmes séries on peut voir que le SE. est plus fréquent d'octobre à mars ; par suite, au cours des mois d'été, qu'il rend plus doux par son origine marine, il varie, suivant les mois, de 63‘2 à 42 pour cent. Le NO. de mai à septembre oscille entre 52‘2 et 20‘6 pour cent. Les calmes sont plus fréquents le matin que le soir (25 pour cent et 12‘8 pour cent respectivement)." (Calheiros da Graça, *Annuario de Est. Municipal.*)

Au cours de l'année la vitesse moyenne des vents par mois est donnée par le tableau suivant (1900 à 1911) en mètres :

	Vents prédominants	Vitesse moyenne	Vitesse		Vitesse maximum absolue
			max.	min.	
Janvier	SSE, NO, SE	3‘4	4‘0	2‘7	18‘0
Février	SSE, SE, NO	3‘3	4‘3	2‘6	15‘4
Mars	SSE, SE, NO	3‘2	4‘0	2‘5	22‘5
Avril	SSE, SE, NO	2‘9	3‘3	2‘4	17‘0
Mai	NO, SSE, SE	2‘8	3‘1	2‘5	20‘0
Juin	NO, SSE, SE	2‘4	2‘8	0‘5	17‘0
Juillet	NO, SSE, N	2‘8	3‘2	2‘4	17‘0
Août	NO, SSE, SE	2‘9	3‘4	1‘8	25‘0
Septembre	SSE, NO, SE	3‘3	3‘6	2‘7	16‘7
Octobre	SE, SSE, NO	3‘5	4‘0	2‘5	16‘8
Novembre	SE, SSE, NO	3‘8	4‘5	2‘8	25‘0
Décembre	SSE, SE, NO	3‘7	4‘6	3‘1	20‘0

La Baixada fluminense.—Au fond de la baie de Rio, adossée en hémicycle à la Serra dos Orgãos, se trouve une vaste plaine de terrains bas et marécageux. Des sillons y sont creusés par les eaux qui viennent de la Serra. Parmi les cours d'eau, les rios Sarapuhy, Iguassú, Estrella, Suruhy, Magé, Guapy et Macacú sont les principaux canaux qui déversent les eaux pluviales dans la grande baie. Il y eut un temps où cette vaste extension de terres de près de 350,000 hectares était mise économiquement à profit. Pendant l'époque coloniale, les Jésuites y établirent des couvents et des églises, canalisèrent les eaux, formèrent des centres de peuplement, dont le village abandonné d'Estrella constitua l'un des ports fluviaux de la région.

Après l'expulsion des Jésuites, ce fut la décadence, les rivières s'obstruèrent, les marécages se reformèrent, les conditions sanitaires chassèrent les populations et la Baixada fut abandonnée, malgré l'excellence de son sol agricole, sa proximité du grand marché de Rio et la facilité de ses communications par eau.

La Commission d'Assainissement nommée en 1833 se borna à constater les mauvaises conditions sanitaires et à rendre compte de ce qu'il y avait à faire. La construction de la voie ferrée de Mauà, puis plus tard celle de la *Leopoldina Ry.*, ne modifièrent pas l'état des choses, et l'abandon continua. Sous le régime républicain l'État de Rio, dont dépend la contrée, se préoccupa de la question (Dr. Francisco Portella en 1890, Dr. Mauricio de Abreu en 1895). Les ressources financières manquèrent toutefois pour éxécuter les plans conçus.

En 1909, le Gouvernement Fédéral prit en main l'affaire et contracta de grandioses travaux de désobstruction, desséchement et canalisation avec une maison de Düsseldorf qui avait fait des travaux identiques sur l'Oder et la Weser (Gödhart Frères et Co.).

Les travaux furent activement poussés sous l'inspection de l'ingénieur brésilien, F. H. de Moraes Rego. En 1916 (avril) les travaux hydrographiques se trouvaient terminés dans les bassins des rios Magé, Suruhy, Suruhy-Mirim, Estrella, Sarapuhy et Merity; les travaux relatifs aux rios Macacú, Guaxindiba et Iguassú, ainsi que quelques canaux secondaires, étaient en cours (*Rapport,* Moraes Rego, 1916).

Le drainage des marais a déjà donné des résultats sanitaires et économiques encourageants. Les canaux sont navigables, leur largeur varie de 15 à 20 mètres, leur profondeur minimum est de 2 mètres. Les canaux du bassin de l'Estrella ne mesurent pas moins de 24,977 mètres d'extension.

Au point de vue économique, l'assainissement de cette zône livrera environ 350,000 hectares de terres cultivables, aux portes de Rio et de Nitheroy, à la colonisation agricole.

Le Dr. Moraes Rego calcule que les terrains possédés par le Gouvernement dans la zône, aux prix courants, représentent environ £3,000,000.

Climatologiquement cette zône ne diffère de la capitale fédérale que par son orientation. Sitio-da-Batalha, sous 22°43′, peut servir de type : la température n'y est guère plus élevée, les précipitations y sont peut-être plus fortes. Comparons cette localité à l'Horto Florestal du District Fédéral en 1912 :

		Sitio	Horto				Sitio	Horto
Janvier	...	25·9	24·6	Juillet	...		18·6	17·8
Février	...	27·2	25·9	Août	...		19·8	20·1
Mars	...	25·3	23·9	Septembre	...		19·1	18·1
Avril	...	23·6	22·2	Octobre	...		21·3	20·0
Mai	...	22·4	22·0	Novembre	...		25·7	25·3
Juin	...	20·1	19·6	Décembre	...		25·4	23·9

L'humidité relative de Sitio da Batalha fut de 84·8 pour cent en 1912 ; le maximum mensuel fut atteint en juillet (88 pour cent) et le minimum en décembre (79·9 pour cent).

Quant à la pluie, il semble que la Baixada est bien arrosée ; entre la Serra dos Orgãos et l'Ilha-Raza, il est facile de noter une décroissance dans la pluviosité (1912) :

		Sitio da B.		Horto F.P.		Nitheroy		Pedregulho		Rio
Janvier	...	238	...	144	...	113	...	126	...	94
Février	...	89	...	141	...	84	...	100	...	102
Mars	...	221	...	109	...	23	...	119	...	126
Avril	...	54	...	115	...	66	...	42	...	56
Mai	...	38	...	104	...	67	...	77	...	57
Juin	...	60	...	158	...	57	...	46	...	45
Juillet	...	91	...	550	...	98	...	70	...	106
Août	...	82	...	122	...	85	...	67	...	61
Septembre	...	77	...	243	...	66	...	64	...	46
Octobre	...	190	...	376	...	160	...	171	...	142
Novembre	...	142	...	106	...	105	...	1c6	...	81
Décembre	...	106	...	67	...	91	...	99	...	50
Total	...	1,394	...	2,239	...	1,120	...	1,092	...	970

CHAPITRE SECOND.

TYPE D'ALTITUDE: LES HAUTS-PLATEAUX.

(1) Généralités.

Peu de régions possèdent un relief dont l'action sur les conditions climatologiques soit plus considérable que le Brésil moyen, entre la bouche du S. Francisco et la ligne tropicale. Non seulement ce relief agit sur le prolongement de la grande zône semi-humide au-delà du Capricorne, par sa grande variété et son importance, mais encore, et surtout peut-être, par son orientation, par l'exposition SE. de la côte qu'il détermine et qui présente à l'Alizé son axe de soulèvement.

La région des Hauts-Plateaux du Brésil moyen est sillonnée de chaînes montagneuses plus ou moins prononcées, de '' Serras '' qui déterminent les principaux centres hydrographiques de dispersion. Goyaz et Minas Geraes sont à ce point de vue le cœur du Brésil, et même du continent sud-américain.

Un coup d'œil rapide sur une carte physique nous permet de nous rendre compte de l'existence, dans la région des Hauts-Plateaux, de trois soulèvements, à peu près distincts et parallèles de la côte :

(*a*) La *Serra do Mar,* qui suit la côte et parfois la domine de ses escarpements abrupts.

(*b*) La *Serra da Mantiqueira,* voisine de la première, mais dont les prolongements, d'une part, forment la crête montagneuse entre Minas et l'Espirito-Santo, d'autre part constituent la *Serra do Epinhaço* qui atteint le S. Francisco et constitue le relief de Bahia.

(*c*) La *Serra* du massif de *Goyaz*, faiblement reliée aux précédentes par la *Serra* dite *das Vertentes* et la *Matta da Corda*.

L'hydrographie obéit à ces différents systèmes orographiques : entre la Serra do Mar et la Mantiqueira coule le Rio *Parahyba* : de l'Espinhaço coulent vers la côte le *Rio Doce*, le *Jequitinhonha*, le *Paraguassù*, etc. Du grand centre hydrographique de Minas naissent le *S. Francisco* et le *Rio Grande* qui forment le *Paranà*. Du massif de Goyez partent l'*Araguaya* et le *Tocantins* vers le Nord.

Cette topographie très variée, sans modifier considérablement l'orientation générale des systèmes de soulèvement, constitue toutefois un grand nombre de régions distinctes, dont les caractères météorologiques diffèrent forcément. L'importance climatologique de ce relief est donc liée à son orientation et à ses altitudes.

Le relief de Rio de Janeiro et de Minas est déjà connu dans ses grandes lignes depuis plusieurs dizaines d'années ; il n'en est pas de même du relief de Bahia et de Goyaz.

Une part considérable dans la révélation du relief de Bahia, en ces dernières années, revient au savant Professeur Branner, qui, à plusieurs reprises, a mis en œuvre ses études personnelles et celles de O. Derby, Crandall, etc. Il en résulte qu'à l'heure actuelle la physionomie topographique de Bahia se trouve profondément modifiée dans l'état de nos connaissances, et qu'une importance beaucoup plus grande est attachée à ses plissements parallèles indiqués par la carte hypsométrique de Williams et Crandall. La comparaison de cette dernière avec la carte pluviométrique, due aux mêmes auteurs, est particulièrement suggestive.

La région des Hauts-Plateaux constitue, entre le littoral et les sillons opposés des fleuves Paranà et Tocantins, un vaste plateau, dont la hauteur moyenne varie entre 500 à 800 mètres, légèrement incliné vers l'ouest, où diminuent les altitudes. Le relief du Matto-Grosso oriental n'est pas encore suffisamment connu pour que l'on puisse définir les Serras que les cartes désignent sous le nom de *Serra do Roncador.* Quoi qu'il en soit, le haut-plateau est relié au relief du Matto Grosso, c.-à-d. au Brésil Central.

L'altitude moyenne du plateau de Bahia est inférieure à celle du plateau de Minas, mais l'influence climatique de son relief est peut-être plus grande. Ses longues serras, parallèles et rectilignes, conservent une même orientation et ne sont interrompues que par les gorges d'où s'échappement les fleuves ou tout au moins d'où ils s'échappaient autrefois. Nous avons vu ailleurs combien l'histoire géologique de ce relief est liée à la climatologie des régions et aux formations actuelles du littoral.

Nous n'avons insisté ici sur la description topographique du Brésil moyen qu'en raison de l'immense importance que possède ce grand noyau archéen du continent sub-américain, qui forme l'ossature même du Brésil et dont l'action est si décisive dans la détermination et la différentiation des climats.

La plus grande partie de ces Hauts-Plateaux est soumise encore à l'action des vents Alizés, et, dans la distribution des pluies, fait partie de la région des pluies modérées et des pluies excessives d'été.

Cette région embrasse les sub-régions naturelles que Grisebach dénomme le " Domaine brésilien." La ligne limite des périodes pluvieuses y dépasse les tropiques, mais marque la limite naturelle de la vie tropicale.

" Quand on compare, dit Grisebach, les traits principaux du climat brésilien avec d'autres contrées tropicales, ils ne paraissent différer que peu de celui de la majeure partie du continent africain situé sous les mêmes degrés de latitude : contours littoraux analogues, même position à l'égard de la mer et de l'Alizé qui en provient, même échauffement du sol propre aux savannes déboisées, relief ne paraissant différer que par l'importance moins grande que possède la circonvallation extérieure du Soudan, enfin répartition des périodes pluvieuses conformément à la position géographique ; tout cela crée entre les conditions physiques de la végétation des deux pays une concordance que pourtant le caractère des flores respectives ne reflète point. En effet, indépendamment des forêts éternellement vertes de la côte, le Brésil développe une variété de produits végétaux dont, même sous les tropiques, il n'y a point d'exemple, et qui, en regard de l'uniformité du Soudan, constitue le plus frappant contraste, semblable à celui que fait naître une comparaison avec la luxuriante contrée du Cap ; ce qui doit faire admettre que de telles différences ont eu pour cause des forces organisatrices incomparablement plus actives."

La principale formation végétale des Hauts-Plateaux est représentée par les " Campos." Leur origine est encore mal expliquée, mais elle ne peut être qu'en étroite connexion avec le climat. Grisebach trouvait leur explication dans la configuration plastique du Brésil intérieur et la capacité du sol de retenir plus ou moins d'eau pluviale. En 1902, F. Katzer et J. Huber discutèrent la question dans les *Petermanns Mittheilungen*. F. Katzer est porté à reconnaître dans la topographie l'origine des Campos, et à baser sur les différences d'altitude une division de campos d'inondation et de hauts-campos secs, pour distinguer les formations identiques de l'Amazonie de celles des Hauts-Plateaux. Il admet d'ailleurs le facteur que représente le régime des pluies dans la formation des campos et des forêts. J. Huber cherche plutôt dans la biologie les bases d'une classification et insiste sur l'origine fluviale du Campos de l'Amazonie, tandis que pour les campos des plateaux il s'attache plus particulièrement à l'ancienneté des formations. Il suppose qu'originairement l'extension des campos était plus restreinte et qu'elle s'est faite aux dépens des forêts.

De son côté F. W. Schimper, dans sa *Pflanzengeographie*, attribue les différences fondamentales au climat. La genèse proprement dite des campos n'est pas discutée. " La différence, dit-il, entre le climat des forêts et le climat des prairies est mise en évidence d'une façon fort curieuse, au-delà de la Serra do Mar, qui, s'étendant du

Nord au Sud enlève aux vents de la mer une telle quantité
d'humidité qu'elle les rend considérablement plus secs, à
mesure qu'ils soufflent sur le plateau brésilien jusqu'aux
Andes, lesquelles constituent une barrière puissante où ils
perdent le reste de leur humidité.''

Ce fait que souligne Schimper est tout particulièrement
applicable au plateau de Bahia, où, au-delà d'un littoral
abondamment arrosé, s'ouvrent dans l'intérieur de larges
bassins semi-arides, jusqu'à ce que de nouvelles hauteurs
viennent déterminer de nouvelles précipitations.

Sur le versant oriental de la chaîne côtière s'élève la
forêt pluviale, toujours verte et dense; elle n'est interrompue que pour faire place aux chemins et aux cultures.
A l'Ouest prédominent les savannes; les forêts y sont
réduites à des franges sur les rives des cours d'eau ou bien
elles se présentent sous forme de brousse, de forêt basse
et ouverte. Mais sur les versants montagneux mieux
exposés aux vents de la mer elle reparaît parfois à
l'intérieur; elle revient de même dans les dépressions où
s'accumulent les eaux.

La carte des forêts et des campos, dressée en 1911 par
l'actuel directeur du '' Service géologique du Brésil,'' le
Dr. Gonzaga de Campos, met en relief la forêt pluviale
qui comprend presque tout l'Espirito-Santo et le bassin
du Rio Doce et les Campos qui couvrent la plus grande
partie du territoire de Minas. Par ses calculs, la forêt
primitive représente 76'54 pour cent de l'Espirito-Santo,
tandis qu'à Minas elle ne représente que 45'83 pour cent.
La proportion serait encore plus faible, si à côté de
prairies naturelles on pouvait évaluer les prairies conquises
sur la forêt primitive, phénomène qui se déroule actuellement encore et qui tient peut-être autant à la dévastation
par l'homme qu'à l'évolution lente des climats.

St. Hilaire divisait la province de Minas-Geraes en
deux parties, séparées par la Serra do Espinhaço. Le
district oriental des forêts vierges constitué par les bassins
des Rio Doce et Rio Mucury, et le district occidental

formé par les campos et les petites forêts. Dans le premier la pluie dépasse 2 mètres, dans le second elle varie de 1 m. à 1m.50, sans atteindre 1m.70 en moyenne.

Vers le Nord et le Nord-Est de ces districts, les savannes font place peu à peu aux forêts épineuses, aux " catingas " qui caractérisent le NE. brésilien. La différence que l'on note ainsi entre la végétation méridionale des plateaux, les campos et la végétation des catingas dans le Nord-Ouest et des forêts dans la même région, ne peut être expliquée, pense Schimper, qu'au moyen des climats. A ce propos, il définit le type de climat des prairies et le type de climat des forêts.

Le climat des prairies est basé en effet sur :

(1) Des précipitations même faibles, mais en tous cas fréquentes, pendant l'époque végétative, de façon à conserver le sol humide. Une certaine chaleur doit coïncider également avec cette période.

(2) Une humidité de sous-sol, une sécheresse plus ou moins grande de l'air et des vents, indifférentes pendant les périodes de l'année autres que la période végétative.

Ce type, par conséquent, d'*hiver sec* et *froid*, ne convient pas aux forêts qui exigent davantage d'humidité du sous sol, et qui souffrent de la période sèche prolongée et des vents pendant cette période.

Dans la partie moyenne du " Sertão " le Brésil présente un climat favorable aux forêts xérophiles ; dans les endroits plus humides, les forêts reparaissent. La formation des prairies est souvent rendue impossible par les trop fortes chaleurs coïncidant avec de trop faibles précipitations et l'interruption de la période végétative par de longues sécheresses. Le Sertão est donc plus riche en forêts que les campos.

Ces campos de la région méridionale des plateaux centraux du Brésil ne constituent pas une formation végétale uniforme, couvrant de vastes étendues. Les contrées sont différentes, ondulées, variées comme des parcs, où alternent forêts et prairies. Les sommets sont souvent le domaine des steppes, puis viennent les campos, les savannes, avec

Type de Campos : Hauts-Plateaux du Brésil moyen. Campos de Marianna (Minas-Geraes).
D'après une Photographie de Albert F. Calvert (" Mineral Resources of Minas-Geraes," Londres, 1915).

quelques arbres ; dans les dépressions se trouvent les forêts basses ou les bois.

Dans l'intérieur, le brouillard du matin est fréquent sur les fleuves. Il a lieu pendant la saison humide et provient d'une différence entre l'air et l'eau, qui peut atteindre jusqu'à 6° C. " Ces brouillards, dit Liais, entretiennent la vigueur de la végétation sur les marges des fleuves pendant la saison sèche, aussi les arbres y gardent-ils leurs feuilles. Ils les perdent, au contraire, par la sécheresse, loin des marges, et cette circonstance donne même lieu à une flore riveraine spéciale, assez rapprochée par son caractère de celle des forêts vierges."

La météorologie des Hauts-Plateaux du Brésil moyen est encore mal connue, malgré son importance sociale incontestable ; et le peu que nous en savons est de date extrêmement récente. En effet, antérieurement à l'année 1882, il n'existe pour ainsi dire rien de fait.

Les premières données qui apparaissent occasionnellement dans les ouvrages des voyageurs ou des savants qui ont résidé à Minas, comme Geoffroy Saint-Hilaire, Eschwege, Gerber, Gorceix, etc., sont plutôt des appréciations générales optimistes que des observations de quelque valeur scientifique. Emmanuel Liais semble s'être intéressé davantage à la météorologie du plateau ; une partie de son livre, *Climats, Géologie, Faune du Brésil*, est consacrée à la discussion de certaines observations faites à Minas en 1864 et en 1871.

Vers la fin du XIXe siècle, nous trouvons à Minas les premières séries isolées, dont la première, à notre connaissance, est relative à Queluz, comprenant la période de 1882 à 1887.

L'organisation des services météorologiques par la *Commissão Geographica e Geologica de Minas* donna une grande impulsion à l'étude de la climatologie des Hauts-Plateaux en venant révéler les conditions vraies de Barbacena, St. João-d'El-Rey, Theophilo-Ottoni et de Diamantina, permettant à A. de Abreu Lacerda d'écrire

22

ses *Subsidios para o estudo do clima de Minas Geraes,*
dans le Bulletin de la *Commissão.*

A Uberaba, d'autre part, Borges Sampaio avait déjà
commencé une intéressante série d'observations que devait
continuer Draenert. A Juiz-de-Fóra, en 1893, la Chambre
Municipale confia à Luiz Creuzol l'organisation des services météorologiques. Les données en furent publiées
par les revues de l'Observatoire de Rio. Luiz Creuzol
écrivit en 1900 son étude sur la région, au point de vue
climatologique, avec tableaux et diagrammes. Des séries
existent également relatives au Sud-Ouest de l'Etat, à
Lavras et au Sanatorium d'Oliveira. Le département
météorologique de la Marine enregistra aussi régulièrement des observations à Juiz-de-Fóra, Barbacena et
Uberaba.

La plus forte contribution à la littérature climatologique
semble avoir été toutefois celle de Draenert à la *Meteorologische Zeitschrift.* Après son transfert à Uberaba,
comme professeur à la nouvelle école de zootechnie, il
prit une longue série d'observations fort complètes qui
furent, ainsi que celles du service de la *Commissão Geographica,* l'objet de plusieurs de ses communications à la
Zeitschrift.

Ajoutons, pour clore cette période, que l'Ecole des
Mines d'Ouro Preto enregistra une série intéressante de
1895 à 1897.

Après la construction de la nouvelle capitale de Minas,
Bello-Horizonte devint le siège de deux stations, Game-
leira, la " fazenda " modèle, et le Parque, où fonctionnent
les services de l'Agriculture.

En 1909, lors du décret fédéral, Minas se mit en mesure
de profiter des subventions promises. En 1914, onze
stations fédérales furent transférées aux services de l'Etat
et Minas se trouvait dotée de trente stations, dont la
localisation est du plus haut intérêt pour les météorologistes. Le réseau actuel comprend les stations de Bello-
Horizonte (2), Mar-de-Hespana, Uberaba, Ouro-Fino,
Leopoldina, S. João-d'El-Rey, Juiz-de-Fóra, Palmyra,

Barbacena, Passa-Quatro, Caxambú, Muzambinho, Montes-Claros, Theophilo-Ottoni, Lavras, Pirapora, Ouro-Preto, Januaria, S. Francisco, Curvello, S. João-Evangelista, Cachoeira-do-Campo, Pitanguy, S. Paulo-do-Muriahé, Ubà, Fructal, Monte-Alegre et Araguary.

Quant au plateau de Bahia, il est encore loin de nous offrir un tel spectacle; un apparatus Theorell installé en 1908 à Caetité, représente sa seule contribution à la météorologie du Brésil central. Il est vrai que la série Bernardo Ohlsen rachète la quantité par la qualité. Il faut espérer que sous peu des localités pleines d'intérêt comme Jacobina, Lençóes, Rio-de-Contas, Conquista, Barra, Urubú et Carinhanha recevront, de la part des services météorologiques de l'État de Bahia, l'attention qu'elles méritent.

Dans la partie haute de l'Etat de Rio de Janeiro, les observations ne sont guère plus nombreuses que dans la partie basse : quelques séries particulières isolées, puis un certain mouvement après 1912. Parmi les séries citons celles de Engert et du Père Prosperi à Nova-Friburgo, celle de Billwiller et Goeldi relative à Colonia Alpina entre 1891 et 1895. A partir de 1912, des séries existent pour Pinheiro (Ecole d'Agriculture), Mendes (station climatérique renommée), Rezende et Vassouras. Dans cet Etat, il reste également beaucoup à faire, car son climat d'altitude est particulièrement intéressant par le fait de son voisinage de la capitale fédérale, à la population de laquelle il offre d'inestimables avantages. Mendes, Petropolis, Nova-Friburgo, Thérézopolis sont des localités dont les conditions climatiques ne sauraient trop être connues et étudiées. Les centres coloniaux de Visconde de Mauá et d'Itatiaya possèdent des séries récentes.

(2) Subdivisions climatologiques.

Il est évident qu'une région naturelle dont les données météorologiques sont encore si incomplètes ne peut être subdivisée d'une façon précise. Les subdivisions ne peuvent donc être que provisoires, mais l'altitude et la latitude doivent être les facteurs déterminants d'une telle subdivision, basée d'autre part sur la topographie. Il est probable que lorsque des observations plus nombreuses seront à notre disposition, on devra considérer successivement :

(1) La zône des Chapadas : (*a*) de Bahia ; (*b*) de Minas, c.-à-d. la partie la plus haute des Hauts-Plateaux.

(2) La zône du S. Francisco : (*a*) de Bahia ; (*b*) de Minas.

(3) Le " Triangle " de Minas, c.-à-d. la région d'Uberaba.

(4) Le Sud de Minas : (*a*) la " Matta " ou Sud-Est (Juiz-de-Fóra, Ubá) ; (*b*) le Sud-Ouest (Lavras, etc.).

(5) La Serra da Mantiqueira.

(6) La vallée du Parahyba : (*a*) de S. Paulo ; (*b*) de Rio de Janeiro.

(7) La Serra do Mar.

Ce sont, en somme, onze subdivisions que l'on peut baser sur les différences de niveau, vallées, plateaux ou serras modifiées par la latitude, Bahia, Minas ou Rio.

(3) Types de Climats locaux.

(A) Le Climat de Caetité.

Caetité, située sous le 14°02′ de latitude australe et le 43°37′ O. de Greenwich, se trouve à 900 mètres d'altitude. Cette localité représente, à l'heure actuelle, la seule connaissance météorologique de quelque importance relative aux Hauts-Plateaux de Bahia. Elle se trouve sur la Chapada Diamantina, entre le versant du S. Francisco et celui des tributaires directs du littoral.

En 1908, le Département fédéral des Télégraphes y a installé un apparatus Theorell et 96 observations y sont quotidiennement enregistrées. La série Bernardo Ohlsen compte aujourd'hui huit ans d'observations très complètes et précises qui constituent une inestimable contribution à la connaissance du Plateau de Bahia. Ces données, en partie publiées dans la *Meteorologische Zeitschrift,* nous ont été communiquées par Mr. H. Morize, jusqu'à 1914.

Pression atmosphérique.—La moyenne des six premières années d'observations est de 688mm.7 ; l'oscillation entre la moyenne la plus faible (688mm.3 en 1910) et la moyenne la plus haute (689mm.3 en 1914) n'atteint pour la période que 1 mm. Si nous comparons les différents mois, au cours de la même période, nous trouverons la plus petite oscillation pour les mois d'octobre, 0mm.8, et la plus grande pour les mois de mars, 2mm.2, et juillet 2mm.1.

Les plus faibles pressions mensuelles moyennes sont enregistrées en novembre, décembre et janvier ; les plus fortes en juin, juillet et août, c.-à-d. pendant la période sèche.

Les mois de plus fortes oscillations aux cours des six années observées se présentent de la façon suivante :

	1909	1910	1911	1912	1913	1914
Mars	686·7	87·0	87·7	88·3	87·9	88·9
Juillet	691·7	89·6	91·1	90·9	91·2	90·9

Avec les minima mensuels coïncident les plus fortes amplitudes diurnes ; avec les maxima mensuels, d'autre part, coïncident les plus faibles amplitudes mensuelles.

En 1909, l'amplitude des moyennes diurnes fut de 2m.88 et l'amplitude mensuelle moyenne de 14m.2 ; l'année suivante vit croître l'amplitude moyenne diurne (2mm.92) et diminuer l'amplitude moyenne mensuelle (10mm.7).

La série 1909-14 indique les moyennes mensuelles :

Janvier		687·4	Juillet		690·9
Février		87·8	Août		90·4
Mars		87·7	Septembre		88·8
Avril		88·5	Octobre		87·4
Mai		89·4	Novembre		87·2
Juin		90·6	Décembre		88·4

L'écart moyen, au cours de l'année, est donc de 3mm.7.

J. Hann a étudié la variation diurne de la pression à Caetité (mai et juin). Il en résulte, par le graphique

que l'on peut en tirer, que l'onde semi-diurne y est bien marquée, mais diffère passablement de celle de Rio, par exemple : Le premier maximum se produit vers 9 a.m., il dépasse la moyenne de +1mm.27 ; le second maximum vers 11 p.m. est beaucoup moins prononcé et ne passe la moyenne que de 0mm.35. Le premier minimum à 3 ou 4 a.m. est très faible, dépassant la moyenne de −0.08 ; mais le second est très prononcé vers 4 p.m. et descend à −1mm.36.

Température.—Pendant les six années d'observations, les moyennes annuelles ont oscillé entre 21.6 C. et 22.4, l'écart étant donc à peine de 0.8 C. La moyenne générale est de 21.9. Cette moyenne est précieuse car elle nous promet de profondes modifications dans nos connaissances météorologiques sur l'Etat de Bahia.

Sur la côte de Bahia, sous la même latitude, à peu près ($15°41'$ et $15°47'$) nous trouvons Cannavieiras avec 24.6 et Ilhéos avec 25.2 pour moyenne ; la différence, pour 900 mètres d'altitude, ne serait donc que de 2.7 à 3.3 C., soit 1° pour 300 mètres d'élévation. Il est vrai que nos données sur la côte Sud de Bahia ne peuvent être comparées, au point de vue de la précision, à celles de la série Ohlsen.

Les plus hautes moyennes mensuelles sont à peu près également distribuées entre les mois de novembre et de mars ; les plus basses appartiennent à ceux de juin et juillet. Comparons le mois le plus chaud (mars) au mois le plus frais (juin) au cours de la période :

	1909	1910	1911	1912	1913	1914
Mars	25.3	23.6	22.1	22.2	24.4	22.8
Juin	19.3	20.1	19.5	19.3	21.0	19.8

L'écart maximum fut de 6.4 entre le mois chaud et le mois le plus frais en 1909 (juillet enregistra la moyenne de 18.9). En cette même année la moyenne des maxima fut 27.3 et celle des minima 16.7 ; les températures absolues 35° et 11°.

La série 1909-1914, dont résulte la moyenne générale

donnée plus haut, indique au cours de l'année les moyennes mensuelles suivantes :

Janvier	...	23·0	Juillet	...	19·8
Février	...	22.9	Août	...	20·4
Mars	...	23·4	Septembre	...	22·4
Avril	...	22·4	Octobre	...	22·4
Mai	...	21·1	Novembre	...	23·2
Juin	...	19·8	Décembre	...	22·7

Un fait assez curieux que cette série semble mettre en évidence est une moyenne de septembre relativement haute, par rapport aux mois voisins (22·4 et en 1910 23·3) et une moyenne de décembre relativement fraîche (22·7 et en 1910 20·3).

La variation diurne de la température est de $10°$ C. à $11°$ C. Elle est plus prononcée pendant les mois frais, atteignant 13·5, que pendant les mois chauds (7 à $11°$).

Pendant les mois chauds : janvier, février, mars et avril, le thermomètre marque une température supérieure à $20°$ C. jusqu'à 3, 4, ou même 5 a.m. Cette température reprend à 8h., parfois à 7 a.m. Vers 10 a.m. le thermomètre a passé 22, il atteint 25 à midi. Des températures supérieures à 27 ne sont lues que pendant quelques heures, entre 2 et 5 p.m. pendant le mois ou les mois les plus chauds. Après 4 p.m., en toute saison, la température tombe invariablement. Les mois de septembre, octobre et novembre suivent une marche à peu près analogue, avec une période fraîche peut-être plus longue pendant la matinée.

Pendant les mois frais, entre avril et septembre, les minima de la matinée sont beaucoup plus prononcés ; à 10 ou 11 p.m. le thermomètre est déjà tombé au-dessous de $19°$ C. et entre 2 et 8 a.m. il descend à 17, à 16 et à $15°$; les heures les plus fraîches sont 6 h. du matin en hiver et 5 h. du matin au printemps. Après 9 a.m. le $20°$ est rarement dépassé. Les maxima se produisent vers 4 p.m. représentés par 22·8, 23 ou 24·3, suivant les années. La chûte des températures a lieu à 5 p.m. ; elle est plus lente, en général, en hiver que la hausse ne l'a été à la fin de la matinée.

Météores humides.—L'humidité relative de Caetité est de 70 pour cent environ ; elle fut de 68 pour cent en 1909 et de 71 pour cent en 1910, qui fut une année pluvieuse pour la région. L'année 1909 qui, à ce point de vue, se rapproche davantage de la moyenne, indiqua les variations suivantes :

	Moyenne	Maximum	Minimum		Moyenne	Maximum	Minimum
Janvier	69·2	88	51	Juillet	65·8	87	45
Février	58·3	85	37	Août	65·6	88	44
Mars	58·7	81	41	Septembre	60·9	86	41
Avril	74·4	90	57	Octobre	69·0	88	49
Mai	65·3	87	45	Novembre	76·3	90	60
Juin	70·3	92	49	Décembre	82·0	93	67

Les extrêmes des moyennes diurnes furent de 41 pour cent et de 93 pour cent, ils furent de 38 pour cent et de 97 pour cent en 1910.

La variation diurne de l'humidité relative semble assez régulière au cours de l'année entière. Les maxima ont lieu à 6 a.m., les minima à 3 ou 4 p.m. Nous avons ainsi pour 1909 :

	Été	Automne	Hiver	Printemps
Moyenne	70	66	67	68
6 a.m.	88	85	88	86
4 p.m.	54	49	47	53

L'humidité absolue est loin de montrer une semblable régularité. Les maxima se produisent plus tôt en hiver et en automne, plus tard vers 8 a.m. en été et au printemps. Les minima de l'après-midi sont également plus tardifs en été et au printemps. Les moyennes des saisons varient peu, les amplitudes sont plus considérables pendant les mois frais. La moyenne annuelle est de 13 mm. environ. En été, elle atteint et dépasse 15 mm., en hiver elle tombe à 10 mm.

La *nébulosité* est assez considérable pendant les mois de l'été, c.-à-d. pendant la période des pluies elle atteint 7 et 8·7 sur 10.

Il en résulte que l'insolation est très sensiblement plus faible entre octobre et février. Caetité reçoit en moyenne 2·640 heures d'insolation.

L'évaporation à l'ombre varie entre 1·500 mm. et 1·700 mm., faisant coïncider ses maxima avec ceux de l'insolation. Les jours sans soleil sont rares, en 1910 ils ont été exceptionnellement 16.

Au point de vue des précipitations atmosphériques, Caetité ne fait point partie de la zône semi-aride du Brésil, mais se trouvant entourée de tous côtés par des taches semi-arides plus ou moins importantes, n'est pas sans en subir l'influence. De part et d'autre du *divortium aquarum*, s'ouvrent des aires semi-arides ; à l'Est, le Haut-Rio de Contas (Condéuba. Bom-Jesus) ; à l'Ouest, le S. Francisco, entre Carinhanha et Lapa.

Plusieurs localités du plateau de Bahia sont mieux arrosées que Caetité, Jacobina, Morro-do-Chapéu par exemple Lençóes, Andarahy, Rio de Contas reçoivent plus de 100 mm. en moyenne.

La précipitation annuelle moyenne à Caetité est de 700 mm. environ (693 mm. pour la série Ohlsen). Entre la plus forte précipitation et la plus faible au cours de ces trois ans la différence est de presque 50 pour cent. Voici les hauteurs annuelles :

1909	...	639 mm.	...	93 jours de pluie
1910	...	861	...	100
1911	...	450	...	83
1912	...	788	...	96
1913	...	681	...	82
1014	...	741	...	69

Les pluies du plateau intérieur de Bahia sont essentiellement des pluies d'été ; à Sant'Anna do Sobradinho, comme nous l'avons vu, elles tendent aux maxima de printemps, à Caetité elles tendent aux maxima d'automne.

Au cours de l'anée, les hauteurs plus considérables sont enregistrées enle octobre et février :

	J.	F.	M.	A.	M.	J.	J.	A.	S.	O.	N.	D.
Mm.	170	73	57	»	7	6	4	5	31	73	113	104
Jours	12	8	6		5	6	4	4	5	9	9	13

Il pleut en moyenne 88 jours par an.

Ces moyennes ne sauraient reproduire exactement l'inconstance qui caractése les pluies à Caetité. Des contrastes presque inexplicables se produisent d'une année à l'autre, si nous considérons successivement le mois le plus riche en pluies : novembre, le mois le plus pauvre, juillet, et mars, un mois de la période de transition :

	1909	1910	1911	1912	1913	1914
Novembre ...	130 mm.	184 mm.	97 mm.	26 mm.	191 mm.	49 mn.
Juillet	12	0	2	12	0	0
Mars	66	18	26	226	0	6

En comparant ces données aux totaux annuels de la période, il est facile de vérifier qu'aucun de ces mois n'a une influence décisive sur la hauteur annuelle qui lui correspond.

Quant aux vents ils sont plus forts pendant la période sèche que pendant la période des pluies. Les pécipitations, d'autre part, ne paraissent point liées à une direction déterminée du vent ; le pourcentage des calmes .outefois, au cours de la saison pluvieuse, est bien plus considérable.

Au cours de l'année les proportions sont à peu près les suivantes (1910) :

SE.	...	44·5 pour cent.	O.	...	3·7 pour cent.
E.	...	33·3	S.	...	1·7
Calmes	...	15·0	SO.	...	0·3

Pendant la saison chaude, la vitesse des vents varie, en moyenne, de 1·8 à 3 ; pendant la saison fraîche elle dépasse toujours 3 et atteint 4 et 4·5 enre juin et août. Elle est maximum entre 10 a.m. et midi minimum entre 7 et 8 h. du soir.

(B) Les Climats de Minas.

Tant que l'organisation nouvelle es services météorologiques de Minas n'aura pas publi de nouvelles séries homogènes et complètes de quelqes années d'observations, force nous sera de recouriraux séries isolées, de dates et de valeur différentes, que ous avons mentionnées plus haut, ce qui, jusqu'à un cetain point, rendra toute comparaison entre elles peu récise et empêchera la division du grand Etat Centra en zônes météorologiques caractérisées.

Dans la contribution de Draenert à la *Meteorologische Zeitschrift* se trouve la mise en œuvre de toutes les données utilisables jusqu'à 1902. (" Das Höhenklima des Staates Minas Geraes," *Met. Zeit.*, 1897, 405-416; " Das Höhenklima von Uberaba," *Met. Zeit*, 1901 385-406; " Weitere Beiträge zum Höhenklima des Staates Minas Geraes," *Met. Zeit.*, 1902, 406-423.) Il reconnaît la part qui revient, dans les différentes séries, aux observations Cl. Borges Sampaio, Gustavo Ribeiro, Luis Creuzol, Saturnino de Oliveira (Ouro Preto), João Navarro (Barbacena), Edgardo de Castro et Ernesto de Oliveira (S. João d'El-Rey), etc.

Dans son livre, *Minas Geraes no Seculo XX*, le Professeur Rodolpho Jacob donne une division topographique de Minas par bassins hydrographiques, qui pourrait servir de base à une division météorologique si le relief de la Mantiqueira et de l'Espinhaço ne venait y introduire un facteur d'importance considérable. Cinq bassins principaux divisent l'Etat.

Bassins	Altitude moyenne du plateau	Moyenne thermométrique approximative
Rio S. Francisco	... 635 mètres	... 21'2 C.
Rio Paraná	... 891	... 19'3
Rio Parahyba	... 383	... 22'0
Rio Doce	... 710	... 21'3
Rio Jequitinhonha	... 875	... 21'1

Par ces calculs, d'ailleurs très approximatifs, il est facile de se rendre compte néanmoins que l'altitude représente un facteur capital, mais non décisif. Le bassin du S. Francisco est, en moyenne, plus bas que celui du Rio Doce et jouit cependant d'une moyenne probablement plus basse. Par rapport au bassin du Jequitinhoha, celui du Parahyba devrait indiquer une moyenne de 23'5 et le calcul de R. Jacob lui attribue 22 à peine; il y a donc à considérer des influences décisives à la fois d'orientation et de latitude, en plus de l'altitude. Minas s'étend en effet entre le 14° et le 23° de lat. S. Ses bassins fluviaux sont tantôt orientés perpendiculairement tantôt parallèlement à la ligne du littoral. Ses points les plus proches de la côte sont à 100 kilomètres de la mer, ses points les plus éloignés à 900 kilomètres, environ.

Pression atmosphérique.—Les données relatives à la pression atmosphérique dans l'intérieur de Minas n'ont pas toujours offert les garanties d'exactitude requises (voir J. Hann, *Met. Zeit.*, 1905, p. 167). On peut dire toutefois que les maxima de pression se présentent au cours de l'année, comme il est naturel, pendant l'un des trois mois les plus froids. Par contre les minima de pression n'ont pas toujours lieu pendant les mois les plus chauds. Ainsi le NE. de l'État possède des séries où les minima se produisent en mars, c.-à-d. au début de l'automne, quoique les mois de décembre et janvier y soient les plus chauds. A Ouro Preto et à Juiz-de-Fóra, les minima retombent normalement sur les mois les plus chauds ; mais à Barbacena, c'est en février qu'ils ont lieu, ou parfois en octobre, c.-à-d. au printemps (série 1891-93).

Dans la région du NE. nous trouvons Theophilo Ottoni et Arassuahy avec des moyennes respectivement de 735.84 mm. et de 735.86 mm., leurs altitudes étant de 287 m. et de 295 m. La première de ces stations indiquait une amplitude annuelle de 7mm.2 ; la seconde de 6mm.2, les minima se présentant en mars et les maxima en juin pour Arassuahy, en août pour Theophilo Ottoni.

Dans la région montagneuse de plus de 1,000 mètres d'altitude, nous trouvons, pour les séries variant de 3 à 5 ans : Queluz (1,000 m.) 679mm.3 de moyenne annuelle, Barbacena (1,143m.) 667mm.1, Ouro Preto (1,145m.) 667.9 mm. et Diamantina (1,210 m., un an d'observations) 662mm.1. Ces stations accusaient une amplitude de 4mm.5 à 5 mm. entre les moyennes mensuelles. Les minima sont d'été et d'automne, les maxima d'hiver. De cette région, prenons par exemple Queluz (série 1882-87) et Barbacena (séries 1891-93) :

	Moyenne	Moyenne des		Absolues		Ampl. des
		Max.	Min.	Max.	Min.	Oscill. mens.
Queluz ...	679.3	682.3	679.0	683.3	674.8	4.5
Barbacena ...	667.1	668.3	666.5	670.6	663.1	4.6

Dans la région du Sud de Minas, Lavras, à 900 m., enregistra une moyenne de 686mm.3 et une amplitude de 5mm.9 : Juiz-de-Fóra (série Creuzol, 18 ans 1893-1910)

702mm.2 avec une amplitude de 4 mm.; le sanatorium d'Oliveira enregistra 682·1 (à 879 m.). Enfin, S. João d'El-Rey marqua 687mm.2 (880 m.). L'année 1893 se présenta de la façon suivante, pour ces différentes stations :

	Moyenne	Moyenne des		Absolues		Ampl.
		Max.	Min.	Max.	Min.	
Juiz-de-Fóra ...	706	707·3	703·7	713·4	699·2	5·7
Lavras ...	684·3	685·4	683·1	687·0	682·2	4·9
Oliveira ...	682·1	683·3	681·8	687·2	676·3	4·1

Température.—Les heures d'observations dans les stations de la Commission Géologique de Minas étaient 7 a.m., 2 p.m., et 9 p.m.

Les maxima de l'année retombent sur les trois mois d'été, février, janvier et parfois décembre. Il arrive que souvent le mois de mars ne marque pas une différence sensible. Janvier est le mois le plus chaud à Arassuahy, Diamantina, Ouro-Preto; février l'est à Juiz-de-Fóra; mais les données à ce sujet changent d'une année à l'autre. Les minima de l'année sont moins variables et tombent généralement en juillet pour toutes les stations; parfois juin présente les minima.

Les amplitudes annuelles sont assez prononcées, elles marquent une tendance vers la continentalité; Queluz enregistra une amplitude de 32·5 et Uberaba de 38. Les amplitudes mensuelles, d'autre part, varient de 14 à 23 pendant les mois d'été et de 15 à 31 pendant l'hiver.

Dans la région du NE. de Minas, nous trouvons les moyennes annuelles les plus hautes, car l'altitude et la latitude se joignent pour les accentuer. Montes-Claros ne marque que 21·9, mais Theophilo Ottoni enregistre 22·8 et Arassuahy 23·7. Les quatre saisons s'y présentent de la façon suivante :

	Theophilo. Ottoni		Arassuahy
Eté ...	25·5	...	25·6
Automne ...	23·1	...	24·2
Hiver ...	19·8	...	20·9
Printemps ...	22·8	...	24·0

La moyenne estivale supérieure à 25 que l'on y lit ne se retrouve nulle part à Minas, certains districts plus bas du SE. exceptés (Cataguazes).

Dans la région montagneuse, c.-à-d. dont les localités se trouvent à plus de 1,000 m. d'altitude, nous trouvons des moyennes de 17 à 18 et des anomalies curieuses. Ouro-Preto à 1,145 m. enregistra 18 (3 années) tandis que Barbacena, à la même altitude mais plus au Sud, n'enregistrait que 17·7 (3 années) et Diamantina à 1,210 m. marquait 18·5. La série de Queluz (6 années) a donné 19·9 (1,000 m.). En moyenne, cette région offre des températures assez voisines et l'on peut dire que l'été y est représenté par 20·5, l'automne par 18·5, l'hiver par 14·7 et le printemps par 18. A Diamantina, entre l'été et l'hiver, il y a une différence moyenne de 6; elle n'atteint pas 5 à Barbacena.

	J.	F.	M.	A.	M.	J.	J.	A.	S.	O.	N.	D.
Diamantina	22·2	21·6	21·6	20·3	19·0	15·8	15·2	14·6	16·5	17·4	17·9	19·5
Ouro-Preto	21·7	21·1	20·5	18·7	16·1	14·3	13·9	15·4	16·8	18·3	19·1	20·5
Barbacena	19·4	19·5	19·8	17·1	15·7	14·8	13·8	15·4	16·4	17·4	18·3	19·8
Queluz	22·7	22·8	21·9	20·9	18·5	16·6	16·1	17·7	19·3	20·1	21·7	21·6

A Ouro Preto le maximum absolu est 26·9, le minimum absolu 8·5. En été les températures absolues sont 26·1 environ et 15·7; en automne elles sont de 24·6 et 12; en hiver de 20·8 et 9·3 et au printemps de 23·7 et 11·9.

Le minimum de la série 1895-97 fut 8·5, mais il est arrivé que le thermomètre y est tombé bien plus bas; la gelée blanche n'est pas commune dans la région des campos sous cette latitude, mais elle y a déjà été constatée. En 1870 le phénomène s'est manifesté avec une intensité extraordinaire, il a duré de 5 à 6 jours, entre Barbacena et la Serra de Ouro-Branco. E. Liais parle de température de —1·4 C. constatée à Barbacena par le Vicomte de Prados (et de —6 C., par le Vice-consul de France). Le fait est qu'à Rio le minimum correspondant n'était que de 12·5. L'explication de cette anomalie ne semble pas possible par l'action des vents inférieurs, même froids, attendu qu'ils ne peuvent atteindre cette latitude sans s'être échauffés. Liais en cherche la cause dans de grands courants froids traversant accidentellement les hautes couches de l'atmosphère, gardant plus longtemps une température très basse, puis s'abaissant jusqu'au niveau du plateau de

Minas. L'hypothèse de ces courants froids a l'avantage d'expliquer également le phénomène de la grêle, fréquent dans ces régions.

Bello-Horizonte, la nouvelle capitale de l'Etat, située à 837 mètres d'altitude sous le 19°55′ de lat. S., possède une moyenne annuelle de 19·9.

Janvier	...	22·4	Mai	...	18·4	Septembre	...	19·9
Février	...	22·9	Juin	...	16·8	Octobre	...	19·9
Mars	...	22·0	Juillet	...	15·9	Novembre	...	22·6
Avril	...	21·2	Août	...	18·3	Décembre	...	21·9

Deux semestres y semblent donc bien marqués, l'un avec 22 C. de moyenne, et l'autre avec 18 C. Les températures absolues y sont de 33·8 et 2°; l'amplitude des oscillations y est plus marquée pendant la saison froide et dépasse 25°.

Dans la région méridionale de Minas, se détache le centre de Juiz-de-Fóra, la " Princesse de la Matta." La série d'observations compte plus de vingt ans. La moyenne générale est 19·6 (675 m. d'altitude). Voici les observations, les moyennes mensuelles étant relatives à la période 1893-1913 et les autres données relatives à la période 1893-1903.

		Moyenne		Moyenne des extrêmes			Diff.		Températures absolues		
Janvier...	...	22·2	...	32·8	...	16·3	...	16·5	...	36·2	...	13·0
Février	...	23·0	...	32·2	...	15·4	...	16·8	...	34·7	...	13·0
Mars. ...	...	22·3	...	31·0	...	15·8	...	15·2	...	33·0	...	12·0
Avril ...	...	20·0	...	30·1	...	12·6	...	17·5	...	32·5	...	8·5
Mai ...	...	17·8	...	27·7	...	9·7	...	18·0	...	29·5	...	4·4
Juin ...	...	16·5	...	26·3	...	7·4	...	18·9	...	29·5	...	4·0
Juillet ...	...	15·9	...	26·4	...	6·8	...	19·6	...	27·4	...	2·5
Août ...	...	17·5	...	29·0	...	6·9	...	22·1	...	31·2	...	3.2
Septembre	...	17·3	...	29·4	...	8·6	...	20·8	...	30·8	...	5·0
Octobre	...	19·4	...	31·8	...	11·4	...	20·4	...	36·3	...	7·2
Novembre	...	21·7	...	31·7	...	14·6	...	17·1	...	34·1	...	8·7
Décembre	...	21·8	...	32·0	...	15·6	...	16·4	...	35·3	...	7·5

La gelée a lieu parfois en hiver, mais dure peu.

Dans le Sud-Est de l'Etat, Cataguazes a indiqué (à 168 m.), 24·8 de moyenne avec 26·9 pour février et 18·4 pour juillet, et les extrêmes de 36·1 et de 11·1, avec de plus fortes amplitudes en été, et non plus en hiver, comme dans le Haut-Plateau voisin.

Dans le Sud-Ouest de l'Etat, la température moyenne de 18 semble être la règle générale : Lavras à 900 m. enregistra 18·6 et S. João d'El-Rey 18·6 (880 m.). Deux années dans cette dernière localité ont donné pour le printemps 19·1, l'été 21·8, l'automne 18·7 et l'hiver 14·9. Oliveira (879 m.) semble jouir d'un climat identique.

Dans l'Ouest de Minas, dans ce que l'on appelle le Triangle, le climat d'Uberaba est devenu célèbre par les études que Draenert y consacra. Située à 760 m. d'altitude sous le 19°45′ S., cette localité a été l'objet d'une série de 4 années d'observations à 7 a.m., 2 p.m. et 9 p.m. La série Borges Sampaio, antérieure à celle de Draenert, indiqua 21·3 de moyenne (une observation par jour); la série Draenert lui attribua 22·1.

Les températures extrêmes, enregistrées par Draenert, furent 33° et 1°, indiquant par conséquent une oscillation de 32°. Pendant les mois d'été, qui sont les mois pluvieux de la région, l'amplitude est plus faible : elle varie de 14° à 20°; pendant les mois d'hiver elle varie de 22° à 29°, atteignant son maximum en juillet où le thermomètre marque 30° et 1°, alors qu'en janvier il oscille entre 29° et 14°5.

Draenert fait remarquer que dans les endroits les plus bas de la région, le thermomètre atteint 38° (observations, B. Sampaio) et tombe plus bas, jusqu'à 0°, en juillet. Ce mois y enregistre également la plus grande amplitude qui se trouve être de 31°.

Le climat d'Uberaba est retracé par la Série Draenert de la façon suivante :

| | Moyennes | | | | Temp. Absolues | |
	7 a.m.	2 p.m.	9 p.m.	Moy. m.	Max.	Min.
Décembre	21·5	24·9	22·9	22·8	30·0	15·0
Janvier	22·1	25·4	23·1	23·5	29·0	14·5
Février	21·7	25·6	22·9	23·3	32·0	11·2
Mars	21·6	26·1	23·3	23·6	30·8	14·0
Avril	19·7	25·7	22·4	23·1	30·0	10·0
Mai	17·8	24·0	19·0	20·3	29·2	2·0
Juin	16·0	22·5	18·5	19·0	17·5	5·0
Juillet	16·1	23·0	18·7	19·2	30·0	1·0
Août	18·2	25·1	21·1	21·5	31·8	4·3
Septembre	20·1	26·3	22·5	22·9	32·2	5·0
Octobre	21·3	25·9	22·9	23·2	33·0	10·8
Novembre	21·6	25·2	22·8	23·0	30·0	12·0

Pendant la saison chaude, à 7h. du matin, la température moyenne est de 21° à 22°; pendant la saison fraîche elle oscille de 16° à 18° à cette même heure. Les plus hautes températures de la journée sont de 25° à 26° à la fin du printemps et en été; elles sont de 22° à 24° à la fin de l'automne et pendant la plus grande partie de l'hiver. À 9h. du soir les températures sont supérieures de 1° à 2° à peine à celles de 7h. du matin; pendant trois mois de l'année la température de 9h. p.m. est déjà tombée au-dessous de 20°.

Il est facile de se rendre compte que la période la plus chaude à Uberaba ne correspond pas exactement à l'été, comme la plus froide ne coïncide pas en tous points avec l'hiver. L'été commence, en fait, en septembre et l'hiver en mai, peut-être même en avril. Le fait est assez commun au Brésil et marque bien l'inconsistance des divisions artificielles en quatre saisons, alors qu'il existe à peine deux époques caractérisées : la période chaude et la période fraîche.

Le climat d'Uberaba, c.-à-d. celui du " Triangle " en général, est très agréable et favorable à l'activité agricole.

Draenert en a retracé les particularités en le comparant aux climats maritimes de Catane, Messine, et Gibraltar. Tout " continental " qu'il est, le climat d'Uberaba est moins froid que celui des localités choisies de la Méditerranée et moins chaud en été.

Draenert est d'avis que le climat de Ténériffe est celui qui supporte le mieux la comparaison avec Uberaba. En janvier (juillet) la température y est inférieure de 1·4 à celle d'Uberaba, en août (janvier) elle y est supérieure de 2·5.

Ces remarques viennent donc confirmer ce que nous avons dit sur les influences de continentalité. Des conditions climatiques encore plus favorables, peut-être, doivent être trouvées dans le Triangle à Araguary (935 m.), Patrocinio (879 m.), Araxá (1,015 m.), Carmo (1,067 m.), etc.

Météores humides.—Quoique situé dans l'intérieur de

23

la zône tropicale, l'humidité absolue de l'Etat de Minas est, en général, peu élevée. Il ne semble pas que des règles très précises président à la distribution de la tension de la vapeur d'eau par latitude ou par altitudes. C'est ainsi que nous avons (les séries sont courtes, il est vrai, 1 à 3 années) :

		Altitude		Latitude	Humidité abs. moyenne
Theophilo-Ottoni	...	287 m.	...	17°54$'$	18·7 m.
Arassuady...	...	295	...	18°2$'$	17·4
S. Joao-d'El-Rey	...	885	...	21°8$'$	13·0
Barbacena	...	1,143	...	21°13$'$	12·4
Juiz-de Fóra	...	676	...	21°43$'$	14·2
Uberaba	...	766	...	19°45$'$	14·0
Diamantina	...	1,210	...	18°18$'$	13·2

S. João d'El-Rey a donc une tension de vapeur d'eau inférieure à celle de Diamantina qui se trouve plus haut. Il en est de même pour Barbacena, qui semble présenter le minimum de Minas.

La série Creuzol donnait pour Juiz-de-Fóra (1893-1903) :

Janvier ... 16·9 m.	Avril ... 14·7 m.	Juillet ... 11·7 m.	Octobre ... 13·8 m.
Février ... 16·7	Mai ... 13·0	Août ... 11·3	Novembre 15·6
Mars ... 16·7	Juin ... 11·3	Septembre 11·9	Décembre 16·4

D'où la moyenne de 16mm.7 pour les mois les plus chauds, pendant la saison pluvieuse, et 11mm.5 pour les mois frais de la saison plus sèche.

A Uberaba, les moyennes mensuelles sont plus prononcées : 17mm.2 pour janvier et 10mm.1 pour juillet. La variation diurne suit la température, mais ne décroît pas sensiblement le soir, vers 9 p.m.; au printemps et en automne, elle monte même vers le soir. De là, les moyennes annuelles de 13mm.6 pour 7h. du matin et de 14mm.1 et 14mm.3 respectivement pour 2 et 9 heures du soir.

L'humidité relative, d'autre part, est en moyenne assez considérable à Minas. En 1912, les moyennes annuelles furent, d'après ce que nous communique Mr. H. Morize :

		Pour cent			Pour cent
Bello-Horizonte	...	77'4	Muzambinho ...	77'6
Barbacena ...	...	80'1	Theophilo-Ottoni	81'6
Lavras ...	...	80'5	Passa-Quatro ...	88'4
Caxambú ...	...	81'3	Palmyra	80'9
Montes-Claros	...	78'4			

Antérieurement, les données recueillies par Draenert attribuaient à Theophilo-Ottoni des pourcentages encore supérieurs, 85'6 pour cent et 90'1 pour cent; Arassuahy 79'9 pour cent; Diamantina 78'9 pour cent et Barbacena 82'8 pour cent. C'est donc là un facteur météorologique très inconstant. Barbacena, malgré sa faible tension de vapeur d'eau, atteint et dépasse 80 pour cent d'humidité relative.

Les variations des moyennes mensuelles sont très différentes, Juiz-de-Fóra n'enregistre qu'un écart de 4 pour cent, mais les localités plus hautes présentent 8'6 pour cent pour Diamantina, 7'6 pour cent pour S. João d'El-Rey, 13'2 pour cent pour Barbacena et 14 pour cent pour Ouro Preto.

Draenert s'est livré à une étude approfondie de l'humidité relative à Uberaba; ses observations viennent confirmer l'inconstance de ce facteur météorologique; ainsi, en quatre années, le mois de juillet indiqua les minima de 25 pour cent (1897), 32 pour cent (1898), 37 pour cent (1899) et 43 pour cent (1900).

La moyenne obtenue par Draenert fut 70 pour cent; les moyennes correspondant à 7 a.m., 2 p.m. et 9 p.m. étant respectivement 77 pour cent, 61 et 73 pour cent; janvier et février furent les mois vérifiés les plus humides et août et septembre les plus secs :

		7 a.m.	2 p.m.	9 p.m.	Moyenne
Janvier	...	86 pour cent	73 pour cent	84 pour cent	81 pour cent
Août	...	64	43	57	55

L'écart entre les moyennes mensuelles était donc de 26 pour cent. Les extrêmes absolus enregistrés dans la série furent 22 pour cent et 95 pour cent.

Pluviosité.—Le plateau de Minas fait partie de la zône

brésilienne des pluies d'été. En effet, les derniers mois d'automne et l'hiver sont à peu près secs. Draenert constate à ce propos qu'un rôle important reviendrait à l'irrigation artificielle qui empêcherait bien des pertes occasionnées par la sécheresse. D'autre part il remarque, avec étonnement, que malgré les précipitations minima de l'hiver, la floraison commence dès le mois d'août, alors que les précipitations n'atteignent pas, en général, 20 mm. de hauteur. Ce fait, Grisebach le remarquait déjà en 1878. Draenert suppose que la rosée et le brouillard pourvoient l'eau nécessaire au phénomène.

L. Voss inclut également Minas dans ses régions des pluies d'été et des pluies excessives d'été. Il vise en cela spécialement le noyau formé par Ouro Preto, qui dans une région où les pluies varient de 1 m. à 1m.80. atteint et dépasse 2 mètres. Draenert explique l'anomalie par la position de la localité dans une vallée, très haute mais profonde.

La période des pluies s'étend d'octobre à mars. Les maxima mensuels se portent généralement vers le mois de janvier. Les minima ont lieu, assez indifféremment, pendant les trois mois d'hiver. Dans le NE. le maximum a été souvent enregistré en mars. Juiz-de-Fóra (dix-huit ans d'observations 1893-1910), Barbacena (6 ans) et Ouro Preto (4 ans) constituent trois types qui caractérisent bien le plateau de Minas :

	Juiz-de-Fóra	Barbacena	Ouro-Preto
Janvier	218·8	300·9	422·0
Février	161·6	198·5	381·4
Mars	176·0	200·7	274·5
Avril	51·5	93·8	104·1
Mai	28·4	46·3	45·2
Juin	20·1	9·9	21·9
Juillet	13·9	18·1	24·0
Août	18·2	26·2	40·7
Septembre	88·9	87·4	83·5
Octobre	164·9	146·8	127·3
Novembre	170·9	199·2	235·8
Décembre	237·0	220·5	259·6
Moyenne	*1,349·8*	*1,548·3*	*2,020·0*

Quant aux nombres de jours pluvieux, les données

relatives à 10 stations indiquent qu'ils varient de 109 à 170 ; plus nombreux peut-être dans les localités plus hautes, Diamantina et Ouro Preto.   Les mois secs comptent de 0 à 6 jours de pluie.

D'apres Draenert, dont l'étude des pluies est assez complète, on peut former le tableau suivant :

	Printemps	Eté	Automne	Hiver	Total	Jours	Probabilité moyenne
Theophilo-Ottoni (2)	459	797	541	64	1,863	118	0·32
Diamantina	439	784	418	2	1,644	170	0·47
Ouro-Preto (4)	446	1,063	423	86	2,020	161	0·44
S. João-d'El-Rey (3)	382	678	338	22	1,420	140	0·38
Barbacena (6)	433	719	340	54	1,548	133	0·36
Bello-Horizonte	541	831	321	54	1,749	122	0·33
Queluz (6)	328	786	194	35	1,344	109	0·29
Lavras	377	435	268	97	1,178	—	—
Cataguazes	468	701	343	86	1,598	125	0·34
Uberaba (8)	569	797	344	57	1,176	—	—

(Les données relatives à Diamantina, Bello-Horizonte, Cataguazes et Lavras sont le résultat de moins de deux ans d'observations.)

L'évaporation varie beaucoup d'un point à l'autre de l'Etat : dans le Nord-Est, Arassuahy offre une évaporation annuelle totale de 844 mm. ; dans les régions plus hautes, Diamantina indique 408 mm. ; les localités du Sud indiquent 501 mm. à Juiz-de-Fóra et 551 mm. à Barbacena. Elle est plus intense pendant la saison sèche dans le Nord et dans le centre ; dans le Sud, les mois chauds lui sont plus favorables.

Vents.—Nous avons déjà traité la question des vents à Minas en décrivant le régime des vents généraux des Hauts-Plateaux. Nous avons noté la grande variabilité qui caractérise les roses anémométriques et les directions prédominantes enregistrées jusqu'ici, ainsi que la variation de la vitesse moyenne au cours de l'année.

Dans le NE. de l'Etat (Theophilo-Ottoni, Diamantina) les vents d'E. prédominent parfois avec une tendance vers le SE., parfois vers le NE. A Arassuahy le vent d'O.

joue un rôle considérable avec le vent du N. Les observations ne sont pas encore assez nombreuses pour y découvrir un système régulier.

Au Sud de la Serra d'Itacambira et du massif qui relie la Chapada Diamantina (Espinhaço) à la Serra dos Aymorés, les données relatives à une dizaine de stations de Minas permettent de considérer le régime des vents locaux comme subordonné au vent d'Est. Entre le bassin du Rio Doce et celui du Rio Pomba il semble que le vent d'E. souffle d'une façon prépondérante. Le relief assez irrégulier qu'il rencontre au premier abord lui fait perdre sa direction essentielle et il semble souffler en éventail sur Juiz-de-Fóra, Barbacena, Queluz et Ouro Preto; puis il se reprend et la direction NE. marquée se retrouve plus loin à S. João d'El-Rey, Lavras, Bello-Horizonte, etc. À Uberaba d'autres conditions prévalent, le NO. y acquiert parfois une importance prépondérante; dans le SO. de Minas, le NE. reprend son rôle.

Par ordre d'importance, au cours de l'année, les directions se présentent de la façon suivante :

Ouro-Preto	...	SE.	...	SO.	...	NO.	...	S.
Queluz ...	...	SE.	...	SO.	...	NO.	...	E.
Barbacena ...	...	SE.	...	NE.	...	E.	...	NO.
Juiz-de-Fóra	...	N.	...	S.	...	NE.	...	SE.
S. João-d'El-Rey	...	NE.	...	E.	...	ENE.	...	SO.
Lavras ...	...	E.	...	NE.	...	NO.	...	—
Uberaba ...	...	NO.	...	NE.	...	E.	...	N.

En général, la vitesse des vents n'est pas considérable, le relief explique en partie ce fait; les variations périodiques de cette vitesse diffèrent d'une localité à une autre. Les vitesses moyennes de l'année sont de 1·18 à Theophilo Ottoni; 1·27 à Arassuahy; 1·52 à Diamantina; 1·10 à Ouro Preto; 0·63 à S. João d'El-Rey et 1·60 à Barbacena.

À Barbacena, six années d'observations indiquent que les vents du SE. prédominent pendant la saison sèche et que les vents du NE. et NO. prédominent de décembre à avril, avec un léger accroissement de vitesse (1·75 à 1·85).

À S. João d'El-Rey, la topographie de la localité empêche les vents du SE. et du SO. de jouer leur rôle au cours de l'année; d'où la prépondérance presque exclusive du NE. dont la vitesse est très faible.

À Uberaba, le NO. garde une importance considérable au cours de l'année; il est toutefois plus fréquent en été et moins fréquent pendant les saisons de transition, quand prédominent les calmes (mars-avril); le NE. prédomine entre août et octobre; de son côté le vent d'E. acquiert quelqu'importance en hiver.

À Ouro-Preto (voyez le tableau, au chapitre *Régime des Vents*) la topographie influe d'une façon décisive et ne permet pas l'accès aux vents chauds du N. ou du NO. (2 pour cent à peine). La saison ne semble pas influer grandement sur la vitesse des vents.

(C) Les Climats de l'Etat de Rio.

La partie intérieure de l'Etat de Rio, dont nous avons déjà étudié la côte (Campos, Rio de Janeiro, etc.), rappelle à plus d'un point de vue le climat d'altitude de Minas Geraes. Malheureusement les données sont encore peu nombreuses, malgré l'importance des localités que l'on y trouve. Ainsi Pétropolis, la résidence d'été des *Cariocas*, Thérézopolis, qui possède un climat délicieux, sont des localités qui ne peuvent être encore décrites convenablement. Nous avons déjà mentionné la série relative à Nova-Friburgo (1882-86) communiquée par Draenert, et les trois années d'observations à Colonia Alpina.

Nova-Friburgo se trouve à 850 m. au-dessus du niveau de la mer, sous le 22°19′ de lat. S. Sa pression moyenne annuelle est de 689 mm. (année 1900). La plus faible moyenne mensuelle, 686·7, coïncide avec le mois de décembre; la plus forte, 692·4, avec le mois de juin. L'écart est donc de 5·7. La pression est à peu près celle de S. João d'El-Rey, mais l'amplitude est légèrement plus marquée.

La témperature moyenne est de 17˙5 environ (17˙2 série Draenert, 17˙6 série 1900). La moyenne mensuelle la plus élevée appartient indifféremment à l'un des trois mois d'été, mais les plus hautes températures extrêmes retombent généralement sur le mois de mars et parfois sur les derniers mois de printemps. Elles coïncident avec la saison pluvieuse. Les plus faibles moyennes mensuelles appartiennent aux mois d'hiver, mais les minima prononcés se manifestent dès le mois de mai.

La moyenne des maxima est de 22°, celle des minima de 13°4. Les températures absolues de la série (1882-86) furent 29° et 1°, marquant ainsi une amplitude de 28° C.; en 1900, on enregistra 30˙2 et 3˙8. L'amplitude des oscillations diurnes est plus prononcée en hiver qu'en été; elle est de 7˙7 en décembre et atteint 11˙1 en août.

	Moyenne	Moyenne des Maxima	Minima	Amplitude	Températures extrêmes	
Janvier	... 20˙4 ...	24˙2 ...	16˙4 ...	7˙8 ...	28 ...	9˙0
Février	... 20˙1 ...	24˙4 ...	16˙3 ...	8˙1 ...	28 ...	11˙0
Mars	... 19˙7 ...	24˙3 ...	15˙5 ...	8˙8 ...	29 ...	9˙0
Avril	... 17˙8 ...	22˙9 ...	15˙9 ...	7˙0 ...	26 ...	8˙0
Mai ...	... 15˙2 ...	20˙4 ...	13˙3 ...	7˙1 ...	25 ...	2˙5
Juin ...	... 13˙4 ...	18˙8 ...	9˙0 ...	9˙8 ...	22 ...	1˙0
Juillet	... 14˙0 ...	19˙3 ...	9˙4 ...	9˙9 ...	24 ...	3˙0
Août...	... 14˙0 ...	20˙1 ...	9˙0 ...	11˙1 ...	26 ...	1˙0
Septembre	... 15˙7 ...	20˙8 ...	11˙9 ...	8˙9 ...	25 ...	5˙0
Octobre	... 17˙2 ...	21˙7 ...	13˙6 ...	8˙1 ...	26 ...	4˙0
Novembre	... 18˙6 ...	23˙1 ...	14˙2 ...	8˙9 ...	27 ...	6˙0
Décembre	... 20˙4 ...	23˙9 ...	16˙2 ...	7˙7 ...	27 ...	6˙5

La série 1900 n'apporte aucune modification essentielle à celle-ci : le mois le plus chaud (20˙4) est février, le plus froid est juin (14˙3); les extrêmes maxima sont plus prononcés, les minima le sont moins.

Colonia-Alpina (23°40′ lat. S. et 800 m. d'altitude) se trouve dans la Serra dos Orgãos entre Pétropolis et Thérésopolis. Les services météorologiques furent installés dans cette colonie suisse d'initiative privée, par le savant Goeldi, qui en était alors directeur. La série de quatre années (série Werner, 1891-95) est assez complète. La moyenne générale attribuée à Colonia-Alpina est 18·3. Cette moyenne nous est communiquée par l'Observatoire de Rio, elle semble résulter des quatre séries 1891-95, mais ces séries n'indiquent pas de moyennes mensuelles, ou tout au moins ne donnent pas la formule appliquée. Les observations de Colonia-Alpina ont été faites trois fois par jour, à 7 a.m., 2 p.m. et 7 p.m. L'observation de 9 p.m. manque donc, ce qui rend difficile de formuler une moyenne, vu que la température de 7 p.m. est, dans la région de Rio de Janeiro, de 0·4 à 0·5 supérieure à la moyenne; celle de 7 a.m. lui est à peine inférieure de 1·9, tandis que celle de 2 p.m. la dépasse de 1·8. Il s'ensuit que la formule

$$\frac{7 \text{ a.m.} + 2 \text{ p.m.} + 7 \text{ p.m.}}{3}$$

est trop haute. Si nous prenons la moyenne des maxima et des minima, nous obtenons 18·6, qui doit dépasser la moyenne vraie de 1° C. environ. La moyenne de Colonia-Alpina doit donc être de 17·6 environ. C'est en effet la moyenne que nous obtenons en appliquant la correction −0·4 (résultant des différences indiquées +0·5−1·9+1·8) aux moyennes annuelles tirées de la formule $(7 + 2 + 7):3$ qui deviennent pour :

1891	...	...	...	18·4
1892	...	...	...	17·5
1893	...	...	...	17·1
1894	...	...	...	17·7

La moyenne des maxima est 25·2, celle des minima 12 et les températures absolues 35·5 (1891) et −2·0 (1892).

Le mois le plus chaud est généralement janvier avec 22·4 de moyenne, le plus froid est juillet avec 13·2; l'amplitude des oscillations est donc de 9·2.

Si nous comparons l'amplitude des oscillations qui existent entre les moyennes mensuelles de ces deux mois, au cours des quatre années observées, nous trouvons :

	7 A.M.		2 P.M.		7 P.M.	
	Janvier	Juillet	Janvier	Juillet	Janvier	Juillet
1891	18·1	9·0	26·6	20·2	24·2	12·2
1892	18·8	6·1	27·3	20·9	21·8	10·6
1893	17·1	6·3	26·9	20·7	20·2	11·0
1894	18·3	6·4	29·1	20·7	21·4	10·8
Oscillation	1·7	2·9	2·5	0·7	4·0	1·6

Il semble que la température du matin est plus constante en été qu'en hiver ; en revanche, les températures du soir sont beaucoup plus constantes que celles du matin, l'amplitude des oscillations entre les observations de 2 p.m. étant à peine de 0·7.

Au cours des quatre années de la série, les moyennes mensuelles ont été :

	Moyennes	Moyennes des		Températures absolues	
		Maxima	Minima		
Janvier	22·4	29·4	15·4	34·5	11·5
Février	22·1	29·4	15·4	35·1	11·8
Mars	21·5	28·9	14·8	34·2	10·6
Avril	18·9	25·0	13·4	30·2	8·0
Mai	16·0	22·7	9·8	29·2	1·9
Juin	15·0	21·4	9·2	29·4	2·7
Juillet	13·2	21·7	5·5	28·8	2·0
Août	14·8	22·6	7·6	35·5	0·3
Septembre	16·9	23·2	11·2	34·0	3·8
Octobre	19·0	25·3	13·3	34·0	4·5
Novembre	19·5	25·7	13·7	33·1	7·5
Décembre	20·4	26 2	14·8	32·6	7·5

L'amplitude des oscillations diurnes est de 12 à 13 C. en moyenne. Ces oscillations sont plus prononcées pendant les mois d'été et d'hiver (14 à 16) que pendant les mois de transition (9 à 13).

Colonia Itatiaya et *Colonia Visconde de Mauá* sont deux centres coloniaux situés sous 22°20′ de lat. S. environ, le premier à 823 mètres d'altitude, le second à 1,050 mètres. Les rapports officiels du " Serviço de Povoamento " donnent un résumé de leurs observations annuelles. Ces localités appartiennent, comme Villa-Jaguaribe (S. Paulo) au massif de la Mantiqueira, et comme telles représentent des climats subtropicaux d'altitude.

À Visconde de Mauá la température moyenne est de 17° ; l'année 1911 enregistra toutefois 15°9. Il s'ensuit que la décroissance verticale de la température y est de 1° C.

pour 140 mètres environ.   L'écart entre le mois le plus
chaud et le mois le plus froid varie de 6°6 à 8° pour les
deux localités.   En 1911, Visconde de Mauá enregistra :

	Moyenne	Maxima	Minima	Itatiaya (moyenne)
Janvier ...	18·1 ...	30·1 ...	13·0 ...	24·0
Février ...	18·3 ...	30·5 ...	11·0 ...	21·0
Mars	17·7 ...	29·5 ...	11·0 ...	20·0
Avril	16·6 ...	28·5 ...	8·0 ...	19·0
Mai	15·5 ...	27·8 ...	3·0 ...	17·0
Juin	13·0 ...	25·5 ...	3·0 ...	16·0
Juillet... ...	13·9 ...	24·0 ...	1·0 ...	16·0
Août	13·4 ...	26·5 ...	2·2 ...	16·0
Septembre ...	14·4 ...	26·5 ...	1·0 ...	17·0
Octobre ...	15·6 ...	27·0 ...	4·0 ...	17·0
Novembre ...	19·3 ...	31·0 ...	11·0 ...	21·0
Décembre ...	14·9 ...	28·5 ...	13·0 ...	20·0

(Les données relatives à Itatiaya sont un peu sommaires.)
Visconde de Mauá enregistra 12 jours de gelée en 1911.
Les vents du NE. y prédominent pendant la saison chaude,
ceux du NO. et de l'O. pendant la saison fraîche.   À
Itatiaya, la prédominance appartient au NO., sa vitesse
est plus considérable pendant les saisons de transition,
pendant le printemps surtout, il coïncide, en outre, avec
les plus fortes moyennes de la nébulosité.

Entre la Serra da Mantiqueira et la Serra do Mar
s'ouvre la vallée du Rio Parahyba (Parahyba do
Sul) qui traverse l'Etat de Rio de Janeiro du SO. au NE.,
dans sa partie élevée.   Avant d'arriver dans les plaines du
littoral (S. Fidelis) le fleuve traverse plusieurs localités au
climat intéressant, en raison de leur proximité des grands
centres urbains.   Les séries de 1912 sont relatives à quatre
localités :

	Latitudes S.	Altitude	Moyenne
Rezende ...	22°28′ ...	430·6 m. ...	20·7 C.
Pinheiro ..	22°30′ ...	402·4 ...	20·9
Mendes ...	22°32′ ...	434·0 ...	20·6
Vassouras ..	22°25′ ...	439·9 ...	20·6

Ces localités situées à peu près sous la même latitude,
à peu près à la même altitude, jouissent de températures
sensiblement égales.   Anciens centres caféiers, lors de la
prépondérance économique de la Province de Rio, ils sont

aujourd'hui en partie voués à l'élevage. Ils continuent à être recherchés par les *veranistas*, auxquels ils servent de résidences d'été ; à ce point de vue Mendes, par son orientation et sa proximité de Rio, est particulièrement appréciée. Leurs moyennes mensuelles au cours de l'année ont été, en 1912 :

	Rezende	Pinheiro	Mendes	Vassouras
Janvier	23·5	23·6	22·8	23·2
Février	23·9	24·7	24·4	24·3
Mars	22·6	22·8	22·6	22·5
Avril	21·5	21·3	21·3	21·0
Mai…	20·5	20·6	20·6	20·2
Juin…	17·9	18·2	18·5	18·3
Juillet	16·3	16·9	16·4	16·3
Août	18·2	18·5	18·6	18·5
Septembre	17·6	17·8	17·1	17·5
Octobre	19·8	19·7	18·9	17·2
Novembre	23·5	23·6	23·0	23·3
Décembre	22·8	22·9	22·7	22·3
Oscillation	7·6	7.8	8·0	8·0

L'amplitude moyenne des oscillations entre le mois le plus chaud, février, et le mois le plus frais, juillet, est donc de 7·8 C. La moyenne de février à Rio est de 25·7, c.-à-d. de 1·3 plus haute que celle de la vallée considérée ; celle de juillet à Rio est de 19·2, c.-à-d. de 2·7 plus haute que celle de la vallée. Le contraste avec la plaine de Campos est beaucoup plus marqué, puisqu'en cette même année 1912 Campos enregistrait 27° de moyenne en février.

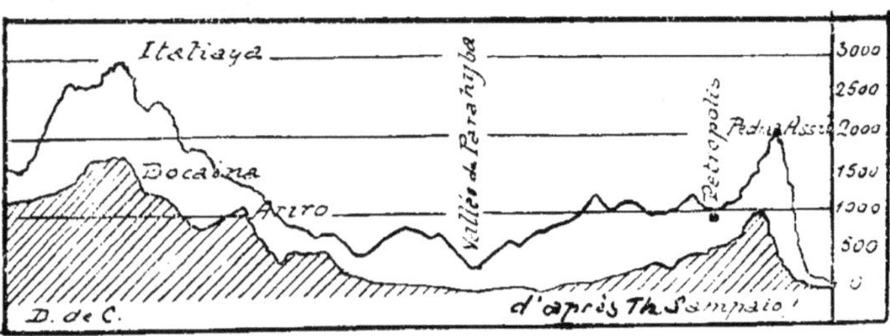

LA VALLÉE DU PARAHYBA.

Entre Rio et Mendes, la différence de niveau entre les postes d'observation étant de 368 m., on peut vérifier pour

le mois le plus chaud un abaissement de température de
1·3 qui correspond à une diminution de 0·35 par 100 mètres
d'altitude, et pour le mois le plus frais un abaissement de
2·8, qui indique une diminution de 0·76 pour 100 mètres.
La diminution verticale de la température est donc plus
du double en hiver qu'en été, entre ces deux points. (*Cf.*
2e Partie, Ch. I.)

Météores humides.—L'humidité relative à Nova-
Friburgo a présenté une moyenne de 79 pour cent (série
1900), février étant le mois le plus humide avec 89 pour cent
et juillet le plus sec avec 73 pour cent, alors que la pluviosité
maximum coïncidait avec décembre et minimum avec juin.

À Colonia-Alpina, la série 1891-95 indique une
moyenne générale de 79·9 pour cent avec une oscillation
plus faible toutefois qu'à Nova-Friburgo; 82·8 pour cent
en juin et 76·3 pour cent en juillet. Les maxima d'humidité
relative ne coïncident donc pas avec la saison pluvieuse,
mais se portent plutôt sur les mois de transition (février
à juin, et septembre à novembre).

Les minima d'humidité relative tombent à 35-32 pour
cent et parfois 20 pour cent (août 1892).

Au cours de la journée, les observations enregistrèrent
les moyennes suivantes :

	7 a.m.	2 p m.	7 a.m.	Moyenne
1891	97·2	60·3	82·8	80·1
1892	92·3	67·6	80·7	80·2
1893	91·8	67·6	80·1	79·8
1894	90·4	67·8	80·1	79·4

Dans la vallée du Rio Parahyba, les moyennes de
l'humidité sont un peu plus marquées. Les maxima se
présentent généralement en automne, ou au début de
l'hiver, les minima à la fin de l'hiver et au printemps, alors
que les pluies sont nettement estivales.

À Mendes, la moyenne annuelle fut de 83 pour cent, à
Pinheiro de 82·6 pour cent, à Rezende de 80·8 pour cent
et à Vassouras de 80·3 pour cent (année 1912).

La partie élevée de l'État de Rio fait partie de la zône

des pluies d'été.   Les précipitations y atteignent de 1 m. à 1m.50 en moyenne.

La Serra do Mar et la Serra da Mantiqueira sont bien arrosées et reçoivent plus d'1m.50 d'eau par an ; le Haut-Parahyba l'est également ; la pluviosité y croît vers l'Ouest.

Les précipitations annuelles sont assez variables.   La série Draenert (1882-86) attribuait à Nova-Friburgo 1m.31 ; la série de 1900 y enregistra 1m.64.   Draenert nota un maximum de janvier très prononcé et un minimum d'août ; 1900 présente un maximum de décembre très prononcé et un minimum de juin.   L'année 1914 enregistra 1m.28 avec un maximum de décembre.

A Colonia-Alpina, la moyenne des quatre années fut 1m.35 avec les variations suivantes :

	Hauteur totale	Jours	Maximum en 24 h.
1891	1,433·0	134	71·8 mm.
1892	1,434·0	139	93·6
1893	1,185·0	136	61·0
1894	1,381·4	143	83·0

La nébulosité moyenne fut de 6·6 avec des maxima de printemps et d'été, et un minimum d'hiver.

Les plus fortes précipitations sont probablement celles de Pétropolis qui, en 1914, enregistra 1m.760·3, en 149 jours de pluies.   Le maximum de décembre est assez prononcé, le minimum de juillet l'est également :

Eté	923·3 mm.	56 jours
Automne	319·7	31
Hiver	49·2	16
Printemps	468·1	46

Dans la vallée du Parahyba, l'année 1912 présente un maximum de janvier à Rezende et Pinheiro, et de février a Mendes et Vassouras.   La hauteur des pluies y est très variable ; Vassouras reçut 1·05 et Rezende 1·40.

La période des pluies, dans ces différentes régions, comprend assez exactement six mois : d'octobre à avril ; la période sèche, c.-à-d. qui reçoit mensuellement moins de 90 mm., comprend l'autre semestre :

	J.	F.	M.	A.	M.	J.	J.	A.	S.	O.	N.	D.
N. Friburgo (6 ans)	304	177	184	63	45	11	25	4	32	165	121	182
C. Alpina ...	212	191	130	84	49	55	8	38	89	148	127	221

Rio de Janeiro connaît également le semestre sec d'avril à octobre, mais il est généralement beaucoup moins marqué :

1912		Rezende		Pinheiro		Mendes		Vassouras
Janvier	...	260·4	...	216·1	...	194·9	...	153·5
Février	...	223·6	...	164·0	...	207·6	...	230·0
Mars	...	181·3	...	127·6	...	151·1	...	60·3
Avril	...	55·1	...	39·1	...	45·7	...	22·9
Mai ...	...	10·0	...	23·9	...	42·0	...	21·1
Juin ...	...	6·8	...	5·8	...	18·8	...	21·6
Juillet	...	22·5	...	21·2	...	39·6	...	22·3
Août	...	46·9	...	32·9	...	46·6	...	21·9
Septembre	...	25·3	...	47·4	...	46·9	...	22·7
Octobre	...	178·1	...	154·4	...	210·1	...	194·4
Novembre	...	259·9	...	161·4	...	175·6	...	150·8
Décembre	...	133·8	...	119·1	...	142·3	...	129·7

Vents.—Quant à la direction du vent, les données de Colonia-Alpina sont assez complètes. Par ordre d'importance nous y trouvons le vent du Sud avec 263 pour cent, les calmes 218 pour cent, le vent du Nord 194 pour cent, ceux du SO. et du NO. avec 151 pour cent et 111 pour cent respectivement. Le vent du Sud a une fréquence plus considérable pendant la période sèche ; celui du SO. souffle pendant la période pluvieuse ; il en est à peu près de même du vent du N. Le NE. est très irrégulier, l'E. fait parfois totalement défaut ; plus les calmes sont fréquents, moins le NO. est enregistré.

À Nova-Friburgo le NE. reprend une grande prédominance pendant l'été ; le SE. et l'E. soufflent en hiver. La vitesse moyenne des vents y est 3·4 maximum en été (4·0) et faible en hiver (2·0 à 2·6).

CHAPITRE TROISIÈME.

TYPE CONTINENTAL: BRÉSIL CENTRAL.

(1) Généralités.

Le Brésil central, ou plus exactement la partie centrale du continent sud-américain, comprend les terres qui s'étendent à l'Ouest du sillon NE.-SO. du Paranahyba-Paranà et la vaste plaine bolivienne des Chiquitos (Santa Cruz). Géographiquement la partie centrale du Paraguay appartient également à cette région.

"La région du Sud du Matto Grosso," dit Arrojado Lisboa, " est caractérisée, d'une part, par un plateau dont les plus fortes altitudes atteignent 650 m. environ et qui s'incline doucement vers le SE. jusqu'àu Rio Paranà ; d'autre part, par une dépression étendue, dont l'altitude moyenne est de 100 à 150 mètres, mais que parcourent des montagnes ou des chaînons isolés. Par la diversité des climats que constitue cette topographie variée, par leur constitution géologique même, ces deux régions, le plateau (Planalto) et la dépression (Baixada) constituent des districts parfaitement distincts au point de vue végétal. La zône intermédiaire qui forme la pente ou le talus du plateau, vers le Sud, pourrait constituer un troisième district indépendant, en raison de la zône forestière étroite qu'elle porte et de sa végétation de transition ; cette distinction est faite d'ailleurs par les habitants du pays."

Dans son magistral exposé de 1909 (*Sul de Mato-Grosso*—Geologia, Industria, Clima, Vegetação, Solo, etc.), Arrojado Lisboa a distingué en effet trois zônes caractéristiques, dans lesquelles il a successivement étudié la végétation et le sol agricole.

Les terres du *Plateau* sont en général ondulées et traversées par d'innombrables cours d'eau. Leur altitude moyenne est de 300 à 400 m. Cette dernière cote est dépassée dans les lignes de divortium aquarum. La dépression formée par le Paranà est presque nulle, son affluent le Tiété en forme une plus importante.

Le sol, la topographie et le climat du Plateau le dotent d'une végétation variée, où l'on peut reconnaître trois types principaux. (*a*) *La forêt vierge fluviale,* dont les bandes étroites longent les rives du grand fleuve et de ses principaux affluents, ceux principalement qui lui viennent de S. Paulo. La terre en est fertile. Sur certains points il se forme des marais et la forêt les encercle. (*b*) La zône des *cerrados* dont le sol aréneux permet des développements végétatifs différents, laissant le campo tantôt à nu, tantôt clairsemé, tantôt couvert. (c) La zône du *campos,* les prairies naturelles si renommées.

Les terres de la *Serra* sont constituées par les *chapadas* centrales qui forment un gigantesque Y, dont l'ouverture embrasse les sources de l'Araguaya et de ses affluents supérieurs et dont la jambe traverse le Matto Grosso, puis la République du Paraguay. La branche orientale de la grande lettre constitue le relief de Goyaz (Serras de Santa Martha et dos Pyreneos); la branche occidentale ou plateau des Parecis reçoit des dénominations locales (Serra Azul, Serra de S. Jeronymo, etc.); la jambe enfin est formée par la Serra de Maracajù.

Le nom de *Serra* attribué à ces élévations est jusqu'à un certain point inexact; ce sont des lignes de séparation des eaux formant plutôt des hauts-plateaux que des crêtes. Leur altitude moyenne varie de 500 à 800 mètres; les montagnes y ont souvent l'aspect de *taboleiros,* mais en certains endroits, atteignent dans la région peu explorée des Parecis des cotes de 1000 mètres.

Dans cette région, Diamantino se trouve à 500 m. d'altitude; son climat serait intéressant à étudier. Campo Grande à 526 m. se trouve dans la *lombada* du Sud du Matto Grosso.

On y retrouve la forêt vierge fluviale et le *cerradão* qui

24

la substitue parfois, mais le *cerrado* est encore le type de la végétation prédominante.

Les terres de la *Baixada* et du *Pantanal* constituent la grande dépression qui se trouve dans le centre même du continent. Pantanal, littéralement marécage, n'a pas au Matto Grosso le sens propre du mot. Le Pantanal du Matto Grosso n'est pas formé de terrains marécageux en permanence ; c'est une région de terre ferme, basse et parfaitement plane, presque sans déclivité, et, en grande partie, sujette aux inondations périodiques du Paraguay et de ses affluents. Entre novembre et juin, les pluies enflent les cours d'eau et, la dépression se trouvant à peine à 2 ou 3 mètres au-dessus des plus basses eaux des fleuves, elle est envahie par ces eaux qui la recouvrent alors d'une couche de 2 à 5 mètres ; le " Grand Pantanal " ou lagôa dos Xarayos, y est particulièrement sujet ; il renferme " des régions marécageuses que l'on reconnaît de loin aux massifs de palmiers *buritys,* et qui possèdent des terrains dangereux qui enlisent. Ailleurs, toutefois, et sur la plus vaste extension de la Baixada, les terrains d'inondation sont, à l'époque des sécheresses, de belles prairies parfaitement horizontales, dotées des meilleurs pâturages." (*Rapport Rondon*).

Géologiquement la grande dépression du Paraguay est formée de dépôts d'alluvion encore apportés actuellement. L'alluvium est constitué de sédiments argileux et aréneux, irrégulièrement distribuées ; çà et là un massif calcaire se dresse, isolé dans la plaine (Urucúm, Morro Grande, etc.).

L'hydrographie de la Baixada est formée par le bassin du Paraguay. Ce grand fleuve sud-américain naît dans un marais du Morro-Velho près de Diamantino, il entre dans la Baixada après avoir contourné la Serra de Jacobina. Sa déclivité est insignifiante, Schnoor l'a évaluée de 0·00014 à 0·00023 par kilomètre. La différence entre les hautes eaux et les basses eaux est de $4\frac{1}{2}$ mètres environ. Elle atteignit 6m.90 en 1905 pendant les plus grandes crues enregistrées. Les eaux ne dépassent même pas de 4 mètres le niveau normal et cependant l'extension du périmètre

mouillé cause d'innombrables calamités dans la région ; le
fait met en évidence l'horizontalité de la Baixada. Arrojado
Lisboa calcule que les grandes crues reviennent tous les 35
ou 37 ans, périodiquement. Il décrit celles de 1833 de
1868 et de 1905.

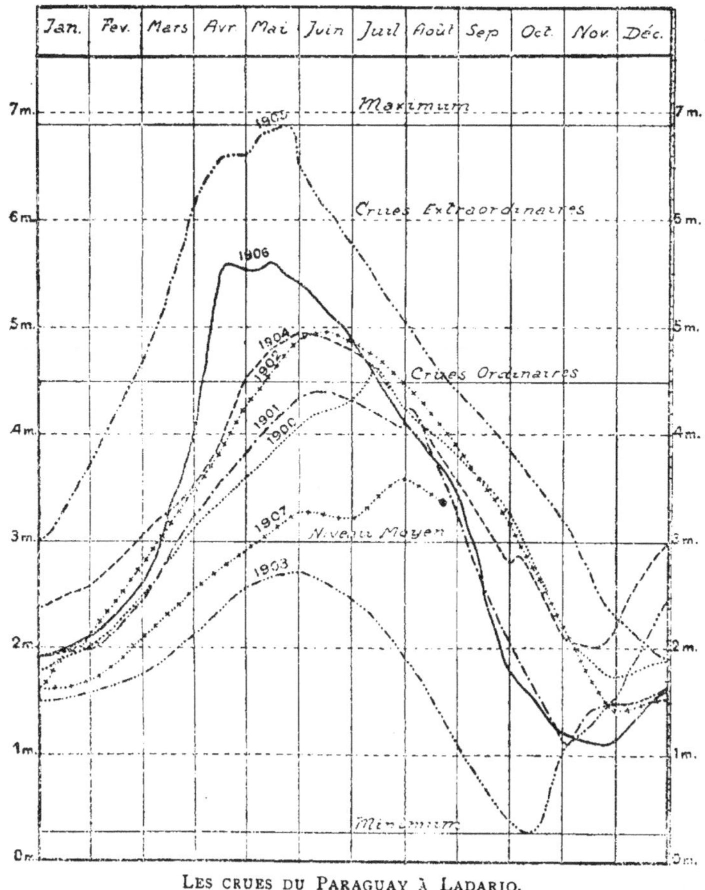

LES CRUES DU PARAGUAY À LADARIO.
(d'après Arrojado Lisboa.)

La partie la plus élevée de la dépression peut être
désignée sous le nom de Baixo-da-Serra, elle est le socle
du plateau, des districts importants en font partie : celui

de Cuyabá notamment ; on y trouve les *campos cerrados*
et les *campos aborescents*. Dans la dépression elle-même
la forêt ne fait pas totalement défaut, elle suit généralement
le cours des fleuves et couronne les *morros* de la Baixada.
Parmi les types qui caractérisent cette végétation, se
détachent le burity et l'herva-mate. Dans la forêt on
trouve le *quebracho*.

Les connaissances météorologiques relatives au Matto
Grosso, c.-á-d. au cœur même de l'Amérique méridionale,
sont de date récente. Nous avons fait allusion, plus haut,
aux observations de A. Carstens et J. S. Gardis. En effet,
le français Gardis enregistra les précipitations atmosphériques à Cuyabá, entre septembre 1879 et juin 1881 ;
à Carstens nous devons deux séries complètes, celle de
1884-85 et celle de 1887-89, avec le Dr. P. Vogel.

Ces précieuses données qui embrassent une période de
quatre années environ, ne furent communiquées au monde
scientifique que lorsque les expéditions Karl von den
Steinen, dites " expéditions du Xingú," vinrent les mettre
en relief. O. Clauss en publia les résultats météorologiques
dans les *Petermanns Geogr. Mittheilungen* en 1886 et P.
Vogel dans la *Zeitschrift der Gesell. f. Erdkunde* en 1893.

En fait, les expéditions von den Steinen ne pouvaient
apporter des séries originales, vu leur courte durée. Elles
enregistrèrent toutefois des observations du plus haut
intérêt sur différentes points du Matto Grosso, entre le
bassin de l'Amazone et celui du Paraguay, notamment à
Rio Novo (480 m.), Corrego Fundo (470 m.), Paranatinga
(430 m.) et à Batovy (480 m.), au cours de l'hiver austral.
Une série d'observations relatives à la température de l'eau
en été fut également poursuivie de juillet à novembre.

Postérieurement, des observations isolées ont été faites ;
citons celles du R. P. Nicolas Badariotti à Barra dos
Bugres, sur le Haut-Paraguay. Le manuscrit de ses
observations sur le plateau des Paracis fut malheureusement perdu.

Citons également une série prise à l'Usina de Arica
(183 m., 16°56' lat. S., 55°52' long. O.) par Mr. H. P.

Lesko Krowiczewski; elle embrasse la période mars 1898 à août 1901. Elle est assez complète (7 a.m., 2 p.m., 9 p.m.). Une série de dix mois relative à Descalvados, non loin de l'Usina de Arica, est également utilisable. (*Deutschen überseeischen Beobachtungen*, Heft 14.)

Pour Corumbá, le grand port du Haut-Paraguay, il y a enfin la série due à la " Commission du Génie Militaire " en 1889. Cette série fut publiée par la *Revista do Observatorio* de 1890.

A partir de 1900, la climatologie du Brésil central entre dans une nouvelle phase de son histoire avec l'imposante contribution de l'Observatoire de D. Bosco : c'est la brillante série salésienne, qui représente pour l'intérieur du continent sud-américain ce que la série Goeldi représente pour sa région équatoriale.

Les observations quotidiennes sont faites aux heures fixées par les décrets fédéraux postérieurs : 7 a.m., 2 p.m. et 9 p.m. Les moyennes sont obtenues par la formule de Kamtz. De longues séries sont déjà utilisables relatives à Cuyabá et à Araguaya. Après 1912, des séries ont été entreprises à S. Luiz-de-Cáceres et à Corumbá.

Il est regrettable que, faute d'informations précises, nous ne puissions rendre compte ici de la contribution apportée à la météorologie du Matto Grosso par les expéditions Rondon. En cette matière, l'œuvre du grand explorateur brésilien et de ses vaillants officiers doit être particulièrement intéressante.

(2) Subdivisions climatologiques.

Dans son étude climatologique, Arrojado Lisboa pose une division plus simple; les données, encore restreintes, ne lui permettent une distinction nette qu'entre le *Plateau* et la *Dépression* (A. L., " Sul de Matto Grosso," pages 97 à 111). La région, dans son ensemble, fait partie de la *zône tropicale intérieure* de Draenert.

(*a*) *Le Plateau.*—Sur ce plateau soufflent librement les

vents SE., S., NO. et N., qui déterminent les traits caractéristiques de son climat. Météorologiquement, cette région est fort peu connue. Le trait qui a le plus frappé Arrojado Lisboa a été la grande oscillation de la température diurne. Les plus grandes amplitudes furent enregistrées dans la dépression du Paraná ; elles diminuèrent à mesure que l'expédition gagnait le plateau.

" L'abondance du réseau hydrographique," dit Arrojado Lisboa, " est un fait remarquable sur tout le plateau ; les cours d'eau n'y sont pas seulement perpétuels mais encore gardent un volume constant pendant toute l'année, d'après le témoignage des habitants de la région. Les lits des fleuves Pardo, Verde et Sucuriú aux rives basses, n'indiquent pas une grande variation annuelle de volume. Il faut en conclure que dans cette partie du plateau, les précipitations sont relativement abondantes et que leur distribution est plus uniforme que dans les bassins du Haut-Araguaya et du Haut-Paraguay, où pendant certains mois, elles sont nulles. L'observation du fait que dans le district de Vaccaria les pâturages ne souffrent presque pas au cours des mois les plus secs et que les sécheresses périodiques, pareilles à celles du Rio Grande do Sul, y font défaut, montre que les précipitations n'y tombent jamais au-dessous du minimum nécessaire à l'agriculture et à l'élevage de la région."

Au point de vue de la distribution des vents, les quelques notes d'Arrojado Lisboa lui ont permis de remarquer que le SO. n'est pas accompagné dans la vallée du Rio Verde d'un abaissement de la température, mais que les pluies l'accompagnent souvent. Dans le bassin du Rio Pardo, le SO. a baissé considérablement la température et amené la pluie. Il a revêtu les formes d'un Pampeiro, plus faible toutefois.

Arrojado Lisboa croit que les données d'Uberaba peuvent servir de termes de comparaison pour l'étude climatologique du plateau.

(b) *La Baixada.*—Les caractères des climats de la

dépression du Paraguay doivent être cherchés, selon A. Lisboa, dans les moyens termes, qui, au point de vue météorologique, existent entre Cuyabá, sous le 15°35′ lat. S. et Assomption, sous 25°16′ de lat. S. En définissant comme jours *très chauds* ceux dont le maximum diurne dépasse 31°, *chauds* ceux dont le maximum diurne est compris entre 31° et 19° et *froids* ceux dont le maximum n'atteint pas 19°, il pose les conditions thermiques générales qui suivent :

	Très chauds		Chauds		Froids
Assomption	...	96·3	...	223·4	...	45·3
Cuyabá	...	100·0	...	265·0	...	0

" On voit par ce tableau," dit A. Lisboa, " que le nombre de jours *très chauds* est à peu près le même à Assomption et à Cuyabá ; mais à mesure que l'on va vers le Nord les jours *froids* disparaissent pour faire place à des jours *chauds*."

Les maxima et les minima sont évidemment beaucoup plus prononcés à Assomption (Quinta Iduna) ; en effet l'amplitude des oscillations mensuelles se présente de la façon suivante, qui démontre la faiblesse de la continentalité par rapport à la latitude :

	Latitude		Altitude		Amplitude
Cuyabá	...	15°35′	...	235 m.	...	4·5
S. Luiz de Cáceres	...	16°15′	...	325	...	5·2
Corumbá	...	19°12′	...	154	...	8·2
Quinta Iduna	...	25°16′	...	175	...	12·9

Quant aux précipitations, il faut remarquer que Assomption est mieux partagé que Cuyabá. La distribution y est plus uniforme et les pluies plus abondantes ; le maximum est généralement en mars et le minimum en août. Au Paraguay, sous la même latitude, les pluies diminuent de l'E. vers l'O. ; la topographie explique, en partie, ce fait que l'on vérifie également au Matto Grosso : Miranda et Nioac doivent être mieux arrosés, pense A. Lisboa, que Coïmbra et Porto-Murtinho. Von Mangels, cité par A. Lisboa (*Abhandlungen aus Paraguay*, 1904) observe une diminution progressive des précipitations annuelles au Paraguay, en 23 années d'observations. Il est regrettable que les données du Sud du Matto Grosso ne nous éclairent pas sur ce point. A Quinta Iduna les moyennes des périodes de 5 ans furent en chiffres ronds :

1879—1882	...	...	...	...	1˙500
1885—1891	...	...	...	...	1˙400
1892—1896	...	...	...	...	1˙300
1897—1902	...	...	...	...	1˙250

En somme le Matto Grosso ne présente pas les caractères extrêmes des climats continentaux des latitudes moyennes. Il constitue bien le type continental des climats brésiliens, mais sa continentalité est faible, comme nous le verrons dans la description des climats locaux, elle consiste surtout en changements brusques, sans transition, au gré des vents.

Le Professeur Estevão de Mendonça, qui a beaucoup étudié son État natal, a présenté, dans son *Quadro Chorographico de Matto Grosso* (Cuyabá, 1906) la description suivante de son climat : " Deux saisons parfaitement définies y prédominent au cours de l'année : la saison sèche et la " saison des eaux." La première comprend la période de la seconde quinzaine de juin à la seconde quinzaine de septembre ; la saison des eaux commence à la fin de septembre, s'accentue en janvier et février et s'atténue au début de mars.

" La transition s'opère parfois lentement, parfois brusquement, mais *presque toujours annoncée par une grande sensation de chaleur.*" Cette remarque est importante comme nous le verrons dans la suite.

La chaleur, dit-il aussi, est atténuée pendant la nuit par une légère viração (brise). Il compare les climats de Miranda, Nioac et de la " Chapada " au Sud de l'Italie.

(3) Types de Climats locaux.

(A) Climat de Cuyabá.

Cuyabá, capitale actuelle de l'Etat de Matto-Grosso, se trouve sur le fleuve du même nom, sous 15°36' de lat. S.,

56° O. de Greenwich et à 235 m. d'altitude. Ses observations, depuis 1901, sont prises à l'Observatoire D. Bosco et publiées dans la *Revista de Matto-Grosso*.

Pression atmosphérique.—À l'époque de la seconde expédition du Xingú, une année d'observations barométriques à 220 m. d'altitude fournit à P. Vogel la moyenne annuelle de 745 mm. avec les plus faibles pressions mensuelles en octobre et novembre, et les plus fortes en juin et juillet. L'amplitude de l'oscillation diurne se trouvait être de 3mm.56, le minimum de la journée enregistré vers 5 p.m. se trouvant à 1mm.62 au-dessous de la moyenne, le maximum, enregistré vers 9 a.m., se trouvant à 1mm.62 au-dessus.

	Moyenne	Oscillation diurne		Moyenne	Osc. d.
Janvier	744·1	2·9	Juillet	748·1	2·4
Février	744·4	2·9	Août	745·8	3·3
Mars	744·4	2·5	Septembre	744·3	3·4
Avril	745·2	2·4	Octobre	743·1	3·4
Mai	745·9	2·8	Novembre	743·2	3·2
Juin	747·9	2·6	Décembre	744·1	3·0

Les écarts moyens d'un jour à l'autre se trouvaient plus marqués pendant la saison sèche que pendant la saison des pluies.

La série salésienne est venue, dans la suite, confirmer ces données isolées. Les moyennes obtenues pendant une série de douze années (1901-12) donnent une moyenne générale de 745mm.3, avec un écart de 1mm.6 entre l'année de la plus haute moyenne et celle de la plus faible (745mm.9 et 744mm.3). Les plus basses pressions moyennes ont lieu pendant les trois mois d'été et les plus hautes pendant les trois mois d'hiver. Les deux extrêmes sont décembre, avec 743mm.6 de moyenne, et juillet avec 747mm.9. L'écart moyen est donc de 4mm.6. Les oscillations sont toutefois plus prononcées entre les différents mois d'hiver qu'entre ceux d'été; ainsi, juillet et décembre indiquent respectivement :

		Juillet		Décembre			Juillet		Décembre
1901	...	746·1	...	743·3	1907	...	747·1	...	743·3
1902	...	747·3	...	744·5	1908	...	748·9	...	744·6
1903	...	747·6	...	742·9	1909	...	747·9	...	743·4
1904	...	747·0	...	744·6	1910	...	746·7	...	743·4
1905	...	747·6	...	744·3	1911	...	748·9	...	743·8
1906	...	752·0	...	743·1	1912	...	746·0	...	742·2

L'amplitude des oscillations des différents mois de juillet a donc été de 6mm., celle des mois de décembre de 2·4 mm. à peine.

Nous avons remarqué que l'année, qui constitue la série P. Vogel, ne différait pas sensiblement de la série salésienne. En effet, les cinq premières années de cette dernière ont été :

Janvier	...	744·0	Mai	...	746·2	Septembre	...	745·4
Février	...	744·6	Juin	...	747·6	Octobre	...	745·7
Mars	...	744·5	Juillet	...	747·1	Novembre	...	743·9
Avril	...	745·3	Août	...	746·8	Décembre	...	743·9

Au cours d'un même mois, les oscillations sont plus prononcées en hiver qu'en été ; plus prononcées également au printemps qu'en automne. Août marque le mois des plus grandes amplitudes, mars celui de plus faibles. Pendant les dernières années nous enregistrons :

		Amplitude annuelle	Amplitude mars		Amplitude août
1906	...	15·7 mm.	5·4 mm.	...	10·0 mm.
1907	...	—	6·2	...	9·1
1908	...	11·4	5·2	...	11·4
1909	...	—	6·4	...	11·7
1910	...	15·7	5·0	...	12·7
1911	...	16·1	7·0	...	9·8
1912	...	15·3	7·6	...	11·1

En cette dernière année 1912, toutefois, le mois d'août enregistra l'amplitude maximum de 13mm1.

Température.—Les séries Carstens (1884-85, 1887-89) indiquèrent pour Cuyabá une moyenne annuelle de 25·3 (formule Kamtz), mais la série salésienne enregistre, depuis 1901, des moyennes beaucoup plus prononcées, tirées d'ailleurs de la même formule :

1901	...	...	26·6	1906	...	...	25·7
1902	...	...	26·3	1908	...	...	26·3
1903	...	...	25·6	1910	...	...	26·7
1904	...	...	25·4	1911	...	...	26·0
1905	...	...	26·1	1912	...	...	26·3

L'écart dans cette série est donc de 1·3 environ.

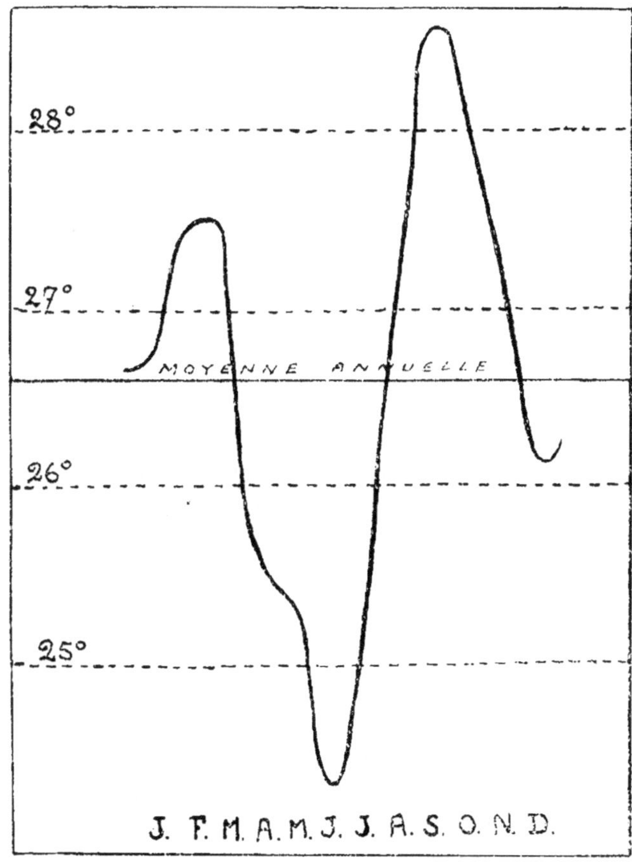

LE CONTRASTE THERMIQUE À CUYABÁ.

Les mois les plus frais à Cuyabá sont ceux de l'hiver ;
les mois les plus chauds ne sont pas ceux d'été, mais bien
ceux du printemps (septembre-novembre).

L'écart moyen entre le mois le plus chaud (octobre) et le mois le plus frais (juin) est de 3˙8 en moyenne.

Les moyennes mensuelles relatives à dix années d'observations indiquent :

Janvier	...	26˙6	Mai	...	25˙1	Septembre	... 27˙1
Février	...	26˙8	Juin	...	23˙3	Octobre	... 27˙1
Mars	...	26˙8	Juillet	...	23˙9	Novembre	... 27˙0
Avril	...	26˙1	Août	...	24˙9	Décembre	... 26˙7

Juillet est souvent le plus frais et septembre le plus chaud. Il est curieux de constater combien les mois extrêmes juin-juillet et septembre-octobre sont rapprochés. Dans la série Carstens le même phénomène attire l'attention : juin et juillet marquent respectivement 20˙8 et 22˙2 et septembre-octobre 27˙2 et 27˙0. L'entrée des pluies ne semble pas atténuer ce contraste, ainsi :

		Juillet			Septembre	
		Temp.	Pluies	Temp.		Pluies
1901	...	25˙1	... 0	28˙5	...	133 mm.
1903	...	23˙3	... 0	27˙3	...	51

Les plus fortes chaleurs de l'année, au lieu de se présenter, comme dans le reste du Brésil moyen, pendant ou *après* le premier passage du Soleil au zénith, se présentent donc ici, *avant* le deuxième passage.

En une période de cinq ans, les écarts qui marquent les différences moyennes d'un mois à l'autre se présentent de la façon suivante :

J.	F.	M.	A.	M.	J.	J.	A.	S.	O.	N.	D.
−0˙2	+0˙1	0˙0	−0˙9	−0˙7	−0˙5	−0˙5	+0˙8	+2˙4	+0˙2	−0˙5	−0˙2

Ces différences ne correspondent pas aux différences de pluviosité, mais les différences de pressions, quoique moins prononcées, les traduisent à peu près. D'après un tableau antérieur nous pouvons calculer les écarts suivants :

J.	F.	M.	A.	M.	J.	J.	A.	S.	O.	N.	D.
+0˙1	−0˙6	−0˙1	−0˙2	+0˙9	+1˙4	−0˙5	−0˙3	−1˙4	+0˙3	−1˙8	0˙0

La baisse du baromètre en septembre est donc moins marquée que la hausse du thermomètre, en ce même mois.

Ce phénomène ne saurait être attribué à des conditions topographiques locales, car les données relatives à Araguaya, à Usina Arica, à Corumbá permettent de l'enregistrer également avec plus ou moins d'intensité. En climatologie comparée, il ne semble pas qu'il existe d'équivalent exact; Batavia, toutefois, nous offre un maximum de mai de 26·4, voisin du minimum de juillet de 25·7; la différence n'est que de 0·7. Nous ne considérons pas les localités qui possèdent deux maxima et deux minima annuels, bien entendu. Le brusque écart de juillet-octobre, au Matto-Grosso, semble être l'expression d'une forme de continentalité sous les faibles latitudes.

La variation diurne de la température est plus marquée pendant les mois secs que pendant la saison des pluies; sa moyenne annuelle varie de 6 à 8°. En certaines années les oscillations sont plus grandes; comparons, par exemple, 1908 à 1904 :

	1904	1908		1904	1908
Janvier	7·2	5·6	Juillet	14·0	8·1
Février	7·3	5·7	Août	11·7	9·7
Mars	8·2	6·3	Septembre	7·8	8·2
Avril	8·5	5·3	Octobre	7·4	3·3
Mai	9·3	6·3	Novembre	5·5	5·7
Juin	11·8	6·5	Décembre	4·3	6·1

Normalement la température de 7 a.m. est de 21 à 22·5 pendant les mois frais et de 23 à 25° pendant les mois chauds. À 2 p.m., la température est de très peu inférieure au maximum; pendant la première partie de l'année elle est de 26 à 28° environ, pendant la seconde de 28 à 30° et dépasse 30° au cours des années chaudes. À 9 p.m. la température est à peine au-dessous de la moyenne mensuelle, c.-à-d. de 23 à 25° pendant la saison sèche et de plus de 26° pendant l'été. Le mois de septembre caractérise bien les années normales et les années chaudes :

	7 a.m.	2 p.m.	9 p.m.	Moy.
1903	25·1	32·7	28·0	28·4
1904	23·9	29·6	26·4	26·6

Les températures extrêmes y oscillent de 23 à 30° pour les moyennes des extrêmes, de 10·2 à 37° pour les tem-

pératures absolues; la série Vogel toutefois enregistre
40·9 et 8·5, ce qui donnerait un écart de 32·4. La série
salésienne indique pour les dernières années :

		Moyennes des extrêmes				Températures absolues	
1909	...	—	...	—	...	35·5	...	10·9
1910	...	30·2	...	23·3	...	36·2	...	11·9
1911	...	29·3	...	22·7	...	35·0	...	11·8
1912	...	29·6	...	23·1	...	35·9	...	11·6

L'amplitude moyenne des extrêmes absolus est donc
de 24° environ et n'indique qu'une faible condition de
continentalité, pour une localité située à 1,800 kilomètres
de l'Océan. La latitude est, par conséquent, plus forte
que la continentalité. Les études comparatives faites par
Arrojado Lisboa avec les conditions climatiques de stations
du Paraguay mettent bien ce fait en relief.

Météores humides.—Dans la série Vogel la moyenne
générale de l'humidité relative se trouve être 69 pour cent,
l'observation de 7 a.m. étant 83 pour cent et celle de 1 p.m.
55 pour cent; les moyennes mensuelles plus basses coïncident avec les mois secs de l'hiver et les moyennes plus
hautes avec les mois d'automne, c.-à-d. avec la fin de
l'époque des pluies.

La série salésienne vint mettre en évidence des
moyennes légèrement plus hautes, et marquer de plus
grandes amplitudes des variations mensuelles. Entre 1901
et 1905 la moyenne fut relativement élevée, atteignant
77 pour cent. Pendant la période 1906-1912 la moyenne
ne fut toutefois que 73 pour cent environ.

Les moyennes mensuelles sont les suivantes (1901-05) :

	Pour cent		Pour cent		Pour cent		Pour cent
Janvier ...	86	Avril ...	82	Juillet	... 69	Octobre	73
Février ...	86	Mai ...	78	Août	... 63	Novembre	80
Mars ...	85	Juin ...	71	Septembre	... 68	Décembre	87

Il y a donc un écart de 24 pour cent entre le mois le plus
humide et le mois le moins humide. Août est, en général,
le mois qui présente la plus faible moyenne; la plus forte
moyenne appartient tantôt à décembre, tantôt à janvier ou

février, parfois même à mars.   En ces dernières années, le mois d'août a été :

1906	...	50 pour cent.	1910	...	45 pour cent.
1907	...	62	1911	...	63
1908	...	60	1912	...	58

Au cours de la journée la variation de l'humidité relative se trouve passablement au-dessus de la moyenne aux observations de 7 a.m. et de 9 p.m.

		7 a.m.		2 p.m.		9 p.m.		M.
1906	...	79	...	62	...	74	...	72
1908	...	82	...	63	...	75	...	73
1910	...	78	...	61	...	73	...	71
1912	...	80	...	62	...	76	...	73

L'observation de 2 p.m. présente une moyenne remarquablement constante.   Pendant un mois chaud, les trois observations quotidiennes donnent successivement 90 pour cent, 78 pour cent et 90 pour cent ; pendant un mois frais, 59 pour cent, 47 pour cent et 49 pour cent (année 1906).

Quant à la tension de la vapeur d'eau, l'année 1912 peut servir de type : sa moyenne fut de 18mm.2, la moyenne plus basse (juillet) 12mm.8, et la plus haute (février) 22mm.2 ; l'amplitude fut donc de 9mm.4.

La moyenne générale des pluies annuelles à Cuyabá, résultant de 12 années d'observations, est de 1m.30 environ (1m.294).   Les précipitations sont assez variables.   Elles oscillent entre 1 m. et 1m.85 ; les hauteurs supérieures à 1m.60 sont rares (1879-80, 1901, 1908, 1912), mais semblent se reproduire périodiquement.

Les observations de Gardis et Carstens antérieures à 1855 et la série salésienne nous indiquent :

1879-80	...	...	1·732	1906	...	...	1·322
1880-81	...	...	1·512	1908	...	...	1·671
1884-85	...	...	1·258	1910	...	...	1·163
				1911	...	...	1·526
1901-1905 (M.)	...		1·373	1912	...	...	1·850

Janvier, février, décembre et mars sont, par ordre d'importance, les mois les plus riches en précipitations ; ils comprennent en moyenne de 13 à 20 jours de pluie ; leurs moyennes mensuelles sont supérieures à 200 mm.   Avril, mai, juin, juillet, août et septembre, ne comptent pas plus de 10 jours de pluie et 80 mm. d'eau. La transition est donc réservée aux deux mois d'octobre et novembre. Ces traits généraux qui se dégagent de l'étude de la période 1901-1905 sont confirmés par la série Gardis-Carstens (1879-1885) et par les séries postérieures à 1906, sauf toutefois pour les années plus sèches où les 200 mm. mensuels des mois d'été ne sont parfois pas atteints.

Si nous prenons janvier et juillet comme types des mois les plus sec et plus humide nous aurons, dans les différentes séries : '

		Janvier		Juillet				Janvier		Juillet
1879-80	...	348	...	7	1906	...	372	...	o
1880-81	...	306	...	o	1908	...	285	...	o
1884-85	...	222	...	26	1910	...	170	...	o
					1911	...	183	...	19
1901-1905 (M.)		278	...	7	1912	...	316	...	8

Il se présente une amplitude de 310 mm. dans les variations entre les différents mois de janvier, car janvier 1901 enregistra 480 mm. L'action de janvier n'est toutefois pas décisive sur la moyenne, car celle-ci ne varie pas en raison directe des variations de janvier.

L'année 1904 fut pauvre en pluies : elle dépassa légèrement 1 m. ; l'année 1912 marque un record, en ces dernières années :

		1904		1912		1904		1912
Janvier	...	202	...	316	Juillet	o	...	8
Février	...	158	...	331	Août	o	...	44
Mars	...	142	...	264	Septembre	50	...	14
Avril	..	65	...	89	Octobre	150	...	103
Mai	...	50	...	45	Novembre	81	...	337
Juin	...	4	...	3	Décembre	167	...	296

La première de ces années compte 114 jours de pluie, la seconde 125 ; les maxima en 24 heures furent sensiblement égaux (98 et 99 mm.), mais très différemment distribués :

	J.	F.	M.	A.	M.	J.	J.	A.	S.	O.	N.	D.
1904	31	26	45	38	43	4	0	1	19	98	17	32
1912	99	66	49	21	26	3	5	43	7	44	74	56

Ce qui distingue donc 1912 de 1914 c'est que les plus

fortes précipitations diurnes coïncident avec les mois les mieux dotés de pluies.

La nébulosité de Cuyabá est assez considérable, sa moyenne varie de 5 à 6. Entre 1901 et 1905 elle fut distribuée au cours de l'année, en moyenne :

Janvier	... 6·2	Avril	... 5·3	Juillet	... 3·3	Octobre	... 5·9
Février	... 6·7	Mai	... 4·4	Août	... 4·0	Novembre	... 6·3
Mars	... 6·5	Juin	... 3·2	Septembre	... 4·8	Décembre	... 7·0

D'où 6·4 en moyenne pour le semestre des pluies et 4·1 pour la période sèche.

Les maxima de nébulosité sont généralement le matin, mais l'observation de 2 p.m. offre parfois une nébulosité plus considérable, surtout pendant l'époque des pluies et les années pluvieuses; celle de 9 p.m. est sensiblement plus faible.

	7 a.m.		2 p.m		9 p.m.		Moyenne
1906	...	6·8	...	6·7	...	5·0	... 6·2
1908	...	7·1	...	6·9	...	5·1	... 6·4
1910	...	6·2	...	6·2	...	4·0	... 5·4
1912	...	6·6	...	7·1	...	5·0	... 6·2

A propos des vents généraux du Matto-Grosso, nous avons fait allusion aux tableaux organisés par Arrojado Lisboa, relatifs aux vents de Cuyabá. Nous avons vu que le même vent peut être associé à des températures très variables; le N., par exemple, produit des températures moyennes de 25·4 en janvier et de 30·3 en octobre; le NO. marque 26° en mars et 30·5 en octobre; le S. toutefois comporte des oscillations encore plus considérables de 21·6 en juillet; il amène 29·7 en janvier. Pour expliquer ces variations, il suffit de se rendre compte du climat des régions d'où viennent ces vents, au cours du mois que l'on considère.

(B) Le Climat d'Araguaya.

Araguaya est une petite localité du Matto-Grosso, où les Pères Salésiens ont établi une station météorologique, dont les observations sont du plus haut intérêt. L'Observatoire " A. Paes de Barros " se trouve à l'E. de Cuyabá,

25

à 488 mètres sous le 15°33′ lat. S. Les observations y sont prises à 6 a.m., 2 p.m. et 8 p.m. et la formule des moyennes y est $\frac{6+2+8}{3}$, qui évidemment doit être trop élevée de 0˙30 à 0˙35. A S. Paulo cette formule exigerait une correction de −0˙35 (voir 2e Partie, Chap. I).

Pression atmosphérique.—La moyenne barométrique indiquée par la série salésienne qui comporte 6 années (1906-1911) est de 720mm.4. L'amplitude des oscillations des moyennes mensuelles est à peine de 2mm.5, 19mm.3 correspondant au mois de minima et 21mm.8 à celui des maxima, respectivement novembre et juillet.

Température.—La moyenne thermométrique d'Araguaya est de 1°5 à 2° plus basse que celle de Cuyabá. La première série de 6 années indiqua 24°6, en réalité probablement 24°2. L'écart entre le mois le plus chaud et le mois le plus frais est, en moyenne, de 3°7, c.-à-d. exactement égal à l'écart correspondant de Cuyabá, qui se trouve à une cote inférieure de moitié. L'été à Araguaya est plus frais qu'à Cuyabá, mais l'hiver y est relativement plus chaud. En certaines années il se produit une sorte d'inversion des températures, les mois de juin et d'août sont souvent plus chauds à Araguaya. Si nous étudions les 5 années complètes de la série en les comparant aux années correspondantes de Cuyabá, nous obtenons les différences suivantes entre les moyennes mensuelles de Cuyabá et celles d'Araguaya :

	1907	1908	1909	1910	1911
Janvier	1˙4	3˙6	—	3˙2	2˙7
Février	2˙3	1˙8	2˙3	2˙6	2˙7
Mars	2˙7	2˙9	1˙7	2˙2	2˙0
Avril	1˙8	2˙0	2˙9	2˙0	0˙4
Mai	0˙6	1˙0	0˙6	0˙9	1˙4
Juin	0˙7	0˙9	0˙8	2˙3	0˙0
Juillet	—	2˙4	0˙8	1˙9	−1˙3
Août	0˙2	−1˙2	0˙8	1˙8	−1˙2
Septembre	1˙5	2˙6	—	1˙5	0˙4
Octobre	3˙2	1˙2	2˙2	2˙1	1˙0
Novembre	2˙6	2˙4	2˙3	3˙4	3˙2
Décembre	2˙6	2˙3	3˙0	3˙0	1˙5

Si les deux stations n'étaient éloignées de 300 kilomètres l'une de l'autre on pourrait faire des études sur la diminution verticale de la température entre les deux localités. Le tableau démontre toutefois que pendant les mois d'été l'on peut noter une différence de 1·5 à 3·5 et pendant le mois d'août, intermédiaire entre celui des minima (juillet) et celui des maxima (septembre), une différence moyenne de 0·2 à peine. Encore cette différence est-elle souvent négative.

À Araguaya, le mois le plus chaud est toujours septembre et le mois le plus frais généralement juillet, parfois juin. Le fait caractéristique noté à Cuyabá se reproduit donc ici. Les extrêmes absolus ont été 36° et 10°.

Pendant la période 1906-11, les moyennes mensuelles sont données par le tableau suivant :

		Moyenne	Moyenne des		Différence
		Moyenne	Maxima	Minima	Différence
Janvier	...	24·5	... 27·4	... 21·7	... 5·7
Février	...	25·1	... 27·9	... 22·4	... 5·5
Mars ...	...	24·7	... 27·4	... 22·1	... 5·3
Avril ...	...	24·8	... 28·3	... 21·6	... 6·7
Mai ...	...	23·6	... 27·3	... 19·8	... 7·5
Juin ...	...	23·0	... 27·4	... 18·6	... 8·8
Juillet ...	...	22·7	... 27·8	... 17·8	... 10·0
Août ...	...	24·6	... 27·8	... 19·7	... 8·1
Septembre	...	26·4	... 30·7	... 22·0	... 8·7
Octobre	...	25·8	... 29·0	... 21·8	... 7·2
Novembre	...	24·9	... 28·0	... 22·0	... 6·0
Décembre	...	24·9	... 28·2	... 22·1	... 6·1

L'amplitude des oscillations est plus considérable pendant les mois les plus frais et pendant les mois les plus chauds ; elle est plus faible entre janvier et avril.

Les variations mensuelles des températures sont légèrement plus marquées pendant les mois frais que pendant les mois chauds. Elles atteignent 1·8 en juillet et 1·4 en septembre (au cours des 5 années observées).

		Mois le plus frais (juillet)	Mois le plus chaud (septembre)	Moyennes	Températures absolues	
1906	...	23·3	... 27·0	... 25·0	... 35·6	... 14·2
1907	...	21·9	... 26·1	... 24·4	... 33·0	... 11·9
1908	...	22·8	... 25·6	... 24·4	... 32·6	... 11·9
1909	...	22·7	... 26·4	... 24·5	... 33·3	... 15·0
1910	...	23·7	... 26·6	... 24·6	... 34·0	... 13·2
1911	...	22·1	... 26·6	... 24·7	... 36·0	... 10·0
Diff.	...	1·8	... 1·4	... 0·6		

Un climat encore mal connu, au Brésil, est celui du

plateau de Goyaz. Très peu de séries d'observations sont actuellement à notre disposition. Nous incluons la localité de Goyaz dans l'étude d'Araguaya, car, non seulement les moyennes semblent très voisines, mais encore nous retrouvons le phénomène thermique qui caractérise le Brésil central, à savoir le brusque changement de température entre juillet, mois de minima, et septembre, mois de maxima. Nous avons ainsi un écart moyen de 3° C. à enregistrer, sans transition appréciable.

L'Observatoire de Rio nous communique les données relatives à 1912 :

Janvier ...	24·7	Avril	24·5	Juillet	23·1	Octobre	24·8
Février ...	24·0	Mai	24·1	Août	25·4	Novembre	24·5
Mars ...	23·5	Juin	24·1	Septembre	26·0	Décembre	24·1

La moyenne 24·4 est donc très voisine de celle d'Araguaya, qui se trouve en fait sous la même latitude, à la même altitude, dans le même bassin fluvial (Rio Araguaya) et à 300 kilomètres de distance.

Disons, en passant, que le climat du plateau de Goyaz mérite une étude approfondie, car les localités habitées à plus de 700 mètres y sont déjà nombreuses. Le climat de Pyrenopolis (740 m.), de Santa Luzia (945 m.), de Bomfim (842 m.), de Formosa (960 m.) nous réservent peut-être d'agréables surprises. Nous n'avons encore, à leur sujet, que des données sporadiques (Severiano de Malgalhães, Cruls, etc.) de quelques voyageurs.

Quant au versant amazonien du Matto Grosso, les données recueillies par les expéditions von den Steinen indiquent les températures de juin-juillet, à des cotes de 430 à 480 mètres, de 14° à 13° lat. S. Nous y avons déjà fait allusion à propos de l'Amazonie.

Un fait qui frappe à première vue se trouve être la faiblesse des températures du matin, fréquemment au-dessous de 10°, tombant à 6·3 (16 juillet, 7 a.m.). L'explorateur se plaint du froid qui règne pendant la nuit, sur le plateau. La température de 2 p.m., par contre, est généralement de 30°, parfois de 32°. L'écart diurne est donc de plus de 24° C. : c'est là l'expression brésilienne de la continentalité. Les nuits sont froides et claires ; les calmes ont lieu le matin et le soir ; vers 10 ou 11 heures se lève le NO. ou le N., atteignant la vitesse de 5 (Beaufort) ; il tombe vers 3 p.m. C'est précisément à l'époque où Cuyabá voit prédominer les vents du Sud. Clauss en conclut qu'il se produit alors un appel d'air, dans les régions surchauffées du plateau central.

Résumons les observations de l'Expédition :

	Altitude	Observations	7 a.m.	2 p.m.	9 p.m.	Moyenne (Kamtz
Rio Novo	... 480 m.	... Juin 6 jours	... 14·7	... 30·8	... 18·0	... 20·4
Corrego Fundo	... 470	... Juin 4 ,,	... 11·7	... 29·9	... 17·0	... 18·9
Paranatinga	... 430	... Juillet 4 ,,	... 13·4	... 30·8	... 17·9	... 20·0
Rio Batovy	... 480	... Juillet 10 ,,	... 12·5	... 32·0	... 19·2	... 20·8

Les hautes températures de la journée sont caractéristiques ; les quelques données du Père Badariotti à la Barra dos Bugres, sur le Rio Paraguay, au NO. de Cuyabá peuvent servir de terme de comparaison. En août et septembre, il enregistrait : de 23° à 31° à 8 a.m., de 29° à 37° à 2 p.m. et de 27° à 29° à 8 p.m.

Météores humides.—La moyenne générale de l'humidité relative, à Araguaya, se trouve être de 77 pour cent ; les plus hautes moyennes sont enregistrées de novembre à mai (supérieures à 80 pour cent), les plus basses de mai à octobre, avec un minimum en août (66 pour cent).

La nébulosité moyenne est de 5·6 ; elle atteint ses maxima en mai, généralement, et ses minima en juillet. Elle est toujours plus considérable aux heures plus chaudes de la journée :

	6 a.m.	2 p.m.	8 p.m.
Juillet ...	... 2·9	... 3·6	... 2·0
Décembre	... 7 7	... 8·1	... 6·7

Quant à la pluviosité elle semble assez variable. De 1906 à 1911 un écart de 1 m. environ est enregistré dans les précipitations annuelles :

1906	...	1366 mm.	...	**Max.** 72 mm. en 24 h.
1907	...	1288	...	48
1908	...	2121	...	95
1909	...	1131	...	80
1910	...	1375	...	91
1911	...	1229	...	148

Les maxima de pluviosité sont assez variables ; ils se présentent tantôt en décembre, tantôt en mars ou au cours du mois intermédiaire. La période étudiée donne en moyenne :

Janvier	...	220 mm.	...	15 jours	Juillet	...	11 mm.	...	1 jour
Février	...	194	...	13	Août	...	11	...	1 ,,
Mars	...	253	...	15	Septembre	...	37	...	4 jours
Avril	...	64	...	7	Octobre	...	152	...	10 ,,
Mai	...	47	...	3	Novembre	...	190	...	15 ,,
Juin	...	8	...	1	Décembre	...	224	...	14 ,,

Une légère tendance vers les deux maxima annuels se fait sentir : c'est le régime amazonien.

(C) Le Climat de la "Baixada."

C'est bien là le cœur du continent sud-américain. Les séries postérieures à 1912, destinées à jeter une lumière nouvelle sur les climats de cette région, ne sont pas encore suffisamment divulguées, force nous est donc de recourir à des séries anciennes, qui d'ailleurs serviront toujours de termes de comparaison.

Les R.R.P.P. Salésiens possèdent depuis 1912 l'Observatoire Santa-Thereza de Corumbá et leur poste de S. Luiz-de-Cáceres est confié aux R.R.P.P. Franciscains. Les anciennes séries sont relatives à Descalvado et à Usina Arica, comme nous l'avons déjà dit.

Ces localités se trouvent à cent et quelques mètres d'altitude ; S. Luiz-de-Cáceres à 180 m. marque l'étape septentrionale dans la climatologie du Rio Paraguay (16°15′ lat. S.).

Pression atmosphérique.—La moyenne de la série Krowiczewski relative à Usina Arica (183 m., sous le 16°58′ lat. S.) est basée sur 40 mois d'observations et indique 748 mm.2. L'amplitude annuelle est de 4mm.7

entre la moyenne mensuelle la plus forte (751·2 pour juin) et la plus faible (746·5 pour décembre et janvier). S. Luiz-de-Cáceres offrait en 1912-13 un écart à peu près identique entre ses moyennes mensuelles 753·8 (septembre) et 749·7 (décembre), l'altitude étant sensiblement la même, mais la latitude 16°15′ S. Vers le Sud ces écarts sont plus marqués; ils atteignent presque le double à Corumbá sous le 19° de lat. S. et à Assomption. Dans la localité brésilienne, 1912-13 indiqua 756·2 pour juillet et 749·2 pour décembre; dans la capitale paraguéenne, juin marque 757·1 et janvier 749·3. La marche du baromètre n'est pas très différente, ainsi l'été représente comme suit :

	Altitudes	Décembre	Janvier	Février
Cáceres ...	180 m.	749·2	748·9	750·1
U. Arica	183	746·5	746·5	747·4
Corumbá	154	748·3	746·9	748·3
Assomption	105	749·9	749·3	750·9

Janvier marque donc, en général, le minimum de l'année.

Les variations diurnes du baromètre indiquent toutefois une oscillation plus faible que l'écart annuel moyen. A Descalvado, par exemple, les différentes heures de la journée dépassent la moyenne de la façon suivante :

1 a.m.	−0·01	...	7 a.m.	+1·12	...	1 p.m.	−0·25	...	7 p.m.	−0·83
2	−0·13	...	8	+1·44	...	2	−0·95	...	8	−0·42
3	−0·17	...	9	+1·61	...	3	−1·35	...	9	−0·06
4	−0·07	...	10	+1·51	...	4	−1·53	...	10	+0·13
5	−0·24	...	11	+1·08	...	5	−1·48	...	11	+0·21
6	−0·62	...	Midi	+0·48	...	6	−1·24	...	Minuit	+0·17

L'amplitude d'oscillation est donc de 3mm.14. Il y a deux maxima dont le plus important est à 9 a.m. et deux minima dont le plus important est à 4 p.m. Pour la latitude (16·44) l'amplitude en 24 heures est considérable, mais l'amplitude en 12 heures est normale.

Température.—Les moyennes thermiques dues à des séries intermittentes ou trop courtes ne peuvent être que provisoires. La série Krowiczewski donne 25·5 pour Usina de Arica; c'est exactement la même température que J. Hann attribue à Descalvado. La température moyenne de Corumbá (1912-13) serait de 24·9, probablement trop forte, non par rapport au Chaco-Boréal dont la moyenne est 24·3, mais par rapport à Assomption (22·5) ou à Itacurubi (22·2).

Pour Corumbá et Cáceres, bornons-nous aux données que nous avons sous la main (1912-13) et comparons les séries relatives aux différentes localités :

	Corumbâ	Cáceres	U. Arica	Descalvado
Janvier	25·9	25·6	26·7	26·7
Février	24·5	25·2	27·1	27·1
Mars	26·3	25·7	27·2	27·2
Avril	26·3	25·1	25·9	27·0
Mai	23·6	—	23·9	26·4
Juin	24·1	—	22·4	21·9
Juillet	20·1	19·9	22·6	23·3
Août	24·4	—	24·8	23·4
Septembre	24·6	25·1	25·8	25·1
Octobre	26·4	24·1	26·4	25·9
Novembre	25·9	24·7	27·0	26·4
Décembre	26·7	25·1	26·6	26·1

L'automne et le printemps semblent donc bien être les saisons les plus chaudes de la région. À Assomption l'été devient la saison la plus chaude, mais ses moyennes ne sont guère plus basses que celles du Sud de Matto-Grosso. Sa moyenne annuelle de 22·5 est obtenue plutôt par une période fraîche plus longue ; quatre mois y ont des moyennes inférieures à 20°. À Corumbá le contraste entre l'été et l'hiver se présente entre juillet et décembre de la façon qui suit (1912) :

		Juillet	Décembre	Différence
	7 a.m.	16·3	24·5	8·2
	9 p.m.	19·3	24·8	5·5
Moyenne des	{ maxima	25·6	31·6	6·0
	{ minima	14·7	21·9	7·2
Températures absolues	{ maxima	32·9	34·5	—
	{ minima	5·4	18·2	—

Au Paraguay (Chaco, Itacurubi, Assomption) c'est généralement le mois de juin qui présente les plus faibles moyennes. La saison fraîche y commence plus tôt : dès avril, le thermomètre, qui a atteint ses maxima en décembre ou janvier, tombe à 20° ou 21°, et le mois de septembre y dépasse à peine 20°.

Relativement à Corumbá, H. Morize et J. Hann citent des cas de variation interdiurne de la température qui caractérisent bien la continentalité brésilienne. À la suite d'un vent du SO. en octobre 1875, la température tomba en six heures de 39°2 (2.30 p.m.) à 15°5 (8 p.m.). En juin elle tomba de 23° à midi à 7° pendant la nuit, etc. Les *pamperos* sont, à ce point de vue, des agents de perturbation très actifs.

En hiver, dans le Sud du Matto-Grosso, les localités plus élevées sont visitées par la gelée.

Météores humides.—L'humidité relative de la région semble plus prononcée en général que celle des localités paraguéennes voisines. La moyenne générale de la série Krowiczewski est de 77 pour cent pour Usina de Arica; Assomption enregistre 70 pour cent. Elle est plus considérable pendant la saison pluvieuse et varie entre août et janvier de 63 pour cent à 83 pour cent. À Assomption l'amplitude est plus faible, de 63 pour cent en septembre à 75 pour cent en janvier.

La nébulosité à Corumbá est plus considérable pendant la période des pluies et plus prononcée le matin que le soir. Usina de Arica enregistra une nébulosité moyenne de 5·9, oscillant au cours de l'année de 3·2 à 8. La moyenne est plus basse à Assomption, où l'amplitude des variations est moindre.

Quant aux pluies, nous devons aux observations du poste météorologique de la Marine brésilienne de Ladario une série de près de deux années.

La région appartient, comme d'ailleurs tout le Brésil central et moyen, à la zône des pluies d'été. La plupart des stations observent un maximum bien caractérisé; à mesure toutefois que l'on va vers le nord, la tendance au régime amazonien des deux maxima semble se dessiner. C'est tout au moins ce qui se dégage des données provisoires que nous possédons sur S. Luiz-de-Cáceres. Villa-Bella de Matto-Grosso nous donnerait à ce propos une solution positive de la question.

Comparons les données générales, relatives aux précipitations :

		Usina Arica		Cáceres		Corumbá		Ladario
Janvier	...	271	...	227	...	212	...	159
Février	...	205	...	321	...	139	...	85
Mars ...	...	212	...	59	...	93	...	78
Avril ...	...	79	...	111	...	25	...	68
Mai ...	...	12	...	—	...	50	...	31
Juin ...	...	7	...	—	...	6	...	88
Juillet...	...	39	...	2	...	13	...	0
Août ...	...	25	...	—	...	25	...	6
Septembre	...	44	...	2	...	15	...	36
Octobre	...	119	...	134	...	28	...	172
Novembre	...	178	...	307	...	286	...	148
Décembre	...	179	...	181	...	233	...	102

Le total de Usina de Arica est donc de 1350 mm. en 105 jours en moyenne. À mesure que l'on gagne le Sud, le maximum de janvier devient plus prononcé et la saison sèche s'atténue ; à Assomption, la hauteur des pluies est à peu près la même, les jours de pluie sont moins nombreux, mais l'hiver est mieux partagé.

Les séries salésiennes nous mettront bientôt en mesure de traiter avec plus de précision l'intéressante question des climats du Matto-Grosso ; considérons donc les données précédentes comme provisoires. Les données relatives aux pressions nous paraissent beaucoup trop hautes pour Cuyabá et les autres localités, aussi n'est-il pas tenu compte de ces données dans la carte barométrique que Mr. C. E. P. Brooks a tracée pour cet ouvrage (voir page 156).

III.—Climats Temperés.

CHAPITRE PREMIER.

TYPE SUPER-HUMIDE MARITIME: LITTORAL MÉRIDIONAL.

(1) Généralités.

LA partie côtière du Brésil méridional que nous considérons ici s'étend entre Ubatuba et le Cap Santa Martha, c'est à dire, du Tropique du Capricorne au 28°40' lat. S. environ. Sur ces 5 degrés de latitude, le littoral du Brésil présente la forme assez exacte d'une immense parabole dont le sommet est occupé par le fjord de Paranaguà. De NE.-SO. la direction de la côte y devient franchement Nord-Sud.

La Serra do Mar, ou plus exactement la Serra Geral, forme également un arc qui suit la direction du littoral, laissant, entre son socle et la mer, une étroite bande de terre, dont la largeur est variable.

Cette zône côtière, appelée *Serra Abaixo*, est formée de grès d'origine océanique, recouverts de sables qui recèlent encore des troncs et des racines d'arbres qui prouvent que la mer y venait jadis. D'anciens tombeaux indiens, que venaient battre les flots, sont aujourd'hui éloignés de la mer.

Quoique bien arrosée, la zône côtière ne possède pas de bassins hydrographiques importants; la Serra lui envoie de petites rivières, courtes, abondantes, mais encaissées. Les deux principales rivières de la zône sont, à S. Paulo, la Ribeira, et à Santa-Catharina, l'Itajahy. Ce sont précisément les deux points du Brésil méridional où la Serra recule pour donner à la zône côtière ses largeurs maxima.

Branner a remarqué que la direction des vents et

l'abondance des pluies sur cette côte tendent à miner la partie orientale des versants et à repousser vers l'Ouest, pour ainsi dire, la ligne de séparation des eaux. Nous avons déjà vu le cas du relief de Bahia. J. B. Woodworth a remarqué, d'autre part, que la partie supérieure des cours d'eau du versant oriental coule dans des gorges étroites, taillées si récemment, que plusieurs tributaires latéraux, les torrents en particulier, apportent leurs eaux en formant des chûtes sur les bords des gorges.

Dans l'Etat de S. Paulo, la côte orientale est étroite, les ramifications de la Serra y tombent presque à pic, entre les îles ; les détroits sont profonds ; la côte méridionale est basse, sablonneuse ; les îles sont longues, les contours sont indécis : c'est l'embouchure de la Ribeira, où l'on note un phénomène naturel curieux : la formation d'une mer intérieure, sorte de long canal, le *Mar Pequeno* de Cananea.

Dans l'Etat de Paranà, la Serra se rapproche de la mer et forme des sortes de fjords profonds, pittoresques et boisés, au fond desquels se trouvent les ports d'Antonina et de Guarakessava.

L'État de Santa Catharina voit nouvellement la Serra s'éloigner de la côte et s'épanouir le large bassin de l'Itajahy, que traversent des soulèvements secondaires. C'est la région où se sont multipliés les centres de colonisation étrangère, allemande principalement. Blumenau, Joinville, Brusque, Nova-Trento en constituent les centres les plus prospères.

Le climat de cette zône tempérée est un climat doux, mais chaud, qui rappelle le type sub-tropical par les caractères thermiques et par les productions : le maïs, les haricots noirs, le riz, la canne à sucre, le manioc, les bananes et les oranges y sont cultivés avec le café. On pourrait assigner comme limite méridionale à cette zône, au point de vue agricole, le municipe rio-grandais de Torres, dans l'extrême NE. du Rio Grande.

La plupart des centres de cette zône sont des ports maritimes ou des ports fluviaux.

Entre Ubatuba et Torres il ne semble pas qu'il y ait lieu de distinguer de régions climatiques précises. Les facteurs météorologiques s'y présentent, peut-on dire, en fonction de la latitude.

(2) Types de Climats locaux.

(A) Le Climat de Santos et d'Iguape.

Le littoral pauliste possède différentes stations météorologiques dont la plus ancienne, fondée en 1893, est Iguape. Ubatuba, Raiz-da-Serra et Santos datent de 1895 et Jaguary est de fondation plus récente ainsi que Conceição, Cananea, etc.

Santos est située sur une île, montagneuse vers le SO. et marécageuse vers l'O. La Serra do Mar est à 5 kilomètres environ du port. La localité se trouve sous le 23°55′ lat. S. Ubatuba sous le 23′26″ lat. S. et Iguape sous le 24°42′ lat. S.

Les données relatives à ces différentes stations se trouvent dans les *Dados climatologicos* publiés par la " Commission Géographique et Géologique de S. Paulo," puis par le département météorologique autonome lui-même.

Pression atmosphérique.—La pression atmosphérique moyenne de Santos est légèrement plus élevée que celle d'Iguape. (*Cf.* 2e Partie, Ch. I.—*Influences de Latitude.*) Leurs moyennes sont respectivement de 762·7 et 761·8 (762·3 et 761·5 d'après la correction de Belfort Mattos). L'amplitude des oscillations annuelles est de 7·1 à 7·9mm. et les moyennes mensuelles pour 7 et 9 années d'observations sont :

	Santos	Iguape			Santos	Iguape
Janvier	759·2	757·7	Juillet		767·1	764·8
Février	60·0	58·6	Août		66·2	64·7
Mars	61·7	61·8	Septembre		66·0	64·4
Avril	61·9	61·1	Octobre		63·1	62·9
Mai	63·9	62·6	Novembre		60·7	60·0
Juin	64·4	64·8	Décembre		59·3	58·7

Température.—Les températures moyennes des stations du littoral pauliste varient des 19·7 à 20·6 ; la première de ces moyennes résultant de cinq ans d'observation à Iguape et la seconde de trois années d'observation à Santos.

Le mois le plus chaud de la côte est tantôt janvier tantôt février ; sur le plateau, c'est tantôt décembre, tantôt janvier.   L. Voss explique ce retard, auquel se trouve ainsi sujet le maximum du littoral, par l'influence de la mer.

Le mois le plus froid est presque toujours juillet, mais il se produit, sur le littoral pauliste, un fait curieux, l'existence, parfois assez caractérisée, d'un minimum secondaire de septembre.   À ce double minimum semble correspondre également à Santos un double maximum en décembre, puis en mars.

	Iguape	Ubatuba	Raiz da Serra	Santos
Janvier	24·7	24·4	26·8	24·6
Février	25·2	24·4	26·4	24·3
Mars	24·5	23·8	25·1	24·6
Avril	22·8	22·1	24·5	23·5
Mai	20·8	20·1	21·3	21·1
Juin	18·4	17·8	19·9	19·4
Juillet	17·1	17·7	17·8	17·7
Août	18·5	18·5	19·7	19·4
Septembre	18·0	18·7	18·4	18·7
Octobre	19·3	20·2	20·3	20·5
Novembre	21·9	21·8	22·3	22·5
Décembre	24·1	23·4	25·5	26·2

(D'après Voss.)

En somme chaque saison a sa température moyenne à peu près caractérisée dans cette région : l'été possède 24·8 de moyenne et l'hiver 18·4 ; le printemps et l'automne sont respectivement représentés par 20·4 et 22·7.

L'écart moyen entre le mois le plus chaud et le mois le plus froid est de 8·3, il est plus prononcé à Iguape (8·1) et à Santos (8·5) qu'à Ubatuba (6·7).

Les transitions entre les différents mois de l'année sont assez douces et ne dépassent pas souvent 3°, l'entrée de l'été en novembre et décembre est généralement plus marquée que l'entrée de l'hiver, en mai.   Sur le plateau, il semble que le phénomène inverse se produise : l'entrée de l'hiver est plus accentuée.

Les variations mensuelles de la température sont beaucoup moins prononcées que celles du plateau. Iguape, en cinq ans, enregistra une amplitude moyenne de 3°7 alors que le plateau atteint 12°4. Les amplitudes sont plus fortes en été et en automne que pendant les saisons suivantes (été 4°3 ; aut. 3° ; hiv. 3°8 ; print. 3°).

A Iguape, la moyenne des températures maxima est 23°2, inférieure à la plupart des stations de l'Intérieur, et celle des minima est de 19°5, plus forte que la plupart de celles du plateau.

C'est toutefois au cours de l'hiver, ou plutôt entre avril et août, que ces différentes moyennes enregistrent les plus fortes oscillations. Ainsi la moyenne des maxima de juillet (19˙5) est formée de températures dont l'écart est de 11˙8, tandis que celle de décembre (26˙3) est formée de températures dont l'écart est à peine de 2˙3. Il en est de même pour les minima, l'écart de mai de 8˙6 donne la moyenne de 18˙9 et celui de décembre de 3˙8 donne la moyenne de 22˙0.

	Moyenne des			Moyenne des	
	Maxima	Minima		Maxima	Minima
Janvier	26˙9	22˙8	Juillet	19˙5	15˙4
Février	27˙4	23˙1	Août	20˙4	16˙8
Mars	26˙4	22˙5	Septembre	19˙5	16˙6
Avril	24˙7	20˙9	Octobre	20˙9	17˙8
Mai	22˙8	18˙9	Novembre	23˙6	20˙4
Juin	20˙4	16˙7	Décembre	26˙3	22˙0

Les températures absolues sont enregistrées pendant les saisons extrêmes ; les maxima ne présentent aucune particularité caractéristique, mais les minima mettent en évidence le contraste qui existe entre le littoral de S. Paulo et le littoral tropical du Brésil jusqu'à Rio : les minima tombent sensiblement au-dessous de 10°.

Les écarts entre les extrêmes sont moins prononcés que sur le plateau, en raison de l'influence maritime.

On peut former le tableau suivant, d'après les données de L. Voss :

Localités	Années d'obs.	Max. ab.	Min. ab.	Différences
Santos	6	40˙0	5˙0	35˙0
Iguape	6	37˙0	7˙2	29˙8
Conceição	6	36˙0	6˙5	29˙5
Jaguary	3	34˙5	3˙5	31˙0
Ubatuba	3	40˙0	7˙5	32˙5

À Iguape où la moyenne générale est 21˙3 la variation diurne moyenne de la température est 2˙7 ; elle est de 1˙6 en juillet et de 3˙3 en février. Le minimum de la journée se présente entre 4 et 5 heures du matin, le maximum entre 1 et 2 p.m. suivant la saison ; il est plus tardif en hiver.

En février, le mois le plus chaud, les moyennes horaires ne tombent jamais au-dessous de 23°. La nuit est chaude, à partir de 10 m. le thermomètre marque 24° ; il tombe au-dessous de 24 vers 3 a.m., marque les minima entre 5 et 6 a.m., puis monte assez rapidement à partir de 8 a.m. atteignant son maximum à 1 p.m. Il ne commence à tomber sensiblement qu'après 6 p.m. À 9 p.m. il est encore à 25°.

En juillet, la température de la nuit est à peine supérieure à 16° ; le minimum 16° est la température qui règne entre 3 et 6 a.m. Le maximum de la journée 18˙6 est atteint entre 2 et 2.30 p.m. ; à 6 p.m. il est à 17˙8, mais tombe au-dessous de 17 après 9 p.m.

Météores humides.—L'humidité absolue des localités de la côte pauliste est, en moyenne, légèrement plus élevée que l'humidité absolue théorique de la latitude qui leur correspond (d'après S. Arrhenius). L'hémisphère Sud, entre le 20° et le 30° marque, en moyenne, 13mm2 ; pour les mois frais 11mm.1, et pour les mois chauds 14mm.8. Or Iguape présente la moyenne annuelle de 14mm.7 et Ubatuba celle de 16mm.9. Iguape diffère moins de la moyenne théorique de sa latitude en hiver, en enregistrant 11mm.7, qu'en été en enregistrant 17mm.9. Au minimum thermique secondaire correspond en septembre un second minimum d'humidité absolue. Ubatuba présente, comme moyennes d'été et d'hiver, respectivement 20mm.1 et 13mm.8.

L'humidité relative est également beaucoup plus considérable à Ubatuba qu'à Iguape. Dans la première de ces localités, la moyenne annuelle est 88˙9 pour cent et l'amplitude des oscillations, au cours de l'année, est à peine de 2˙7 pour cent ; à Iguape la moyenne est 76˙5 pour cent et l'amplitude de 7˙9 pour cent.

Les différentes saisons sont représentées par les moyennes suivantes :

		Été		Automne		Hiver		Printemps		Moyenne
Iguape	...	77·0	...	78·1	...	75·2	...	75·7	...	76·5
Ubatuba	...	89·4	...	89·8	...	88·7	...	89·3	...	89·9
Santos	...	79·9	...	81·5	...	80·0	...	82·3	...	81·0

À Santos, l'humidité absolue atteint 20 mm. en mars et tombe à 13mm.1 en août ; la moyenne annuelle y est de 16mm.2 (8 années d'obs). L'humidité relative y oscille entre 83·5 pour cent (septembre) et 77·3 pour cent (juillet). L'évaporation à l'ombre y est de 735mm.3.

La *nébulosité* est plus considérable à l'époque des pluies et de la plus grande humidité, mais sur le littoral pauliste, comme d'ailleurs sur plusieurs points du plateau, la nébulosité présente au cours de l'année deux maxima, dont le principal est en septembre ou en octobre et le maximum secondaire entre janvier et mars.

La nébulosité de Santos est plus forte que celle d'Iguape dont l'humidité est moindre, comme nous l'avons dit. Santos (7 ans) possède 6·6 de moyenne et Iguape (9 ans) 5·6.

Les deux maxima se présentent en ces deux localités de la façon qui suit :

		Santos		Iguape				Santos		Iguape
Janvier	...	6·6	...	6·0		Juillet ...	...	4·8	...	4·6
Février	...	6·4	...	5·2		Août ...	...	7·4	...	5·9
Mars	...	7·3	...	5·4		Septembre	...	7·4	...	6·5
Avril	...	5·8	...	4·7		Octobre	...	7·9	...	6·6
Mai...	...	4·8	...	5·1		Novembre	...	7·4	...	6·0
Juin	...	5·3	...	4·6		Décembre	...	7·5	...	5·5

Les *vents* de la côte pauliste sont, en grande partie, sous l'influence des Alizés ; les limites de ces derniers varient, suivant les saisons, mais c'est en territoire pauliste qu'ils atteignent, peut-on dire, leur limite Sud. À Iguape encore, le vent d'E. représente 27 pour cent.

Les vents du SE. et du S. ont une fréquence considérable et le NO. prend de l'importance à mesure que l'on

26

gagne le Sud ; les calmes, d'autre part, se font plus rares.

Les proportions pour cent, au cours de l'année, sont les suivantes, sur le littoral :

	N.	NE.	E.	SE.	S.	SO.	O.	NO.	Calmes
Iguape	66	21	270	175	104	31	25	208	99
Ubatuba	2	14	192	73	20	33	8	17	640
Santos	44	57	82	96	178	84	58	165	238

(D'après Voss)

A Iguape, les calmes sont à peu près également distribués au cours de l'année. Le vent d'E. prédomine pendant toute l'année, sauf en hiver ; il cède alors la place au NO. et au S. Le SE. est un vent de printemps principalement (octobre et novembre). Les vents du N., NE., SO. et O. sont rares.

Quant aux heures, on peut dire d'une façon générale que le NO. et le N. sont des vents du matin ; vers 2 p.m. prédominent les vents de l'E., du S. et du SE. A 9 p.m. le vent d'E. est le plus fréquent.

Au point de vue de la distribution des pluies, un contraste assez marqué se présente entre le régime pluvial de la côte pauliste et celui du plateau pauliste.

(1) La hauteur des pluies est sensiblement plus considérable à l'Est de la Serra do Mar et de la Serra de Paranapiacaba, la précipitation annuelle moyenne y étant supérieure à deux mètres (moyenne de 7 stations).

(2) Sur le plateau, le maximum des pluies d'été coïncide, presqu'exclusivement avec janvier (moyenne de 12 stations), tandis que sur le littoral le maximum appartient généralement à février, parfois à mars.

(3) Les mois secs offrent des minima plus prononcés sur le plateau que sur la côte (juillet : 18 mm. en moyenne, sur le plateau ; 87 mm. sur la côte).

(4) Les différences entre les précipitations des années sèches et celles des années humides sont plus prononcées sur la côte que dans l'intérieur de l'État.

L. Voss indique des types suivants d'années sèches et d'années humides (de 22 à 30 ans d'observations).

		Année moyenne		Année sèche		Année humide
Alto da Serra	...	3,696 mm.	...	2,370 mm.	...	5,563 mm.
Raiz da Serra	...	3,022	...	2,090	...	3,861
Santos	...	2,331	...	1,328	...	3,277

Sur le plateau la différence n'atteint pas 1 mètre.

Les pluies du littoral sont des pluies d'été, mais ce caractère s'y trouve moins accentué que sur le plateau, les précipitations d'automne et de printemps étant à peine inférieures à celles d'été :

		Eté		Automne		Hiver		Printemps		Total
Alto da Serra	...	1,255	...	946	...	594	...	901	...	3,696
Raiz da Serra	...	1,084	...	868	...	425	...	645	...	3,022
Yporanga	...	928	...	484	...	333	...	582	...	2,327
Santos	...	851	...	636	...	402	...	442	...	2,331
Conceição	...	587	...	576	...	261	...	513	...	1,937
Iguape	...	514	...	422	...	202	...	393	...	1,531
Ubatuba	...	801	...	661	...	263	...	730	...	2,455

À Santos, huit années d'observation indiquent une certaine irrégularité dans la courbe des pluies ; il y a un maximum d'été et un minimum d'hiver, mais il y a des oscillations assez marquées autour de ces extrêmes. Cette série donne les moyennes mensuelles qui suivent :

Janvier	...	294·7 mm.	...	18 jours	Juillet	...	87·2 mm.	...	7 jours
Février	...	180·0	...	14	Août	...	132·7	...	12
Mars	...	327·3	...	18	Septembre	...	125·0	...	11
Avril	...	275·0	...	12	Octobre	...	141·9	...	14
Mai	...	122·0	...	10	Novembre	...	232·7	...	15
Juin	...	124·1	...	10	Décembre	...	206·2	...	15

À Iguape, les pluies sont distribuées au cours des vingt-quatre heures avec une fréquence moindre pendant la nuit ; les précipitations de l'après-midi et du soir sont, en général, plus copieuses. Le 30 pour cent des pluies environ y tombe entre 4 et 10 p.m. Les pluies d'après-midi sont toutefois bien plus marquées sur le plateau.

Sur la côte pauliste, Voss a vérifié également ses principes généraux relatifs au coefficient de stabilité du temps, et notamment celui de la diminution de ce coefficient, à mesure que l'on gagne l'intérieur (voir 2e Partie, Ch. III).

(B) Le Climat de Paranaguá.

Le littoral du Paraná se trouve, comme celui de S. Paulo, resserré entre l'Océan et la gigantesque muraille de la Serra do Mar. Le littoral pauliste d'Iguape et de Cananéa change d'aspect dans le Paraná. Il y devient plus sinueux et plus varié ; de véritables fjords découpent ses terres, ceux de Guarakessava, de Paranaguá et d'Antonina étant les mieux caractérisés.

La latitude moyenne des stations est 25°30′ environ. Nous avons vu, dans l'aperçu historique, que l'initiative de l'installation des stations météorologiques au Paraná, sous le contrôle de l'Administration des Télégraphes, appartint au baron de Capanema. Ce fut en janvier 1885 que furent installées les deux premières stations du littoral du Paraná, Morretes et Paranaguá ; deux ans plus tard, un poste fut également créé à Antonina. En décembre de 1889, le nouveau régime supprima ces stations et ce ne fut qu'en 1908, que le Département météorologique de la Marine rétablit le poste de Paranaguá, après avoir créé une station au phare das Conchas, à l'entrée de la baie (1907). A partir de 1889, il faut le dire, l'E.F. do Paraná entretint une série de postes pluviométriques sur la ligne. L'historique de la météorologie au Paraná se trouve dans l'intéressante brochure de Mr. J. Niepce da Silva, ancien secrétaire des Travaux publics au Paraná : *Contribuições para a Climatologia do Paraná,* qui nous a été communiquée par l'auteur.

Pour l'étude du climat côtier du Paraná, il existe donc trois stations, dont les séries, déjà anciennes, comportent trois et cinq années. Ces données ont été mises en œuvre par F. Siegel pour le *Boletim Meteorologico* de 1910. Les nouvelles séries relatives à Paranaguá se trouvent également dans les publications officielles.

Les observations des séries (1885, 1887-1889) comportèrent les heures suivantes : 7 a.m., 10 a.m., 1 p.m., 4 p.m. et 9 p.m. La moyenne est obtenue par la formule (max. + min. + 7 a.m. + 1 p.m. + 9 p.m.) : 5. F. Siegel a simplifié les moyennes en les corrigeant d'après les moyennes correspondantes de Curitiba pendant les mêmes périodes.

Pression atmosphérique.—Les moyennes générales, obtenues par les stations du littoral, pour les séries anciennes ont été : Paranaguá, 762·05 mm. ; Antonina, 762·3 mm. ; Morretes, 761·8 mm. En 1910, Paranaguá enregistra 762·46 mm.

Les oscillations mensuelles entre maxima et minima sont plus grandes pendant la saison fraîche que pendant la saison chaude. L'amplitude annuelle maximum fut de 25mm.6 à Paranaguá, de 24mm.3 à Antonina et de 26mm.9 à Morretes. Les amplitudes mensuelles varient de 10 ou 11 mm. en été à 18 ou 20 mm. en juillet ; pour Paranaguá, par exemple :

Mois		Pression		Amplitude	Mois		Pression		Amplitude
Janvier	...	760·3	...	11·8	Juillet	...	764·5	...	20·6
Février	...	60·4	...	10·4	Août	...	63·6	...	14·4
Mars	...	61·3	...	13·2	Septembre	...	63·1	...	15·4
Avril	...	62·1	...	12·4	Octobre	...	61·6	...	14·5
Mai	...	63·2	...	13·6	Novembre	...	60·9	...	12·6
Juin	...	64·0	...	16·0	Décembre	...	59·6	...	10·6

Cette série donne une amplitude inférieure à 5 mm. entre les moyennes mensuelles, en 1910 toutefois cette amplitude fut de 6·2 mm. Les données relatives à Morretes et Antonina ne diffèrent pas sensiblement de celles de Paranaguá.

Température.—F. Siegel calcula que la moyenne thermique du littoral du Paraná est de 20°8 C., Paranaguá étant environ 0°5 C. plus chaud que les autres stations ; cette différence est plus marquée en été. La moyenne ainsi trouvée pour le littoral est de 4·6 plus haute que celle du plateau ; l'amplitude diurne de ces oscillations est de 7·1, alors que sur le plateau elle atteint 11·4. De plus la correction applicable à la formule (max. — min.) : 2 est de —0˙39 sur le littoral alors qu'elle est de —0˙68 sur le plateau.

Le mois le plus chaud est février, le mois le plus frais juillet; les moyennes générales du littoral, par saison, seraient :

Eté	...	24˙3	Hiver ...	...	17˙4
Automne	...	21˙5	Printemps	...	19˙9

Si nous comparons Paranaguá à Santos, nous voyons que la moyenne du mois le plus chaud (février) y est de 0˙6 plus basse et celle du mois le plus froid 1˙7 plus basse, ce qui confirme la règle posée plus haut, de la décroissance des moyennes saisonnières avec la latitude (voir Influences cosmiques).

Voici, pour les trois stations, les moyennes mensuelles générales, corrigées par Siegel :

	Paranaguá	Antonina	Morretes		Paranaguá	Antonina	Morretes
Janvier	25˙0	24˙5	24˙1	Juillet	16˙9	16˙8	16˙7
Février	25˙2	24˙7	24˙4	Août	17˙9	17˙6	17˙8
Mars	24˙4	23˙8	23˙5	Septembre	18˙5	17˙8	18˙3
Avril	21˙9	21˙5	21˙7	Octobre	20˙2	19˙6	20˙2
Mai	19˙2	18˙6	19˙0	Novembre	21˙5	21˙5	21˙5
Juin	17˙8	17˙2	17˙2	Décembre	24˙0	23˙8	23˙2

Les moyennes annuelles seraient de 21˙1 pour Paranaguá, 20˙6 pour Antonina et pour Morretes. La série 1910 attribua toutefois à Paranaguá la moyenne annuelle de 19˙9, mars enregistrant 24˙9 et juillet 15˙1. (Station de 3e classe : 7 a.m., 9 p.m.) Ces moyennes sont trop basses ($\frac{7\,a.m. + 9\,p.m.}{2}$); pour les rendre comparables à celles que nous avons eues jusqu'ici (en supposant que le maximum coïncide avec la température de 2 p.m., comme à Curitiba) nous aurons pour 1910 : $\frac{7\,a.m. + max. + (2 \times 9\,p.m.)}{4}$ = 21˙1. C'est donc bien là, quoique un peu haute, la température normale de Paranaguá. Avec la formule que Siegel juge applicable au littoral du Paraná on aurait.

$$\frac{max. + min.}{2} - 0˙39 = 20˙2$$

(les moyennes des maxima et des minima avaient été 24˙6 et 16˙6 en 1910).

La moyenne des maxima fut 25·1 et celle des minima 18·3, pendant la série 1885-89. Les températures absolues furent 41·0 et 7·5.

En 1910 on enregistra à Paranaguá :

		J.	F.	M.	A.	M.	J.	J.	A.	S.	O.	N.	D.
	7 a.m.	24·8	22·6	25·5	22·3	16·7	16·5	14·5	16·5	17·3	17·9	21·2	22·3
	9 p.m.	24·6	22·2	27·3	22·2	17·6	17·6	15·8	17·4	18·2	18·5	21·2	22·3
Moy. { Max.		27·6	28·2	27·2	25·9	22·4	21·7	21·1	22·7	22·7	23·2	26·2	27·0
{ Min.		21·9	16·6	22·7	20·6	15·3	14·7	12·5	13·8	14·7	14·5	15·8	15·9

Morretes, au cours de la série 1885-89 enregistra 25·1 pour les maxima et 17·2 pour les minima. Antonina, enfin, 24·5 et 18·1. Les températures absolues y furent 35·2 et 3·5.

Météores humides.—La tension moyenne de la vapeur d'eau, dans les trois stations du littoral du Paraná, est de 16 mm. ; la moyenne mensuelle minimum appartient à juin, la moyenne maximum à décembre ou janvier. Dans les séries anciennes nous trouvons :

	Moyenne	Moyenne des Maxima	Minima	Différence
Paranaguá	... 16·1 mm.	... 20·2 mm.	... 12·3 mm.	... **7·9**
Antonina	... 15·6	... 20·2	... 11·7	... **8·5**
Morretes	... 16·3	... 20·4	... 12·0	... **8·4**

La différence entre l'humidité absolue à Paranaguá et à Santos ne semble pas être considérable ; ainsi pour 1910 nous trouvons dans les deux localités :

	7 a.m.	9 p.m.	Moyenne
Santos ...	... 15·4	... 16·3	... 15·9
Paranaguá ...	... 15·6	... 16·0	... 15·8

À Blumenau elle est déjà sensiblement plus faible.

Quant à l'humidité relative, sa moyenne fut de 83 pour cent à Paranaguá (1886-89), oscillant entre décembre et juillet de 79·3 à 87·7 pour cent. Elle était légèrement plus faible dans les autres stations.

Quant aux précipitations, les registres tenus par l'E.F. do Paraná ont permis la formation de séries plus longues.

Aux localités connues, il faut ajouter Alexandra, à 10 mètres d'altitude.

Au point de vue pluviométrique, la zóne littorale du Paraná n'est pas moins favorisée que celle de S. Paulo et entre de plein droit dans la province super-humide du Brésil méridional.

Différentes séries nous permettent d'écrire :

	Hauteur des pluies	Jours de pluie
Paranaguá	2,120 mm.	168·1
Antonina	—	95·7
Alexandra	1,900	141·6
Morretes	2,045	145·2

Les données relatives aux deux dernières sont tirées de la *Pluviologa do Paraná* de Mr. J. Niepce da Silva.

Les pluies du littoral sont assez irrégulières ; à Paranaguá, par exemple, on peut noter, la plupart du temps, deux maxima, l'un d'automne, en mars, et l'autre secondaire entre octobre et décembre. Une période relativement sèche coïncide avec juin et les mois voisins. Les jours de pluie indiquent qu'aucun mois ne possède moins de sept jours de pluie.

Paranaguá compte, en moyenne, 60 jours d'orage ; sa nébulosité est considérable, 7·6 en moyenne. Les vents qui y prédominent sont ceux du S. (213 fois en 1910), du SE (117 fois) et du SO. (106 fois) ; le NE. (37), le N. (40) et l'E. (47) y ont déjà moins d'importance qu'à Santos.

Les pluies du littoral du Paraná peuvent être jugées par le tableau suivant :

	Paranaguá	Morretes	Alexandra (1907)
Janvier	115	150	118
Février	254	174	286
Mars	405	372	138
Avril	166	137	162
Mai...	168	118	117
Juin	106	80	75
Juillet	89	63	88
Août	64	92	174
Septembre	119	116	221
Octobre	212	157	144
Novembre	142	175	125
Décembre	289	238	177

(C) Le Climat de Blumenau.

Blumenau est une localité qui se trouve dans l'État de Santa-Catharina sous le 26°55' lat. S. et à 50 kilomètres environ de la mer. C'est aujourd'hui la plus prospère des colonies, d'origine allemande, fondées en Amérique. Elle fut créée par le Dr. Blumenau et soutenue par le Gouvernement impérial. Située sur le Rio Itajahy, elle se trouve à 28 mètres d'altitude et, par son climat, se rattache à la zône super-humide du littoral méridional.

Les observations météorologiques y furent commencées par le Dr. Blumenau, mais la série la plus importante fut prise de 1890 à 1900 par B. Scheidemantel, et fut interrompue par la mort de cet actif et entreprenant directeur. Draenert travailla les éléments de la série de dix ans, publiés par l'*Annuario* de l'Observatoire de Rio et remit à la *Meteorologische Zeitschrift* son " Klima von Blumenau " (*Met. Zeit.*, avril, 1904) qui ne fut publié qu'après sa mort.

Il existe également une série, moins complète d'ailleurs, pour Joinville ; elle embrasse sept ans d'observations ; l'Observatoire de Rio a publié aussi des données relatives à Brusque.

Pression atmosphérique.—Réduite au niveau de la mer, la pression atmosphérique moyenne de Blumenau se trouve être de 759'7. Sa valeur mensuelle minimum appartient à février avec 755'9 et sa valeur maximum à août avec 763'3. Il y a donc une amplitude annuelle de 7mm.4 ; les amplitudes mensuelles lui sont, en général, inférieures, mais à la fin de l'été et en automne il arrive qu'elles soient supérieures ; ainsi février enregistre un écart de 7mm.1 et mars de 8 mm. ; les écarts les plus faibles de 4 mm. appartiennent à janvier et à juillet. L'écart maximum, c.-à-d. entre le maximum d'août et le minimum de février (768 et 752'8), est de 15mm.2.

Les moyennes mensuelles de la décade Scheidemantel sont les suivantes :

Janvier	...	756·9	Mai	...	760·4	Septembre	...	761·9
Février	...	755·9	Juin	...	761·6	Octobre	...	761·1
Mars	...	757·1	Juillet	...	763·2	Novembre	...	759·5
Avril	...	757·8	Août	...	763·3	Décembre	...	757 7

À Blumenau, la pression moyenne à 6 a.m. ne diffère guère de celle de 9 p.m., et toutes deux se rapprochent sensiblement de la moyenne. Si nous prenons, en 1891 et 1892, janvier et juillet qui furent alors les mois des minima et des maxima :

			6 a.m.		2 p.m.		9 p.m.		Moyenne
Janvier	...	1891	...	762·6	...	760·8	...	762·9	...	762·1
,,	...	1892	...	758·9	...	757·2	...	758·9	...	758·3
Juillet	...	1891	...	767·8	...	765·9	...	767·2	...	767·0
,,	...	1892	...	767·9	...	766·3	...	767·4	...	767·2

Température.—Les moyennes de la série Scheidemantel, résultant de la moyenne des maxima et de celle des minima, sont évidemment trop hautes de 0·3 à 0·5, d'après des contrôles horaires. La série de la décade, corrigée par J. Hann, est présentée de la façon suivante pour Blumenau et Joinville :

			Blumenau (10 ans)		Joinville (7 ans)		Brusque (1912)
Janvier	...	...	25·3	...	24·3	...	26·8
Février	...	...	25·1	...	24·4	...	27·0
Mars	...	...	24·4	...	23·6	...	26·3
Avril	...	...	21·5	...	20·9	...	23·0
Mai	...	...	18·0	...	17·7	...	20·3
Juin	...	...	15·8	...	16·8	...	17·5
Juillet	...	...	16·3	...	16·6	...	14·6
Août	...	...	17·5	...	16·7	...	16·4
Septembre	...	...	18·2	...	18·0	...	15·6
Octobre	...	...	20·4	...	19·6	...	19·1
Novembre	...	...	22·6	...	21·5	...	23·0
Décembre	...	...	24·3	...	22·9	...	24·2

La moyenne de Blumenau serait donc de 20·8 (et non pas 21·3), celle de Joinville 20·2 et celle de Brusque 21·2. Une seconde série de Blumenau de 1898 à 1907 donnait 21° de moyenne.

L'écart annuel moyen de Joinville (26°19′ lat. S., sur la côte) est de 7·8, inférieur par conséquent à celui de Blumenau qui est de 9·5 et à celui de Brusque de 12·4.

La même série indiqua, comme températures absolues, 41° en décembre et 0°3 en juillet.

Draenert a comparé le climat de Blumenau à celui d'Uberaba, au cours des différentes saisons. Ayant pris pour bases pour le premier les températures de la décade, non corrigées, il en conclut que l'été est beaucoup plus chaud à Blumenau qu'à Uberaba (2'4 de plus en moyenne); or si nous refaisons la comparaison et y ajoutons Joinville, nous verrons, en partie, disparaître le contraste :

		Eté		Automne		Hiver		Printemps
Blumenau...	...	24'9	...	21'3	...	16'5	...	20'6
Joinville ...	...	23'8	...	20'7	...	16'7	...	19'7
Uberaba ...	...	23'2	...	22'3	...	19'9	...	23'0

La différence entre l'été et le printemps est donc beaucoup plus marquée à Santa Catharina. Nous remarquons encore ici la rapide décroissance des moyennes d'hiver.

Les moyennes générales des années de la décade oscillèrent entre 20'4 et 22'2 en 1898 et en 1891 respectivement. Il est curieux de noter que 1895, qui enregistra le maximum absolu de 41 C., n'enregistra que 21'9 de moyenne annuelle, mais comporta également le minimum absolu de la série, 0'3.

Depuis 1912, il existe une série relative à Camboriú, sur la côte catharinaise, au sud d'Itajahy. Les données de 1912 nous semblent toutefois trop basses. La moyenne de février y aurait été de 23'5, alors que, en ce même mois, Brusque, dans le voisinage, enregistrait 27° et Florianopolis 25'6. La moyenne de juillet est encore moins vraisemblable : 11°1.

Météores humides.—Blumenau est plus humide que le plateau subtropical. Sa moyenne de 7 a.m. est de 96 pour cent, celle de 2 p.m. de 74 pour cent. Le maximum d'humidité relative appartient à juillet et le minimum à décembre. Cette localité possède également une tension de vapeur d'eau supérieure à celle des localités du voisinage. Nous avons ainsi pour Brusque, Camboriú et Blumenau en 1912-13 :

		Brusque		Camboriú		Blumenau
Décembre ...	...	17·2	...	16·1	...	16·1
Janvier ...	...	16·6	...	16·1	...	16·7
Mars ...	...	18·5	...	17·5	...	18·6
Avril ...	...	16·0	...	15·3	...	16·4
Juin ...	...	12·2	...	11·8	...	12·8
Juillet ...	...	9·6	...	8·0	...	10·1
Septembre...	...	10·3	...	10·2	...	11·1
Octobre ...	...	13·6	...	13·5	...	14·0

Les *vents* sont généralement faibles. Ce sont ceux du NE., du SE., et du NO. qui prédominent au cours de l'année ; le dernier prend une certaine importance en hiver. En été, le *terral* souffle SO. et O.; l'après-midi soufflent les vents du SE. et de l'E. Les calmes prédominent pendant la saison fraîche. Les orages sont distribués à peu près également en toutes saisons, et se trouvent liés aux vents de tous les quadrants, sauf toutefois à ceux de N. et de l'E.

C'est pendant la saison des calmes que, presque toutes les années, ont lieu les gelées. Les températures au-dessous de 0° C. sont tantôt enregistrées en août, tantôt en juin ou juillet, tantôt même en mai. Draenert cite les minima absolus suivants :

1890	...	...	Août	...	−4·0
1891	...	...	,,	...	−2·5
1893	...	...	Mai	...	−3·2
1894	...	...	Juin	...	−3·2
1895	...	...	,,	...	−3·9
1897	...	...	Juillet	...	−3·2
1898	...	...	Mai	...	−3·3

La région que nous examinons se trouve dans la zône des pluies de printemps et d'été. La décade étudiée par Draenert donne comme moyenne annuelle des précipitations 1858·8 distribuées :

Été	...	...	...	646·4 mm.
Août	...	...	...	393·3
Hiver	...	...	...	315·6
Printemps ...	...	...	503·5

Blumenau possède actuellement une série de plus de vingt-cinq ans d'observations. La série 1890-1907 que nous communique l'Observatoire de Rio est fort intéressante, mais un peu déroutante. Les totaux annuels y oscillent entre 1276 mm. en 108 jours de pluie (1906) et 2229 mm. en 163 jours. Sur dix-huit années observées, les maxima sont enregistrés 11 fois en été et 5 fois en automne.

Blumenau possède, autant que la série permet de le vérifier, deux maxima annuels distribués d'ailleurs assez irrégulièrement. Entre ces deux maxima il s'écoule, en moyenne, une période de huit à neuf mois, excepté quand le maximum se trouve être anormal et retomber sur mai, septembre ou octobre. On peut dire d'une façon générale que, quand le maximum principal a lieu en décembre (5 fois sur 18) le maximum secondaire a lieu en mars ou avril; quand le maximum principal a lieu en janvier (3 fois sur 18) le maximum secondaire se place entre septembre et décembre; au maximum de février (3 fois sur 18) correspond, la plupart du temps, un maximum secondaire d'octobre.

Les minima appartiennent au mois de juin dans la proportion de 50 pour cent; juillet enregistra 4 minima en 18 ans, août et mai connaissent parfois les minima. Fait curieux, ces deux mois enregistrent également les maxima de certaines années.

(D) Le Climat de Florianopolis.

Dans l'île de Santa-Catharina, sous le 27°30 de latitude Sud, se trouve la petite ville de Florianopolis, l'ancienne Desterro. Bâtie sur un pittoresque promontoire de la partie occidentale de l'île, la localité se trouve sur le détroit qui sépare la longue île de la terre ferme. Cette orientation n'est pas sans influence sur le climat de Florianopolis.

Il existe, semble-t-il, fort peu de données sur la localité, la plupart des auteurs catharinais préférant les descriptions climatiques élogieuses aux observations météorologiques simples. Le département météorologique de la Marine brésilienne a entretenu pendant de longues années un service d'observations à midi de Greenwich. L'observatoire de Rio, enfin, y a établi une station météorologique importante avec des observations horaires, depuis 1909 il existe donc une série complète. Les deux premières années sont les seules publiées, pour le moment.

Pression atmosphérique.—Il est probable que les moyennes barométriques données jusqu'ici, par les séries sporadiques et qui attribuent à Florianopolis 763 mm., sont légèrement trop élevées. L'année 1909, d'après le *Bulletin de l'Observatoire de Rio*, aurait enregistré toutefois 762mm.7 et l'année suivante des observations plus minutieuses indiquent 761mm.8.

Les plus hautes pressions moyennes correspondent aux mois les plus frais de juin à août ; les plus basses moyennes retombent sur janvier qui est le mois le plus chaud. L'amplitude des oscillations mensuelles fut de 8mm.5 en 1909 et de 6mm.4 l'année suivante.

Température.—La température moyenne de Florianopolis est de 20° C. (20·1 fut la moyenne de 1909 et 19·9 celle de 1910). Les séries publiées sont les suivantes :

			1909		1910
Janvier	...	...	24·5	...	25·0
Février	...	...	23·0	...	22·8
Mars	...	...	23·1	...	22·5
Avril	...	...	21·3	...	21·9
Mai	...	...	17·2	...	18·2
Juin	...	...	16·7	...	17·4
Juillet	...	...	16·5	...	15·0
Août	...	...	18·8	...	17·3
Septembre	...	...	17·9	...	17·6
Octobre	...	...	19·2	...	18·2
Novembre	...	...	21·1	...	20·9
Décembre	...	...	21·7	...	22·2
Moyenne	...	...	20·1	...	19·9

Il y a donc une amplitude de 8° à 10° dans les oscillations mensuelles. Cette amplitude est marquée à peu près de la même façon pour les maxima et les minima moyens. En 1910, ils furent respectivement de 27·5 et

22·7 pour janvier et de 17·2 et 12·5 pour juillet. Les températures absolues enregistrées à Florianopolis, en ces dernières années, furent 31·9 et 5·2; la moyenne des maxima fut 22·2 en 1910, celle des minima 17·6.

Quant à la variation diurne de la température, elle est donnée de la façon suivante pour les mois les plus caractéristiques :

		7 a.m.		2 p.m.		9 p.m.
Janvier	...	23·5	...	27·1	...	24·3
Juillet	...	13·7	...	16·8	...	14·7

On peut se rendre compte par là combien les saisons sont déjà nettement marquées.

Météores humides.—L'humidité relative semble assez variable; elle fut de 78·8 pour cent en 1909 et de 82·7 pour cent en 1910. Au cours des observations relatives à ces deux années, on assiste à la formation de deux maxima d'importance inégale, l'un en été, en février, l'autre en hiver, en juin ou juillet, ce dernier étant le plus marqué.

La tension de la vapeur d'eau suit une marche plus régulière au cours de l'année; sa moyenne maximum appartient à janvier et sa moyenne minimum à juillet, la moyenne annuelle étant de 14mm.6 (1909).

	Hum. ab.	Hum. rel. 1909	Hum. rel. 1910		Hum. ab.	Hum. rel. 1909	Hum. rel. 1910
Janvier	19·2	76·4	81·4	Juillet	10·8	85·3	83·7
Février	17·8	83·8	84·7	Août	12·6	79·8	84·5
Mars	16·6	76·5	81·5	Septembre	12·7	82·6	84·2
Avril	16·7	81·3	84·6	Octobre	13·0	77·0	83·8
Mai	12·4	79·4	78·7	Novembre	14·9	71·8	81·3
Juin	12·9	78·4	86·5	Décembre	15·6	73·4	78·3

La *nébulosité* y est assez forte, sa moyenne est de 6·6 (5·5 en 1909); le maximum appartient à février avec 8·2 et le minimum à mai avec 3·7. Elle est en général plus faible le matin que l'après-midi ou le soir :

		7 a.m.		2 p.m.		9 p.m.		M.
Février	...	7·7	...	8·2	...	8·8	...	8·2
Mai	...	3·8	...	4·1	...	3·2	...	3·7
Année	...	6·5	...	6·5	...	6·9	...	6·6

L'insolation moyenne est d'environ 1749 heures par an.

Quant à la pluviosité, la série que cite Voss ($2\frac{1}{2}$ années) indique clairement un minimum d'hiver et deux maxima au cours de l'année :

Eté	... ...	369 mm.
Automne	... ...	362
Hiver	... ...	282
Printemps	... ...	376

Il n'y a donc pas de saison sèche proprement dite, les pluies sont également distribuées. Leur hauteur moyenne atteint 1389; elle fut de 1098 mm. en 111 jours en 1909 et de 1336 mm. en 120 jours l'année suivante. 1912 n'enregistra que 733 mm. La série citée par Voss donne :

Janvier ...	97 mm.	Mai ...	62 mm.	Septembre ...	98 mm.
Février ...	143	Juin ...	85	Octobre ...	158
Mars ...	148	Juillet ...	63	Novembre ...	120
Avril ...	152	Août ...	134	Décembre ...	129

Quant aux vents, le N. et le S. semblent être les vents prédominants. Les calmes sont fréquents. Le SE. et le NE. ont quelque importance (1910) :

N.	NE.	E.	SE.	S.	SO.	O.	NO.	Calmes
398	... 39	... 16	... 75	... 391	... 3	... 3	... 4	... 166

CHAPITRE SECOND.

TYPE SEMI-HUMIDE DES LATITUDES MOYENNES: PLAINE RIO-GRANDAISE.

(1) Généralités.

Dans le Sud du Brésil, la Serra Geral, qui suit le littoral, s'infléchit brusquement sous le 29° de lat. S. quitte la direction N-S. pour prendre la direction E-O. et s'affaisser graduellement jusqu'au sillon du Rio Uruguay.

Sous le 30° lat. S. et à l'Ouest du 50° de Gr. s'étend la plaine rio-grandaise, la *Campanha,* qui constitue bien un type semi-humide des latitudes moyennes, au point de vue climatique.

Cette région marque une transition assez caractéristique entre les climats des Pampas et les climats du Brésil moyen. Elle tient à la fois des uns et des autres, et s'en distingue par son régime des pluies. Après le Brésil tempéré par l'altitude, nous y trouvons le Brésil tempéré par la latitude. Ce qui frappe à première vue, dans cette terre promise du Rio Grande do Sul, c'est la modération, l'équilibre qui règnent dans la distribution des éléments.

Quoique la colonisation de cette contrée de l'extrême Sud ait été entreprise dès le milieu du XVIIIe siècle, il ne semble pas que la question climatérique y ait beaucoup appelé l'attention des colonisateurs. Ce n'est guère que dans la seconde partie du siècle dernier que nous trouvons des données positives sur le climat de la Province de S. Pedro do Rio Grande do Sul.

En 1865, dans son enquête intitulée : *Studien über die agrarischen und physik. Verhältnisse von Süd-Brasilien,* Woldemar Schulz citait les observations météorologiques de Doerffel à S. Francisco de Paula, sous le 26°10′ S. Peu de temps après, Hensel publiait dans la *Zeitschrift für Erdkunde* (Berlin 1867) une description du climat de Rio Grande do Sul.

27

Un ingénieur allemand de la Colonie de Santa-Cruz se livra, au cours de ses travaux dans la campagne, à des séries d'observations, très suivies, qui furent la source de nombreuses communications de sa part. Entre 1869 et 1871, Max Beschoren prit, en effet, à Santa-Cruz, puis à Taquara, dans la colonie de Mundo-Novo, quelques séries publiées en 1872 dans la *Zeitschrift der österreichischen Gesellschaft für Meteorologie*. En 1874 il publia dans la même revue son " Beitrag zur Klimatologie der Provinz S. Pedro do Rio Grande do Sul." Plus tard il y traita également du climat de Passo-Fundo (1883); son étude principale sur le Rio Grande do Sul parut, après sa mort, dans la *Petermann's Mitth. Erg.*, 1889-90.

À Pelotas, des observations météorologiques furent prises, en degrés Réaumur, de 1875 à 1877 par un marchand de Kiel, Ad. Voigt, qui s'y trouvait établi. Ces données furent traitées par G. Karsten qui les publia en 1880 dans les *Schriften der Naturw. für Schleswig-Holstein* (vol iii, Kiel, 1880).

Dans son *Südbrasilien* publié à Leipzick en 1888, Henry Lange a recueilli et résumé la plus grande partie des données météorologiques relatives au Rio Grande do Sul. C'est généralement par son intermédiaire que sont utilisées les séries plus anciennes.

Dès 1884 toutefois, le Dr. Gr. Alves d'Azambuja recueillit dans son *Annuario da Provincia do Rio Grande do Sul,* les données existantes, celles de M. Bescheren en particulier. Les observations de la *Commissão de Melhoramentos da Barra do Rio Grande* (série Lopo Netto) furent également mises à profit, et l'*Annuario* publia ses " Elementos para a determinação da climatologia rio-grandense," entre 1885 et 1898, par séries.

Les éléments fournis par la *Commissão de Melhoramentos* furent exposés par Draenert dans la *Meteorologische Zeitschrift* de 1891, réunissant les données relatives à 18 stations du Rio Grande.

L'Observatoire de Porto-Alegre fut fondé en 1892.

L'observatoire de Rio publia à plusieurs reprises,

dans le *Boletim,* de 1898 à 1901, des séries d'origine à peu près identique.

En 1899 enfin, G. Minssen écrivit sa *Contribuição para o estudo da Climatologia do Rio Grande do Sul.* C'est Pelotas, en particulier, qui a servi de lieu d'observation et qui fournit les plus importantes séries.

Le Dr. Balthazar de Bem écrivit en 1905 un *Esboço de Geographia medica do Rio Grande do Sul.*

Jusqu'en ces dernières années, le Département météorologique de la Marine brésilienne maintint dans le port de Rio Grande do Sul une station météorologique de seconde classe, dont les données furent régulièrement publiées par le *Boletim Semestral.*

En somme, le louable projet du Baron de Capanema, en 1874, de doter toutes les stations télégraphiques du pays d'instruments météorologiques, ne fut appliqué, dans le Rio Grande do Sul, qu'à Porto Alegre. La *Commissão de Melhoramentos* réalisa, en partie, ce plan et dota les stations de l'intérieur des instruments indispensables. Le travail ne semble pas avoir été poursuivi bien longtemps.

Il appartenait à l'Ecole du Génie de Porto-Alegre de créer définitivement en 1909 les séries météorologiques du Rio Grande do Sul et de les publier régulièrement. Nous avons déjà fait allusion à l'œuvre de l'*Escola de Engenharia* et aux séries qui en résultent pour un nombre toujours croissant de stations. C'est surtout à l'aide de ces données récentes que nous étudierons la climatologie de la plaine rio-grandaise.

Au point de vue du relief, le Rio Grande do Sul présente deux régions, parfaitement caractérisées, séparées par la dépression centrale de l'Ouest à l'Est que forment les fleuves Ibicuhy et Jacuhy. Au Nord de cette ligne, s'élève le Rio Grande accidenté et boisé de la *Cima-da-Serra;* au Sud s'étend, à peine ondulé, le Rio Grande des *campinas* et des *banhados* (dépressions sujettes aux inondations). Cette division n'a rien d'absolu, car il existe de nombreux campos dans la région septentrionale et quelques soulèvements prononcés dans la région des plaines. Cette division a toutefois l'avantage de marquer le contraste qui existe entre la Serra et la plaine, entre la " matta ' et le " campo," contraste qui se retrouve dans la géographie physique comme dans la géographie économique et même dans la géographie sociale. Le Nord, planté de céréales, est recherché par le colon qui y multiplie la petite propriété, tandis que le Sud, éleveur avant tout, est " gaucho " et connaît la grande propriété.

Le relief du Rio Grande septentrional est constitué par le dernier prolongement de la Serra Geral, la chaîne s'y infléchit, constitue le relief de la région coloniale d'où coulent le Taquary et le Jacuhy. Comme dans S. Paulo et dans le Paraná, les plus grandes élévations sont voisines de la côte.

Le relief du Rio Grande méridional est sensiblement moins prononcé : il est plutôt formé de larges ondulations sur une vaste plaine de 200 mètres d'altitude moyenne. On n'y trouve guère que des *cochillas,* entre lesquelles se trouvent fréquemment des dépressions.

Le littoral rio-grandais, sur toute son extension, est bas, sablonneux, entrecoupé de lacs (lagôas) et de banhados. La côte est presque rectiligne du Cap Santa-Martha au Cap Polonio (Uruguay). Parfois isolés, parfois unis, ces lacs s'étendent en long chapelet, séparés de l'Océan par des bandes étroites de terres aréneuses.

L'hydrographie de la région se trouve intimement liée à ces systèmes de *lagôas,* dont l'une d'elles, la *Lagôa dos Patos* (du nom d'une tribu indienne de ses rives) constitue le déversoir de toute la partie orientale de l'Etat. Le réseau hydrographique occidental est tributaire de l'artère fluviale du Rio Uruguay.

Le climat de cette région est un climat de transition entre le climat subtropical de la côte brésilienne et le climat des Pampas, comme nous l'avons dit. Le Rio Grande appartient climatologiquement à la zône tempérée douce. Son climat est caractérisé par le contraste plus marqué des saisons et une plus grande amplitude dans les oscillations annuelles ; il rappelle à plus d'un point de vue l'Europe méditerranéenne.

Au point de vue de la végétation, le Rio Grande se présente également comme une région de transition entre la forêt tropicale et les pampas.   On peut y distinguer trois zônes de végétation : la région des forêts, celle des Campos et celle du littoral et des sables mouvants (C. A. M. Lindman, *A Vegetação do Rio Grande do Sul,* 1906).   La partie septentrionale qui appartient au plateau brésilien est tout particulièrement riche en forêts continues et étendues ; il s'y trouve aussi un grand nombre de pâturages, parmi lesquels se distinguent les Campos de Vaccaria.

Ici encore se pose la question que nous avons rencontrée dans le Brésil moyen, à savoir les causes de l'existence des forêts et des campos et de leur juxtaposition en des zônes apparemment semblables.   Ihering, Schimper, Lindman ont posé la question, opposant le "climat des forêts" au "climat des campos" les différences de sous-sol, en constitution ou en profondeur. "Pour la solution de cette énigme," dit Lindman, "on en est presque réduit à admettre que la végétation de ces régions de transition du Sud du Brésil se trouve encore dans une période préparatoire, que les campos végètent encore, en grande partie, dans un 'climat de forêts' modéré, jusqu'à ce que le réseau des forêts marginales, au long des cours d'eau, ait eu le temps de s'étendre sur une plus vaste étendue du pays (si l'intervention humaine ne l'en empêche), influant ainsi sur la qualité du terrain et exerçant également quelqu'influence sur l'augmentation des précipitations, obligeant le vent de la mer à ne pas passer sur les régions déboisées comme un alizé sec, mais à y abandonner son humidité."[1]   Il cite à ce propos diverses

---

[1] Nous devons à Mr. Gonzaga de Campos, directeur du Service Géologique du Brésil, la communication du livre précieux, auquel nous avons déjà fait allusion, écrit par le savant suédois, Dr. Lindman : "La Végétation du Rio Grande do Sul." Ce travail est certainement ce qu'il y a de mieux sur le Rio Grande (la seule traduction est en portuguais par A. Loefgren, 1906). Sa lecture est des plus intéressantes ; la physionomie des contrées méridionales du Brésil y est décrite dans toute sa complexité.

espèces forestières qui s'adaptent parfaitement à la région des campos.

Le versant méridional du plateau offre, du côté de la dépression centrale de l'Ibicuhy-Jacuhy, une déclivité assez forte ; une forêt imposante et très dense le recouvre, constituant une sorte de vaste ceinture ; c'est l'*Urwald* où se sont localisés la plupart des colons européens.

Le sud du Rio Grande constitue la région des Campos, la *Campanha* ; il s'y trouve des forêts sur le versant oriental des Serras (Serra do Herval, Serra dos Tapes) et sur les rives des principaux fleuves. La *Campanha* est formée de prairies naturelles et de pâturages excellents, qui ne sont pas analogues à ceux des Pampas.

Le littoral est formé par une zône large et basse, où l'influence des sables mouvants contrecarre celle de la végétation.

La plaine rio-grandaise est caractérisée par ses "*campos*." Par ce mot on entend, dans le Sud, tout terrain déboisé quelle que soit la terre ou la végétation. Le mot savanne n'est jamais employé. Evidemment la physionomie du campo est très variée et reçoit des noms populaires de "potreiro," "gramado," "pantanal," "cerradão" ou "charravasco." On évite toutefois le qualificatif de campo quand l'utilité pour l'élevage est problématique, mais la "capoeira" elle-même, ou "forêt qui a existé," n'est qu'un campo en voie de formation.

Le campo, en général, ne se prête pas à l'agriculture ; on préfère les plantations faites aux dépens de la forêt, de là l'origine des "derrubadas," dont la portée climatologique est considérable. Les centres coloniaux, en effet, ont toujours recherché la "matta."

Lindman a été frappé par la monotonie des campos, au point de vue de la végétation ; malgré la grande richesse en espèces, les formations végétatives sont peu nombreuses et s'étendent sur des extensions immenses, mesurables par degrés de latitude. Il les compare tour à tour aux steppes russes et aux pampas.

C'est surtout dans les Campos de Pelotas que Lindman

a retrouvé les caractéristiques des Pampas. " La ressemblance, dit-il, s'impose à la fois par la configuration de ces districts, et à cause de leur latitude et relative proximité de la mer, par le climat et la qualité des terres, formées de sables fins principalement et de peu de particules organiques sèches, par la physionomie de la végétation et de certains éléments botaniques communs, parmi lesquels beaucoup d'espèces cultivées et adaptées, résultant de l'action de l'homme qui a complété la végétation naturelle.

" Il ne serait pas inexact de dire que la limite septentrionale des pampas doit être cherchée dans le Rio Grande do Sul, ou bien que cet Etat renferme, dans son extrême Sud, le territoire de transition entre les pampas et les campos du Sud brésilien."

(2) Subdivisions climatologiques.

L'*Annuaire météorologique rio-grandais* de 1913 esquisse une subdivision climatologique de l'Etat; elle n'est que provisoire et se trouve sujette à des modifications qu'apporteront des séries plus complètes et des stations nouvelles. En effet, en 1914, une douzaine de stations restaient encore à créer pour achever le plan de l'Ecole de Génie de Porto-Alegre (Vaccaria, Lagôa-Vermelha, Colonia-Uruguay, S. Angelo, Soledade, Julio-de-Castilhos, Boqueirão, S. João, Caçapava, Santa-Cruz, Palmeira). La subdivision proposée se trouve être la suivante :

(*a*) Littoral.
(*b*) Centre.
(*c*) Campanha.
(*d*) Vallée de l'Uruguay.
(*e*) Serra.

L'*Annuaire* n'indique pas, toutefois, quelles sont les stations qui se trouvent englobées dans chacune de ces subdivisions. La limite entre le *centre* et la *Campanha* est particulièrement difficile à tracer; d'autre part la distinction entre la *Campanha* et le *littoral* est très délicate. Les deux dernières divisions sont infiniment plus tranchées.

(1) La *Campanha* est incontestablement la subdivision qui caractérise le mieux la climatologie de la plaine rio-grandaise, et la subdivision qui embrasse, probablement, le plus grand nombre de localités. Etudions donc de plus près ses caractères.

La latitude de cette région correspond à peu près à celle de la partie méridionale du bassin méditerranéen ; mais les écarts y sont moins prononcés, le climat y est plus uniforme que dans l'hémisphère Nord. Rarement la chaleur y est insupportable, rarement les cyclones y sont-ils destructeurs. Les changements de température sont parfois brusques, les gelées se produisent un peu partout, mais ne sont pas souvent nuisibles. Dans son étude principale du climat rio-grandais, Beschoren remarquait, en 1889, que les transitions d'une saison à l'autre sont assez régulières ; c.-à-d. que les différences entre hiver et printemps, d'une part, et entre été et automne, de l'autre, sont à peu près égales ; il en est de même entre l'automne et l'hiver, et le printemps et l'été. Des moyennes générales relatives à trois localités lui permettaient d'établir un tableau général, qui, sans grandes altérations, est applicable à la Campanha :

Eté	...	...	23·1		
Automne	...	...	17·2	...	−5·9
Hiver ...	...	...	12·9	...	−4·9
Printemps	...	...	18·6	...	+5·7
(Eté) ...	...	...	—	...	+4·5

Entre les différents mois de l'année la différence est à peu près constante ; elle est peut-être plus marquée, en général, à l'entrée de l'hiver.

Au point de vue des précipitations, la Campanha est bien partagée, car il y pleut au cours de l'année entière d'une façon à peu près uniforme. Le contraste entre la période pluvieuse et la période sèche s'y trouve être, par suite, assez faible. Avec les vents de la mer et du SE. alternent ceux qui viennent des régions septentrionales plus chaudes. On enregistre parfois des maxima d'hiver, mais plus souvent aussi des maxima d'automne. Draenert

classait la région dans les pluies d'hiver (*Met. Zeit.*, 1886) :
"Les pluies d'hiver prédominent, dit-il, dans presque
tout le Rio Grande do Sul, au Sud de la Serra do Espigão
(env. 27° lat. S.). Les pluies continues les plus fréquentes
commencent en mai (automne), elles remplissent les lacs
et les fleuves, amenant ces derniers aux hautes eaux. Au
cours de l'hiver un vent du SO. soufflant assez fort, le
Minuano, provoque des dépressions de température de 4°
à 10° et amène très fréquemment des pluies." Voss classe
plutôt le Rio Grande dans la zône des pluies également
distribuées.

Quant à la quantité des pluies, les cartes isohyètes
dressées par l'Observatoire de Porto Alegre indiquent une
diminution graduelle des pluies de l'O. vers l'E., c-à-d.
vers l'Océan. La carte de 1913 ne diffère considérablement
de celle de 1912 que par la hauteur totale des précipitations,
sur tout le territoire rio-grandais.

En somme, au point de vue des précipitations encore,
l'on peut noter le caractère de zône de transition que Lindman a si justement attribué au Rio Grande. L'irrégularité
parfois déroutante de ses pluies (il arrive au mois de mai
d'être le mois le plus sec de l'année, après en avoir été le
mois le plus pluvieux) est due probablement au fait de se
trouver entre la région des pluies estivales et la région
platine, dont les maxima ont lieu pendant les saisons
intermédiaires.

(2) Le *littoral* présente de grandes analogies avec la
Campanha. La marche de la température au cours de
l'année y est à peu près identique. Le Rio Grande
enregistre presque partout d'ailleurs des maxima de février,
tandis que la Plata enregistre ses maxima en janvier.

La température de l'été oscille, sur le littoral, comme
dans la Campanha, entre 22° et 25°, celle de l'hiver entre
12° et 14°. En 1913, nous trouvons, pour la Campanha :

	Eté	Automne	Hiver	Printemps	Moyennes
Bagé ...	23·0	19·0	14·0	18·0	18·5
D. Pedrito	22·4	18·0	12·7	17·5	17·6
Livramento	22·4	18·3	13·1	16·8	17·6
Alegrete	25·6	19·9	14·4	17·8	19·4
S. Gabriel	24·1	19·1	13·7	18·2	18·8

Les moyennes du littoral ne sont guère différentes : au cours de la même année les saisons y furent de :

	Eté	Automne	Hiver	Printemps	Moyennes
Torres ...	21·7	20·5	14·8	18·3	18·8
Rio Grande	23·4	20·5	14·3	18·3	19·1
Pelotas	22·7	19·1	13·7	18·0	18·4
Jaguarão	22·9	18·3	13·3	17·0	17·8

Il serait oiseux de tirer des conclusions des différences insignifiantes et probablement occasionnelles, qui peuvent se présenter entre deux séries.

La loi de la décroissance des températures avec la latitude trouve ici plusieurs applications. Paraná (Rép. Argentine), sous la même latitude que Pelotas, a des étés plus chauds; Mercedes (Uruguay) a des étés comparables à ceux de Porto Alegre, mais ses hivers sont plus froids. (33°15′ lat. S.).

Ce qui distingue peut-être le mieux le littoral de la Campanha, c'est la distribution des pluies et surtout la hauteur des précipitations. Le littoral rio-grandais comporte une zône plus ou moins étendue, suivant les années, de précipitations inférieures à 1,000 m. Cette zône empiète plus ou moins sur le centre de l'Etat. Vers le Sud, toutefois, les précipitations reprennent de l'importance.

Les vents sont assez variables, mais l'E. et le NE. prédominent. Le NE. cause de brusques changements quand il est substitué par le SO. Les terres de l'intérieur rio-grandais chauffées par le N. ou le NE. constituent en été un foyer d'aspiration assez considérable. Nous avons déjà passé en revue les principaux phénomènes du régime des vents dans la plaine méridionale (voir 2e Partie, Chap. II).

(3) La *Vallée de l'Uruguay* constitue un type assez différent des précédents. Au point de vue thermique, il offre des moyennes légèrement supérieures et au point de vue pluviométrique, il est mieux doté que le littoral. Trois localités peuvent servir de type :

		Eté		Automne		Hiver		Printemps		Moyennes
S. Borja	...	24·2	...	21·5	...	17·4	...	21·4	...	21·1
Uruguayana	...	26·0	...	21·3	...	15·9	...	20·3	...	20·9
S. Luiz	...	25·0	...	20·6	...	16·2	...	20·1	...	20·5

L'été y oscille donc entre 24 et 26 et l'hiver entre 16 et 17·5. La vallée se présente donc, au Rio Grande, comme une étape vers la continentalité sud-américaine. En effet, à l'aide des séries relatives à Goya (Rep. Arg.) et à La Rioja, qui se trouve, notons-le, à 527 m. d'altitude, nous avons entre la côte et les Andes :

| | | | | Mois le plus | | | | Extrêmes | | |
		Moyenne		chaud		froid				
Porto Alegre	...	19·4	...	25·0	...	13·5	...	35·5	...	3·8
Uruguayana	...	19·9	...	26·0	...	12·5	...	38·5	...	1·6
Goya	...	20·0	...	25·7	...	13·7	...	40·2	...	−0·5
La Rioja	...	19·6	...	27·3	...	10·6	...	42·6	...	−2·0

(Les latitudes ne diffèrent pas sensiblement.)

Les précipitations sont plus abondantes dans la vallée de l'Uruguay et ne le cèdent, en général (1912-13), qu'à celles de la Serra.

(4) Le *Centre* n'est pas une région bien définie, nous tâcherons toutefois de le caractériser par des localités du bassin du Jacuhy :

		Eté		Automne		Hiver		Printemps		Année
Porto Alegre	...	24·0	...	20·6	...	14·7	...	19·3	...	19·6
Taquary	...	23·6	...	20·4	...	14·8	...	18·5	...	19·3
Santa Maria	...	—	...	20·4	...	15·6	...	19·2	...	—
Cachoeira	...	24·9	...	20·4	...	14·9	...	19·4	...	19·9

Il s'agirait donc ici d'une zône de transition entre le littoral et la Campanha d'une part et la vallée de l'Uruguay et la Serra de l'autre. Les moyennes y sont plus élevées que dans les zônes du Sud et du Nord, moins élevées que dans celle de l'Ouest.

Par le régime des pluies, le centre participe plutôt du littoral, dont il reflète la pauvreté des précipitations, que de la Serra super-humide voisine.

(5) La *Serra* fait partie de la portion méridionale des hauts-plateaux du Brésil et comme telle fera partie de leur étude climatologique.

(3) Types de Climats régionaux.

(A) Le Climat de Porto-Alegre.

Pression atmosphérique.—La série de l'Observatoire Régional (1910-14) indique comme moyenne générale des pressions, réduite au niveau de la mer, 761·5 m. Il existe une série de 1903 à 1909, due à la Station du Département météorologique de la Marine, mais les observations sont uniquement faites à 8.35 a.m. Il est probable que la pression de 763·4 indiquée pour 1888 dans la série de la *Commissão de Melhoramentos*, est trop haute.

Les plus hautes pressions moyennes ont lieu entre juin et septembre, les plus basses entre décembre et février. L'écart entre les moyennes mensuelles varie de 6 mm. à 10 mm.

	J.	F.	M.	A.	M.	J.	J.	A.	S.	O.	N.	D.
1910	755·3	56·3	58·9	59·5	62·1	61·3	61·5	61·1	60·1	61·1	57·8	57·0
1911	754·3	57·1	62·5	58·5	60·5	64·2	63·0	60·7	60·1	60·9	56·5	55·0
1912	758·0	56·7	59·5	61·4	62·0	63·7	62·2	62·0	65·4	61·7	58·7	57·6

Les moyennes (non réduites au niveau de la mer) de ces trois années furent respectivement 759·4 et 760·7.

En 1913 la moyenne fut de 760·7 et les extrêmes absolus 772·5 et 754 mm.

Dans le bassin du Jacuhy les années 1912 et 1913 ont enregistré les données suivantes :

	1912			1913		
	Moyenne	Maxima	Minima	Moyenne	Maxima	Minima
Cachoeira	... 758·2	... 770·8	... 746·0	... 756·3	... 769·2	... 746·5
Montenegro	... 59·4	... 77.3	... 48·0	... 60·0	... 73·9	... 52·9
Taquary	... 60·4	... 73·4	... 47·4	... 58·3	... 70·9	... 51·2

Température.—La température moyenne de Porto-Alegre est 19·3. Ce nombre est à la fois celui qui résulte de la série de 6½ années, adoptée par Hann dans son *Handbuch* (vol. iii), et celui qui résulte de la série de l'Observatoire Régional de 1910 à 1914.

Au cours de cette dernière série les températures annuelles furent :

	Moyenne		Maxima		Minima
1910 ...	19·4	...	37·5	...	0·0
1911 ...	18·7	...	36·5	...	1·6
1912 ...	19·8	...	36·2	...	− 1·0 [1]
1913 ...	19·5	...	38·0	...	1·4

L'amplitude des oscillations annuelles varie de 11° à 15°; il semble qu'aux étés les plus chauds correspondent les hivers les plus prononcés; 1912 en est un exemple. Entre le mois le plus chaud et le mois le plus frais d'une part, les températures absolues d'autre part, nous trouvons :

	1910		1911		1912		1913
Mois ...	11·7	...	12·4	...	14·7	...	12·8
Extrêmes ...	37·5	...	34·9	...	37·2	..	36·6

Le mois le plus chaud à Porto-Alegre est généralement celui de février, exceptionnellement la moyenne maximum retombe sur janvier (1910). Le mois le plus froid est juin et parfois juillet. Il n'y a donc qu'un intervalle de trois mois entre les plus hautes et les plus basses températures de l'année. Chose curieuse, quand le maximum est en avance et tombe sur janvier, le minimum retarde et se reporte sur juillet (1910). Etudions les deux mois caractéristiques, et ajoutons-y octobre qui, la plupart du temps, est le plus proche de la moyenne annuelle :

		1910		1911		1912		1913
Février	Moy. ...	24·8	...	25·5	...	26·3	...	25·3
	Max. ab.	33·2	...	36·5	...	35·5	...	38·0
	Min. ab.	15·1	...	15·2	...	16·6	...	13·9
Juin ...	Moy. ...	15·6	...	13·1	...	14·5	...	12·5
	Max. ab.	25·6	...	23·0	...	27·6	...	28·0
	Min. ab.	0·0	...	1·6	...	3·2	...	2·4
Octobre	Moy. ...	19·3	...	18·6	...	19·1	..	18·9
	Max. ab.	35·0	...	36·0	...	32·2	...	32·8
	Min. ab.	7·0	...	4·7	...	3·8	...	8·0

Nous avons vu plus haut comment les différentes saisons se présentaient dans quelques localités de la région dont fait partie Porto-Alegre. La série adoptée par Hann pour cette localité (6½ années) est la suivante :

---

[1] Au sujet de cette température extrême, les *Dados Meteorologicos* sont en contradiction avec le *Boletim Meteorologico* de Rio de Janeiro. Notons que pendant la période 1893-97 les extrêmes absolus furent 35·5 et 3·8.

Janvier	... 24·7	Mai	... 16·4	Septembre	... 17·3
Février	... 25·0	Juin	... 13·5	Octobre	... 17·9
Mars	... 23·5	Juillet	... 13·8	Novembre	... 21·5
Avril	... 19·6	Août	... 15·2	Décembre	... 24·1

Les oscillations mensuelles de la température sont plus prononcées, en général, pendant les mois de transition ; c'est-à-dire, mars d'une part et la période de septembre à décembre de l'autre.

La région de Santa Maria da Bocca do Monte, qui se trouve à plus de cent mètres sur la ligne de séparation des eaux, entre le Jacuhy et l'Ibicuhy, c.-à-d. en plein cœur du Rio Grande, se trouve être cependant plus chaude que les régions de Cachoeira ou de Porto-Alegre ; mais les écarts de température n'y sont guère plus prononcés.

	1912			1913		
	Santa Maria	Cachoeira	Taquary	Santa Maria	Cachoeira	Taquary
Janvier	26·6	24·1	23·3	—	23·9	22·9
Février	24·6	25·3	24·5	24·3	25·3	25·0
Mars	23·5	23·5	23·4	22·1	22·2	22·1
Avril	19·5	18·6	19·3	20·5	20·5	20·7
Mai	17·2	16·3	17·0	18·4	17·5	18·3
Juin	15·1	13·9	14·4	12·5	12·4	13·1
Juillet	12·5	11·5	11·6	18·1	16·4	16·2
Août	14·2	14·1	14·6	15·8	15·0	15·1
Septembre	14·7	14·6	14·1	16·3	16·7	16·8
Octobre	20·0	19·1	18·9	18·7	18·7	18·0
Novembre	—	22·3	22·4	21·7	21·4	20·7
Décembre	...	24·0	23·2	22·9	22·3	21·4
Max.	36·0	37·6	38·0	39·9	36·4	38·5
Min.	00·0	−2·5	0·0	−0·8	0·2	1·3

C'est surtout dans les variations diurnes de la température que l'on peut remarquer les différences entre les années tièdes et les années à saisons prononcées : 1910 et 1912 ont des moyennes sensiblement égales et cependant l'hiver de 1912 était plus prononcé à Porto-Alegre :

	1910		1912	
	Février	Juillet	Février	Juillet
7 a.m.	23·8	13·0	24·7	8·6
2 p.m.	26·7	15·6	28·6	15·8
9 p.m.	24·0	13·7	25·7	11·3
Maxima	28·0	18·2	31·6	16·8
Minima	16·3	7·0	21·3	6·3

À Porto-Alegre, les minima de l'été ne descendent pas,

en moyenne, au-dessous de 17°. Vers 7 a.m. le thermomètre est déjà à 24° et à 2 p.m. il atteint 27° et 28°. Les moyennes des maxima varient de 30° à 32°. Ce n'est qu'en avril que ces conditions thermiques changent définitivement. Mai est déjà plus frais que la moyenne annuelle. Il enregistre 14° le matin ; la moyenne des maxima est à peine de 22°. En prenant juillet comme type d'hiver, on trouve de 8° à 10° vers 7 a.m., 15° environ à 2 p.m. et 10° à 13° à 9 p.m. Les moyennes des extrêmes tombent à 16° et à 6°. A Santa Maria, deux hivers consécutifs (1912 et 1913) ont présénté toutefois les contrastes suivants, en juillet :

		1912		1913
7 a.m.	... ...	9·3	...	14·0
2 p.m.	... ...	16·7	...	21·9
9 p.m.	... ...	12·1	...	18·3
Moyenne { maxima	... ...	17·8	...	24·4
{ minima	... ...	7·8	...	12·9
Absolues { maxima	... ...	29·0	...	29·9
{ minima	.. ...	0·0	...	5·4

Et cependant 1913 fut, en général une année plus fraîche que 1912 pour le Rio Grande.

Dans d'autres localités de la région, 1912 connut les caractéristiques qui suivent :

		7 a.m.	2 p.m.	9 p.m.	Maxima	Minima
Cachoeira	{ février	25·3	29·7	23·1	31·2	19·2
	{ juillet	8·3	15·5	11·0	16·0	6·7
Taquary	{ février	21·3	—	23·1	31·3	19·9
	{ juillet	7·3	—	10·9	17·0	7·1
Montenegro	{ février	21·6	—	23·8	31·3	19·3
	{ juillet	7·8	—	10·9	18·5	6·2

Météores humides.—L'humidité relative de Porto-Alegre est remarquablement faible. La série 1893-97 mettait ce fait en relief, les années 1910-13 vinrent le confirmer. La moyenne de la série de 6 ans fut 68·4 pour cent, celle des quatre dernières années fut 71·3 pour cent.

L'humidité absolue n'est guère prononcée non plus ; 12·5 mm. est sa moyenne de 1910 à 1913. Nous avons dans le tableau suivant les valeurs de ces différents facteurs météorologiques :

| | Humidité | | Evaporation | Insolation | Nébulosité |
	Absolue	Relative			
1910	12·2	68·4	730 mm.	—	4·5
1911	12·0	68·1	993	1,917 heures	5·0
1912	12·6	71·8	1,010	2,319	5·3
1913	13·1	77·0	1,012	2,368	5·5

La série 1893-97 attribuait à Porto-Alegre une humidité relative maximum en mai et en juillet. En 1913, les météores humides furent :

	Hum. rel.	Hum. ab.		Hum. rel.	Hum. ab.
Janvier	69·8	14·4	Juillet	82·4	11·4
Février	69·3	16·3	Août	79·8	10·4
Mars	79·2	16·3	Septembre	77·1	11·4
Avril	75·2	13·9	Octobre	81·2	13·7
Mai	78·0	11·7	Novembre	78·2	15·0
Juin	79·1	8·0	Décembre	74·9	14·8

La tension de la vapeur d'eau atteint ses moyennes plus hautes à la fin de l'été et ses minima en juillet. Les variations diurnes moyennes sont (Porto-Alegre, 1912) :

| | Humidité relative | | | Humidité absolue | | |
	7 a.m.	2 p.m.	9 p.m.	7 a.m.	2 p.m.	9 p.m.
Juillet	87·0	66·4	83·2	7·5	9·3	8·6
Février	72·0	59·8	71·4	16·9	17·5	17·7

L'humidité relative n'est guère plus forte à Cachoeira (72·2) ; elle est plus prononcée à Montenegro (86·4) et à Taquary (87·8). Dans ces localités, l'humidité absolue moyenne varie de 12 à 13 mm.

| | Humidité absolue | | Humidité relative | |
	Santa Maria	Cachoeira	Santa Maria	Cachoeira
Janvier	—	14·7	70·4	64·5
Février	16·1	16·6	69·9	68·9
Mars	15·8	15·8	80·6	78·3
Avril	13·9	13·4	79·6	74·0
Mai	11·5	11·5	79·7	76·8
Juin	8·6	8·2	73·5	75·4
Juillet	11·1	10·8	73·3	77·1
Août	9·5	9·9	71·6	74·2
Septembre	10·5	10·1	71·9	70·4
Octobre	13·9	12·5	77·6	72·2
Novembre	15·7	13·3	70·8	69·1
Décembre	16·2	13·6	75·8	65·7

Les précipitations atmosphériques de la région de Porto-Alegre sont comparativement assez faibles. Dans sa carte des pluies annuelles dans le Sud du Brésil, L. Voss (*Peterm. Mitt. Erg.* 145) trace une ligne isohyète de 1 mètre, embrassant la plus grande partie du littoral, longeant la Serra Geral d'une part, le relief méridional du Rio Grande de l'autre et pénétrant dans le cœur de l'Etat, jusqu'au-delà de Santa Maria. L'existence de cette ligne isohyète, poussée plus ou moins vers l'Ouest, selon les années, est confirmée par les données et les cartes postérieures de l'Observatoire Régional.

La série de 1893-97 attribue une précipitation moyenne de 799 mm. à Porto-Alegre avec 110 jours de pluie. Il est cependant des années où 1,000 mm. sont dépassés. Cette série offre un seul maximum en août, mais cette moyenne ne peut donner une idée de la réalité, car elle n'est qu'une moyenne de conditions très différentes entre elles. Les données de 1910 à 1913 démontrent bien l'irrégularité qui préside aux pluies de cette région. Il y a généralement deux maxima au cours de l'année, parfois trois (1910); le mois des maxima peut être août, juillet, janvier, parfois même avril ou mai. Une précipitation supérieure à 300 mm. en un mois est un fait anormal (1912).

	1893-97	1910	1911	1912	1913
Hauteur totale	799	1,060	1,506	1,499	981
Jours	110	85	105	121	117
Orages	—	21	16	41	38

Les jours de pluie les plus nombreux ne coïncident pas avec les plus fortes précipitations; le nombre de jours d'orage est très variable.

	1910	1911	1912	1913
Janvier	*144*	209	*216*	69
Février	129	36	35	35
Mars	41	10	35	*119*
Avril	*194*	187	142	86
Mai	21	48	*368*	40
Juin	120	59	111	80
Juillet	85	108	67	*122*
Août	*144*	*230*	146	69
Septembre	90	107	56	111
Octobre	30	107	96	87
Novembre	47	123	75	59
Décembre	12	*277*	148	100

28

La même irrégularité qui caractérise la distribution des précipitations au cours de l'année les caractérise également au cours de la journée. Les calculs de l'Observatoire Régional, basés sur les données relatives à 1913, indiquent une distribution sinon très uniforme, tout au moins des extrêmes peu prononcés : 31 heures de pluies ont été enregistrées entre 5 et 6 a.m. ; 17 heures seulement entre 11 p.m. et minuit ; les autres heures de la journée enregistrent de 20 à 25 heures de pluie au cours de l'année.

Le nombre d'heures de pluie varie suivant les mois, comme celui de la hauteur des pluies ; il n'y a donc pas lieu de constituer un tableau moyen qui ne représentera pas une réalité. Les calculs de l'Observatoire toutefois indiquent pour 1913 :

	J.	F.	M.	A.	M.	J.	J.	A.	S.	O.	N.	D.
Heures de pluie	31·0	33·0	61·0	46·0	44·0	43·0	49·0	35·0	75·0	67·0	46·0	50·0
Moyenne diurne	1·0	1·2	2·2	1·5	1·4	1·4	1·6	1·1	2·5	2·2	1·5	1·6
Moyenne par jour de pluie	3·9	5·5	4·7	5·7	5·5	7·2	4·9	3·5	6·3	5·6	3·8	4·5
Pour cent de la hauteur des pluies	4·0	5·0	8·0	6·0	6·0	6·0	7·0	5·0	10·0	9·0	6·0	7·0

À Cachoeira la hauteur des pluies fut de 1,249 en 1913, à Montenegro de 1,094 et à Taquary de 1,240 m.

La *nébulosité* moyenne de Porto-Alegre (1910-13) est de 5·1 ; celles de Cachoeira, de Montenegro et de Taquary furent respectivement de 4·7, 5·3 et 5·4 en 1913.

À Porto-Alegre, la nébulosité présente une marche plus régulière que la pluviosité. Les minima se présente généralement pendant les premiers mois de l'année et les maxima entre août et octobre. Il se produit souvent un maximum secondaire et un minimum secondaire.

Les *vents* qui prédominent pendant la saison chaude sont ceux du SE. ; en avril, généralement, le vent tourne vers l'Ouest, par le Sud ; le SSO. dure jusqu'en octobre.

Les six années d'observations à Porto-Alegre avaient démontré que le vent du SE. prédomine en été et en automne, le SO. en hiver et le SSE. au printemps, à Porto-Alegre (V. L. Voss, *Beiträge zur Klimat. d. südl. St. v. Brasilien*).

Les autres localités de la région voient les conditions

topographiques influer sur les vents d'une façon décisive ;
ainsi en 1913 :

	N.	NE.	E.	SE.	S.	SO.	O.	NO.	C.
Cachoeira	36	414	66	37	6	40	52	65	378
Montenegro	134	43	25	4	15	20	9	39	441
Taquary	31	145	17	2	0	0	10	9	516

(B) Le Climat de Bagé.

Il ne semble pas que des séries de quelque importance
aient été prises dans les localités de la Campanha avant
la série de l'Observatoire Régional. Les observations de
1888, dues à la *Commissão de Melhoramentos* ne sont
relatives qu'à 8 ou 10 mois. Elles donnèrent toutefois
comme résultats pour la Campanha :

	Pression	Max.	Min.	Temp.	Max.	Min.	Pluie
Alegrete	735·8	747·0	724·0	16·3	32·0	4·0	1,281
Livramento	741·5	754·0	730·0	18·5	31·0	6·0	1,116
Bagé	730·4	742·0	718·0	18·1	32·0	7·0	1,226
S. Gabriel	745·4	757·5	733·0	18·4	31·0	4·5	—
Caçapava	707·1	716·0	693·5	16·1	27·7	8·9	—

Bagé se trouve sous le 31°20′ de lat S. à 220 mètres
d'altitude ; c'est une station de 2e classe. Alegrete se
trouve plus à l'Ouest sous le 30°46′ lat. S. à 100 mètres
d'altitude ; D. Pedrito est à 140 m. d'altitude, sous la
même latitude à peu près, S. Gabriel se trouve à 119 m.
et S. Anna do Livramento enfin à 210 m. Ces quatre
dernières localités sont des stations de 3e classe.
Encruzilhada et Caçapava constitueront des centres
intéressants à étudier, car ils représentent des climats
d'altitude dans la Campanha ; la première de ces localités
possède un poste d'observation depuis juin 1913.

Pression atmosphérique.—La pression atmosphérique
moyenne de Bagé est de 740 mm. environ, c.-à-d. de 759·3
au niveau de la mer. Les maxima varient de 753 à 755
et les minima de 731 à 732 (deux années d'observations).
Les oscillations entre les moyennes mensuelles sont assez
variables, elles furent de 8mm.3 en 1912 et de 4mm.4 à
peine en 1913. Les moyennes maxima appartiennent
tantôt à juin, tantôt à juillet ; les minima à décembre ou à

février. Les deux premières années observées à Bagé indiquèrent :

	1912		1913			1912		1913
Janvier	...	738·8	...	740·8	Juillet	... 746·2	...	742·2
Février	...	37·9	...	40·4	Août	... 42·3	...	42·0
Mars	...	40·1	...	40·5	Septembre	... 45·9	...	41·2
Avril	...	41·5	...	41·3	Octobre	... 42·3	...	41·6
Mai	...	42·0	...	42·2	Novembre	... 39·7	...	40·2
Juin	...	43·8	...	44·4	Décembre	... 39·2	...	40·0

Deux années d'observations indiquèrent pour Alegrete 752·5 mm. et pour D. Pedrito 749·5.

Température.—La température moyenne de Bagé fut de 17·7 en 1912 et de 18 en 1913. Alegrete enregistra successivement 19·8 et 19, D. Pedrito 17·5 et 17·3.

L'amplitude des oscillations augmente à mesure que l'on se rapproche de la vallée de l'Uruguay. Elle est de 10·7 en moyenne à Bagé, de 13 à D. Pedrito et de 13·3 à Alegrete ; elle est plus marquée pendant l'été que pendant les autres saisons, et présente ses minima en hiver :

	Été		Automne		Hiver		Printemps
Bagé|...	12·4	...	9·8	...	10·1	...	10·7
Alegrete	13·2	...	13·6	...	10·7	...	13·4
D. Pedrito	14·2	...	13·9	...	11·3	...	12·2

Février est généralement le mois le plus chaud, parfois le maximum retombe sur décembre. Juin et juillet sont les mois les plus frais. En 1912, cinq localités de la Campanha enregistrèrent une moyenne globale de 10·5 ; l'année suivante, à la même époque, cette moyenne fut de 15·5 ; le mois le plus frais ayant été juin avec 11°.

	Bagé		Alegrete		Dom Pedrito		Livramento		S. Gabriel.	
	1912	1913	1912	1913	1912	1913	1912	1913	1912	1913
Janvier	23·4	21·3	24·0	25·0	22·0	20·7	—	21·6	—	23·1
Février	24·9	23·8	24·2	25·6	22·7	21·8	—	23·9	—	25·4
Mars ...	23·9	20·5	23·5	22·3	21·8	19·7	—	20·6	—	21·5
Avril ...	18·3	19·0	19·2	20·1	17·1	18·4	..	18·5	—	19·6
Mai ...	14·8	16·7	16·4	17·4	16·0	15·8	—	15·7	—	16·3
Juin ...	12·1	11·1	14·5	12·3	12·8	10·2	12·1	10·8	12·7	11·2
Juillet ...	10·5	15·6	11·4	16·5	10·8	14·5	10·2	15·3	10·7	15·7
Août ...	11·8	14·5	13·7	14·3	12·5	13·4	12·3	13·2	13·6	14·2
Sept. ...	12·7	15·4	16·2	15·2	15·4	14·5	12·9	14·2	13·5	15·5
Octobre	17·6	17·1	19·1	17·2	17·6	17·7	17·2	16·6	18·4	17·9
Nov. ...	20·3	20·2	21·2	20·9	19·5	20·2	19·7	19·6	21·5	21·3
Déc. ...	21·7	20·6	26·1	21·3	22·2	20·5	21·7	20·5	23·7	21·6
Max. abs.	35·2	36·5	38·5	38·1	35·8	38·9	35·0	36·5	36·0	37·0
Min.abs.	−3·0	1·2	−2·1	0·1	−4·1	−2·4	−2·3	−0·3	−1·5	0·6

Au cours de la période observée les températures absolues de la Campanha furent donc 38·9 et ‾4·1.

En 1913 les températures moyennes des extrêmes se présentèrent, par saison, de la façon suivante :

	Eté		Automne		Hiver		Printemps		Année	
Bagé ...	28·2	17·0	23·5	14·1	18·7	9·6	23·1	12·5	23·4	13·3
Alegrete ...	32·3	17·6	26·1	14·5	21·9	7·5	25·0	11·9	26·3	12·9
D. Pedrito	30·7	15·5	24·6	11·9	19·6	6·2	24·7	11·6	24·9	11·3
Livramento	29·5	16·7	23·7	13·6	18·5	8·1	23·1	11·5	23·7	12·5
S. Gabriel	30·9	17·6	24·6	14·4	19·9	8·3	24·4	13·0	24·9	13·3

À Bagé, la variation diurne moyenne de la température est de 7° à 8° environ. En février, 7 a.m. enregistre 22° ; 2 p.m. 28·9, et 9 p.m. 22·1 ; en juin les mêmes heures enregistrent respectivement 9·0, 16·1 et 9·6. Au cours de l'année, 15·8 représente la première observation, 21·5 la seconde et 16·6 la dernière.

Bagé jouit donc à ce point de vue d'un climat remarquablement tempéré. [*Météores humides :* voir section suivant.]

(C) Le Climat de Pelotas.

Nous avons déjà eu l'occasion de voir, à plusieurs reprises, que Pelotas sous le 31°47′ de lat. S. a souvent été choisi comme poste d'observations météorologiques. Les données relatives à cette localité se trouvent assez fréquemment citées. En effet, Pelotas possède une série complète qui remonte à 1893 et des données isolées antérieures à cette date. Grâce aux observations du *Lyceu Rio-Grandense de Agronomia*, commencées par G. Minssen et continuées par G. Wetzel, Pelotas est la localité rio-grandaise la mieux connue au point de vue météorologique.

La série A. Voigt, publiée par une revue scientifique de Kiel en 1879, n'a guère qu'un intérêt historique ; celle de la *Commissão de Melhoramentos*, en 1888, est assez incomplète. La série G. Minssen servit à la publication de sa brochure de 1900 : *Contribuição ao Estudo da Climatologia do Rio Grande do Sul*. Cette série est le résultat d'une seule observation quotidienne à 5 p.m., et la moyenne résulte des observations extrêmes. Le poste, installé au

Lycée par le Professeur Minssen, était doté des meilleurs appareils, dont trois enregistreurs Richard (baromètre, thermomètre et hygromètre). En 1908, le *Boletim Mensal* de l'Observatoire de Rio publia le résultat de 15 années d'observations à Pelotas (séries Minssen et Wetzel). Depuis avril 1912, la localité constitue une station de 2e classe du Service météorologique rio-grandais.

Pression atmosphérique.—La moyenne de la pression atmosphérique résultant des 15 premières années d'observations (1893-1907) fut de 760·7 mm.; en 1913 elle fut de 760·6 mm. Au cours de la période envisagée, la moyenne annuelle oscilla entre 759·1 (1899) et 762·8 (1896), montrant, par suite, une amplitude de 3mm.7. Les extrêmes furent 741 mm. et 776mm.5, marquant une amplitude d'oscillation de plus de 35 mm.

Si nous envisageons l'année 1913 qui peut servir de type, nous observons la distribution suivante :

	Pelotas			Rio Grande		
	Moyennes	Maxima	Minima	Moyennes	Maxima	Minima
Janvier	758·8	765·8	751·1	760·0	767·0	753·6
Février	58·9	67·4	53·3	60·2	68·8	53·3
Mars	58·9	67·3	53·0	59·9	68·3	54·1
Avril	59·4	65·1	51·1	60·6	67·1	56·0
Mai ...	61·6	70·2	50·0	62·4	70·7	50·9
Juin ...	63·6	71·8	55·5	64·8	73·0	56·7
Juillet	61·7	72·2	50·4	62·6	73·5	51·7
Août	61·6	69·0	50·5	62·6	69·8	52·0
Septembre	61·2	71·3	51·0	61·9	71·9	52·2
Octobre	61·4	73·5	52·2	62·3	74·5	52·9
Novembre	60·0	66·3	55·1	60·9	67·8	55·6
Décembre	59·8	67·8	54·6	60·6	68·6	55·3

Réduite au niveau de la mer, la moyenne de Pelotas serait 761·8 environ (15 mètres d'altitude), Rio Grande (2 mètres d'altitude) enregistre 761·6 (1913) et 761·7 (1912). Jaguarão, dans la même région du littoral, enregistre 760·6 (à 17 mètres), c.-à-d. 761·6 environ ; S. José do Norte 760·7. La série 1877-86 relative à Rio Grande donnait 761 mm. comme moyenne générale avec 757·9 pour janvier et février et 763·5 et 764·8 respectivement pour juin et juillet.

Température.—La série 1893-1907 attribue à Pelotas la moyenne générale de 18·3 C.; les années les plus chaudes (1900 et 1906) enregistrèrent 19·2 de moyenne annuelle, l'année la plus fraîche (1893) 16·5 C. La série Beschoren relative à Rio Grande do Sul (6 années) lui attribue 20·3 de moyenne, probablement trop élevée. J. Hann, dans son *Handbuch*, cite les résultats de 17 années à Pelotas et de 15 années à Rio Grande, avec les résultats suivants :

		Pelotas		Rio Grande
Janvier ...	...	22·8	...	22·7
Février ...	...	23·0	...	22·8
Mars ...	...	21·8	...	21·9
Avril ...	...	18·4	...	18·6
Mai ...	...	15·0	...	14·8
Juin ...	...	12·6	...	12·4
Juillet ...	...	12·9	...	12·8
Août ...	...	13·3	...	13·0
Septembre	...	15·0	...	14·2
Octobre...	...	16·7	...	16·2
Novembre	...	19·2	...	19·9
Décembre	...	22·0	...	21·7

Il y a donc une grande analogie entre les deux localités. Leur climat diffère assez sensiblement de celui de Porto-Alegre. Les mois les plus froids y sont notamment plus marqués.

Le mois de février est, en général, le mois le plus chaud, celui de juin le mois le plus froid. La différence est de 10 degrés environ. La moyenne de février est d'ailleurs assez variable d'une année à l'autre, celle de juin l'est encore davantage. La série de Pelotas nous indique les variations suivantes :

		Février		Juin			Février		Juin
1893	...	21·7	...	10·3	1900	...	25·4	...	14·0
1894	...	22·9	...	9·3	1901	...	22·6	...	15·5
1895	...	22·9	...	14·6	1902	...	24·6	...	14·6
1896	...	21·6	...	11·1	1903	...	24·2	...	14·7
1897	...	23·9	...	13·8	1904	...	22·2	...	12·5
1898	...	24·7	...	15·2	1905	...	22·9	...	15·4
1899	...	23·4	...	12·4	1906	...	24·4	...	12·9

L'oscillation entre les différents mois de février a donc une amplitude de 3·8, tandis que celle des mois de juin atteint 6·2.

La moyenne des maxima est 23·4, celle des minima 13·1. Les températures absolues sont 40·8 et −3·5 ; Voigt

avait enregistré 37·5 et −0·5 ; 1913 enfin enregistra 35 et
1°. Il est très rare de trouver une année où le thermomètre ne tombe point au-dessous de 0° (1900-13).

La variation diurne de la température en février et en
juin se présenta de la façon suivante en 1913 :

		7 a.m.	2 p.m.	9 p.m.	Temp. absolues	
Pelotas	février	20·8	28·0	22·6	35·0	13·2
	juin	7·4	17·2	10·4	27·2	1·8
Rio Grande	février	23·1	27·0	23·7	33·4	18·9
	juin	9·6	16·0	12·8	24·0	4·5
Jaguarão	février	20·4	29·6	22·4	36·8	11·6
	juin	6·3	16·9	10·3	25·3	0·8

Rio Grande semble donc présenter des moyennes
générales légèrement plus élevées que celles de Pelotas.

Météores humides.—L'humidité relative moyenne de
Pelotas se trouve être 74·2 pour cent (15 années), ses
variations au cours de la période observée étant à peine
de 7·9 pour cent. Le minimum absolu enregistré fut
13 pour cent (1900).

Les variations de l'humidité relative au cours de
l'année ne sont guère considérables, en moyenne. Un
maximum principal se présente généralement en hiver.

En 1913 la région enregistra :

	Pelotas	Rio Grande	Jaguarão	Santa Victoria	Bagé
Janvier	69·5	66·6	64·1	78·8	70·4
Février	75·7	73·7	70·9	86·0	69·9
Mars	81·2	77·1	68·3	88·1	80·8
Avril	79·3	77·1	66·6	91·3	79·6
Mai	83·4	77·9	67·7	91·7	79·7
Juin	74·9	76·8	74·8	93·3	73·5
Juillet	80·4	82·5	78·9	93·2	73·3
Août	78·3	79·4	75·7	91·1	71·6
Septembre	77·7	80·0	79·4	91·8	71·9
Octobre	78·2	83·9	67·8	89·5	77·6
Novembre	76·2	76·4	76·6	87·8	70·8
Décembre	68·7	69·1	71·2	82·2	75·8

Pelotas (76·9), Rio Grande (76·7), et Jaguarão (75·1)
ne diffèrent pas sensiblement entre eux, faisant partie de
la même zône pluviale, mais Torres, au Nord, enregistre
84·5 et Santa Victoria, au Sud, 88·7. Les maxima
semblent plus irrégulièrement distribués que les minima.

Quant à l'humidité absolue, elle est, en moyenne, beaucoup plus faible que sur le reste du littoral brésilien ; nous pourrons écrire, pour 1913 :

	7 a.m.	2 p.m.	9 p.m.	Moyenne
Pelotas	11·9	13·2	12·3	12·5
Rio Grande	12·5	12·6	13·4	12·8
S. José	11·8	—	11·8	11·8
Santa Victoria	11·8	…	12·3	12·0
Jaguarão	11·5	11·6	12·0	11·7
Bagé	11·3	13·3	11·6	12·1

A Pelotas, les moyennes mensuelles de l'humidité absolue varient de 7·6 mm. en juin à 13·8 mm. en novembre, à Jaguarão l'oscillation est encore plus marquée ; elle l'est moins à Rio **Grande**.

La série Minssen-Wetzel attribue à Pelotas une évaporation annuelle moyenne de 1112·2 mm.

La même série indique les variations des pluies, 1240 étant la moyenne de la période :

1893	…	888 mm.	1902	…	1759 mm.
1893	…	1034	1903	…	1435
1895	…	922	1904	..	1528
1896	…	972	1905	…	1500
1897	…	1268	1906	…	1212
1898	…	1658	1907	…	1168
1899	…	1056	—	…	…
1900	..	1273	1912	…	1491
1901	…	926	1913	…	895

La hauteur maximum en 24 heures fut 122 mm. (1905). En moyenne, Pelotas compte 124 jours de pluie par an.

La région de Pelotas fait partie d'une zône de pluies à peu près régulièrement distribuées. Deux années consécutives, l'une de fortes pluies, l'autre plutôt sèche, peuvent servir de type :

	Pelotas		Rio Grande		Bagé	
	1912	1913	1912	1913	1912	1913
Janvier	77 mm.	51 mm.	86 mm.	30 mm.	132 mm.	50 mm.
Février	223	76	129	87	87	115
Mars	50	154	53	105	79	86
Avril	109	40	128	16	90	25
Mai	274	46	314	56	254	106
Juin	117	43	119	77	169	87
Juillet	132	149	131	165	132	105
Août	128	64	185	76	105	107
Septembre	24	94	17	114	78	94
Octobre	84	88	41	81	104	76
Novembre	107	45	73	24	89	68
Décembre	162	40	109	37	161	81

Il y a une tendance générale vers les pluies d'hiver. L. Voss cite des séries de 7 ans d'observations pour Pelotas et de 9 ans pour Rio Grande et en conclut :

	Année	Été	Automne	Hiver	Printemps
Pelotas	1,118	286	276	317	239
Rio Grande	871	170	204	261	236

La *nébulosité* moyenne de Pelotas est représentée par 4·6, l'été comprenant les maxima et le printemps les minima.

La *neige* enfin n'est pas un phénomène totalement inconnu dans le Rio Grande do Sul méridional. Les parties hautes du Nord de l'État sont assez fréquemment visitées par la neige ; mais la région du littoral l'est quelquefois. Quelques cas sont cités par Draenert : " A Palmeira, dit-il, la neige atteignit en août 1879 de 5 à 6 cm. et resta plusieurs jours sur la surface du sol ; à la même époque, Passo Fundo reçut 10 cm. et Vaccaria 80 cm. Plus au Sud, à S. Leopoldo et à Santa Cruz, il neige déjà à 100 mètres d'altitude à peine. Pendant la nuit du 9 au 10 août 1885, la neige tomba à Rio Grande et sur la Lagôa dos Patos, elle forma une couche de 16 cm. et à Cacimbinhas cette couche atteignit 22 cm. A Bagé la neige mesurait 12 cm. le 10 août ; à midi, il neigeait encore." (Draenert, " Die Vertheilung der Regenmengen in Brasilien, *Met. Zeit.*, 1886.)

Les *vents* qui prédominent à Pelotas sont ceux du NE. Sept années d'observations indiquent :

Janvier	... **NE.**	Avril	... SO.	Juillet	... **NE.**	Octobre	... **NE.**
Février	... **SE.**	Mai	... SO.	Août	... **NE.**	Novembre	**NE.**
Mars	... **NE.**	Juin	... SO.	Sept.	... **NE.**	Décembre	**NE.**

(D) Le Climat d'Uruguayana.

La vallée de l'Uruguay marque, comme nous l'avons vu, une étape vers la continentalité, dans l'Amérique du Sud. Le rôle de la latitude s'y traduit peut-être moins sensiblement par l'élévation des moyennes d'été que par celle des minima de l'hiver. La plupart des localités de cette région se trouvent entre 70 et 150 mètres d'altitude ; S. Luiz, qui fait partie du bassin, se trouve toutefois à 264 m.

Lorsque des trois localités d'Uruguayana, S. Borja et S. Luiz, le réseau météorologique sera étendu à Itaquy, à S. Angelo et aux colonies de l'Alto-Uruguay et de l'Ijuhy, la connaissance climatologique de cette zône offrira un grand intérêt. Pour le moment il n'y a que les courtes séries relatives aux trois premières localités et les données de 1888, dues à la *Commissão de Melhoramentos.*

Pression atmosphérique.—Il semble que le bassin moyen de l'Uruguay constitue, au point de vue barométrique, une aire de basse pression. En 1913, par exemple, nous trouvons les données suivantes, auxquelles nous ajouterons celles d'Alegrete :

		Latitude		Altitude		Pression moyenne.
Uruguayana	...	29·45	...	73 m.	..	752·8
S. Borja	...	28·39	...	135	...	751·3
S. Luiz	...	28·25	...	264	...	737·9
Alegrete	...	30·46	..	100	...	750·5

Les données de 1888 ne nous semblent pas utilisables (Alegrete 735·8 !).

Uruguayana enregistra 752·8 de moyenne, 764·9 et 745·1 étant respectivement les moyennes des maxima et des minima. Les plus hautes pressions reviennent à août qui n'est pas le mois le plus froid ; les plus basses pressions à février qui est le mois le plus chaud. En 1912, la moyenne mensuelle la plus forte retomba sur avril. Les deux années considérées furent, à Uruguayana :

		1912		1913			1912		1913
Janvier	...	—	...	751·5	Juillet	...	758·1	...	753·6
Février	...	756·5	...	50·7	Août ...	...	52·1	...	54·5
Mars	...	58·8	...	51·6	Septembre	...	55·2	...	53·8
Avril	...	60·5	...	51·0	Octobre	...	51·9	...	52·1
Mai	...	59·4	...	53·8	Novembre	...	48·6	...	51·5
Juin	...	59·4	...	57·2	Décembre	...	47·6	...	51·9

L'amplitude des oscillations annuelles est donc très

variable : de 12'9 mm. en 1912 elle passa à 3'8 mm. l'année
suivante.

Température.—Les données de la Commission de 1888
attribuent à la région d'Uruguayana les caractéristiques
suivantes :

	Moyenne	Températures absolu	
Uruguayana	22'7 ...	36'0 ...	9'0
Itaqui	22'2 ...	36'0 ...	7'0
S. Borja	22'7 ...	36'0 ...	6'0

Non seulement ces données manquent de précision,
mais elles indiquent aussi des moyennes trop élevées.

La moyenne générale d'Uruguayana (2 années) est de
20'2 C. Celle de S. Luiz (1 année) de 20'5, et celle de
S. Borja de 21'2.

Pour Uruguayana, en combinant les années à notre
disposition (1912 et 1913) nous obtenons 25'7 comme
moyenne mensuelle du mois le plus chaud (février) et 13'4
pour le mois le plus frais (juin). La série devient :

Janvier ... 25'4	Avril ... 20'3	Juillet ... 14'2	Octobre ... 19'4
Février ... 25'7	Mai ... 17'5	Août ... 14'6	Novembre ... 21'6
Mars ... 24'0	Juin ... 13'4	Septembre ... 15'4	Décembre ... 24'3

La moyenne des maxima est 26'1 et celle des minima
15'9. Les températures absolues, au cours des deux
années, furent 38'5 et 1'1.

Si nous comparons Uruguayana à sa région, en 1913,
nous pouvons écrire :

	Uruguayana	S. Luiz	S. Borja
Janvier	25'4 ...	23'7 ...	23'7
Février	26'0 ...	25'4 ...	26'2
Mars	22'8 ...	22'1 ...	23'0
Avril	21'0 ...	20'7 ...	21'5
Mai	18'1 ...	18'3 ...	20'0
Juin	12'5 ...	13'4 ...	15'0
Juillet	16'4 ...	18'0 ...	19'7
Août	15'6 ...	16'5 ...	17'5
Septembre	16'6 ...	17'8 ...	20'5
Octobre	18'6 ...	19'0 ...	20'9
Novembre	22'2 ..	22'6 ...	22'9
Décembre	24'0 ...	23'9 ...	22'8

La différence moyenne entre le mois le plus chaud et

le mois le plus frais est de 12° à Uruguayana (2 années) ;
elle est également de 12° à S. Luiz et de 11·2° à S. Borja
(1 année).

La variation diurne de la température ne présente pas
des écarts très différents au cours des différentes saisons :

		7 a.m.	2 p.m.	9 p.m.	Moyenne
Urugnayana ...	février	23·8	32·0	24·1	26·0
	juin ...	12·3	18·9	9·4	12·5
S. Borja ...	février	25·1	—	25·0	26·2
	juin ...	14·4	—	15·0	15·0
S. Luiz ...	février	23·0	29·7	24·1	25·4
	juin ...	10·0	18·2	12·6	13·4

Météores humides.—La moyenne de l'humidité relative
à Uruguayana est de 77·1 pour cent (1913) ; elle est à peu
près identique à S. Luiz, 77·3 pour cent et à S. Borja
71·5 pour cent. Elle présente ses moyennes minima en
décembre (67·7, 60·5 et 66·2 dans les trois localités) et ses
maxima en mars et avril (85·4, 86·2 et 77·3).

L'humidité absolue moyenne est de 15·1 mm. à
Uruguayana ; elle est plus basse dans les autres localités :
13·2 à S. Borja et 12·7 à S. Luiz. La vapeur d'eau atteint
sa tension maximum en février (21·2 à Uruguayana) et ses
minima en juin (9·6 à Uruguayana).

La variation diurne moyenne de ces éléments est la
suivante, au cours de l'année :

	7 a.m.	2 p.m.	9 p.m.	Moyenne
Uruguayana ...	13·3	20·2	11·7	15·1
S. Borja ...	13·4	—	13·0	13·2
S. Luiz ...	12·2	13·3	12·6	12·7

Notons que S. Borja n'étant qu'une station de 3e
classe, l'observation de 2 p.m. fait défaut, ce qui donne
assurément une moyenne trop basse.

La *nébulosité* moyenne est de 5 pour Uruguayana et
de 3·6 pour S. Luiz. Au cours de la journée, elle présente
ses maxima pendant l'après-midi et ses minima pendant
la soirée. Toutefois pendant les mois d'hiver la matinée
présente souvent la plus forte nébulosité.

En 1912, les *vents* ont indiqué les pourcentages
suivants :

	N.	NE.	E.	SE.	S.	SO.	O.	NO.	Calmes
Uruguayana	1	8	8	21	5	3	1	2	51
S. Luiz	9	29	13	16	7	6	2	4	8

Quant aux *pluies*, la région d'Uruguayana fait partie de la zône des précipitations également distribuées, mais la tendance vers le maximum d'automne est assez fréquemment marquée. Il n'y a pas de saison sèche.

Les observations de 1888 attribuèrent 897 mm. à S. Borja, 1280 à Itaqui et 1338 à Uruguayana, avec 67'72 et 54 jours de pluie respectivement. En 1912, Uruguayana enregistra 1464, et en 1913, 1548 mm.

Au cours de l'année, deux maxima peuvent être notés dans la région, l'un plus important en avril ou mai, l'autre secondaire en octobre ou plus tard. S. Luiz et S. Borja comptent parmi les districts rio-grandais où la précipitation diurne atteint ses hauteurs maxima (99mm.8 en mars 1913 à S. Luiz).

Au cours de l'année 1913 les pluies atteignirent les hauteurs suivantes :

	Eté	Automne	Hiver	Printemps
Uruguayana	356	655	127	539
S. Luiz ...	307	617	145	495
S. Borja...	—	595	299	618

Les pluies sont d'ailleurs assez variables, quant à leur distribution, d'une année à l'autre, mais la vallée de l'Uruguay est en général la partie la mieux arrosée du Rio Grande, après la région montagneuse, bien entendu. Une idée de l'irrégularité des distributions peut être obtenue par la comparaison de deux années consécutives ; c'est d'ailleurs le fait assez commun que nous avons noté dans d'autres parties du Rio Grande.

	1912	1913		1912	1913
Janvier	229	28	Juillet ...	112	36
Février	43	157	Août ...	78	63
Mars	97	258	Septembre	35	166
Avril	150	294	Octobre	95	197
Mai ...	227	103	Novembre	142	175
Juin ...	103	27	Décembre	170	40

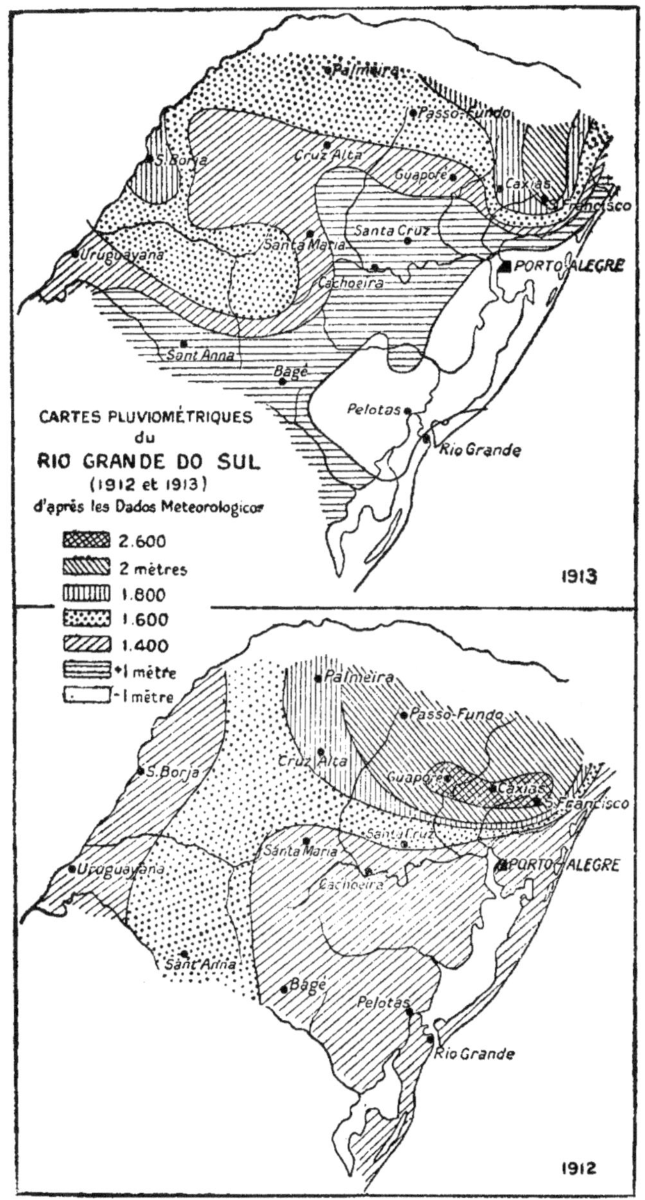
Palmeira
Passo-Fundo
Cruz Alta
S. Borja
Guaporé
Caxias
S. Francisco
Santa Cruz
Uruguayana
Santa Maria
PORTO ALEGRE
Cachoeira
Sant'Anna
Bagé
Pelotas
Rio Grande
1913
CARTES PLUVIOMÉTRIQUES
du
RIO GRANDE DO SUL
(1912 et 1913)
d'après les Dados Meteorologicos
2.600
2 mètres
1.800
1.600
1.400
+1 mètre
-1 mètre
Palmeira
Passo-Fundo
Cruz Alta
S. Borja
Guaporé
Caxias
S. Francisco
Santa Cruz
Santa Maria
PORTO ALEGRE
Uruguayana
Cachoeira
Sant'Anna
Bagé
Pelotas
Rio Grande
1912

Nous voyons donc en janvier un maximum de 1912 correspondre au minimum de 1913. Les observations de 1888 traduisaient le second maximum de l'année. Des séries plus complètes sont nécessaires pour pouvoir juger de la pluviosité moyenne du bassin du Haut-Uruguay, car tant 1912 que 1913 y furent des années de fortes précipitations.

Quand les postes rio-grandais du Haut-Uruguay auront fourni des séries suffisantes, l'on pourra se rendre compte du régime pluviométrique de cette région et partant du véritable régime de ce fleuve, fait économique très important comme nous l'avons vu.

Dès maintenant, toutefois, il semble que vers le Nord l'accroissement de la pluviosité est un fait caractéristique. D'après les données argentines et brésiliennes nous constatons entre l'Uruguay moyen et le Haut-Uruguay la progression suivante :

	Monte Caseros 30° 14' S.	Itaqui 29° 6' S.	Garruchos 28° 6' S.
Janvier	80 mm.	55 mm.	227 mm.
Février	65	182	122
Mars	76	139	143
Avril	46	160	193
Mai	61	148	109
Juin	80	36	130
Juillet	67	28	80
Août	52	23	100
Septembre	99	103	101
Octobre	93	135	123
Novembre	110	142	128
Décembre	115	51	96
Moyenne	994	1202	1558

Les données de Garruchos sont relatives à 8 années d'observations, celles d'Itaqui à deux années et quelques mois. Curuzú-Cutiá (30° lat. S.) et Monte-Caseros tendent à des maxima de printemps et d'été, Itaqui et Garruchos à des maxima d'été et d'automne.

CHAPITRE TROISIÈME.

TYPE SEMI-HUMIDE D'ALTITUDE : LES HAUTS-PLATEAUX DU SUD.

(1) Généralités.

La plus grande partie du Brésil méridional est constituée par la zône semi-humide formée par les Hauts-Plateaux. À plus d'un point de vue, cette région est la plus intéressante du Brésil, ou tout au moins la mieux étudiée par les Européens qui ne cessent d'y multiplier leurs entreprises. Cette zône est effectivement celle qui a le plus attiré de capitaux étrangers au Brésil, qui lui a fourni le plus de main-d'œuvre et d'activités du dehors. Elle le doit, en grande partie, à son exceptionnel climat, à ses richesses à peine entamées qui ne sont, à leur tour, pour la plupart du temps, que le résultat de ce même climat.

Il n'y a point de population croissante et en voie d'expansion coloniale qui n'envisage les moyens de tirer profit de cette terre promise du Nouveau-Monde. Nous avons vu de quelle façon chacune d'elles y dirige son excédent social : les Portugais, par tradition, les Italiens, par besoin impérieux, les Allemands, par méthode. Les Anglais, pourvus d'un empire colonial assez varié, se voient plutôt attirés par les nouvelles sociétés anglo-saxonnes d'outre-mer, mais ne dédaignent pas d'envoyer à ces terres latines leurs ingénieurs, leurs banquiers et leurs hommes d'affaires. La Grande-Guerre semble avoir déterminé la possibilité de deux nouveaux concurrents : les Américains, qui ont une haute idée du Brésil méridional et semblent le juger d'une façon beaucoup plus équitable que les Anglais, les Teutons et les Latins eux-mêmes, témoin l'enquête organisée en 1915 par l'Américain Ellsworth Huntington (*Civilization and Climate*), et les

29

Russes, d'autre part, que l'on vient de réveiller d'un sommeil, entrecoupé de rêves orientaux, pour leur faire prendre conscience de leur force et qui, résolus à se livrer à la " Welt-Politik," puisqu'on les y oblige, s'intéressent, dès à présent, au Brésil méridional, où une mission russe a déjà visité ce qui a été fait pour les populations slaves, pendant le sommeil de l'Ours, et ce qui reste à faire après son réveil. Il n'est pas jusqu'aux Japonais, dont le sourire énigmatique se retrouve dans les Etats du Sud, que n'ait tentés le Brésil méridional.

Le climat a posé, pour le Brésil méridional et les Hauts-Plateaux en particulier, une question dont il sera le premier à bénéficier, celle de la concurrence économico-sociale que se livrent les forces d'expansion coloniale.

Le savant météorologiste américain, Professeur Robert de Courcy Ward, est un de ceux qui préconisent l'action économique dans la région des Campos du Brésil méridional. À plusieurs reprises, il a pris la plume pour les décrire avec un enthousiasme scientifique réel. Il visita les campos en 1908, il étudia nos climats et depuis lors, il n'a cessé de publier, dans les principales revues géographiques et météorologiques de son pays, de nombreux commentaires, pleins d'intérêt et de bienveillance. En 1914, à l'Université de Harvard, cet éminent savant prit la climatologie sud-américaine pour sujet d'une des chaires de météorologie dont il est chargé. Ceux qui l'auront entendu se feront une idée toute différente des climats brésiliens, peut-être même ces leçons constitueront-elles, pour d'autres, une révélation dont nous ne pourrons que bénéficier. L'Europe, jusqu'à un certain point, moins accessible aux idées neuves que les Etats-Unis, se refuse encore, la plupart du temps, à modifier les idées acquises, archaïques et en partie injustes sur nos climats. Ceux qui nous ont le mieux étudiés jusqu'ici, il faut le reconnaître, ce sont les Allemands. Aussi sont-ils nombreux ceux qui leur attribuent une arrière pensée.

" Le climat de cette zône, a dit H. Morize, est un des plus beaux qui soient au monde." Cette phrase, dont l'exactitude est absolue, a une naïveté délicieuse qui a fait sa fortune en la rendant classique. Elle s'applique tout particulièrement à la zône des Hauts-Plateaux du Sud.

La région est formée par un vaste plateau de 500 à 600 mètres d'altitude moyenne, légèrement incliné vers l'Ouest, vers le sillon du Paraná.

Avant de la décrire toutefois, il importe de mentionner la haute muraille à laquelle elle s'adosse à l'Est : la région serrana, dont la crête traverse la partie orientale des Etats du Sud et sépare la région du littoral (Serra-Abaixo) de la région des Hauts-Plateaux (Serra-Acima).

La *Serra do Mar* suit le contour général du littoral. Son système est formé de plusieurs chaînes, aux gneiss granitiques, riches en cristaux feldspathiques qui lui donnent son aspect caractéristique. Ses noms du NE. au SO. sont successivement de Serra da Bocaina, Serra d'Ubatuba, Serra do Cubatão (près de Santos), Serra de Paranapiacaba, qui s'éloigne de la mer, Serra da Graciosa (entre Paranaguá et Curitiba) avec le pic du Marumby (1430 m.), puis la cordilière s'éloigne de nouveau de la mer, à Santa Catharina, Serra do Espigão (Tayó 1500 m.), enfin la Serra Geral va s'éteindre dans le Rio Grande septentrional.

" Les escarpements de la Serra qui, à peu de kilomètres de la mer, montent à 900 et 1000 mètres d'altitude," dit Belfort Mattos, " déterminent une chûte de 5° C. en moyenne dans la température des courants atmosphériques qui arrivent, saturés de vapeur d'eau et à une température élevée ; ce refroidissement cause de fortes précipitations qui souvent dépassent quatre mètres par an et se trouvent être les plus considérables de l'Etat. Les causes des pluies presque constantes de l'Alto-da-Serra sont donc deux : l'altitude de 900 mètres, en moyenne, et les forêts séculaires qui revêtent la région. La forte proportion de l'humidité que l'on vérifie dans le voisinage de cette zône est également une conséquence de ces deux facteurs. La nébulosité moyenne est excessive, le ciel reste presque toujours couvert."

Les gelées, les ondées et la grêle (chuvas de pedra) y sont fréquentes ; il paraît que la neige a déjà été vue aux sources du Rio Cutiá (S. Paulo).

A Santa-Catharina, la Serra Geral est encore plus froide ; les altitudes supérieures à 1200 mètres y sont fréquentes. La température y tombe chaque année au-dessous de zéro, les gelées sont fréquentes et la neige n'est pas rare, surtout pendant les *lestadas* ou vents d'Est. La température de −14° que Vieira da Rosa cite dans sa *Chorographia de Santa-Catharina* (page 36) nous semble toutefois très inattendue. A S. Joaquim, à 1380 m. d'altitude, en août 1901, on observa −14° à 6 a.m. et 12° à 4 p.m. ; l'oscillation y fut donc de 26°.

La serra occasionne le plus violent contraste climatologique et végétatif que l'on note au Brésil. Schimper décrit le contraste botanique, R. de C. Ward décrit, à plusieurs reprises, le contraste météorologique. A la forêt pluviale correspond, à l'Est de la Serra, la chaleur humide ; aux campos du plateau, à l'Ouest, la fraîcheur sèche.

Cette bande étroite, qui constitue l'ourlet des plateaux, a été décrite par Paul Doumer de la façon suivante : " Le vrai Brésil se trouve en arrière, presque inaccessible adossé aux pics altiers de la Serra comme à un boulevard qui le protège contre tous, contre ce qui est mauvais et contre ce qui est bon, contre les coups des ennemis et contre l'aide des amis, contre la dévastation et contre la richesse."

Au point de vue climatologique heureusement l'image est moins vraie, car la providentielle distribution des pluies sur les Hauts-Plateaux se trouve intimement liée à l'existence de cette gigantesque muraille.

Le relief du bassin du Paraná qui comprend, peut-on dire, le bassin de l'Uruguay supérieur, s'étend à travers les Etats du Sud jusqu'au SO. de Minas et au Sud de Goyaz. Par suite de la dénudation et de l'abaissement général de la superficie, les altitudes diminuent vers l'Ouest et vers le Sud. Il est formé de roches cristallines archéennes qui constituent son rebord oriental ; une bande étroite de grès devonien lui succède vers l'Ouest, puis une bande permienne suit. L'intérieur est formé par une aire considérable de terrains triassiques ; quelques formations tertiaires d'eau douce constituent çà et là des bassins isolés. Dans ces régions le relief intérieur affecte souvent, à S. Paulo surtout, la forme d'un fer à cheval dont la concavité est tournée vers l'Ouest et donne naissance à des cours d'eau.

Parmi les fleuves qui creusent les sillons plus profonds dans cette topographie variée, se distinguent le Tiété, le Paranapanema, le Tibagy, l'Iguassú et l'Uruguay. Nous avons déjà parlé de la dépression rio-grandaise formée par les rios Ibicuhy et Jacuhy.

"Une des particularités du Rio Paraná," dit Orville Derby, "est que le bord oriental de son système hydrographique est très voisin de l'Atlantique ; le Tiété naît, peut-on dire, en un point visible de l'Océan.

"Une autre particularité se trouve être la tendance des tributaires orientaux, spécialement du Tiété, à suivre la direction du NO. comme s'ils cherchaient non l'embouchure, mais les sources du fleuve principal. Cela indique la déclivité générale de la superficie de ce plateau vers le NO."

Au point de vue de la végétation cette zône appartient à la *regio napœa* de Martius ; elle est communément appelée la zône des Araucarias. Lindmann s'oppose à cette dénomination, car *l'Araucaria brasiliensis* n'est pas une des caractéristiques du Brésil austral, ni au point de vue de la flore, ni au point de vue du type ; elle n'est trouvée que sur une aire relativement restreinte et se multiplie vers le Sud ; son apparition autour des villes et dans les territoires des Missions est probablement la conséquence de cultures du temps des Jésuites.

La végétation des États du Paraná réunit les deux caractéristiques de l'Amérique du Sud, la forêt tropicale et le *Campo platino*, aux éléments andins. Non seulement le rebord oriental du plateau est entamé par la lisière de la forêt pluviale, mais sa pente occidentale est peu après envahie par la forêt tropicale, surtout sur les marges des cours d'eau. À mesure que l'on gagne l'Ouest, la modification des climats amène les modifications botaniques et, suivant l'expression de Lindmann, " le développement de la végétation dans la direction horizontale vers l'Equateur se trouve ainsi modifié par la distribution verticale jusqu'aux plus fortes altitudes au-dessus du niveau de la mer."

Une certaine diversité règne dans les formations forestières : des familles du Brésil tropical s'y trouvent représentées par des individus plus rares et moins développés, d'où l'impossibilité de tracer une limite à la végétation. À S. Paulo on trouve la Peroba, le Cèdre, l'Araribá et le Jequitibá ; au Paraná l'Imbúya et le Cèdre et les deux caractéristiques des plateaux centro-méridinaux : l'arbuste de l'Herva-Maté (*Ilex paraguayensis*) et le Pin du Paraná (Araucaria) qui sont de plus en plus fréquents à mesure que l'on gagne le Sud, où ils caractérisent les paysages.

La variété de la formation des prairies est plus considérable que celle des forêts. À partir du Sud de S. Paulo la prédominance des graminées s'accentue ; aux *campos cerrados* du Nord succèdent les *campos limpos*. Dans les campos, la végétation arbreuse se présente sous forme d'agglomérations à la feuille petite, à la fleur insignifiante et souvent épineuse : l'élément andin s'y fait sentir.

Les prairies naturelles couvrent, dans cette région, de vastes étendues. Dans le Sud pauliste, sur le versant

Type de Forêt des Hauts-Plateaux : *L'Araucaria brasiliensis*.
(Brésil méridional).

occidental de la Serra de Paranapiacaba se trouvent les campos d'Itapetininga, Apiahy et Faxina. Dans le centre du plateau se trouvent les campos de Guarapuava et les Campos-Geraes (Haut-Tibagy). Les Campos de Palmas occupent le territoire des Missions. Dans le Nord rio-grandais se trouvent ceux de Cima-da-Serra, do Meio et de Santo-Angelo; Santa-Catharina possède ceux de Boa-Vista et de Santa-Barbara (1600 m.).

Les campos du Brésil austral forment la transition entre les Campos du Brésil moyen et les Pampas : ils se rapprochent toutefois davantage de ces derniers.

Dans son intéressante étude de la flore de S. Paulo, Usteri classe les formations végétales sous deux chefs : les formations de sol sec :

(*a*) Les *Campos* où l'on reconnaît la forte adaptation xérophile de la végétation.

(*b*) Les *capoeiras* où des forêts ont pris naissance, après la destruction de la forêt vierge primitive.

(*c*) Les *capoeirões* qui ne sont que des capoeiras à la végétation forestière plus développée et considérable.

(*d*) La *matta virgem* ou forêt vierge.

En second lieu, il classe les formations de sol humide où il distingue (1) la végétation basse des marécages et (2) la végétation buissonneuse. (A Usteri, *Flora der Umgebung der Stadt S. Paulo*, Iéna, 1911.)

La discussion qui surgit à propos de l'origine des Campos du Brésil est loin d'être close. Dans son expédition géologique aux Etats du Sud, J. B. Wood-worth a émis l'hypothèse d'une diminution générale des précipitations atmosphériques, à la suite de l'époque glaciaire, comme cause probable du recul de la végétation forestière vers les lignes fluviales. (J. B. Woodworth, *Geological Expedition to Brazil and Chili*, 1908-9. Cambridge, Mass., 1912.)

" Ce sont les campos et non les forêts denses qui caractérisent la plus grande partie du Brésil," écrivait le Professeur R. de C. Ward, à son retour de nos Etats du Sud. " Les trois quarts du pays sont occupés par ces admirables plaines ondulées qui s'étendent à perte de vue sans autre végétation que les touffes d'herbes de ' barba de bode ' (Aristida Pallens).   Ils sont certainement monotones, ils sont vastes, ils sont sévères ; mais leur monotonie devient de la variété, pour l'observateur qui saisit l'esprit de l'endroit, pour celui qui note le changement qui se produit entre la contrée ouverte et la forêt, entre la forêt et les terrains peu boisés.   Il y a une variété infinie dans le constant changement de couleur ; dans la succession de forêts et de prairies, dans le passage de l'ombre nuageuse à la clarté ensoleillée.

" La soudaine transition du campo ouvert à la forêt est très frappante, elle semble due à l'action de l'homme, mais n'est en réalité que l'œuvre de la nature et du feu.   Le feu a beaucoup contribué à donner aux campos leurs conditions actuelles.   Quand on traverse ces étendues en chemin de fer ou à dos d'animal, les troncs noircis nous indiquent visiblement le travail du feu.   Pendant la saison sèche, à chaque heure, peut-on dire, une fumée ou une flamme révèlent des incendies, qui quelquefois durent depuis des jours.   . . .

" Des troupeaux errent par-ci, par-là, disséminés sur ces immenses étendues de prairies ouvertes.   De-ci, de-là, un habitant a construit sa chaumière et tenté une petite culture rudimentaire.   Dans leur ensemble les campos de cette partie SE. du Brésil sont aujourd'hui un exemple de dépenses en pure perte : gaspillage de Soleil, gaspillage de pluies, gaspillage de terres.   Pendant des lieues et des lieues on ne trouve ni maison, ni culture, ni aucun être humain.

" Dans l'État de Paraná, où il pleut davantage, on trouve plus de bétail, plus de forêts.   L'industrie forestière attire ainsi l'attention du voyageur.   Il ne se pose pas de plus intéressante question aujourd'hui, pour le Brésil, au point de vue de son développement économique, que celle de l'avenir de ces prairies."

Ces campos, plus frais et moins humides que ceux du Brésil septentrional, sont les plus appropriés à la coloni-

Type de Campos : Hauts-Plateaux du Brésil méridional. Campos de l'Iguassú (Paraná).
D'après une Photographie de J. B. Woodworth (" Geological Expedition to Brazil," Cambridge, Mass., 1912).

sation européenne. Le Professeur R. de C. Ward insiste sur l'excellence de leur climat d'hiver. Au cours de son voyage il a observé des jours clairs et beaux, avec une assez forte amplitude diurne; un air froid sous un ciel sans nuage, le matin, suivi d'une après-midi chaude avec un vent frais du SE., montrant une variation diurne de vitesse assez caractéristique et un grand apport de cumuli. La direction des vents prédominants est clairement indiquée par la croissance asymétrique des arbres dans les endroits bien exposés. Vers le coucher du Soleil la température commence à tomber rapidement; les nuages sont dissipés, les nuits sont claires avec un léger vent ou des calmes. La gelée n'est pas rare.

Les campos du Sud connaissent des pluviosités maxima d'été, mais les précipitations ne leur font jamais défaut pendant la période dite " sèche."

" Il est clair," dit l'éminent traducteur de Hann, " que les conditions climatiques des campos du Brésil méridional sont, dans leur ensemble, très favorables à l'utilisation future de cette immense aire. Le sol y est bon dans son ensemble; les conditions de climat et de sol varient évidemment d'une région à l'autre de ces campos. Parfois la saison pluvieuse ne fournira probablement que des précipitations insuffisantes; ailleurs le sol pourra être moins fertile. Mais dans leur ensemble, les campos du Sud du Brésil sont mieux dotés que notre propre Ouest qui cependant nous donne actuellement de si brillants résultats pour l'agriculture et l'élevage. La substitution de la ' barba de bode ' par le ' catingueiro ' du pays, donne d'excellents pâturages pour les bœufs et les chevaux. Quand l'herbe est brûlée, le sol convenablement remué et le catingueiro planté, il s'adapte très bien, surtout si la pluie est abondante. En certains endroits, les variétés européennes ont été semées avec succès, et il est à peu près certain que la luzerne et n'importe quelle herbe appropriée peut, avec quelque soin, fournir du fourrage pour la saison sèche. Quant aux céréales, il est trop tôt pour aventurer des prévisions raisonnables."

(R. de C. Ward, " Notes on Weather and Climate made during a Summer Trip to Brazil," 1908. *Monthly Weather Review*, 1908.)

Les fazendas-modèles ont toutefois montré de remarquables conditions agricoles pour le blé, le riz, l'orge, le coton, la luzerne, etc. Il est possible que parfois l'irrigation se rende nécessaire, mais les sécheresses ou les gelées n'y constitueront jamais de véritables obstacles.

(2) Division climatologique.

Ces Hauts-Plateaux qui s'étendent ainsi de la Mantiqueira à la Cochilla Grande, entre le 20° et le 30° de latitude Sud, ne comportent évidemment pas un climat uniforme. Plusieurs types peuvent être distingués par leurs caractéristiques et une subdivision assez large peut être faite en *climats paulistes* et *climats centro-méridionaux* (climat curitibain, climat des Campos et climat Nord-riograndais).

À l'aide des éléments cosmiques nous pouvons introduire des facteurs de différenciation : la *latitude*, qui comporte environ 10 degrés ; *l'éloignement de la mer et de la chaîne côtière*, qui agit peut-être moins sur la continentalité que sur la distribution des pluies ; la largeur de la zône des Hauts-Plateaux à travers les Etats du Sud varie de 500 à 700 kilomètres ; *l'altitude*, enfin, qui oscille entre 400 et 1600 mètres et qui se trouve assez prononcée dans la région plus peuplée des Plateaux.

Parmi les caractères généraux qui semblent ressortir de leur étude climatologique, les Hauts-Plateaux du Brésil austral présentent :

(a) Des *climats réguliers*, suivant l'épithète que leur donne Belfort Mattos, c.-à-d. dont les oscillations entre les moyennes mensuelles les plus hautes et les moyennes mensuelles les plus basses sont inférieures à 10° C., la plupart du temps.

(b) Des *saisons marquées*, au cours desquelles se produisent de " véritables hivers caractérisés par l'abaissement de la température, par d'âpres vents froids d'origine polaire, par la chûte du thermomètre au-dessous de 0°,'' dit E. Reclus.

(*c*) Des *contrastes entre l'Est et l'Ouest,* dus à la double action de la déclivité suave qui existe vers l'intérieur des Plateaux et à l'éloignement de l'Océan, qui donne graduellement une tendance continentale aux climats, vers l'Ouest.

(*d*) Des *précipitations estivales,* dont les conséquences agricoles sont du plus haut intérêt, plus marquées vers le Nord (S. Paulo).

(*e*) Des prédominances marquées des *vents du SE. et du S.*

(A) *Les Climats paulistes.*—Ce sont là les climats brésiliens dont l'étude est la plus aisée, vu l'abondance des données et l'extension du réseau météorologique. Ils comportent plusieurs types : on trouve d'abord le type climatique commun du plateau. *Ribeirão Preto* est une de ses modalités, avec des tendances plus ou moins continentales. Porto-Ferreira, Taubaté, Ytú, rentrent dans cette catégorie dont les caractéristiques sont des moyennes annuelles généralement supérieures à 20° C., des étés chauds (23° à 25° C.), des hivers dont la moyenne ne tombe pas au-dessous de 16° au cours du mois le plus frais. Ces localités se trouvent à 500 ou 600 mètres d'altitude, mais ne comportent pas une région géographique, comme l'indiquent les types choisis dans des bassins fluviaux différents :

	Altitude	Mois le plus chaud	froid	Moyenne	Années d'obs.
Ribeirão Preto	550	23·3	16·8	20·3	19
Porto-Ferreira	537	25·0	16·4	21·4	10
Ytú	583	23·7	16·7	20·6	18
Taubaté	583	23·4	17·0	20·5	13

Le second type que nous appellerons *paulistano,* car la capitale en est le prototype, est le climat des chapadas en général, c.-à-d. des localités situées à 700 mètres et plus d'altitude. 19° C. est leur moyenne, parfois moins. L'été est plus doux (20 à 22·5), l'hiver légèrement plus prononcé (14° à 15°) ; Bragança, S. Carlos, Botucatú, Alto da Serra et même Campinas en sont des exemples :

	Altitude	Mois le plus chaud	Mois le plus froid	Moyenne	Années d'obs.
S. Paulo ...	... 761	... 20·3	... 14·3	... 17·5	... 21
Bragança ...	... 840	... 22·4	... 15·6	... 19·4	... 8
S. Carlos ...	... 842	... 23·2	... 15·6	... 19·8	... 8
Botucatú ...	... 825	... 21·9	... 15·1	... 19·0	... 14
Campinas...	... 665	... 22·4	... 16·1	... 19·6	... 18
Alto-da-Serra	... 800	... 21·6	... 15·4	... 18·0	... 20

Le troisième type, enfin, est le climat de montagne que l'on trouve dans les régions élevées de l'Etat, à plus de 1000 mètres d'altitude, en général. Les moyennes y sont très différentes, suivant les altitudes :

	Altitude	Mois le plus chaud	Mois le plus froid	Moyenne	Années d'obs.
Cunha	1000	... 21·2	... 14·0	... 18·0	... 16
Poços de Caldas	1186	... 19·4	... 14·0	... 17·3	... 17
Villa - Jaguaribe	1640	... 18·9	... 7·1	... 13·0	... 6

(Poços de Caldas se trouve dans l'Etat de Minas ; son climat, comparable à celui de Lavras et d'Ouro-Preto, a toutefois de plus faibles moyennes ; il sert de transition entre les Hauts-Plateaux du Brésil moyen et ceux du Brésil méridional.)

Toutes ces régions sont caractérisées par des précipitations estivales, qui atteignent leurs maxima entre octobre et mars. La hauteur des pluies diminue vers l'intérieur. Leur distribution est intimement liée à la prospérité de l'agriculture du café. Les phénomènes des gelées et de la grêle sont des facteurs importants dans la météorologie agricole des Hauts-Plateaux du Sud.

(b) Les *Climats centro-méridionaux* ou paraná-catharinais sont les précurseurs des climats des Pampas. Ils se distinguent des précédents par de plus hautes latitudes et de plus fortes altitudes. Ils constituent, à leur tour, différents groupes ou types caractéristiques. Le Nord du Paraná fait climatologiquement partie du plateau pauliste (Jaguariahyva, S. José da Boa-Vista, etc.) ; l'Ouest du Paraná, comme l'Ouest de S. Paulo d'ailleurs, est mal connu à ce point de vue.

Le type *curitibain* est représenté par les localités des campos de Curitiba, Campo-Largo, Castro, Palmeira, etc.

Ce sont, en général, des localités situées à 900 mètres environ d'altitude, dotées d'un climat exceptionnellement doux. Les pluies ont lieu en été principalement, mais elles sont assez régulièrement distribuées au cours de l'année ; il n'y a pas de " saison sèche."

Le *type des Campos-Geraes* constitue le type de climat colonial brésilien par excellence. Les localités se trouvent entre 900 et 1,000 mètres d'altitude, souvent davantage.

	Altitude	Mois le plus chaud	Mois le plus froid	Moyenne
Curitiba	900 ...	23·3 ...	12·2 ...	16·4
Ponta Grossa ...	947 ...	19·7 ...	12·5 ...	16·2
Guarapuava ...	1095 ...	19·8 ...	11·8 ...	16·1
Palmas	1155 ...	19·4 ...	10·4 ...	15·0

Le *type nord-riograndais*, c.-à-d. de la zône serrana du Rio Grande, comporte des climats variables avec l'altitude. Palmeira n'y est qu'à 565 m., mais S. Francisco y atteint 902 m. sous le 30°30′ lat. S. Les moyennes mensuelles y sont sensiblement plus basses, celles d'hiver surtout. Les précipitations y sont très abondantes. Aux gelées et à la grêle vient parfois s'ajouter la neige.

(3) Types de Climats régionaux.

(A) Le Climat de la Serra.

Le Nord du Rio Grande est formé par la région montagneuse où commencent les Hauts-Plateaux. Aux campos de la plaine succèdent les forêts de la montagne : à l'élevage, l'agriculture, à la grande propriété, la petite propriété coloniale.

Nous avons eu l'occasion de faire allusion aux observations météorologiques faites dans la zône coloniale et mis en relief le rôle de l'ingénieur Beschoren. C'est à lui en effet que nous devons les premières séries, plus ou moins longues et complètes, relatives à la partie occidentale, c.-à-d. plus basse de la Serra Geral. Les observations de 1869 à 1873 à S. Leopoldo et à Santa Cruz, de 1879 à 1880 à Santo Antonio da Palmeira et de 1880 à 1881 à Passo-Fundo constituent une étude météorologique fort intéressante de la Serra rio-grandaise. La plupart de ces données se trouvent dans l'œuvre posthume de l'auteur : "S. Pedro do Rio Grande do Sul" (*Pet. Mitt. Erg.*, 1889).

Il existe, en outre, une série de 1899 à 1904, due à M. Melchiors, relative à Santa-Cruz (elle ne donne que les maxima, les pluies et la nébulosité) et la série Faulhaber, relative à Elsenau (colonie Cruz-Alta, 450 m.), commencée en 1903. Ces données sont reproduites dans l'*Annuario do Estado do Rio Grande do Sul*.

Les services météorologiques inaugurés par l'*Instituto* de Porto-Alegre nous présentent déjà une série de quatre années relatives à la partie orientale de la Serra, notamment à Guaporé, Cruz-Alta, Caxias, Alfredo-Chaves, S. Francisco. D'autres postes seront sous peu créés par ce service.

Pression atmosphérique.—La plupart des localités de la Serra se trouvent entre 450 et 900 mètres d'altitude :

		Latitude	Altitude	Pression
Palmeira ...	... ...	27°54'	... 565 m.	... —
Passo Fundo	... ...	28°13'	... 678	... —
Cruz-Alta	... ...	28°36'	... 473	... 739·1 (1 an)
Guaporé ...	... ...	28°55'	...· 457	... 720·2 (2 ans)
Alfredo-Chaves	.. ...	28°58'	... 711	... 700·5 (1 an)
Caxias ...	... ..	29°10'	... 759	... 696·6 (1 an)
S. Francisco de Paula	...	30°30'	... 902	... 685·5 (2 ans)

Les pressions moyennes les plus faibles retombent sur les mois d'été, janvier et février, les plus fortes sur les mois d'hiver, juin et juillet.

Les amplitudes des oscillations annuelles sont plus considérables à Guaporé qu'à S. Francisco : 7mm.2 en 1912 et 4mm.6 en 1913 contre 5mm.6 en 1912 et 3mm.3 en 1913.

	S. Francisco	Guaporé		S. Francisco	Guaporé
Janvier	684·2 ...	718·4	Juillet ...	686·9 ...	721·9
Février ...	85·0 ...	19·2	Août ...	86·5 ...	21·9
Mars ...	84·5 ...	19·6	Septembre...	85·3 ...	20·3
Avril ...	85·3 ...	19·9	Octobre ...	85·6 ...	20·7
Mai ...	86·7 ...	21·7	Novembre ...	84·4 ...	18·4
Juin ...	87·5 ...	23·0	Décembre ...	84·6 ...	19·2

En 1912, les maxima et les minima de S. Francisco furent respectivement de 698·8 et 670·2, en 1913 de 694·8 et 678·9 marquant un écart beaucoup plus faible. Les écarts diffèrent bien moins à Guaporé : 733·8 et 710·4 contre 732·5 et 711·3 l'année suivante.

Température.—Les moyennes générales des climats de cette zône varient de 14° à 19° C. suivant l'altitude considérée et l'orientation de la localité considérée. Deux années d'observations indiquent la moyenne de 14·1 pour S. Francisco de Paula et de 17·6 pour Guaporé. Cruz-Alta, qui devrait jouir d'une moyenne identique à celle de Guaporé, enregistrerait toutefois 19·1.

Beschoren, calculant la moyenne générale de plusieurs localités coloniales qui lui servirent de postes d'observations, arrive à la moyenne de 17·9 et pour les differentes saisons (voir page 424).

Si nous refaisons les calculs pour six localités de la Serra, nous obtenons la moyenne de 17·02 et pour les saisons :

Eté ...	...	...	...	21·1	
Automne...	...	...	...	17·8	−3·3
Hiver ...	...	...	...	13·2	−4·6
Printemps ...	...	...	...	16·7	+3·5
(Eté) ...	...	...	...	—	+4·4

Le même phénomène des écarts réguliers se répète, mais avec des amplitudes moins considérables ; ces faits, ainsi que la plus faible moyenne observée, tiennent à ce que les localités de Beschoren sont plus à l'Ouest et moins élevées ; les six dernières jouissent de conditions moins continentales et de positions plus élevées.

Au pied de la Serra, à une centaine de mètres d'altitude, nous retrouvons les conditions générales de la région centrale rio-grandaise. Beschoren indique :

	Santa-Cruz	Taquara	S. Leopoldo	Nova-Petropolis
Janvier	24·7	24·3	24·8	23·2
Février	25·3	24·0	25·3	23·4
Mars	23·1	23·7	23·8	21·8
Avril	17·2	18·7	19·3	18·2
Mai	(15·0)	15·8	16·0	16·5
Juin	(14·4)	16·5	14·9	15·2
Juillet	12·1	12·9	12·6	17·4
Août	15·5	12·8	14·4	17·3
Septembre	17·0	14·9	16·8	14·6
Octobre	21·1	18·0	17·8	16·9
Novembre	21·8	20·5	21·6	21·4
Décembre	23·6	22·7	23·9	23·1
Moyenne	19·2	18·7	19·3	19·1

Les maxima retombent sur janvier ou février, les minima sur juillet. A Taquara, Beschoren enregistra 38·8 et 1·3 comme températures extrêmes. Au cours de la journée, à Taquara :

	7 a.m.	1 p.m.	9 p.m.	Moyenne
Juillet	9·8	15·3	14·4	12·9
Janvier	20·9	30·5	26·1	24·3

Dans trois localités, par conséquent, la différence entre le mois le plus chaud et le mois le plus frais est supérieure à 10° C. (Les données relatives à Nova-Petropolis sont dues à l'année d'observation du Dr. Heinssen, 1880.)

Les observations de Beschoren, à S. Antonio da Palmeira et à Passo Fundo, indiquent des moyennes annuelles plus basses. Les températures de décembre et janvier oscillent de 23 à 23·7 ; quant aux hivers ils se trouvent caractérisés de la façon suivante :

	7 a.m.	1 p.m.	9 p.m.	Moyenne
Palmeira —				
Juin 1874	8·5	16·7	10·2	11·8
,, 1880	10·1	16·6	12·1	13·0
Passo Fundo —				
Juin 1881	11·4	18·1	13·2	14·2
Juillet 1881	6·6	12·4	8·3	9·1

En 1913, Passo Fundo enregistra 10° en juin, et les extrêmes absolus de 35·8 et 1·1.

Dans la partie plus orientale de la Serra, les séries plus modernes de l'Observatoire régional de Porto-Alegre nous fournissent des moyennes comparables à ces dernières ou même plus basses. Cruz-Alta a enregistré 17·9 en 1912 et 19·1 en 1913. Caxias et Alfredo-Chaves 17·0 et 17·4 en 1913. Des séries plus complètes sont relatives à Guaporé et au climat de montagne, représenté tout particulièrement par S. Francisco de Paula :

Guaporé :

	J.	F.	M.	A.	M.	J.	J.	A.	S.	O.	N.	D.
1912 ...	22·5	22·8	21·6	17·6	15·8	13·7	10·3	13·6	12·7	17·1	20·8	22·3
1913 ...	20·6	23·3	20·5	18·1	15·4	10·5	14·5	13·9	14·9	16·3	18·6	19·7

S. Francisco :

	J.	F.	M.	A.	M.	J.	J.	A.	S.	O.	N.	D.
1912 ..	17·8	19·5	18·2	14·3	14·9	10·2	7·4	9·8	9·5	13·9	16·7	17·4
1913 ...	16·4	18·7	16·9	15·4	12·9	9·2	12·9	11·3	12·4	13·8	15·5	15·7

Les températures absolues furent 36·8 et −4·6 à Guaporé et 31 et −4·8 à S. Francisco.

D'autre part, 1913 a enregistré dans les autres localités :

	Cruz-Alta		Caxias		Alfredo-Chaves		Passo-Fundo
Eté	23·3	...	20·0	...	21·3	...	21·5
Automne	19·0	...	18·1	...	18·5	...	—
Hiver	15·0	...	13·5	...	13·4	...	12·9
Printemps	19·2	...	16·5	...	16·4	...	17·4
Maximum absolu ...	34·2	...	31·5	...	32·8	...	35·8
Minimum absolu ...	0·8	...	0·1	...	—	...	1·1

La variation diurne de la température, aux mois extrêmes, fut enregistrée de la façon suivante (1912) :

		7 a.m.		2 p.m.		9 p.m.		Absolues		
Guaporé ...	janvier ...	19·1	...	28·3	...	21·3	...	34·4	...	7·0
	juillet ...	5·2	...	16·5	...	9·8	...	26·6	...	−4·6
S. Francisco ...	février ...	18·1	...	—	...	18·2	...	30·0	...	11·5
	juillet ...	6·1	...	—	...	6·7	...	22·5	...	−4·7

Météores humides.—L'humidité relative de cette région est assez considérable, celle de S. Francisco, notamment, avec la moyenne de 89 pour cent (2 années) est très élevée ; l'humidité absolue, par contre, y est assez faible. Les moyennes furent les suivantes :

	L'humidité absolue		L'humidité relative	
	S. Francisco	Guaporé	S. Francisco	Guaporé
1912 ...	10·5 mm. ...	12·6 mm.	89·2 pour cent ...	80·0 pour cent
1913 ...	10·3 ...	11·6	88·9 ...	77·8

Au cours de l'année 1913, les différentes localités de la zône ont enregistré les coefficients suivants :

30

	7 a.m.	2 p.m.	9 p.m.	Moyenne
Cruz-Alta... ...	11·9 ...	14·8 ...	12·9 ...	13·2
Guaporé	10·7 ...	12·7 ...	11·6 ...	11·6
Alfredo-Chaves ...	11·1 ...	— ...	12·1 ...	11·6
Caxias	10·7 ...	— ...	11·6 ...	11·1
S. Francisco ...	10·0 ...	— ...	10·6 ...	10·3

La moyenne générale de l'humidité absolue est donc de 11mm.5 environ. Au cours de l'année, elle offre un minimum d'hiver et un maximum d'été. Ainsi Guaporé indiquait :

		7 a.m.	2 p.m.	9 p.m.	Moyenne
1912	février ...	15·2 ...	19·2 ...	17·4 ...	17·2
	juillet ...	6·4 ...	10·1 ...	8·2 ...	8·3
1913	février ...	14·9 ...	16·6 ...	15·0 ..	15·5
	juillet ...	8·3 ...	10·4 ...	9·8 ...	9·5

Quant à l'humidité relative, elle offrit les moyennes de 78·4 à Cruz-Alta, de 77·8 pour cent à Guaporé, de 85·3 à Alfredo-Chaves et de 83·3 pour cent à Caxias. À Guaporé on eut en 1913 :

	7 a.m.	2 p.m.	9 p.m.	Moyenne
Mars	93·2 ...	69·7 ...	90·2 ...	84·4
Novembre ...	84·6 ...	50·7 ...	72·9 ...	69·4

La *nébulosité* est plus considérable, à Guaporé, pendant le cours de la journée, elle est minimum le soir. En 1913, mars, le mois le plus pluvieux, et août, un des mois secs, indiquèrent :

	7 a.m.	2 p.m.	9 p.m.	Moyenne
Mars	7·4 ...	7·5 ...	6·3 ...	7·1
Août	4·2 ...	3·4 ...	2·7 ...	3·4

Les précipitations atmosphériques les plus considérables du Rio Grande do Sul sont enregistrées dans la région serrana. S. Francisco de Paula, Caxias, Guaporé et Alfredo-Chaves sont les localités les mieux arrosées de l'État. Les pluies y sont à peu près également distribuées au cours de l'année, avec des maxima à tendances variables.

	1912				1913			
	Eté	Automne	Hiver	Printemps	Eté	Automne	Hiver	Printemps
Guaporé ...	764 ...	999 ...	740 ...	251	259 ...	492 ...	258 ...	541
Cruz Alta ...	— ...	485 ...	483 ...	313	299 ..	532 ...	188 ...	510
Caxias	— ...	— ...	534 ...	612	475 ...	441 ...	418 ...	608
Alfredo-Chaves	446	436 ...	590 ...	348	479 ...	461 ...	310 ...	398
S. Francisco ...	768 ...	782 ...	731 ...	557	578 ..	509 ...	430 ...	668

On voit par là que les maxima d'hiver sont très rares ; en certaines années ceux du printemps prévalent. S. Francisco a un minimum de printemps en 1912, pour enregistrer en 1913 un maximum de printemps. Cette localité est la mieux arrosée du Rio Grande :

		S. Francisco			Guaporé		
		1912		1913	1912		1913
Janvier	...	395	...	185	420	...	59
Février	...	129	...	150	251	...	108
Mars	...	175	...	325	185	...	296
Avril	...	186	...	192	157	...	135
Mai ...	...	420	...	91	655	...	61
Juin ...	...	190	...	131	280	...	88
Juillet	...	115	...	123	88	...	88
Août ...	...	367	...	176	333	...	80
Septembre	...	245	...	224	117	...	204
Octobre	...	111	...	239	43	...	167
Novembre	...	201	...	204	90	...	169
Décembre	...	242	...	105	92	...	73
Total	...	2840		2149	2756		1533

Guaporé enregistre les plus fortes précipitations diurnes.

De la même région montagneuse des Hauts-Plateaux centro-méridionaux font également partie les localités catharinaises de Lages (987 mètres) et S. Joaquim (1200). Avé-Lallemant en a fait la description. La chûte de la neige n'y est pas rare.

" A Palmeira," dit H. Morize, " il tomba pendant le mois d'août 1879, 50 à 60 mm. de neige ; en même temps il y en eut 800 mm. à Vaccaria. Plus au Sud à S. Leopoldo, à Santa Cruz, il neige quelquefois à 100 mètres à peine d'altitude." (*Ebauche d'une Climatologie du Brésil*, Rio, 1891.)

Dans sa *Chorographia de Santa Catharina*, Vieira da Rosa attribue au triangle formé par la Serra, le Rio Pelotas et le Rio Contas des altitudes qui varient de 1100 à 1900 mètres. Entre le 28° et le 29° de lat. Sud, ces campos du municipe du S. Joaquim sont très fréquemment visités par la neige. Les vents y sont particulièrement impétueux et froids. Il a souvent enregistré lui-même des températures inférieures à −6°, et des gelées en plein mois de janvier. Les brouillards de l'été y sont très denses, mais sont rapidement dissipés, quand souffle la *Nortada*.

(B) Le Climat des Campos Geraes.

La zône des Campos s'étend en réalité, comme nous l'avons dit, tout le long des Hauts-Plateaux du Brésil méridional. L'épithète de " Campos " est toutefois plus souvent appliquée à des régions du Paraná et de Santa-Catharina qu'à l'État de S. Paulo. De plus les *Campos Geraes* constituent une région distincte.

Dans sa *Climatologia do Paraná*, Niepce da Silva distingue, entre la Serra do Mar et la déclivité vers la dépression du Rio Paraná, trois régions de plateaux :

(*a*) Le *Plateau de Curitiba*, dont l'étendue est relativement peu considérable et qui comprend les districts situés entre la Serra do Mar et la Serrinha, à 900 mètres d'altitude en moyenne.

(*b*) Le *Plateau des Campos Geraes*, très étendu et comprenant le principal centre hydrographique de dispersion du Paraná. C'est la zône des grandes colonies agricoles, située entre la Serrinha et la Serra da Esperança, à 950 mètres d'altitude en moyenne.

(*c*) Les *Plateaux de Guarapuava et de Palmas*, plus à l'Ouest que les précédents, séparés par les sinuosités de l'Iguassú. Vers l'Est, ils s'adossent à la Serra da Esperança et les Serras de Santa Catharina ; vers l'Ouest, leur altitude moyenne de 1,000 mètres voit diminuer ses cotes vers le sillon ou " baixada " du Rio Paraná.

" Ces différentes zônes," dit Niepce da Silva, " offrent dans leur ensemble deux climats généraux distincts ; ils sont *froids* tous deux, mais l'un est sec et l'autre est humide. Le climat froid et humide appartient aux zônes montagneuses où prédominent les températures normalement basses, une pluviosité et des conditions hygrométriques propres aux localités élevées et pourvues de végétation abondante. Le climat froid et sec dans les zônes des plateaux appartient aux régions découvertes et plus ou moins ondulées, où le froid, quoique se manifestant sous une forme plus intense pendant la saison d'hiver, est cependant accompagné d'un plus faible degré d'humidité atmosphérique."

Nous avons vu le travail météorologique commencé au Paraná par le Département des Télégraphes sous la direction du Baron de Capenema. Janvier 1885 et janvier 1886 virent l'éclosion d'un certain nombre de stations météorologiques sur le plateau de Paraná, dont la colonisation intéressait tout particulièrement le Gouvernement impérial. En décembre 1889, le nouveau régime supprima toutes ces stations, en ne conservant que celle de Curitiba. Le rétablissement de quelques-uns de ces postes a heureusement eu lieu depuis; c'est ainsi que le Département des Télégraphes recommença ses observations à Guarapuava en 1908 et un poste fut installé à la Colonia Calmon la même année.

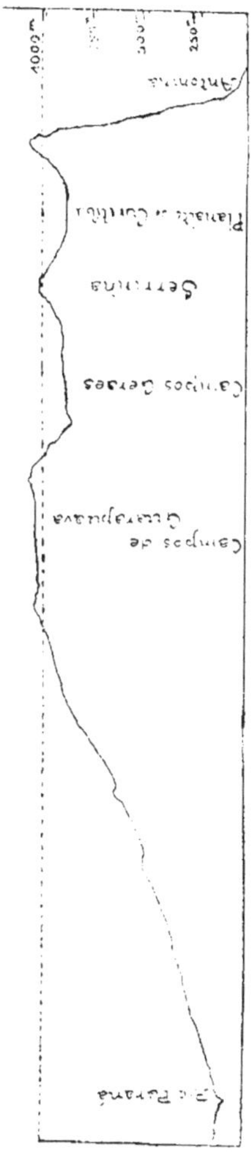

La climatologie des Campos possède donc à l'heure actuelle des séries anciennes comprenant de 3 à 5 années, des observations isolées, celles du Dr. Niepce da Silva à Jaquariahyva par exemple, les séries coloniales prises par le Département de Terres et Colonisation dans les différents centres, et celles des postes récemment installés par le Service météorologique fédéral (Palmas, Coritibanos, etc.).

Détachons de cette étude le climat de Curitiba dont

RELIEF DU PARANÁ ENTRE LE RIO PARANÁ ET LA MER.

l'observatoire possède aujourd'hui une série de plus de trente ans d'observations et considérons les Campos dans leur ensemble :

Localités		Altitude		Latitude		Observations
Palmeira	...	852 m.	...	25°25'	...	3½ années
Ponta-Grossa	...	947	...	25°6'	...	5 ,,
Castro ...	...	950	...	24°47'	..	4 ,,
Guarapuava	...	1095	...	25°24'	...	5 ,,
Palmas ...	...	1155	...	26°29	...	3 ,,

La pluviosité peut être étudiée pour un plus grand nombre de stations, attendu que l'*E.F. do Paraná* y entretient depuis 1889, et surtout depuis 1907, les postes de Cadeado (600 m.), Roça-Nova (955 m.), Serrinha (863 m.), Rio Negro (793 m.), Restinga-Secca (936 m.), et Porto-Amazonas (793 m.).

Il serait désirable qu'une étude plus approfondie des conditions météorologiques du Paraná fût entreprise par un plus grand nombre de stations, car s'il est une " terre promise " dans le Sud du Brésil, c'est bien dans cette région des Campos, où les climats d'altitude offrent à la colonisation de véritables climats d'Europe.

Pression atmosphérique.—Les moyennes des différentes séries indiquèrent des pressions moyennes mensuelles suivantes (5 observations par jour) :

		Palmeira		Ponta-Grossa		Castro		Guarapuava		Palmas
Janvier	...	689·5	...	682·1	...	682·6	...	668·8	...	667·5
Février	...	89·5	...	82·1	...	82·7	...	69·1	...	67·3
Mars ...	...	90·6	...	82·8	...	83·1	...	69·9	...	68·4
Avril ...	...	91·8	...	83·8	...	84·0	...	70·1	...	68·8
Mai ...	...	93·0	...	84·7	...	84·7	...	71·3	...	69·6
Juin ...	...	93·9	...	85·6	...	85·8	...	72·2	...	70·8
Juillet...	...	*95·9*	...	*86·4*	...	*87·1*	...	72·7	...	*71·8*
Août ...	...	92·3	...	84·9	...	85·0	...	71·4	...	69·6
Septembre	...	92·2	..	84·1	..	84·1	...	70·9	...	68·8
Octobre	...	90·5	...	82·6	...	82·1	...	69·6	...	67·4
Novembre	...	*89·3*	...	81·6	...	*81·3*	...	68·7	...	*66·5*
Décembre	...	*89·3*	...	*81·4*	...	*81·3*	...	*68·1*	...	66·6

Les moyennes générales des cinq stations sont respectivement de 691·6 pour Palmeira, de 683·5 pour Ponta Grossa, de 683·6 pour Castro, de 670·2 pour Guarapuava et de 668·6 pour Palmas. Par le tableau des moyennes mensuelles il est aisé de se rendre compte que

les minima ont lieu soit en novembre soit en décembre,
mais que les maxima appartiennent toujours à juillet.

L'amplitude des oscillations varie pour ces différentes
stations de 16·9 à 18·8 mm. au cours de l'année, offrant
ainsi des oscillations bien moins prononcées que celles du
littoral adjacent qui indique des amplitudes de 24·3 à
26·9 mm. Sur le littoral, d'autre part, les fortes amplitudes sont enregistrées à la fin de l'hiver; sur le plateau
elles appartiennent, en général, au mois d'avril.

Température.—La température moyenne des plateaux
du Paraná et de Santa Catharina est de 15° à 17°. Elle
decroît vers l'Ouest avec l'altitude décroissante.

D'une année à l'autre, les moyennes mensuelles sont
assez variables, notamment pour les températures d'été.
Nous avons ainsi pour janvier et juin :

	1887		1888		1889	
	Janvier	Juin	Janvier	Juin	Janvier	Juin
Palmeira ...	20·0	12·6	19·7	12·6	23·3	10·3
Ponta-Grossa	18·9	12·6	19·3	12·5	22·7	10·2
Castro ...	19·6	13·0	19·3	12·5	22·0	10·6
Guarapuava	19·6	9·6	19·7	12·0	22·0	12·2
Palmas ...	18·6	10·1	20·5	10·4	20·6	8·4

Ce qui frappe à première vue dans cette zône climatique,
c'est la régularité; les écarts entre le mois le plus chaud
et le mois le plus froid sont, la plupart du temps, inférieurs
à 10° C. En 1889 toutefois, à un été chaud a fait suite
un hiver plus froid que de coutume, et l'écart a été de 12°
à 13° C. A mesure que l'on se rapproche du Rio Grande
du Sul, cet écart se présente plus fréquent : nous avons
vu qu'il existe à S. Francisco de Paula, à Coritibanos
même on peut l'enregistrer.

Au cours de l'année les stations du plateau, dont
l'altitude moyenne est 950 m., offrent environ une différence de —4·5 C., si nous les comparons avec celles des
stations du littoral. La formule (max. + min.) : 2 y est
sujette à une correction de —0·68, c.-à-d. presque double
de celle que l'on doit appliquer à la même formule pour

le littoral. Les années observées ont donné les moyennes générales suivantes :

	Palmeira	Ponta-Grossa	Castro	Guarapuava	Palmas	Coritibanos (1912)
Janvier	20·3	19·7	19·8	19·8	19·4	21·8
Février	20·3	19·7	19·8	19·8	18·9	21·1
Mars...	19·8	18·9	19·6	18·8	18·0	21·1
Avril...	16·8	16·5	17·4	16·2	14·8	16·1
Mai ...	14·0	13·6	14·0	13·0	11·6	14·3
Juin ...	12·6	12·5	12·6	11·8	10·5	12·6
Juillet	13·1	13·0	12·6	12·5	10·4	9·1
Août...	13·9	13·8	13·7	13·6	11·3	11·9
Septembre	14·9	14·5	14·9	14·4	13·2	12·5
Octobre	16·5	15·9	16·6	16·3	15·1	16·5
Novembre	18·6	17·3	17·8	18·0	17·7	20·3
Décembre	19·9	18·8	19·1	19·1	19·0	20·3
Moyenne	*16·7*	*16·2*	*16·5*	*16·1*	*15·0*	*16·5*

Juin est donc le mois le plus froid, sur les plateaux du Paraná ; juillet se fait plus froid à mesure que l'on gagne le Sud. Janvier et février sont définitivement les mois les plus chauds. Le plateau aurait, d'après ces différentes séries, $19°9$ de moyenne générale pour janvier contre $24°6$ sur le littoral, et $12°$ pour juin, contre $17°4$ sur le littoral.

Les amplitudes diurnes sont beaucoup plus marquées sur le plateau où elles atteignent 11·4, tandis que le littoral n'enregistre que 7·1.

La variation diurne de la température peut être appréciée par deux exemples :

		7 a.m.	1 p m.	2 p.m.	9 p.m.
Palmas :	janvier	16·4	27·2	—	18·3
	juin	6·1	18·6	—	8·9
Colonia Calmon :	mars	16·6	—	25·1	21·0
	août	8·0	—	21·8	12·2

(La station de Bom-Jardim, ou Colonia Miguel-Calmon, se trouve à 765 m. sous le $24°58'$ S.)

Les températures extrêmes sont données par le tableau suivant :

	Moyennes extrêmes			Températures absolues			
Campo Largo	21·8	11·7	Différence 10·1	—	—		—
Palmeira	22·7	12·4	,,	10·3	32·3	−2·5	Différence 34·8
Ponta Grossa	20·9	12·7	,,	8·2	31·4	1·1	,, 30·3
Guarapuava	22·5	11·5	,,	11·0	34·5	−5·0	,, 39·5
Palmas...	23·6	9·4	,,	14·2	35·0	−8·0	,, 43·0
Castro ...	22·6	11·8	,,	10·8	33·1	−4·2	,, 37·3

La température de −8·0 attribuée à Palmas en 1889

nous paraît une des plus basses enregistrées au Brésil. L'année 1889 vit la neige à Palmas, celle de 1887 toutefois couvrit de neige la plupart des stations, sauf Castro.

Les *Rapports* du Département fédéral de Colonisation fournissent parfois des données météorologiques intéressantes, enregistrées dans certains centres coloniaux. Ceux du Paraná indiquèrent, en 1911, pour Colonia Iraty, Colonia Ivahy (24°57′ S. et 764 m. d'alt.) et Colonia Vera-Guarany (26°13′ S. et 774 m.) :

| | Iraty | Ivahy | | | Vera-Guarany | | |
	Moyenne	Moyenne	Maxima	Minima	Moyenne	Maxima	Minima
Janvier...	... 22·1 ...	26·1 ...	36·8 ...	14·0 ...	24·8 ...	33·0 ...	14·0
Février...	... 23·2 ...	23·2 ...	26·6 ...	13·2 ...	22·2 ...	32·2 ...	14·1
Mars ...	... 22·4 ...	20·6 ...	29·7 ...	13·9 ...	19·7 ...	29·3 ...	13·3
Avril ...	... 24·1 ...	20·1 ...	28·6 ...	11·4 ...	17·6 ...	27·3 ...	9·2
Mai ...	... 15·0 ...	16·9 ...	26·8 ...	7·2 ...	15·5 ...	22·5 ...	6·0
Juin ...	... 14·0 ...	11·8 ...	21·5 ...	6·2 ...	9·3 ...	16·0 ...	5·0
Juillet ...	... 15·0 ...	12·9 ...	18·1 ...	5·8 ...	11·0 ...	16·0 ...	3·0
Août ...	... 16·6 ...	14·5 ...	25·6 ...	5·2 ...	12·0 ...	17·0 ...	3·0
Septembre	... 18·6 ...	15·1 ...	25·3 ...	7·4 ...	12·4 ...	15·3 ...	5·7
Octobre	... 18·6 ...	28·3 ...	30·0 ...	9·7 ...	15·0 ...	16·0 ...	7·7
Novembre	... 16·6 ...	20·8 ...	30·0 ...	12·8 ...	22·0 ...	23·2 ...	11·4
Décembre	... 22·5 ...	22·6 ...	31·0 ...	16·0 ...	22·4 ...	25·0 ...	11·0

Météores humides.—Les observations de la série 1885-1889 ne comportèrent pas *l'humidité absolue*. Il n'existe une série de 2 années que pour Guarapuava et Palmas qui enregistrèrent 11mm.3 (1880-89), et 11·5 (1887-89).

	G.	P.		G.	P.		G.	P.
Janvier ...	14·4 ...	15·4	Mai ...	9·2 ...	8·7	Septembre ...	10·1 ...	9·7
Février ...	14·0 ...	14·6	Juin ...	7·9 ...	8·2	Octobre ...	11·4 ...	10·8
Mars ...	13·2 ...	13·5	Juillet ...	8·8 ...	8·6	Novembre ...	12·8 ...	12·1
Avril ...	11·5 ...	11·3	Août ...	8·7 ...	8·5	Décembre ...	14·2 ...	15·2

L'*humidité relative* du Plateau n'est guère élevée, ses moyennes varient de 74 à 79 pour cent ; Palmas toutefois enregistra 84·7. Guarapuava et Castro peuvent servir de types à cet égard :

	J.	F.	M.	A.	M.	J.	J.	A.	S.	O.	N.	D.
Guarapuava ...	78·3	76·8	78·0	79·4	79·6	79·6	77·0	72·4	76·8	77·5	72·1	77·4
Castro	68·7	72·6	77·2	75·9	80·1	77·8	73·3	72·7	75·0	73·4	70·4	74·4

Les précipitations atmosphériques sont données par le tableau suivant, formé par les moyennes mensuelles :

	Ponta Grossa		Palmas		Colonia Ivahy (1912)	
	Hauteur	Jours	Hauteur	Jours	Hauteur	Jours
Janvier	147 mm.	9·3	92 mm.	11·4	—	—
Février ...	133	12·0	98	10·3	326 mm.	20
Mars	177	12·3	99	10·0	20	7
Avril	118	9·0	210	13·3	53	7
Mai	257	15·0	216	11·3	111	7
Juin	130	7·0	199	12·0	158	7
Juillet ...	78	6·7	91	9·0	27	6
Août	92	7·3	101	8·7	69	12
Septembre ...	200	13·3	178	13·7	151	9
Octobre ...	244	13·7	300	14·7	160	4
Novembre ...	128	10·3	184	13·3	30	2
Décembre ..	239	18·3	280	18·3	90	7
Total ...	1942	134·2	2048	146·0	1195	88

Les pluies du Paraná sont à peu près également distribuées ; deux maxima s'y présentent toutefois, d'importance très variable.

(C) Le Climat de Curitiba.

Le plateau de Curitiba se trouve à l'Est des plateaux de Guarapuava et des Campos Geraes ; il est, en moyenne, un peu moins élevé ; il s'étend de la Serra do Mar à la Serrinha à 900 m. environ d'altitude.

L'observatoire de premier ordre de Curitiba, monté à la Chacara Capanema à 2500 mètres du centre de la ville, se trouve à 908 mètres d'altitude, sous le 25°25' de lat. S. et le 49°15' Ouest de Greenwich.

Les services météorologiques de Curitiba furent commencés en mai 1884 ; ils étaient la première réalisation du plan Capanema. À l'heure qu'il est, la série de Curitiba compte 32 années d'observations ; elle est donc la plus complète après Rio de Janeiro.

Le résumé des premières données fut publié par Weiss dans la *Revista do Observatorio* en 1888. Peu d'années après, la *Meteorologische Zeitschrift* se mit à publier régulièrement les résultats annuels de l'Observatoire de Curitiba. En 1904 commença, dans la même revue, la collaboration de Franz Siegel qui, en 1910, fournit au *Boletim Meteorologico* une série complète de tableaux météorologiques relatifs au Paraná, et à 25 ans d'observations à Curitiba. En 1909 toutefois, des séries d'études groupées sous le nom de *Contribuções para a Climatologia do Paraná* furent publiées par l'ingénieur José Niepce da Silva, avec de nombreux diagrammes, mais le climat de Curitiba y est traité avec l'ensemble des climats du Paraná. En 1912 enfin, Mr. J. M. de Paula publia dans une revue

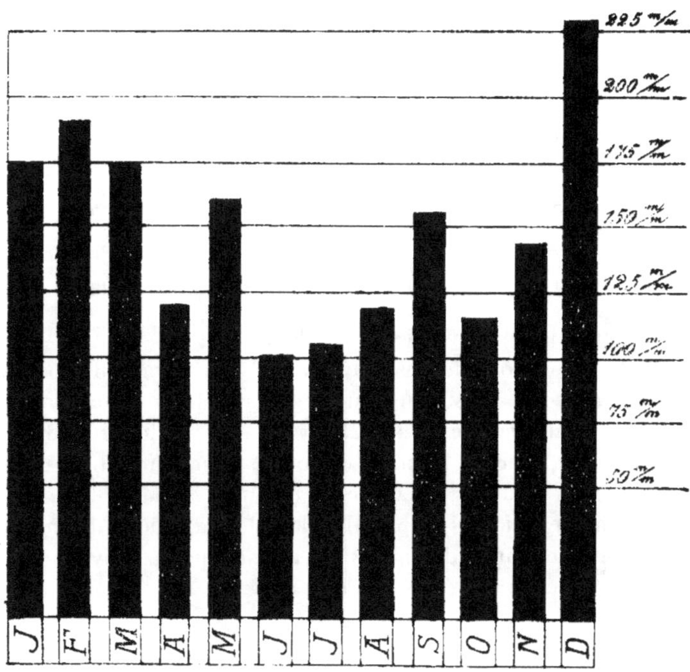

MOYENNES GÉNÉRALES DES PRÉCIPITATIONS AU PARANÁ
(d'après Niepce da Silva).

agricole, *A Casa do Lavrador,* une " Climatologia de Curitiba " qui étudie, saison par saison, les manifestations des différents phénomènes météorologiques, sans donner toutefois de tableaux.

Pression atmosphérique.—Vingt-deux années d'observations à Curitiba donnèrent comme moyenne générale de la pression 686·9 mm. qui, réduite au niveau de la mer et à la pression normale, représente 762mm.2.

Au cours de la série la moyenne annuelle la plus haute fut 687·4 et la plus basse 686·5, ne laissant donc qu'un écart inférieur à 1 mm.

Juillet est le mois des plus hautes pressions (689mm.3 en moyenne). L'oscillation des moyennes de ce mois atteignit 3mm.3 ; janvier est le mois des plus basses pressions, avec une oscillation de 2 mm. entre les moyennes, au cours de la série.

Les moyennes mensuelles furent :

Janvier	...	684·8	Juillet	...	689·3
Février	...	85·6	Août	...	88·6
Mars	...	86·3	Septembre	...	87·8
Avril	...	87·4	Octobre	...	86·4
Mai	...	87·9	Novembre	...	85·1
Juin	...	89·1	Décembre	...	84·9

L'écart annuel moyen est donc de 4mm.5.

Si nous considérons l'amplitude des variations mensuelles, nous constatons que les écarts les plus considérables ont lieu pendant l'hiver et surtout le printemps (octobre 13mm.1) ; il en est de même pour l'amplitude des variations diurnes (octobre 3·38 mm.) ; l'été enregistre également de fortes amplitudes dans les variations diurnes.

Les moyennes des maxima et des minima, suivant les saisons, sont :

	Maxima		Minima		Amplitude Mens.		Diurne
Eté ...	... 689·9	...	679·3	...	10·6	...	3·05
Automne ...	692·0	...	681·2	...	10·8	...	2·84
Hiver ...	694·5	...	682·5	...	12·0	...	3·09
Printemps ...	692·2	...	680·0	...	12·2	...	3·31

Température.—Niepce da Silva fait remarquer combien la série des 5 premières années d'observations relatives à Curitiba se trouve d'accord avec la série des vingt années qui suivent, et cela malgré les dévastations commises dans l'aire forestière du voisinage et d'autres mesures susceptibles d'altérer le régime climatique de la localité.

Au cours de 27 ans d'observation, la moyenne générale

de Curitiba a été 16·4 C., oscillant entre 15·3 en 1893 et
17·2 en 1902.

1885 ... 17·2	1892 ... 16·1	1899 ... 16·9	1906 ... 16·5
1886 ... 15·9	1893 ... 15·3	1900 ... 16·9	1907 ... 16·1
1887 ... 16·4	1894 ... 16·3	1901 ... 16·0	1908 ... 16·0
1888 ... 16·9	1895 ... 16·6	1902 ... 17·2	1909 ... 15·8
1889 ... 16·9	1896 ... 16·7	1903 ... 16·5	1910 ... 16·2
1890 ... 16·0	1897 ... 16·8	1904 ... 16·0	
1891 ... 16·6	1898 ... 16·1	1905 ... 16·5	

Le mois le plus chaud de l'année est tantôt décembre,
tantôt janvier, tantôt février, parfois mars. Le mois le
plus froid est juin ou juillet, parfois même août.

La série de 27 années donne comme moyennes mensuelles générales :

Janvier	... 20·3	Juillet ...	... 12·5
Février	... 20·3	Août ...	... 13·5
Mars ...	... 19·3	Septembre	... 14·6
Avril ...	... 16·8	Octobre ...	... 16·1
Mai ..	... 13·6	Novembre	... 18·0
Juin ...	... 12·2	Décembre	... 19·6

L'amplitude des oscillations de la moyenne annuelle
est de 1·9 à peine, celle des moyennes mensuelles, au cours
de la série, est plus marquée, comme on peut conclure du
tableau suivant relatif aux plus hautes et aux plus faibles
températures moyennes des mois extrêmes de l'année,
observées de 1884 à 1910 :

	Décembre	Janvier	Février	Juin	Juillet	Août
Plus haute moyenne ...	21·7	23·4	21·4	14·3	14·5	15·4
Plus basse ...	18·5	18·9	18·9	10·0	10·3	11·1
Différence ...	3·2	4·5	3·5	4·3	4·2	4·3

Les extrêmes absolus enregistrés à Curitiba, jusqu'en
1911 furent 37·4 (décembre 1895) et −8·9 (juin 1899). Il
y neigea en 1887 et en 1892. La moyenne des maxima
est 22·9, variant de 27·4 en janvier à 18·1 en juin ; celle
des minima est 11·5, oscillant entre 15·9 en février et 6·6
en juin.

L'amplitude des oscillations entre maxima et minima
diurnes est plus accentuée en été et en hiver que pendant
les saisons intermédiaires. Les variations diurnes de la
température, d'autre part, sont plus fortes en hiver qu'en

toute autre saison. La variation diurne atteint le maximum de 7·9 ; le maximum absolu de cette variation fut enregistré en mai 1898 et comporta un abaissement de 9·7.

En été, les nuits sont fraîches à Curitiba ; jusque vers 7 a.m. on enregistre des températures inférieures à 18. Entre 7 a.m. et 11 a.m., l'échauffement est rapide et le thermomètre monte, en moyenne, de 1° C. par heure. Peu avant 1 p.m. il atteint 24°, température qui se maintient, d'ailleurs, rarement au-delà de 3 heures de suite. 2 p.m. est l'heure la plus chaude de la journée en été. Dès 5 p.m. la chûte est rapide. Au coucher du Soleil (7 p.m. environ) la moyenne oscille entre 20° et 21° ; entre 8 p.m. et 10 p.m. le 19° degré est enregistré ; la première partie de la nuit se maintient à 18 environ, jusqu'à 1.30 a.m., pendant la période la plus chaude.

En hiver, la nuit est froide : dès 2 a.m. le thermomètre enregistre 9°, en juin et juillet. Le minimum est au lever du Soleil (6.30 a.m. environ). La hausse du thermomètre est rapide après 8 a.m., plus rapide qu'en été : elle est de presque 2° par heure. Peu après 11 p.m. le 16° est atteint. Le maximum est à 2.30 p.m. à peu près, et l'abaissement de la température a lieu, suivant le mois, entre 4 et 5 p.m. Le coucher du Soleil (5 p.m. environ) enregistre déjà 15° pendant la quinzaine la plus fraîche. Au cours de la nuit l'abaissement de la température est graduel, plus rapide toutefois qu'en été. À minuit, la température marquée est 12° en mai et août, elle est de 10° ou 11° en juin et juillet.

Météores humides.—La tension moyenne de la vapeur d'eau, pour quinze années d'observations, est de 11mm.5. Sa distribution au cours de l'année est la suivante :

	Moyenne	Maximum	Minimum	Amplitude	Oscillation diurne
Été	14·1	18·8	7·4	11·4	3·2
Automne	11·8	18·0	4·6	13·4	3·0
Hiver	9·0	14·2	3·3	10·9	3·0
Printemps	11·1	17·3	4·8	12·5	3·0

L'oscillation diurne de l'humidité absolue présente donc une amplitude remarquablement régulière.

Le mois de juillet présente la plus faible tension de la vapeur d'eau avec 8·9 mm. de moyenne et 13·1 et 4·1 respectivement pour extrêmes. Février présente le maximum avec une moyenne mensuelle de 14mm.4 et 18·4 et 9·5 pour extrêmes.

L'*humidité relative* de Curitiba n'est guère faible, sa moyenne générale pour 25 ans est de 81·7 pour cent. Elle est donc plus considérable que celle de la plupart des localités de la région des Campos Geraes. Ses variations moyenne furent :

	Moyenne		Maximum		Minimum		Amplitude
Eté ...	81·2	...	94·3	...	60·6	...	33·7
Automne	83·1	...	95·3	...	60·6	..	34·7
Hiver ...	81·7	...	95·1	...	58·2	...	36·9
Printemps	80·8	...	94·2	...	59·1	...	35·1

Le minimum absolu de la période, 10·6 pour cent, fut enregistré en novembre 1899.

Les maxima d'humidité relative se présentent à la fin de l'automne et au début de l'hiver : mai 83·4 et 83·6, les minima à la fin de l'hiver (août 80 pour cent) ou au début de l'été (novembre 79·6 pour cent). En certaines années en effet, on assiste à la formation de deux maxima, l'un entre février et avril, l'autre secondaire en septembre ; la dépression du mois d'août est caractéristique :

	Moyenne de 5 années (1884-89)		1907		1908		1909		1910
Janvier	78·6	...	81·4	...	83·7	...	77·4	...	79·7
Février	79·7	...	84·5	...	82·9	...	83·2	...	84·6
Mars	81·7	...	81·1	...	82·5	...	83·3	...	83·0
Avril	82·4	..	82·5	...	81·9	...	82·4	...	84·6
Mai ...	83·9	...	83·7	...	84·9	...	80·9	...	78·6
Juin ...	83·4	...	84·8	...	84·4	...	80·8	...	82·8
Juillet	83·4	...	82·8	...	81·8	...	81·6	...	81·0
Août	79·0	...	82·2	...	76·4	...	80·0	...	78·3
Septembre	82·3	...	82·7	...	80·8	...	81·8	...	83·3
Octobre	79·8	...	82·7	...	82·7	...	79·5	...	81·1
Novembre	78·0	...	81·8	...	81·7	...	77·0	...	76·2
Décembre	80·7	...	82·4	...	83·6	...	78·7	...	74·8
Moyenne	81·1	...	82·7	...	82·2	...	80·5	...	80·7

L'évaporation totale annuelle atteint 686 mm. en

moyenne ; elle est plus forte en été, où novembre enregistre 5mm.3 en 24 heures ; elle est plus faible en automne et en hiver.

Curitiba enregistre annuellement environ 1,910 heures d'insolation effective, ce qui représente 43·2 pour cent de la durée totale de l'insolation. Les maxima coïncident avec les mois frais, alors que la nébulosité est plus faible. La nébulosité est assez forte, sa moyenne générale (21 ans d'observations) est de 6·4 ; à l'été correspond 7 et à l'hiver 5·6. Cette localité compte 234 jours couverts contre 131 jours clairs.

Pluviosité.—Curitiba, en raison même de la proximité de la Serra, se trouve moins bien partagée en précipitations que les autres plateaux ; l'analogie avec S. Paulo s'impose ici. Toutefois, la capitale de l'Etat se trouve avoir le plus grand nombre de jours de pluie, après la Serra elle-même (Cadeado).

Un tableau de la région, organisé par Niepce da Silva, indique pour 1907 et 1908 :

	Hauteur de pluies	Jours de pluies
Morretes	2538	125·5
Cadeado	2792	183·5
Roça-Nova	1590	134·0
Curitiba	1362	162·0
Serrinha	1487	127·5
Rio Negro	1317	121·5
Restinga Secca	1419	106·5
Porto-Amazonas	1427	97·5

Vingt-cinq années d'observations attribuent à Curitiba une précipitation annuelle moyenne de 1452 mm. avec 161·5 jours de pluie, dont 122 avec plus de 1 mm. Le maximum enregistré en 24 heures fut 74 mm., c.-à-d. à peu près le cas de S. Paulo. 16 jours de gelée sont annuellement enregistrés, en moyenne, et 71 de brouillard (maximum d'hiver).

Quant à la distribution au cours de l'année, nous avons :

	Hauteur de pluies	Jours		
		de pluie	de gelée	d'orage
Janvier	173 mm. ...	19 0 ...	— ...	9·8
Février	141 ...	17·6 ...	— ...	7·3
Mars	117 ...	16·7 ...	— ...	6·0
Avril	83 ...	11·8 ...	0·7 ...	2·7
Mai	116 ...	10·7 ...	2·8 ...	2·5
Juin	98 ...	10·4 ...	4·0 ...	1·9
Juillet	63 ...	8·6 ...	4·0 ...	1·9
Août	93 ...	10·4 ...	3·1 ...	4·4
Septembre ...	119 ...	11·6 ...	1·0 ...	4·8
Octobre ...	158 ...	14·6 ...	0·4 ...	6·2
Novembre ...	131 ...	13·8 ...	— ...	6·0
Décembre ...	160 ...	16·3 ...	— ...	8·0

Par le nombre de jours de pluie qui varie, en somme, de 10 à 20 par mois, on peut voir que les précipitations sont à peu près également distribuées; il se produit toutefois un maximum d'été assez marqué. Le maximum de pluviosité retombe indifférement sur janvier ou sur décembre; mai enregistre très fréquemment un léger maximum secondaire. Juillet est un mois sec, en général, mais c'est celui qui enregistre les plus nombreux jours de forte rosée.

De 1884 à 1910 Curitiba a enregistré une pluviosité assez régulière; les extrêmes furent 988 mm. en 1909 et 1847 mm. en 1898.

Vents.—Les vents prédominants, à Curitiba, sont ceux de l'E. et du NE. Le vent de l'E., plus fréquent pendant le semestre chaud, diminue sensiblement en hiver. Le NE., moins fréquent au début de l'année, le devient davantage à partir de juin. Le vent du Nord, sans être prédominant, est des plus fréquents en hiver; quand le SE. faiblit, le NO. acquiert également de l'importance en hiver; les calmes se font plus nombreux. Quant aux S. et O. ils sont rares et à peu près constants, quant à leur distribution.

	N.	NE.	E.	SE.	S.	SO.	O.	NO.	Calmes
Année ...	10·3 ...	20·6 ...	23·0 ...	12·4 ...	3·5 ...	5·5 ...	8·1 ...	9·0 ...	7·5
Décembre ...	9·0 ...	21·0 ...	27·0 ...	14·0 ...	3·0 ...	5·0 ...	8·0 ...	9·0 ...	4·0
Juillet ...	15·0 ...	22·0 ...	14·0 ...	7·0 ...	3·0 ...	5·0 ...	9·0 ...	12·0 ...	13·0

Quant à la vitesse de vents, elle est plus considérable quand soufflent les vents d'E. et du SE. ainsi que ceux

31

plus rares de l'O (3'4 à 3'8). Elle est plus considérable
en été qu'en hiver, au printemps qu'en automne. (Voir
plus haut : *Régime des Vents*, pages 148 et 149.)

(D) Le Climat de S. Paulo.

La ville de S. Paulo se trouve près du Rio Tiété sous
le 23°33' de lat. S. à 761 mètres d'altitude et à 52 kilomètres
environ de l'Océan. Sa topographie est assez accidentée,
il en résulte que ses différents quartiers se trouvent entre
730 et 800 mètres d'altitude. Au Nord de la localité, les
sinuosités du Tiété traversent une zône de végétation
marécageuse ; les collines qui environnent la ville de tous
côtés sont recouvertes soit de forêts, soit de capoeiras.
Au N. se trouve la Serra da Cantareira, à 10 kilomètres
de la ville (1200 m.) ; au NE. la Serra d'Itaberaba
(1400 m.). La Serra do Mar, au SE., se trouve à
40 kilomètres.

Les observations météorologiques sont prises en trois
points différents : à l'Observatoire Central (Ecole Normale)
à 761 m., à la Station de l'Avenida Paulista à 815 m. et à
Butantan. La formule adoptée par le Service Météorologique de S. Paulo est, comme on sait, la formule
$\frac{7 + 2 + 9 + 9}{4}$.

La contribution considérable apportée par les stations
paulistes, dont 57 possèdent déjà des séries de plus de dix
ans, ne semble pas avoir toutefois suscité des travaux
d'ensemble de la part des météorologistes. Il n'y a guère
que la mise en œuvre due à E. L. Voss sous le nom de
" Beiträge zur Klimatologie der südlichen Staaten von
Brasilien " (*Pet. Mitt. Erg.*, 145) qui ne traite presqu'-
exclusivement que S. Paulo, et les écrits de J. N. Belfort
Mattos : " Breve noticia sobre o Clima de S. Paulo "
(*Dados Climatologicos*, 1903) " O Serviço Meteorologico
e o Clima do Estado de S. Paulo " (*Bulletin* No. 3 de la
2e série, 1908) ; " A Temperatura em S. Paulo " (*Dados
Clim.*, 1910) ; " As variaçòes da temperatura em S. Paulo "
(*Annaes do 1º Congresso Brasileiro de Geographia*, 1910) ;

" O Regimen das chuvas em S. Paulo " (*ibidem*) ; " Em defeza do Clima do Estado de S. Paulo " (*Bulletin* No. 16 de la 2e série). Sans faire mention d'autres articles épars et de la description annuelle du temps par le même auteur. Mr. G. Mossman de la *British Rainfall* a entrepris actuellement la mise en œuvre des séries paulistes relatives aux précipitations atmosphériques, dans le but de coordonner les données pluviométriques du Sud du continent, et d'en tirer des conclusions pratiques au point de vue de la prévision du temps.

Il serait aisé de rédiger une série de monographies climatographiques relatives à la région pauliste et d'examiner, en détail, tour à tour S. Roque, Jundiahy, Ytú, Sorocaba, Tatuhy, Itatiba, Campinas, etc. Mais pour ne pas donner à cette partie un développement disproportionné, nous n'examinerons que le climat de la capitale de l'Etat, avec des comparaisons occasionnellement tirées des séries voisines.

Les *Dados Climatologicos* régulièrement publiés par le Service Météorologique de l'Etat présentèrent en 1916 leur 24e *Bulletin trimestriel* de la 2e série. Nous avons vu dans l'introduction historique, que les origines du Service remontent à 1887. Il fut alors rattaché à la Commissão Geographica e Geologica, le Professur Alberto Loefgren étant son premier directeur. À Loefgren succédèrent F. J. C. Schneider, puis Belfort Mattos. En 1902, la réorganisation du ministre A. Candido Rodrigues détacha le Service Météorologique du Service Géologique, pour le faire dépendre du Département de l'Agriculture. En 1911, la réorganisation du ministre Padua Salles vint rendre ce service indépendant en le constituant l'un des départements du " Ministère de l'Agriculture, Commerce et Travaux publics." Chacune de ces étapes vers l'autonomie est marquée par de nouveaux progrès, de nouvelles acquisitions, la fondation de nouveaux postes et une plus brillante activité.

À l'heure qu'il est la publication d'une *Climatologie de S. Paulo* est une entreprise de nature à tenter plus d'un météorologue ; une dizaine de postes, comptant plus de vingt ans d'observations, offrent un matériel scientifique abondant et des données solides à cet effet.

En 1916 les principales séries du plateau pauliste à la disposition des climatologistes, et dont les données se trouvent dans les *Dados,* étaient :

	Altitude	Latitude S.	Distance de la mer	Années d'observations
Bananal	400 m. ...	22°40' ...	31 kil. ...	9
Ibitinga	465 ...	21°45' ...	343 ...	12
Campos Novos ...	487 ...	22°34' ...	350 ...	13
Lençoes	537 ...	22°36' ...	267 ...	10
Piracicaba	550 ...	22°44' ...	183 ...	12
Ribeirão-Preto ...	550 ...	21°10' ...	334 ...	13
Mattão	560 ...	21°36' ...	330 ...	14
Jacarehy	565 ...	23°18' ...	50 ...	13
Ytú	583 ...	23°16' ...	115 ...	24
Taubaté	583 ...	23°2' ...	65 ...	19
Tatuhy	595 ...	23°21' ...	138 ...	25
Agudos	602 ...	— ...	— ...	—
Araras	614 ...	22°22' ...	205 ...	16
Brotas	630 ...	22°17' ...	250 ...	23
Amparo	658 ...	22°42' ...	140 ...	12
Campinas	665 ...	22°54' ...	138 ...	24
Butantan	750 ...	— ...	— ...	8
Avaré	750 ...	23°5' ...	235 ...	11
S. Paulo (observatoire)	761 ...	23°33' ...	55 ...	27
Alto-da-Serra ...	800 ...	23°47' ...	21 ...	26
Botucatú	825 ...	22°54' ...	215 ...	20
Bragança	840 ...	22°58' ...	107 ...	14
S. Carlos do Pinhal ...	842 ...	22°1' ...	262 ...	14
Apiahy	885 ...	24°30' ...	105 ...	11
Cunha	1000 ...	23°5' ...	26 ...	22
Franca	1002 ...	20°32' ...	388 ...	12
Poços de-Caldas ...	1186 ...	21°47' ...	230 ...	10
Villa-Jaguaribe ...	1640 ...	22°44' ...	— ...	11

Il existe également de longues séries pour Lorena, Faxina, Porto-Ferreira, Itararé, Rio Claro, S. Roque et des séries plus récentes relatives à des points plus éloignés du Sud et de l'Ouest de S. Paulo, tels que Santa-Rita, Jaboticabal, Barretos, S. José-do-Rio Preto, etc. L'Ouest de S. Paulo sera bientôt climatologiquement révélé par les observations relatives à Porto-Tibiriçá, Jupiá et Porto-Taboado sur le fleuve Paraná, et les postes isolés de Indiana, Penapolis et Araçatuba.

En 1910 déjà, la mise en œuvre des éléments météorologiques normaux de l'Etat, due à Belfort Mattos, était basée sur un total de 73 postes d'observations, ce qui représentait à peu près exactement une station par

4,000 k.², ce qui est coquet, surtout si l'on songe que ce réseau est en réalité plus étroit, attendu que tout l'Ouest est encore presque dépourvu de stations.

L'œuvre réalisée à S. Paulo par le Service météorologique est donc une œuvre scientifique de la plus haute importance. Grâce à elle, l'État de S. Paulo est l'un des points du monde les plus familiers aux météorologistes et aux savants. Elle peut servir d'exemple aux autres États et les encourager à étendre leur propre réseau.

Pression atmosphérique.—Les cartes barométriques annuelles de S. Paulo semblent indiquer l'existence, dans le centre même de l'Etat, d'une aire de basse pression qui se déplace suivant les années.

La moyenne de S. Paulo (Observatoire Central) est de 698mm.4, soit 762mm.5 au niveau de la mer. En ces onze dernières années, l'amplitude des oscillations de la moyenne annuelle fut de 2mm.1 (entre 697·6 en 1911 et 699·7 en 1903).

		Moyennes annuelles		Maximum		Minimum
1901	...	697·8	...	705·5	...	688·9
1902	...	98·4	...	706·7	...	89·2
1903	...	99·7	...	708·2	...	90·5
1904	...	99·2	...	706·4	...	91·0
1905	...	98·8	...	706·1	...	90·7
1906	...	98·2	...	707·1	...	90·7
1907	...	97·7	...	706·6	...	90·0
1908	...	98·4	...	705·9	...	90·1
1909	...	98·4	...	707·2	...	86·5
1910	...	98·0	...	705·1	...	90·0
1911	...	97·6	...	705·9	...	89·7

Au cours de cette période, les moyennes mensuelles ont présenté des oscillations plus considérables entre mai et octobre :

Janvier	...	3·5 mm.	Mai	...	6·4 mm.	Septembre	...	4·2 mm.
Février	...	3·4	Juin	...	6·2	Octobre	...	2·3
Mars	...	2·6	Julliet	...	3·9	Novembre	...	2·0
Avril	...	3·0	Août	...	2·9	Décembre	...	2·3

Mai a enregistré, en effet, 700·5 (1902) et 694·1 (1905), et novembre 697·4 (1903) et 695·4 (1909), marquant ainsi les extrêmes.

Au cours de l'année, les pressions varient de la façon suivante (1909) :

		Moyenne		Maximum		Minimum
Janvier...	...	689·6	...	701·0	...	695·4
Février...	...	93·4	...	699·2	...	696·7
Mars ...	...	92·4	...	700·3	...	696·6
Avril ...	...	95·0	...	703·0	...	698·9
Mai ...	...	94·8	...	704·1	...	699·0
Juin ...	...	94·8	...	706·6	...	701·2
Juillet ...	...	98·3	...	707·2	...	702·3
Août ...	...	94·4	...	705·5	...	701·7
Septembre	...	91·0	...	704·1	...	698·2
Octobre	...	88·6	...	702·9	...	697·3
Novembre	...	86·5	...	701·2	...	695·4
Décembre	...	92·0	...	699·0	...	696·9

Température.—À propos du littoral pauliste (Climat de Santos) nous avons remarqué qu'il existe un retard dans les saisons chaudes du Plateau, par rapport à celles du Littoral. Dans l'intérieur les plus fortes chaleurs se produisent en décembre et janvier et les minima en juin. Il y a donc un retard d'un mois environ, dû probablement à l'influence océanique.

Une série de 21 années à l'Observatoire de S. Paulo et une série de 6 années à l'Avenida Paulista donnent les moyennes mensuelles suivantes :

		Observatoire		Avenida Paul.			Observatoire		Avenida Paul.
Janvier	...	21·0	...	20·3	Juillet	...	14·5	...	14·3
Février	...	21·4	...	20·3	Août	...	15·6	...	14·3
Mars	...	20·8	...	19·5	Septembre	...	16·7	...	16·2
Avril	...	18·5	...	17·1	Octobre	...	18·1	...	17·9
Mai	...	16·2	...	15·6	Novembre	...	19·2	...	19·1
Juin	...	14·7	...	14·7	Décembre	...	20·9	...	20·1

Le retard de l'été est donc déjà plus prononcé à S. Paulo que dans les localités de l'intérieur : janvier et février sont les mois les plus chauds ; juillet et août les mois les plus froids.

La moyenne générale de l'Observatoire est 18·1 et celle de l'Avenida 17·5. Il y a donc une différence de 0·6 pour 54 mètres d'altitude ; il faut admettre que l'influence de l'orientation différente des deux postes d'observation agit également.

Au cours des dix dernières années les moyennes annuelles relatives à l'Observatoire Central ont présenté un écart de 1° C., entre 17°4 (1911) et 18°4 (1902) :

	Moyenne	Moyenne		Températures absolues	
		maximum	minimum		
1901 ...	17·6 ...	— ...	— ...	36·0 ...	2·4
1902 ..	18·4 ...	— ...	--- ...	36·3 ...	−0·2
1903 ...	17·8 ...	23·9 ...	13·7 ...	33·2 ...	5·0
1904 ...	17·8 ...	24·1 ...	13·7 ...	34·0 ...	0·2
1905 ...	18·1 ...	23·8 ...	14·2 ...	32·2 ...	0·5
1906 ...	18·4 ...	24·4 ...	14·4 ...	34·9 ...	4·0
1907 ...	18·0 ...	24·0 ...	14·0 ...	32·2 ...	3·0
1908 ...	18·0 ...	24·2 ...	14·4 ...	33·0 ...	3·8
1909 ...	17·8 ...	23·9 ...	13·8 ...	34·0 ...	4·8
1910 ...	17·8 ...	24·1 ...	13·7 ...	34·0 ...	0·2
1911 ...	17·4 ...	23·4 ...	13·4 ...	34·4 ...	---

Fait curieux, cet écart de 1° C., présenté dans la moyenne, se retrouve exactement dans la moyenne des maxima et dans celle des minima, qui oscillent respectivement entre 23·4 et 24·4 d'une part et 13·4 et 14·4 de l'autre.

	Campinas (18 ans)	Tatuby (19 ans)	Ytú (18 ans)	Taubaté (13 ans)	S. Roque (9 ans)
Janvier ...	21·0 ...	22·8 ...	23·7 ...	22·8 ...	21·4
Février ..	22·1 ..	22·5 ...	23·4 ...	23·3 ...	20·8
Mars	22·1 ...	22·1 ...	23·3 ...	23·1 ...	19·9
Avril	19·9 ...	19·3 ...	20·9 ...	21·1 ...	17·0
Mai	17·5 ...	16·9 ..	18·1 ...	18·7 ...	15·0
Juin	16·1 ...	15·3 ...	16·7 ...	17·1 ...	12·0
Juillet ...	16·2 ...	15·5 ...	16·7 ...	17·0 ...	11·8
Août	17·5 ...	16·5 ...	17·8 ...	18·2 ...	13·2
Septembre ...	18·9 ...	17·8 ...	19·3 ...	19·3 ...	16·5
Octobre ...	20·3 ...	19·7 ...	21·0 ...	20·8 ...	19·2
Novembre ...	21·4 ...	21·1 ...	22·2 ...	21·8 ...	20·5
Décembre ...	22·4 ..	22·6 ...	23·6 ...	23·4 ...	21·1
Moyenne ...	19·6 ...	19·3 ...	20·6 ...	20·5 ...	17·4

L'écart entre le mois le plus chaud et le mois le plus froid n'atteint, en moyenne, que 6 à 7° C. À Campinas cette différence est de 6·3, à Taubaté de 6·4; mais elle croît à Ytú (7°), à Tatuby (7·5), et atteint 9·6 à S. Roque.

Campinas sous le 22°58′ lat. S. se trouve moins élevée que S. Paulo, son altitude étant 660 m.; son éloignement de la mer est de 136 kilomètres environ. À ce propos, reproduisons le tableau de Voss qui interprète la continentalité dans l'Etat de S. Paulo, et particulièrement dans la zône que nous examinons :

Localités				Distances de la mer		Écart mensuel de la temp. moyenne
Iguape	...	...	...	—	...	3·7
Taubaté	...	...	...	64	...	6·8
Bragança	...	...	...	106	...	11·0
Tatuhy	...	...	...	136	...	12·3
Campinas	...	...	...	136	...	12·3
Rio Claro	...	...	...	206	...	12·4

Cet écart mensuel au-dessous et au-dessus de la moyenne annuelle est plus prononcé, sur le Plateau, pendant les derniers mois d'hiver.

Les températures extrêmes, à S. Paulo, sont exprimées par le tableau suivant, relatif à 13 années d'observations :

	Moyenne		Températures absolues	
	Maximum	Minimum	Maximum	Minimum
Janvier ...	27·1	18·0	35·0	10·9
Février ...	27·0	17·8	34·0	11·6
Mars ...	26·5	17·3	34·0	11·8
Avril ...	23·2	15·1	33·2	6·0
Mai... ...	21·3	12·5	30·0	1·5
Juin... ...	19·5	10·2	27·0	−0·0
Juillet ...	20·6	9·5	28·2	0·7
Août ...	24·6	11·1	31·5	2·5
Septembre ...	22·1	12·8	34·0	0·7
Octobre ...	23·8	14·6	34·8	3·6
Novembre ...	25·1	15·4	33·2	7·0
Décembre ...	27·0	17·0	38·5	7·0

L'amplitude des oscillations atteint donc 41° à S. Paulo ; nous avons vu qu'à Tatuhy cette amplitude atteignit 44·3. Juin et juillet sont les mois les plus froids, " mais," dit Belfort Mattos, " les minima absolus de la température se sont produits au mois d'août, à la suite des cyclones du Sud qui envahissent l'État, causant les fortes gelées, si redoubtables pour la culture de caféier."

La différence interdiurne de la température est de 1·3 en moyenne ; elle est plus faible en mars (0·9) et plus forte en août et septembre (1·6) ; les maxima absolus atteignent 7 et 8° et même 8·8 en hiver (calculs de Voss).

Quant aux oscillations thermiques dans les 24 heures elles atteignirent 23·5 en 1898, mais au cours de 22 années ne dépassèrent 20° que douze fois. Il existe à ce sujet une énergique protestation de Belfort Mattos contre l'allégation gratuite que des oscillations de 30° en 24 heures étaient fréquentes. Pour répondre à un dénommé Gamboa, Espagnol de nationalité et lieutenant de profession, le directeur du Service Météorologique de S. Paulo remonta à 1889 et calcula les écarts de treize stations pendant le cours complet des observations qui y furent prises. À Faxina un écart de 25° fut enregistré en 1908, à Ribeirão-Preto 26°9 fut atteint la même année. Dans cette minutieuse enquête on peut dégager l'influence de la continentalité.

Au cours de l'année la température moyenne de la journée se trouve être à S. Paulo :

A.M.			P.M.		
1 h.	...	15·7	2 h.	...	23·0
3	...	15·2	4	...	21·8
5	...	14·9	6	...	19·4
7	...	15·3	8	...	17·8
9	...	17·9	10	...	16·8
Midi	...	21·9	Minuit	...	16·5

2 p.m. est l'heure des maxima de la journée en toutes saisons ; les minima sont, au contraire, très variables. En été, 5 a.m. est l'heure moyenne des minima qui varient de 17·3 à 18·6. La moyenne de la journée est enregistrée par le thermomètre, une première fois entre 8 et 9 heures du matin et une seconde fois à 7h. du soir. Le maximum de 2 p.m. est 25 ou 26. En automne le minimum n'est plus à 5h., mais bien à 6 a.m. représenté par des températures de 13 à 17°. En hiver, il retarde davantage, les températures de 10 ou 11° qu'il amène sont enregistrées vers 7 a.m. ; le passage de la moyenne retarde également le matin, entre 9 a.m. et 11 a.m. et le soir entre 8 p.m. et 9 p.m. Les maxima de la journée varient de 18·9 à 21·3. Les nuits sont froides, mais le thermomètre n'enregistre pas de moyennes inférieures à 10° C. (période 1889-99).

			Série 1889-1900		1909		1910		1911
Janvier	7 a.m.	...	19·4	...	18·6	...	19·0	...	19·5
	2 p.m.	...	25·8	...	26·3	...	26·9	...	26·7
	9 p.m.	...	20·6	...	20·1	...	20·6	...	19·9
	Moyenne	...	21·6	...	21·2	...	21·8	...	21·5
Juillet	7 a.m.	...	10·2	...	11·4	...	10·0	...	9·8
	2 p.m.	...	20·3	...	21·4	...	18·8	...	17·6
	9 p.m.	...	13·8	...	14·3	...	12·8	...	11·9
	Moyenne	...	14·4	...	15·3	...	13·5	...	12·6

Dans un mémoire présenté au Premier Congrès Brésilien de Géographie, Belfort Mattos écrivait, à propos de la température de S. Paulo : " A l'Avenida Paulista nous employons l'héliographe Campbell et nous avons trouvé qui l'insolation effective annuelle est de 2,070 heures environ, sur les 4,425 heures que le Soleil reste au-dessus de notre horizon, ce qui donne un coefficient annuel d'insolation de 47 pour cent.

" L'intensité de l'insolation est enregistrée par un actinomètre Richard, type Violle, et représente 54 pour cent de moyenne, avec une différence actinométrique maxima de 17, qui a lieu dans les meilleures conditions de transparence et de calme. Cela donne comme maximum d'intensité 50 pour cent avec la moyenne générale de 54 pour cent.

" Cinq ans d'observations ont enregistré une moyenne de 26 jours sans Soleil, au cours de l'année."

Météores humides.—La *nébulosité* de S. Paulo est assez considérable, son voisinage de la Serra suffit à l'expliquer. Au cours de 14 années d'observations, la moyenne générale a été 6·5 avec un maximum d'été et un minimum d'hiver. D'après Voss, on peut dresser le tableau suivant :

	Nébulosité moyenne		Probabilité de nébulosité		Probabilité des jours de brume	
			< 2	> 8	matin	soir
Eté ...	7·0	...	3·8 ...	33·7	... 17·6	... 0·6
Automne ...	6·8	...	3·7 ...	30·9	... 37·8	... 4·3
Hiver ...	5·7	...	8·7 ...	21·9	... 39·5	... 8·0
Printemps ...	0·6	...	7·2 ...	32·9	... 12·1	... 1·4

La nébulosité du matin est prononcée, en général, et la dernière partie du tableau est confirmée par ce qui suit :

	7 a.m.		2 p.m.		9 p.m.		Moyenne
1909	...	7·9	...	5·7	... 6·2	...	6·6
1910	...	7·9	...	5·4	... 6·2	...	6·5
1911	...	8·1	...	5·8	... 6·5	...	6·8

Une remarquable régularité semble donc y présider à ce phénomène.

La moyenne d'*humidité relative* observée à S. Paulo

pendant 21 années fut de 82 pour cent. Ce facteur météorologique paraît être en franche décroissance. Pour les 7 premières années d'observations, 1887 à 1893, la moyenne fut de 85 pour cent, pour les trois dernières (1909-12) elle fut de 78 pour cent.

L'humidité relative du matin est la plus considérable ; au cours de la journée, elle subit les oscillations suivantes, comparées à l'humidité absolue :

	7 a.m.		2 p.m.		9 p.m.		Moyenne	
	pour cent	mm.	pour cent	mm.	pour cent	mm.	pour cent	mm.
1909	89	11·4	61	12·8	85	12·4	78	12·3
1910	85	11·0	61	12·6	84	12·0	77	11·9
1911	88	11·1	64	12·6	86	12·1	79	11·9

Quelques localités de la région présentent les données suivantes :

	Humidité relative	Nébulosité	Années d'observations
Campinas	77	5·1	18
Bragança	75	5·2	18
Ytú	76	4·6	18
Tatuby	83	4·6	19

La tension de la vapeur d'eau est, en moyenne, assez faible : elle varie de 11·9 à 12·3 (1909-12).

Dans une étude sur " l'influence des forêts sur le climat," Belfort Mattos s'exprimait ainsi, sur l'humidité de S. Paulo : " Les vieux Paulistes disent que le climat de la capitale de l'État n'est plus ce qu'ils connurent il y a 40 ans. Cette affirmation n'est certainement pas erronnée, attendu que pendant les vingt dernières années nous trouvons des modifications bien sensibles dans le coefficient d'humidité à S. Paulo ; il en résulte, heureusement, un climat plus sain, par ce que l'air est devenu plus sec avec les transformations et les améliorations subies par la ville.

" La grande expansion des constructions, le drainage de la zône urbaine, le dessèchement et le comblement des marais qui longent le Tiété et le Tamanduatehy, ainsi que le déboisement des terrains voisins, ont produit une diminution bien sensible du coefficient d'humidité relative, et dans le registre officiel des vingt dernières années, le coefficient moyen de l'humidité, trouvé pour les cinq premières années, est de 86 pour cent, tandis que pendant les cinq dernières il est seulement de 79 pour cent, c.-à-d. que l'on note une réduction de 7 pour cent dans la moyenne de l'humidité relative.''

Il faut d'autre part, considérer que les forêts jouent un rôle important dans la régularisation des climats, aussi l'auteur décrit-il combien les sages mesures de reboisement sont pratiquées dans tout l'Etat de S. Paulo et sont activement poussées par l'Institut Agronomique de Campinas, par l'Horto Tropical de Cubatão, par l'E.F. Paulista et par l'Horto Botanico da Cantareira.

Nous ne saurions mentionner *l'Institut Agronomique de Campinas*, cette ancienne institution de l'Empire, sans rappeler son rôle prépondérant dans l'étude de la météorologie agricole.   A ses services rendus à l'État, se rattachent les noms de Dafert, d'Uchôa Cavalcanti, de Gustavo D'Utra et du directeur actuel, le savant français Arthaut-Berthet, qui s'est voué à l'étude des principaux produits de l'Etat et à leurs conditions d'optimum biologique.

Au point de vue des *précipitations atmosphériques*, la région de S. Paulo fait partie, comme nous l'avons vu, de la zône des pluies d'été :

	Années d'observation	Eté	Automne	Hiver	Printemps	Moyenne
S. Paulo	... 13	... 569 mm.	... 290 mm.	... 139 mm.	... 317 mm.	... 1315 mm.
Taubaté	... 5	... 615	... 253	... 94	... 354	... 1316
S. Roque	... 6	... 677	... 280	... 183	... 375	... 1515
Bragança	... 10	... 647	... 305	... 115	... 389	... 1456
Ytú	... 10	... 524	... 227	... 122	... 305	... 1178
Campinas	... 10	... 679	... 338	... 108	... 392	... 1517
Tatuhy	... 12	... 587	... 292	... 154	... 346	... 1379

Dans la plupart des stations du plateau, d'ailleurs, on trouve un maximum de janvier très marqué et un minimum de juillet.   Le semestre pluvieux s'ouvre en octobre pour finir en mars.

Il ne semble pas que les pluies cycloniques jouent un rôle important dans la pluviosité de S. Paulo.   Les pluies de convection sont particulièrement fréquentes, au contraire, comme l'indique l'examen de la fréquence des vents.

Les calmes sont plus fréquents pendant la saison d'hiver,
les vents du SE., NE., et du S. diminuent alors sur
le plateau pauliste. Mais les pluies de relief gardent

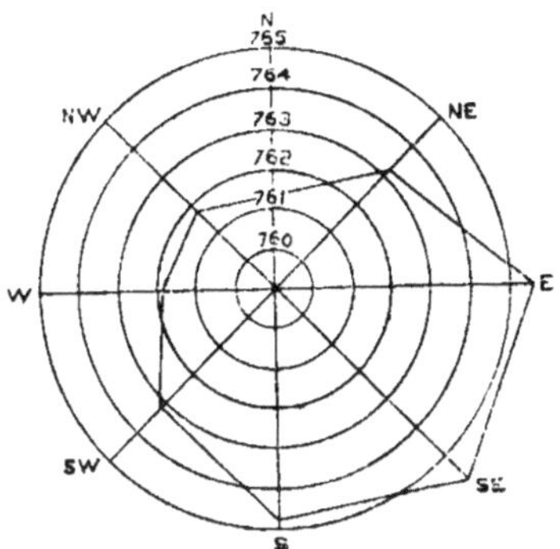

PRESSION DES VENTS À S. PAULO (1903).

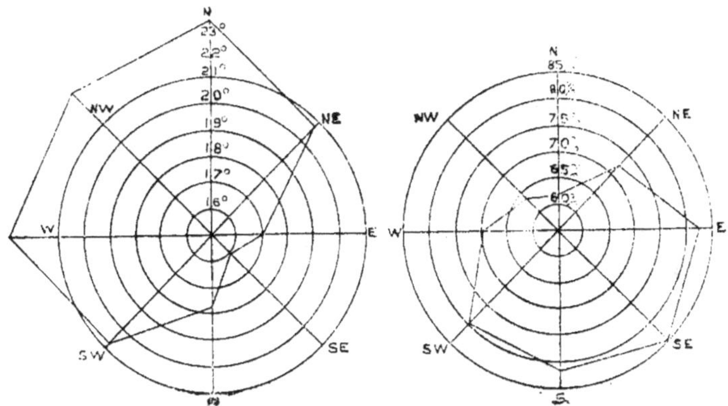

TEMPÉRATURE DES VENTS.   HUMIDITÉ DES VENTS.

toutefois une importance prépondérante, et donnent à
S. Paulo sa pluviosité la plus caractérisée.

  "A la muraille orientale constituée par la Serra do
Mar," dit Belfort Mattos, " et orientée perpendiculairement aux vents prédominants et humides du SE., doivent

être attribuées des colonnes pluviométriques de 4 mètres et plus, excessives pour notre latitude.

" L'air saturé des vapeurs d'eau de l'Océan, en se heurtant à la Serra, fait naître un courant ascendant qui remonte les pentes recouvertes de riche végétation, en donnant lieu à un abaissement de température qui correspond, en moyenne, à 1° C. pour 170 m. d'élévation. En supposant que le *divortium aquarum* se trouve à une altitude moyenne de 850 m. la chûte de température serait de 5° quand les courants océaniques l'atteignent.

" Un phénomène contraire se produit ensuite pour le courant atmosphérique, à la descente du versant occidental : l'air en s'échauffant s'éloigne chaque fois plus de son point de saturation, les probabilités de précipitations diminuent."

Ce fait explique les cartes pluviométriques annuelles de S. Paulo, où l'on note qu'après une région super-humide formée par la côte et la Serra s'étend une région semi-humide, suivie d'une région de faibles précipitations (< 1 m.), puis de la région de S. Carlos, où les pluies reprennent avec le relief, pour diminuer ensuite vers le Nord et vers l'Ouest.

Les registres de pluies sont tenus à l'Alto-da-Serra et à la Raiz-da-Serra depuis 1870 par la *S. Paulo Railway*. Il semble que tous les dix ans des périodes de plus fortes pluies se manifestent sur la Serra. Belfort Mattos a tâché d'établir une relation entre ces précipitations et l'activité apparente du Soleil. La moyenne de 30 ans d'observations attribue 3696 mm. de pluies de l'Alto-da-Serra. Or cette moyenne est dépassée par deux ou trois années qui périodiquement suivent les millésimes en o :

1870	...	4,140	1880	...	4,036
1871	...	4,115	1881	...	4,389
1872	...	5,562	1882	...	4,252

À partir de l'année 1887, on peut suivre les pluies à S. Paulo : à partir de 1890 à Campinas.

		Alto-da-Serra		S. Paulo		Campinas
1890	...	3,258	...	1,363	...	1,430
1891	...	3,585	...	1,281	...	1,933
1892	...	4,086	...	1,628	...	1,453
1893	...	3,569	...	1,222	...	1,290
1894	...	3,281	...	1,202	...	1,357
1895	...	3,879	...	1,217	...	1,644
1896	...	3,083	...	1,257	...	1,296
1897	...	—	...	1,058	...	1,219
1898	...	3,659	...	1,445	...	1,682
1899	...	3.008	...	1,353	...	1,623
1900	...	3,675	..	1,460	...	1,486
1901	...	3,092	...	1,448	...	1,252
1902	...	4,504	...	1,532	...	1,458
1903	...	3,223	...	1,233	...	882
1904	...	3.551	...	1,491	...	1,554
1905	...	3,703	...	1,736	...	1,858
1906	...	4,160	...	1,585	...	1,282
1907	...	3,730	...	1,866	...	1,655
1908	...	4,204	...	1,228	...	1,018
1909	...	3,442	...	1,567	...	1,240
1910	...	4,206	...	1,292	...	1,193
1911	...	3,965	...	1,550	...	1,428

La ville de S. Paulo reçoit, en moyenne, 1315 m. d'eau par an. Il arrive qu'en certaines années, dans le NO. de la région de S. Paulo, les localités de Ytú, Tatuhy ou Avaré ne reçoivent pas 1 m. d'eau (1909-10, etc.).

Quelques séries, calculées par Belfort Mattos (*O regimen das Chuvas em S. Paulo*, Rio, 1910) indiquent les précipitations mensuelles suivantes :

		S Paulo (16 ans)		Campinas (13 ans)		Tatuhy (11 ans)		Ytú (12 ans)		Taubaté (15 ans)
Janvier	..	248	...	255	...	242	...	204	...	234
Février	...	216	...	211	...	185	...	167	...	218
Mars	...	147	...	154	...	127	...	118	...	149
Avril	...	72	...	63	...	47	...	56	...	78
Mai ...	...	78	...	66	...	73	...	48	...	47
Juin ...	..	60	...	47	..	61	...	51	...	39
Juillet	...	29	...	28	...	30	...	29	...	33
Août ...	...	51	...	35	..	54	...	38	...	26
Septembre	...	80	...	75	...	64	...	70	...	91
Octobre	..	118	...	120	...	119	...	98	...	108
Novembre	...	141	..	172	...	134	...	109	...	165
Décembre	...	192	...	221	...	211	...	175	...	195

Le maximum de janvier et le minimum de juillet sont donc partout assez marqués.

Au cours de l'année, les pluies de S. Paulo sont surtout des pluies de l'après-midi, comme l'indique le tableau suivant, d'après les calculs de Voss :

A.M.			P.M.		
12—2	...	76 pour mille	12—2	...	71 pour mille
2—4	...	65	2—4	...	140
4—6	...	54	4—6	...	128
6—8	...	48	6—8	...	123
8—10	...	54	8—10	...	90
10—12	...	—	10—12	...	104

C'est donc entre 2 p.m. et 8 p.m. qu'ont lieu le plus fréquemment les précipitations. Le fait est surtout remarquable pendant l'époque des pluies; pendant l'époque plus sèche de l'hiver, les pluies de la nuit entre 10 p.m. et 4 a.m. sont plus fréquentes.

Les plus fortes précipitations de S. Paulo ont été enregistrées à raison de 0mm.70 et 0.mm.74 par minute (1896-99).

Un registre très complet des pluies générales de l'État de S. Paulo est tenu depuis quelques années, pour les excédents et les déficits des pluies; en prenant l'année normale pour base, on arrive à se rendre compte des relations intimes qui existent entre les précipitations annuelles et la production de café. La distribution des pluies est le facteur principal, et la combinaison des excédents et des déficits en temps voulu peut avoir les plus grosses conséquences agricoles.

Vents.—Les 13 premières années d'observations à S. Paulo indiquèrent une prépondérance marquée du vent du SE. et des calmes; les vents de l'Est et du NE. venaient au second plan avec le NO. La prédominance du SE. est surtout sensible pendant les saisons de transition, celle des calmes, en hiver :

	N.	NE.	E.	SE.	S.	SO.	O.	NO.	Calmes
Eté...	5	9	13	15	8	1	6	18	23
Automne	3	10	14	20	8	1	4	14	26
Hiver	4	13	14	18	6	1	3	14	28
Printemps	4	11	14	20	8	1	5	15	23

À Campinas, le rôle des calmes est encore plus accentué. Le vent d'Est y est prépondérant, puis le NE. et le N. le suivent.

À Bragança, au contraire, les vents du N. et NE. faiblissent, la prépondérance revient aux vents du S. et du SE. Le même phénomène est enregistré à Tatuhy. À Ytú le SE. a une prépondérance très marquée. À Taubaté enfin, dans la vallée, ce sont les vents du NO.,

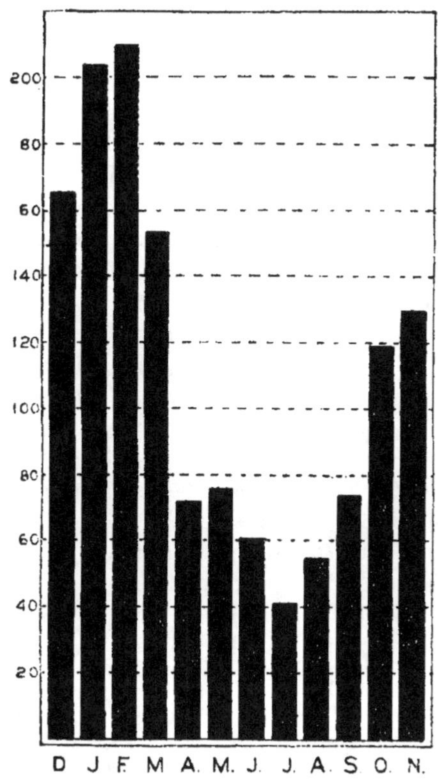

MOYENNES MENSUELLES DES PLUIES À S. PAULO DE 1887 À 1903.

NE., SE., et E. qui se partagent à peu près également la prédominance.

Dans la ville de S. Paulo, les vents du matin sont ceux du NE. et de l'E., surtout au printemps. Vers 2 p.m.

32

c'est le vent du S. qui dispute encore au vent du NO. la
prédominance ; les calmes sont rares ; le soir le vent d'E.
reprend avec le SE., le NE. et les calmes.

(E) Le Climat de Ribeirão Preto.

La région de Ribeirão Preto est le district caféier du
Brésil le plus important. Ce n'est pas la région où le
café fut introduit dès l'origine de sa culture dans le pays ;
c'est, au contraire, une terre neuve à ce point de vue : elle
a succédé à la vallée du Parahyba dans la prépondérance
caféière. Ses couches dévoniennes ont offert à l'agriculture
la fameuse *Terra roxa,* riche en potasse, ferrugineuse,
pauvre en chaux, mais profonde. Un climat providentiel
a fait le reste. Ribeirão Preto est devenu le district du
café par excellence, contre lequel les concurrents les mieux
outillés ne prévalent point.

Le sol et le climat ont ici une importance frappante.
Couty divisait le district en deux régions, l'une où le café
est le don du sol, tout spécialement, l'autre où il est le
don du climat, en particulier.

Parmi les études climatologiques suscitées par l'impor-
tance économique de cette partie de S. Paulo, mentionnons
celle de Van Delden Laerne, en 1885, basée sur de très
faibles données météorologiques ; celle de E. L. Voss en
1903 (*Pet. Mitt. Erg.,* 145) ; celle de Hann, dans sa
Klimatologie ; celle de Lalière en 1909 et enfin celle de
R. de C. Ward en 1911 : " Economic Climatology of the
Coffee District of S. Paulo " (*Bull. of the Amer. Geogr.
Soc.,* juin 1911). Les données sont toujours fournies par le
Service météorologique de l'État.

Pression atmosphérique.—Les isobares annuels traversent l'État de S. Paulo du NE. au SO. généralement ;
leur valeur diminue de la mer vers l'intérieur, y forme un
minimum, puis reprend vers le NO. Le minimum forme
parfois une ellipse dans l'intérieur de S. Paulo dont les
centres principaux de la zône caféière semblent occuper

tour à tour les foyers. Cette ligne est constituée par l'isobare de 761 mm. Vers le NO. une ligne de Campos Novos à Ribeirão Preto représenterait l'isobare de 762 mm. Ce même isobare se représente au SE. avant la Serra, entre Apiahy et Villa Jaguaribe. Parfois l'ellipse de 761 mm. s'agrandit et comprend une grande partie des États méridionaux et de Minas, parfois elle se rétrécit autour de Piracicaba ou de S. Carlos (1909).

A Ribeirão Preto, les variations de la pression annuelle ne semblent souffrir que de très légères altérations, l'écart atteint à peine omm.7 De 1904 à 1911 nous y trouvons les moyennes annuelles :

1904	...	...	715·4		1908	...	...	715·8
1905	...	...	715·5		1909	...	...	715·9
1906	...	...	715·4		1910	...	...	715·4
1907	...	...	715·2		1911	...	...	715·6

La localité se trouve à 560 mètres d'altitude.

L'amplitude des oscillations entre les mois extrêmes janvier et juillet varie de 3·8 (à Santa-Rita do Paraizo, 6 années d'observations) à 5·1 (à Rio Claro, 19 années). Cette amplitude est de 4·2 à S. Carlos, de 4·6 à Ribeirão Preto et de 4·7 à Botucatú.

	Ribeirão Preto	Botucatú	S. Carlos	Rio Claro	Sta. Rita
Altitude ...	550 m. ...	825 m. ...	847 m. ...	614 m. ...	600 m.
Années d'obs.	6 ...	14 ...	6 ...	19 ...	6
Janvier ...	713·8 mm.	691·7 mm.	690·9 mm.	708·1 mm.	713.2 mm.
Juillet ...	718·4 ...	696·4 ...	695·1 ...	713·2 ...	717·0
Eté... ...	714·0 ...	692·2 ...	690·9 ...	708·4 ...	713·7
Automme ...	716·2 ...	694·3 ...	692·8 ...	710·4 ...	715·7
Hiver ...	718·3 ...	696·1 ...	694·7 ...	712·8 ...	716·9
Printemps ...	714·9 ...	692·8 ...	691·2 ...	709·6 ...	713·2

Température.—La zône caféière de S. Paulo possède des types de climats assez variables ; l'altitude, l'éloignement de la mer et la latitude influant tour à tour. Le district s'étend, en réalité, entre le 20° et le 28° de latitude, ses localités se trouvent entre 200 et 450 kilomètres de la mer et à une altitude qui varie entre 550 et 850 mètres au-dessus de son niveau.

L'éloignement de la mer se manifeste dans le régime

thermique de la façon suivante, en prenant des localités
à la même altitude :

	Latitude	Altitude	Eloignement de la mer	Moyenne
Piracicaba...	... 22·44′	... 550 m.	... 183 kil.	... 20·2 C.
Porto Ferreira	... 21·50′	... 537	... 252	... 21·3
Mattão ...	... 21·36′	... 560	... 330	... 20·5
Ribeirão Preto	... 21·10′	... 550	... 334	... 21·2
Santa Rita...	... 20·3′	... 550	... 452	... 22·4

Si nous considérons, d'autre part, comme constant
l'éloignement de la mer, nous avons pour des localités à
environ 250 kilomètres de la mer :

	Altitude	Eloignement de la mer	Moyenne
Porto-Ferreira	... 537 m.	... 252 kil.	... 21·3
Brotas	... 630	... 250	... 19·1
Avaré	... 750	... 235	... 18·4
S. Carlos	... 842	... 262	... 19·1

L'anomalie qui semble exister entre Avaré et S. Carlos
est due à une différence de plus de 1° de latitude, l'éloignement de la mer différant peu.

Rio Claro, sous le 22°25′ de lat. S., à 614 mètres
d'altitude et à 210 kilomètres de la mer, est une station
météorologique intéressante, dont les données représentent
une série complète de 27 années d'observations. Sa
moyenne thermique annuelle est de 20·9. Le mois le plus
chaud y est décembre, le mois le plus frais juin. La
différence entre ces deux mois est de 6·9, c.-à-d. à peu près
la différence normale enregistrée dans toutes les stations
du plateau pauliste (7·1). Le caractère continental de
l'intérieur pauliste s'y manifeste dans l'amplitude des
oscillations des moyennes mensuelles; comparées à la
capitale de l'État, elles se présentent de la façon suivante :

	Rio Claro (10 ans)	S. Paulo (13 ans)
Janvier	12·0	10·0
Février	10·9	9·1
Mars	10·6	9·2
Avril	11·4	9·2
Mai	12·3	8·1
Juin	12·7	8·8
Juillet	13·0	9·3
Août...	14·4	11·1
Septembre	14·1	13·5
Octobre	12·8	9·3
Novembre	12·7	9·2
Décembre	12·2	9·7
Moyenne	12·4	9·7

Ribeirão Preto n'a encore qu'une série de quinze années, mais son climat est soigneusement observé et sert de type à la région caféière. Au cours des dernières années, sa moyenne a été de 21º (21·2 correspondant aux 7 premières années). Botucatú a enregistré (1903-11) 18·5, Aráras 19·4 et Jaboticabal 21·5. Ribeirão Preto représente la région où la culture du café a atteint son apogée, Botucatú, l'" Ouest de S. Paulo," celle où son avenir semble le plus brillant.

	Ribeirão Preto				Botucatú			
	Moyennes annuelles		Extrêmes		Moyennes annuelles		Extrêmes	
1904	...	20·6	...	37·0 ... 0·1	18·5	...	30·2 ...	3·6
1905	...	21·5	...	37·8 ... 1·8	18·7	...	34·0 ...	2·0
1906	...	21·1	...	37·5 ... 2·6	—	...	— ...	—
1907	...	20·7	...	34·3 ... 1·6	18·3	...	32·0 ...	4·0
1908	...	21·1	...	36·5 ... 2·7	18·7	...	32·4 ...	6·0
1909	...	20·8	...	37·3 ... 3·0	18·2	...	33·0 ...	6·0
1.10	...	21·1	...	35·0 ... 0·9	18·6	...	34·0 ...	3·8
1911	...	20·8	...	36·4 ... 0·4	18·1	...	34·0 ..	3·0

Les extrêmes sont donc beaucoup plus prononcés à Ribeirão Preto, qui, malgré sa latitude plus faible, offre une continentalité plus marquée.

Au cours de l'année, les variations de la température sont données par le tableau suivant, extrait de la *Temperatura em S. Paulo* de Belfort Mattos (1910) :

	Sta. Rita		Avaré		Botucatú		Jaboticabal		Rib. Preto		Rio Claro		S. Carlos
Janv.	23·8	...	21·6	...	21·8	...	23·8	...	22·7	...	23·5	...	20·4
Févr.	24·0	...	22·4	...	21·3	...	24·4	...	23·2	...	23·4	...	21·3
Mars	24·0	...	21·4	...	21·4	...	23·6	...	23·1	...	23·0	...	21·0
Avril	22·4	...	19·0	...	18·8	...	21·6	...	21·3	...	21·0	...	19·1
Mai	20·1	...	15·6	...	16·2	...	18·5	...	18·4	...	18·3	...	17·2
Juin	19·0	...	14·9	...	15·1	...	17·6	...	17·2	...	16·8	...	15·6
Juill.	19·4	...	14·4	...	15·1	...	18·4	...	16·8	...	17·6	...	15·6
Août	21·0	...	15·1	...	17·0	...	19·0	...	17·4	...	18·7	...	19·7
Sept.	23·2	...	17·3	...	18·3	...	21·2	...	19·0	...	20·1	...	20·9
Oct.	23·9	...	18·8	...	19·9	...	23·1	...	20·5	...	21·7	...	22·5
Nov.	24·2	...	20·2	...	21·3	...	23·8	...	21·0	...	22·8	...	23·2
Déc.	24·0	...	21·5	...	21·9	...	24·1	...	23·3	...	23·7	...	20·6

Juin et juillet sont les mois les plus froids du plateau, mais les mois les plus chauds sont décembre, janvier ou février, sans qu'il semble possible d'établir de règle par rapport aux conditions de latitude, d'altitude ou de continentalité.

Dans sa *Defesa* du climat de S. Paulo, Belfort Mattos démontre que les différences plus marquées entre moyennes mensuelles appartiennent à la zône que nous étudions, où Mattão offre un écart de 8·1., Porto Ferreira de 8·4, Funil de 8·6 et Avaré 7·2.   D'autre part, en 9 ans, Ribeirão Preto a enregistré 30 jours dont la différence interdiurne des températures a été de 20·1 à 26·9, ce qui est bien un trait de continentalité, alors que Campinas en 21 ans n'a enregistré des écarts supérieurs à 20° que huit fois. Mattão, en dix ans, en a enregistré 26 de son côté, alors que Rio Claro en 22 ans n'en a compté que 10.

Botucatú peut servir de type pour l'étude de la variation diurne de la température dans ces régions. Le minimum de la journée y passe généralement vers 6 a.m., plus tard en hiver, plus tôt en été. Il est de 11° à 14° en hiver, de 16° à 19° en été. Le maximum a lieu vers 3 p.m.; plus tôt en été avec des températures de 25° à 27°, plus tard en hiver, vers 4 p.m. même, avec 21° à 25°. L'heure des maxima de la journée semble donc y être beaucoup plus tardive que sur le reste du plateau pauliste, où 1 p.m. et 2 p.m. enregistrent, suivant la saison, les températures les plus élevées.

Des données de Belfort Mattos, en 1908, nous extrayons cet aperçu sur les gelées d'hiver, au cours des différentes séries :

	Jours de gelée		Jours de gelée
S. Carlos ...	23 en 8 ans	Aráras ...	30 en 10 ans
Ytú	21 ,, 18	Brotas ...	28 ,, 7
Taubaté ...	18 ,, 13	Campinas ...	22 ,, 18
Tatuhy ...	89 ,, 19	S. Paulo ...	26 ,, 21
Sta. Rita ...	7 ,, 7	Botucatú ...	22 ,, 13
Rio Claro ...	26 ,, 19	Bragança ...	85 ,, 18
Ribeirão Preto	1 ,, 7	Franca ...	1 ,, 4

Ce ne sont là que les gelées d'hiver ; il en est également de printemps, assez rares, et d'automne, très fréquentes (Tatuhy 16, Rio Claro 8, Aráras 10, Brotas 9, Bragança 18, S. Carlos 10, etc.).

Météores humides.—Dans ses études du climat pauliste, Belfort Mattos attire toujours l'attention sur les faibles moyennes générales d'humidité enregistrées sur le plateau. " L'humidité relative, disait-il en 1908, varie de 83 à 67 pour cent avec une moyenne générale de 75 pour cent, à peu près. L'évaporation s'élève à 600 mm., indiquant par suite un fort excédent d'eau laissé par les pluies. Cet excédent alimente les innombrables réserves d'eau qui constituent le riche réseau hydrographique de S. Paulo." Dès 1903, il écrivait d'ailleurs : " Vers l'intérieur, le coefficient d'humidité diminue assez considérablement ; les climats de Brotas, S. Carlos-do-Pinhal, Ribeirão Preto, etc., se détachent comme relativement secs. Des localités qui figurent aux tableaux climatologiques, S. Carlos-do-Pinhal accuse la plus forte évaporation, ce qui laisse supposer que c'est elle qui jouit du climat le plus sec de la région."

En 1908, les différentes séries indiquaient l'humidité relative annuelle moyenne de la façon suivante :

Franca	...	63 pour cent	Mattão ...	75 pour cent
Brotas	...	64	Jaboticabal ...	75
Avaré	...	70	Rio Claro ...	78
S. Carlos	...	70	Aráras ...	78
Ribeirão Preto		73	Botucatú ...	80
Santa Rita ...		74		

Les moyennes mensuelles maxima et les moyennes mensuelles minima se trouvent, en général, assez rapprochées, au cours de l'année ; les premières ont lieu en automne ou au début de l'hiver, les secondes au printemps ou à la fin de l'hiver. C'est le cas de Rio Claro et de Botucatú. Ailleurs les maxima appartiennent plus particulièrement à l'été et à l'automne.

	Ribeirão Preto	Sta. Rita	S. Carlos	Rio Claro	Brotas	Botucatú
Eté ...	70 p.c.	79 p.c.	78 p.c.	80 p.c.	60 p.c.	82 p.c.
Automne ...	76	77	74	81	66	83
Hiver ...	69	72	64	77	61	79
Printemps ...	67	69	65	74	61	77

Quant à l'humidité absolue elle se présente, dans ces mêmes latitudes, de la façon suivante :

	Ribeirão Preto	Sta. Rita	S. Carlos	Rio Claro	Brotas	Botucatú
Été ...	16·7 mm.	18·1 mm.	14·3 mm.	17·3 mm.	13·8 mm.	15·9 mm.
Automne ...	13·8	14·7	12·0	14·8	11·7	13·7
Hiver ...	10·1	11·7	9·3	11·4	8·4	10·4
Printemps ...	13·2	14·8	11·5	14·5	11·1	13·9

Les minima d'humidité relative ne sont donc pas loin de coïncider avec les plus faibles coefficients de la tension de la vapeur d'eau ; ceux-ci se présentent généralement en juillet. À Brotas et à S. Carlos, qui sont les localités les plus sèches du plateau, les moyennes de juillet sont respectivement de 8·3 et 9 mm. Franca enregistre alors 9·7 et Ribeirão Preto 9·5 mm.

Une série de 11 ans à Rio Claro nous indique les variations mensuelles des météores humides :

	Rio Claro		Botucatú	
	Humidité absolue	Humidité relative	Humidité absolue	Humidité relative
Janvier ...	17·5	... 78·7	16·8	... 79·8
Février ...	17·5	... 80·9	16·4	... 80·1
Mars ...	16·9	... 80·5	16·1	... 82·8
Avril ...	14·5	... 77·9	12·8	... 79·6
Mai	12·5	... 81·0	10·4	... 83·1
Juin	11·4	... 80·1	9·6	... 81·9
Juillet ...	10·7	... 76·7	9·5	... 79·0
Août ...	11·4	... 71·1	9·6	... 68·8
Septembre ...	12·4	... 72·1	11·2	... 73·9
Octobre ...	14·6	... 75·0	13·3	... 76·0
Novembre ...	15·4	... 75·4	14·6	... 76·2
Décembre ...	16·5	... 76·5	14·9	... 70·7
Moyenne ...	14·3	... 77·2	12·9	... 77·7

La nébulosité, sur le plateau pauliste, semble affecter une distribution qui n'est pas sans analogie avec celle de l'humidité. Les moyennes annuelles de 6 à 7, communes au littoral, s'affaiblissent au-delà de la Serra. S. Bernardo enregistre encore 7·2. La capitale, nous l'avons vu, oscille entre 5·9 et 6·7 ; Piracicaba dépasse encore 6, ainsi que Lorena e Apiahy ; puis suivent les moyennes, décroissantes vers l'intérieur et vers l'Ouest.

Rio Claro	...	5·8	Brotas ...	...	4·8
Aráras	...	5·2	Jaboticabal	...	4·8
S. Carlos	...	5·0	Franca ...	...	4·5
Ribeirão Preto	...	5·0	Santa Rita	...	4·2

De son côté, Avaré n'enregistre que 3·3. À Rio Claro

les 10 premières années avaient enregistré 4·8 avec 6·2 pour l'été, 4·5 pour l'automne, 3·5 pour l'hiver et 5·1 pour le printemps ; les mois extrêmes étant février avec 7·0 et juillet avec 3·7.

A propos des vents du plateau de S. Paulo, Belfort Mattos dit : " La plupart du temps les hautes pressions y prédominent de mars à octobre ; en novembre, décembre, janvier et février prédominent généralement les basses pressions ; la moyenne annuelle du plateau, réduite au niveau de la mer, est de 762 mm. environ.

" Les vents du NO. coïncident généralement avec les basses pressions et, au cours de l'été, amènent des orages et des pluies ; mais en hiver le temps se fixe, avec les courants le l'Ouest ; la plupart du temps, ceux-ci éclaircissent le ciel et donnent lieu aux gelées.

" Ce sont les vents du SE. qui enregistrent la plus grande fréquence ; leur vitesse moyenne est de 2·5 environ."

A Rio Claro, le pourcentage des vents en 10 années fut le suivant :

	N.	NE.	E.	SE.	S.	SO.	O.	NO.	Calmes
Eté ...	19	6	5	3	26	3	4	5	29
Automne	11	6	6	4	29	4	3	2	36
Hiver ...	15	7	10	4	22	3	3	4	34
Printemps	13	5	5	5	35	7	4	3	22
Année ...	14	6	8	4	28	4	3	4	30

Le pourcentage des calmes est donc considérable. Rio Claro est, d'autre part, la seule localité où prédominent exclusivement les vents du N. et du S. au cours de l'année entière. A Brotas, Botucatú, Ribeirão Preto, ce rôle revient aux vents du SE. et d'E. A Franca, il revient à ceux du NE., N. et NO.

La *pluviosité* de l'intérieur du grand plateau pauliste est assez régulière dans ses hauteurs annuelles ; elle l'est moins toutefois dans sa distribution. Certains faits cependant se reproduisent plus fréquemment que d'autres.

D'une façon générale on peut dire qu'à la zône superhumide du littoral et de la Serra do Mar succèdent des zônes semi-humides à pluviosité décroissante vers l'intérieur et vers l'Ouest principalement. Il n'en est pas moins vrai que le " Far-West " de S. Paulo n'en est pas pour cela dépourvu de forêts ; bien au contraire, il possède les plus vastes extensions boisées de l'Etat ; d'ailleurs Porto-Tibiriça enregistre de 1 m. à 1m.50 par an.

Deux faits permanents s'imposent à première vue : (1) Le plateau pauliste reçoit dans son ensemble de 1 m. à 1m.50 de pluies ; (2) une zône de moins d'1 m. de pluies par an s'étend à l'Ouest et comprend, suivant les années, Campos-Novos et Jacutinga ou bien Jaboticabal, Ibitinga et Mattão, parfois Avaré.

Certains faits occasionnels se répètent toutefois : (a) il se forme parfois une zône de faibles précipitations (moins de 1 m.) dans le cœur même des plateaux, comprenant Tatuhy, Ytú, Botucatú, jusqu'à Faxina (ex. : 1910) ; (b) il se forme, par contre, une zône de fortes précipitations (+ 1,500 mm.) dans la région de S. Carlos do Pinhal (ex : 1904, 1905, 1906, 1907, 1910), Rio Claro se trouvant parfois dans le même cas ; (c) dans ce que les Paulistes appellent " Norte de S. Paulo," c.-à-d. dans la vallée du Parahyba, le voisinage de la Mantiqueira provoque un regain assez fréquent des précipitations.

" L'Etat de S. Paulo," dit Belfort Mattos, " se trouve tout entier dans la zône des pluies d'été. Aux trois mois d'été, décembre, janvier et février, reviennent 670 mm. de pluie avec 49 jours pluvieux. A l'hiver, de juin à septembre, reviennent à peine 102 mm. et 16 jours, à peu près la sixième partie de ce que reçoit l'été.

" Les plus fortes précipitations, toutefois, se trouvent comprises pendant le semestre d'octobre à mars, qui reçoit 1036 mm. d'eau des 1331 mm. annuellement recueillis. Les 265 mm. qui restent se trouvent distribués dans le semestre d'avril à septembre."

Ces caractéristiques s'appliquent tout particulièrement à la partie du plateau pauliste consacrée à l'exploitation du caféier. Janvier est généralement le mois le plus pluvieux, juillet le mois le plus sec.

Par saison on peut écrire :

	Santa Rita		Rio Claro		Brotas		Franca
Eté...	1085	...	694	...	726	...	616
Automne	304	...	271	...	251	...	248
Hiver	58	...	98	...	124	...	54
Printemps	407	...	363	...	281	...	347
Année	1854	...	1426	...	1381	...	1265
Observations...	7 ans	...	19 ans	...	7 ans	...	5 ans

Dans l'intérieur pauliste la grêle est un phénomène assez fréquent en été et les caféiers en souffrent autant peut-être que des gelées.

Les pluies, celles de l'été surtout, sont des pluies de l'après-midi, entre 2 p.m. et 4 p.m. Ainsi à Botucatú, cinq années d'observations ont indiqué, d'après Voss :

A.M.			P.M.		
12—2	...	49 pour cent	12—2	...	85 pour cent
2—4	...	64	2—4	...	143
4—6	...	65	4—6	...	127
6—8	...	51	6—8	...	112
8—10	...	55	8—10	...	116
10—midi	...	07	10—minuit	...	68

Les pluies du matin sont assez fréquentes en hiver, celles de l'été et de l'automne ont lieu principalement entre 2 p.m. et 8 p.m.

La distribution mensuelle des pluies à Ribeirão Preto et à Botucatú est la suivante :

		Ribeirão Preto				Botucatú		
Janvier	...	225 mm.	...	20 jours	...	220 mm.	...	18 jours
Février	...	250	...	18	...	206	...	18
Mars	...	163	...	13	...	120	...	13
Avril	..	76	...	7	...	52	...	8
Mai	...	41	...	7	...	55	...	7
Juin	...	37	...	5	...	73	...	7
Juillet	...	18	...	3	...	24	...	4
Août	...	34	...	5	...	45	...	11
Septembre	...	69	...	6	...	75	...	8
Octobre	...	100	...	12	...	103	...	11
Novembre	...	158	...	14	...	146	...	13
Décembre	...	292	...	21	...	224	...	15

Quant aux variations annuelles des pluies, elles se présentent à Rio Claro de la façon suivante :

Année		Hauteur		Jours	Année		Hauteur		Jours
1889	...	1,280	...	137	1899	...	1,595	...	122
1890	...	971	...	114	1900	...	1,501	...	110
1891	...	1,180	...	109	1901	...	1,537	...	97
1892	...	1,178	...	85	1902	...	1,629	...	119
1893	...	1,083	...	100	1903	...	918	...	100
1894	...	1,398	...	112	1904	...	1,658	...	138
1895	...	1,743	...	117	1905	...	1,918	...	147
1896	...	1,424	...	109	1906	...	1,575	...	127
1897	...	1,381	...	108	1907	...	1,449	...	132
1898	...	1,323	...	112	1908	...	1,434	...	103

Les pluies oscillèrent donc entre 971 et 1918 mm.; les jours de pluies varièrent de 85 à 147.

" Nous avons ainsi, dans l'Etat de S. Paulo," dit R. de C. Ward, " une rare combinaison d'éléments particulièrement favorables à la culture du café. L'influence du climat est décisive pendant tout le cours de son exploitation agricole, comme l'on peut s'en rendre compte dès que l'on observe les faits."

Le fait d'être compris dans la zône des pluies estivales constitue un des facteurs les plus importants de la prospérité du café à S. Paulo. Tous ceux qui ont étudié la question du café à S. Paulo, le Professeur Lalière en particulier, ont été frappés de la parfaite concordance qui existe entre les nécessités de l'agriculture caféière et la distribution annuelle des précipitations.

Quand le planteur attaque la forêt vierge pour y établir une plantation de caféiers, il y met le feu pendant la période sèche, à l'heure où la rosée s'est évaporée. Les caféiers sont transplantés de la pépinière sur les terrains défrichés dès le début de la saison des pluies. Ils y sont encore protégés artificiellement contre l'excès de chaleur et contre les gelées, quoique au Brésil la protection permanente que le caféier exige contre le Soleil en d'autres contrées ne soit pas nécessaire.

Le caféier exige beaucoup d'eau pendant sa période végétative, entre septembre et mai, aussi reçoit-il en moyenne 1 mètre pendant cette période. Le reste de l'année, sans être sec, voit des interruptions des précipitations qui permettent la cueillette et la dessécation du café en plein air.

Le repos des arbres à lieu en hiver. C'est une des conditions essentielles d'une bonne floraison au printemps suivant. '' Dans le municipe de São-Manœl, il y a en général, écrit M. L. Teixeira de Camargo, cité par Lalière, trois floraisons chaque année : la première, qui est la plus importante, a lieu au commencement de septembre ; la deuxième, fin septembre et commencement d'octobre ; et la troisième à la fin du mois d'octobre.'' Il faut que les pluies gagnent en importance, ajoute Lalière, à mesure que la température s'élève, pour que la floraison soit favorable.

Au début de l'été, les fruits sont déjà en état de recevoir une grande quantité d'eau et c'est exactement ce que leur fournit le climat du plateau pauliste. La maturation a lieu à la fin de l'été et au début de l'automne. Dès les premiers jours du mois de mai la cueillette commence et se poursuit jusqu'au début de septembre, quand paraissent déjà les premières fleurs de la cueillette suivante.

Pendant la période de développement des fruits et spécialement en décembre et janvier, qui sont les mois les plus chauds, les pluies doivent fournir aux caféiers la quantité d'eau la plus grande de l'année, non seulement à cause du développement des cerises mais aussi parce que c'est à cette époque que se forment les jeunes rameaux qui porteront les fleurs au printemps suivant.

'' Décembre et janvier constituent donc une période très critique pour les caféiers, et l'absence de pluie, à cette époque, ne nuira pas seulement à la récolte de l'année en cours, mais aussi à la récolte de l'année suivante. Ce sont des indications qu'il est nécessaire de posséder si l'on veut discuter en connaissance de cause les prévisions de récolte, basées sur les observations climatériques sérieuses faites dans les pays producteurs.'' (A. Lalière : *Le Café dans l'État de Saint-Paul*, Paris, 1909.)

En 1914, l'État de S. Paulo exploitait, à lui seul, 72 millions de caféiers. Parmi les centres qui possèdent plus de 14 millions de caféiers, il faut citer Ribeirão Preto (32), Campinas (28), S. Carlos (25), Amparo (19), Jahú (19),

Araraquara (18), Jaboticabal (17), Sertãozinho (15), S.
Manoel (15), S. Simão (14), et Rio Claro. Les centres de
Botucatú et de Descalvado sont également très importants.

Un registre des pluies est tenu à S. Paulo et ses
données permettent de comparer une année quelconque à
l'année normale.

Les pluies de Ribeirão Preto, de S. Carlos et de

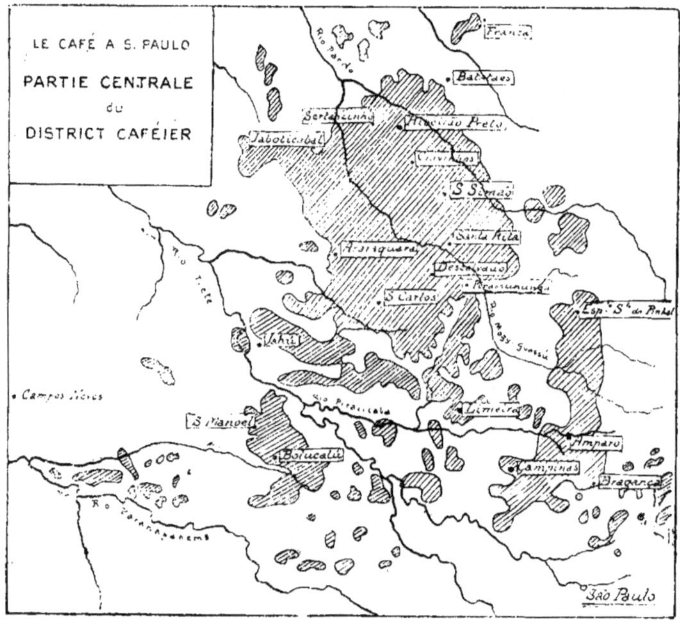

Botucatú servent de base aux calculs de météorologie
agricole. Mr. Rangel Pestana (*O Café*, S. Paulo, 1914)
est d'avis qu'il serait plus rational de leur substituer Jahú
et S. Manoel. Cet économiste, dans ses prévisions de
cueillettes considère les périodes annuelles d'octobre à mars
et d'avril à septembre (d'après la méthode adoptée par un
compétent industriel, Mr. Davy). Il écrit de la sorte :

Périodes			Pluies		Entrées (sacs)
1904-05	Oct.-mars.	...	4645 mm.		(1906-07)
	Avril-sept.	...	1182	...	15,392,000
1905-06	Oct.-mars.	...	4530		(1907-08)
	Avril-sept.	...	782	...	7,203,000
1906-07	Oct.-mars.	...	3774		(1908-09)
	Avril-sept.	...	1897	...	9,533,000
1907-08	Oct.-mars.	...	3602		(1909-10)
	Avril-sept.	...	718	...	11,495,000
1908-09	Oct.-mars.	...	3937		(1910-11)
	Avril-sept.	...	878	...	8,110,000
1909-10	Oct.-mars.	...	3638		(1911-12)
	Avril-sept.	...	916	...	9,972,000
1910-11	Oct.-mars.	...	2656		(1912-13)
	Avril-sept.	...	1225	...	8,584,000
1911-12	Oct.-mars.	...	4278		(1913-14)
	Avril-sept.	...	597	...	10,855,000
1912-13	Oct.-mars.	...	3029		(1914-15)
	Avril-sept.	...	1045	...	8,622,000

(Les dates entre parenthèses indiquent les campagnes commerciales.)

" L'abondance des pluies pendant les mois les plus chauds, explique Rangel Pestana, dissoud les sels du Sol, détermine un afflux de sève dans l'arbre, l'alimente vigoureusement, développe ses branches, et les revêt d'un feuillage brillant; elle prépare ainsi une belle floraison pour l'année suivante et pour la seconde année une excellente cueillette. Au cours des mois d'avril à septembre, les pluies abondantes causent des dégâts, au lieu d'être propices. Elles provoquent l'éclosion des fruits, entravent les travaux de la cueillette et gâtent la floraison du printemps.

" Une certaine quantité de pluies, faibles et fines, est nécessaire d'avril à septembre toutefois, un an avant la cueillette. Une sécheresse extraordinaire peut nuire à la floraison et à la formation des cerises, comme on l'a observé à l'aide des données météorologiques qui réglèrent la cueillette de 1913-14."

Dans les principaux centres producteurs de café, le rapport entre les précipitations et les cueillettes peut être marqué de la façon qui suit : a = octobre-mars ; b = avril-septembre :

		Ribeirão Preto			S. Carlos			Botucatú
1904-05	...	(a) 1572	...	...	1950	...	...	1124
		(b) 269	...	...	511	...	...	401
		3,261,000 @	...	...	2,214,000 @	...		1,026,000 @
1907-08	...	(a) 904	...	...	1595	...	...	1103
		(b) 196	...	...	320	...	...	201
		2,497,000 @	...	...	1,601,000 @	...	...	765,000 @
1908-09	...	(a) 896	...	...	2178	...	..	863
		(b) 292	...	...	471	...	...	211
		2,316,000 @	...	...	1,328,000 @	...	...	493,000 @
1909-10	...	(a) 1208	...	...	1459	...	...	971
		(b) 229	...	...	522	..	...	104
		2,540,000 @	...	...	1,403,000 @	...	...	668,000 @
1910-11	...	(a) 753	...	...	1061	...	...	842
		(b) 107	...	...	390	...	...	402
		2,657,000 @	...	...	1,288,000 @	...	...	420,000 @

Les pluies d'une année influent sur la cueillette de
l'année agricole qui suit et sur l'exportation de l'année
commerciale qui en résulte ; ainsi nous pouvons écrire :

| | Pluies | | | | | Production de café en milliers de sacs |
| | Décembre à mai | | Juin à novembre | | | |
	Déficit	Excédent	Déficit	Excédent		
1904-05 ...	—	... 183 mm.	140 mm. ...	—		15392
1905-06 ...	—	... 124	48	.. —		7203
1906-07 ...	—	... —	—	... 62 mm.		9533
1907-08 ...	117 mm. ...	—	—	... 110		11495
1908-09 ...	35	... —	—	.. —		8110
1909-10 ...	55	... —	59	... —		9972
1910-11 ...	252	... —	—	... 228		8584

La cueillette monstre de 1906 qui provoqua la crise de
surproduction, avait été prévue par les météorologistes en
raison des pluies de 1904-05, qui apportant un fort excédent, *pendant la saison favorable*, offraient cependant un
gros déficit entre juin et novembre. Ce dernier vint
favoriser les opérations de la cueillette. Rarement des
conditions météorologiques plus favorables coïncident à
S. Paulo.

Les plantes adultes résistent la plupart du temps aux
gelées, mais celles-ci endommagent les jeunes pousses.
Aussi certaines régions exposées aux gelées fréquentes sont
toujours évitées. Le caféier supporte les températures
voisines de 0° par un temps calme et sec, mais en souffre

quand le vent intervient. Les vents froids sont aussi dangereux que la gelée ; aussi les soustrait-on à leur action par le choix de l'orientation et les abris.

La distribution des gelées à S. Paulo est très irrégulière et assez inattendue. Elles ont lieu en général au cours des années les plus froides et dans les localités les plus humides, pendant les nuits de l'hiver, par un ciel clair et limpide. La grande humidité et la forte radiation nocturne produisent également les gelées du matin. Les jeunes ramifications sont "brûlées," c.-à-d. noircies aux extrémités.

A Ribeirão Preto et à Campinas, la gelée a lieu presque chaque année ; ailleurs elles sont plus rares et varient suivant les années. A Batataes et Franca elles sont inconnues, mais à Rio Claro, Jaboticabal, Araraquara elles sont fréquentes.

A. Lalière a formulé les règles suivantes, relatives aux gelées : " Elles n'obéissent pas à un régime bien déterminé et régulier ; on peut dire que l'expérience a appris : (1) que les endroits situés à proximité, soit des cours d'eau, des étangs et des marécages, etc., sont les plus sujets aux gelées et que celles-ci se manifestent plus fréquemment à une altitude *inférieure* à 600 m. ; (2) que les gelées ne constituent pas, pour un lieu donné, un phénomène constant, car leur apparition dépend essentiellement de l'intensité du froid de l'année en cours ; (3) enfin que l'époque à laquelle le phénomène se produit est très variable et que les gelées peuvent aussi bien survenir en mai qu'en septembre, ainsi que pendant les mois intermédiaires."

Les plantations sont, pour ces raisons, établies sur les flancs des coteaux qui ondulent l'Etat, entre 600 et 850 m. suivant la latitude et la protection offerte par le relief environnant. Parfois les plantations mieux protégées recouvrent également les crêtes des coteaux.

La fréquence de la gelée dans les localités situées au-dessous de 600 mètres est explicable par le phénomène de l'inversion des températures dont nous avons déjà parlé plus haut (page 112). En général, il faut une certaine

33

humidité de l'air pour permettre le phénomène. Quant
à l'action de la gelée sur les caféiers, elle est très variable ;
elle est difficilement explicable et dépend des conditions
locales, de l'âge des plantes et de leur degré de résistance.
L'Institut agronomique de Campinas conseille de couper
à temps, immédiatement après la gelée, les parties roussies
de l'arbuste.

Ce qui contribue à rendre S. Paulo la région caféière
par excellence, c'est l'exceptionnelle action de son climat
sur les facteurs nuisibles au caféier. " Celui qui lit ce qui
a été publié sur S. Paulo," dit R. de C. Ward, "est
frappé par le fait que le Brésil a si peu souffert, comparativement, des maladies et des pertes qui affectent les caféiers
ailleurs. Cela est, en partie, largement même, dû à un
climat exceptionnellement favorable. Certaines maladies
de la feuille résultent de la faiblesse des plants exposés à
de trop longues sécheresses. D'autres maladies, comme la
pourriture, sont dues à de trop basses températures coïncidant avec une humidité excessive. Enfin, le climat de
S. Paulo n'étant ni trop chaud, ni trop humide, est moins
favorable à l'apparition de mauvaises herbes, répandues
en d'autres régions caféières."

(F) Le Climat de Villa Jaguaribe.

Lorsqu'en 1911 les médecins paulistes, Drs. E. M.
Ribas et V. Godinho, songèrent à créer un sanatorium à
Villa Jaguaribe, localité située à 1640 m. dans les Campos
de Jordão (Serra da Mantiqueira), Belfort Mattos écrivit
son "Clima dos Campos de Jordão" publié dans la
Revista Medica de S. Paulo (octobre 1911). Cette localité
offre actuellement une série de près de dix années d'observations. Plus anciennes à S. Paulo se trouvent être celles
de Cunha à 1000 m. d'altitude, et à Minas, celles de Poços-
de-Caldas à 1186 m. Ces trois localités constituent ce
que l'on peut appeler des types de climat sub-tropical
d'altitude.

Pression atmosphérique.—La pression atmosphérique annuelle moyenne de Villa Jaguaribe, d'après les 6 premières années d'observations, est de 633˙2 mm. (c.-à-d. 763˙5 au niveau de la mer). " Ce qui démontre," dit B. Mattos, " la prédominance absolue des hautes pressions qui accompagnent le beau temps ; en effet, l'année compte 164 jours pendant lesquels le ciel, complètement clair, enregistre moins de deux dixièmes de nébulosité. Au cours de 156 autres jours, la nébulosité, en six ans, varie de 2 à 8, et enfin 45 jours par an sont complètement couverts."

La pression atteint ses plus faibles moyennes en été ou à la fin du printemps, ses maxima en hiver, en juin généralement :

	Moyenne		Maxima absolus		Minima absolus
Eté ...	...	631˙9	...	637˙5	...	625˙6
Automne	...	633˙3	...	638˙1	...	627˙0
Hiver	...	635˙1	...	639˙5	...	627˙9
Printemps	...	632˙6	...	639˙0	...	625˙5

La différence entre le mois de plus faible pression et celui de plus forte pression est de 3mm.5 ; cette différence est de 6mm.2 à Davos-Platz, où la moyenne annuelle est à peu près la même (631˙8 à 1560 mètres).

Température.—La moyenne thermique générale de Villa Jaguaribe est de 12˙9 C. Celle de Cunha est de 18 C. (16 années d'observations) et celle de Poços-de-Caldas 17˙3 C. (4 années). Les écarts sont faibles d'une année à l'autre :

	Villa Jaguaribe			Poços-de-Caldas			Cunha		
	Moyenne	T. absolues		Moyenne	T. absolues		Moyenne	T. absolues	
1903 ...	— ...	—	—	... — ...	—	—	... 18˙2 ...	29˙4	4˙1
1904 ...	— ...	—	—	... 16˙7 ...	30˙0	—	... 17˙0 ...	30˙0	—
1905 ...	— ...	—	—	... 17˙6 ...	31˙0	—	... 17˙3 ...	29˙3	1˙9
1906 ...	13˙2 ...	27˙0	−6˙0	... — ...	—	—	... 16˙8 ...	29˙9	3˙0
1907 ...	13˙0 ...	27˙0	−6˙0	... — ...	—	—	... 16˙1 ...	28˙9	2˙0
1908 ...	12˙9 ...	26˙2	−6˙4	... — ...	—	—	... 16˙7 ...	29˙3	5˙0
1909 ...	12˙6 ...	26˙8	−5˙6	... — ...	—	—	... 16˙5 ...	29˙6	3˙0
1910 ...	12˙8 ...	28˙8	−7˙0	... 16˙8 ...	30˙4	1˙0	... — ...	—	—
1911 ...	12˙9 ...	27˙8	−7˙2	... 16˙7 ...	30˙4	—	... — ...	—	—

(Les *Dados Climatologicos* ne publient pas rigoureusement chaque année les mêmes localités dont ils reçoivent les données annuelles.)

Les extrêmes absolus enregistrés à Villa Jaguaribe furent donc 28·8 et −7·2. Le mois le plus chaud est février, parfois décembre, et le mois le plus froid juillet, offrant une différence de 8·1 entre leurs moyennes. Celles-ci sont les suivantes :

	Villa Jaguaribe	Poços-de-Caldas	Cunha
Janvier	16·0	19·1	20·8
Février	16·6	19·3	21·2
Mars	15·4	19·3	20·5
Avril	12·9	16·9	18·4
Mai	10·1	15·1	15·9
Juin	9·4	14·1	14·5
Juillet	8·6	14·0	14·0
Août	9·4	15·9	15·8
Septembre	11·8	16·9	17·1
Octobre	13·7	18·4	18·4
Novembre	15·0	19·0	19·3
Décembre	16·2	19·4	20·8

Villa Jaguaribe jouit donc de températures exceptionnellement douces, en raison de leur faiblesse et de la modération de leurs écarts. La marche diurne de la température se présente de la façon suivante, selon les saisons :

	7 a.m.	2 p.m.	9 p.m.	Moyenne
Eté	15·1	19·8	15·1	16·3
Automne	9·8	18·1	11·6	12·8
Hiver	4·9	16·2	7·7	9·1
Printemps	11·2	18·7	12·1	13·5

Météores humides.—La tension de la vapeur d'eau n'offre qu'une moyenne annuelle de 9·7 mm. avec un maximum en février et un minimum en juillet. L'humidité relative est assez prononcée, sa moyenne est de 84 pour cent, avec un maximum d'automne et un second maximum de printemps :

	Humidité relative	Humidité absolue	Evaporation
Janvier	85	11·7	32·5
Février	86	12·1	30·2
Mars	87	11·7	31·4
Avril	88	9·8	33·9
Mai	83	7·9	36·6
Juin	87	7·9	31·1
Juillet	84	7·3	37·8
Août	81	7·4	48·1
Septembre	83	8·7	48·1
Octobre	85	10·0	42·8
Novembre	83	10·7	43·3
Décembre	82	11·6	37·8

Poços-de-Caldas, avec son humidité relative moyenne de 76 pour cent, semble jouir d'un climat assez sec, car la tension de la vapeur d'eau y est à peu près identique 10'9 mm., et l'évaporation plus considérable, 643 mm. contre 453 mm.

La prédominance des calmes dans le régime des vents de Villa Jaguaribe est remarquable; ils représentent 54 pour cent. Le vent prédominant est le NO. avec 13'7 pour cent de fréquence, il est plus fréquent au printemps, plus rare en automne. Les vents du N., du SE. et du S. sont également importants; le premier est plus fréquent en été, les deux autres au printemps. Les vents du Nord sont plus secs, ceux du midi plus humides.

Villa Jaguaribe se trouve dans la zône des pluies d'été. Au cours de sa série, la localité enregistra :

1906	...	1,896 m.	1909	...	1,451 m.
1907	...	1,954	1910	...	1,552
1908	...	1,717	1911	...	1,768

Le maximum des précipitations coïncide généralement avec janvier, un des mois les plus chauds, qui reçoit presque 300 mm. du total annuel. Cunha est moins bien arrosée, sa moyenne excède à peine 1 m. de pluie. Poços de Caldas, en revanche, excède 2 mètres; quatre années y indiquèrent 2388 mm. en moyenne.

Les pluies mensuelles de Villa Jaguaribe se trouvent distribuées de la façon qui suit :

Janvier	...	298 mm.	Mai	...	40 mm.	Septembre	...	87 mm.
Février	...	262	Juin	...	61	Octobre	...	177
Mars	...	137	Juillet	...	48	Novembre	...	167
Avril	...	77	Août	...	37	Décembre	...	252

Le type de pluviosité du plateau pauliste, sans saison sèche marquée, s'y trouve donc reproduit.

Le phénomène des gelées, enfin, y compte 243 observations en 6 ans (deux observations y sont relatives à l'été). C'est donc Villa Jaguaribe qui représente, à l'heure actuelle, le type de climat le plus froid, méthodiquement observé au Brésil.

BIBLIOGRAPHIE.

(A) PUBLICATIONS PÉRIODIQUES.

ANNAES.—Congrès brésiliens de Géographie (Section de Météorologie et Magnétisme terrestre), 5ème, en 1916.

Annales de Géographie.—*Paris.*

ANNUARIO ESTATISTICO DO BRAZIL.—Vol. I (Territorio e População)— Aspect du Ciel, pgs. 1 à 11 ; Climat, pgs. 19 à 37.—*Rio,* 1916.

Annuario do Observatorio do Rio de Janeiro.

Annuario da Provincia (plus tard, Estado) do Rio Grande do Sul.— *Porto-Alegre.*

Boletim do Ministerio da Agricultura Industria e Commercio (Section de Météorologie).—*Rio de Janeiro.*

Boletim do Museu Paraense.—*Pará.*

Boletim Meteorologico.—*Rio de Janeiro* (à partir de 1910).

Boletim Mensal do Observatorio do Rio de Janeiro.

Boletim Semestral do Ministerio da Marinha (Observations du Morro de Sto. Antonio, de Ladario et de différents points de la côte).—*Rio de Janeiro.*

Commissão Geographica e Geologica de S. Paulo (Section météoro- logique : Dados Climatologicos) depuis 1887.—*S. Paulo.*

Commissão Geographica e Geologica do Estado de Minas.

Jornal do Commercio (Rio de Janeiro). Compte rendu quotidien du temps.

Journal of the Scottish Meteorological Society.—*Edimbourg.*

Meteorologische Zeitschrift (Vienne, Brunswick, puis Berlin) : Met. Zeit.—[Nous citerons les principaux articles].

Monthly Weather Review.—*Washington.*

Petermann's Mittheilungen.—*Gotha.*

Quarterly Journal (Royal Meterological Society).—*Londres.*

Revista de Engenharia (Rio de Janeiro).

Revista de Matto Grosso (Observations de l'Observatoire D. Bosco de Cuyaba par les RR. PP. Salésiens).—*Cuyabá.*

Revista do Observatorio do Rio de Janeiro.

Sitzungsberichte der Wiener Akademie der Wissenschaften.— *Vienne.*

Symons's Monthly Meteorological Magazine.—*Londres.*

(B) OUVRAGES GÉNÉRAUX.

M. L. CRULS.—Le Climat du Brésil (Revue Scientifique, Paris, 1896).

C. M. DELGADO DE CARVALHO.—Climatologie du Brésil.—Londres, 1916.

DETMER.—Botanische Wanderungen in Brasilien.

F. M. DRAENERT.—O Clima do Brasil (Rio de Janeiro, 1890).

OTTO EMMEL.—Die Verteilung der Jahreszeiten in Tropischen Südamerika (Darmstadt, 1908).

J. DE SAMPAIO FERRAZ.—Instrucções meteorologicas (Paris, 1914).

SEVERIANO DA FONSECA.—Viagem ao redor do Brasil (Rio, 1880, 2 vol.).

G. M. GILES.—Outlines of Tropical Climatology (Londres, 1904).

GRISEBACH.—La végétation du Globe (Paris, 1875).

JULIUS HANN.—Handbuch der Klimatologie. Tome II : Klima der Tropenzone.

Idem.—Der tägliche Gang der Temperatur in der inneren und äusseren Tropenzone (Denkschriften d. k. Akad. d. Wiss., *Vienne*, 1906-08).

E. LIAIS.—Climat, géologie, faune et géogr. botanique du Brésil (Paris, 1872).

H. MORIZE.—Ebauche d'une Climatologie du Brésil (Rio de Janeiro, 1891).

Idem.—The Present Condition of Agricultural Meteorology in Brazil (Monthly Bull. Agr. Intell., Rome, 1913).

Idem.—Contribuição ao estudo da influencia da humidade e do vento na sensação thermica (Bol. do M. do Agr., Rio, 1912, i).

OBSERVATORIO A. DO RIO DE JANEIRO.—Dados Referentes á Climatologia do Brazil (Rio, 1913, Exposition du Caoutchouc).

ALVARO DE OLIVEIRA.—Clima, temperatura media, estações, ventos do Brasil (dans le *Wappeus*, Rio de Janeiro, 1884).

ARTHUR ORLANDO.—Clima brazileiro (Rio de Janeiro, 1911, 3e Congrès de Géographie).

AFRANIO PEIXOTO.—Climat et maladies du Brésil ("Annales d'Hygiène Publique," Paris, 1908).

Idem.—Climate of Brazil (Brazilian Year-book, Londres, 1908).

AMERICO SILVADO.—Memoria sobre o Serviço meteorologico (*Rio de Janeiro,* 1890).

R. DE COURCY WARD.—Bosquejo de Climatologia do Brazil (Rio de Janeiro, Jornal do Commercio, 29, xii, 1909).

Idem.—Notes on Weather and Climate made during a Summer Trip to Brazil, 1908 (Monthly Weather Review).

R. DE C. WARD.—Government Meteorological Work in Brazil (Monthly Weather Review, 1908).

Idem.—Economic Climatology of Brazil (Bull. of Geo. Soc. of Philadelphia, 1909).

O. WEBER.—Die neue Organisation des Meteorologischen Dienstes in Brasilien (Met. Zeit., 1912).

MÉTÉOROLOGIE DE L'ATLANTIQUE SUD.

W. C. HEPWORTH.—Relation between Pressure, Temperature and Air Circulation over the South Atlantic Ocean (Met. Comm. Official, No. 177, Londres, 1905).

KRÜMMEL.—Die Equatorialen Meerstromungen des Atlantischen Ozeans (*Leipsick*, 1877).

A. PEPPLER.—Zur Aerologie der tropischer und subtropischer Ozeans (Pet. Mit. Gotha., 1912).

M. J. ROUCH.—Observations d'Electricité atmosphérique dans l'Atlantique (Ann. de la Soc. Mét. de France, 1913).

P. SCHLEE.—Niederschlag, Gewitter und Bewölkung in Sudw. und in einem Teile des Atlantischen Ozeans (Arch. der Deutschen Seewarte, 1893, iii).

G. SCHOTT.—Geographie des Atlantischen Ozeans (Hambourg, 1912).

A. WOEIKOW.—Der Saltzgehalt der Meere und seine Ursachen (Pet. Mit. Gotha, 1912).

(C) MOUVEMENTS DE L'ATMOSPHERE.

ADMIRALTY HYDROGRAPHIC DEPARTMENT (Sailing Directions).—The South American Pilot, 1911, Part 1.

Idem.—Wind Charts for South Atlantic Ocean.

Idem.—Monthly Wind Charts for the Coastal Region of South America.

AUTHORITY OF THE METEOROLOGICAL COMMITTEE.—The Trade Winds of the Atlantic Ocean, Londres, 1910.

DAVID CHRISTISON.—On the Pamperos of Central Uruguay (Journ. Scott. Met. Soc., 1880).

DÉPOT DES CARTES ET PLANS DE LA MARINE [Instructions Nautiques]. —Côtes du Brésil.

FERREL.—Popular Treatise on the Winds (Londres, 1890).

JULIUS HANN.—Die jährlichen und täglichen Änderungen in der Richtung und Stärke des Südost Passats im Atlantischen Ozean (Mét. Zeit., 1915).

HILDEBRANDSSON.—The Circulation of Atmosphere in Tropical Regions (Monthly Weather Review, 1902).

W. J. S. Lockyer.—Southern Hemisphere Surface Air Circulation (Londres, 1910).

Radau.—Rôle des Vents dans les Climats chauds (Paris, 1880).

Rotch.—Circulation of Atmosphere in Tropical and Equatorial Regions (Geo. Journ., xx).

Russel.—Moving Anticyclones in the Southern Hemisphere (Quarterly Journal, Londres, 1893).

(D) RÉGIME DES PLUIES.

Behrens.—Regenfall in Brasilien (Pet. Mitt., 1889).

F. M. Draenert.—Die Verteilung der Regenmenge in Brasilien (Met. Zeit., 1886).

A. J. Herbertson.—The Distribution of Rainfall over the Land (Londres, 1901).

Fr. von Kerner.—Zonalen Regenverteilungen in Sudamerika (Met. Zeit., 1909).

W. Gardner Reed.—South American Rainfall Types (Quart. Journ., 1910).

J. Barbosa Rodrigues.—Diminution des eaux au Brésil (Rio de Janeiro, 1904).

H. L. Solyom.—The Rainfall of Southern South America (Symons's M. M., 1914).

Tripp.—South American Rainfall South of the Tropics (Scott. Geo. Mag., 1889).

Symons.—Temperature and Rainfall of Brazil (Symons's M. M., 1891).

E. L. Voss.—Die Niederschlagsverhältnisse von Sudamerika (Pet. Mitt., Erg. h., 1907).

J. Wiesner.—Beiträge zur Kenntniss des tropischen Regens (Sitzber. d. Wiener Akad., 1895).

(E) CLIMATOLOGIE DESCRIPTIVE.

(1) AMAZONIE.

Hem. Lopes de Campos.—Climatologia medica do Estado de Amazonas (Manáos, 1910).

Clauss.—Bericht über die Xingú-Expedition (Pet. Mitt., 1886).

P. le Cointe.—Le climat amazonien (Ann. de Géo., 1906).

Oswaldo Cruz.—Relatorio sobre as condições medico-sanitarias do Valle do Amazonas (Rio, 1913).

F. M. DRAENERT.—Das Klima des Amazonasstromes (Met. Zeit., 1901).

Idem.—Weitere Beiträge zum Klima von Pará (Met. Zeit., 1902).

E. GOELDI.—Zum Klima von Pará (Met. Zeit., 1902).

V. GROSSI.—Geografia medica e Colonie : la questione dell' acclimatazione degli Europei nel Norte del Brasile (Nuova Ressegna, *Rome,* 1894).

JULIUS HANN.—Zur Meteorologie des Aequators (Sitzungsb. d. k. Akad. d. W., 1902 et 1905).

Idem.—Resultate d. Met. Beob. zu Pará 1907-10 (Met. Zeit., 1914).

A. MATTA.—Geographia e Topographia medica de Manáos, 1916.

M. MAYR.—Die Routenaufnahme von Dr. E. Snethlage vom Xingú zum Tapajoz (Pet. Mitt., 1912).

TORQUATO TAPAJOZ.—Apontamentos para a Climatologia do Valle do Amazonas (Rio de Janeiro, 1889).

PAUL WALLE.—Le climat amazonien (Chapitre II du " Pays de l'Or noir," Paris).

(2) NORD-EST.

EMILE BÉRINGER.—Recherches sur le climat et la mortalité de la ville de Récife, 1878.

J. C. BRANNER.—O Problema das Seccas do Norte do Brasil (Boletim do Ministerio da Industria, avril 1909).

T. POMPEU S. BRAZIL.—Memoria sobre Clima e Seccas no Ceará (Fortaleza, 1877).

Idem.—O Ceará no começo do Seculo xx (Fortaleza, 1909).

PIQUET CARNEIRO.—Açude de Quixadá (Jornal do Commercio, Rio, iii, 1907).

RODERIC CRANDALL.—Geographia, geologia, supprimento d'agua nos Estados da Parahyba, Rio Grande do Norte e Céarà (Rio, 1910).

R. CRANDALL and H. WILLIAMS.—Carta pluviometrica da Região semi-arida do Brasil (Rio, 1910).

ORVILLE A. DERBY.—Regimen das agùas no Centro do Ceará (Jornal do Commercio, Rio, i, 1910).

F. M. DRAENERT.—Zum Klima des Staates Ceará (Met. Zeit., 1903).

Idem.—Das Küstenklima der Provinz Pernambuco (Met. Zeit., 1887); Weitere Beiträge z. Klima v. P. (Met. Zeit., 1902).

Idem.—Das Klima von Parahyba do Norte (Met. Zeit., 1902).

J. HANN.—Meteorologie von Fernando de Noronha (Sitzb. d. Wiener Akad. d. W., vol. cxxiii, 1914).

ARROJADO LISBOA.—O problema das Seccas (Conférence à la Bibliothèque nationale, à Rio, en août 1913; publiée par le Jornal do Commercio).

ALB. LOEFGREN.—Notas Botanicas : Ceará (Rio, 1910).

Idem.—Contribuições para a questão florestal da Região nordeste do Brazil (Rio, 1912).

A. O. DOS SANTOS PIRES.—Noticia dos Estudos e Obras contra os Effeitos das Seccas (Boletim do Ministerio da Industria, Rio, 1910).

RODOLPHO THEOPHILO.—Historia da Secca do Ceará, 1877-80 (Fortaleza, 1883).

Idem.—Seccas do Ceará (Fortaleza, 1901).

E. LUDWIG VOSS.—As chuvas no nordeste do Brasil (Boletim do Ministerio da Industria e Viação, Rio, avril 1909).

G. A. WARING.—Supprimento d'agua no nordeste do Brasil (Rio, 1912).

O. B. WEBER.—Das Observatorium erster Ordnung zu Quixeramobim, 1896-1905 (Met. Zeit., 1908).

(3) BRÉSIL MOYEN ET CENTRAL.

L. CREUZOL.—O clima de Juiz de Fóra.

L. CRULS.—Variation du nombre annuel des Orages à Rio de Janeiro (Ann. de l'Obs. Imperial de Rio de Janeiro, Tome ii).

Idem.—Le Climat de Rio de Janeiro (Rio, 1892).

F. M. DRAENERT.—Das Höhenklima des Staates Minas Geraes (Met. Zeit., 1897); Weitere Beiträge z. Höhenklima d. S.M.G. (Met. Zeit., 1902).

Idem.—Das Höhenklima von Uberaba (Met. Zeit., 1901).

Idem.—Das Klima von Juiz de Fora (Met. Zeit., 1902).

GOELDI.—Materialen zu einer Klimatologie (Rio de Janeiro), 1888.

CALHEIROS DA GRACA.—Clima (Annuario de Estatistica municipal, Rio de Janeiro, 1914).

V. GROSSI.—Note e appunti sulla Geografia medica dell' America. I. Climatologia, Geol. e Idrol. de Minas Geraes (" L'Idrologia e la Climatologia," *Turin*, 1893).

ROZENDO GUIMARAES.—Observações metcorologicas na Bahia (Rev. do Obs., 1887-88; Bol. mens. do Obs., 1900-01).

J. HANN.—Zum Klima von Cuyabá (Met. Zeit., 1905 et suiv.).

AUGUSTO DE LACERDA.—Clima (Comm. geol. e geogr. de M. G.—Bol. No. 2, 1895).

J. E. DE LIMA.—A pressão barometrica comparada com a temperatura, no Rio de Janeiro (Rev. do Obs., 1886, i).

Idem.—Regimen dos Ventos no Rio de Janeiro (Rev. do Obs., 1888).

ARROJADO LISBOA.—Oeste de S. Paulo, Sul de Mato Grosso, Clima (Rio, 1909).

B. OHLSEN.—Met. Obs. erster Ordnung zu Caetité (Met. Zeit., 1912 et suiv.).

AUG. DE SAINT-HILAIRE.—Tableau de la Végétation primitive dans la Province de Minas Geraes (Ann. des Sc. Nat., 1831, t. xxiv).

(4) BRÉSIL MÉRIDIONAL.

BALTHAZAR DE BEM.—Esboço de Geographia medica do Rio Grande do Sul (Porto Alegre, 1905).

M. BESCHOREN.—Schilderungen des Klimas der Hohenebenen von Südbrasilien.—(Met. Zeit., 1872-74).

Idem.—S. Pedro do Rio Grande do Sul (Pet. Mitt., Erg., 1889).

F. W. DAFERT.—Principes de Culture rationnelle du Café au Brésil (Paris, 1900).

M. F. DRAENERT.—Das Klima von Blumenau (Met. Zeit., 1904).

A. FAUCHÈRE.—Culture pratique du Caféier (Paris, 1908).

INSTITUTO ASTRONOMICO E METEOROLOGICO.—Dados Meteorologicos (Porto-Alegre, 1914).

KARSTEN.—Meteorologische Beobachtungen aus Pelotas.   A. Voigt. —Schriften des Naturwissenschaftlichen Vereins für Schleswig-Holstein (Kiel, 1870, Bd. iii).

VAN DELDEN LAERNE.—Le Brésil et Java (La Haye, 1885).

A. LALIÈRE.—Le Café dans l'Etat de Saint-Paul (Paris, 1909).

H. LANGE.—Südbrasilien (Leipsick, 1885).

C. A. M. LINDMAN.—A Vegetação no Rio Grande do Sul (Porto-Alegre, 1906, trad. Loefgren).

A. LOEFGREN.—Ensaio para uma distribuição dos vegetaes nos diversos grupos floristicos no Estado de S. Paulo (Bol. da Comm. geo. e geol. de S. Paulo, 1898).

BELFORT MATTOS.—Breve noticia sobre o Clima de S. Paulo (S. Paulo, 1905).

Idem.—Contribuição para o Conhecimento do clima de Campos do Jordão (S. Paulo, 1911).

Idem.—Em defeza do Clima do Estado de S. Paulo (S. Paulo, 1910).

Idem.—O Serviço meteorologico e o Clima de S. Paulo (S. Paulo, 1908).

W. Minssen.—Contribuição para o estudo climatologico do Rio Grande do Sul. (Porto Alegre, 1900).

J. M. de Paula.—Climatologia de Curitiba (A Casa do Lavrador, Nos. 4-5, Curitiba, 1912).

N. Rangel Pestana.—Climat et salubrité de S. Paulo (Paris, 1908).

Gaetano Pierracini.—Relazione della Commissione Italiana de 1912 (partie relative aux conditions sanitaires), Bologne, 1912.

F. Siegel.—Regenbeobachtungen im Staate Paraná und Temperaturabnahme mit der Höhe (Met. Zeit., 1904).

Idem.—Resultate der Meteorologischen Beobachtungen am Observ. zu Curitiba (Met. Zeit., 1904-14).

Niepce da Silva.—Contribuição para a Climatologia do Paraná Pluviologia do Paraná (Curitiba, 1914).

A. Usteri.—Flora der Umgebung der Stadt S.•Paulo, in Brasilien (Iéna, 1911).

E. L. Voss.—Beiträge zur Klimatologie des südlichen Staaten von Brasilien (Pet. Mit., 1904).

R. de C. Ward.—Southern Campos of Brazil (Bull. Ann. Geo. Soc., New York, 1908).

Idem.—The Economic Climatology of the Coffee District of S. Paulo (Bull. of the Amer. Geo. Soc., 1911).

APPENDICE.

LES "INSTRUCÇÕES METEOROLOGICAS."

La " Royal Meteorological Society " vient de recevoir (octobre 1916) les *Instructions météorologiques* publiées par le Service météorologique brésilien, et nous les communique, pour en faire le compte rendu dans son *Quarterly Journal.*

Les *Instrucções Meteorologicas* sont rédigées par Mr. J. de Sampaio Ferraz, assistant de 1e classe à l'Observatoire de Rio de Janeiro. L'ouvrage comprend deux volumes, dont le second est réservé aux Tables météorologiques.

Le premier volume est divisé en trois parties : (I) les Stations météorologiques ; (II) les Observations météorologiques ; (III) le Registre des Observations météorologiques.

Nous avons vu précédemment quels sont les appareils météorologiques employés dans les postes brésiliens. L'auteur décrit minutieusement les conditions auxquelles doit obéir l'installation des stations et les devoirs des observateurs, notamment le travail requis trois fois par jour, à 7 a.m., à 2 p.m., et à 9 p.m.

La quatrième observation, celle du midi de Greenwich, a été réglée par le décret fédéral du 18 juin 1913, qui a établi le système des fuseaux horaires au Brésil. En vertu de cette réforme, le pays se trouve divisé en quatre fuseaux : (I) celui des Iles, qui comprend Fernando de Noronha et Trinidade ; (II) celui du Brésil Oriental, dont la limite Ouest est formée par la ligne Rio Uruguay-Rio Paranà-Rio Araguaya-Rio Xingú-Rio Jary ; (III) celui du Brésil Central, formé par le Matto-Grosso, la moitié du Parà et la presque totalité de l'Amazonas ; (IV) celui de l'Acre, à l'Est de la ligne Tabatinga-Villa Bella. Le midi de Greenwich devient ainsi 10 a.m. pour le premier fuseau, 9 a.m. pour le second, 8 a.m. pour le troisième et 7 a.m. pour le quatrième.

Dans la deuxième partie, Sampaio Ferraz examine très minutieusement les appareils adoptés. Il en fait une description complète à l'aide de nombreuses figures, en indique l'installation, le réglage et le mode d'observation. Ces explications s'adressant à des observateurs dont la pratique laisse souvent à désirer, l'auteur ne ménage pas les détails, et s'exprime en termes clairs, sans s'écarter des notions élémentaires. A ce point de vue, il semble que le travail de Sampaio Ferraz est un des plus parfaits du genre. Rien n'y parait laissé à l'imprévu.

La dernière partie, enfin, est consacrée aux registres des observations. De nombreuses recommandations utiles accompagnent les fac-similés des cadres adoptés par l'Observatoire de Rio, pour assurer aux observations du pays l'unité et l'homogénéité qui leur sont indispensables pour les rendre comparables entre elles.

Il faut espérer, qu'avec de telles bases, les Services météorologiques du Brésil seront en mesure de répondre aux nouvelles exigences scientifiques, nées de la mise à exécution du grandiose projet de Mr. H. Morize, que nous avons analysé plus haut.

La publication des *Instrucções Meteorologicas* marque donc dans l'histoire de la Météorologie au Brésil, la fin de la période de préparation et d'organisation, commencée avec de décret de 1909.

Les stations se trouvant multipliées, et la valeur de leurs données étant ainsi assurée, il faut croire que les desirata que l'on peut encore formuler au sujet de leur rapide publication seront bientôt satisfaits, et que notre contribution mensuelle au *Réseau Mondial* sera, enfin, en rapport avec les efforts réalisés par l'Administration de l'Observatoire de Rio.

TEMPÉRATURES MOYENNES MENSUELLES.

	Janvier	Février	Mars	Avril	Mai	Juin	Juillet	Août	Sept.	Oct.	Nov.	Déc.	
Manáos	25·6	25·6	25·6	25·5	25·8	26·2	25·9	26·2	26·5	26·2	27·3	26·5	Manáos.
Pará	24·4	25·0	25·3	25·4	25·8	25·8	25·7	25·8	25·8	26·2	26·4	26·0	Pará.
Quixeramobim	28·4	27·4	26·8	26·7	26·4	26·2	26·3	26·8	27·7	28·1	28·4	28·6	Quixeramobim.
Recife	27·4	27·5	27·1	26·6	25·8	24·8	24·0	24·3	25·4	26·3	26·9	27·1	Recife.
S. Bento das Lages	26·6	26·8	26·5	25·5	24·3	23·3	22·5	22·5	23·5	24·8	25·7	26·5	S. Bento das Lages.
Sant'Anna do Sobradinho	28·6	27·7	27·1	26·7	26·5	25·2	24·3	25·1	26·1	27·4	26·5	28·9	Sant'Anna do Sobradinho.
Caetité	23·0	22·9	23·4	22·4	21·1	19·8	19·8	20·4	22·4	22·4	23·2	22·7	Caetité
Uberaba	23·5	23·3	23·3	22·2	19·4	18·6	18·4	21·0	22·0	22·9	23·0	23·0	Uberaba.
Juiz-de-Fóra	22·7	22·7	22·4	20·7	18·4	16·9	16·1	17·2	18·0	19·3	20·9	22·3	Juiz-de-Fóra.
Rio-de-Janeiro	25·2	25·5	24·7	23·2	21·6	20·5	20·0	20·4	20·6	21·4	22·9	24·6	Rio-de-Janeiro.
Santos	24·9	24·4	24·2	23·1	21·3	19·4	18·5	18·8	19 3	20·5	22·9	25·3	Santos.
S. Paulo	21·7	21·5	21·1	18·7	16·2	14·4	14·2	15·6	16·6	18·1	19·3	21·1	S. Paulo.
Tatuhy	22·9	22·4	22·1	19·1	16 6	14·6	14·9	16·5	17·2	19·5	21·0	22·8	Tatuhy.
Curitiba	20·4	20·3	19·4	16·8	13·8	12·0	12·5	13·5	14·5	16·2	18·1	19·8	Curitiba.
Blumenau	25·3	25·1	24·4	21·5	18·0	15·8	16·3	17·5	18·2	20·4	22·6	24·3	Blumenau.
Pelotas	22·8	23·0	21·8	18·4	15·0	12·6	12·9	13·3	15·0	16·7	19·2	22·0	Pelotas.
Cuyabá	26·6	26·8	26·8	26·1	25·1	23·3	23·9	24·9	27·1	27·1	27·0	26·7	Cuyabá.
Araguaya	24·5	25·1	24·7	24·8	23·6	23·0	22·7	24·6	26·4	25·8	24·9	24·9	Araguaya.
Fernando-de-Noronha	25·8	25·7	25·8	25·8	25·2	25·0	24·6	24·7	25·3	25·6	25·5	26·0	Fernando-de-Noronha.
Buenos-Ayres	23·1	22·8	20·9	16·6	13·3	10·6	10·1	11·3	13·4	16·1	19·6	21·9	Buenos-Ayres.
Corrientes	26·5	26·3	25·1	21·3	18·0	15·5	16·3	17·5	18·8	21·1	23·6	26·0	Corrientes.
Assomption	26·7	26·7	25·9	22·4	18·9	16 1	18·2	19·5	20·1	22·9	24·9	27·0	Assomption.
Goya	25·7	25·2	23·8	19·6	16·1	13·7	14·6	15·8	17·3	19·9	22·7	25·2	Goya.
Iquitos	26·3	26·1	26·0	25·7	25·5	25·2	25·2	25·8	26·2	26·7	26·9	26·6	Iquitos.
Curaçáo	25·6	25·3	25·6	26·5	27·3	27·6	27·7	27·8	28·1	27·8	28·2	26·1	Curaçáo
Cayenne	25·9	25·8	26·0	26·3	26·0	26·0	26·3	27·0	27·3	27·3	27·0	26·2	Cayenne.
Calláo	20·5	21·2	21·6	21·0	19·4	18·6	17·2	16·9	16·9	17·9	18·4	20·3	Calláo.
Iquique	21·6	21·9	20·9	18·8	17·9	16·8	16·1	16·1	16·9	17·8	19·0	20·5	Iquique.
Caldera	19·1	19·0	18·2	16·5	15·1	13·3	13·0	13·1	14·1	15·3	16·4	18·0	Caldera.
Tucumán	24·0	23·3	21·0	11·3	13·8	10·5	11·8	13·6	16·3	19·5	22·2	23·1	Tucumán.

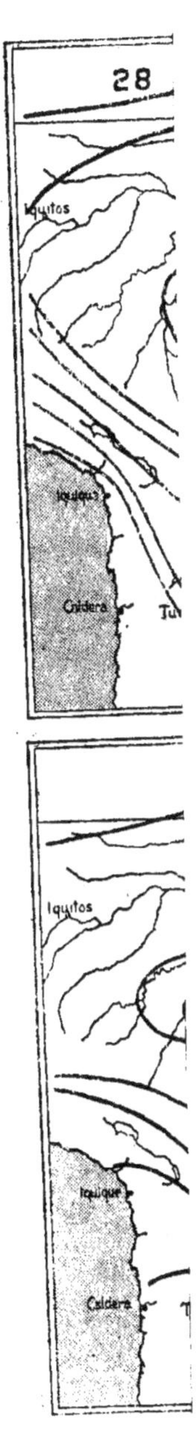
28
Iquitos
Iquique
Caldera
Tu
Iquitos
Iquique
Caldera
T

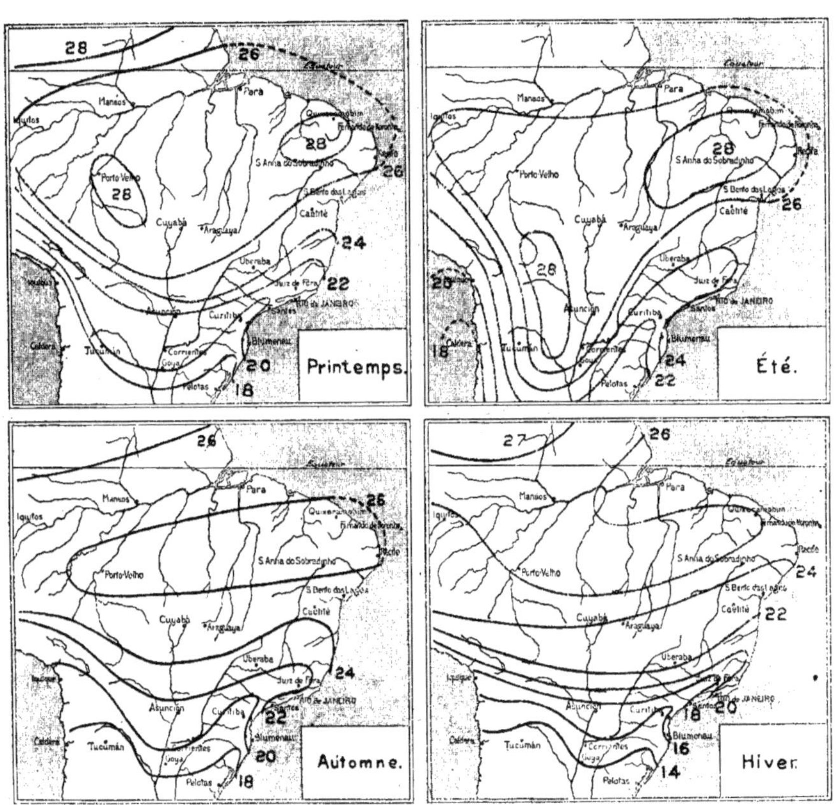

CARTES DES ISOTHERMES.

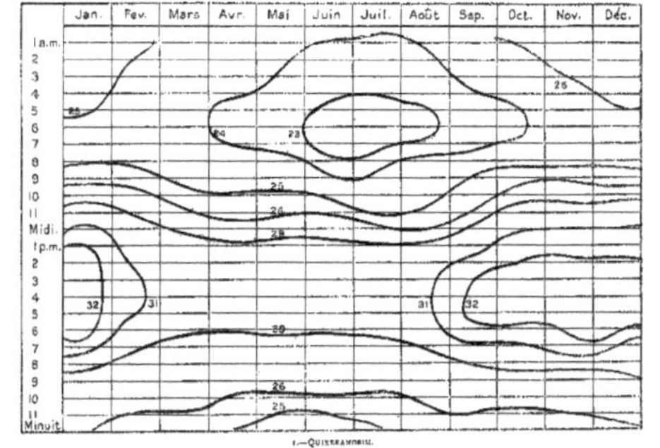

1. — Queixeramobim.

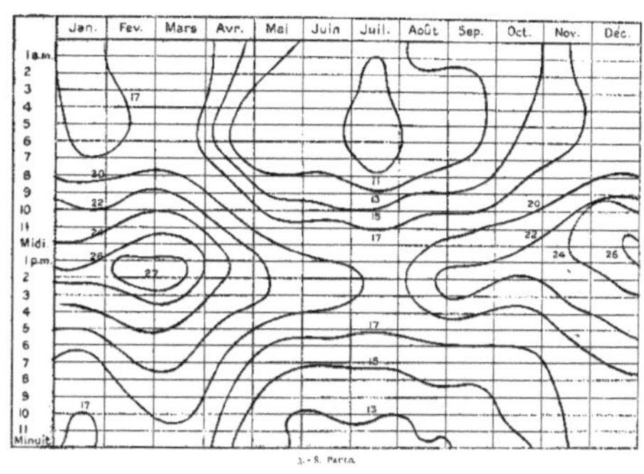

3. — S. Paulo.

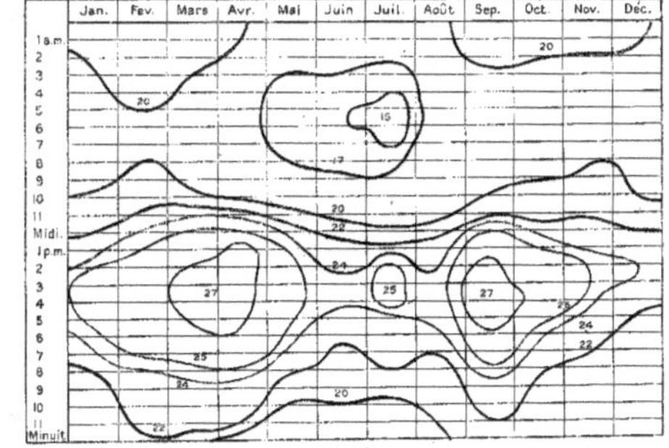

2. — Carutú.

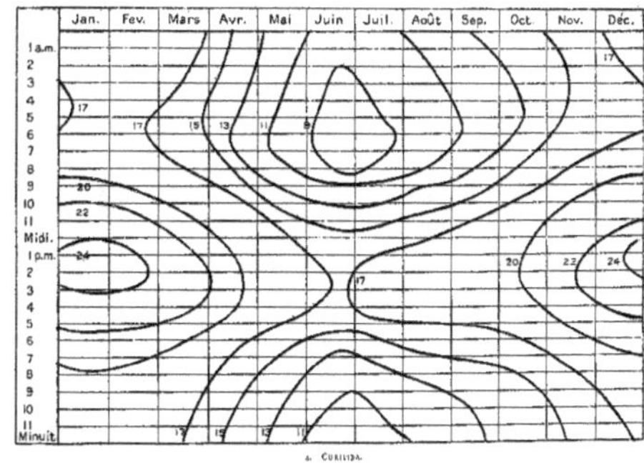

4. — Curitiba.

JOHN BALE, SONS & DANIELSSON, L^{TD.}

Transactions of the Third International Congress of Tropical Agriculture.

Being the Papers communicated to the Congress. In two volumes. Royal 8vo in paper wrapper. Price 10s. net each, postage, inland 6d. each volume.

VOL. I.—740 pages, with 2 coloured plates.
VOL. II.—720 pages, with 4 plates.

Sierra Leone : Its People, Products, and Secret Societies.

A journey by Canoe, Rail, and Hammock, through a land of Kernels, Coconuts, and Cacao, with instructions for Planting and Development. By H. OSMAN NEWLAND, F.R.HIST.S., F.I.D. Demy 8vo, pp. 270, illustrated by 19 plates, cloth boards. Price 7s. 6d. net, postage 6d.

Tropical Life.

A Monthly Journal devoted to the interests of those living, trading, holding Property, or otherwise interested in tropical or subtropical countries. Demy 4to. Annual Subscriptions 10s., Single Copies 1s. net, post free. Cases for binding, 2s.

The Journal of Tropical Medicine and Hygiene,
with which is incorporated CLIMATE.

Devoted to Medical, Surgical and Sanitary Work in Warm Countries. **Embodying Selections from the Colonial Medical Reports.** Edited by Sir JAMES CANTLIE, K.B.E., M.B., F.R.C.S., in collaboration with W. J. R. SIMPSON, C.M.G., M.D., F.R.C.P., ALDO CASTELLANI, M.D., M.R.C.P., C. M. WENYON, C.M.G., M.B., B.S., B.Sc., T. P. BEDDOES, F.R.C.S., and A. J. CHALMERS, M.D., F.R.C.S. Sir RONALD ROSS, K.C.B., F.R.S., Lieutenant-Colonel R.A.M.C., *Honorary Adviser to the Editorial Staff.* Published about the 1st and 15th of each month. Price 1s. net. Annual Subscription, 18s. post free. Cases for binding, 1s. 6d.

Laboratory Studies in Tropical Medicine.

By C. W. DANIELS, M.B.Camb., F.R.C.P.Lond., and H. B. NEWHAM, M.D.Durh., M.R.C.P.Lond., M.R.C.S.Eng., D.P.H.Camb., D.T.M. & H.Camb. Fourth Edition. Demy 8vo, 576 pp. and 8 plates (6 coloured). Price 21s. net, postage 6d.

83-91, GREAT TITCHFIELD STREET, LONDON, W. 1.

BIBLIOTHEQUE NATIONALE DE FRANCE
3 7502 018046476

www.ingramcontent.com/pod-product-compliance
Lightning Source LLC
LaVergne TN
LVHW010602180726
843502LV00001B/107